Wiederholen

Jedes Kapitel beginnt mit zwei Seiten **Wiederholung**. Dort übst du, was du für die folgenden Seiten brauchst. Die Lösungen findest du hinten im Buch.

Hast du noch Schwierigkeiten? An jeder Aufgabe steht, wo du im **Grundwissen** oder in den Kapiteln nachlesen und üben kannst.

Testen

Nach den Übungsseiten findest du einen **Zwischentest**. Dort kannst du ausprobieren, ob du das Wichtige verstanden hast.

Mit dem **Abschlusstest** kannst du dich auf die Klassenarbeit vorbereiten.

Weiter üben und Extra-Seiten

Auf einer **Themenseite** kannst du die gelernten Inhalte des Kapitels einmal ganz anders anwenden.
Auf einer **Methodenseite** lernst du verschiedene Arbeitsweisen kennen.
In den **Vermischten Übungen** werden Aufgaben zu den Lerneinheiten des gesamten Kapitels gestellt.
Eine ganz besondere Seite heißt **Tieftauchen**. Hier kannst du selbst Aufgaben auswählen und bestimmen, wie tief du in die Mathematik „eintauchst“. Sei dabei gerne etwas mutig!

Diese Zeichen stehen neben den Aufgaben.
Medienkompetenz — Partnerarbeit — Gruppenarbeit

Dreifach Mathe 6

Ausgabe N

Zu deinem Buch erhältst du ein kostenloses digitales **Materialpaket**.
Dieses Symbol im Buch zeigt dir, dass es digitale Inhalte gibt. →
Im Materialpaket findest du **Erklärfilme** ( ),
Worterklärungen als Audios ( ) sowie **Tipps zu den Aufgaben** ( )
und **interaktive Aufgaben zum Üben und Wiederholen** ( ).

Dein Materialpaket findest du hier:
go.cornelsen.de/aj7d67q

Cornelsen

Impressum

Dreifach
Mathe

Herausgeber: Udo Wennekers

Erarbeitet von: Anja Buchmann, Ute Egan, Klaus Heckner, Andrea Kräh, Annika Neugebauer, Jana Neumann, Carmen Otte, Ariane Simon, Godehard Stein, Yvonne Stricker, Martina Verhoeven, Michèle Grebe, Jacqueline Weecks, Udo Wennekers

Unter Beratung von: Peter Braun, Christine Fink, Daniela Kasche, Alexander Lauer

Redaktion: Martin Karliczek, Heike Schulz, Christina Schwalm
Illustration: Tobias Dahmen, Utrecht/www.tobidahmen.de
Grafik: Christian Böhning
Umschlaggestaltung und Layoutkonzept: ROSENDAHL BERLIN – Agentur für Markendesign
Layout und technische Umsetzung: Jürgen Brinckmann, MeGA14

Dieses Werk wurde anhand wissenschaftlicher Kriterien geprüft und für den sprachsensiblen Unterricht zertifiziert.

Begleitmaterialien zum Lehrwerk

Schulbuch als E-Book mit Medien	1100027210
Lehrkräftefassung	978-3-06-043826-6
Lösungen zum Schulbuch	978-3-06-043697-2
Handreichungen	978-3-06-043705-4
Arbeitsheft	978-3-06-043686-6
Unterrichtsmanager Plus mit E-Book und Begleitmaterialien	978-3-06-041764-1
Arbeitsheft für Lernende mit erhöhtem Förderbedarf für den inklusiven Unterricht	978-3-06-043895-2
Arbeitsblätter zur Sprachförderung	978-3-46-454001-5
Arbeitsblätter zur Sprachförderung als Download	978-3-06-040987-7
Diagnose und Fördern online	
Interaktive Übungen	
Cornelsen Lernen App	

www.cornelsen.de

1. Auflage, 4. Druck 2026

Alle Drucke dieser Auflage sind inhaltlich unverändert
und können im Unterricht nebeneinander verwendet werden.

Die digitalen Zusatzmaterialien der ***Cornelsen Lernen App*** sind ein kostenloses Zusatzangebot zum genehmigten Schulbuch, die nicht Teil der Genehmigung sind.

Druck: Livonia Print, Riga

ISBN 978-3-06-043669-9

Inhaltsverzeichnis

1 Teilbarkeit 5

Wiederholung 6
Teilbarkeit durch 2, 5, 10 und 4 8
Teilbarkeit durch 3 und 9 12
⊕ **Methode** Der größte gemeinsame Teiler (ggT) 16
⊕ **Methode** Das kleinste gemeinsame Vielfache (kgV) 17
Zwischentest 18
Thema Teilbarkeitsrallye – ein Spiel für 2 bis 4 Spieler 20
Vermischte Übungen 21
Tieftauchen Süß und lecker 24
Abschlusstest 25
Zusammenfassung 26

2 Brüche addieren und subtrahieren 27

Wiederholung 28
Brüche erweitern und kürzen 30
Brüche vergleichen und ordnen 34
Brüche addieren und subtrahieren 38
Gemischte Zahlen addieren und subtrahieren 42
Zwischentest 46
Methode Gemischte Zahlen umwandeln mit einer Tabellenkalkulation 48
Vermischte Übungen 49
Tieftauchen Brüche im Alten Ägypten 52
Abschlusstest 53
Zusammenfassung 54

3 Dezimalzahlen 55

Wiederholung 56
Dezimalzahlen kennenlernen 58
Dezimalzahlen vergleichen und runden 62
Brüche in Dezimalzahlen und Prozentzahlen umwandeln 66
Zwischentest 70
Thema Periodische Dezimalzahlen 72
Vermischte Übungen 75
Tieftauchen Das Sport-Abzeichen 78
Abschlusstest 79
Zusammenfassung 80

4 Winkel 81

Wiederholung 82
Winkel und Winkelarten 84
Winkelgrößen messen 88
Winkel zeichnen 92
Thema Drehsymmetrie 96
Thema Der Kreis 98
Zwischentest 100
Thema Überstumpfe Winkel messen und zeichnen 102
Vermischte Übungen 103
Tieftauchen Der tote Winkel 106
Abschlusstest 107
Zusammenfassung 108

5 Mit Dezimalzahlen rechnen 109

Wiederholung 110
Dezimalzahlen addieren und subtrahieren 112
Dezimalzahlen multiplizieren 116
Dezimalzahlen dividieren 120
Zwischentest 124
Thema Mit der Gelosia-Methode multiplizieren 126
Vermischte Übungen 127
Tieftauchen Lecker und gesund 130
Abschlusstest 131
Zusammenfassung 132

6 Körper 133

Wiederholung 134
Körper beschreiben und zeichnen 136
Netze von Würfeln und Quadern 140
Oberflächeninhalt von Quadern und Würfeln 144
Volumen und Volumeneinheiten 148
Volumen von Quadern und Würfeln 152
Zwischentest 156
Thema Mit Trinkpäckchen experimentieren 158
Vermischte Übungen 159
Tieftauchen Im Schuhgeschäft 162
Abschlusstest 163
Zusammenfassung 164

7 Zuordnungen und negative Zahlen  165

Wiederholung 166
Zuordnungen 168
⊕ Weg-Zeit-Diagramme 172
Negative Zahlen darstellen und vergleichen 176
Zwischentest 180
Thema Höhlen-Wanderung 182
Vermischte Übungen 183
Tieftauchen Das Bronze-Abzeichen 186
Abschlusstest 187
Zusammenfassung 188

8 Zufall  189

Wiederholung 190
Zufall und Wahrscheinlichkeit 192
Thema Zufallsexperimente durchführen 196
Laplace-Experimente 198
Zwischentest 202
Thema Einfache Baumdiagramme 204
Vermischte Übungen 205
Tieftauchen Glücksräder 208
Abschlusstest 209
Zusammenfassung 210

Grundwissen 211

Lösungen 236

Lösungen zu den Kapiteln 236
Lösungen zum Grundwissen 262

Zum Nachschlagen 269

Sachregister 269
Bildquellenverzeichnis 272

⊕ zusätzlicher Inhalt
Medienkompetenz

Teilbarkeit

1

▶ Kims Mutter hat ihren drei Kindern Süßigkeiten hingestellt.
Nun wollen sie die Süßigkeiten aufteilen. Aber es gibt Streit. Was nun?
Die Kinder zählen zuerst:

24 Schokolinsen
9 Gummi-Drops
8 Stücke braune Schokolade
4 Riegel weiße Schokolade
2 Schokowaffeln

Welche Süßigkeiten kannst du leicht aufteilen?
Wie kannst du die anderen Süßigkeiten aufteilen?

In diesem Kapitel lernst du ...

- was Teiler und Vielfache sind,
- die Teilbarkeitsregeln für verschiedene Zahlen kennen,
- wie du herausfindest, ob du eine Zahl durch eine andere Zahl teilen kannst,
- was eine Primzahl ist.

Kompetenz	Aufgabe	Lies und übe:
1 Ich kann im Kopf multiplizieren.	**1** Multipliziere im Kopf. a) 7 · 4 b) 9 · 5 c) 6 · 8 d) 5 · 11 e) 7 · 9 f) 13 · 3 g) 75 · 2 h) 25 · 5 i) 341 · 2	→ Seite 225 Nr. 53 → Seite 226 Nr. 56
2 Ich kann im Kopf dividieren.	**2** Dividiere im Kopf. a) 81 : 9 b) 72 : 8 c) 63 : 7 d) 54 : 6 e) 100 : 5 f) 250 : 5 g) 360 : 4 h) 846 : 2 i) 933 : 3	→ Seite 226 Nr. 57
3 Ich kann Divisions-Aufgaben mit Rest lösen.	**3** Dividiere im Kopf. Es bleibt ein Rest. a) 56 : 6 b) 31 : 4 c) 58 : 7 d) 21 : 5 e) 69 : 9 f) 75 : 8	→ Seite 227 Nr. 60, 61
4 Ich kenne die Fachbegriffe zur Multiplikation und Division.	**4** Ordne den Zahlen die richtigen Fachbegriffe zu. a) Multiplikation: 5 · 6 = 30 der Faktor – der Wert des Produkts b) Division: 30 : 6 = 5 der Divisor – der Wert des Quotienten – der Dividend	→ Seite 225 Nr. 52
5 Ich kann schriftlich multiplizieren.	**5** Multipliziere schriftlich. a) 324 · 7 b) 570 · 32 c) 2801 · 504	→ Seite 227 Nr. 62, 63
6 Ich kann schriftlich dividieren.	**6** Dividiere schriftlich. a) 5124 : 3 b) 7623 : 9 c) 572 : 11	→ Seite 228 Nr. 64, 65
7 Ich kann für ein Punktmuster eine passende Mal-Aufgabe finden.	**7** Wie viele Punkte sind es? Schreibe als Mal-Aufgabe und berechne. a) 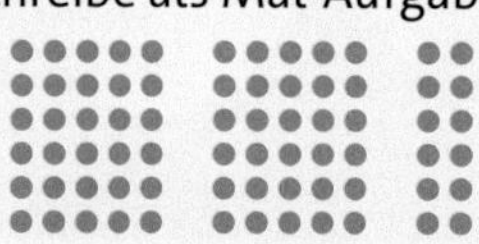 b)  c) 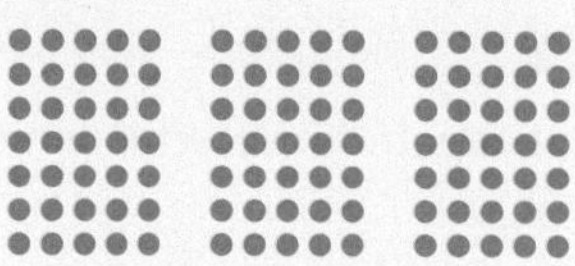	→ Seite 226 Nr. 58, 59

Kompetenz	Aufgabe	Lies und übe:
8 Ich kann Zahlenmauern berechnen (multiplizieren und dividieren).	**8** Übertrage die Zahlenmauer in dein Heft. Multipliziere immer zwei Zahlen, die direkt nebeneinander stehen. In b) musst du auch teilen (dividieren). a) 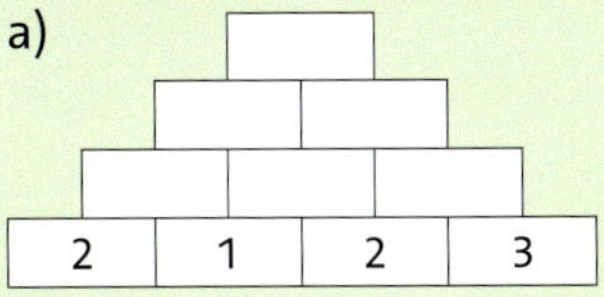 b) 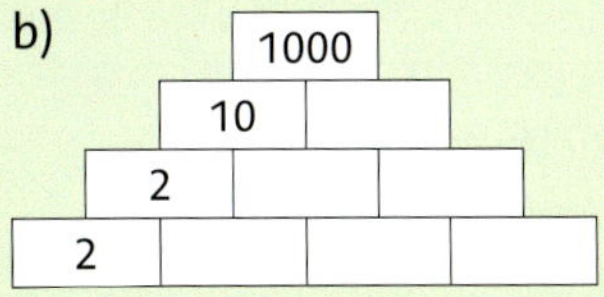	→ Seite 228 Nr. 66, 67
9 Ich kann Einmaleins-Reihen erkennen und fortsetzen.	**9** Setze die Einmaleins-Reihe fort. a) 3, 6, 9, ■, ■, ■, ■, ■, ■, ■ b) 5, 10, 15, ■, ■, ■, ■, ■, ■, ■ c) 4, 8, 12, ■, ■, ■, ■, ■, ■, ■ d) 9, 18, 27, ■, ■, ■, ■, ■, ■, ■ e) 7, 14, ■, ■, ■, ■, ■, ■, ■, ■ f) 6, 12, ■, ■, ■, ■, ■, ■, ■, ■ g) 8, 16, ■, ■, ■, ■, ■, ■, ■, ■	→ Seite 225 Nr. 53, 54
10 Ich kann mehrere Mal-Aufgaben mit einem Ergebnis finden.	**10** Finde möglichst viele Mal-Aufgaben mit diesem Ergebnis. **Beispiel** 18 1 · 18 und 2 · 9 und 3 · 6 und 6 · 3 und … a) 20 b) 24 c) 27 d) 35 e) 40	→ Seite 225 Nr. 55
11 Ich kann Sachaufgaben lösen, indem ich multipliziere und dividiere.	**11** Kleine und große Puzzles  a) Wie viele Teile hat das Puzzle oben? Beschreibe kurz, wie du das berechnet hast. b) Mina hat ein Puzzle gepuzzelt, bei dem 11 Teile in der Länge und 16 Teile in der Breite liegen. Wie viele Teile hat das Puzzle insgesamt? c) Anton hat ein Puzzle mit 500 Teilen. Wie viele Teile können in der Länge und in der Breite liegen? Gib verschiedene sinnvolle Möglichkeiten an.	→ Seite 230 Nr. 72, 73

→ Lösungen auf Seite 236

Teilbarkeit durch 2, 5, 10 und 4

Die Klasse 6 e fährt auf Klassenfahrt.
Es fahren 12 Mädchen und 11 Jungen mit.
In der Jugendherberge gibt es Viererzimmer.
Nun überlegen die Mädchen und Jungen,
wie sie die Zimmer aufteilen.

W

Vielfache und Teiler

Stelle dir eine Zahl vor.
Wenn du deine Zahl mit 1, 2, 3, … multiplizierst, dann erhältst du die **Vielfachen** deiner Zahl.
Die Vielfachen sind (ohne Rest) durch die Zahl **teilbar**.

Die Vielfachen sind so groß wie die Zahl selbst oder größer.

In 1 Zimmer passen 4 · 1 = **4** Kinder.
In 2 Zimmer passen 4 · 2 = **8** Kinder.
In 3 Zimmer passen 4 · 3 = **12** Kinder.
4, 8, 12, … sind **Vielfache** von 4.
12 ist durch 4 **teilbar**, denn 12 : 4 = 3.
Die 12 Mädchen passen also genau in 3 Viererzimmer.

Es gibt Zahlen, durch die du deine Zahl ohne Rest dividieren kannst.
Das sind die **Teiler** deiner Zahl.

Wenn du etwas teilst, dann wird es kleiner. Die Teiler sind so groß wie die Zahl selbst oder kleiner.

12 → **ist Vielfaches von** → 4
4 → **ist Teiler von** → 12

12 : 4 = 3, also ist 4 ein **Teiler** von 12.

Bei den 11 Jungen wird es schwieriger.
11 : 4 = 2 Rest 3. 4 ist kein Teiler von 11.

Bei den Jungen sind 2 Zimmer voll und im dritten Zimmer sind nur 3 Jungen.

▶ **Aufgabe** In der 6 d sind 15 Jungen. Wie passen sie in die Viererzimmer? ▶ 1 ▶ 1 ▶ 1

Für einige Zahlen gibt es **Teilbarkeitsregeln**. Mit den Teilbarkeitsregeln kannst du auch bei größeren Zahlen schnell prüfen, durch welche Zahlen sie teilbar sind.

W

Diese Wörter gehören zusammen:
teilen
der Teiler
teilbar
die Teilbar|keit
die Teilbar|keits|regeln

Teilbarkeit durch 2, 5 und 10

Achte auf die **letzte Ziffer**:

905 3576

Eine Zahl ist **durch 2 teilbar**, wenn die letzte Ziffer eine **0; 2; 4; 6 oder 8** ist.

905 ist nicht durch 2 teilbar.
3576 ist durch 2 teilbar.

Eine Zahl ist **durch 5 teilbar**, wenn die letzte Ziffer eine **0 oder 5** ist.

905 ist durch 5 teilbar.
3576 ist nicht durch 5 teilbar.

Eine Zahl ist **durch 10 teilbar**, wenn die letzte Ziffer eine **0** ist.

905 und 3576 sind nicht durch 10 teilbar.

Teilbarkeit durch 4

Achte auf die **letzten zwei Ziffern**:

905 3576

Eine Zahl ist **durch 4 teilbar**, wenn die letzten beiden Ziffern **durch 4** teilbar sind oder **00** lauten.

3576 ist durch 4 teilbar, weil 76 durch 4 teilbar ist (denn 76 : 4 = 19).
905 ist nicht durch 4 teilbar.

▶ **Aufgabe** Prüfe, ob die Zahl 7348 durch 2; 5; 10 oder 4 teilbar ist. ▶ 9 ▶ 10 ▶ 9

1 Nenne die ersten zehn Vielfachen.
a) von 5 b) von 8 c) von 11

2 Bildet mit einer größeren Gruppe oder mit der ganzen Klasse einen Kreis. Beginnt an einer beliebigen Stelle und zählt einmal durch. Jeder merkt sich seine Zahl. Nun geht es los:
a) Alle Vielfachen von 4 heben eine Hand.
b) Alle Vielfachen von 6 stehen auf einem Bein.
c) Alle Vielfachen von 3 fassen ihre Nase an.
d) Denkt euch weitere Aufgaben aus.

3 Prüfe, ob die Zahlen Vielfache sind. Begründe.
Beispiele Ist 45 ein Vielfaches von 5?
Ja, denn $45 = 5 \cdot 9$.
Ist 45 ein Vielfaches von 7?
Nein, denn $45 : 7 = 6$ Rest 3.
a) Ist 81 ein Vielfaches von 9?
b) Ist 34 ein Vielfaches von 8?
c) Ist 25 ein Vielfaches von 5?
d) Ist 50 ein Vielfaches von 6?

4 Ein Auto darf nur durch ein Tor fahren, wenn auf dem Tor ein Vielfaches seiner Zahl steht. Welches Auto darf durch welches Tor fahren?

Beispiel Das Auto mit der 2 darf durch die Tore 110 und 202 fahren. ▸4

5 Finde die Teiler.
a) Gib an, durch welche Zahlen zwischen 1 und 12 die Zahl 20 teilbar ist. Begründe.
Beispiele 1 ist Teiler von 20, denn $20 : 1 = 20$.
3 ist kein Teiler von 20,
denn $20 : 3 = 6$ Rest 2.
b) Gib an, durch welche Zahlen zwischen 1 und 12 die Zahl 36 teilbar ist. Begründe.

6 Schreibe die sieben Zahlen in dein Heft.
2 5 7 16 18 28 30
a) Streiche alle Teiler von 10.
b) Streiche alle Vielfachen von 4.
c) Streiche alle Zahlen, die durch 6 teilbar sind.
d) Welche Zahl bleibt übrig?

7 Teiler, teilbar oder Vielfaches? Was passt? Fülle die Lücken in deinem Heft.
60 ist ein ▒ von 12, weil $60 : 12 = 5$ ist.
Außerdem ist 12 ein ▒ von 60, denn 60 ist durch 12 ▒.

8 Miro soll 48 Karten in einem Rechteck auslegen.

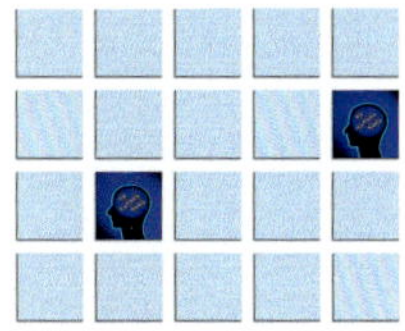

a) Kann Miro die Karten in 6 Reihen auslegen?
b) Wie viele Reihen entstehen, wenn immer 12 Karten nebeneinander liegen?
c) Wie viele Karten bleiben übrig, wenn immer 5 Karten in einer Reihe liegen? ▸10

9 Wende die Teilbarkeitsregeln an:
11; 20; 35; 160; 109; 114; 140; 178; 280; 565; 876; 882; 970; 1049; 1520
a) Welche Zahlen sind durch 2 teilbar?
b) Welche Zahlen sind durch 5 teilbar?
c) Welche Zahlen sind durch 10 teilbar?
d) Welche Zahlen sind durch 4 teilbar?

10 Welche Beträge kannst du passend zahlen?
a) mit 5-€-Scheinen:
4 €; 15 €; 46 €; 70 €; 85 €; 87 €; 110 €
b) mit 10-€-Scheinen:
35 €; 40 €; 56 €; 70 €; 85 €; 92 €; 100 €
c) mit 2-€-Stücken:
3 €; 4 €; 8 €; 9 €; 12 €; 23 €; 24 €; 28 €

11 Bilde aus den Ziffern auf den Karten sechs dreistellige Zahlen.

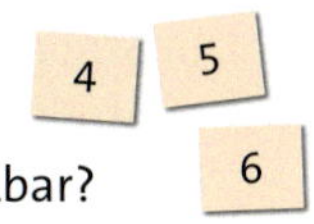

a) Welche Zahlen sind durch 2 teilbar?
b) Welche Zahlen sind durch 5 teilbar?
c) Warum ist keine Zahl durch 10 teilbar?
d) Welche Zahlen sind durch 4 teilbar?

12 Übertrage die Tabelle in dein Heft. Kreuze an, wenn die Zahl in der ersten Spalte durch 2, durch 5, durch 10 oder durch 4 teilbar ist.

	teilbar durch 2	teilbar durch 5	teilbar durch 10	teilbar durch 4
24				
235				
540				
782				
1080				

1 Nenne die ersten zehn Vielfachen.
a) von 7   b) von 12   c) von 15

2 Prüfe, ob die Zahlen Vielfache sind. Begründe.
Beispiel Ist 52 ein Vielfaches von 8?
Nein, denn 52 : 8 = 6 Rest 4.
a) Ist 62 ein Vielfaches von 7?
b) Ist 63 ein Vielfaches von 9?
c) Ist 72 ein Vielfaches von 6?
d) Ist 80 ein Vielfaches von 15?

3 Ergänze die fehlende Ziffer in deinem Heft. Finde alle Möglichkeiten.
a) 7□ ist ein Vielfaches von 11.
b) 4□ ist ein Vielfaches von 4.
c) □2 ist ein Vielfaches von 3.
d) 1□0 ist ein Vielfaches von 40.   ► 3

4 Untersuche die Zahlen von 1 bis 20.
a) Welche Zahlen sind Teiler von 40?
b) Welche Zahlen sind Teiler von 60?

5 Ergänze die fehlende Ziffer in deinem Heft. Finde alle Möglichkeiten.
a) 6 ist Teiler von 1□.
b) 7 ist Teiler von 2□.
c) 8 ist Teiler von 3□.
d) 9 ist Teiler von 10□.   ► 5

6 Schreibe die Zahlen in dein Heft.
2   5   54   63   70   76   100
a) Streiche alle Teiler von 10.
b) Streiche alle Vielfachen von 4.
c) Streiche alle Zahlen, die durch 9 teilbar sind.
d) Welche Zahl bleibt übrig?

7 Für ein Spiel soll Finja 78 Karten als ein Rechteck auf dem Tisch auslegen.
Finja könnte alle 78 Karten in eine Reihe legen, aber dazu ist der Tisch zu kurz. Es geht auch:
2 Reihen mit je □ Karten, 3 Reihen mit …

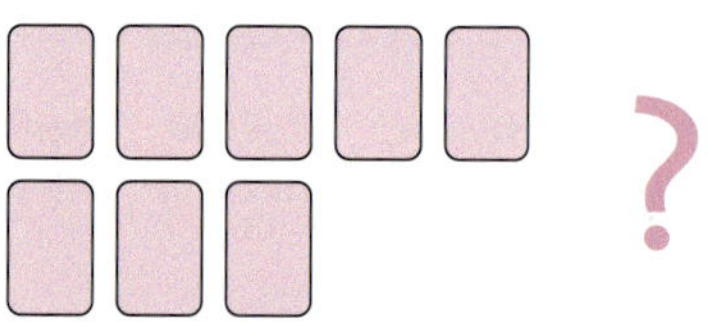

Zähle nun alle Möglichkeiten auf.

8 Mirja hat einen Blechkuchen gebacken. Sie will den Kuchen in 24 Stücke teilen.

Gib alle Möglichkeiten an, wie sie den Kuchen teilen kann. Welche hältst du für sinnvoll?

9 Bei einem Mathematik-Wettbewerb sitzen die 136 Teilnehmer an Gruppentischen. Jeder Tisch hat 6 Plätze.
a) Bleiben Plätze an den Tischen frei?
b) Es gibt 15 Packungen mit je 12 Stiften. Auf jedem Tisch sollen gleich viele Stifte liegen. Bleiben Stifte übrig?   ► 9

10 Wende die Teilbarkeitsregeln an.
13; 30; 36; 78; 100; 472; 779; 785; 890; 1165; 1172; 1382; 2344; 3376
a) Welche Zahlen sind durch 2 teilbar?
b) Welche Zahlen sind durch 5 teilbar?
c) Welche Zahlen sind durch 10 teilbar?
d) Welche Zahlen sind durch 4 teilbar?

11 Welche Zahl wird gesucht?
a) Die Zahl liegt zwischen 60 und 70. Sie ist durch 5 teilbar.
b) Die Zahl ist die größte zweistellige Zahl, die durch 2 teilbar ist.
c) Die Zahl ist durch 4 und durch 5 teilbar. Sie liegt zwischen 51 und 79.
d) Stellt euch gegenseitig ähnliche Fragen.

12 Bei einem Reitturnier werden Karten verkauft.

Dies sind die Einnahmen: 635 €; 584 €, 330 €.
a) Ordne die Einnahmen den Eingängen zu.
b) Wie viele Gäste besuchten das Reitturnier?

Sprachhilfe zu **12**: **VIP** ist die Abkürzung von very important person, auf Deutsch: sehr wichtige Person.

1 Nenne die ersten sechs Vielfachen.
a) von 9 b) von 13 c) von 19

2 Ergänze die fehlende Ziffer in deinem Heft. Finde alle Möglichkeiten.
a) 7■ ist ein Vielfaches von 11.
b) 6■ ist ein Vielfaches von 16.
c) 14■ ist ein Vielfaches von 18.
d) ■6 ist ein Vielfaches von 12.
e) 1■5 ist ein Vielfaches von 15.

3 Untersuche die Zahlen von 1 bis 20.
a) Welche Zahlen sind Teiler von 34?
b) Welche Zahlen sind Teiler von 36?
c) Welche Zahlen sind Teiler von 45?

4 Ergänze die fehlende Ziffer in deinem Heft. Finde alle Möglichkeiten.
a) 6 ist Teiler von 8■.
b) 7 ist Teiler von 9■.
c) 8 ist Teiler von 20■.
d) 11 ist Teiler von 1■2.
e) 15 ist Teiler von ■5.

5 Finde und korrigiere die Fehler.
a) 1, 2, 3, 4 und 6 sind Vielfache von 12.
b) 15 ist teilbar durch 75.
c) 33, 55 und 99 sind Teiler von 11.

6 24 ist durch 4 und durch 6 teilbar.
4 und 6 sind Teiler von 24.

a) Erkläre den Zusammenhang zwischen den beiden Sätzen und der Tafel Schokolade.
b) Formuliere zwei passende Sätze.

c) 👥 Findet jeder selbst ein ähnliches Beispiel. Lasst den anderen die passenden Sätze dazu formulieren.

7 Die gesuchte Zahl liegt zwischen 21 und 50. Finde alle Möglichkeiten.
a) Die Zahl ist ein Vielfaches von 4 und von 5.
b) Die Zahl ist ein Vielfaches von 8 und durch 12 teilbar.
c) Die Zahl ist größer als 36 und durch 4 teilbar, aber sie ist nicht durch 8 teilbar.
d) 👥 Stellt euch gegenseitig ähnliche Fragen.

8 Ein Brautpaar hat 212 Gäste zur Hochzeitsfeier eingeladen. An jedem Tisch stehen 8 Stühle.
a) Bleiben Stühle an den Tischen frei? Wie viele Tische braucht die Hochzeitsgesellschaft?
b) 5 Kellnerinnen und 6 Kellner bedienen. Kann jeder von ihnen für gleich viele Personen zuständig sein?
c) Am Nachmittag wollen die Gäste Luftballons mit guten Wünschen steigen lassen. Lassen sich 15 Packungen mit jeweils 12 Luftballons gleichmäßig auf die Tische verteilen?

9 Wende die Teilbarkeitsregeln an.
52; 60; 76; 99; 100; 693; 952; 1072; 8990; 22 365; 30 176; 54 800; 834 374
a) Welche Zahlen sind durch 2 teilbar?
b) Welche Zahlen sind durch 5 teilbar?
c) Welche Zahlen sind durch 10 teilbar?
d) Welche Zahlen sind durch 4 teilbar?

10 Finde alle Ziffern, die du einsetzen kannst.
2■; 3■; 7■; 12■; 23■; 57■; 124■
a) Die Zahlen sollen durch 10 teilbar sein.
b) Die Zahlen sollen durch 5 teilbar sein.
c) Die Zahlen sollen durch 2 teilbar sein.
d) Die Zahlen sollen durch 4 teilbar sein.

11 Bilde aus den Ziffern alle möglichen dreistelligen Zahlen.

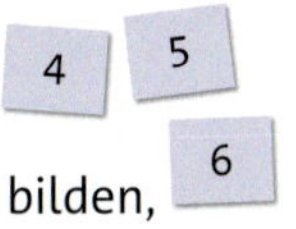

a) Warum kannst du nur vier Zahlen bilden, die durch 2 teilbar sind? Begründe.
b) Welche der drei Ziffern musst du ersetzen, damit keine der Zahlen durch 5 teilbar ist?
c) Kannst du eine Ziffer austauschen, sodass sich Zahlen bilden, die durch 10, aber nicht durch 5 teilbar sind? Begründe.
d) Die Ziffern werden um die 3 ergänzt. Verändert sich dadurch die Anzahl der Zahlen, die durch 2 teilbar ist? Begründe.

12 Mika sagt: „Wenn ich zwei Zahlen habe, die durch 5 teilbar sind, dann ist auch die Summe der beiden Zahlen durch 5 teilbar."
Ist das richtig? Prüfe die Aussage am Beispiel von 45 und 60. Finde eigene Beispiele.

Teilbarkeit durch 3 und 9

Jana, Luzia und Helene wollen mit sechs anderen Freundinnen eine Party feiern. Die Mädchen kaufen für 24,60 € ein und wollen sich die Kosten gleichmäßig teilen. Geht das?

Das Komma stört, wenn du 24,60 € durch 9 teilen möchtest. Rechne in Cent um:
24,60 € = 2460 ct

Die Quersumme ist die Summe aller Ziffern von einer Zahl.

W

Teilbarkeit durch 3 und 9

Berechne zuerst die **Quersumme** der **Zahl**. Addiere **dazu** alle Ziffern.

Die Quersumme von 2460 ist
2 + 4 + 6 + 0 = 12

Eine Zahl ist **durch 3 teilbar**, wenn ihre Quersumme durch 3 teilbar ist.

Die Quersumme 12 ist durch 3 teilbar.
Also ist auch 2460 durch 3 teilbar,
2460 : 3 = 820
Jedes Mädchen zahlt 8,20 €.

Eine Zahl ist **durch 9 teilbar**, wenn ihre Quersumme durch 9 teilbar ist.

Die Quersumme 12 ist nicht durch 9 teilbar.
Also ist auch 2460 nicht durch 9 teilbar.
24,60 € lassen sich nicht gleichmäßig auf alle 9 Mädchen aufteilen.

*Eine Zahl ist **durch 6 teilbar**, wenn sie durch 2 und durch 3 teilbar ist. Das heißt: Eine Zahl ist durch 6 teilbar, wenn die letzte Ziffer eine 0, 2, 4, 6, oder 8 ist und die Quersumme durch 3 teilbar ist.*

▶ **Aufgabe** Prüfe, ob die Zahl 372 durch 3 und 9 teilbar ist. ▶1 ▶1 ▶1

Nun kennst du **Teilbarkeitsregeln** für die meisten Zahlen bis 10.
Leider gibt es keine oder keine einfachen Teilbarkeitsregeln für die 7 und die 8.
Hier musst du dividieren: 84 ist durch 7 teilbar, weil 84 : 7 = 12.
84 ist **nicht** durch 8 teilbar, denn 84 : 8 = 10 Rest 4.

Die Teilermenge von 25 ist $T_{25} = \{1; 5; 25\}$, denn $1 \cdot 25 = 25$ und $5 \cdot 5 = 25$. Der Teiler 5 gehört mit sich selbst zusammen.

Alle Teiler einer Zahl kannst du in der **Teilermenge** zusammenfassen.
Die Teilermenge von 24 ist $T_{24} = \{1; 2; 3; 4; 6; 8; 12; 24\}$.

In dieser Teilermenge gehören immer zwei Teiler zusammen, denn $1 \cdot 24 = 24$
und $2 \cdot 12 = 24$
und $3 \cdot 8 = 24$
und $4 \cdot 6 = 24$

▶9 ▶10 ▶10

W

Wenn eine Zahl genau zwei Teiler hat, nämlich die 1 und sich selbst, dann heißt die Zahl **Primzahl**.
Die Teilermenge enthält genau zwei Teiler.

$T_{37} = \{1; 37\}$, also ist 37 eine Primzahl.
$T_2 = \{1; 2\}$, also ist 2 eine Primzahl.
$T_1 = \{1\}$, also ist 1 **keine** Primzahl.

▶ **Aufgabe** Welche der Zahlen 8, 9 und 11 sind Primzahlen? ▶12 ▶12 ▶15

1 Berechne die Quersumme.
Beispiel 827 Quersumme 8 + 2 + 7 = 17
a) 34 b) 76 c) 134
d) 254 e) 578 f) 918
g) 6078 h) 7820 i) 5402

2 Ist die Zahl durch 3 teilbar?
Beispiel 513 Quersumme 5 + 1 + 3 = 9
Die Quersumme 9 ist durch 3 teilbar.
Also ist 513 durch 3 teilbar.
a) 556 b) 711 c) 1925
d) 2004 e) 5145 f) 6066

3 Opa Rudi hat 86 Euro. Kann er das Geld gleichmäßig auf seine drei Enkel verteilen? Mache einen Vorschlag, was Opa Rudi tun kann.

4 Bauer Franz will einen Zaun um eine Weide bauen. Der Zaun wird insgesamt 168 m lang. Alle 3 m soll ein Pfosten stehen.
Ist das möglich? Begründe mit einer Rechnung.
Wie viele Pfosten braucht Bauer Franz? ► 4

5 Ist die Zahl durch 9 teilbar? Begründe.
Beispiel 295 Quersumme 2 + 9 + 5 = 16
Die Quersumme 16 ist nicht durch 9 teilbar.
Also ist 295 nicht durch 9 teilbar.
a) 87 b) 99 c) 105 d) 199
e) 1287 f) 918 g) 1070 h) 1845

6 Schreibe die Zahlen in dein Heft.
59 72 153 161 594 779
a) Streiche alle Zahlen, die durch 9 teilbar sind.
b) Addiere alle Zahlen, die übrig bleiben.
Du erhältst eine besondere Zahl.

7 Ist die Zahl durch 3 und durch 9 teilbar?
Beispiel 735 Quersumme 7 + 3 + 5 = 15
Die Quersumme 15 ist durch 3 teilbar.
Also ist 735 durch 3 teilbar.
Die Quersumme 15 ist nicht durch 9 teilbar.
Also ist 735 nicht durch 9 teilbar.
a) 24 b) 235 c) 540
d) 782 e) 1086 f) 2090

8 Sind diese Zahlen durch 9 teilbar?
888 584 111 909 765 731
123 801 444 270 220 961
Wie schwer war es zu entscheiden, ob die Zahl durch 9 teilbar ist?
Teilt die Zahlen in drei Gruppen ein:
① leicht ② mittel ③ schwer
Begründet eure Einteilung. ► 9

9 T_{10} bedeutet: Dies sind alle Teiler von 10.
Ergänze die fehlenden Teiler in deinem Heft.
a) T_{10} = {1; 2; ■; 10}
b) T_{15} = {1; 3; ■; ■}
c) T_{20} = {1; 2; ■; 5; 10; ■}
d) T_{12} = {1; ■; 3; ■; 6; 12}

10 Ergänze den Text über Teilermengen.
Jede Teilermenge beginnt mit ■.
Die Zahl selbst steht immer am ■.

11 Ergänze die fehlenden Teiler in deinem Heft.
a) T_{14} = {1; ■; ■; 14} b) T_{22} = {■; ■; ■; ■}
c) T_{35} = {■; ■; ■; ■} d) T_{25} = {■; ■; ■}
e) T_{24} = {■; ■; ■; ■; ■; ■; ■; ■} ► 12

12 Bestimme die Teilermenge.
a) T_7 b) T_9 c) T_{17} d) T_{27}
e) Welche Teilermengen gehören zu Primzahlen? Kreise sie im Heft ein.
f) Woran hast du die Primzahlen erkannt?

13 Schreibe die Zahlen von 1 bis 20 in dein Heft.
Markiere alle Primzahlen. Lerne sie auswendig.

Sprachhilfe zu 3: Beginne so: Opa Rudi kann …
Sprachhilfe zu 4: Weide: Auf dieser Fläche mit Gras und Pflanzen fressen (weiden) Tiere.
Tipp zu 9, 11 und 12: Immer zwei Teiler gehören zusammen, zum Beispiel 1 · 10 = 10 und 2 · ? = 10.

1 Berechne die Quersumme.
a) 55 b) 193 c) 337
d) 609 e) 1978 f) 7018
g) 10 708 h) 27 826 i) 41 605

2 Janina sagt: „Je größer die Zahl ist, desto größer ist ihre Quersumme".
Finde drei Beispiele, für die das nicht stimmt.
Beginne mit 23 und finde eine Zahl, die größer ist als 23, aber eine kleinere Quersumme hat.

3 Sind die Zahlen durch 3 teilbar?
Berechne die Quersumme und entscheide.
a) 189 b) 236 c) 777 d) 819
e) 1067 f) 3497 g) 61 292 h) 80 829

4 Oma Herta möchte ihren drei Enkelkindern Geld schenken. Jedes Enkelkind soll gleich viel Geld bekommen. Welche der vier Summen sollte Oma Herta wählen? Begründe.

100 € 110 € 105 € 115 €

5 Lina sagt: „Eine Zahl aus drei gleichen Ziffern ist immer durch 3 teilbar."
a) Finde drei Beispiele. Prüfe die Aussage.
b) Begründe, warum das immer stimmt. ► 5

6 Prüfe, ob die Zahl durch 9 teilbar ist.
a) 96 b) 162 c) 558 d) 665
e) 945 f) 1871 g) 9837 h) 18 182

7 Prüfe, ob die Zahlen durch 9 teilbar sind.
a) 927; 297; 729; 279; 972; 792
b) 1037; 7031; 1370; 3701; 3170; 7301
c) Was ist dir aufgefallen?

8 Teilbar durch 3 und teilbar durch 9.
a) Übertrage die Tabelle in dein Heft. Kreuze an.

	27	33	36	49	102	121
teilbar durch 3	✗					
teilbar durch 9						

b) Stimmen die Aussagen? Begründe.
① Wenn eine Zahl durch 3 teilbar ist, dann ist sie auch durch 9 teilbar.
② Wenn eine Zahl durch 9 teilbar ist, dann ist sie auch durch 3 teilbar.
③ Wenn eine Zahl nicht durch 9 teilbar ist, dann ist sie auch nicht durch 3 teilbar.

9 Bilde aus den Ziffern 4, 6 und 8 alle möglichen dreistelligen Zahlen.
a) Welche der Zahlen sind durch 9 teilbar?
b) Warum reicht es aus, nur eine der Zahlen auf Teilbarkeit durch 9 zu untersuchen?

10 Jonas sagt: „Wenn eine Zahl gleichzeitig durch 2 und 3 teilbar ist, dann ist sie durch 6 teilbar."
Prüfe die Aussage an den folgenden Zahlen:
12; 15; 22; 24; 33; 42; 60; 75 ► 9

11 Ergänze die fehlenden Teiler in deinem Heft.
Tipp: Immer zwei Teiler gehören zusammen.
a) T_{63} = {1; 3; ■; 9; ■; 63}
b) T_{55} = {1; 5; ■; 55}
c) T_{81} = {1; 3; ■; ■; 81}
d) T_{57} = {■; 3; ■; 57}
e) T_{72} = {1; 2; 3; 4; 6; 8; ■; ■; ■; ■; ■; ■}
f) T_{48} = {■; ■; ■; ■; ■; ■; ■; ■; ■; ■}
g) T_{105} = {■; ■; ■; ■; ■; ■; ■; ■} ► 15

12 Bestimme die Teilermengen. Kennzeichne die Teilermengen von Primzahlen rot.
a) T_{28} b) T_{29} c) T_{47} d) T_{51} e) T_{61}

13 Notiere alle Primzahlen, die kleiner als 30 sind.
Bei welchen Zahlen weißt du sofort, dass es keine Primzahlen sind?
Lerne die Primzahlen auswendig.

14 Bei einem Sommerlager stellen sich 30 Kinder in einen Kreis und sollen Aufgaben erfüllen.
Gestartet wird immer bei dem gleichen Kind.
- Jedes zweite Kind soll einen Schuh ausziehen.
- Jedes dritte Kind soll sich umdrehen.
- Jedes fünfte Kind soll ein Lied singen.

Eine Skizze hilft dir, die Fragen zu beantworten:
a) Wie viele Kinder müssen alle Aufgaben erfüllen? An der wievielten Stelle stehen sie?
b) Wie viele Kinder mit nur einem Schuh schauen in die andere Richtung? Begründe.
c) Wie viele Kinder bekommen keine Aufgabe? An welchen Stellen stehen sie?

1 Prüfe, ob die Zahl durch 3 teilbar ist.
a) 89 b) 184 c) 255 d) 803
e) 1371 f) 5829 g) 8038 h) 53 792

2 Bestimme die nächstgrößere Zahl, die durch 3 teilbar ist.
a) 38 b) 67 c) 232
d) 256 e) 671 f) 974
g) 2147 h) 5692 i) 10 421

3 Leonie sagt: „Wenn ich eine zehnstellige Zahl aus allen Ziffern von 0 bis 9 bilde, dann ist die Zahl immer durch 3 teilbar. Die Reihenfolge der Ziffern ist egal.“ Stimmt das? Begründe.

4 Die U-Bahn in Barcelona fährt alle 3 Minuten. Die erste Bahn fährt um 5:00 Uhr.
Muss man warten, wenn man um 6:27 Uhr am Bahnsteig ist? Bestimme zuerst, wie viele Minuten von 5:00 Uhr bis 6:27 Uhr vergehen.

5 Prüfe, ob die Zahl durch 9 teilbar ist.
a) 639 b) 236 c) 457 d) 1067
e) 1395 f) 3781 g) 8217 h) 91 112

6 Ergänze die Lücken, sodass die Zahl durch 9 teilbar ist.
a) 23■ b) 35■ c) 561■
d) 891■ e) 10 54■ f) 23 72■

7 Übertrage die Tabelle in dein Heft. Kreuze an. Formuliere eine Teilbarkeitsregel für die 6.

	teilbar durch 2	teilbar durch 3	teilbar durch 6
234			
1378			
2091			
5892			
10 002			

8 Prüfe, ob die Zahlen durch 6 teilbar sind.
a) 75 b) 84 c) 186 d) 288
e) 1062 f) 2204 g) 2781 h) 52 654

9 Ayaz sagt: „Wenn eine Zahl gleichzeitig durch 2 und durch 4 teilbar ist, dann ist sie auch durch 8 teilbar, denn $2 \cdot 4 = 8$.“
Finde mehrere Beispiele und überprüfe die Aussage.

10 Ergänze die Teilermenge in deinem Heft.
a) T_{56} = {1; ■; ■; 7; ■; 14; ■; 56}
b) T_{68} = {■; ■; ■; 17; ■; 68}
c) T_{42} = {■; ■; ■; 6; ■; ■; ■; ■}
d) T_{35} = {■; ■; ■; ■}
e) T_{108} = {■; ■; ■; ■; ■; ■; ■; ■; ■; ■; ■; ■}

11 Bestimme die Teilermenge.
a) T_{60} b) T_{72} c) T_{90} d) T_{120} e) T_{175}

12 Bestimme die Teilermengen von 36, von 64, von 81 und von 144. Warum haben diese Zahlen eine ungerade Anzahl von Teilern?

13 Überprüfe mit mehreren Beispielen, ob die Aussage stimmt.
a) Je größer die Zahl, desto mehr Teiler enthält ihre Teilermenge.
b) Eine gerade Zahl hat immer eine gerade Anzahl von Teilern.

14 Bestimme die Teilermengen und kennzeichne die Teilermengen von Primzahlen rot.
a) T_{57} b) T_{69} c) T_{79} d) T_{91} e) T_{111}

15 Beim Fußballtraining jonglieren zwei Spielerinnen mit einem Ball. Immer bei einer Primzahl muss der Ball zur anderen gespielt werden.

Also so:
Spielerin 1 hat den 1. und den 2. Ballkontakt,
Spielerin 2 hat den 3. Ballkontakt,
Spielerin 1 hat den 4. und 5. Ballkontakt, …

Spielerin 1	1, 2		4, 5		
Spielerin 2		3			

Ergänze die Tabelle bis zum 50. Ballkontakt.
Wer hatte den Ball öfter?

16 Für alle Zahlen größer als 1 gilt: Zwischen jeder Zahl und ihrem Doppelten liegt mindestens eine Primzahl. Nenne mindestens eine Primzahl zwischen den beiden Zahlen.
a) 2 und 4 b) 4 und 8
c) 8 und 16 d) 15 und 30
e) 33 und 66 f) 45 und 90

Der größte gemeinsame Teiler (ggT)

Du kannst für eine Zahl bestimmen, welche Teiler die Zahl hat.
Du kannst auch für zwei Zahlen bestimmen, welche Teiler die zwei Zahlen gemeinsam haben.
Ein besonderer Teiler ist der größte gemeinsame Teiler (ggT) von zwei Zahlen.
Der größte gemeinsame Teiler (ggT) hilft dir später, Brüche mit großen Zahlen einfacher zu schreiben.

Es gibt zwei Methoden, wie du den ggT von zwei Zahlen bestimmen kannst.

Methode 1: Vergleich der Teilermengen

- Bestimme die **Teilermengen** der beiden Zahlen.
- Unterstreiche die gemeinsamen Teiler, die in beiden Teilermengen enthalten sind.
- Die **größte Zahl** ist der ggT.

Bestimme den ggT von 30 und 42.
Teilermengen:
$T_{30} = \{\underline{1}, \underline{2}, \underline{3}, 5, \underline{6}, 10, 15, 30\}$
$T_{42} = \{\underline{1}, \underline{2}, \underline{3}, \underline{6}, 7, 14, 21, 42\}$
Die gemeinsamen Teiler sind 1, 2, 3 und **6**.
ggT (30, 42) = 6.

Methode 2: Primfaktorzerlegung

Wenn du eine Zahl als ein Produkt aus Primzahlen schreibst, dann ist das eine **Primfaktorzerlegung**.

$42 = 2 \cdot 3 \cdot 7$
ist die **Primfaktorzerlegung** von 42.

So findest du die Primfaktorzerlegung einer Zahl:

- Finde die kleinste Primzahl, die ein Teiler der Zahl ist.
- Dividiere die Zahl durch diese Primzahl.
- Schreibe die Zahl als Produkt aus Primzahl und Ergebnis.
- Finde für das Ergebnis wieder die kleinste Primzahl, die ein Teiler ist und dividiere … und so weiter.

Finde die Primfaktorzerlegung von 30.
Die Primzahl 2 ist ein Teiler von 30.
$30 : 2 = 15$
$30 = 2 \cdot 15$

Die Primzahl 3 ist ein Teiler von 15.
$15 : 3 = 5$, also ist $30 = 2 \cdot 3 \cdot 5$

Gehe so vor, um den **ggT** von zwei Zahlen zu finden:

- Notiere die Primfaktorzerlegungen für beide Zahlen.
- Unterstreiche die Primzahlen, die in beiden Primfaktorzerlegungen vorkommen.
- Multipliziere die unterstrichenen Primzahlen. Das Ergebnis ist der ggT von beiden Zahlen.

Finde den ggT von 30 und 42.
$30 = \underline{2} \cdot \underline{3} \cdot 5$ und
$42 = \underline{2} \cdot \underline{3} \cdot 7$

$2 \cdot 3 = 6$
ggT (30, 42) = 6

1 Bestimme die Primfaktorzerlegung.
a) 12 b) 24 c) 32 d) 55 e) 47 f) 210 g) 1000

2 Bestimme den größten gemeinsamen Teiler.
a) ggT (12, 20) b) ggT (21, 4) c) ggT (30, 140) d) ggT (84, 126) e) ggT (112, 144)

3 Ein Schwimmbecken ist 42 dm lang, 21 dm breit und 15 dm tief. Es sollen quadratische Fliesen verlegt werden.
a) Passen Fliesen mit einer Seitenlänge von 2 dm?
b) Finde eine Möglichkeit für eine Seitenlänge der Fliesen. Die Seitenlänge muss für die Länge, die Breite und die Höhe des Schwimmbeckens passen.
c) Wie groß ist die größte mögliche Fliese?

Das kleinste gemeinsame Vielfache (kgV)

Du kannst für eine Zahl bestimmen, welche Vielfachen die Zahl hat.
Du kannst auch für zwei Zahlen bestimmen, welche Vielfachen die zwei Zahlen gemeinsam haben.
Das kleinste gemeinsame Vielfache (kgV) von zwei Zahlen hilft dir, wenn du mit Brüchen rechnest.

Es gibt zwei Methoden, wie du das kgV von zwei Zahlen bestimmen kannst.

Methode 1: Vergleich der Vielfachen • Bestimme die **Vielfachen** der beiden Zahlen. • Finde die **kleinste Zahl**, die bei den Vielfachen beider Zahlen vorkommt.	Bestimme das kgV von 9 und 12. Die Vielfachen von 9 sind: 9, 18, 27, 36, 45, 54, 63, … Die Vielfachen von 12 sind: 12, 24, 36, 48, 60, … Das kleinste gemeinsame Vielfache ist 36. kgV (9, 12) = 36
Methode 2: Primfaktorzerlegung Gehe so vor: • Bestimme die beiden Primfaktorzerlegungen. Gehe so vor wie auf der vorherigen Seite bei Methode 2 beschrieben. • Wenn eine Primzahl in **einer** Zerlegung zweimal, dreimal, … auftritt, dann notierst du sie auch zweimal, dreimal, … Aber wenn eine Primzahl in **beiden** Zerlegungen auftritt, dann notierst du sie nur einmal. • Multipliziere die notierten Primzahlen.	Bestimme das kgV von 9 und 12. Primfaktorzerlegungen $9 = 3 \cdot 3$ $12 = 2 \cdot 2 \cdot 3$ Es treten die Primfaktoren 2, 2, 3 und 3 auf. $2 \cdot 2 \cdot 3 \cdot 3 = 36$ Also ist kgV (9, 12) = 36.

1 Bestimme das kleinste gemeinsame Vielfache.
a) kgV (6, 9) b) kgV (9, 12) c) kgV (6, 8) d) kgV (14, 21) e) kgV (18, 60)

2 Nenne zwei Zahlen mit folgendem kgV und erkläre dein Vorgehen.
a) 10 b) 15 c) 20 d) 42 e) 36 f) 60

3 Die Gangster Al und Capone tauchen regelmäßig in der Kneipe „Black Sheep" auf.
Al kommt jeden dritten Tag, Capone jeden fünften Tag. Wann treffen sie sich zum ersten Mal?
Schreibe für jeden Gangster auf, am wievielten Tag er in die Kneipe kommt.

4 Die Buslinien A, B und C fahren morgens um 6:00 Uhr gleichzeitig am Hauptbahnhof ab.
Danach fährt Linie A alle 10 Minuten,
Linie B alle 12 Minuten und Linie C alle 20 Minuten.
Wann fahren wieder alle drei Linien gleichzeitig ab?
Schreibe für jede Linie auf, wann sie abfährt.

Kompetenz	☒

1 Ich kenne die Fachbegriffe Teiler und Vielfaches.

→ Lies auf **Seite 8** nach.

1 Teiler oder Vielfaches? Ergänze im Heft.

a) 60 ist ein ■ von 10.
b) 7 ist ein ■ von 63.
c) 9 ist ein ■ von 81.
d) 81 ist ein ■ von 9.

---

2 Ich kann prüfen, ob eine Zahl durch eine andere Zahl teilbar ist.

→ Lies auf **Seite 8** nach.

2 Prüfe, ob die Zahl teilbar ist.
Ergänze im Heft die Rechnung und die Antwort.

a) Ist 42 durch 6 teilbar? 42 : 6 = ■, also ist 42 …
b) Ist 98 durch 8 teilbar? 98 : 8 = ■, also ist 98 …
c) Ist 91 durch 7 teilbar? 91 : 7 = ■, also ist 91 …

---

3 Ich kann die Teilbarkeitsregeln für 2, für 5, für 10 und für 4 anwenden.

→ Lies auf **Seite 8** nach.

3 Übertrage in dein Heft.
Kreuze an, ob die Zahlen teilbar sind.

	teilbar durch 2	teilbar durch 5	teilbar durch 10	teilbar durch 4
75				
82				
190				
216				

---

4 Ich kann die Teilbarkeitsregeln für 3 und für 9 anwenden.

→ Lies auf **Seite 12** nach.

4 Berechne zuerst die Quersumme. Prüfe dann:
Ist die Zahl durch 3 teilbar?
Ist die Zahl durch 9 teilbar?

a) 51 b) 117 c) 305

---

5 Ich kann die Teilermenge einer Zahl bestimmen.

→ Lies auf **Seite 12** nach.

5 Ergänze die fehlenden Teiler in deinem Heft.

a) T_{20} = {1; ■; 4; ■; ■; 20}
b) T_{40} = {1; ■; ■; 5; ■; 10; ■; ■}
c) T_{60} = {■; 2; 3; 4, ■; ■; 10; 12; ■; ■; ■; 60}

---

6 Ich kann Primzahlen erkennen.

→ Lies auf **Seite 12** nach.

6 Sind die Zahlen Primzahlen?

a) 17 b) 43 c) 51 d) 77

---

7 Ich kann Sachaufgaben zur Teilbarkeit lösen.

→ Lies auf **Seite 16 und 17** nach.

7 Der Bus zum Schwimmbad fährt alle 15 Minuten.
Um 14 Uhr fährt ein Bus.

a) Um wie viel Uhr fahren die nächsten vier Busse?
b) Fährt ein Bus um 15:25 Uhr?

→ Lösungen auf Seite 236 und 237

☒

1 Ergänze die fehlende Ziffer in deinem Heft.
a) 7 ist ein Teiler von 5■.
b) 9 ist ein Teiler von ■7.
c) 4■ ist ein Vielfaches von 11.
d) ■5 ist ein Vielfaches von 9.

2 Entscheide und begründe mit einer Rechnung.
a) Ist 98 durch 7 teilbar?
b) Ist 145 durch 15 teilbar?
c) Ist 143 durch 13 teilbar?

3 Untersuche die sechs Zahlen
258; 285; 528; 582; 825; 852.
a) Welche Zahlen sind durch 2 teilbar?
b) Welche Zahlen sind durch 5 teilbar?
c) Welche Zahlen sind durch 4 teilbar?
d) Tausche die Ziffer 8 in den Zahlen oben durch eine andere Ziffer aus. Dabei sollen zwei Zahlen entstehen, die durch 10 teilbar sind. Notiere die beiden neuen Zahlen.

4 Prüfe, ob die Zahl durch 3 teilbar ist.
Ist die Zahl auch durch 9 teilbar?
a) 657 b) 892 c) 1065

5 Bestimme die Teilermenge.
a) T_{42} = {1; 2; ■; ■; ■; 14; ■; 42}
b) T_{65} = {1; ■; ■; ■}
c) T_{24} = …

6 Finde zwei Primzahlen zwischen den Zahlen.
a) 16 und 32 b) 37 und 74 c) 75 und 150

7 Der Bus zum Bahnhof fährt alle 12 Minuten.
Um 11 Uhr fährt ein Bus.
a) Um wie viel Uhr fahren die nächsten vier Busse?
b) Wie lange musst du warten, wenn du um 11:52 Uhr an die Bushaltestelle kommst?

☒

1 Ergänze die fehlende Ziffer in deinem Heft.
a) 8 ist ein Teiler von 9■.
b) 7 ist ein Teiler von 2■0.
c) ■2 ist ein Vielfaches von 12.
d) 1■6 ist ein Vielfaches von 14.

2 Entscheide und begründe.
a) Ist 112 durch 8 teilbar?
b) Ist 112 durch 12 teilbar?
c) Ist 68 durch 17 teilbar?

3 Bilde aus den Ziffern 4, 5 und 6 sechs dreistellige Zahlen.
a) Welche Zahlen sind durch 2 teilbar?
b) Welche Zahlen sind durch 5 teilbar?
c) Welche Zahlen sind durch 4 teilbar?
d) Nun sollen auch zwei Zahlen entstehen, die durch 10 teilbar sind.
Tausche eine Ziffer passend aus.

4 Bestimme zuerst die nächstkleinere Zahl, die durch 3 teilbar ist. Prüfe dann, ob diese Zahl auch durch 9 teilbar ist.
a) 58 b) 335 c) 974

5 Bestimme die Teilermenge.
a) T_{28} b) T_{53}
c) T_{69} d) T_{78}

6 Prüfe, ob es sich um Primzahlen handelt.
a) 11 b) 101 c) 1001

7 Der Bus zum Bahnhof fährt alle 12 Minuten ab. Der Bus zum Zoo fährt alle 16 Minuten ab. Um 10 Uhr fahren beide Busse gleichzeitig ab.
a) Gib an, wann die nächsten vier Busse zum Zoo abfahren.
b) Wann fahren die beiden Busse wieder gleichzeitig ab?

→ Lösungen auf Seite 237

Teilbarkeitsrallye – ein Spiel für 2 bis 4 Spieler

Ihr braucht einen Würfel und eine Spielfigur für jede Spielerin und jeden Spieler.

Stellt eure Figuren zu Beginn auf die 1. Legt fest, wer beginnt.
Würfle eine Zahl. Prüfe: Welches ist die nächste Zahl, die durch die gewürfelte Zahl teilbar ist?
Rücke bis zu dieser Zahl vor.

Beispiele
Du stehst auf der 9.
Wenn du eine 1, eine 2 oder eine 5 würfelst, dann darfst du nur bis zur 10 gehen, denn 10 ist durch 1, durch 2 und durch 5 teilbar.
Wenn du eine 3 würfelst, dann darfst du bis zur 12 gehen.
Denn 10 und 11 sind nicht durch 3 teilbar, aber 12 ist teilbar durch 3.

Es können mehrere Figuren auf einer Zahl stehen, denn es wird ohne Rauswerfen gespielt.
Gewonnen hat, wer zuerst die 60 erreicht.

Spielt das Spiel.
Beantwortet nach dem Spiel die folgenden Fragen.

1 Wie weit darfst du gehen?
a) Du stehst auf der 17 und würfelst eine 5.
b) Du stehst auf der 25 und würfelst eine 6.
c) Finde drei weitere Beispiele.

2 Du würfelst eine 2. In welchen Fällen kommst du nur ein Feld weiter?
Wann kommst du zwei Felder weiter?

3 Du stehst irgendwo und würfelst eine 5. Beschreibe, welche Felder du erreichen kannst.

4 Warum wurde als letzte Zahl die 60 gewählt?

1 Teiler oder Vielfaches? Was passt?
Fülle die Lücken in deinem Heft.
a) 48 ist ein ■ von 8.
b) 7 ist ein ■ von 56.
c) 9 ist ein ■ von 63.
d) 77 ist ein ■ von 11.

2 Untersuche die Zahlen 12; 15; 16; 45; 56; 70.
a) Welche Zahlen sind durch 5 teilbar?
b) Welche Zahlen sind Vielfache von 7?
c) Welche Zahlen sind durch 3, aber nicht durch 2 teilbar?

3 Übertrage die Tabelle in dein Heft. Kreuze an.

		teilbar durch 2	teilbar durch 5	teilbar durch 4
a)	**24**			
b)	**135**			
c)	**240**			
d)	**582**			
e)	**1086**			

4 Adam hat einen Kuchen gebacken. In wie viele Stücke hat Adam den Kuchen geschnitten?

Jeder soll gleich viele Stücke bekommen.
Ergänze die Sätze in deinem Heft:
a) Wenn 2 Personen da sind, dann bekommt jeder …
b) Wenn 3 Personen da sind, dann …
c) Wenn 4 Personen da sind, dann …
d) Was passiert, wenn 5 Personen da sind?

5 Ist die Zahl durch 3 und durch 9 teilbar? Begründe.
Beispiel 816 Quersumme 8 + 1 + 6 = 15
Die Quersumme 15 ist durch 3 teilbar, aber nicht durch 9. Also ist 816 …
a) 423 b) 376 c) 711
d) 1378 e) 5081 f) 10 302

6 Welche dieser Zahlen sind Primzahlen?

43 39 45 31 63 41
45 62 19 81 21

▸ 6

7 Finde alle Teiler der Zahl.
Schreibe die Teilermenge auf.
Beispiel 28 $1 \cdot 28$
$2 \cdot 14$
$4 \cdot 7$
Die Teiler von 28 sind $T_{28} = \{1, 2, 4, 7, 14, 28\}$.
a) 30 b) 32 c) 36 d) 42 e) 48

8 ▼ Ergänze die Teilermenge in deinem Heft.
a) T_{18} = {1; ■; ■; ■; ■; 18}
b) T_{34} = {■; ■; ■; ■}
c) T_{40} = {■; ■; ■; ■; ■; ■; ■; ■}
d) T_{56} = {■; ■; ■; ■; ■; ■; ■; ■}
e) T_{63} = {■; ■; ■; ■; ■; ■}
f) T_{70} = {■; ■; ■; ■; ■; ■; ■; ■}

▸ 9

9 Jede Schülerin und jeder Schüler hat 3 € in die Klassenkasse eingezahlt.
a) In der Klassenkasse der 6 a sind 87 €. Berechne, wie viele Schülerinnen und Schüler in der Klasse sind.
b) Der Lehrer der 6 b zählt das Geld und kommt auf 82 €. Kann das stimmen? Begründe.

10 24 Kekse kann man gut auf 6 Personen aufteilen. Adrian isst heimlich 3 Kekse. Was könnte Adrian tun, damit die restlichen Kekse wieder durch 6 teilbar sind?

11 ▼ In die 6 b gehen 12 Jungen und 16 Mädchen. Sie sollen in gleich großen Gruppen arbeiten.
a) Berechne, welche Gruppen möglich sind.
b) Jungen und Mädchen wollen nicht zusammenarbeiten. Berechne, welche Gruppen jetzt möglich sind.
c) An einem Tag sind insgesamt 5 Kinder krank. Berechne, welche Gruppen jetzt möglich sind. Begründe.

Unter diesen Zahlen sind alle Teiler, die du für Aufgabe **8** brauchst:
1; 2; 3; 4; 5; 6; 7; 8; 9; 10; 14; 17; 20; 21; 28; 34; 35; 40; 56; 63; 70
Sprachhilfe zu **11c**: Beginne so: Es sind ■ Kinder. Sie können sich ■ aufteilen, weil …

Vermischte Übungen ☒

1 Untersuche die Zahlen
45; 68; 81; 96; 123; 144; 375; 1256.
a) Welche Zahlen sind durch 5 teilbar?
b) Welche Zahlen sind Vielfache von 7?
c) Welche Zahlen sind durch 4 teilbar?
d) Welche Zahlen sind durch 3, aber nicht durch 6 teilbar?

2 Übertrage die Tabelle in dein Heft und untersuche die Teilbarkeit der Zahlen. Kreuze an.

		teilbar durch 2	teilbar durch 3	teilbar durch 4	teilbar durch 6
a)	**124**				
b)	**356**				
c)	**1645**				
d)	**2214**				
e)	**6309**				

3 Zofia möchte diesen Kuchen backen:

3 Eier
375 g Zucker
2 Teelöffel Vanillezucker
450 mℓ Milch
450 g Mehl
200 g Butter
1 Päckchen Backpulver

Zofia hat eine kleinere Kuchenform.
Deshalb braucht sie nur ein Drittel des Teigs.
a) Bei welchen Zutaten ist es einfach, die Menge durch 3 zu teilen?
b) Schreibt das Rezept für Zofia um. Überlegt, wie ihr mit den Zutaten umgeht, die sich nicht gut durch 3 teilen lassen.

4 Diese vier Zahlen sind durch 3 teilbar:
1653; 40 791; 67 551; 92 253.
a) Vertausche zwei Ziffern, sodass die vier Zahlen durch 2 und durch 3 teilbar sind.
b) Vertausche zwei Ziffern, sodass die vier Zahlen durch 3 und durch 5 teilbar sind.

5 Ergänze die Ziffer, sodass die Zahl durch 9 teilbar ist: 14□; 6□7; 89□2; 72□02.

6 Damian hat einen Trick angewendet.
Ist 224 durch 7 teilbar?
224 = 210 + 14 210 und 14 sind durch 7 teilbar, also ist auch 224 durch 7 teilbar.
a) Beschreibe, wie Damian vorgegangen ist.
b) Prüfe, ob Damians Trick funktioniert. Dividiere dazu 224 durch 7.
c) Wende Damians Trick an:
① Ist 272 durch 8 teilbar?
② Ist 364 durch 11 teilbar?
③ Ist 412 durch 8 teilbar?

▶ 6

7 Stellt euch mit der ganzen Klasse in eine Reihe. Zählt beginnend mit 2 ab. Jeder merkt sich seine Zahl.
Dann geht die 2 die Reihe entlang und tippt alle Zahlen an, die durch 2 teilbar sind. Diese Schüler hocken sich hin. Die 2 stellt sich zurück. Als nächstes ist die 3 dran und dann die 5.
Warum seid ihr jetzt schon fertig?
Welche Zahlen bleiben stehen?

8 ▼ Bestimme die Teilermenge.
a) T_{30} b) T_{42} c) T_{56} d) T_{59} e) T_{65}

9 Finde die Fehler und korrigiere sie im Heft.
a) $T_{42} = \{1; 2; 3; 4; 6, 7; 16; 21; 42\}$
b) $T_{45} = \{1; 3; 5; 9; 45\}$
c) $T_{32} = \{1; 2; 4; 8; 12; 16; 32\}$
d) $T_{36} = \{1; 2; 3; 4; 6; 6; 12; 16; 36\}$
e) $T_{75} = \{1; 3; 5; 25; 75\}$

10 Paula sagt: „111 ist größer als 20. Also ist auch T_{111} größer als T_{20}." Stimmt das?

▶ 9

11 In der 6 b sind 20 Mädchen und 10 Jungen. Im Sportunterricht sollen sich alle in gleich große Mannschaften einteilen.
a) Berechne, welche Möglichkeiten es gibt.
b) Wie viele Möglichkeiten gibt es jeweils für die Jungen und für die Mädchen, wenn sie nicht in eine Mannschaft wollen?
c) Ein Mädchen geht lieber in eine Jungen-Mannschaft. Berechne, welche Möglichkeiten es nun gibt.

Unter diesen Zahlen sind alle Teiler, die du für Aufgabe **8** brauchst:
1; 2; 3; 4; 5; 6; 7; 8; 9; 10; 13; 14; 15; 17; 20; 21; 28; 30; 35; 42; 56; 59; 65

Vermischte Übungen ☒

1 Untersuche die Zahlen
55; 84; 121; 248; 375; 1464; 2233.
a) Welche Zahlen sind durch 8 teilbar?
b) Welche Zahlen sind Vielfache von 11?
c) Welche Zahlen sind durch 6 teilbar?

2 Zerlege die Zahl in eine Summe. Finde so heraus, ob die Zahl durch 7 teilbar ist.

Beispiel Ist 4860 durch 7 teilbar?
4860 = 4200 + 630 + 30
4200 und 630 sind durch 7 teilbar, aber 30 ist nicht durch 7 teilbar, also ist 4860 nicht durch 7 teilbar.

a) 765 b) 1547 c) 2394 d) 6514

3 Finde die nächstgrößere Zahl, die durch 3 und durch 9 teilbar ist.
a) 42 b) 65 c) 124 d) 378 e) 987

4 Ergänze die fehlenden Ziffern.
a) Die Zahlen sollen durch 3, aber nicht durch 5 teilbar sein.
43■; 67■; 291■; 871■; 1053■
b) Die Zahlen sollen durch 3, aber nicht durch 2 teilbar sein.
53■; 65■; 591■; 871■; 1154■
c) Die Zahlen sollen durch 2, aber nicht durch 3 und nicht durch 10 teilbar sein.
65■; 88■; 573■; 871■; 1145■

5 Finde Beispiele und überprüfe die Aussage.
a) Wenn eine Zahl durch 3 und 4 teilbar ist, dann ist sie auch durch 12 teilbar.
b) Wenn eine Zahl durch 2 und 6 teilbar ist, dann ist sie auch durch 12 teilbar.
c) Wenn eine Zahl durch 3 und 5 teilbar ist, dann ist sie auch durch 15 teilbar.

6 Wenn du bei einer zweistelligen Zahl die beiden Ziffern vertauschst, dann erhältst du wieder eine zweistellige Zahl.
Beispiel 25 und 52
a) Finde Primzahlen, bei denen die Zahl mit vertauschten Ziffern auch eine Primzahl ist.
b) Bei welchen Primzahlen können die Zahlen mit den vertauschten Ziffern keine Primzahlen sein?

7 Bestimme die Teilermenge.
a) T_{38} b) T_{45} c) T_{49} d) T_{65} e) T_{91}

8 Die Zahlen einer Teilaufgabe gehören zu zwei verschiedenen Teilermengen. Sortiere die Zahlen und gib beide Teilermengen an.
a) 1; 3; 42; 2; 1; 7; 35; 7; 6; 5; 21; 14
b) 30; 2; 2; 15; 16; 8; 4; 1; 1; 5; 6; 10; 3
c) 1; 20; 15; 4; 5; 5; 3; 40; 10; 8; 1; 2

9 Nenne mindestens zwei Zahlen mit genau …
a) zwei Teilern. b) drei Teilern.
c) vier Teilern.

10 Familie Winter möchte an zwei Seiten ihres Gartens einen Zaun aufstellen.

Der Garten ist 5,60 m lang und 7,20 m breit. Der Zaun soll aus mehreren Zaunteilen bestehen, die alle die gleiche Länge haben. Berechne, wie lang die Zaunteile sein können.

11 Die Fußball-D-Jugend plant ein Sommerfest. Alle 30 Spieler stellen sich in eine Reihe, sortiert nach ihren Rückennummern.

Der Trainer startet immer beim ersten Spieler: Jeder zweite soll eine Flasche Saft mitbringen. Jeder dritte soll Knabberzeug mitbringen. Jeder fünfte soll einen Kuchen backen und jeder zehnte ist zum Aufbauen eingeteilt.
a) Ist die Einteilung gerecht? Begründe.
b) Wie viele Spieler müssen alles machen? Welche Rückennummern haben sie?
c) Wer muss gar keinen Beitrag leisten? Gib die Rückennummern an.

12 Für sechs aufeinanderfolgende dreistellige Zahlen soll gelten: Die Zahl ist immer durch ihre letzte Ziffer teilbar.
Finde verschiedene Möglichkeiten.

Süß und lecker

Für das Schulfest bereitet die Klasse 6 c einen Stand mit Süßigkeiten vor.

der Dominostein

die Gummischlange

der Apfelkuchen

das Blech mit Muffins

der „kalte Hund“

A Lara und Milena backen 2 Bleche mit Muffins. Wie viele Muffins werden das? Wie viele Muffins werden es bei 3, bei 4 und bei 5 Blechen?

B Igors Vater schneidet den Apfelkuchen in 30 Stücke. Wie viele Personen können sich die Stücke gut aufteilen? Wie viele Stücke bekommt dann jede oder jeder? Begründe.

C Alicia möchte kleine Tüten mit Gummischlangen anbieten. In jeder Tüte sollen gleich viele Gummischlangen sein. Alicia hat 72 Gummischlangen gekauft.
Wie viele Gummischlangen kann sie in eine Tüte packen? Gib alle Möglichkeiten an.
Notiere auch, wie viele Tüten sie dann jeweils erhält.

D Lara und Milena haben 12 Muffins gebacken. Sie wollen die Muffins mit Gummibärchen verzieren.
Sie haben 78 Gummibärchen.
Lara und Milena überlegen, wie viele Gummibärchen sie auf jeden Muffin legen. Eins oder zwei oder drei oder …?
Übertrage die Tabelle in dein Heft und fülle sie aus.

Gummibärchen auf einem Muffin	1	2	3	4	5	6	7
benötigte Gummibärchen	12						
Gummibärchen, die übrig bleiben	66						

Wie würdest du die Gummibärchen aufteilen? Begründe deine Entscheidung.

E Maxi legt braune und weiße Dominosteine auf Teller. Die Teller sollen so aussehen wie auf dem Bild oben. Maxi hat 20 weiße und 120 braune Dominosteine gekauft.
Wie viele Teller werden das?
Wie viele weiße und wie viele braune Dominosteine bleiben übrig?

F Noah will mit seiner Mutter einen Kuchen backen, den man „kalter Hund“ nennt. Dazu muss er die Kuchenform (8 cm breit, 24 cm lang) mit Butterkeksen auslegen. Ein Butterkeks ist etwa 6,5 cm lang und 5 cm breit. Wie viele Butterkekse passen auf den Boden der Form? Fertige eine Skizze an.

Abschlusstest

1 Teiler und Vielfache
a) Nenne drei Teiler von 45.
b) Nenne drei Vielfache von 9.
c) Ist 88 ein Teiler von 8 oder ist 88 ein Vielfaches von 8?

2 Untersuche auf Teilbarkeit. Dividiere dazu die Zahlen.
a) Ist 91 durch 7 teilbar?
b) Ist 111 durch 11 teilbar?

3 Untersuche die Zahlen.

45 57 65 90 36 62 72

a) Welche der Zahlen sind durch 5 teilbar?
b) Welche der Zahlen sind durch 3 teilbar?

4 Ergänze die Teilermenge.
a) $T_{28} = \{1; ■; 4; ■; ■; 28\}$
b) $T_{49} = \{1; ■; ■\}$
c) $T_{44} = \{■; 2; 4, ■; ■; 44\}$
d) $T_{47} = \{■; ■\}$

5 Welche der Zahlen 19; 42; 55 und 71 sind Primzahlen? Gib die Teilermengen der Primzahlen an.

6 Jedes Kind soll gleich viele Tortenstücke bekommen. Bei wie vielen Kindern ist das möglich? Finde alle Möglichkeiten. Wie viele Stücke bekommt dann jedes Kind?

1 Untersuche die Zahlen 3; 4; 6; 7; 8; 14; 28; 42; 67; 79; 84.
a) Finde die Teiler von 56.
b) Finde die Vielfachen von 7.
c) Ist 63 ein Teiler von 7?

2 Untersuche die Zahlen auf Teilbarkeit. Begründe.
a) Ist 188 durch 8 teilbar?
b) Ist 168 durch 12 teilbar?

3 Welche Ziffern können an der letzten Stelle stehen?

34■ 245■ 573■

a) Die Zahl soll durch 5 teilbar sein.
b) Die Zahl soll durch 3 teilbar sein.

4 Bestimme die Teilermenge. Welche der Zahlen sind Primzahlen?
a) T_{35} b) T_{39}
c) T_{73} d) T_{100}

5 Prüfe, ob es sich um Primzahlen handelt. Begründe.
a) 91 b) 107
c) 127 d) 169

6 Die Klasse 6 a arbeitet in Vierergruppen. Das geht heute genau auf. Die Klasse hat insgesamt 30 Schülerinnen und Schüler. Wie viele Schülerinnen und Schüler fehlen heute? Gib verschiedene Möglichkeiten an.

1 Finde die Zahl.
a) ein Vielfaches von 3, größer als 3 und ein Teiler von 63
b) das kleinste Vielfache von 6, das durch 9 teilbar ist

2 Begründe deine Antwort.
a) Ist 240 durch 7 teilbar?
b) Ist 225 durch 15 teilbar?

3 Bilde dreistellige Zahlen aus den Ziffern.

2 4 5 6 7 0

a) Die Zahl soll durch 9 teilbar sein. Finde drei Möglichkeiten.
b) Die Zahl soll zugleich durch 1, 2, 3, 4 und 5 teilbar sein.

4 In jeder Teilermenge fehlen drei Teiler. Ergänze sie.
a) $T_{48} = \{1; 2; 4; 6; 8; 16; 48\}$
b) $T_{144} = \{1; 2; 3; 4; 8; 9; 12; 16; 24; 36; 72; 144\}$

5 Primzahlen gesucht
a) Finde die größte zweistellige Primzahl.
b) Finde die kleinste dreistellige Primzahl.

6 Leon feiert Geburtstag. Er möchte mit allen Gästen zusammen mehrere Spiele spielen. Manche Spiele sind für Dreiergruppen, manche für Vierergruppen und eines für Sechsergruppen. Wie viele Leute kann Leon einladen, wenn es nicht mehr als 20 Leute werden dürfen?

→ Lösungen auf Seite 237 und 238

Zusammenfassung

Teilbarkeit durch 2, 5, 10 und 4 → Seite 8

Vielfache und Teiler
Wenn du eine Zahl mit 1, 2, 3, ... multiplizierst, dann erhältst du die **Vielfachen** der Zahl.
Die Vielfachen sind durch die Zahl **teilbar**.
Die Zahl selbst heißt **Teiler**.

5, 10, 15, 20, 25, ... sind **Vielfache** von 5.
15 ist durch 5 **teilbar**, denn 15 : 5 = 3.
5 ist also ein **Teiler** von 15.
17 ist **nicht** durch 5 teilbar, denn 17 : 5 = 3 **Rest 2**
5 ist also **kein Teiler** von 17.

Teilbarkeitsregeln für 2, 5, 10 und 4
Achte auf die letzte oder die letzten zwei Ziffern.

905   3576

Eine Zahl ist **durch 2 teilbar**, wenn die letzte Ziffer eine 0; 2; 4; 6 oder 8 ist.

905 ist nicht durch 2 teilbar.
3576 ist durch 2 teilbar.

Eine Zahl ist **durch 5 teilbar**, wenn die letzte Ziffer eine 0 oder 5 ist.

905 ist durch 5 teilbar.
3576 ist nicht durch 5 teilbar.

Eine Zahl ist **durch 10 teilbar**, wenn die letzte Ziffer eine 0 ist.

905 und 3576 sind nicht durch 10 teilbar.
950 ist durch 10 teilbar.

Eine Zahl ist **durch 4 teilbar**, wenn die letzten beiden Ziffern durch 4 teilbar oder 00 sind.

905 ist nicht durch 4 teilbar, weil **05** = 5 nicht durch 4 teilbar und nicht 00 ist.
3576 ist durch 4 teilbar, weil **76** durch 4 teilbar ist.

Teilbarkeit durch 3 und 9 → Seite 12

Berechne zuerst die **Quersumme** der **Zahl**:
Addiere alle Ziffern.

Die **Quersumme** von **1638** ist
1 + 6 + 3 + 8 = 18.

Eine Zahl ist **durch 3 teilbar**, wenn ihre Quersumme durch 3 teilbar ist.

Die Quersumme 18 ist durch 3 teilbar.
Also ist auch 1638 durch 3 teilbar.

Eine Zahl ist **durch 9 teilbar**, wenn ihre Quersumme durch 9 teilbar ist.

Die Quersumme 18 ist durch 9 teilbar.
Also ist auch 1638 durch 9 teilbar.

Die **Teilermenge** einer Zahl besteht aus allen Teilern der Zahl.

Die Teilermenge von 36 ist
$T_{36} = \{1; 2; 3; 4; 6; 9; 12; 18; 36\}$.

Wenn eine Zahl genau zwei Teiler hat, nämlich die 1 und sich selbst, dann heißt die Zahl **Primzahl**.
Die Teilermenge enthält genau zwei Teiler.

Dies sind die Primzahlen, die kleiner als 50 sind:
2; 3; 5; 7; 11; 13; 17; 19; 23; 29; 31; 37; 41; 43; 47
Achtung: 1 ist **keine** Primzahl.

ggT und kgV → Seite 16, 17

Der **größte gemeinsame Teiler (ggT)** von zwei Zahlen ist die größte Zahl, die beide Zahlen teilt.

$T_{30} = \{1, 2, 3, 5, \mathbf{6}, 10, 15, 30\}$
$T_{42} = \{1, 2, 3, \mathbf{6}, 7, 14, 21, 42\}$
Also ist ggT (30, 42) = 6.

Das **kleinste gemeinsame Vielfache (kgV)** von zwei Zahlen ist die kleinste Zahl (ungleich null), die durch beide gegebenen Zahlen teilbar ist.

Vielfache von 9: 9, 18, 27, **36**, 45, 54, ...
Vielfache von 12: 12, 24, **36**, 48, 60, ...
Also ist kgV (9, 12) = 36.

Brüche addieren und subtrahieren

2

▶ Vor über 150 Jahren kaufte der Schotte Alexander Henry Rhind eine 3500 Jahre alte ägyptische Schriftrolle. Auf der Schriftrolle geht es um die Mathematik im Alten Ägypten.

Die alten Ägypter konnten nur Brüche mit dem Zähler 1 schreiben.
Sie schrieben einen Kringel und unter den Kringel die Striche für den Nenner.
Brüche mit einem anderen Nenner als 1 schrieben sie als Summe, aber ohne Plus-Zeichen.
Welchen Bruch meinen die beiden Ägypter auf dem Bild?

In diesem Kapitel lernst du ...

- Brüche zu erweitern und zu kürzen,
- Brüche zu vergleichen,
- Brüche zu addieren und zu subtrahieren.

Kompetenz	Aufgabe	Lies und übe:
1 Ich kenne die Fachbegriffe Zähler und Nenner.	**1** Richtig oder falsch? Beim Bruch $\frac{3}{4}$ ist die Zahl 3 der Zähler und die Zahl 4 der Nenner.	→ Seite 216 Nr. 19
2 Ich kann Teile von Rechtecken als Bruch angeben.	**2** Gib den blauen Teil des Rechtecks als Bruch an. a) 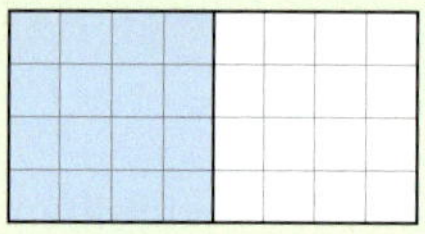 b) 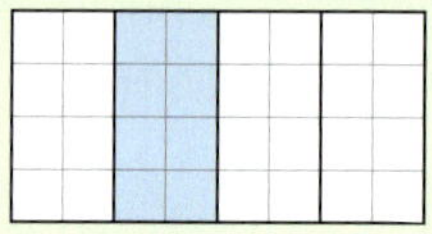 c) 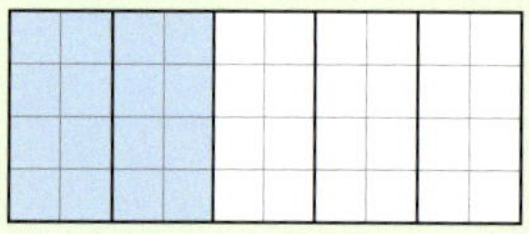 d) 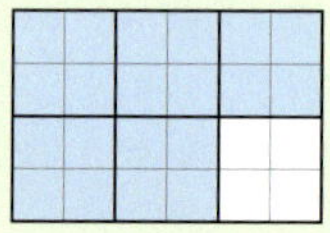	→ Seite 216 Nr. 19
3 Ich kann Brüche als Rechteck darstellen.	**3** Übertrage das Rechteck in dein Heft. Markiere den Bruchteil blau. a) 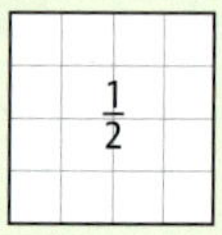 b) 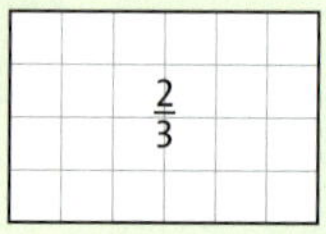 c) 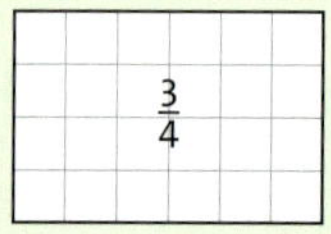	→ Seite 217 Nr. 20
4 Ich kann Bruchteile von Größen berechnen.	**4** Berechne. a) $\frac{1}{2}$ von 8 Autos b) $\frac{1}{3}$ von 21 Bussen c) $\frac{2}{5}$ von 10 Zügen	→ Seite 217 Nr. 21
5 Ich kann Bruchteile von Größen berechnen, indem ich zuerst in kleinere Einheiten umwandle.	**5** Berechne. Du kannst zuerst in die nächstkleinere Einheit umwandeln. **Beispiel** $\frac{4}{5}$ g sind $\frac{4}{5}$ von 1 g. Das sind $\frac{4}{5}$ von 1000 mg. 1000 mg : 5 = 200 mg und 200 mg · 4 = 800 mg. a) $\frac{1}{2}$ Jahr (in Monate) b) $\frac{1}{4}$ h (in min) c) $\frac{1}{4}$ kg d) $\frac{3}{4}$ km e) $\frac{3}{5}$ g	→ Seite 217 Nr. 22
6 Ich kann gemischte Zahlen in Brüche umwandeln.	**6** Wandle die gemischte Zahl in einen Bruch um. **Beispiel** $2\frac{5}{6} = \frac{17}{6}$ 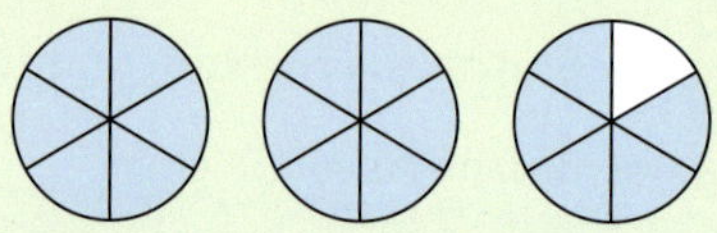 a) $1\frac{1}{3}$ b) $1\frac{3}{5}$ c) $2\frac{1}{2}$ d) $4\frac{3}{7}$	→ Seite 218 Nr. 23, 24

Kompetenz	Aufgabe	Lies und übe:
7 Ich kann Brüche in gemischte Zahlen umwandeln.	**7** Wandle den Bruch in eine gemischte Zahl um. Eine Skizze kann dir helfen. **Beispiel** $\frac{7}{4} = 1\frac{3}{4}$ 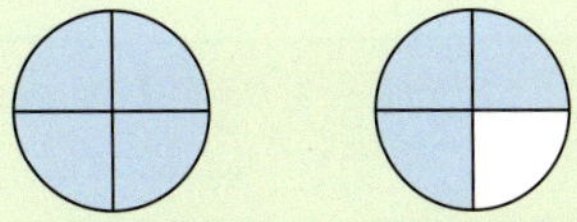 a) $\frac{3}{2}$ b) $\frac{5}{3}$ c) $\frac{11}{4}$ d) $\frac{17}{5}$	→ Seite 218 Nr. 25, 26
8 Ich kann natürliche Zahlen auf dem Zahlenstrahl eintragen.	**8** Übertrage den Zahlenstrahl in dein Heft. Trage die Zahlen ein. a) 2; 14; 19; 21 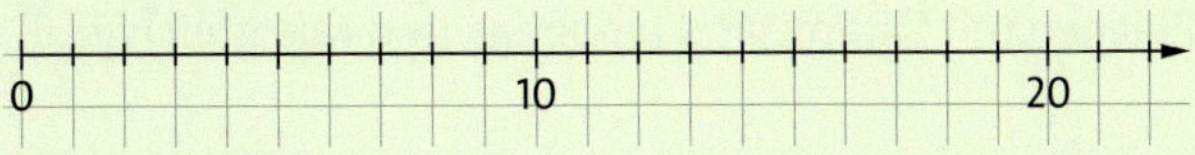 b) 60; 130; 145; 85 	→ Seite 211 Nr. 2
9 Ich kenne die Fachbegriffe bei der Addition und bei der Subtraktion.	**9** Übertrage die Aufgaben in dein Heft. Ordne den Zahlen die Fachbegriffe zu: 2. Summand, Minuend, Wert der Summe, Subtrahend, Wert der Differenz, 1. Summand a) 3 + 5 = 8 b) 9 − 2 = 7	→ Seite 222 Nr. 41
10 Ich kann im Kopf addieren und subtrahieren.	**10** Berechne im Kopf. a) 17 + 13 b) 28 + 9 c) 46 + 36 d) 60 − 5 e) 61 − 7 f) 72 − 45	→ Seite 222 Nr. 42, 44
11 Ich kann Zahlenmauern berechnen (addieren).	**11** Übertrage die Zahlenmauer in dein Heft. Immer zwei Steine zusammen ergeben den Stein darüber. Du addierst also immer zwei Zahlen. a) 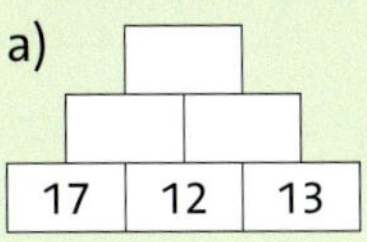 b) 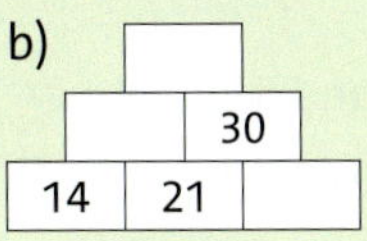 c) 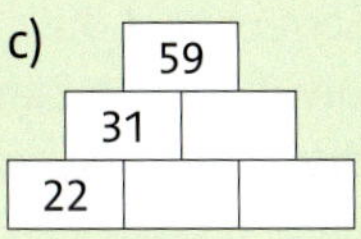	→ Seite 224 Nr. 49, 50
12 Ich kann mit Rechendreiecken rechnen.	**12** Zeichne das Rechendreieck in dein Heft. Fülle es aus. a) 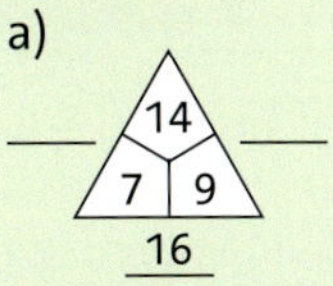 b) 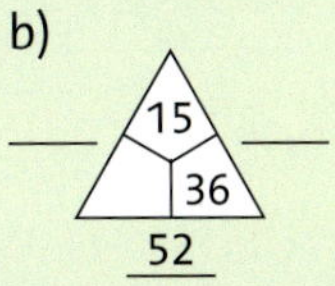 c) 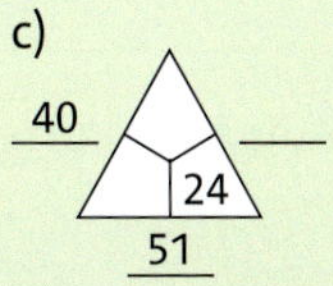	→ Seite 224 Nr. 51

→ Lösungen auf Seite 238 und 239

Brüche erweitern und kürzen

Jonas und Mia backen Pizza.
Jonas hat seine Pizza zur Hälfte mit Salami und zur Hälfte mit Pilzen belegt.

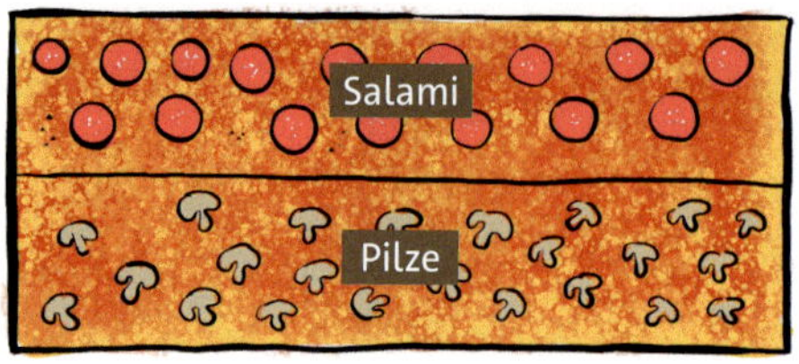

Bei Jonas ist 1 Teil von 2 Teilen mit Salami belegt, also ist der Bruchteil $\frac{1}{2}$.

Mia hat ihre Pizza in Viertel eingeteilt: zwei Viertel mit Salami, ein Viertel mit Pilzen und ein Viertel mit Paprika.

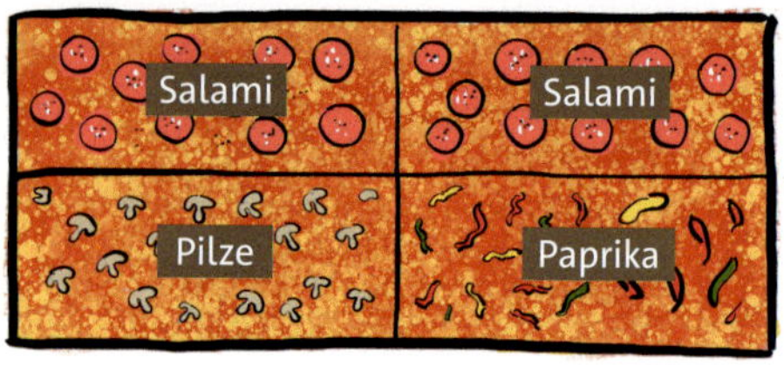

Bei Mia sind 2 Teile von 4 Teilen mit Salami belegt, also ist der Bruchteil $\frac{2}{4}$.

Die Flächen mit Salami sind bei Jonas und Mia gleich groß. Also sind $\frac{1}{2}$ und $\frac{2}{4}$ gleich groß.

Wenn du einen Bruch erweiterst, dann ***verfeinerst*** *du die Einteilung. Du hast dann mehr Teile.*

W

Brüche erweitern
Der Nenner eines Bruchs gibt an, in wie viele Teile das Ganze aufgeteilt wurde.

Wenn du das Ganze in noch mehr Teile einteilst, dann **erweiterst** du den Bruch.
So rechnest du:
Multipliziere den Zähler und den Nenner mit der gleichen Zahl.
Diese Zahl darf nicht 0 sein.
Der Wert des Bruchs bleibt gleich.

$\frac{1}{2}$ **Erweitere** $\frac{1}{2}$ mit 2. $\frac{2}{4}$ (Zähler $\cdot 2$, Nenner $\cdot 2$)

$\frac{1}{2} = \frac{1 \cdot 2}{2 \cdot 2} = \frac{2}{4}$

▶ **Aufgabe** Erweitere den Bruch $\frac{1}{2}$ mit 3. ▸1 ▸1 ▸1

Wenn du einen Bruch kürzt, dann ***vergröberst*** *du die Einteilung. Du hast dann weniger Teile.*

Achtung: Erweitern heißt hier ***nicht*** *weiter oder größer und kürzen* ***nicht*** *kürzer machen.*

W

Brüche kürzen
Wenn du das Ganze in weniger Teile einteilst, dann **kürzt** du den Bruch.
So rechnest du:
Dividiere den Zähler und den Nenner durch die gleiche Zahl. Diese Zahl darf nicht 0 sein.
Der Wert des Bruchs bleibt gleich.

$\frac{2}{4}$ **Kürze** $\frac{2}{4}$ mit 2. $\frac{1}{2}$ (Zähler $: 2$, Nenner $: 2$)

$\frac{2}{4} = \frac{2 : 2}{4 : 2} = \frac{1}{2}$

▶ **Aufgabe** Kürze den Bruch $\frac{4}{6}$ mit 2. ▸3 ▸2 ▸3

1 Erweitere die Brüche mit 3.

Beispiel $\frac{2}{5} \xrightarrow{\cdot 3} \frac{6}{15}$ (Zähler und Nenner jeweils $\cdot 3$)

Rechnung: $\frac{2}{5} = \frac{2 \cdot 3}{5 \cdot 3} = \frac{6}{15}$

a) $\frac{1}{4}$ b) $\frac{3}{5}$ c) $\frac{2}{3}$ d) $\frac{5}{6}$ e) $\frac{4}{7}$

2 Notiere die beiden Brüche. Entscheide dann, wie der erste Bruch erweitert wurde.

Beispiel

$\frac{1}{2} = \frac{3}{6}$; $\frac{1}{2}$ wurde mit 3 erweitert.

a)

b)

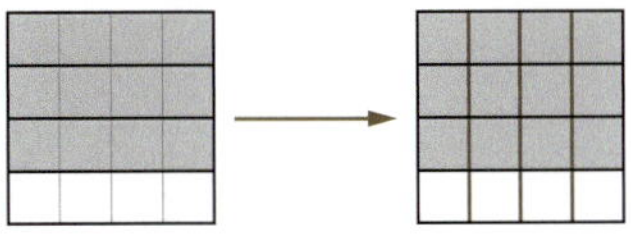

3 Kürze die Brüche mit 2.

Beispiel $\frac{6}{8} \xrightarrow{:2} \frac{3}{4}$ (Zähler und Nenner jeweils $:2$)

Rechnung: $\frac{6}{8} = \frac{6:2}{8:2} = \frac{3}{4}$

a) $\frac{2}{4}$ b) $\frac{8}{10}$ c) $\frac{2}{8}$ d) $\frac{10}{12}$ e) $\frac{14}{20}$

4 Notiere: Mit welcher Zahl wurde gekürzt? Wie heißt der neue Bruch?

Beispiel

$\frac{6}{9}$ wurde mit 3 gekürzt: $\frac{6}{9} = \frac{2}{3}$

a)

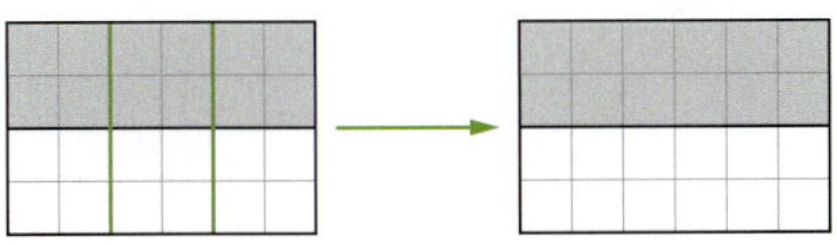

b)

▸ 4

5 Nimm ein DIN-A4-Blatt.

- Falte das Blatt zweimal in der Mitte.
- Falte das Blatt wieder auseinander.
- Du siehst vier Viertel. Färbe ein Viertel ein.
- Falte das Blatt wieder in der Mitte, diesmal viermal. Wie viele Rechtecke hast du nun?
- Was ist aus dem farbigen Viertel geworden?

6 Die Zeichnung und der Text unten beschreiben, wie ein Bruch gekürzt oder erweitert wird. Schreibe den Text ab. Entscheide dich immer für einen der farbigen Ausdrücke.

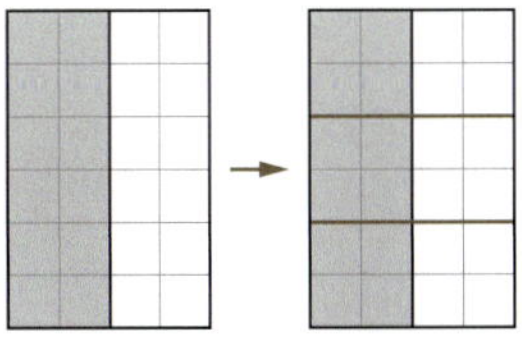

Die Zeichnung zeigt, wie ein Bruch gekürzt/erweitert wird. Das Ganze wird in mehr/weniger Teile eingeteilt. So wird der Bruch $\frac{1}{2}$ zum Bruch $\frac{3}{6}$/$\frac{6}{3}$. Zähler und Nenner werden mit 3 multipliziert/durch 3 dividiert. Der Wert des Bruchs hat sich nicht verändert/verdreifacht.

7 Wurde erweitert oder gekürzt? Mit welcher Zahl wurde erweitert oder gekürzt?

Beispiel $\frac{1}{4} = \frac{3}{12}$

$\frac{1}{4} \xrightarrow{\cdot 3} \frac{3}{12}$ (Zähler und Nenner jeweils $\cdot 3$)

Der Bruch $\frac{1}{4}$ wurde mit 3 erweitert.

a) $\frac{1}{2} = \frac{3}{6}$ b) $\frac{1}{3} = \frac{4}{12}$ c) $\frac{4}{8} = \frac{1}{2}$

d) $\frac{15}{20} = \frac{3}{4}$ e) $\frac{2}{5} = \frac{8}{20}$ f) $\frac{18}{42} = \frac{3}{7}$

▸ 6

8 Übertrage. Fülle die Lücken im Heft.

a) $\frac{2}{3} \xrightarrow{\blacksquare} \frac{6}{\blacksquare}$ (unten: $\cdot 3$)

b) $\frac{12}{21} \xrightarrow{:3} \frac{\blacksquare}{7}$ (unten: $\blacksquare$)

c) $\frac{5}{6} = \frac{5 \cdot 4}{6 \cdot \blacksquare} = \frac{\blacksquare}{\blacksquare}$

d) $\frac{16}{20} = \frac{16 : \blacksquare}{20 : \blacksquare} = \frac{4}{5}$

▸ 8

9 Kürze den Bruch so weit wie möglich.

Beispiel $\frac{24}{30} \overset{\text{(mit 2)}}{=} \frac{12}{15} \overset{\text{(mit 3)}}{=} \frac{4}{5}$

a) $\frac{18}{36}$ b) $\frac{27}{45}$ c) $\frac{24}{40}$ d) $\frac{45}{60}$

e) $\frac{28}{42}$ f) $\frac{42}{84}$ g) $\frac{36}{48}$ h) $\frac{66}{99}$

10 Erhan behauptet: „Zwei Achtel fehlen.“ Alexander ist anderer Meinung: „Nein, da fehlt ein Viertel.“ Wer hat recht? Begründe.

1 Erweitere den Bruch zuerst mit 2, dann mit 3 und zum Schluss mit 4.

Beispiel $\frac{2}{3} = \frac{2 \cdot 2}{3 \cdot 2} = \frac{4}{6}$
$\frac{2}{3} = \frac{2 \cdot 3}{3 \cdot 3} = \frac{6}{9}$
$\frac{2}{3} = \frac{2 \cdot 4}{3 \cdot 4} = \frac{8}{12}$

$\frac{2}{3} \xrightarrow{\cdot 2} \frac{4}{6}$ (unten: $\cdot 2$)

a) $\frac{1}{5}$ b) $\frac{3}{4}$ c) $\frac{2}{7}$ d) $\frac{5}{6}$
e) $\frac{5}{8}$ f) $\frac{6}{11}$ g) $\frac{10}{13}$ h) $\frac{9}{14}$

2 Fülle die Tabelle im Heft aus. Kürze die Brüche.

	Bruch	gekürzt mit			
		2	3	4	6
	$\frac{12}{18}$	$\frac{6}{9}$	$\frac{4}{6}$	geht nicht	$\frac{2}{3}$
a)	$\frac{8}{12}$				
b)	$\frac{18}{24}$				
c)	$\frac{28}{32}$				
d)	$\frac{30}{48}$				
e)	$\frac{36}{60}$				

3 Notiere, wie gekürzt oder erweitert wurde.

Beispiel

$\frac{1}{3}$ wurde mit 2 erweitert zu $\frac{2}{6}$.

a)

b)

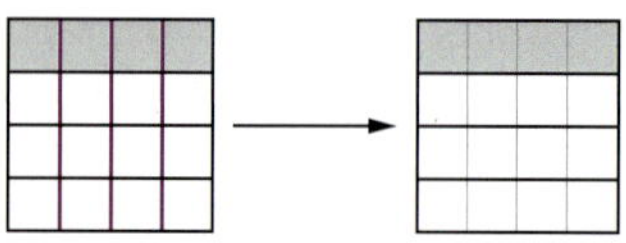

c)

▸ 4

4 Mit welcher Zahl wurde erweitert oder gekürzt?

Beispiel $\frac{3}{4} \xrightarrow{\cdot 8} \frac{24}{32}$ (unten: $\cdot 8$) $\frac{3}{4}$ wurde mit 8 erweitert.

a) $\frac{1}{4} = \frac{3}{12}$ b) $\frac{8}{28} = \frac{2}{7}$ c) $\frac{30}{40} = \frac{3}{4}$
d) $\frac{4}{5} = \frac{48}{60}$ e) $\frac{63}{72} = \frac{7}{8}$ f) $\frac{6}{7} = \frac{90}{105}$

5 Bastelt zu zweit ein Domino mit Brüchen. Schneidet dazu zehn solcher Rechtecke aus. Das werden eure Dominosteine.

Länge: 5 cm
Breite: 2,5 cm

Tragt immer links einen Bruch ein und schreibt auf einem anderen Rechteck rechts einen passenden gekürzten oder erweiterten Bruch. Spielt dann mit zwei anderen zusammen. Legt immer zwei Dominosteine aneinander, bei denen die Brüche zusammengehören.

6 ▼ Bestimme die fehlende Zahl im Heft.

a) $\frac{2}{3} = \frac{4}{\square}$ b) $\frac{3}{4} = \frac{\square}{12}$ c) $\frac{2}{6} = \frac{1}{\square}$
d) $\frac{6}{24} = \frac{\square}{4}$ e) $\frac{4}{5} = \frac{\square}{30}$ f) $\frac{5}{7} = \frac{25}{\square}$

7 Fülle die Lücken im Heft.

a) $\frac{1}{2} = \frac{3}{\square} = \frac{6}{\square} = \frac{\square}{24}$ b) $\frac{6}{7} = \frac{18}{\square} = \frac{\square}{63} = \frac{108}{\square}$
c) $\frac{10}{17} = \frac{\square}{34} = \frac{120}{\square} = \frac{\square}{51}$

▸ 7

8 Mit welchen Zahlen kannst du den Bruch kürzen? Markiere immer die größte Zahl, mit der du gekürzt hast.

Beispiel $\frac{6}{12}$; gekürzt mit 2: $\frac{6}{12} = \frac{3}{6}$
gekürzt mit 3: $\frac{6}{12} = \frac{2}{4}$
gekürzt mit **6**: $\frac{6}{12} = \frac{1}{2}$

a) $\frac{8}{12}$ b) $\frac{6}{18}$ c) $\frac{15}{60}$ d) $\frac{18}{30}$

▸ 9

9 Welche Brüche sind gleich? Schreibe sie auf.

$\frac{14}{21}$ $\frac{27}{36}$ $\frac{60}{84}$ $\frac{2}{3}$ $\frac{9}{12}$ $\frac{75}{100}$
$\frac{10}{14}$ $\frac{3}{4}$ $\frac{5}{7}$ $\frac{26}{39}$ $\frac{25}{35}$ $\frac{4}{6}$

10 ▼ Richtig oder falsch? Begründe.

a) Wenn ein Bruch mit 2 erweitert wird, dann verdoppelt sich sein Wert.
b) Wenn Zähler und Nenner ungerade sind, dann kann man den Bruch nicht kürzen.
c) $\frac{1}{2}$ oder $\frac{1}{12}$ sind Stammbrüche. Stammbrüche kann man nicht kürzen.

Die Lösungen zu **6** ergeben in der richtigen Reihenfolge ein Lösungswort: 1 (U); 3 (G); 6 (J); 9 (A); 24 (A); 35 (R)
Tipp zu **10c**: Bei einem Stammbruch steht eine 1 im Zähler.

1 Erweitere den Bruch mit 3, mit 5 und mit 7.

Beispiel $\frac{3}{4} = \frac{9}{12}$; $\frac{3}{4} = \frac{15}{20}$; $\frac{3}{4} = \frac{21}{28}$

a) $\frac{1}{5}$ b) $\frac{5}{6}$ c) $\frac{3}{7}$ d) $\frac{4}{9}$

2 Stelle mit einer Zeichnung dar, wie der Bruch erweitert wird. Gib dann die Rechnung an.

Beispiel $\frac{1}{2}$ wird mit 3 erweitert.

Rechnung: $\frac{1}{2} = \frac{1 \cdot 3}{2 \cdot 3} = \frac{3}{6}$

a) $\frac{3}{4}$ wird mit 2 erweitert.

b) $\frac{2}{3}$ wird mit 4 erweitert.

c) $\frac{2}{5}$ wird mit 3 erweitert.

3 Kürze den Bruch mit 3, mit 6 und dann mit 12.

Beispiel $\frac{12}{36} = \frac{4}{12}$; $\frac{12}{36} = \frac{2}{6}$; $\frac{12}{36} = \frac{1}{3}$

a) $\frac{12}{48}$ b) $\frac{24}{60}$ c) $\frac{36}{84}$ d) $\frac{72}{120}$

4 Kürze so weit wie möglich.

Beispiel $\frac{60}{84} = \frac{30}{42} = \frac{15}{21} = \frac{5}{7}$

a) $\frac{32}{40}$ b) $\frac{56}{64}$ c) $\frac{24}{60}$ d) $\frac{45}{60}$

e) $\frac{60}{108}$ f) $\frac{48}{128}$ g) $\frac{105}{120}$ h) $\frac{84}{112}$

5 Fülle die Tabelle in deinem Heft aus.

	Bruch	erweitert mit			
		3	5	7	12
a)	$\frac{3}{5}$	$\frac{9}{15}$			
b)	$\frac{7}{8}$				
c)			$\frac{45}{55}$		

6 Welche Aussagen sind falsch? Begründe.

a) $\frac{3}{4}$ *erweitert mit 2 ist* $\frac{6}{4}$.

b) $\frac{4}{5}$ *erweitert mit 8 ist* $\frac{32}{40}$.

c) $\frac{6}{18}$ *gekürzt mit 6 ist* $\frac{0}{3}$.

d) $\frac{54}{112}$ *gekürzt mit 2 ist* $\frac{27}{56}$.

7 ▼ Fülle die Lücken im Heft.

a) $\frac{5}{8} = \frac{\square}{32}$ b) $\frac{4}{7} = \frac{\square}{56}$ c) $\frac{6}{\square} = \frac{30}{55}$

d) $\frac{5}{13} = \frac{45}{\square}$ e) $\frac{5}{\square} = \frac{40}{96}$ f) $\frac{7}{15} = \frac{49}{\square}$

8 Erweitere die beiden Brüche so, dass sie den gleichen Nenner haben.

Beispiel $\frac{5}{6}$ und $\frac{3}{4}$

Ein gleicher Nenner ist 12.

$\frac{5}{6} = \frac{10}{12}$ und $\frac{3}{4} = \frac{9}{12}$

a) $\frac{1}{2}$ und $\frac{2}{3}$ b) $\frac{3}{5}$ und $\frac{5}{6}$

c) $\frac{1}{2}$ und $\frac{5}{8}$ d) $\frac{5}{6}$ und $\frac{5}{8}$

9 Gib den Anteil als Bruch an. Kürze so weit wie möglich.

a) 12 von 30 Schülerinnen und Schülern wählten Jan zum Klassensprecher.

b) Von 200 Losen waren 150 Nieten.

c) Bei einer Radarkontrolle fuhren 18 von 120 kontrollierten Autos zu schnell.

10 Am Tag der offenen Tür verkauft die Klasse 6 c Lose. Die Kinder haben 400 Lose hergestellt, von denen 60 Lose Gewinnlose sind.

a) Gib den Anteil der Gewinnlose als Bruch an.

b) Der Los-Verkauf läuft so gut, dass die 6 c weitere 200 Lose herstellt. Wie viele Gewinnlose müssen hinzukommen, damit der Anteil an Gewinnlosen gleich bleibt?

c) Gib mindestens drei weitere Anzahlen für Gesamtlose und Gewinnlose an, sodass der Gewinnanteil unverändert ist.

11 Sind die Aussagen richtig oder falsch? Finde Beispiele. Begründe deine Entscheidung.

a) Wenn der Zähler eine Primzahl ist, dann kann man den Bruch nicht kürzen.

b) Wenn der Zähler gerade und der Nenner ungerade ist, dann kann man den Bruch nicht kürzen.

c) Wenn Zähler und Nenner verschiedene Primzahlen sind, dann kann man den Bruch nicht kürzen.

Die Lösungen für die Lücken in **7** ergeben in der richtigen Reihenfolge ein Lösungswort:
11 (I); 12 (G); 20 (F); 32 (L); 105 (E); 117 (E)

Brüche vergleichen und ordnen

*Das **Gehalt** ist das Geld, das eine Person mit ihrer Arbeit verdient.*

Über einen Fußballer wird folgende Geschichte erzählt: Der Verein wollte sein Gehalt um ein Drittel erhöhen. Aber der Fußballer sagte: „Ich will ein Viertel mehr, nicht nur ein Drittel!"

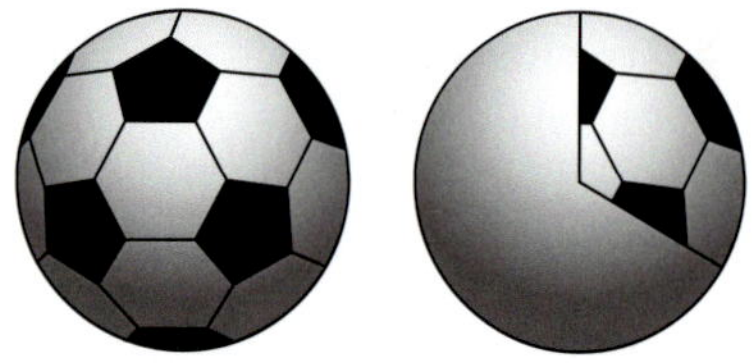

W

Brüche vergleichen bei gleichem Nenner oder gleichem Zähler

Wenn die Nenner gleich sind, dann vergleiche die Zähler. Der Bruch mit dem größeren Zähler ist größer.

Wenn die Zähler gleich sind, dann vergleiche die Nenner. Der Bruch mit dem kleineren Nenner ist größer.

Vergleiche $\frac{3}{4}$ und $\frac{1}{4}$. Vergleiche $\frac{1}{3}$ und $\frac{1}{4}$.

$\frac{3}{4} > \frac{1}{4}$

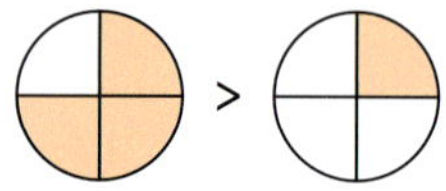

mehr Teile

$\frac{1}{3} > \frac{1}{4}$

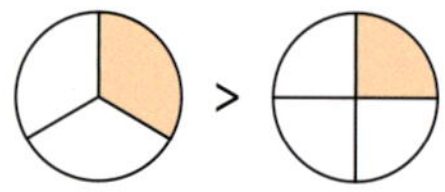

größere Teile

Schlecht für den Fußballer: $\frac{1}{3}$ mehr Gehalt ist mehr als $\frac{1}{4}$ mehr Gehalt.

▶ **Aufgabe** Vergleiche. a) $\frac{3}{6}$ und $\frac{5}{6}$ b) $\frac{3}{7}$ und $\frac{3}{5}$

▸ 1 ▸ 1 ▸ 1

W

Brüche vergleichen bei verschiedenen Zählern und verschiedenen Nennern

*Wenn zwei Brüche den gleichen Nenner haben, dann heißen sie **gleichnamig**. Beide Nenner haben den gleichen Namen.*

- Finde einen gemeinsamen Nenner. Du kannst die Nenner multiplizieren. Du erhältst einen gemeinsamen Nenner.
- Erweitere beide Brüche auf den gemeinsamen Nenner.
- Vergleiche die Zähler.

Vergleiche $\frac{3}{5}$ und $\frac{2}{3}$.
Multipliziere die Nenner, also $5 \cdot 3 = 15$.
15 ist ein gemeinsamer Nenner.
$\frac{3}{5} = \frac{3 \cdot 3}{5 \cdot 3} = \frac{9}{15}$ (erweitert mit 3) und
$\frac{2}{3} = \frac{2 \cdot 5}{3 \cdot 5} = \frac{10}{15}$ (erweitert mit 5)
Es ist $\frac{9}{15} < \frac{10}{15}$. Also ist $\frac{3}{5} < \frac{2}{3}$.

▶ **Aufgabe** Vergleiche: $\frac{1}{4}$ und $\frac{2}{5}$

▸ 5 ▸ 3 ▸ 4

W

Brüche auf dem Zahlenstrahl darstellen

Der Nenner gibt an, **in wie viele Teile** der Abschnitt zwischen 0 und 1 eingeteilt wird.
Der Zähler gibt an, wo der Bruch stehen muss.

*Wenn der Zähler größer ist als der Nenner, dann kannst du den Bruch auch als **gemischte Zahl** schreiben:*
$\frac{8}{5} = 1\frac{3}{5}$

Wenn der Zähler größer ist als der Nenner, dann ist der Bruch größer als 1.
Der Bruch liegt dann rechts von der 1.

Stelle $\frac{5}{6}$ auf dem Zahlenstrahl dar.

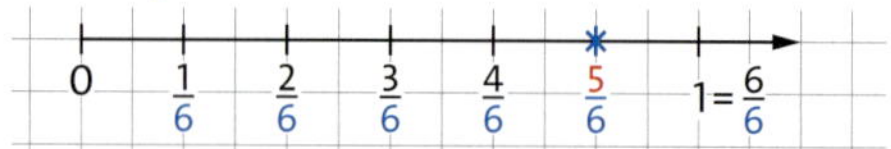

Unterteile den Abschnitt zwischen 0 und 1 in 6 gleich große Teile.

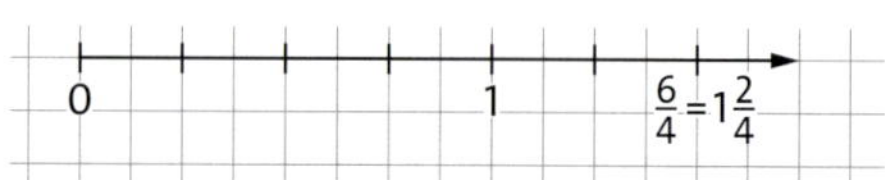

▶ **Aufgabe** Übertrage den unteren Zahlenstrahl aus dem Kasten in dein Heft. Trage die Brüche $\frac{1}{4}$, $\frac{2}{4}$, $\frac{3}{4}$, $\frac{4}{4}$ und $\frac{5}{4}$ ein.

▸ 9 ▸ 9 ▸ 10

1 Was ist größer?

$\frac{1}{4}$ einer Pizza oder
$\frac{3}{4}$ einer Pizza

$\frac{1}{4}$ einer Torte oder
$\frac{1}{2}$ einer Torte

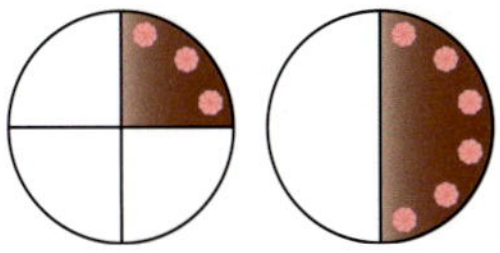

$\frac{3}{4}$ einer Tafel Schokolade oder
$\frac{3}{8}$ einer Tafel Schokolade

2 Welche Brüche sind dargestellt?
Welcher der beiden Brüche ist größer?

a) 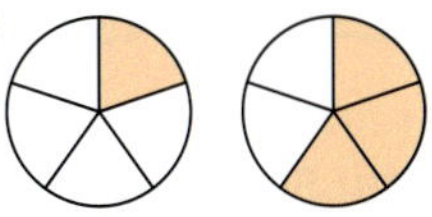

b) 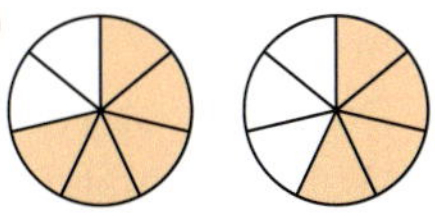

c) 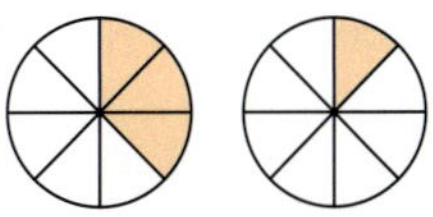

d) 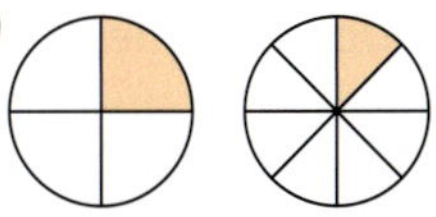

e) 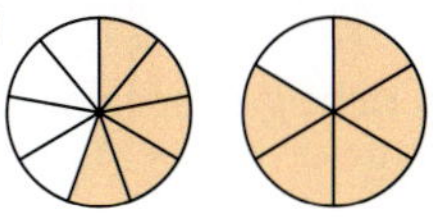

f) 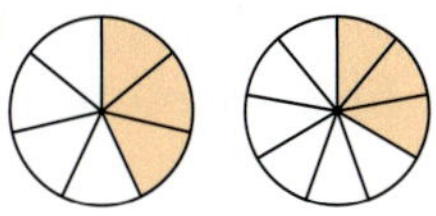

3 Setze im Heft < (kleiner) oder > (größer) ein.

a) $\frac{1}{3} \square \frac{2}{3}$ b) $\frac{3}{4} \square \frac{1}{4}$ c) $\frac{4}{5} \square \frac{3}{5}$
d) $\frac{3}{8} \square \frac{5}{8}$ e) $\frac{9}{11} \square 2$ f) $\frac{1}{2} \square \frac{1}{8}$
g) $\frac{1}{4} \square \frac{1}{3}$ h) $\frac{2}{3} \square \frac{2}{9}$ i) $\frac{4}{7} \square 1$ ► 2

4 Schreibe die Sätze ab und ergänze sie.
① Wenn zwei Brüche den gleichen Nenner haben, dann ist der Bruch mit dem $\square$ Zähler größer.
② Wenn zwei Brüche den gleichen Zähler haben, dann ist der Bruch mit dem $\square$ Nenner größer.
Ordne dann jedem Satz zwei Beispiele zu:

$\frac{1}{2} > \frac{1}{10}$ $\frac{5}{8} > \frac{3}{8}$ $\frac{7}{9} > \frac{5}{9}$ $\frac{3}{4} > \frac{3}{8}$ ► 3

5 Vergleiche die Brüche.
Erweitere zuerst den ersten Bruch passend.
Vergleiche dann die Zähler.
Beispiel $\frac{2}{3}$ und $\frac{5}{6}$ $\frac{2}{3} = \frac{4}{6} < \frac{5}{6}$

a) $\frac{1}{2}$ und $\frac{3}{4}$ b) $\frac{2}{5}$ und $\frac{3}{10}$ c) $\frac{3}{4}$ und $\frac{5}{8}$
d) $\frac{1}{3}$ und $\frac{4}{9}$ e) $\frac{1}{2}$ und $\frac{5}{6}$ f) $\frac{2}{7}$ und $\frac{5}{28}$

6 Vergleiche die Brüche.
Kürze zuerst den ersten Bruch passend.
Vergleiche dann die Zähler.
Beispiel $\frac{6}{8}$ und $\frac{1}{4}$ $\frac{6}{8} = \frac{3}{4} > \frac{1}{4}$

a) $\frac{4}{6}$ und $\frac{1}{3}$ b) $\frac{6}{10}$ und $\frac{2}{5}$ c) $\frac{9}{12}$ und $\frac{1}{4}$
d) $\frac{12}{20}$ und $\frac{4}{5}$ e) $\frac{5}{30}$ und $\frac{1}{6}$

7 Vergleiche. Erweitere zuerst die beiden Brüche auf den gemeinsamen Nenner.

a) $\frac{2}{3}$ und $\frac{3}{4}$ gemeinsamer Nenner 12
b) $\frac{4}{6}$ und $\frac{5}{9}$ gemeinsamer Nenner 18
c) $\frac{2}{3}$ und $\frac{6}{7}$ gemeinsamer Nenner 21 ► 9

8 Übertrage den Zahlenstrahl in dein Heft.
Ergänze die Brüche an den Markierungen.

a) 

b) 

9 Übertrage den Zahlenstrahl in dein Heft.

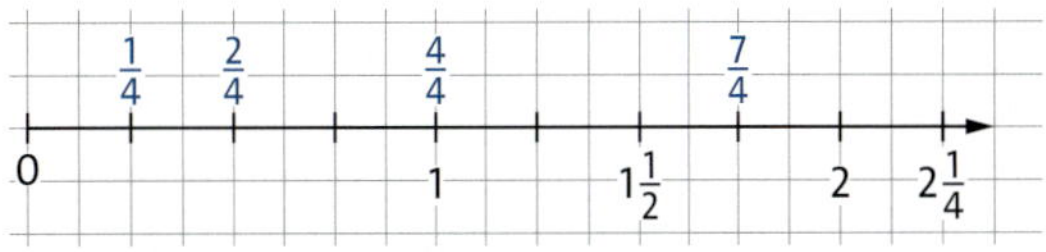

a) Ergänze die fehlenden blauen Brüche über dem Zahlenstrahl.
b) Ergänze unten $\frac{1}{2}$, $1\frac{1}{4}$ und $1\frac{3}{4}$.
c) Richtig oder falsch? Begründe.
① $\frac{3}{4} < 1\frac{1}{2}$ ② $\frac{8}{4} = 2$ ③ $1\frac{1}{4} > \frac{7}{4}$

10 Welche Brüche sind mit Kreuzen markiert?

a) 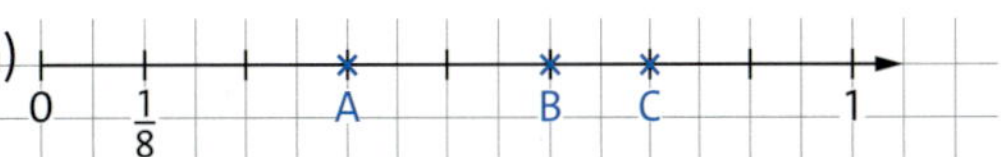

b) 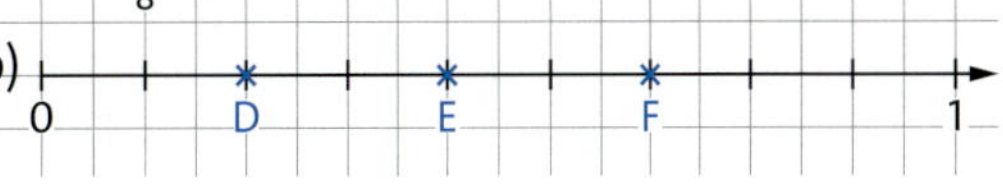

1 Finde den größeren Bruch. Begründe anschaulich mithilfe einer Tafel Schokolade.

Beispiel $\frac{1}{3}$ ist größer als $\frac{1}{6}$, weil bei $\frac{1}{3}$ die Schokolade in nur 3 Teile geteilt wird.

a) $\frac{1}{6}$ und $\frac{1}{4}$ b) $\frac{1}{2}$ und $\frac{1}{4}$
c) $\frac{5}{24}$ und $\frac{11}{24}$ d) $\frac{3}{4}$ und $\frac{1}{4}$
e) $\frac{7}{24}$ und $\frac{7}{12}$ f) $\frac{1}{3}$ und $\frac{2}{6}$

2 Setze im Heft < oder > ein. Begründe.
Beispiel $\frac{2}{3} > \frac{2}{5}$ Die Zähler sind gleich. Also ist der linke Bruch größer, weil er den kleineren Nenner hat.

a) $\frac{5}{7}$ □ $\frac{6}{7}$ b) $\frac{7}{9}$ □ $\frac{4}{9}$ c) $\frac{3}{41}$ □ $\frac{1}{41}$
d) $\frac{3}{5}$ □ $\frac{3}{10}$ e) $\frac{5}{7}$ □ $\frac{5}{6}$ f) $\frac{7}{18}$ □ $\frac{7}{20}$

3 Vergleiche die Brüche.
Erweitere oder kürze zuerst einen Bruch so, dass beide Brüche den gleichen Nenner haben.

a) $\frac{3}{5}$ und $\frac{7}{10}$ b) $\frac{4}{9}$ und $\frac{2}{3}$ c) $\frac{5}{7}$ und $\frac{13}{21}$
d) $\frac{1}{2}$ und $\frac{6}{12}$ e) $\frac{4}{5}$ und $\frac{12}{20}$ f) $\frac{7}{8}$ und $\frac{30}{40}$

4 Setze im Heft eine passende Zahl ein.
Gibt es mehrere Möglichkeiten?

a) $\frac{2}{7} > \frac{□}{7}$ b) $\frac{7}{10} < \frac{□}{10}$
c) $\frac{1}{3} < \frac{1}{□}$ d) $\frac{3}{□} < \frac{3}{5}$
e) $\frac{1}{6} < \frac{□}{12}$ f) $\frac{7}{15} > \frac{□}{5}$

▸ 3

5 Vergleiche die Brüche.
Erweitere zuerst beide Brüche auf den gemeinsamen Nenner. Vergleiche die Zähler.

a) $\frac{2}{3}$ und $\frac{3}{5}$ gemeinsamer Nenner 15
b) $\frac{3}{8}$ und $\frac{5}{12}$ gemeinsamer Nenner 24
c) $\frac{7}{12}$ und $\frac{5}{9}$ gemeinsamer Nenner 36

6 Kira und Enno vergleichen $\frac{18}{45}$ und $\frac{3}{10}$.

Kira
$\frac{18}{45} = \frac{6}{15} = \frac{2}{5} = \frac{4}{10}$ und
$\frac{4}{10} > \frac{3}{10}$, also $\frac{18}{45} > \frac{3}{10}$

Enno
$\frac{18}{45} = \frac{36}{90}$ und $\frac{3}{10} = \frac{27}{90}$,
also $\frac{18}{45} > \frac{3}{10}$

a) Erklärt und vergleicht beide Wege.
b) Vergleiche genauso $\frac{28}{35}$ und $\frac{7}{10}$.

▸ 7

7 Bruchlandung – ein Spiel für zwei
Vorbereitung: Schreibt auf acht Zettel je einen Bruch. Es muss gelten:
- Der Zähler muss kleiner sein als der Nenner.
- Der Nenner darf nicht größer als 10 sein.
- Notiert jeden Nenner nur einmal.

Spiel: Der jüngere Spieler legt einen Bruch in die Mitte. Der andere legt einen Bruch …
- links daneben, wenn der Bruch kleiner ist.
- rechts daneben, wenn der Bruch größer ist.

Nach und nach ordnet ihr so alle Brüche.
Für einen Fehler („Bruchlandung") gibt es einen Strafpunkt. Wer die wenigsten Strafpunkte hat, gewinnt.

8 Gib jeweils den Anteil der grauen Kugeln als Bruch an.

Du gewinnst, wenn du eine graue Kugel ziehst. Welches Gefäß wählst du? Begründe.

9 Übertrage den Zahlenstrahl in dein Heft.

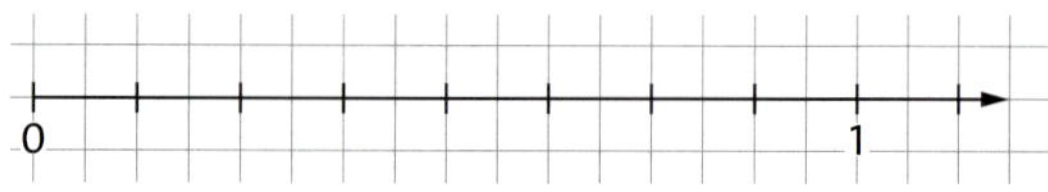

a) Trage ein: $\frac{1}{8}$; $\frac{3}{8}$; $\frac{7}{8}$; $\frac{1}{2}$; $\frac{1}{4}$; $\frac{3}{4}$; $1\frac{1}{8}$; $\frac{9}{8}$.
b) Sind diese Aussagen richtig oder falsch?
① $\frac{3}{8} < \frac{1}{2}$ ② $1\frac{1}{4} = \frac{10}{8}$ ③ $1\frac{1}{4} > 1\frac{1}{8}$

▸ 10

10 Lies die markierten Brüche ab. Kürze, falls möglich. Schreibe Brüche als gemischte Zahl, wenn der Zähler größer als der Nenner ist.

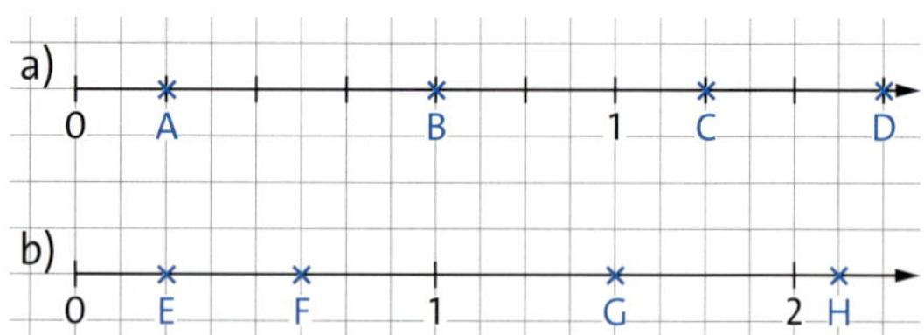

11 Zeichne je einen 13 cm langen Zahlenstrahl. Beginne mit 0 und zeichne die 1 wie angegeben. Trage dann die Zahlen ein.
a) Der Abstand von 0 bis 1 beträgt 5 cm.
$\frac{1}{5}$; $\frac{3}{10}$; $\frac{1}{2}$; $\frac{4}{5}$; $\frac{7}{5}$; $1\frac{7}{10}$; 2
b) Der Abstand von 0 bis 1 beträgt 6 cm.
$\frac{1}{6}$; $\frac{5}{12}$; $\frac{2}{3}$; $\frac{3}{4}$; $1\frac{1}{2}$; $1\frac{5}{6}$; $2\frac{1}{12}$

Üben ☒

1 Veranschauliche beide Brüche mit Rechtecken. Welcher Bruch ist größer? Begründe.

Beispiel $\frac{2}{3}$ und $\frac{2}{5}$

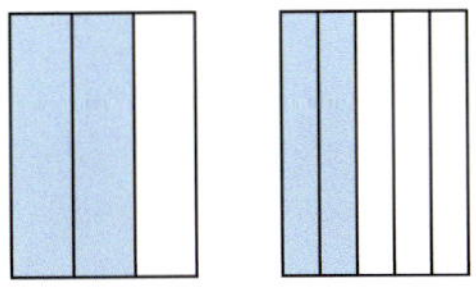

Es sind immer 2 Teile.
Aber bei $\square$ wird das Ganze in weniger Teile geteilt, deshalb sind die Teile $\square$.
Also ist $\square$ größer als $\square$.

a) $\frac{1}{6}$ und $\frac{1}{8}$ b) $\frac{3}{7}$ und $\frac{3}{4}$

2 Setze im Heft < oder > ein und begründe.

a) $\frac{7}{10} \square \frac{3}{10}$ b) $\frac{5}{12} \square \frac{7}{12}$ c) $\frac{1}{2} \square \frac{1}{7}$
d) $\frac{3}{5} \square \frac{3}{4}$ e) $\frac{3}{4} \square 1$ f) $\frac{7}{6} \square 2$

3 Überprüfe und korrigiere die Fehler.

a) *$\frac{14}{15} > \frac{11}{15}$, weil die Nenner gleich groß sind und 14 > 11 ist.*

b) *$\frac{7}{18} > \frac{7}{9}$, weil die Zähler gleich groß sind und 18 > 9 ist.*

c) *$\frac{1}{2} < \frac{3}{8}$, weil alle Zahlen im linken Bruch kleiner sind als im rechten Bruch.*

4 Vergleiche. Schreibe zuerst beide Brüche mit einem gemeinsamen Nenner. Setze dann im Heft <, > oder = ein.

a) $\frac{1}{5} \square \frac{2}{10}$ b) $\frac{1}{2} \square \frac{3}{4}$ c) $\frac{3}{8} \square \frac{10}{16}$
d) $\frac{3}{10} \square \frac{1}{9}$ e) $\frac{3}{10} \square \frac{4}{15}$ f) $\frac{5}{12} \square \frac{4}{9}$
g) $\frac{3}{16} \square \frac{5}{24}$ h) $\frac{5}{14} \square \frac{10}{21}$ i) $\frac{11}{20} \square \frac{13}{25}$

5 Setze im Heft eine passende Zahl ein. Gibt es mehrere Möglichkeiten?

a) $\frac{3}{5} < \frac{\square}{5}$ b) $\frac{1}{4} < \frac{1}{\square}$ c) $\frac{\square}{3} > \frac{2}{9}$
d) $\frac{2}{3} > \frac{\square}{9}$ e) $\frac{\square}{6} < \frac{2}{9}$ f) $\frac{7}{8} < \frac{\square}{12}$
g) $\frac{2}{3} > \frac{\square}{12} > \frac{1}{4}$ h) $\frac{5}{12} < \frac{\square}{6} < \frac{7}{8}$

6 Ordne die drei Brüche von klein nach groß.

a) $\frac{3}{8}$; $\frac{3}{10}$; $\frac{3}{5}$ b) $\frac{3}{4}$; $\frac{1}{2}$; $\frac{5}{8}$
c) $\frac{13}{20}$; $\frac{3}{5}$; $\frac{7}{10}$ d) $\frac{3}{8}$; $\frac{5}{12}$; $\frac{1}{3}$
e) $1\frac{1}{4}$; $\frac{7}{4}$; $1\frac{3}{8}$ f) $\frac{15}{6}$; $2\frac{1}{2}$; $\frac{25}{10}$

7 Bestimme, welcher der beiden Brüche größer und welcher kleiner als $\frac{1}{2}$ ist. Vergleiche dann.

a) $\frac{1}{8}$ und $\frac{4}{5}$ b) $\frac{7}{9}$ und $\frac{3}{7}$ c) $\frac{6}{11}$ und $\frac{5}{13}$
d) $\frac{9}{20}$ und $\frac{2}{3}$ e) $\frac{17}{22}$ und $\frac{11}{25}$ f) $\frac{19}{40}$ und $\frac{1}{2}$

8 Betrachte die Brüche $\frac{1}{2}$, $\frac{2}{3}$, $\frac{3}{4}$ und $\frac{4}{5}$.

a) Vergleiche Zähler und Nenner. Welche Eigenschaft erkennst du?
b) Ordne die Brüche von klein nach groß.
c) Vergleiche $\frac{10}{13}$, $\frac{11}{14}$, $\frac{12}{15}$ und $\frac{13}{16}$.
d) Ergänze im Heft: Wenn bei zwei echten Brüchen die Differenz zwischen Nenner und Zähler gleich groß ist, dann ist der Bruch größer, der …

9 Wenn du eine graue Kugel ziehst, dann gewinnst du. Welches Gefäß wählst du? Begründe deine Wahl. Bestimme dazu jeweils den Anteil der grauen Kugeln als Bruch.

10 Lies die markierten Brüche ab. Kürze, falls möglich. Schreibe als gemischte Zahl, wenn möglich.

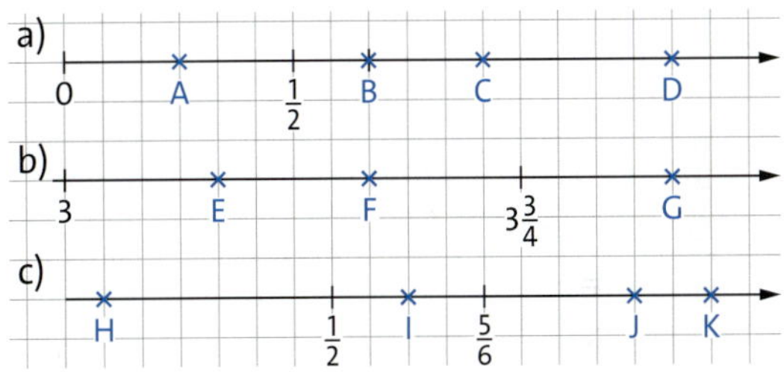

11 Zeichne einen Zahlenstrahl. Beginne mit 0. Die 1 soll 12 cm von der 0 entfernt liegen. Trage ein: $\frac{1}{12}$; $\frac{5}{12}$; $\frac{7}{12}$; $\frac{1}{6}$; $\frac{5}{6}$; $\frac{2}{3}$; $\frac{1}{4}$; $\frac{3}{4}$; $\frac{1}{2}$; $\frac{11}{24}$; $1\frac{1}{3}$ und $1\frac{5}{24}$.

12 Zeichne zu jeder Aufgabe einen passenden Zahlenstrahl und trage die Brüche ein.

a) $\frac{7}{10}$; $\frac{2}{5}$; $\frac{1}{2}$; $1\frac{3}{10}$
b) $\frac{1}{2}$; $\frac{2}{3}$; $\frac{3}{4}$; $\frac{11}{12}$; $\frac{1}{6}$; $1\frac{1}{4}$
c) $\frac{2}{9}$; $\frac{2}{3}$; $\frac{1}{2}$; $\frac{8}{9}$; $\frac{5}{18}$; $1\frac{1}{3}$

13 Knifflig: Welcher Bruch liegt genau in der Mitte zwischen den beiden Zahlen?

a) von $\frac{2}{7}$ und $\frac{4}{7}$ b) von $\frac{3}{9}$ und 1
c) von $\frac{5}{7}$ und $\frac{6}{7}$ d) von $\frac{1}{2}$ und $\frac{3}{4}$

Brüche addieren und subtrahieren

Für das Schulfest hatte Lenas Mutter zwei Blaubeertorten gespendet.
Wie viel ist von den Torten noch da?
Von der einen Torte sind noch 3 Stücke da.
Von der anderen Torte sind noch 4 Stücke da.
Lena schiebt die Reste zusammen.

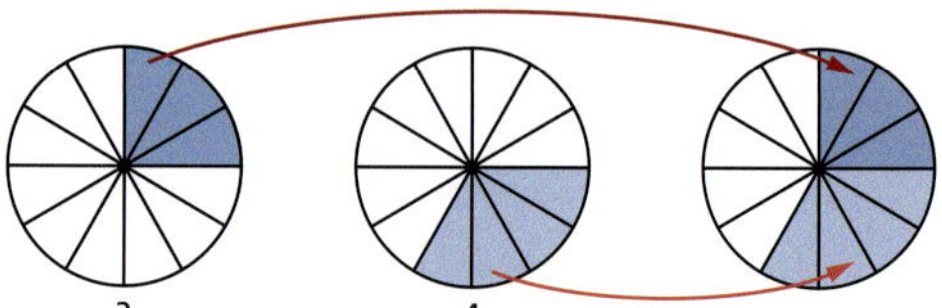

$\frac{3}{12}$ + $\frac{4}{12}$

Wenn zwei Brüche den gleichen Nenner haben, dann heißen sie ***gleichnamig****.*

W

Brüche mit gleichem Nenner

So **addierst** du Brüche mit gleichem Nenner: Addiere nur die Zähler. Der Nenner bleibt gleich.

$\frac{3}{12} + \frac{4}{12} = \frac{7}{12}$

Es ist noch $\frac{7}{12}$ Blaubeertorte da.

Genauso **subtrahierst** du Brüche mit gleichem Nenner: Subtrahiere nur die Zähler. Der Nenner bleibt gleich.

$\frac{4}{5} - \frac{1}{5} = \frac{3}{5}$

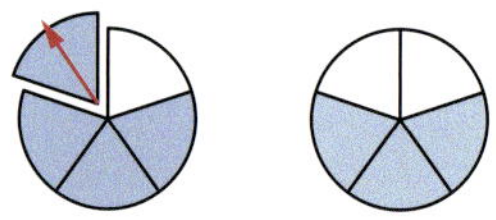

▶ **Aufgabe** Auf dem Schulfest gab es zwei Kirschkuchen. Davon sind noch $\frac{1}{6}$ und $\frac{3}{6}$ da. Wie viel ist das insgesamt?

▸ 1 ▸ 1 ▸ 1

Der kleinste gemeinsame Nenner heißt ***Hauptnenner****. Er ist das kleinste gemeinsame Vielfache der beiden Nenner.*

W

Brüche mit verschiedenen Nennern

Finde einen gemeinsamen Nenner.

1. Möglichkeit: Ein Nenner ist das Vielfache des anderen Nenners. Erweitere den Bruch, der den kleineren Nenner hat. Berechne dann.

$\frac{1}{6} + \frac{2}{3}$ 6 ist gemeinsamer Nenner.

$\frac{1}{6} + \frac{2}{3} = \frac{1}{6} + \frac{2 \cdot 2}{3 \cdot 2} = \frac{1}{6} + \frac{4}{6} = \frac{5}{6}$

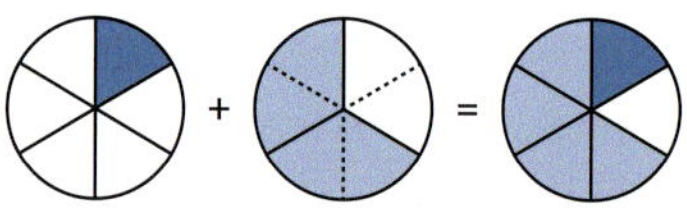

2. Möglichkeit: Du erhältst einen gemeinsamen Nenner, wenn du beide Nenner multiplizierst. Erweitere beide Brüche. Berechne.

$\frac{2}{5} - \frac{1}{3}$ $5 \cdot 3 = 15$ gemeinsamer Nenner

$\frac{2}{5} - \frac{1}{3} = \frac{2 \cdot 3}{5 \cdot 3} - \frac{1 \cdot 5}{3 \cdot 5} = \frac{6}{15} - \frac{5}{15} = \frac{1}{15}$

3. Möglichkeit: Finde einen möglichst kleinen gemeinsamen Nenner. Erweitere beide Brüche. Berechne.

$\frac{1}{6} + \frac{1}{8}$ 48 ist gemeinsamer Nenner, aber auch 24

$\frac{1}{6} + \frac{1}{8} = \frac{1 \cdot 4}{6 \cdot 4} + \frac{1 \cdot 3}{8 \cdot 3} = \frac{4}{24} + \frac{3}{24} = \frac{7}{24}$

▶ **Aufgabe** Berechne $\frac{1}{6} + \frac{3}{4}$.

▸ 6 ▸ 4 ▸ 2

Wenn du Brüche **addierst**, dann kannst du **vorteilhaft rechnen**.

Vertauschen heißt:
$a + b = b + a$
$5 + 8 = 8 + 5$

Verbinden heißt:
$a + b + c = a + (b + c)$
$8 + 5 + 15 = 8 + (5 + 15)$

a, b, c sind Variablen.

W

Vertauschungsgesetz (Kommutativgesetz)

$$\frac{1}{5} + \frac{1}{10} + \frac{2}{5} = \frac{1}{5} + \frac{2}{5} + \frac{1}{10} = \frac{3}{5} + \frac{1}{10} = \frac{6}{10} + \frac{1}{10} = \frac{7}{10}$$

Verbindungsgesetz (Assoziativgesetz)

$$\frac{3}{14} + \frac{2}{7} + \frac{1}{7} = \frac{3}{14} + \left(\frac{2}{7} + \frac{1}{7}\right) = \frac{3}{14} + \frac{3}{7} = \frac{3}{14} + \frac{6}{14} = \frac{9}{14}$$

▶ **Aufgabe** Rechne vorteilhaft: $\frac{2}{5} + \frac{4}{15} + \frac{1}{5}$.

▸ 12 ▸ 8 ▸ 4

1 Übertrage die Zeichnung in dein Heft.
Notiere die passende Aufgabe und addiere.

Beispiel

$\frac{2}{4} + \frac{1}{4} = \frac{3}{4}$

a) 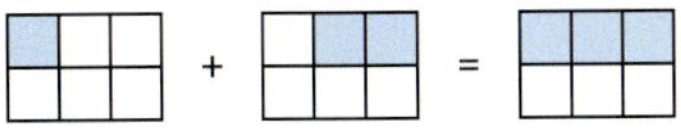

b) 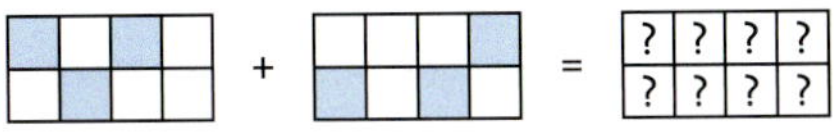

2 Erstelle eine passende Zeichnung.
Addiere dann.

a) $\frac{2}{4} + \frac{1}{4}$ b) $\frac{3}{5} + \frac{1}{5}$
c) $\frac{4}{8} + \frac{3}{8}$ d) $\frac{2}{9} + \frac{5}{9}$

3 Schreibe den Text ab und fülle die Lücken:
So addierst du Brüche mit gleichem ▒:
Addiere die ▒. Die ▒ bleiben gleich.

4 Addiere die Brüche.

a) $\frac{1}{6} + \frac{4}{6}$ b) $\frac{4}{9} + \frac{1}{9}$
c) $\frac{1}{5} + \frac{3}{5}$ d) $\frac{5}{12} + \frac{6}{12}$
e) $\frac{3}{10} + \frac{4}{10}$ f) $\frac{7}{11} + \frac{3}{11}$

5 Subtrahiere die Brüche.

a) $\frac{6}{10} - \frac{3}{10}$ b) $\frac{5}{8} - \frac{2}{8}$
c) $\frac{7}{9} - \frac{2}{9}$ d) $\frac{7}{11} - \frac{3}{11}$
e) $\frac{5}{7} - \frac{3}{7}$ f) $\frac{11}{15} - \frac{4}{15}$

▸ 4

6 Notiere die passende Aufgabe. Berechne.
Finde zuerst einen gemeinsamen Nenner.
Du musst nur einen Bruch erweitern.
Erkläre zum Schluss, wie du bei Teilaufgabe a) vorgegangen bist.

a) 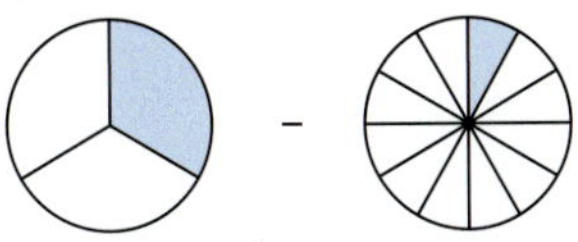

b) 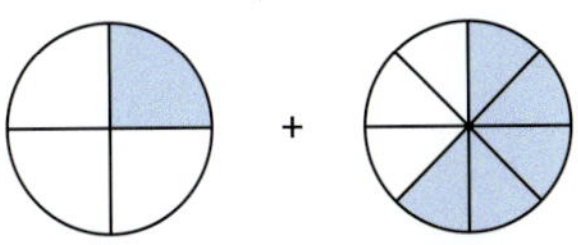

c) 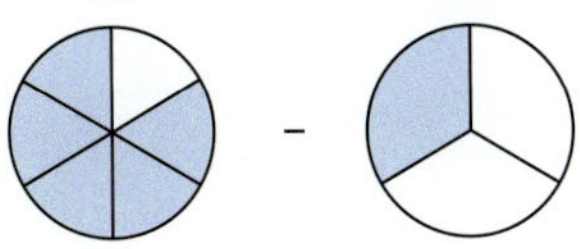

7 Finde zuerst einen gemeinsamen Nenner.
Du musst nur einen Bruch erweitern.
Addiere dann.

Beispiel $\frac{1}{16} + \frac{1}{8} = \frac{1}{16} + \frac{1 \cdot 2}{8 \cdot 2}$
$= \frac{1}{16} + \frac{2}{16} = \frac{3}{16}$

a) $\frac{1}{10} + \frac{1}{5}$ b) $\frac{1}{4} + \frac{1}{8}$
c) $\frac{1}{3} + \frac{1}{9}$ d) $\frac{2}{7} + \frac{5}{14}$
e) $\frac{5}{12} + \frac{1}{2}$ f) $\frac{1}{18} + \frac{2}{3}$

8 Finde zuerst einen gemeinsamen Nenner.
Du musst nur einen Bruch erweitern.
Subtrahiere dann.

a) $\frac{1}{2} - \frac{1}{4}$ b) $\frac{3}{10} - \frac{1}{5}$
c) $\frac{2}{3} - \frac{1}{6}$ d) $\frac{3}{4} - \frac{5}{12}$
e) $\frac{13}{18} - \frac{2}{3}$ f) $\frac{17}{24} - \frac{1}{2}$

▸ 6

9 Finde einen gemeinsamen Nenner.
Du musst beide Brüche erweitern.
Berechne dann.

Beispiel $\frac{3}{4} - \frac{1}{6} = \frac{3 \cdot 3}{4 \cdot 3} - \frac{1 \cdot 2}{6 \cdot 2}$
$= \frac{9}{12} - \frac{2}{12} = \frac{7}{12}$

a) $\frac{5}{6} - \frac{1}{4}$ b) $\frac{1}{2} - \frac{1}{3}$
c) $\frac{2}{9} - \frac{1}{6}$ d) $\frac{1}{4} + \frac{1}{6}$
e) $\frac{2}{3} + \frac{1}{4}$ f) $\frac{1}{4} + \frac{3}{10}$

10 Berechne. Kürze das Ergebnis, wenn möglich.

a) $\frac{1}{3} + \frac{1}{6}$ b) $\frac{3}{10} + \frac{1}{5}$
c) $\frac{3}{4} - \frac{2}{8}$ d) $\frac{7}{15} - \frac{3}{10}$
e) $\frac{5}{6} - \frac{1}{9}$ f) $\frac{1}{4} - \frac{1}{6}$

▸ 8

11 Im Kühlschrank stehen zwei geöffnete Flaschen Limo.
In der einen Flasche sind noch $\frac{5}{8}$ Liter.
In der anderen Flasche ist $\frac{1}{4}$ Liter.
Lisa will alles in eine 1-Liter-Flasche schütten.
Passt das?

$\frac{5}{8}$ $\frac{1}{4}$

12 Rechne vorteilhaft. Vertausche und verbinde.

a) $\frac{1}{4} + \frac{2}{5} + \frac{1}{4}$ b) $\frac{3}{8} + \frac{1}{2} + \frac{1}{8}$
c) $\frac{3}{10} + \frac{1}{5} + \frac{2}{10}$ d) $\frac{1}{3} + \frac{1}{4} + \frac{1}{3}$

1 Notiere die passende Aufgabe und addiere.

Beispiel

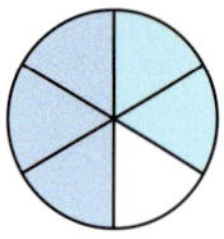

$\frac{3}{6} + \frac{2}{6} = \frac{5}{6}$

a) 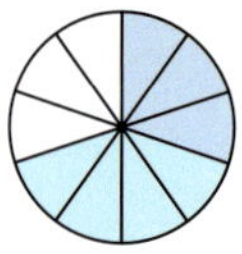

b) 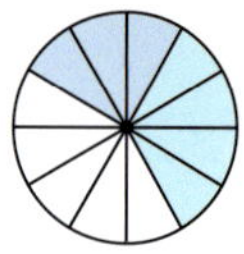

c) 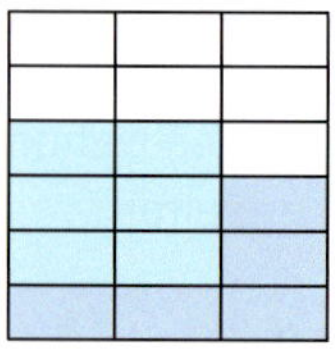

d) 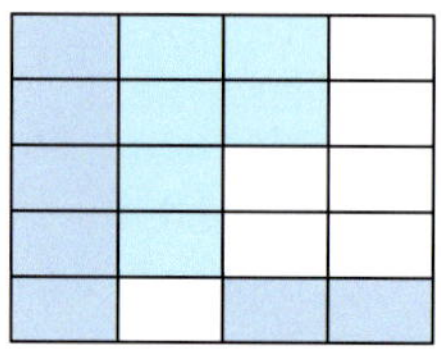

2 Berechne. Kürze das Ergebnis, wenn möglich.

a) $\frac{1}{5} + \frac{3}{5}$ b) $\frac{2}{7} + \frac{3}{7}$
c) $\frac{3}{8} + \frac{1}{8}$ d) $\frac{1}{12} + \frac{7}{12}$
e) $\frac{4}{9} - \frac{2}{9}$ f) $\frac{3}{6} - \frac{1}{6}$
g) $\frac{9}{10} - \frac{7}{10}$ h) $\frac{8}{9} - \frac{5}{9}$

3 Bilde einen Merksatz und notiere ihn.

indem du | und den Nenner | die Zähler addierst | Brüche mit gleichem Nenner | Du addierst | gleich lässt

▸ 2

4 Notiere die passende Aufgabe.
Finde zuerst einen gemeinsamen Nenner.
Du musst nur einen Bruch erweitern.
Berechne dann.

a) 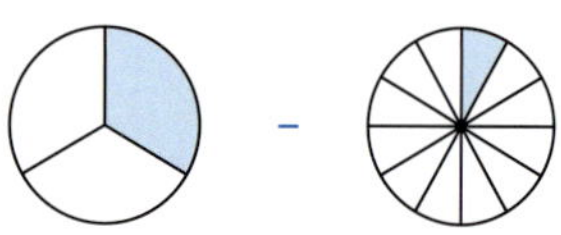

b) 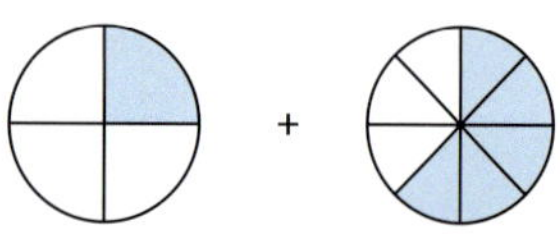

c) 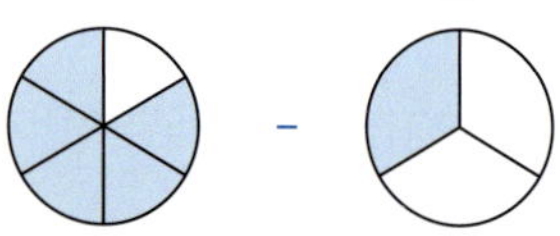

5 Finde zuerst einen gemeinsamen Nenner.
Du musst nur einen Bruch erweitern.
Berechne dann.

a) $\frac{2}{5} + \frac{3}{10}$ b) $\frac{3}{8} + \frac{1}{4}$
c) $\frac{5}{12} + \frac{1}{2}$ d) $\frac{2}{3} + \frac{1}{9}$
e) $\frac{3}{4} - \frac{3}{8}$ f) $\frac{5}{6} - \frac{7}{12}$
g) $\frac{7}{10} - \frac{1}{2}$ h) $\frac{11}{12} - \frac{2}{3}$

▸ 3

6 ▼ Finde zuerst einen gemeinsamen Nenner.
Du musst beide Brüche erweitern.
Berechne dann.
Kürze das Ergebnis, wenn möglich.

Beispiel $\frac{1}{4} + \frac{3}{10} = \frac{1 \cdot 5}{4 \cdot 5} + \frac{3 \cdot 2}{10 \cdot 2}$
$= \frac{5}{20} + \frac{6}{20} = \frac{11}{20}$

a) $\frac{1}{2} + \frac{1}{3}$ b) $\frac{2}{5} + \frac{1}{3}$
c) $\frac{5}{12} + \frac{1}{8}$ d) $\frac{2}{9} + \frac{1}{6}$
e) $\frac{5}{6} - \frac{3}{4}$ f) $\frac{13}{15} - \frac{2}{10}$
g) $\frac{9}{12} - \frac{5}{8}$ h) $\frac{7}{9} - \frac{1}{12}$

7 Stimmen die Rechnungen? Vergleiche und erkläre die Rechenwege von Lilli und Felix.

Lilli: $\frac{1}{6} + \frac{1}{4} = \frac{1 \cdot 4}{6 \cdot 4} + \frac{1 \cdot 6}{4 \cdot 6} = \frac{4}{24} + \frac{6}{24} = \frac{10}{24}$

Felix: $\frac{1}{6} + \frac{1}{4} = \frac{1 \cdot 2}{6 \cdot 2} + \frac{1 \cdot 3}{4 \cdot 3} = \frac{2}{12} + \frac{3}{12} = \frac{5}{12}$

▸ 6

8 Clara will aus drei verschiedenen Säften 1 Liter Fruchtsaft mischen. Sie nimmt $\frac{1}{4}$ Liter Pfirsichsaft und $\frac{1}{8}$ Liter Orangensaft. Berechne, wie viel Kirschsaft noch fehlt.

$\frac{1}{4}$ + $\frac{1}{8}$ + ? = 1 ℓ

9 Rechne vorteilhaft.

a) $\frac{2}{6} + \frac{5}{12} + \frac{1}{6}$ b) $\frac{2}{5} + \frac{4}{15} + \frac{1}{5}$
c) $\frac{4}{21} + \frac{1}{14} + \frac{3}{42}$ d) $\frac{1}{4} + \frac{1}{10} + \frac{3}{20}$
e) $\frac{3}{4} - \frac{3}{10} - \frac{1}{4}$ f) $\frac{4}{5} - \frac{1}{2} - \frac{1}{5}$

Die Ergebnisse von **6** ergeben in der richtigen Reihenfolge ein Lösungswort:
$\frac{1}{12}$ (I); $\frac{1}{8}$ (G); $\frac{7}{18}$ (M); $\frac{13}{24}$ (A); $\frac{2}{3}$ (N); $\frac{25}{36}$ (O); $\frac{11}{15}$ (L); $\frac{5}{6}$ (F)

1 Berechne. Kürze das Ergebnis, wenn möglich.

a) $\frac{1}{8}+\frac{5}{8}$ b) $\frac{3}{7}+\frac{4}{7}$

c) $\frac{5}{12}+\frac{1}{12}$ d) $\frac{4}{15}+\frac{7}{15}$

e) $\frac{8}{9}-\frac{5}{9}$ f) $\frac{9}{10}-\frac{3}{10}$

g) $\frac{6}{7}-\frac{4}{7}$ h) $\frac{11}{16}-\frac{5}{16}$

2 Schreibe als Aufgabe und berechne.
Kürze das Ergebnis, wenn möglich.

a) 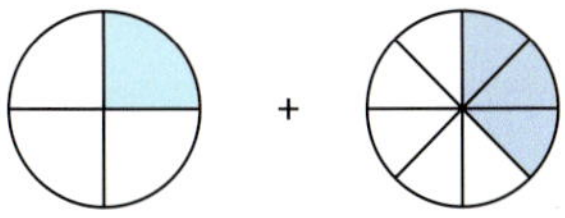

b) 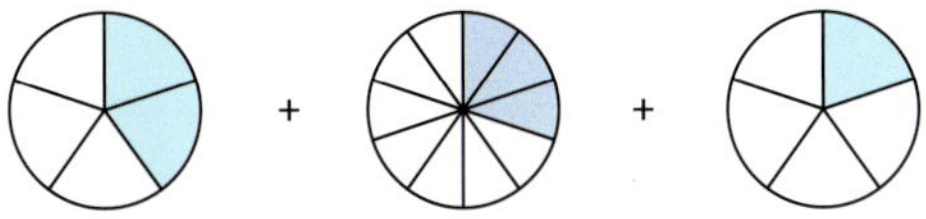

c) 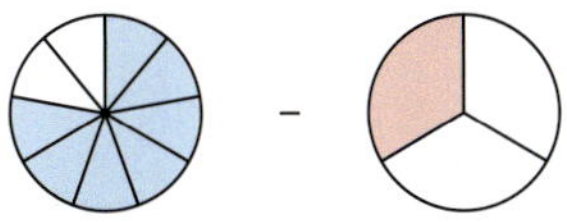

d) 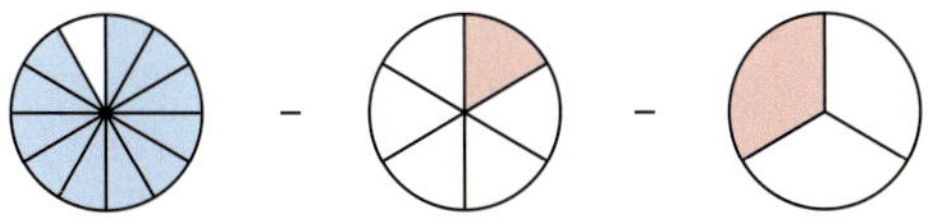

3 Finde zuerst den Hauptnenner. Das ist der kleinste gemeinsame Nenner.
Erweitere dann beide Brüche und berechne.

Beispiel $\frac{1}{6}$ und $\frac{3}{10}$ Hauptnenner 30

$$\frac{1}{6}+\frac{3}{10}=\frac{1\cdot 5}{6\cdot 5}+\frac{3\cdot 3}{10\cdot 3}$$
$$=\frac{5}{30}+\frac{9}{30}=\frac{14}{30}=\frac{7}{15}$$

a) $\frac{2}{3}+\frac{1}{5}$ b) $\frac{1}{4}+\frac{1}{6}$

c) $\frac{3}{8}+\frac{1}{6}$ d) $\frac{5}{9}+\frac{2}{6}$

e) $\frac{11}{14}-\frac{4}{21}$ f) $\frac{14}{15}-\frac{7}{10}$

g) $\frac{5}{6}-\frac{4}{15}$ h) $\frac{4}{5}-\frac{2}{3}$

4 Kürze das Ergebnis, wenn nötig. Wandle in eine gemischte Zahl um, wenn möglich.

a) $\frac{5}{6}+\frac{4}{15}$ b) $\frac{3}{4}+\frac{7}{10}$

c) $\frac{11}{12}-\frac{3}{8}$ d) $\frac{23}{30}-\frac{5}{12}$

e) $\frac{2}{3}+\frac{3}{4}+\frac{1}{2}$ f) $\frac{4}{5}-\frac{7}{20}-\frac{3}{10}$

5 Finde die Fehler und berichtige sie im Heft.

a) $\frac{3}{8}+\frac{1}{4}=\frac{3}{8}+\frac{1}{8}=\frac{4}{8}=\frac{1}{2}$

b) $\frac{2}{7}+\frac{3}{4}=\frac{5}{11}$

c) $\frac{2}{5}+\frac{4}{6}=\frac{4}{10}+\frac{4}{6}=\frac{8}{16}=\frac{1}{2}$

d) $\frac{2}{3}+\frac{1}{6}=\frac{4}{6}+\frac{2}{6}=\frac{6}{6}=1$

e) $\frac{7}{9}-\frac{2}{3}=\frac{7}{9}-\frac{6}{9}=\frac{13}{9}$

f) $\frac{2}{3}-\frac{1}{2}=\frac{4}{6}-\frac{1}{6}=\frac{3}{6}=\frac{1}{2}$

6 Übersetze den Text in eine Aufgabe und berechne den fehlenden Wert.

a) Berechne die Summe aus $\frac{1}{5}$ und $\frac{2}{3}$.

b) Wie groß ist die Differenz aus $\frac{7}{9}$ und $\frac{1}{6}$?

c) Der Wert einer Summe beträgt $\frac{13}{15}$, der erste Summand lautet $\frac{1}{3}$.

7 Linus, Mehmet und Kai haben sich ein Spiel ausgedacht. Sie gießen nacheinander $\frac{1}{2}$ ℓ, $\frac{1}{3}$ ℓ, $\frac{1}{4}$ ℓ, $\frac{1}{5}$ ℓ, … Wasser in einen 1,5-ℓ-Messbecher. Verloren hat, bei wem das Wasser überfließt. Linus beginnt, dann ist Mehmet dran, dann Kai, dann wieder Linus, … Wer verliert?

8 In 1 kg Waffelteig sind $\frac{1}{3}$ ℓ Milch (≈ $\frac{1}{3}$ kg), $\frac{2}{5}$ kg Dinkelmehl und $\frac{1}{6}$ kg Roggenmehl. Wie viel wiegen die übrigen Zutaten?

$\frac{1}{3}$ $\frac{2}{5}$ $\frac{1}{6}$ 1 kg

9 ▼ Rechne vorteilhaft, wenn möglich.

a) $\frac{2}{9}+\frac{4}{6}+\frac{1}{9}$ b) $\frac{2}{21}+\frac{1}{14}+\frac{5}{14}$

c) $\frac{5}{6}-\frac{5}{18}-\frac{7}{18}$ d) $\frac{13}{15}-\frac{2}{5}-\frac{4}{15}$

e) $\frac{1}{3}+\frac{2}{9}+\frac{2}{3}$ f) $\frac{2}{9}+\frac{1}{6}+\frac{1}{9}$

g) $\frac{5}{6}-\frac{2}{9}-\frac{1}{18}$ h) $\frac{7}{8}-\frac{2}{3}-\frac{1}{12}$

10 Finde die fehlende Zahl.

a) $\frac{1}{3}+\frac{\square}{6}+\frac{5}{12}=1\frac{1}{12}$ b) $\frac{19}{21}-\frac{3}{7}-\frac{\square}{14}=\frac{1}{21}$

Die Ergebnisse von **9** ergeben in der richtigen Reihenfolge ein Lösungswort:
$\frac{1}{8}$ (D); $\frac{1}{6}$ (U); $\frac{1}{5}$ (G); $\frac{1}{2}$ (U); $\frac{11}{21}$ (L); $\frac{5}{9}$ (N); 1 (F); $1\frac{2}{9}$ (H)

Gemischte Zahlen addieren und subtrahieren

Metin und Paul machen eine Radtour.
Sie fahren $1\frac{1}{4}$ h bis zu einem See.
Vom See bis zu Paul nach Hause zurück fahren sie $1\frac{1}{2}$ h.
Wie lange sind sie insgesamt gefahren?

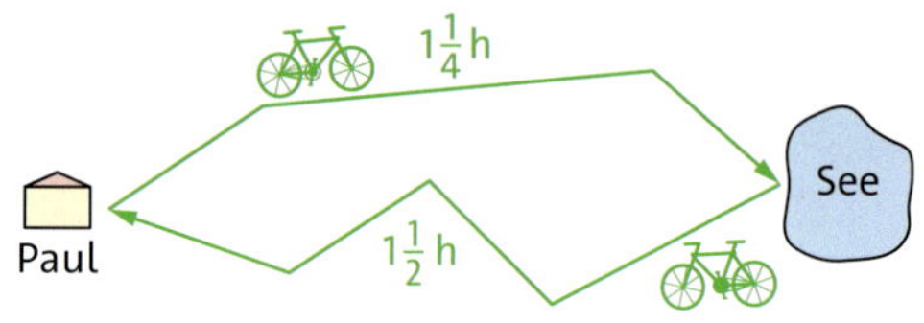

*Bei dem Bruch $\frac{5}{4}$ ist der Zähler größer als der Nenner. Man sagt: $\frac{5}{4}$ ist ein **unechter Bruch**.*

Du kannst $\frac{5}{4}$ in eine gemischte Zahl umwandeln: $\frac{5}{4} = 1\frac{1}{4}$

$1\frac{1}{4}$ ist eine **gemischte Zahl**:
1 Ganzes und $\frac{1}{4}$, also $1 + \frac{1}{4}$.

$1\frac{1}{4} =$ 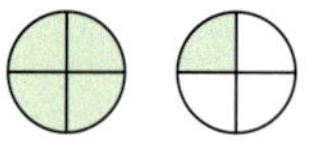

$1\frac{1}{4} = \frac{4}{4} + \frac{1}{4} = \frac{5}{4}$

▸ 1 ▸ 1 ▸ 1

Du kannst die gemischten Zahlen auch erst in unechte Brüche umwandeln und dann addieren oder subtrahieren.

W

Gemischte Zahlen addieren

- Trenne die Ganzen und die Brüche.
- Vertausche die Zahlen.
- Erweitere auf einen gemeinsamen Nenner.
- Addiere einzeln: zuerst die Ganzen, dann die Brüche.
- Schreibe das Ergebnis als gemischte Zahl.

$1\frac{1}{4} + 1\frac{1}{2}$
$= 1 + \frac{1}{4} + 1 + \frac{1}{2}$
$= 1 + 1 + \frac{1}{4} + \frac{1}{2}$
(gemeinsamer Nenner 4)
$= 1 + 1 + \frac{1}{4} + \frac{2}{4}$
$= 2 + \frac{3}{4} = 2\frac{3}{4}$

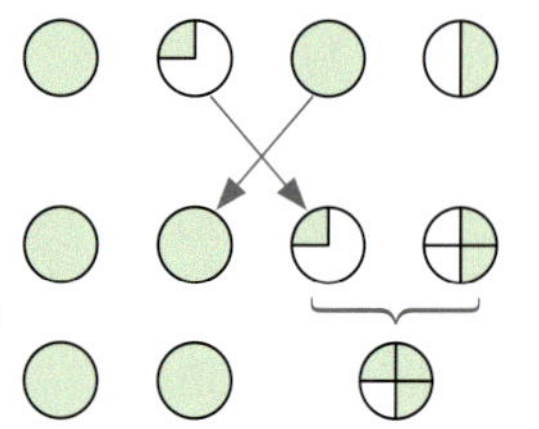

Leon und Paul sind $2\frac{3}{4}$ h gefahren.

▶ **Aufgabe** Berechne. a) $1\frac{3}{8} + 2\frac{1}{4}$ b) $1\frac{1}{3} + 3\frac{1}{6}$ ▸ 3 ▸ 3 ▸ 3

Beim Subtrahieren kannst du ähnlich vorgehen wie beim Addieren.

*Zu einer Rechenaufgabe kannst du auch Rechenausdruck oder **Rechenterm** sagen. Beispiele für Rechenterme: $\frac{1}{2} + \frac{1}{2}$; $\frac{1}{5} + 3\frac{2}{5}$*

W

Gemischte Zahlen subtrahieren

- Trenne die Ganzen und die Brüche. Achte auf das Minuszeichen vor dem letzten Bruch.
- Vertausche die Zahlen.
- Erweitere auf einen gemeinsamen Nenner.
- Subtrahiere einzeln: zuerst die Ganzen, dann die Brüche.
- Schreibe das Ergebnis als gemischte Zahl.

$2\frac{5}{6} - 1\frac{2}{3}$
$= 2 + \frac{5}{6} - 1 - \frac{2}{3}$
$= 2 - 1 + \frac{5}{6} - \frac{2}{3}$
$= 2 - 1 + \frac{5}{6} - \frac{4}{6}$
$= 1 + \frac{1}{6} = 1\frac{1}{6}$

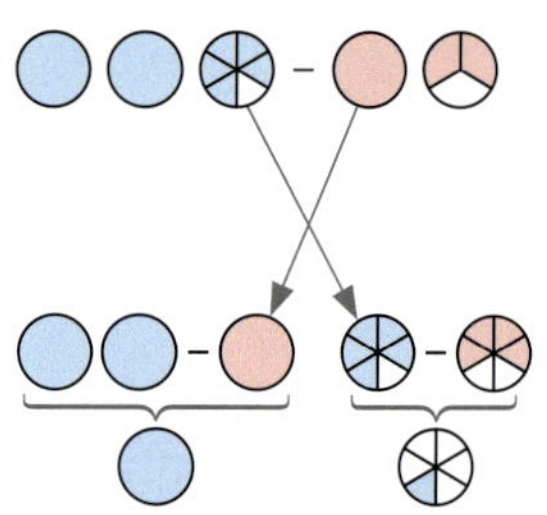

Sonderfall: Der zweite Bruch ist größer als der erste Bruch. Wandle ein Ganzes in einen Bruch um und subtrahiere dann.

$2\frac{1}{4} - \frac{3}{4}$
$= 2 + \frac{1}{4} - \frac{3}{4}$
$= 1 + \frac{4}{4} + \frac{1}{4} - \frac{3}{4}$
$= 1 + \frac{5}{4} - \frac{3}{4}$
$= 1 + \frac{2}{4} = 1\frac{1}{2}$

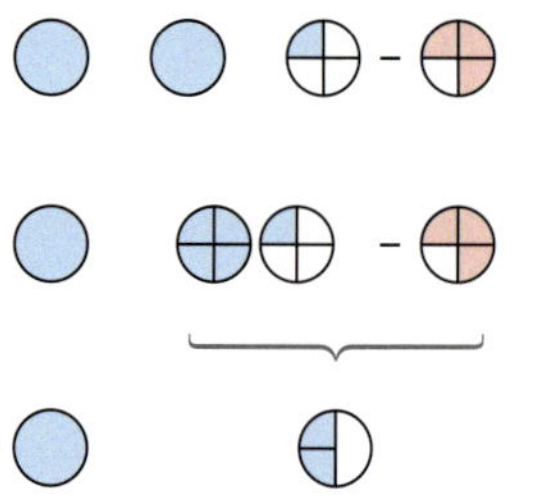

▶ **Aufgabe** Berechne. a) $3\frac{5}{8} - 2\frac{1}{4}$ b) $4\frac{1}{3} - 1\frac{5}{6}$ ▸ 7 ▸ 5 ▸ 5

1 Ella liest einmal eine gemischte Zahl und einmal einen Bruch ab.
Erkläre: Wie ist Ella vorgegangen?

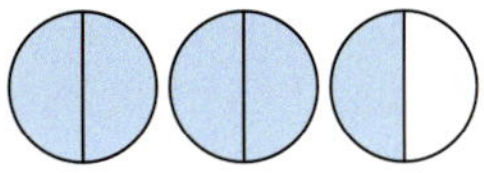

$2 + \frac{1}{2} = 2\frac{1}{2}$

$\frac{4}{2} + \frac{1}{2} = \frac{5}{2}$

Schreibe als gemischte Zahl und als Bruch.

a) 

b) 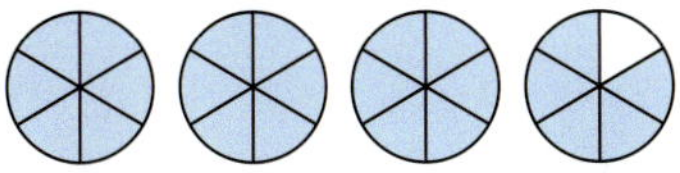

c) 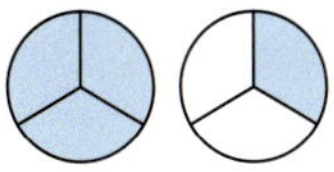

d) 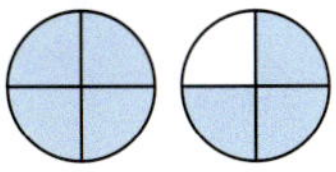

2 Schreibe den Bruch als gemischte Zahl.

Beispiel $\frac{13}{5} = 13 : 5 = 2 \text{ Rest } 3 = 2\frac{3}{5}$

a) $\frac{3}{2}$ b) $\frac{6}{5}$ c) $\frac{9}{4}$ d) $\frac{15}{6}$ e) $\frac{21}{8}$

3 Ordne jeder Zeichnung eine Aufgabe zu. Bestimme dann das Ergebnis.

① 

② 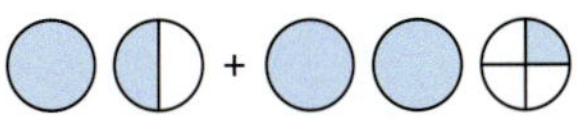

③ 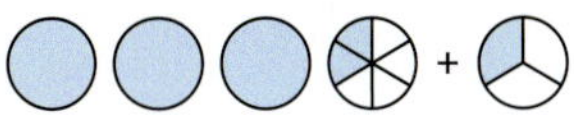

A $3\frac{2}{6} + \frac{1}{3}$

B $2\frac{1}{6} + 1\frac{4}{6}$

C $1\frac{1}{2} + 2\frac{1}{4}$

▶ 3

4 Zeichne eine passende Skizze und addiere.

a) $2\frac{1}{4} + 1\frac{2}{4}$ b) $3\frac{1}{3} + 2\frac{1}{3}$

c) $1\frac{1}{5} + 2\frac{2}{5}$ d) $\frac{3}{5} + 6\frac{1}{5}$

5 Addiere. Achtung: Die Brüche ergeben zusammen mehr als ein Ganzes.

Beispiel $2\frac{4}{5} + 1\frac{3}{5}$

trennen $= 2 + \frac{4}{5} + 1 + \frac{3}{5}$

vertauschen $= 2 + 1 + \frac{4}{5} + \frac{3}{5}$

einzeln addieren $= 3 + \frac{7}{5}$

$7 : 5 = 1 \text{ Rest } 2 = 1\frac{2}{5}$

Ganze addieren $= 3 + 1 + \frac{2}{5}$

$= 4\frac{2}{5}$

a) $4\frac{2}{4} + \frac{3}{4}$ b) $2\frac{5}{7} + 3\frac{6}{7}$

c) $6\frac{8}{9} + 5\frac{2}{9}$ d) $2\frac{6}{11} + \frac{7}{11}$

▶ 5

6 Addiere die gemischten Zahlen.
Du musst einen gemeinsamen Nenner finden.

Beispiel $2\frac{1}{6} + 1\frac{2}{3}$

trennen $= 2 + \frac{1}{6} + 1 + \frac{2}{3}$

vertauschen $= 2 + 1 + \frac{1}{6} + \frac{2}{3}$

erweitern $= 2 + 1 + \frac{1}{6} + \frac{4}{6}$

einzeln addieren $= 3 + \frac{5}{6}$

$= 3\frac{5}{6}$

a) $3\frac{1}{2} + 2\frac{1}{4}$ b) $1\frac{2}{5} + \frac{3}{10}$

c) $5\frac{2}{3} + 7\frac{1}{4}$ d) $4\frac{1}{2} + 6\frac{2}{5}$

7 Welche Aufgabe passt zur Zeichnung? Löse sie.

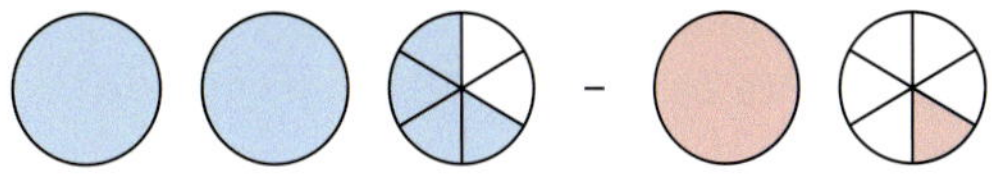

① $2\frac{4}{6} + 1\frac{1}{6}$ ② $2\frac{2}{6} - 1\frac{1}{6}$ ③ $2\frac{4}{6} - 1\frac{1}{6}$

8 Subtrahiere die gemischten Zahlen.
Du musst einen gemeinsamen Nenner finden.

Beispiel $6\frac{3}{4} - 2\frac{5}{8}$

trennen (Achtung: –) $= 6 + \frac{3}{4} - 2 - \frac{5}{8}$

vertauschen $= 6 - 2 + \frac{3}{4} - \frac{5}{8}$

erweitern $= 6 - 2 + \frac{6}{8} - \frac{5}{8}$

einzeln subtrahieren $= 4 + \frac{1}{8}$

$= 4\frac{1}{8}$

a) $4\frac{7}{8} - 2\frac{1}{2}$ b) $2\frac{1}{3} - \frac{1}{6}$

c) $6\frac{1}{2} - 4\frac{1}{3}$ d) $9\frac{2}{3} - \frac{3}{8}$

▶ 7

9 Beim Bowling:
Die rote Kugel wiegt $5\frac{9}{10}$ kg.
Die blaue Kugel wiegt $3\frac{3}{5}$ kg.
Wie schwer sind beide Kugeln zusammen?

10 Sara fährt mit dem Fahrrad zum Fußballtraining. Der Hinweg dauert $\frac{1}{2}$ h, weil sie noch eine Freundin abholt. Das Training dauert mit Umziehen $1\frac{3}{4}$ h. Der Rückweg dauert $\frac{1}{4}$ h.
Wie lange ist Sara unterwegs? Eine Skizze mit Wegen und Zeiten kann dir helfen.

1 Schreibe als gemischte Zahl und als unechten Bruch. Bei einem unechten Bruch ist der Zähler größer als der Nenner.

Beispiel

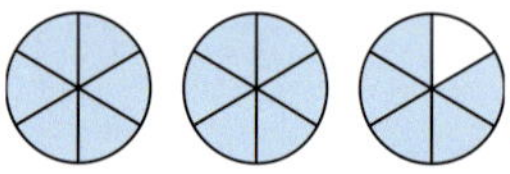

$2 + \frac{5}{6} = 2\frac{5}{6}$

$\frac{12}{6} + \frac{5}{6} = \frac{17}{6}$

a) 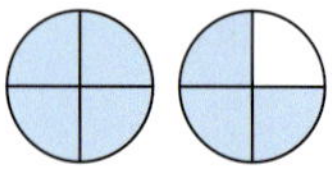

b) 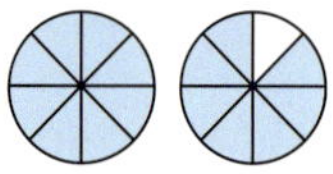

c) 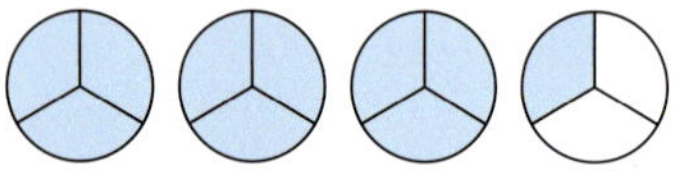

d) 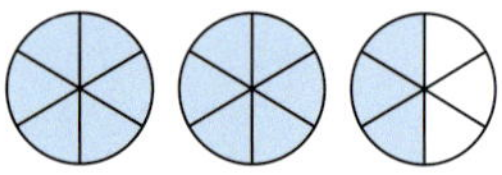

2 Schreibe den unechten Bruch als gemischte Zahl.

Beispiel $\frac{17}{3} = 17 : 3$

$= 5 \text{ Rest } 2 = 5\frac{2}{3}$

a) $\frac{7}{2}$ b) $\frac{11}{3}$ c) $\frac{21}{5}$ d) $\frac{47}{10}$ e) $\frac{49}{7}$

3 Zeichne eine passende Skizze und addiere.

Beispiel $1\frac{1}{5} + 1\frac{3}{5}$

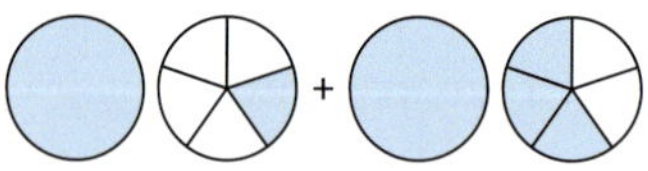

$1\frac{1}{5} + 1\frac{3}{5} = 1 + \frac{1}{5} + 1 + \frac{3}{5}$

$= 1 + 1 + \frac{1}{5} + \frac{3}{5}$

$= 2 + \frac{4}{5} = 2\frac{4}{5}$

a) $1\frac{1}{4} + 2\frac{1}{4}$ b) $3\frac{1}{5} + \frac{3}{5}$

c) $2\frac{2}{3} + 2\frac{1}{6}$ d) $1\frac{1}{4} + 3\frac{1}{2}$

▶ 3

4 Addiere. Achtung: Die beiden Brüche können zusammen mehr als ein Ganzes ergeben.

Beispiel	$2\frac{3}{4} + 3\frac{2}{3}$
trennen	$= 2 + \frac{3}{4} + 3 + \frac{2}{3}$
vertauschen	$= 2 + 3 + \frac{3}{4} + \frac{2}{3}$
gem. Nenner	$= 2 + 3 + \frac{9}{12} + \frac{8}{12}$
addieren	$= 5 + \frac{17}{12}$
	$17 : 12 = 1 \text{ Rest } 5 = 1\frac{5}{12}$
addieren	$= 6\frac{5}{12}$

a) $4\frac{2}{3} + 2\frac{5}{6}$ b) $\frac{1}{3} + 5\frac{7}{9}$

c) $6\frac{1}{4} + 3\frac{2}{5}$ d) $5\frac{7}{8} + 4\frac{3}{4}$

5 Schreibe die Aufgabe auf, die zur Zeichnung passt. Subtrahiere dann.

Beispiel

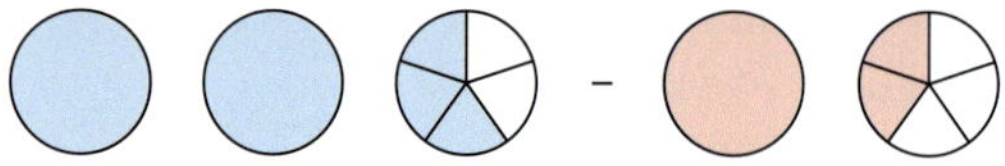

$2\frac{3}{5} - 1\frac{2}{5} = \ldots$

a) 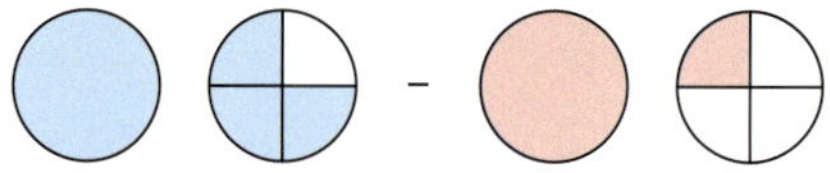

b) 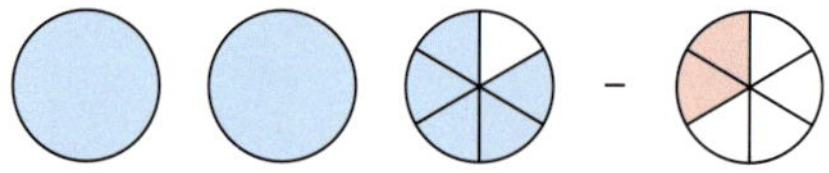

c) 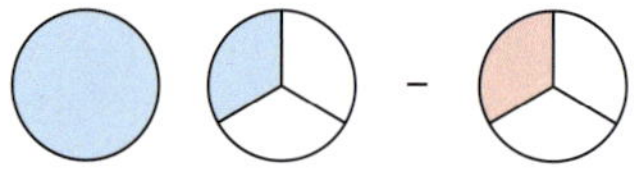

▶ 5

6 Subtrahiere die gemischten Zahlen. Du musst einen gemeinsamen Nenner finden.

a) $3\frac{7}{10} - 2\frac{3}{5}$ b) $5\frac{7}{8} - \frac{1}{2}$

c) $9\frac{5}{6} - \frac{3}{10}$ d) $6\frac{5}{6} - 4\frac{3}{4}$

e) $6\frac{5}{7} - 2\frac{1}{2}$ f) $3\frac{3}{4} - \frac{2}{3}$

7 Subtrahiere. Beachte: Du musst ein Ganzes in einen Bruch umwandeln.

Beispiel	$4\frac{1}{3} - 1\frac{3}{4}$
minus beachten	$= 4 + \frac{1}{3} - 1 - \frac{3}{4}$
vertauschen	$= 4 - 1 + \frac{1}{3} - \frac{3}{4}$
gem. Nenner	$= 3 + \frac{4}{12} - \frac{9}{12}$
aufspalten	$= 2 + \frac{12}{12} + \frac{4}{12} - \frac{9}{12}$
zusammenfassen	$= 2 + \frac{16}{12} - \frac{9}{12}$
subtrahieren	$= 2\frac{7}{12}$

a) $4\frac{2}{5} - 2\frac{3}{5}$ b) $5\frac{2}{9} - \frac{4}{9}$

c) $1\frac{5}{8} - \frac{3}{4}$ d) $6\frac{1}{4} - 5\frac{2}{3}$

8 Mit seinem Führerschein darf Herr Lange einen Lkw mit einem Gesamtgewicht von $7\frac{1}{2}$ t fahren.
Das Fahrzeug wiegt $3\frac{2}{5}$ t.
Berechne, wie viel Herr Lange zuladen darf.

1 Schreibe die gemischte Zahl als einen unechten Bruch. Bei einem unechten Bruch ist der Zähler größer als der Nenner.

Beispiel

$2\frac{5}{7} = 2 + \frac{5}{7}$

$= \frac{14}{7} + \frac{5}{7} = \frac{19}{7}$

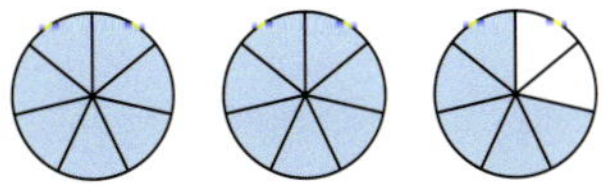

a) $2\frac{4}{5}$ b) $5\frac{1}{2}$ c) $3\frac{5}{11}$ d) $7\frac{5}{6}$

e) Beschreibe, wie du vorgegangen bist.

2 Schreibe den unechten Bruch als gemischte Zahl.

Beispiel $\frac{25}{7} = 25 : 7 = 3$ Rest $4 = 3\frac{4}{7}$

a) $\frac{23}{7}$ b) $\frac{34}{5}$ c) $\frac{19}{2}$ d) $\frac{57}{6}$

e) $\frac{63}{9}$ f) $\frac{96}{12}$ g) $\frac{28}{13}$ h) $\frac{56}{15}$

3 Addiere die gemischten Zahlen. Manchmal musst du einen gemeinsamen Nenner finden.

a) $4\frac{2}{5} + 3\frac{1}{5}$ b) $\frac{5}{9} + 6\frac{2}{9}$

c) $5\frac{1}{3} + 4\frac{2}{15}$ d) $2\frac{1}{12} + 7\frac{5}{6}$

e) $2\frac{2}{3} + 5\frac{1}{4}$ f) $3\frac{1}{15} + 3\frac{2}{5} + 3\frac{6}{15}$

4 Addiere. Achtung: Die beiden Brüche können zusammen mehr als ein Ganzes ergeben.

Beispiel $2\frac{5}{6} + \frac{3}{4}$

gem. Nenner $= 2 + \frac{10}{12} + \frac{9}{12}$

addieren $= 2 + \frac{19}{12}$

$19 : 12 = 1$ Rest $7 = 1\frac{7}{12}$

$= 2 + 1\frac{7}{12}$

addieren $= 3\frac{7}{12}$

a) $3\frac{5}{6} + 1\frac{1}{3}$ b) $\frac{3}{8} + 5\frac{3}{4}$

c) $3\frac{1}{4} + 2\frac{5}{6}$ d) $10\frac{4}{12} + 4\frac{3}{4} + 3\frac{6}{12}$

5 Subtrahiere die gemischten Zahlen.

a) $6\frac{3}{5} - 4\frac{1}{5}$ b) $3\frac{7}{9} - \frac{4}{9}$

c) $7\frac{5}{6} - 4\frac{1}{3}$ d) $2\frac{4}{5} - 2\frac{3}{10}$

e) $6\frac{8}{9} - 5\frac{5}{6}$ f) $5\frac{11}{12} - 3\frac{2}{4} - 1\frac{1}{6}$

6 Subtrahiere. Beachte: Du musst ein Ganzes in einen Bruch umwandeln, bevor du subtrahierst.

a) $5\frac{2}{9} - 2\frac{5}{9}$ b) $4\frac{3}{8} - \frac{7}{8}$

c) $8\frac{3}{14} - 2\frac{5}{7}$ d) $3\frac{1}{5} - \frac{8}{15}$

e) $12\frac{1}{3} - 8\frac{3}{4}$ f) $17\frac{1}{6} - 9\frac{5}{9}$

7 Mila und Jacek sollen die Aufgabe $6\frac{1}{7} - 2\frac{3}{14}$ berechnen.

Mila:

$6\frac{1}{7} - 2\frac{3}{14}$

$= 6 - 2 + \frac{2}{14} - \frac{3}{14}$

$= 4 + \frac{2}{14} - \frac{3}{14}$

$= 3 + \frac{14}{14} + \frac{2}{14} - \frac{3}{14}$

$= 3\frac{13}{14}$

Jacek:

$6\frac{1}{7} - 2\frac{3}{14}$

$= \frac{43}{7} - \frac{31}{14}$

$= \frac{86}{14} - \frac{31}{14}$

$= \frac{55}{14}$

$= 3\frac{13}{14}$

a) Erkläre und vergleiche die Rechenwege.

b) Berechne wie Jacek:

① $6\frac{5}{8} - 3\frac{3}{4}$ ② $4\frac{4}{9} - 2\frac{1}{18}$

③ $9\frac{5}{6} + \frac{5}{8}$ ④ $6\frac{2}{3} + 2\frac{4}{5}$

8 Berechne auf einem Weg deiner Wahl.

a) $5\frac{2}{3} + 3\frac{2}{5}$ b) $6\frac{3}{4} + 1\frac{5}{6}$

c) $11\frac{5}{7} - 7\frac{3}{5}$ d) $6\frac{5}{9} - 4\frac{1}{2}$

e) $8\frac{3}{4} + 2\frac{1}{6}$ f) $12 - 9\frac{4}{5}$

g) $8\frac{7}{10} - 2\frac{1}{5} - 3\frac{2}{5}$ h) $7\frac{2}{9} + 3\frac{1}{2} + 17 + 4\frac{5}{6}$

9 Finde die fehlende Zahl.

a) $2\frac{3}{7} + \square\frac{\square}{7} = 6\frac{5}{7}$ b) $\square\frac{5}{9} + 3\frac{\square}{9} = 7\frac{8}{9}$

c) $12\frac{\square}{10} - \square\frac{1}{10} = 8\frac{7}{10}$ d) $5\frac{4}{5} + \square\frac{\square}{\square} = 7\frac{13}{15}$

10 Fülle die Zahlenmauer in deinem Heft aus.

a)

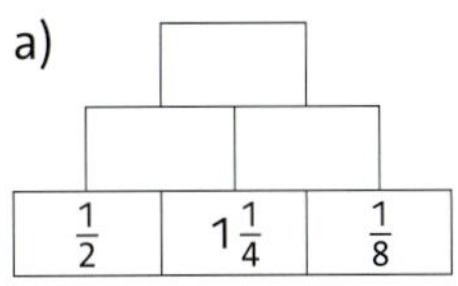

b)

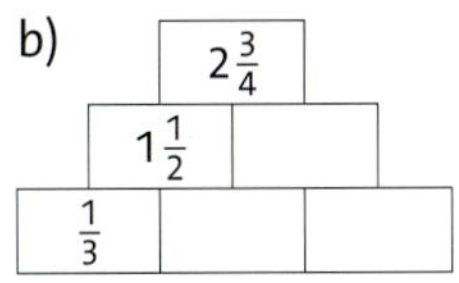

11 In einem Benzinkanister sind 5 ℓ Benzin. Ronan tankt $2\frac{3}{4}$ ℓ in den Rasenmäher und $\frac{5}{6}$ ℓ in die Kettensäge. Wie viel bleibt übrig?

Kompetenz	
1 Ich kann Brüche erweitern. → Lies auf **Seite 30** nach.	**1** Erweitere den Bruch. a) $\frac{1}{3} = \frac{\square}{6}$ erweitert mit 2 b) $\frac{2}{5} = \frac{\square}{\square}$ erweitert mit 4
2 Ich kann Brüche kürzen. → Lies auf **Seite 30** nach.	**2** Kürze den Bruch. a) $\frac{8}{12} = \frac{4}{\square}$ gekürzt mit 2 b) $\frac{9}{24} = \frac{\square}{\square}$ gekürzt mit 3
3 Ich kann Brüche mit einem gemeinsamen Nenner schreiben. → Lies auf **Seite 34** nach.	**3** Beide Brüche sollen den gleichen Nenner haben. Erweitere dazu einen Bruch. a) $\frac{2}{5}$ und $\frac{1}{10}$ b) $\frac{7}{9}$ und $\frac{2}{3}$
4 Ich kann Brüche vergleichen. → Lies auf **Seite 34** nach.	**4** Vergleiche. Setze im Heft <, > oder = ein. a) $\frac{5}{8} \square \frac{7}{8}$ b) $\frac{3}{5} \square \frac{3}{9}$ c) $\frac{4}{9} \square \frac{8}{18}$ d) $\frac{3}{5} \square \frac{8}{10}$
5 Ich kann Brüche am Zahlenstrahl ablesen und eintragen. → Lies auf **Seite 34** nach.	**5** Übertrage den Zahlenstrahl in dein Heft. a) Lies die markierten Brüche ab. b) Trage $\frac{1}{4}$ und $1\frac{2}{4}$ ein. 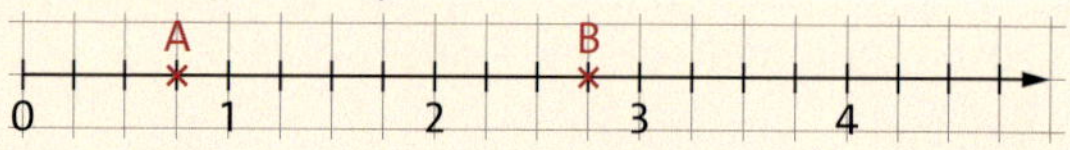
6 Ich kann Brüche addieren und subtrahieren. → Lies auf **Seite 38** nach.	**6** Berechne. Achte auf gleiche Nenner. a) $\frac{2}{5} + \frac{1}{5}$ b) $\frac{3}{10} + \frac{2}{5}$ c) $\frac{7}{8} - \frac{3}{8}$ d) $\frac{13}{15} - \frac{2}{3}$
7 Ich kann gemischte Zahlen als unechte Brüche schreiben und umgekehrt. → Lies auf **Seite 42** nach.	**7** Schreibe die dargestellte Zahl einmal als gemischte Zahl und einmal als Bruch. a) 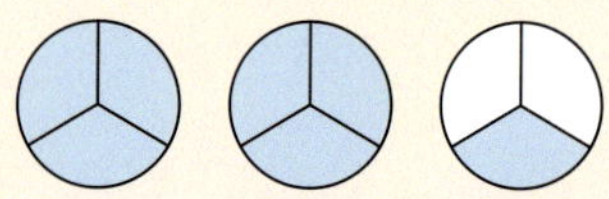 b) 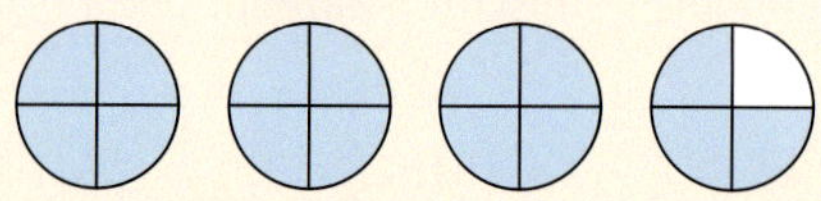
8 Ich kann gemischte Zahlen addieren und subtrahieren. → Lies auf **Seite 42** nach.	**8** Berechne. a) $2\frac{1}{5} + 3\frac{3}{5}$ b) $3\frac{2}{9} + 1\frac{2}{3}$ c) $6\frac{7}{9} - 4\frac{5}{9}$ d) $3\frac{3}{4} - 2\frac{5}{8}$

→ Lösungen auf Seite 239

☒

1 Erweitere den Bruch. Ergänze die Lücken.

a) $\frac{3}{4} = \frac{\square}{\square}$ erweitert mit 6

b) $\frac{5}{8} = \frac{\square}{24}$ erweitert mit $\square$

2 Kürze den Bruch. Ergänze die Lücken.

a) $\frac{15}{21} = \frac{\square}{\square}$ gekürzt mit 3

b) $\frac{12}{16} = \frac{\square}{4}$ gekürzt mit $\square$

3 Schreibe beide Brüche mit einem gemeinsamen Nenner.

a) $\frac{4}{7}$ und $\frac{2}{21}$ b) $\frac{3}{4}$ und $\frac{5}{6}$

4 Vergleiche. Setze im Heft <, > oder = ein.

a) $\frac{12}{5} \square \frac{12}{4}$ b) $\frac{3}{10} \square \frac{7}{10}$

c) $\frac{9}{12} \square \frac{3}{4}$ d) $\frac{7}{8} \square \frac{5}{6}$

5 Übertrage den Zahlenstrahl in dein Heft.

a) Lies die beiden markierten Brüche ab.

b) Trage $\frac{4}{5}$ und $1\frac{6}{10}$ ein.

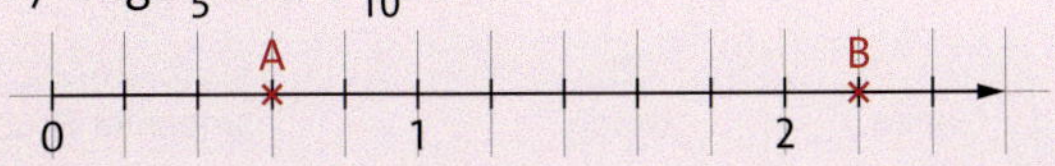

6 Berechne.

a) $\frac{4}{7} + \frac{2}{7}$ b) $\frac{5}{8} + \frac{1}{6}$

c) $\frac{4}{5} - \frac{9}{15}$ d) $\frac{11}{12} - \frac{5}{9}$

7 Schreibe um.

a) als unechten Bruch: $4\frac{3}{5}$ und $3\frac{2}{7}$

b) als gemischte Zahl: $\frac{15}{7}$ und $\frac{20}{3}$

8 Berechne. Gib das Ergebnis als gemischte Zahl an.

a) $5\frac{1}{7} + 4\frac{4}{7}$ b) $6\frac{3}{4} + 3\frac{5}{6}$

c) $8\frac{5}{8} - 4\frac{7}{16}$ d) $13\frac{1}{6} - 7\frac{5}{6}$

☒

1 Erweitere den Bruch. Ergänze die Lücken.

a) $\frac{2}{5} = \frac{\square}{15}$ erweitert mit $\square$

b) $\frac{4}{8} = \frac{32}{\square}$ erweitert mit $\square$

2 Kürze den Bruch so weit wie möglich.

a) $\frac{28}{36}$ b) $\frac{45}{54}$

3 Schreibe beide Brüche mit einem gemeinsamen Nenner.

a) $\frac{4}{9}$ und $\frac{2}{15}$ b) $\frac{3}{10}$ und $\frac{5}{6}$

4 Ordne die Brüche der Größe nach.

a) $\frac{3}{4}; \frac{4}{5}; \frac{7}{10}; \frac{6}{5}$ b) $\frac{9}{5}; \frac{7}{6}; \frac{8}{15}; \frac{17}{30}$

5 Zeichne einen Zahlenstrahl. Die 0 und die 1 sollen einen Abstand von 3 cm haben.

Trage ein: $\frac{2}{3}; \frac{5}{6}; 1\frac{1}{3}; \frac{10}{6}$

6 Berechne.

a) $\frac{5}{16} + \frac{3}{8}$ b) $\frac{1}{4} + \frac{1}{16} + \frac{3}{8}$

c) $\frac{7}{8} - \frac{1}{6}$ d) $\frac{2}{3} - \frac{1}{12} - \frac{5}{10}$

7 Schreibe um.

a) als unechten Bruch: $5\frac{7}{8}$ und $12\frac{3}{4}$

b) als gemischte Zahl: $\frac{22}{2}$ und $\frac{39}{15}$

8 Berechne. Gib das Ergebnis als gemischte Zahl an.

a) $4\frac{5}{9} + 3\frac{1}{3}$ b) $2\frac{1}{3} + 4\frac{3}{4} + 2\frac{5}{6}$

c) $12\frac{7}{12} - 9\frac{3}{8}$ d) $20\frac{1}{2} - 10\frac{8}{15}$

→ Lösungen auf Seite 239 und 240

Gemischte Zahlen umwandeln mit einer Tabellenkalkulation

Hier lernst du, wie du mit einer Tabellenkalkulation gemischte Zahlen in Brüche umwandeln kannst. Das spart Zeit, denn du musst nicht mehr selbst rechnen.

Öffne deine Tabellenkalkulation. Du siehst ein Tabellenblatt mit **Spalten** (A, B, C, …) und **Zeilen** (1,2, 3, …). Die **Zelle** mit dem „Hallo“ steht in **Spalte** B und **Zeile** 3. Diese Zelle heißt **B3**.

Spalte → B; Zeile → 3; Zelle B3

	A	B	C	D
1				
2				
3		Hallo		
4				

Wenn du eine Zelle anklickst, dann kannst du Wörter, Zahlen und Formeln eintragen. Mit den **Formeln** kannst du etwas **berechnen**. Achtung: **Formeln beginnen immer mit =**. Nach jedem Eintrag drückst du ENTER.

So wandelst du die gemischte Zahl $2\frac{3}{4}$ in einen unechten Bruch um:

① **Beschriften und Bekanntes eintragen**

Die gemischte Zahl $2\frac{3}{4}$ besteht aus mehreren **Ganzen** und einem **Bruch**. Das Ergebnis soll ein **unechter Bruch** sein.

- Trage die Begriffe in die Zellen **A1**, **B1** und **D1** ein. Dann weißt du, was wo steht. C1 bleibt frei.
- Trage darunter in die Zelle **A2** die **2** Ganzen ein und in **B2** und **B3** den Zähler **3** und den Nenner **4**. Trage in C2 ein Gleichheitszeichen = ein.

	A	B	C	D
1	Ganze	Bruch		unechter Bruch
2	2	3	=	
3		4		
4				

② **Den unechten Bruch berechnen**

Trage nun **die Formeln in Spalte D** ein:

- Der **Nenner** 4 bleibt **gleich**. Er steht in **B3**. Du trägst in **D3** die Formel **=B3** ein.
- Für den **Zähler** multiplizierst du zuerst **die 2 Ganzen** aus **A2** mit dem **Nenner 4** aus **B3** und addierst dann den Zähler **3** aus der Zelle **B2**. Du trägst in D2 die Formel **=A2*B3+B2** ein. * bedeutet: multiplizieren.

	A	B	C	D
1	Ganze	Bruch		unechter Bruch
2	2	3	=	11
3		4		4
4				

③ **Formatieren**

Zuletzt machst du alles noch etwas schöner.

- Stelle die Einträge in die Mitte der Zelle (**zentriere** sie) mit der Taste [≡].
- Füge „Bruchstriche“ über „Rahmen“ ein.
- Verbinde A2 und A3 sowie C2 und C3.

	A	B	C	D
1	Ganze	Bruch		unechter Bruch
2	2	3	=	11
3		4		4
4				

1 Wandle die gemischten Zahlen in Brüche um. Ändere dazu die Zahlen in deinem Tabellenblatt.

a) $2\frac{5}{7}$ b) $5\frac{2}{9}$ c) $12\frac{6}{11}$ d) $258\frac{29}{134}$

2 Schreibe ein Tabellenblatt, das Brüche mit gleichem Nenner addiert.

Vermischte Übungen

1 Erweitere den Bruch auf den Nenner 12. Ergänze dazu die Lücken im Heft.

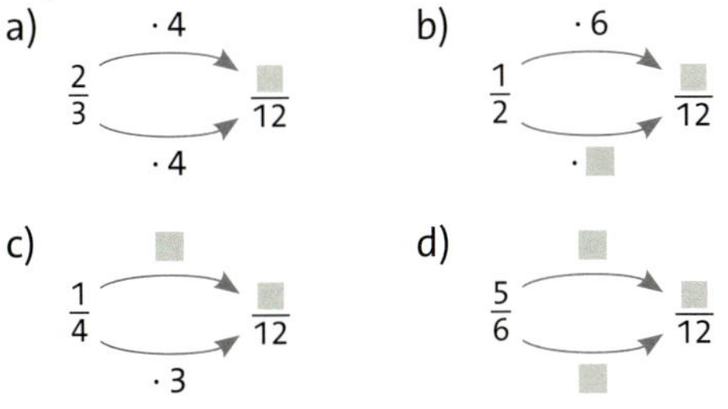

2 Kürze den Bruch so weit wie möglich.

Beispiel $\frac{18}{24} = \frac{9}{12} = \frac{3}{4}$

a) $\frac{12}{18}$ b) $\frac{6}{24}$ c) $\frac{12}{28}$ d) $\frac{8}{36}$
e) $\frac{4}{10}$ f) $\frac{15}{25}$ g) $\frac{3}{33}$ h) $\frac{10}{75}$

3 Welche Brüche sind mit Kreuzen markiert? Lies die Brüche ab. Kürze, wenn möglich.

Beispiel zu a) $C = \frac{8}{16}$ und $\frac{8}{16} = \frac{1}{2}$

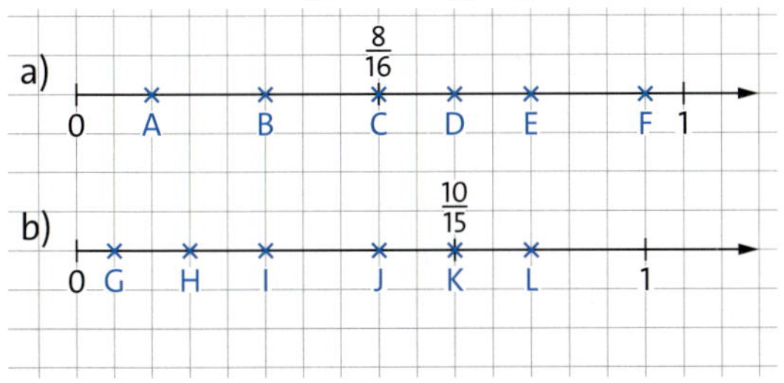

4 Zeichne den Zahlenstrahl in dein Heft. Trage die Brüche $\frac{5}{6}$, $\frac{2}{3}$, $\frac{1}{2}$ und $\frac{5}{12}$ ein.

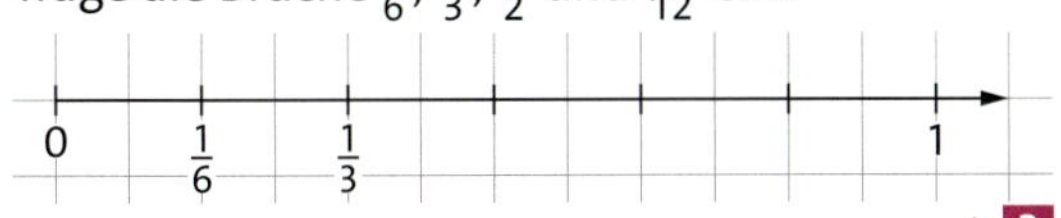

► 3

5 Ordne die Brüche $\frac{1}{2}$, $\frac{4}{5}$, $\frac{6}{20}$ und $\frac{3}{30}$ von klein nach groß. Gehe so vor:

- Erweitere oder kürze die Brüche so, dass der gemeinsame Nenner 10 ist.
- Zeichne den Zahlenstrahl in dein Heft und trage die vier Brüche ein.

- Schreibe die Brüche von klein nach groß geordnet auf.

6 Schreibe in dein Heft und setze < oder > ein.

a) $\frac{3}{5}$ □ $\frac{4}{5}$ b) $\frac{5}{6}$ □ $\frac{3}{6}$ c) $\frac{4}{4}$ □ $\frac{3}{4}$
d) $\frac{8}{11}$ □ $\frac{8}{9}$ e) $\frac{4}{5}$ □ $\frac{4}{6}$ f) $\frac{1}{5}$ □ $\frac{1}{8}$
g) $\frac{3}{4}$ □ $\frac{5}{8}$ h) $\frac{9}{12}$ □ $\frac{4}{6}$ i) $\frac{13}{7}$ □ 2

► 5

7 Berechne. Kürze das Ergebnis, wenn möglich.

a) $\frac{2}{9} + \frac{3}{9}$ b) $\frac{7}{11} - \frac{5}{11}$ c) $\frac{3}{8} + \frac{3}{8}$
d) $\frac{7}{10} - \frac{3}{10}$ e) $\frac{5}{8} - \frac{1}{2}$ f) $\frac{11}{12} - \frac{3}{4}$
g) $\frac{2}{6} + \frac{2}{9}$ h) $\frac{9}{10} - \frac{3}{8}$

8 Fülle die Zahlenmauer im Heft aus.

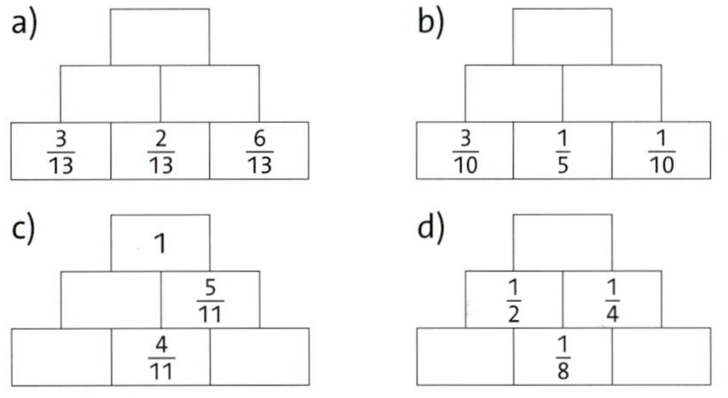

9 Schreibe als gemischte Zahl und als Bruch.

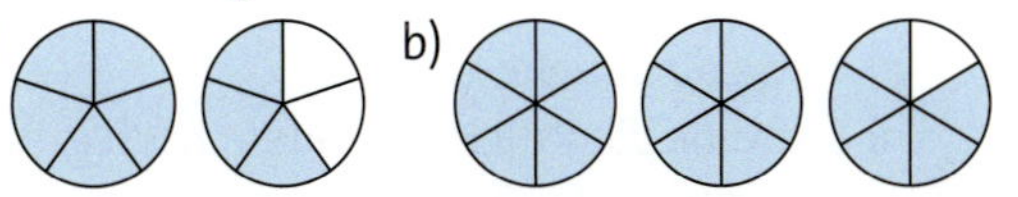

► 7

10 Rico und seine Freunde planen einen „Monster-Triathlon": $\frac{1}{2}$ km schwimmen, 10 km radfahren, $2\frac{1}{2}$ km laufen. Berechne die Länge der gesamten Strecke.

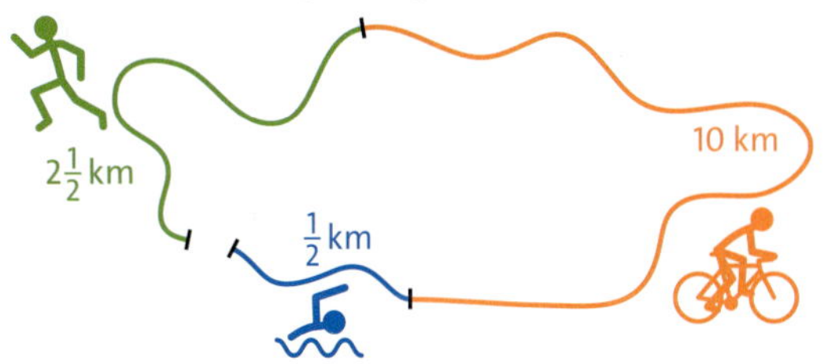

11 ▼ Addiere oder subtrahiere die gemischten Zahlen. Kürze das Ergebnis, wenn möglich.

a) $1\frac{3}{7} + 2\frac{2}{7}$ b) $2\frac{1}{5} + 4\frac{3}{5}$
c) $3\frac{1}{4} + 1\frac{5}{8}$ d) $5\frac{4}{5} - 1\frac{1}{5}$
e) $7\frac{5}{6} - 2\frac{1}{6}$ f) $3\frac{3}{4} - 1\frac{1}{2}$

Die Ergebnisse von **11** ergeben in der richtigen Reihenfolge ein Lösungswort:
$2\frac{1}{4}$ (N); $3\frac{5}{7}$ (O); $4\frac{3}{5}$ (N); $4\frac{7}{8}$ (D); $5\frac{2}{3}$ (E); $6\frac{4}{5}$ (R)

Vermischte Übungen ☒

1 Vervollständige die Tabelle im Heft.

		erweitert mit	
	2	3	5
a) $\frac{2}{5}$		$\frac{6}{15}$	
b) $\frac{5}{7}$			
c) $\frac{7}{10}$			
d)	$\frac{8}{18}$		

2 Lies die markierten Brüche ab.
Kürze die Brüche, falls möglich. Schreibe unechte Brüche als gemischte Zahl.
Beispiel zu a) $E = \frac{9}{8}$ und $\frac{9}{8} = 1\frac{1}{8}$

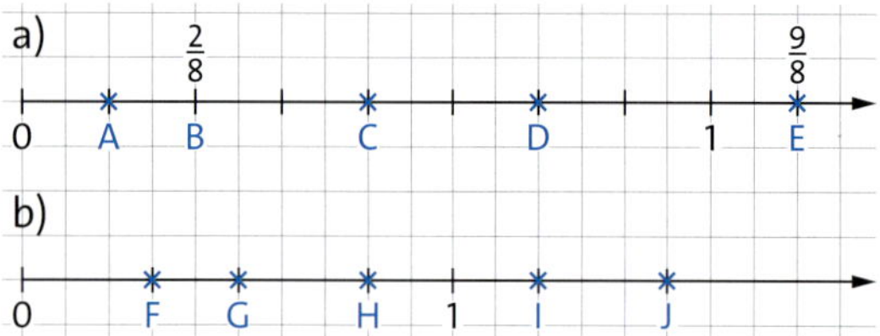

▶ 3

3 Zeichne den Zahlenstrahl in dein Heft.

a) Trage die Brüche $\frac{1}{2}$; $\frac{2}{3}$; $\frac{1}{6}$; $\frac{11}{12}$; $1\frac{1}{3}$; $1\frac{2}{12}$ ein.
b) Schreibe die Brüche von klein nach groß geordnet auf.

4 Schreibe in dein Heft und setze < oder > ein.

a) $\frac{7}{5}$ ▢ $\frac{7}{6}$　　b) $\frac{5}{15}$ ▢ $\frac{3}{15}$　　c) $\frac{11}{12}$ ▢ 1
d) $\frac{9}{8}$ ▢ $\frac{8}{9}$　　e) $\frac{4}{5}$ ▢ $\frac{4}{6}$　　f) $\frac{1}{5}$ ▢ $\frac{1}{8}$
g) $\frac{3}{4}$ ▢ $\frac{5}{8}$　　h) $\frac{9}{12}$ ▢ $\frac{4}{6}$　　i) $\frac{13}{7}$ ▢ 2

5 Ordne die Brüche von klein nach groß.

a) $\frac{1}{2}$; $\frac{3}{4}$; $\frac{3}{5}$; $\frac{7}{10}$; $\frac{3}{20}$
b) $\frac{1}{2}$; $\frac{2}{3}$; $\frac{5}{6}$; $\frac{2}{9}$; $\frac{7}{9}$; $\frac{5}{18}$; $\frac{11}{18}$

▶ 5

6 ▼ Addiere. Kürze das Ergebnis, wenn möglich. Schreibe im Ergebnis unechte Brüche als gemischte Zahlen.
Beispiel $\frac{5}{6} + \frac{1}{2} = \frac{5}{6} + \frac{3}{6} = \frac{8}{6} = \frac{4}{3} = 1\frac{1}{3}$

a) $\frac{3}{7} + \frac{5}{14}$　　b) $\frac{2}{5} + \frac{1}{10}$　　c) $\frac{1}{2} + \frac{3}{4}$
d) $\frac{3}{4} + \frac{5}{12}$　　e) $\frac{3}{4} + \frac{2}{5}$　　f) $\frac{9}{10} + \frac{8}{15}$

7 Vergleiche die zwei Brüche. Subtrahiere dann den kleineren Bruch vom größeren Bruch.

a) $\frac{2}{3}$ und $\frac{5}{6}$　　b) $\frac{3}{4}$ und $\frac{1}{8}$
c) $\frac{1}{4}$ und $\frac{7}{12}$　　d) $\frac{2}{15}$ und $\frac{3}{10}$
e) $\frac{5}{6}$ und $\frac{3}{8}$　　f) $\frac{7}{10}$ und $\frac{3}{4}$

▶ 6

8 Die Klasse 6b hat Wandertag. Sie wandern $1\frac{1}{2}$ h und machen dann $\frac{3}{4}$ h Pause an einer Eisdiele. Danach wandern sie $1\frac{3}{4}$ h und machen $1\frac{1}{2}$ h Pause an einem See. Nach der Pause wandern sie noch $2\frac{3}{4}$ h zurück.
a) Wie lange hat die Klasse insgesamt Pause gemacht?
b) Wie lange ist die Klasse gewandert?
c) Wie lange waren sie insgesamt unterwegs?

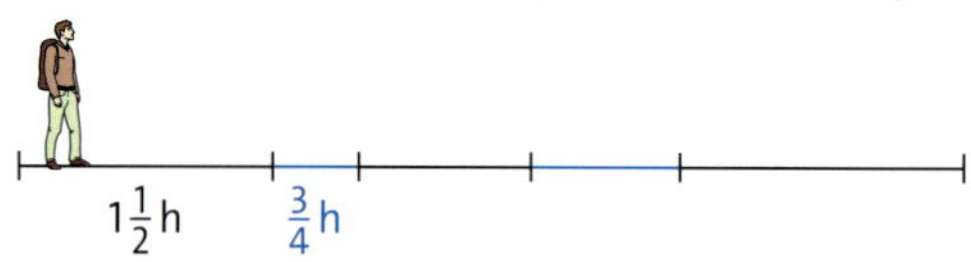

9 Fülle die Zahlenmauer im Heft aus.

a)
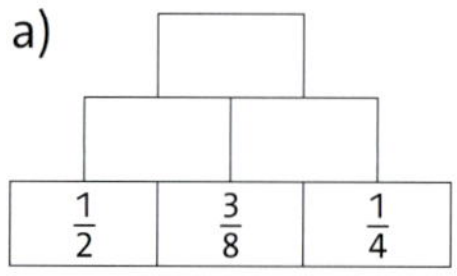

b)
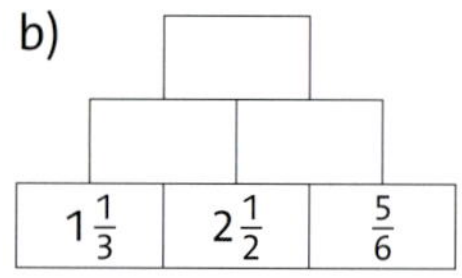

c)
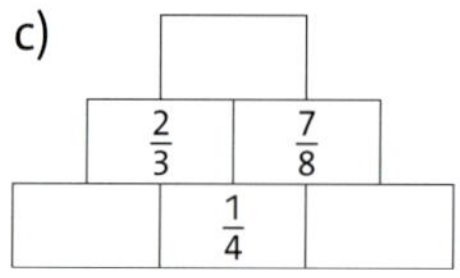

d)
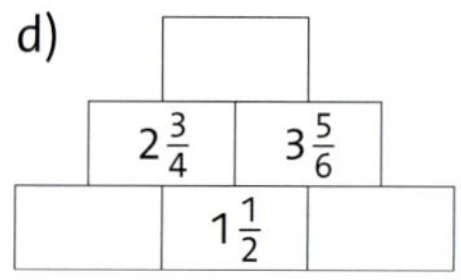

10 Setze die fehlenden Brüche ein.

a) ▢ $+ \frac{3}{8} = \frac{5}{8}$　　b) ▢ $- \frac{2}{7} = \frac{3}{7}$
c) $\frac{3}{4} +$ ▢ $= 1$　　d) $2 -$ ▢ $= 1\frac{1}{4}$
e) ▢ $- 1\frac{1}{2} = 1\frac{3}{4}$　　f) $3\frac{5}{8} -$ ▢ $= 1\frac{1}{2}$

11 ▼ Mala träumt davon, in Australien Kängurus zu sehen. Sie sucht im Internet nach Flügen. Der Flug von Düsseldorf nach Dubai dauert $6\frac{1}{2}$ h. Dort gibt es eine Wartezeit von 3 h 20 min. Der Flug von Dubai nach Sydney dauert $13\frac{3}{4}$ h.
a) Berechne die Flugzeit.
b) Wie viel Zeit vergeht zwischen dem Abflug in Düsseldorf und der Ankunft in Sydney?

Die Ergebnisse von **6** ergeben in der richtigen Reihenfolge ein Lösungswort: $\frac{1}{2}$ (Y); $\frac{11}{14}$ (S); $1\frac{3}{20}$ (E); $1\frac{1}{6}$ (N); $1\frac{1}{4}$ (D); $1\frac{13}{30}$ (Y)
Hinweis zu **11**: Sydney ist eine der größten Städte in Australien.

Vermischte Übungen ☒

1 Kürze oder erweitere die Brüche.

a) Erweitere alle Brüche auf einen Nenner, der größer als 20 ist: $\frac{2}{3}$; $\frac{7}{11}$; $\frac{2}{5}$; $\frac{1}{4}$; $\frac{4}{9}$

b) Kürze so weit wie möglich:
$\frac{12}{48}$; $\frac{14}{35}$; $\frac{25}{45}$; $\frac{45}{63}$; $\frac{36}{84}$

2 Lies die markierten Brüche ab.

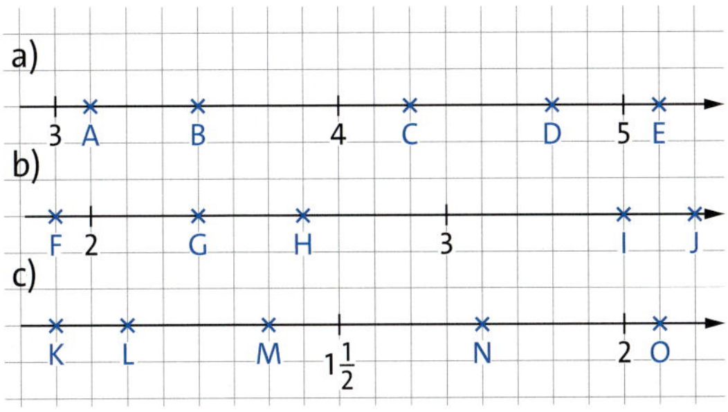

3 Stelle die Brüche $\frac{1}{12}$; $1\frac{5}{12}$; $\frac{5}{6}$; $\frac{1}{4}$; $\frac{2}{3}$; $1\frac{1}{3}$ und $\frac{1}{2}$ auf einem Zahlenstrahl dar. Gehe so vor:

a) Begründe, warum dieser Zahlenstrahl gut geeignet ist.

b) Zeichne den Zahlenstrahl in dein Heft und trage die Brüche ein.

c) Zeichne einen geeigneten Zahlenstrahl und trage die Brüche $\frac{3}{16}$; $1\frac{1}{16}$; $\frac{3}{8}$; $\frac{3}{4}$; $1\frac{1}{4}$ und $\frac{1}{2}$ ein.

4 Ordne die Brüche von klein nach groß.

a) $\frac{3}{9}$; $\frac{3}{7}$; $\frac{3}{3}$; $\frac{1}{3}$; $\frac{3}{11}$; $\frac{3}{5}$

b) $\frac{7}{24}$; $\frac{3}{4}$; $\frac{3}{9}$; $\frac{2}{3}$; $\frac{3}{8}$; $\frac{5}{6}$

5 Berechne. Setze dann <, > oder = ein.

a) $\frac{3}{5}+\frac{1}{10}$ ▢ $\frac{1}{5}+\frac{3}{10}$

b) $\frac{4}{7}+\frac{5}{9}$ ▢ $\frac{4}{9}+\frac{5}{7}$

c) $\frac{2}{3}-\frac{7}{15}$ ▢ $\frac{7}{10}-\frac{11}{25}$

d) $\frac{1}{4}+\frac{3}{16}$ ▢ $1\frac{7}{8}-\frac{11}{16}$

6 Berechne.

a) $\frac{5}{6}-\frac{1}{3}$

b) $\frac{2}{7}+\frac{12}{21}$

c) $\frac{5}{8}+\frac{5}{6}$

d) $\frac{8}{9}-\frac{5}{6}$

e) $5\frac{1}{2}+4\frac{1}{6}$

f) $9\frac{4}{5}-3\frac{7}{10}$

7 ▼ Berechne. Du kannst die gemischten Zahlen auch zuerst in unechte Brüche umwandeln.

a) $6\frac{3}{4}+3\frac{1}{2}$

b) $5\frac{3}{8}+7\frac{5}{6}$

c) $5\frac{3}{8}-1\frac{5}{8}$

d) $10\frac{1}{6}-9\frac{2}{3}$

e) $2\frac{1}{2}+5\frac{2}{3}+\frac{5}{6}$

f) $5-3\frac{4}{5}-1\frac{1}{5}$

g) $6\frac{1}{4}+4\frac{9}{10}-2\frac{1}{2}$

h) $4\frac{3}{4}-\left(1\frac{3}{8}+1\frac{1}{2}\right)$

8 Fülle das Rechendreieck im Heft aus.

a)

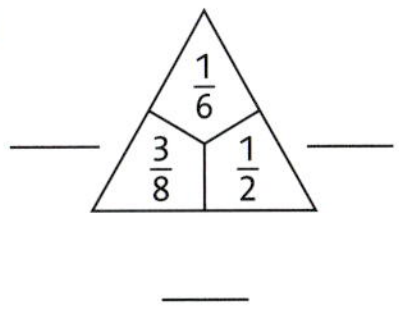

b)

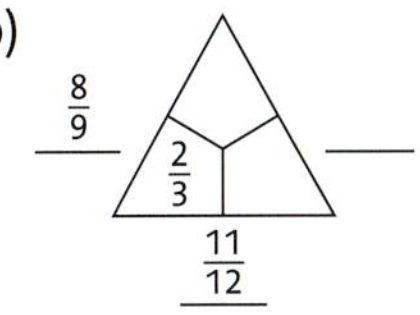

c)

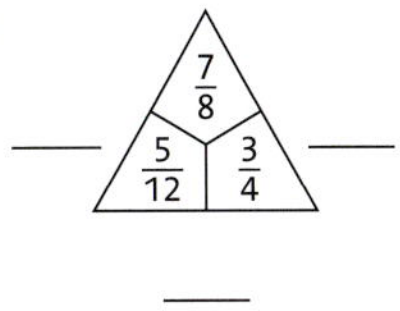

c)

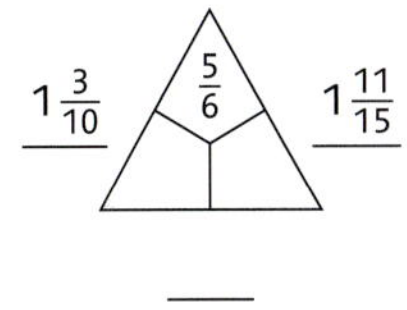

9 Für eine Suppe kauft Lydia
$1\frac{1}{2}$ kg Hackfleisch,
$\frac{1}{2}$ kg Zwiebeln,
$1\frac{1}{4}$ kg Lauch,
750 g Schmelzkäse
und $2\frac{1}{2}$ kg Brühe.
Wie schwer ist der Einkauf insgesamt?

10 Erfinde eine passende Sachaufgabe. Löse sie und schreibe einen Antwortsatz.

a) $2\frac{1}{2}+\frac{3}{4}+1\frac{3}{4}$

b) $1-\frac{1}{2}-\frac{3}{8}$

11 Schreibe die Rechenaufgabe auf und berechne die fehlende Zahl.

a) Berechne die Summe aus $1\frac{2}{3}$ und $2\frac{1}{5}$.

b) Berechne die Differenz aus $7\frac{5}{8}$ und $3\frac{3}{4}$.

c) Der Wert der Summe ist $3\frac{1}{4}$. Der erste Summand ist $1\frac{5}{6}$.

d) Der Wert der Differenz ist $\frac{1}{2}$. Der Minuend ist $3\frac{1}{5}$.

Die Ergebnisse von **7** ergeben in der richtigen Reihenfolge ein Lösungswort:
0 (C); $\frac{1}{2}$ (I); $1\frac{7}{8}$ (T); $3\frac{3}{4}$ (M); $8\frac{13}{20}$ (H); 9 (S); $10\frac{1}{4}$ (G); $13\frac{5}{24}$ (E)

Brüche im Alten Ägypten

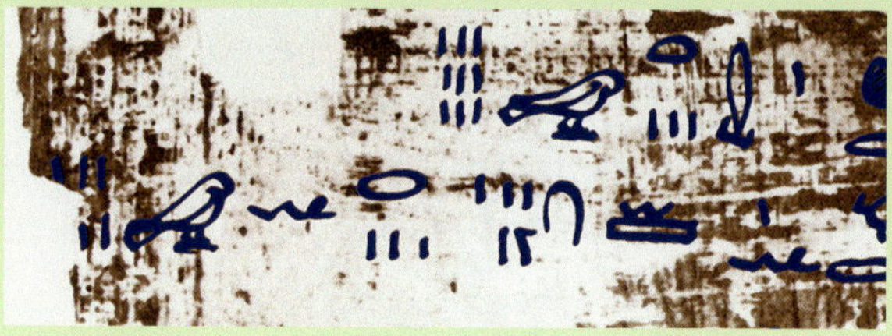

Die alten Ägypter kannten keine Zahlen aus Ziffern.
Sie stellten Zahlen mit einfachen Bildern dar.
Ein Strich war eine 1, zwei Striche eine 2 und neun Striche eine 9.
Das Zeichen ∩ bedeutete 10.

Die alten Ägypter konnten auch Brüche mit dem Zähler 1 schreiben. Sie zeichneten einen Kringel ⬭ über das Bild für den Nenner. Der Kringel hieß: Die Zahl heißt nicht 4, sondern $\frac{1}{4}$.

Dies war der Bruch $\frac{1}{5}$: ⬭ ||| ||

Dies war der Bruch $\frac{1}{12}$: ⬭ ∩||

Und was war mit den anderen Brüchen? Andere Brüche schrieben die alten Ägypter als Summe von Stammbrüchen, ganz einfach nebeneinander ohne ein Plus-Zeichen.
Den Bruch $\frac{2}{3}$ schrieben sie zum Beispiel als $\frac{1}{3} + \frac{1}{3}$, also: ⬭ ||| ⬭ |||

A Schreibe die fünf ägyptischen Brüche in unserer Schreibweise. Der Zähler ist immer 1.

⬭ ||| ⬭ || || ⬭ ||| ||| ⬭ ∩ ⬭ ∩∩∩

B Übertrage den Zahlenstrahl in dein Heft und trage diese drei Brüche ein:

⬭ || ⬭ ||| || ⬭ ∩||| ||

C Kannst du den Bruch $\frac{2}{3}$ auch so schreiben? Rechne nach.

⬭ ||| ⬭ ||| |||

D Schreibe die ägyptischen Brüche in unserer Schreibweise.
Tipp: Du musst addieren.

a) ⬭ ||| || ⬭ ||| || b) ⬭ || ⬭ |||| c) ⬭ ||| ⬭ ||| || d) ⬭ |||| ⬭ ∩

E Übertrage die Tabelle in dein Heft.
Ordne die vier ägyptischen Brüche ein.

⬭ ||| ⬭ ∩||| || ⬭ || ⬭ ||| ||| ⬭ ||| ||| ⬭ ∩|||| |||| ⬭ |||| ⬭ ∩|||| ∩||||

Bruch	ägyptische Darstellung
$\frac{2}{3}$	
$\frac{2}{5}$	
$\frac{2}{7}$	
$\frac{2}{9}$	

F Jetzt wird es knifflig: Schreibe die Brüche als Summe von zwei Brüchen mit dem Zähler 1.
Schreibe sie dann in ägyptischer Schreibweise.

Beispiel $\frac{5}{12} = \frac{1}{12} + \frac{4}{12} = \frac{1}{12} + \frac{1}{3}$ ⬭ ∩|| ⬭ |||

a) $\frac{3}{10}$ b) $\frac{4}{9}$ c) $\frac{5}{8}$ d) $\frac{9}{20}$ e) $\frac{13}{30}$ f) $\frac{5}{9}$

1 Zeichne den Zahlenstrahl ins Heft. Trage die Brüche ein:
$\frac{3}{5}$; $\frac{7}{10}$; $1\frac{3}{10}$; $1\frac{1}{2}$

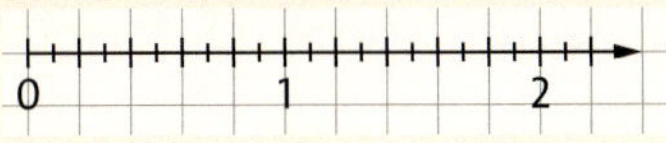

2 Setze im Heft ein: <, >, =.

a) $\frac{3}{8} \blacksquare \frac{4}{8}$ b) $\frac{8}{3} \blacksquare \frac{8}{4}$

c) $\frac{4}{8} \blacksquare \frac{1}{2}$ d) $\frac{3}{4} \blacksquare \frac{5}{8}$

3 Ordne von groß nach klein.

a) $\frac{1}{2}$; $\frac{1}{4}$; $\frac{3}{4}$; $\frac{2}{2}$

b) $\frac{5}{6}$; $\frac{1}{2}$; $\frac{5}{4}$

4 Berechne. Kürze das Ergebnis, wenn nötig.

a) $\frac{3}{8} + \frac{3}{8}$ b) $\frac{1}{2} + \frac{2}{6}$

c) $\frac{3}{4} - \frac{7}{12}$ d) $\frac{5}{7} - \frac{6}{14}$

5 Berechne. Schreibe das Ergebnis als gemischte Zahl.

a) $1\frac{1}{5} + 2\frac{3}{5}$

b) $3\frac{5}{7} + 5\frac{9}{14}$

c) $5\frac{7}{9} - 3\frac{4}{9}$

d) $10\frac{5}{6} - 2\frac{5}{12}$

6 Das Ergebnis von $\frac{\blacksquare}{6} + \frac{2}{3}$ soll möglichst groß werden. Musst du 2, 4 oder 6 einsetzen? Berechne.

7 Lana kauft auf dem Markt
$2\frac{1}{2}$ kg Kartoffeln,
$\frac{3}{4}$ kg Möhren und
$\frac{2}{3}$ kg Rosenkohl.
Ist alles zusammen schwerer als 4 kg?

---

1 Zeichne den Zahlenstrahl ins Heft. Trage die Brüche ein:
$\frac{4}{5}$; $1\frac{3}{5}$; $\frac{1}{10}$; $1\frac{3}{10}$

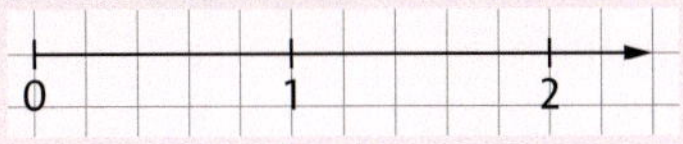

2 Setze im Heft ein: <, >, =.

a) $\frac{5}{12} \blacksquare \frac{6}{12}$ b) $\frac{12}{5} \blacksquare \frac{12}{6}$

c) $\frac{11}{12} \blacksquare \frac{5}{6}$ d) $\frac{2}{4} \blacksquare \frac{8}{16}$

3 Ordne von groß nach klein.

a) $\frac{17}{10}$; $\frac{1}{2}$; $\frac{3}{5}$; $\frac{9}{5}$

b) $\frac{7}{3}$; $\frac{7}{6}$; $\frac{14}{8}$; $\frac{9}{4}$

4 Berechne. Kürze das Ergebnis, wenn nötig.

a) $\frac{2}{3} + \frac{2}{9}$ b) $\frac{11}{18} + \frac{1}{6}$

c) $\frac{5}{6} - \frac{1}{4}$ d) $\frac{10}{12} - \frac{5}{9}$

5 Berechne. Schreibe das Ergebnis als gemischte Zahl.

a) $2\frac{2}{9} + 7\frac{2}{3}$

b) $4\frac{1}{3} + 2\frac{3}{4}$

c) $8\frac{5}{7} - 3\frac{9}{14}$

d) $6\frac{7}{10} - 3\frac{5}{6}$

6 Welche Ziffer musst du einsetzen, damit das Ergebnis möglichst groß wird?

$\frac{1}{\blacksquare} + \frac{1}{2}$

7 In einer Kanne sind 3 Liter Milch. Lisa nimmt $1\frac{3}{4}$ Liter, um daraus Kakao zu machen. Aus $1\frac{1}{6}$ Liter kocht sie Pudding. Berechne, wie viel Liter Milch noch in der Kanne sind.

---

1 Zeichne einen 12 cm langen Zahlenstrahl. Wähle eine geeignete Einteilung.
Trage die Brüche ein:
$\frac{3}{4}$; $\frac{7}{6}$; $1\frac{5}{12}$; $\frac{25}{30}$

2 Vergleiche die Brüche.

a) $\frac{7}{13} \blacksquare \frac{14}{26}$ b) $\frac{5}{6} \blacksquare \frac{3}{4}$

c) $\frac{7}{18} \blacksquare \frac{7}{13}$ d) $\frac{9}{10} \blacksquare \frac{11}{12}$

3 Ordne der Größe nach.

a) $\frac{4}{7}$; $\frac{8}{12}$; $\frac{1}{3}$; $\frac{13}{21}$

b) $\frac{7}{5}$; $\frac{17}{15}$; $\frac{5}{3}$; $\frac{8}{6}$

4 Berechne.

a) $\frac{3}{4} + \frac{1}{6}$ b) $\frac{4}{5} - \frac{1}{4}$

c) $\frac{2}{6} + \frac{4}{9} + \frac{2}{3}$ d) $\frac{5}{6} - \frac{1}{3} + \frac{1}{2}$

5 Berechne.

a) $1\frac{1}{2} + 2\frac{4}{5}$

b) $4\frac{2}{9} + 5\frac{5}{6} + 1\frac{2}{3}$

c) $8\frac{9}{10} - 3\frac{3}{4}$

d) $5\frac{4}{5} - 1\frac{2}{6} - 2\frac{4}{8}$

6 Welche Ziffer musst du einsetzen, damit das Ergebnis möglichst klein wird?

$\frac{3}{4} - \frac{1}{\blacksquare}$

7 Herr Sterzek hat 5 t Pflastersteine gekauft. Auf seinen Anhänger kann er $1\frac{3}{4}$ t laden.

a) Wie oft fährt er, um alle Steine zu transportieren?

b) Wie schwer ist die letzte Wagenladung?

→ Lösungen auf Seite 240 und 241

Brüche erweitern und kürzen → Seite 30

So **erweiterst** du einen Bruch: Multipliziere Zähler und Nenner mit der gleichen Zahl.

$\frac{2}{3} = \frac{2 \cdot 2}{3 \cdot 2} = \frac{4}{6}$

So **kürzt** du einen Bruch: Teile den Zähler und den Nenner durch die gleiche Zahl ungleich 0.

$\frac{3}{9} = \frac{3 : 3}{9 : 3} = \frac{1}{3}$

Der Wert des Bruchs bleibt gleich.

Brüche vergleichen und ordnen → Seite 34

Gleiche Nenner: Vergleiche die Zähler. Der Bruch mit dem größeren Zähler ist größer.

$\frac{4}{5} > \frac{2}{5}$

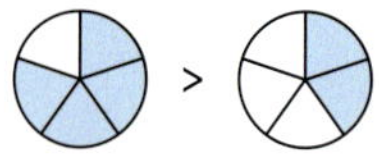

Gleiche Zähler: Vergleiche die Nenner. Der Bruch mit dem kleineren Nenner ist größer.

$\frac{3}{7} < \frac{3}{4}$

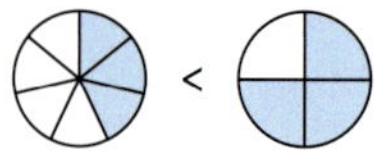

Zähler und Nenner verschieden:
- Finde einen gemeinsamen Nenner. Das ist ein gemeinsames Vielfaches der beiden Nenner.
- Schreibe die Brüche mit dem gemeinsamen Nenner. Vergleiche die Zähler.

Vergleiche $\frac{5}{6}$ und $\frac{7}{9}$.
18 ist ein gemeinsamer Nenner.
$\frac{5}{6} = \frac{15}{18}$ und $\frac{7}{9} = \frac{14}{18}$, also $\frac{5}{6} > \frac{7}{9}$

Brüche auf dem Zahlenstrahl:
Unterteile die Strecke zwischen 0 und 1 in so viele Teile, wie der Nenner vorgibt.

Wenn du Sechstel darstellen willst, dann unterteilst du in sechs gleich große Teile.

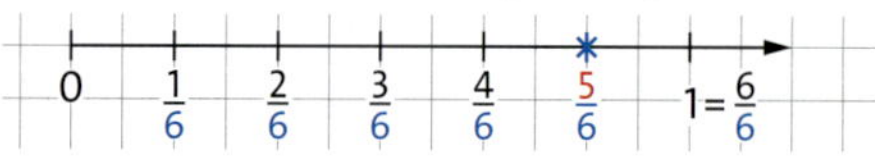

Brüche addieren und subtrahieren → Seite 38

Brüche mit gleichem Nenner: Addiere oder subtrahiere die Zähler. Der Nenner bleibt gleich.

$\frac{3}{6} + \frac{1}{6} = \frac{4}{6} = \frac{2}{3}$

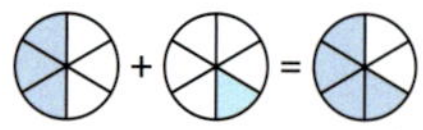

Brüche mit verschiedenen Nennern:
Schreibe die Brüche mit einem gemeinsamen Nenner. Addiere oder subtrahiere dann.

$\frac{2}{5} + \frac{4}{15} = \frac{6}{15} + \frac{4}{15} = \frac{10}{15} = \frac{2}{3}$

$\frac{3}{4} - \frac{2}{3} = \frac{9}{12} - \frac{8}{12} = \frac{1}{12}$

Gemischte Zahlen addieren und subtrahieren → Seite 42

Brüche größer als 1 kannst du als **gemischte Zahlen** oder als unechte Brüche schreiben.

$3\frac{5}{6} = 3 + \frac{5}{6} = \frac{18}{6} + \frac{5}{6} = \frac{23}{6}$

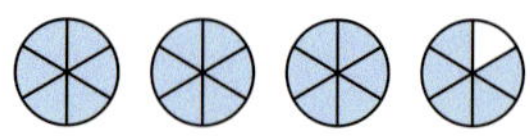

So addierst oder subtrahierst du:
- Trenne die Ganzen und die Brüche. Wenn du subtrahierst: Achte auf das Minuszeichen vor dem letzten Bruch.
- Berechne die Ganzen und dann die Brüche.
- Wenn nötig, schreibe ein Ganzes als Bruch.
- Schreibe das Ergebnis als gemischte Zahl.

$3\frac{4}{5} - 1\frac{3}{10}$
$= 3 - 1 + \frac{4}{5} - \frac{3}{10}$
$= 3 - 1 + \frac{8}{10} - \frac{3}{10}$
$= 2 + \frac{5}{10}$
$= 2\frac{1}{2}$

$3\frac{1}{5} - 1\frac{3}{5}$
$= 3 - 1 + \frac{1}{5} - \frac{3}{5}$
$= 2 + \frac{1}{5} - \frac{3}{5}$
$= 1 + \frac{5}{5} + \frac{1}{5} - \frac{3}{5}$
$= 1 + \frac{3}{5}$
$= 1\frac{3}{5}$

Dezimalzahlen

3

▶ Kinder und Jugendliche können ab 6 Jahren das Deutsche Sport-Abzeichen machen.
Das Sport-Abzeichen gibt es in Bronze, Silber oder Gold.

Für Silber muss ein 12 Jahre altes Mädchen 50 m in 9,6 s oder schneller laufen.
Ein zwölfjähriger Junge muss 3,50 m weit springen.

Wie viel Zeit brauchst du für 50 m? Wie weit kannst du springen?
Wo findest du im Sport noch mehr Zahlen mit einem Komma?

In diesem Kapitel lernst du …

- was Dezimalzahlen sind,
- Dezimalzahlen zu vergleichen und zu ordnen,
- Dezimalzahlen zu runden,
- Brüche in Dezimalzahlen umzuwandeln und umgekehrt,
- Prozentzahlen zu benutzen.

Kompetenz	Aufgabe	Lies und übe:

1 Ich kann Zahlen in die Stellenwerttafel eintragen.

1 Übertrage die Stellenwerttafel in dein Heft und trage die Zahlen ein.

Millionen			Tausender					
H	Z	E	H	Z	E	H	Z	E

a) 23 500 b) 917 080 c) 13 500 325
d) dreihundertsieben e) siebentausendzwölf

→ Seite 212 Nr. 3, 4

2 Ich kann Zahlen aus einer Stellenwerttafel ablesen und in Worten schreiben.

2 Lies die Zahlen aus der Stellenwerttafel ab. Schreibe sie als Wort.

Millionen			Tausender					
H	Z	E	H	Z	E	H	Z	E
				9	4	5	0	0
		4	7	8	0	0	2	0
8	0	7	0	6	0	4	0	3

→ Seite 212 Nr. 5, 6

3 Ich kann Zahlen miteinander vergleichen.

3 Vergleiche. Setze im Heft < (kleiner) oder > (größer) ein.
a) 250 ■ 230 b) 4092 ■ 4029
c) 76 320 ■ 76 200 d) 356 507 ■ 356 567

→ Seite 213 Nr. 7, 8

4 Ich kann Zahlen der Größe nach ordnen.

4 Ordne die Zahlen von klein nach groß.
a) 55 000; 7900; 22 900; 450; 75; 97 900
b) 8539; 8359; 8955; 8533; 8593; 8895

→ Seite 213 Nr. 9, 10

5 Ich kann Zahlen auf dem Zahlenstrahl ablesen.

5 Notiere zu jedem Buchstaben die passende Zahl.

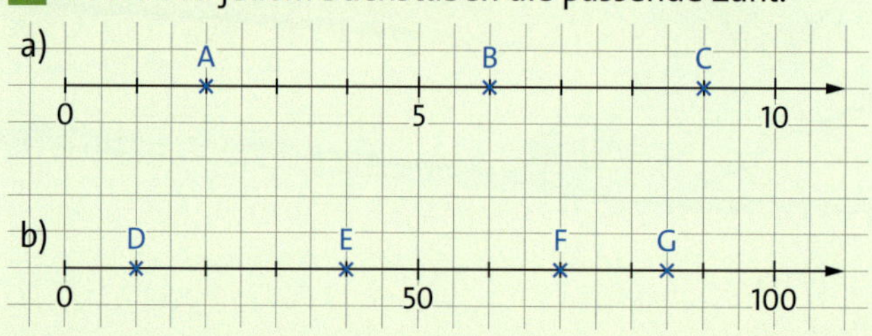

→ Seite 211 Nr. 1

6 Ich kann Zahlen auf dem Zahlenstrahl eintragen.

6 Zeichne den Zahlenstrahl von Aufgabe 5 b) ins Heft. Trage die Zahlen ein: 30; 55; 95.

→ Seite 211 Nr. 2

7 Ich kann Zahlen **runden**.

7 Hier geht es um das Runden.
a) Runde die Zahl 6837 auf Zehner, Hunderter und Tausender.
b) Finde die größte Zahl, die **ab**gerundet 800 ergibt.
c) Finde die kleinste Zahl, die **auf**gerundet 120 ergibt.

→ Seite 214 Nr. 11, 12

Kompetenz	Aufgabe	Lies und übe:
8 Ich kann Teile von Flächen als Bruch angeben.	**8** Ein Teil des Ganzen ist blau. Gib den Anteil als Bruch an. a) 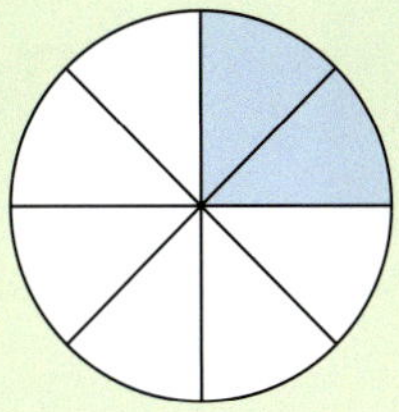 b) 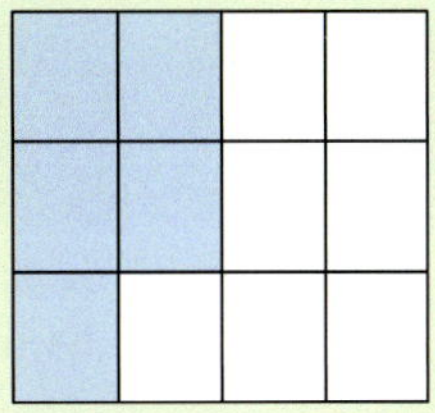	→ Seite 216 Nr. 19
9 Ich kann im Kopf multiplizieren und dividieren.	**9** Rechne im Kopf. a) $5 \cdot 6$ b) $7 \cdot 9$ c) $7 \cdot 6$ d) $32 : 4$ e) $48 : 8$ f) $56 : 7$	→ Seite 225 Nr. 53, 54, 55 → Seite 226 Nr. 56, 57
10 Ich kann Brüche erweitern.	**10** Erweitere die Brüche mit 2. a) $\frac{1}{2}$ b) $\frac{1}{5}$ c) $\frac{3}{4}$	→ Seite 30; Seite 31 Nr. 1, 2
11 Ich kann Brüche kürzen.	**11** Kürze die Brüche so weit wie möglich. a) $\frac{4}{8}$ b) $\frac{9}{12}$ c) $\frac{15}{25}$	→ Seite 30; Seite 31 Nr. 3, 4, 9
12 Ich kann unechte Brüche in gemischte Zahlen umwandeln.	**12** Wandle den unechten Bruch in eine gemischte Zahl um. **Beispiel** $\frac{7}{4} = 1\frac{3}{4}$ a) $\frac{3}{2}$ b) $\frac{5}{3}$ c) $\frac{11}{5}$	→ Seite 218 Nr. 25, 26
13 Ich kann Größen wie Geld, Gewicht, Länge und Zeit in eine andere Einheit umrechnen.	**13** Rechne in die Einheit um, die in Klammern steht. a) 5,60 € (in ct) b) 2505 ct (in €) c) 5000 m (in km) d) 3,5 km (in m) e) 200 cm (in m) f) 1,5 m (in cm) g) 8 kg (in g) h) 2500 g (in kg)	→ Seite 220 Nr. 31, 32, 33 → Seite 221 Nr. 37, 38, 39
14 Ich kann Sachaufgaben lösen.	**14** Vier Mädchen machen das Deutsche Sport-Abzeichen. Das sind ihre Ergebnisse beim Werfen: Jana 20 m Luise 17 m Sara 24 m Elina 21,5 m a) Ordne die Ergebnisse der Größe nach. b) Wer bekommt wie viele Punkte? ab 16 m – 1 Punkt ab 19 m – 2 Punkte ab 23 m – 3 Punkte	→ Seite 230 Nr. 71, 72, 73

→ Lösungen auf Seite 241

Dezimalzahlen kennenlernen

Zwischen zwei Millimeterstriche eines Lineals passen 10 Milben.

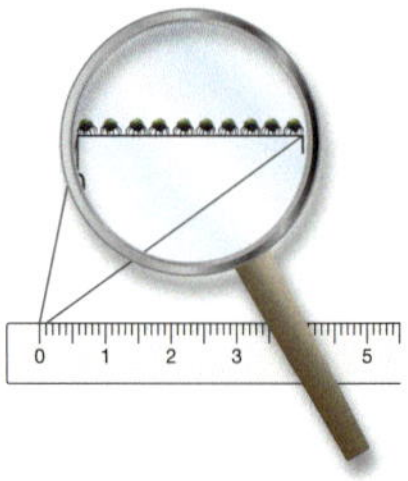

Es gibt sehr winzige Lebewesen auf der Welt. Viele können wir mit dem Auge nicht sehen. Sie sind teilweise kleiner als ein Millimeter.

Die Milbe
0,1 mm

Das Pantoffeltierchen
0,05 mm

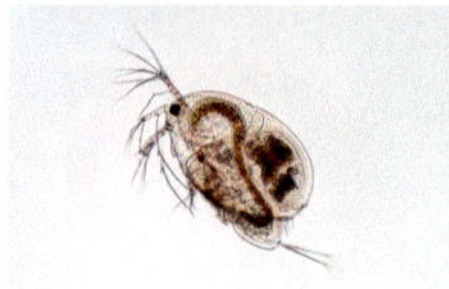

Der Wasserfloh
1,58 mm

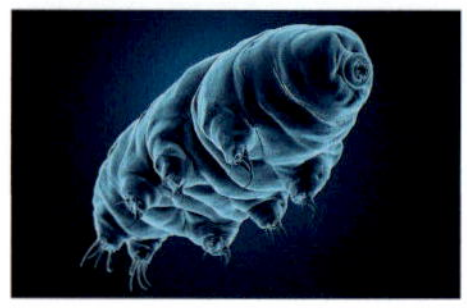

Das Bärtierchen
0,4 mm

Die Längen der Tiere wurden mit Dezimalzahlen angegeben.

*Die Vorsilbe „Dezi“ bedeutet „Zehntel“, also der zehnte Teil. Ein **Dezi**meter ist der zehnte Teil eines Meters.*

W

Dezimalzahlen sind Zahlen mit einem Komma. Die Ziffern nach dem Komma sprichst du einzeln.

Nach dem Komma stehen die **Nach**kommastellen Zehntel (z), Hundertstel (h), Tausendstel (t), …

Dezimalzahlen kannst du in einer **erweiterten Stellenwerttafel** eintragen.

*In einer **erweiterten Stellenwerttafel** werden auch die Stellen nach dem Komma aufgeführt.*

0,1 und 12,235 sind Dezimalzahlen.

0,1 sprich: Null Komma eins
12,835 sprich: zwölf Komma acht drei fünf

12,835
Zehner Einer , Zehntel Hundertstel Tausendstel
zwölf Komma acht drei fünf

	erweiterte Stellenwerttafel				
	Ganze		Nachkommastellen		
Dezimalzahl	Zehner Z	Einer E,	Zehntel z $\frac{1}{10}$	Hundertstel h $\frac{1}{100}$	Tausendstel t $\frac{1}{1000}$
0,1		0,	1		
0,05		0,	0	5	
4,301		4,	3	0	1
12,835	1	2,	8	3	5

▶ **Aufgabe** Übertrage die Stellenwerttafel in dein Heft. Trage die Zahlen ein. Lies sie.
0,4; 0,15; 0,902; 1,58

▶1 ▶1 ▶1

Die Zahlen 10, 100, 1000, … heißen Stufenzahlen.

W

Dezimalzahlen sind Brüche in einer anderen Schreibweise. Dezimalzahlen kannst du als Brüche mit den Nennern 10, 100, 1000, … schreiben und andersherum.
Du erkennst an den Nullen im Nenner, wie viele Nachkommastellen die Dezimalzahl hat.

Dezimalzahl	H	Z	E,	z $\frac{1}{10}$	h $\frac{1}{100}$	t $\frac{1}{1000}$	Bruch
0,8			0,	8			$\frac{8}{10}$
0,13			0,	1	3		$\frac{13}{100}$
19,526		1	9,	5	2	6	$19\frac{526}{1000}$

Vom Bruch zur Dezimalzahl:
$\frac{9}{10} = 0{,}9$ $1\frac{23}{100} = 1{,}23$ $\frac{704}{1000} = 0{,}704$

▶ **Aufgabe** Schreibe die Brüche als Dezimalzahl und umgekehrt:
$\frac{2}{10}$; $\frac{12}{100}$; 0,145; 0,03

▶4 ▶4 ▶4

1 Übt gemeinsam Dezimalzahlen zu lesen. Schreibt auf vier Kärtchen die Ziffern 1; 5; 9 und ein Komma. Legt Dezimalzahlen und lest sie laut vor. Schreibt die Dezimalzahlen auf.

Beispiel 15,9 fünfzehn Komma neun

1	5	,	9

2 Ordne jeder Dezimalzahl die passende Sprechweise zu.

Dezimalzahl	Sprechweise
0,02	zwei Komma null zwei
2,02	zwei Komma null null zwei
0,202	null Komma null zwei
2,002	null Komma zwei null zwei

3 Lies die Dezimalzahl aus der Stellenwerttafel ab und schreibe sie auf.

	Z	E,	z $\frac{1}{10}$	h $\frac{1}{100}$	t $\frac{1}{1000}$
a)		2,	8		
b)		8,	2	5	
c)		3,	7	0	1
d)	5	2,	3	4	
e)	1	8,	5		

▸ 3

4 Übertrage die Stellenwerttafel in dein Heft. Ergänze die fehlenden Brüche und Dezimalzahlen. Lies den Bruch und die Dezimalzahl vor.

Dezimalzahl	Z	E,	z $\frac{1}{10}$	h $\frac{1}{100}$	t $\frac{1}{1000}$	Bruch
0,5		0,	5			$\frac{5}{10}$
						$\frac{8}{10}$
						$\frac{7}{100}$
0,6						
0,19						

5 Ordne jeder Dezimalzahl einen Bruch zu.

0,48 0,048 0,0048 4,8

$\frac{48}{10000}$ $\frac{48}{100}$ $\frac{48}{10}$ $\frac{48}{1000}$

6 Schreibe die Dezimalzahl als Bruch oder als gemischte Zahl.
Eine Stellenwerttafel kann dir helfen.

a) 0,7 b) 0,3 c) 0,56 d) 0,154
e) 1,5 f) 2,6 g) 3,69 h) 5,653

7 Schreibe die Brüche als Dezimalzahlen.

$\frac{7}{10}$ $\frac{7}{100}$ $\frac{7}{1000}$ $\frac{4}{10}$ $\frac{41}{100}$ $\frac{412}{1000}$ $\frac{2}{10}$ $\frac{12}{100}$ $\frac{12}{1000}$

Gehe so vor:
- Ordne die Brüche nach Zehntel, Hundertstel, Tausendstel.
- Schreibe neben jeden Bruch die passende Dezimalzahl.

▸ 7

8 Schreibe als Bruch und als Dezimalzahl.

a) 5 Zehntel b) 45 Tausendstel
c) 245 Hundertstel d) 31 Zehntel
e) 564 Tausendstel f) 2 Hundertstel

9 Schreibe als Dezimalzahl.

Beispiel $3\frac{1}{2}$ m = 3,5 m

a) $8\frac{1}{4}$ km b) $5\frac{1}{2}$ kg c) $5\frac{3}{4}$ m d) $5\frac{2}{4}$ cm

10 Wie viele Sekunden, Zehntelsekunden und Hundertstelsekunden zeigt die Stoppuhr an? Schreibe ins Heft.

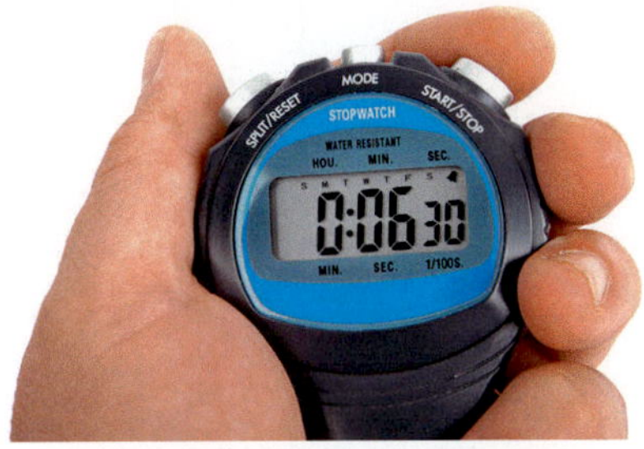

11 Bei den Nachkommastellen kannst du die **Nullen am Ende** einer Dezimalzahl weglassen. Die Zahl bleibt gleich. Lasse die Nullen am Ende weg. Schreibe als Bruch.

Beispiel 0,100 00 = 0,1 = $\frac{1}{10}$

a) 0,900 b) 0,1500 c) 0,410
d) 0,731 00 e) 0,040 f) 0,1020

Tipp zu 1: Hebt eure Karten auf.
Sprachhilfe zu 4 und 5: Tausender – Hunderter – Zehner – Einer – Zehntel – Hundertstel – Tausendstel

1 Welche Dezimalzahl ist das?

a) Schreibe mit Ziffern:

① sechs Komma acht neun

② acht Komma zwei null neun

③ null Komma null acht sieben

b) Schreibe in Worten: 5,43; 1,08; 12,0807

2 Lies die Dezimalzahl aus der Stellenwerttafel ab und schreibe sie in dein Heft.

	H	Z	E,	z $\frac{1}{10}$	h $\frac{1}{100}$	t $\frac{1}{1000}$
a)			3,	1	5	
b)		2	1,	4	3	7
c)		3	0,	9	0	3
d)	2	1	8,	0	4	
e)	6	4	0,	0	6	7

3 An welcher Stelle stehen die Ziffern 3 und 5?

Beispiel In der Dezimalzahl 5,73 steht die 5 an der Einer-Stelle. Die 3 steht an der Hundertstel-Stelle.

a) 3,45　　b) 3,51　　c) 2,375　　► 4

4 Übertrage die Stellenwerttafel in dein Heft. Ergänze die Lücken. Lies die Dezimalzahl vor.

	Dezimalzahl	H	Z	E,	z $\frac{1}{10}$	h $\frac{1}{100}$	t $\frac{1}{1000}$	Bruch
a)	0,78							$\frac{78}{100}$
b)	0,238							
c)	15,3		1	5,	3			$15\frac{3}{10}$
d)								$2\frac{6}{10}$
e)		5	3	2,	1	7		
f)				3,	2	5		
g)				0,	5	9	8	
h)				0,	0	8	1	

5 Schreibe die Dezimalzahl als Bruch oder als gemischte Zahl. Kürze so weit wie möglich.

Beispiel $0{,}48 = \frac{48}{100} = \frac{24}{50} = \frac{12}{25}$

a) 0,2　　b) 0,12　　c) 0,75

d) 0,202　　e) 0,05　　f) 0,005

g) 2,3　　h) 15,44　　i) 10,101

6 Hier stimmt etwas nicht: Finde die Fehler und korrigiere sie im Heft.

a) $12{,}5 = 1\frac{25}{100}$

b) $2{,}96 = 2\frac{24}{25}$

c) $0{,}34 = \frac{34}{10} = 3\frac{4}{10}$

d) $5{,}428 = 5\frac{428}{1000} = 5\frac{107}{25}$

7 Schreibe als Dezimalzahl.

Beispiel $\frac{25}{100} = 0{,}25$

a) $\frac{7}{10}$　　b) $\frac{19}{100}$　　c) $\frac{457}{1000}$

d) $\frac{12}{1000}$　　e) $\frac{1}{100}$　　f) $\frac{3}{1000}$

g) $2\frac{7}{10}$　　h) $8\frac{99}{100}$　　i) $10\frac{7}{1000}$

8 Schreibe den Bruch als Dezimalzahl. Erweitere oder kürze den Bruch passend.

a) $\frac{2}{50}$　　b) $\frac{3}{20}$　　c) $\frac{8}{80}$

d) $\frac{4}{5}$　　e) $1\frac{2}{4}$　　f) $2\frac{4}{20}$　　► 8

9 Aylin meint: „0,4 ist dasselbe wie 0,400. Denn $0{,}4 = \frac{4}{10}$ und $0{,}400 = \frac{400}{1000} = \frac{4}{10}$."

a) Hat Aylin recht? Prüfe nach.

b) „Nullen am Ende einer Dezimalzahl kannst du weglassen." Stimmt das?　　► 8

10 ▼ Lies ab, was der **Wasserzähler** anzeigt. Schreibe als Dezimalzahl und als gemischte Zahl.

a) 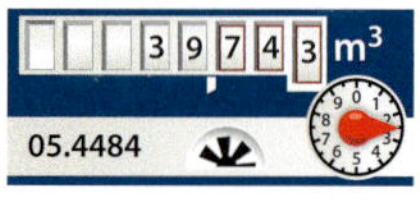

b) 

c) 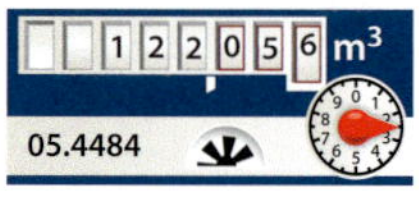

d) 

11 Ordne immer zwei passende Kärtchen einander zu.

1,26 m　　$1\frac{13}{50}$ m　　25,6 km　　$25\frac{3}{5}$ km

34,25 cm　　$342\frac{1}{2}$ mm　　1260 m　　$1\frac{13}{50}$ km

$2\frac{14}{25}$ m　　256 cm　　$34\frac{1}{4}$ km　　342 500 dm

Sprachhilfe zu **10**: Wasserzähler messen, wie viel Kubikmeter (kurz m³) Wasser durch die Leitung geflossen sind. Ein Kubikmeter (kurz 1 m³) passt genau in einen großen Würfel mit 1 m Kantenlänge.

1 Finde Beispiele, in denen Dezimalzahlen vorkommen. Schreibe die Beispiele mit einer passenden Situation in dein Heft.
Beispiel Schwimmen: 45,07 s
a) Lies die Dezimalzahlen laut vor.
b) Markiere die Zehntel in rot, die Hundertstel in blau und die Tausendstel in grün.

2 Übertrage die Stellenwerttafel in dein Heft und ergänze die fehlenden Zahlen.

	Dezimalzahl	H	Z	E,	z $\frac{1}{10}$	h $\frac{1}{100}$	t $\frac{1}{1000}$
a)	0,35						
b)	0,8						
c)	2,77						
d)	89,07						
e)	0,013						
f)				0,	0	5	
g)							9
h)					2		1

3 Welchen Stellenwert haben die roten Ziffern?
Beispiel 4,867: 8 Zehntel, 7 Tausendstel
a) 2,34 b) 7,935 c) 24,52
d) 5,863 e) 15,209 f) 591,162

4 Welche Dezimalzahl gehört zu welchem Bruch?

0,9 0,09 0,009 0,19 0,019
0,91 0,091 9,1 1,9

$\frac{9}{100}$ $\frac{9}{1000}$ $\frac{19}{100}$ $\frac{9}{10}$ $\frac{91}{100}$ $\frac{19}{10}$ $\frac{19}{1000}$ $\frac{91}{10}$ $\frac{91}{1000}$

5 Schreibe die Dezimalzahl als Bruch. Kürze.
Beispiel $0{,}125 = \frac{125}{1000} = \frac{5}{40} = \frac{1}{8}$
a) 0,4 b) 0,14 c) 0,66
d) 0,02 e) 20,08 f) 9,038
g) 0,300 Was fällt dir hierbei auf?

6 Schreibe als Dezimalzahl.
a) $\frac{45}{100}$ b) $\frac{183}{1000}$ c) $\frac{609}{1000}$
d) $\frac{5}{1000}$ e) $\frac{505}{10000}$ f) $8\frac{8}{10}$
g) $2\frac{90}{100}$ h) $\frac{234}{10}$ i) $\frac{5407}{100}$

7 Hier stimmt etwas nicht:
Finde die Fehler. Erkläre und korrigiere sie.
a) $0{,}25 = \frac{25}{10} = 2\frac{1}{2}$
b) $0{,}56 = \frac{56}{100} = \frac{14}{25}$
c) $9{,}264 = 9\frac{264}{100} = 9\frac{66}{25} = 11\frac{16}{25}$
d) $58{,}45 = 5\frac{845}{1000} = 5\frac{169}{200}$

8 Bei den Längeneinheiten steht Meter für die Grundeinheit.
Dezimeter sind „Zehntelmeter“, Zentimeter sind „Hundertstelmeter“ und Millimeter sind „Tausendstelmeter“.
Schreibe als Dezimalzahl in m.
Beispiel 3 m 7 dm = 3,7 m
a) 14 m 1 dm 5 cm 3 mm b) 2 m 5 cm
c) 12 m 2 dm 1 mm d) 3 dm 4 mm
e) 5 cm f) 31 mm

9 ▼ Schreibe die drei Angaben mit Brüchen und mit gemischten Zahlen.
Für welche Einheiten stehen die Stellen nach dem Komma?

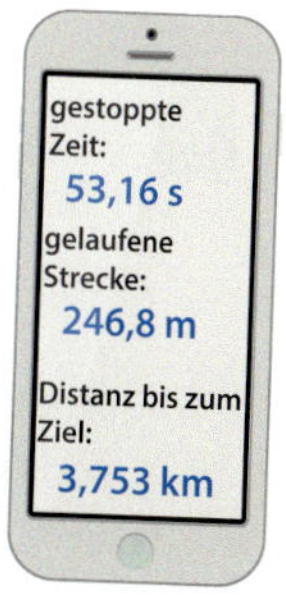

10 Schreibe das Rezept mit Dezimalzahlen.
Beispiel 275 mℓ = 0,275 ℓ

Bauernbrot
380 mℓ lauwarmes Wasser
$2\frac{1}{2}$ TL Salz
300 g Weizenmehl
130 g Roggenmehl
$1\frac{1}{2}$ TL Zucker

11 Zeitangaben mit Komma
a) Schreibe die Angaben in Minuten.
Beispiel $3{,}5\text{ h} = 3\frac{1}{2}\text{ h} = 3\text{ h }30\text{ min} = 210\text{ min}$
① 1,5 h ② 0,75 h ③ 1,25 h
b) Schreibe die Angaben in Stunden.
① 120 min ② 150 min ③ 15 min

Tipp zu **9**: Mögliche Einheiten sind mm, cm, dm, m, km, Zehntelsekunden, Hundertstelsekunden

Dezimalzahlen vergleichen und runden

In einem Computerspiel fliegst du mit einem Drachen.
Steffi ist nach 43,028 Sekunden im Ziel.
Du bist nach 43,03 Sekunden im Ziel.
Wer hat am wenigsten Zeit benötigt?

W

Dezimalzahlen vergleichen

Beginne links und vergleiche die Ziffern Stelle für Stelle miteinander.
Der erste Unterschied entscheidet.

43,03
43,028 $\quad$ 3 > 2; also ist 43,03 > 43,028
Steffi brauchte 43,028 s. Sie war schneller.

25,4
8,976 $\quad$ 25 > 8; also ist 25,4 > 8,976

Beachte:
3 < 3,07; denn 3 = 3,00 und 3,00 < 3,07

▶ **Aufgabe** Vergleiche die Zeiten. Wer war am schnellsten?
Max 45,03 s; Lena 45,0219 s; Sven 45,038 s ▸1 ▸1 ▸1

W

Dezimalzahlen auf dem Zahlenstrahl

So kannst du Zehntel (oder Hundertstel oder Tausendstel …) eintragen:
Unterteile die Strecke zwischen zwei natürlichen Zahlen in 10 (oder 100 oder 1000 …) gleich große Teile.

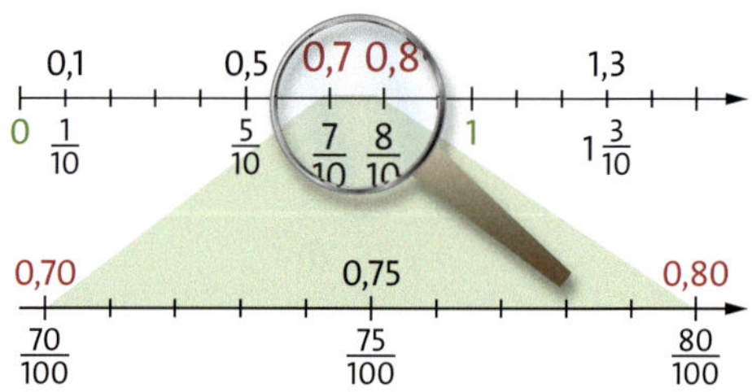

▶ **Aufgabe** Übertrage den Zahlenstrahl in dein Heft.

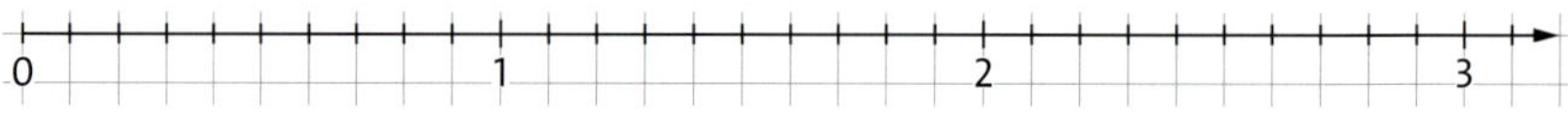

Trage die Zahlen ein. a) 0,5 b) 1,2 c) 1,7 d) 2,3 ▸7 ▸7 ▸6

abrunden:
Die Rundungsstelle bleibt gleich, die Ziffern rechts davon werden alle zu 0.
aufrunden:
Die Rundungsstelle wird um 1 größer, die Ziffern rechts davon werden alle zu 0.

ab → kleiner
auf → größer

W

Dezimalzahlen runden

Dezimalzahlen rundest du genauso wie natürliche Zahlen.

1. Finde die Rundungsstelle. (Sie steht oft hinter „Runde auf …")
2. Betrachte die Ziffer rechts daneben:
   – Bei 0, 1, 2, 3 und 4 **abrunden**.
   – Bei 5, 6, 7, 8 und 9 **aufrunden**.

Runde 2,731 und 2,7564 auf Zehntel.
2,731 ≈ 2,7 $\quad$ 3 bedeutet **ab**runden.
2,7564 ≈ 2,8 $\quad$ 5 bedeutet **auf**runden.

Runde 2,731 und 2,7564 auf Hundertstel.
2,731 ≈ 2,73 $\quad$ 1 bedeutet **ab**runden.
2,7564 ≈ 2,76 $\quad$ 6 bedeutet **auf**runden.

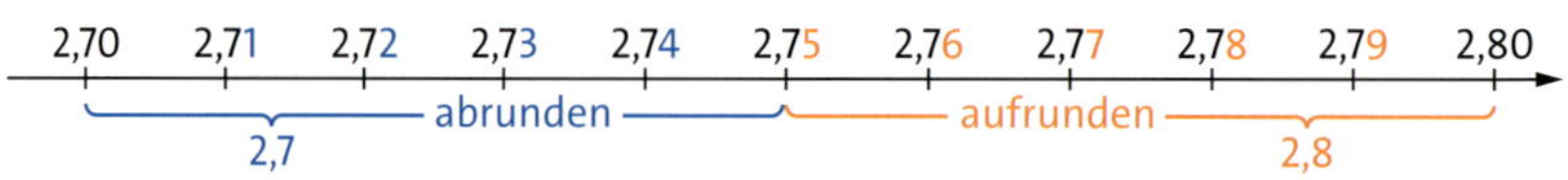

▶ **Aufgabe** Runde die Zeiten auf Zehntel: 53,13 s; 46,24 s; 47,56 s; 55,881 s ▸11 ▸10 ▸9

1 Schreibt auf vier Kärtchen die Ziffern 1; 5; 9 und ein Komma.
a) Legt nacheinander diese Zahlen:
① 1 5 , 9 ② 1 , 5 9
Lest die Zahlen vor. Welche Zahl ist größer?
b) Legt eine Zahl. Legt dann eine zweite Zahl. Schreibt die Zahlen nebeneinander ins Heft. Setzt zwischen den Zahlen < oder > ein.

2 Vergleiche. Setze im Heft < oder > ein.
a) 15,6 ☐ 5,4 b) 8,3 ☐ 8,5 c) 17,1 ☐ 7,9
d) 4,36 ☐ 4,37 e) 1,66 ☐ 1,63 f) 5,8 ☐ 5,79

3 Ordne die Zahlen von klein nach groß.
Beispiel 0,2; 0,5; 0,1 0,1 < 0,2 < 0,5
a) 0,7; 0,9; 0,5
b) 0,13; 0,15; 0,11
c) 0,005; 0,001; 0,901
d) 2,453; 2,454; 2,451 ▸ 3

4 Legt 8 Plättchen in die Stellenwerttafel.

E,	z $\frac{1}{10}$	h $\frac{1}{100}$	Dezimalzahl
●	●●●	●●●●	1,34

Welche ist die kleinste Dezimalzahl, die ihr so legen könnt? Welche ist die größte?

5 ▼ Welche Zahl passt in das Kästchen? Es gibt mehrere Lösungen. Vergleicht eure Ergebnisse.
1,65 2,5 2,56 1,6 1,67 2,55
a) 1,5 < ☐ < 1,7 b) 2,4 < ☐ < 2,6
c) 2,54 < ☐ < 2,56 d) 1,64 < ☐ < 1,68
e) 2,53 < ☐ < 2,57 f) 1,63 < ☐ < 1,66

6 ▼ Die Kinder der Technik AG haben **Drohnen** gebaut. Dann haben sie ein Wettfliegen veranstaltet. Wer belegte welchen Platz? ▸ 7

Flugzeiten:
Ari: 52,42 s
Lea: 52,34 s
Till: 52,23 s
Ava: 52,12 s
Noa: 51,41 s

7 Lies die Längen ab.
Ordne die Längen von klein nach groß.

①
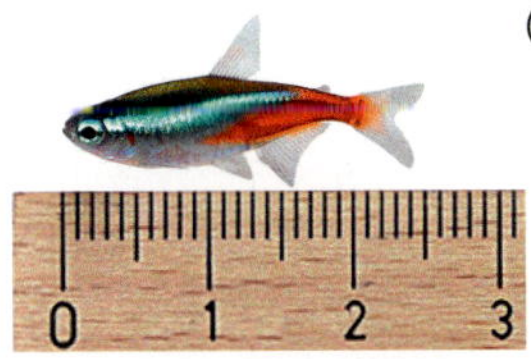

②

③
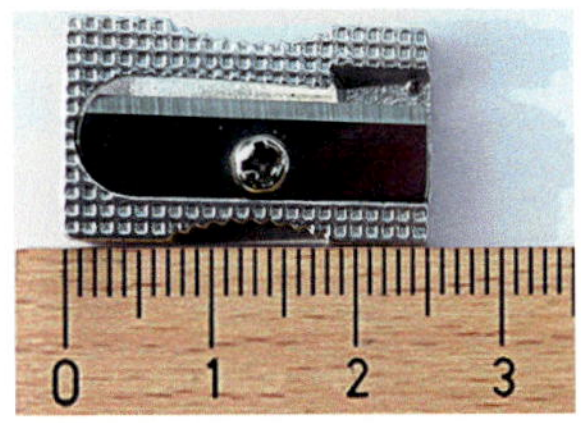

8 Übertrage den Zahlenstrahl in dein Heft.
Setze den Zahlenstrahl nach rechts fort.

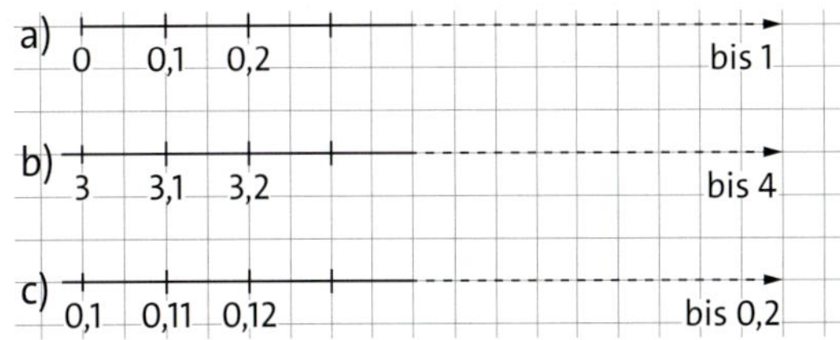

9 Lies die markierten Zahlen ab.

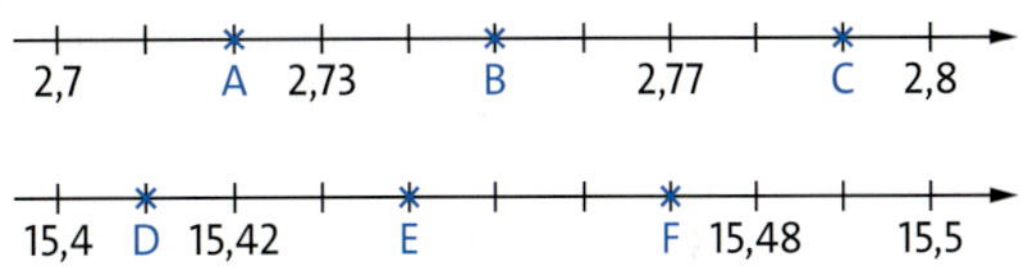

10 Zeichne einen Zahlenstrahl.
Beginne links mit 2 und markiere nach 10 cm rechts die 3.
Trage die Zahlen ein: 2,5; 2,1; 2,4; 2,9; 2,35 ▸ 10

11 Runde auf Einer.
Beispiel 7,49 € ≈ 7 €
a) 8,99 € b) 3,56 cm c) 9,7 km
d) 7,51 kg e) 5,39 m f) 1,725 Liter

12 ▼ Runde die Preise auf Zehntel.
a) Bananen 2,89 € b) Birnen 3,44 €
c) Himbeeren 4,65 € d) Orangen 1,57 €
e) Erdbeeren 1,84 € f) Weintrauben 6,09 €

In **5** gibt es so viele Lösungen: a) 3 Lösungen, b) 3 Lösungen, c) 1 Lösung, d) 2 Lösungen, e) 2 Lösungen, f) 1 Lösung
Sprachhilfe zu **6**: Eine **Drohne** ist ein Fluggerät, das ferngesteuert wird.
Sprachhilfe zu **12**: Antwort in a): Die Bananen kosten rund 2,90 €.

1 Vergleiche. Setze im Heft <, >, oder = ein.

a) 2,758 ■ 27,58 b) 7,9 ■ 7,8
c) 1,4 ■ 1,39 d) 9,7 ■ 9,70
e) 16,72 ■ 16,73 f) 4,967 ■ 4,796
g) 75,75 ■ 75,075 h) 2,134 ■ 2,127

2 Ordne die Dezimalzahlen der Größe nach. Beginne mit der kleinsten Zahl.

a) 0,76; 0,675; 0,79; 0,677
b) 0,080; 0,018; 0,081; 0,008
c) 0,080; 0,077; 0,078; 0,007
d) 12,11; 11,22; 12,12; 12,21
e) 0,5378; 0,5387; 0,5637; 0,5376
f) 7,230; 7,32; 7,321; 7,231 ▸3

3 Bastle die vier Kärtchen. 3 0 5 ,
Bilde mit den Kärtchen sechs Dezimalzahlen, die immer zwei Nachkommastellen haben. Ordne die Zahlen der Größe nach im Heft.

4 Bilde aus 0; 1; 2 und einem Komma ...

a) die größte mögliche Dezimalzahl.
b) die kleinste mögliche Dezimalzahl.
c) alle Dezimalzahlen, die größer als 0,9 sind. ▸5

5 Schreibe mindestens zwei Zahlen auf, die zwischen den beiden Dezimalzahlen liegen.

a) 4,6 < ■ < 4,9 b) 6,12 < ■ < 6,2
c) 0,7 < ■ < 0,79 d) 0,92 < ■ < 1,2
e) 3,2 < ■ < 3,3 f) 0,04 < ■ < 0,05

6 So schnell und so groß sind diese Wale:

Pottwal	31,046 $\frac{km}{h}$	18,10 m
Grauwal	8,894 $\frac{km}{h}$	15,77 m
Delfin	39,095 $\frac{km}{h}$	6,91 m
Finnwal	39,981 $\frac{km}{h}$	27,84 m
Nordkaper	8,682 $\frac{km}{h}$	18,02 m
Flussdelfin	31,659 $\frac{km}{h}$	3,16 m

Ein Nordkaper wiegt bis zu 80 Tonnen.

a) Ordne die Wale nach ihrer Geschwindigkeit. Beginne mit dem schnellsten Wal.
b) Ordne die Wale nach ihrer Länge. ▸6

7 Lies die markierten Zahlen ab.

a)

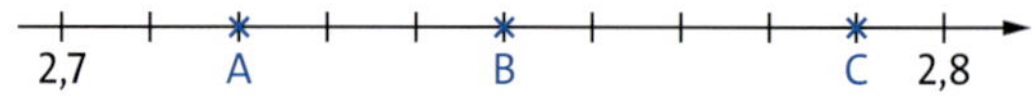

b)

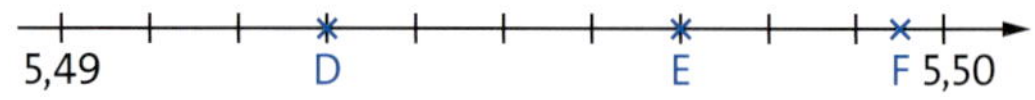

8 Übertrage den Zahlenstrahl in dein Heft.

a) Setze den Zahlenstrahl bis 1,6 fort.
Trage ein: 1,58; 1,53; 1,51; 1,56; 1,555

b) Setze den Zahlenstrahl bis 1,53 fort.
Trage ein: 1,522; 1,529; 1,524; 1,527

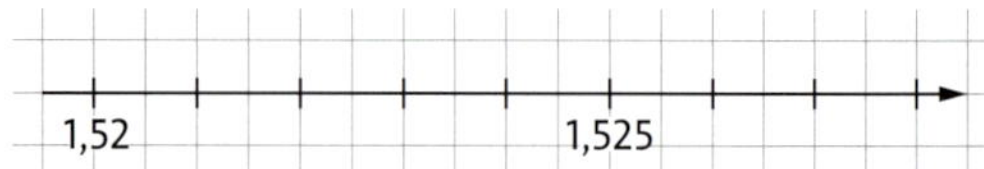

▸8

9 Zeichne einen passenden Zahlenstrahl. Beginne mit der kleinsten Zahl. Entscheide, ob du Zehntel-Schritte oder Hundertstel-Schritte brauchst. Trage dann die Dezimalzahlen ein.

a) 0,0; 0,5; 0,8; 0,2
b) 5,5; 5,1; 5,6; 5,55
c) 1,95; 1,99; 1,93; 1,97

10 Korrigiere die Fehler in deinem Heft.

a) Runde auf Zehntel.
0,678 ≈ 0,778 *1,246 ≈ 1,2*
6,751 ≈ 6,75 *5,439 ≈ 5,5*

b) Runde auf Hundertstel:
0,978 ≈ 0,97 *8,942 ≈ 8,9*
5,785 ≈ 5,79 *2,392 ≈ 2,492* ▸9

11 Nina hat gerundet: 4,599 ≈ 4,6.
Auf welche Stelle kann Nina gerundet haben?

12 Ist es sinnvoll, die Größe so genau anzugeben? Begründe. Wie würdet ihr die Zahl schreiben?

a) Von Dortmund bis Köln sind es 89,432 km.
b) Ein Kaugummi kostet 7,142 85 Cent.
c) Eine Mücke wiegt etwa 0,2138 mg.
d) Ein Schimpanse kann bis zu 60,235 Jahre alt werden.

1 Vergleiche. Setze im Heft <, >, oder = ein.
a) 9,85 ■ 9,588 b) 3,19 ■ 3,24
c) 1,51 ■ 1,155 d) 2,002 ■ 2,02
e) 40,04 ■ 40,040 f) 6,873 ■ 6,869

2 Ordne die Zahlen der Größe nach. Beginne mit der kleinsten Zahl.
a) 0,9; 0,091; 0,09; 0,009; 0,89
b) 0,031; 0,034; 0,030; 0,0043; 0,0034
c) 2,87; 2,784; 2,874; 2,748
d) $\frac{6}{100}$; 0,065; 0,0655; $\frac{656}{10\,000}$
e) 0,2; $\frac{19}{100}$; 0,25; 0,18; 0,3

3 Gib alle Ziffern an, die du einsetzen kannst.
a) 1,55 < 1,5■8 b) 7,0■4 < 7,044
c) 2,46 < 2,4■7 d) 12,81 > 12,■8
e) 11,5■5 < 11,545 f) 1,79 < 1,7■■

4 Bilde aus den drei Ziffern und dem Komma Dezimalzahlen mit einer oder zwei Nachkommastellen.

2	5
0	,

Beispiel 2,50; 20,5; …
a) Finde die kleinste und die größte Dezimalzahl, die du so bilden kannst.
b) Bilde alle zwölf möglichen Dezimalzahlen.
c) Ordne die zwölf Zahlen der Größe nach.

5 Ergänze die Sätze im Heft. Finde jeweils drei Dezimalzahlen als Beispiele.
a) Wenn ich das Komma in einer Dezimalzahl nach rechts verschiebe, dann wird die Zahl …
b) Wenn ich das Komma in einer Dezimalzahl nach links verschiebe, dann wird die Zahl …

6 Dezimalzahlen auf dem Zahlenstrahl ablesen
a) Lies die markierten Zahlen ab.

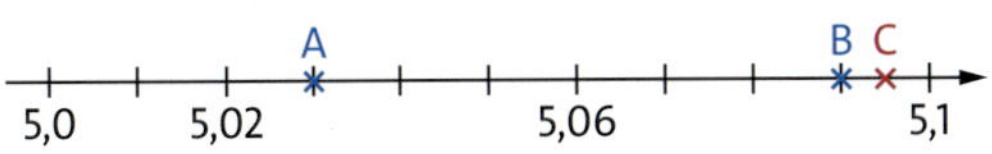

b) Übertrage die Zahlenstrahlen in dein Heft. Achtung: Korrigiere zuerst die falsche Zahl. Lies dann die markierten Zahlen ab.

①
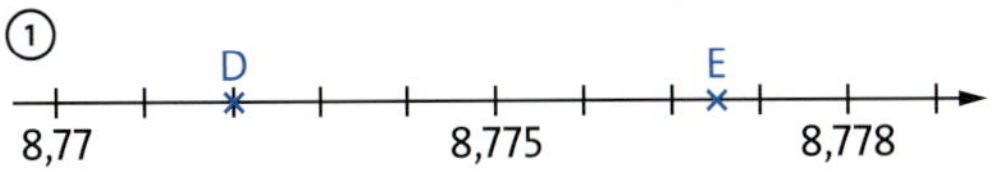

②
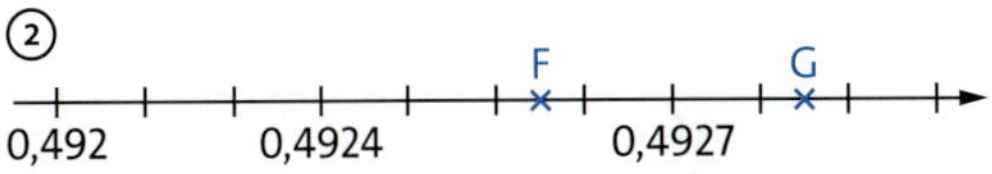

7 Übertrage den Zahlenstrahl ins Heft. Trage die Zahlen ein: 3,012; 2,988; 2,994; 2,982; 3,008; 3; 3,004; 2,99

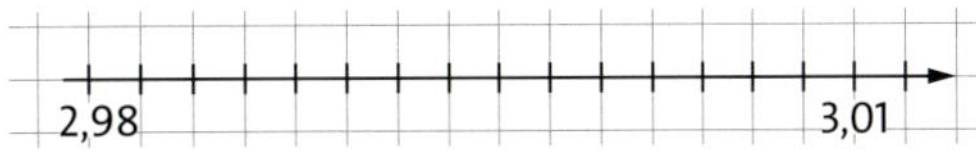

8 Zeichne einen passenden Zahlenstrahl. Entscheide zuerst, ob du Zehntel-Schritte, Hundertstel-Schritte oder Tausendstel-Schritte brauchst. Trage dann die Dezimalzahlen ein.
a) 1,0; 1,4; 1,1; 1,6; 1,25
b) 0,34; 0,344; 0,35; 0,342; 0,348
c) 7,88; 7,83; 7,84; 7,80; 7,92

9 Tankstellen geben die Preise in Tausendstel Euro an.

Diesel	1,599 €
Super E 10	1,319 €
Super +	1,419 €
Super	1,339 €

a) Ordne die Preise der Größe nach.
b) Frau Özlan hat 25 Liter getankt. Als Preis wird 35,475 € angezeigt. Berechne, wie viel sie bezahlen muss.

10 Runde die Zahl 75,805 94 auf …
a) Zehner. b) Hundertstel.
c) Tausendstel. d) Einer.

11 Andere Rundungsstelle, gleiches Ergebnis
a) Es gilt: 9,7991 ≈ 9,8. Auf welche Stelle kann hier gerundet worden sein?
b) Finde drei Zahlen, die auf Einer, auf Zehntel und auf Hundertstel gerundet immer das gleiche Ergebnis haben.

12 Beim Gokart-Fahren erreichten die Kinder folgende Rundenzeiten:
Tan 53,269 s; Marie 54,136 s; Frido 53,297 s; Olivia 52,979 s; Aysha 55,008 s; Per 54,185 s.
a) Ordne die Zeiten der Größe nach.
b) Wer war mit seiner Zeit am nächsten dran an genau 53 s?
c) Runde die Zeiten auf:
① Hundertstel
② Zehntel
③ Einer
Was fällt dir auf?

Brüche in Dezimalzahlen und Prozentzahlen umwandeln

Nino will eine Saft-Schorle mischen.
Er nimmt $\frac{1}{2}$ ℓ Apfelsaft und $\frac{1}{4}$ ℓ Wasser.
Passt die Schorle in eine 0,75-ℓ-Flasche?
$\frac{1}{2}$ ℓ = $\frac{2}{4}$ ℓ, also $\frac{2}{4}$ ℓ + $\frac{1}{4}$ ℓ = $\frac{3}{4}$ ℓ
Du musst also $\frac{3}{4}$ und 0,75 vergleichen.
Das geht besser, wenn du $\frac{3}{4}$ in eine Dezimalzahl umwandelst.

W

Brüche umwandeln durch Erweitern oder Kürzen
Kürze oder erweitere den Nenner auf 10, 100, 1000, …
Schreibe dann den Bruch als Dezimalzahl.

Wandle $\frac{3}{4}$ in eine Dezimalzahl um.

Erweitere mit 25: $\frac{3}{4} = \frac{3 \cdot 25}{4 \cdot 25} = \frac{75}{100} = 0{,}75$
0,75 ℓ passen genau in die Flasche.

Kürzen: $\frac{8}{40} = \frac{2}{10} = 0{,}2$ $\frac{8}{200} = \frac{4}{100} = 0{,}04$
Erweitern: $\frac{1}{2} = \frac{5}{10} = 0{,}5$ $\frac{4}{5} = \frac{8}{10} = 0{,}8$

▶ **Aufgabe** Wandle $\frac{1}{4}$ Liter und $\frac{4}{5}$ Liter in Dezimalzahlen um. ▶1 ▶1 ▶1

Der Fachbegriff „dividiere" bedeutet „teile durch".

Fachbegriffe bei der Division:
Dividend : Divisor = Wert des Quotienten
8 : 2 = 4

W

Brüche umwandeln durch Dividieren
Ein Bruchstrich bedeutet „geteilt".
Dividiere den Zähler durch den Nenner.
Setze beim Dividenden ein Komma und ergänze danach jedes Mal eine Null, wenn noch ein Rest vorhanden ist.
Wenn du das Komma überschreitest, dann setze im Ergebnis ein Komma.
Das funktioniert bei allen Brüchen.

Bruch: $\frac{7}{8}$ $\frac{7}{8} = 7 : 8$

	7,	0	0	0	:	8	=	0,	8	7	5
–	0	↓									
	7	0		Komma setzen							
–	6	4									
		6	0								
	–	5	6								
			4	0							
		–	4	0							
				0							

▶ **Aufgabe** Wandle $\frac{5}{8}$ in eine Dezimalzahl um. Dividiere. ▶7 ▶6 ▶4

Anteile hast du bisher mit Brüchen angegeben. Nun lernst du eine neue Schreibweise dafür.

Prozent bedeutet pro hundert.
1 Kästchen von 100 Kästchen ist 1 %:

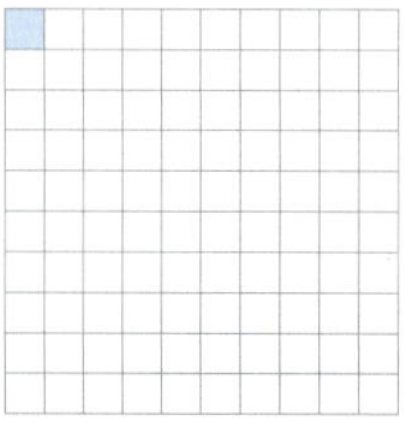

W

Prozentzahlen
Das **Prozent-Zeichen %** steht für Hundertstel und bedeutet: von hundert.

1 % bedeutet „1 von 100".
$1\,\% = \frac{1}{100} = 0{,}01$ $49\,\% = \frac{49}{100} = 0{,}49$

15 von 100 Kindern mögen Sport.
Das sind $\frac{15}{100} = 15\,\% = 0{,}15$.

Brüche mit dem Nenner 100 oder Dezimalzahlen kannst du als **Prozentzahl** schreiben.

$\frac{3}{100} = 3\,\%$ $\frac{3}{4} = \frac{75}{100} = 75\,\%$
$0{,}08 = \frac{8}{100} = 8\,\%$ $0{,}37 = \frac{37}{100} = 37\,\%$

▶ **Aufgabe** Schreibe $\frac{78}{100}$ und 0,04 als Prozentzahlen. ▶10 ▶8 ▶7

1 Wandle den Bruch in eine Dezimalzahl um. Erweitere zuerst auf den Nenner 10 oder 100.

Beispiel $\frac{3}{5}$ $5 \cdot 2 = 10$, also erweitern mit 2

$\frac{3 \cdot 2}{5 \cdot 2} = \frac{6}{10} = 0{,}6$

a) Nenner 10: $\frac{2}{5}$ $\frac{1}{2}$

b) Nenner 100: $\frac{3}{50}$ $\frac{9}{25}$ $\frac{3}{4}$ $\frac{7}{20}$

2 Wandle den Bruch in eine Dezimalzahl um. Kürze auf einen Bruch mit Nenner 10 oder 100.

Beispiel $\frac{6}{20} = \frac{6:2}{20:2} = \frac{3}{10} = 0{,}3$

a) Nenner 10: $\frac{3}{30}$ $\frac{18}{20}$ $\frac{24}{80}$

b) Nenner 100: $\frac{16}{200}$ $\frac{20}{400}$ $\frac{21}{700}$ ▸ 3

3 Schaue die **Skala** auf dem Messbecher an.

a) Notiere zu jedem Bruch die passende Dezimalzahl. Beginne mit $\frac{1}{4} = 0{,}25$. Präge dir die Zahlenpaare ein.

b) Fragt euch gegenseitig ab.

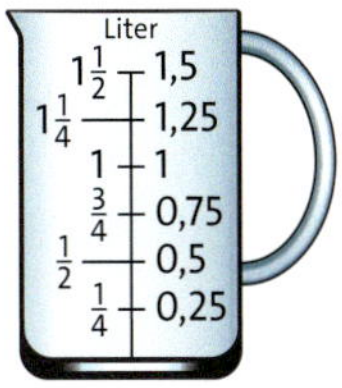

4 Jan und Lisa sollen $\frac{8}{200}$ in eine Dezimalzahl umwandeln.

Jan
$\frac{8}{200}$ *erweitern mit 5*
$= \frac{40}{1000}$
$= \frac{4}{100} = 0{,}04$

Lisa
$\frac{8}{200}$ *kürzen mit 2*
$= \frac{4}{100}$
$= 0{,}04$

a) Beschreibe und vergleiche die Rechenwege.

b) Schreibe $\frac{15}{500}$ und $\frac{25}{250}$ als Dezimalzahlen. ▸ 5

5 Ordne jedem Bruch eine Dezimalzahl zu. Manchmal musst du kürzen oder erweitern.

$\frac{200}{400}$	$\frac{3}{5}$	$\frac{98}{10}$	$\frac{34}{200}$	$\frac{8}{20}$	$\frac{133}{100}$
0,17	0,4	1,33	0,5	0,6	9,8

6 Schreibe als Dezimalzahl. Kürze oder erweitere auf einen Bruch mit Nenner 10 oder 100.

a) $\frac{3}{5}$ b) $\frac{15}{25}$ c) $\frac{36}{600}$ d) $\frac{260}{1000}$

e) $\frac{33}{50}$ f) $\frac{12}{300}$ g) $\frac{2}{4}$ h) $\frac{32}{800}$

7 Wandle den Bruch in eine Dezimalzahl um. Dividiere dazu den Zähler durch den Nenner.

a) $\frac{1}{2}$ b) $\frac{1}{5}$ c) $\frac{4}{5}$

d) $\frac{1}{4}$ e) $\frac{3}{5}$ f) $\frac{2}{5}$ ▸ 7

8 Untersuche die Brüche mit dem Nenner 8. Das kannst du mit der Tabelle tun. Übertrage die Tabelle ins Heft und fülle sie aus.

Bruch	$\frac{1}{8}$	$\frac{2}{8}$	$\frac{4}{8}$	$\frac{6}{8}$	$\frac{8}{8}$
gekürzter Bruch	–	$\frac{1}{4}$			$\frac{1}{1}$
Bruch mit Nenner 100 oder 1000	$\frac{125}{1000}$				
Dezimalzahl		0,25			1,0

9 Wandle die Angaben mit Kilogramm (kg) in Gramm (g) um. Wandle Liter (ℓ) in Milliliter (mℓ) um.

Beispiel Mehl: $\frac{7}{40} = \frac{175}{1000} = 0{,}175$ und

0,175 kg = 175 g

Zutaten für Käsekuchen

$\frac{7}{40}$ kg Mehl
$\frac{1}{10}$ kg kalte Butter
3 Eier
$\frac{1}{2}$ kg Magerquark
$\frac{3}{20}$ kg Zucker
$\frac{1}{25}$ ℓ Speiseöl

10 Schreibe als Prozentzahl.

Beispiel $\frac{3}{100} = 3\,\%$

a) $\frac{13}{100}$ b) $\frac{56}{100}$ c) $\frac{97}{100}$ d) $\frac{5}{100}$ ▸ 8

11 Hundert Kinder testen ein Computerspiel. Schreibe die Sätze mit Prozentzahlen.

a) $\frac{56}{100}$ der Kinder finden das Spiel cool.

b) $\frac{13}{100}$ der Kinder finden das Spiel doof.

c) 31 von 100 Kindern finden das Spiel okay.

12 Prozentzahl, Bruch, Dezimalzahl: Immer drei Kärtchen passen zusammen. Ordne im Heft zu.

0,2 | 5 % | $\frac{20}{100}$ | 2 % | 0,05 | $\frac{5}{100}$ | 0,02 | 20 % | $\frac{2}{100}$

Sprachhilfe zu **1**: „Wandle den Bruch in eine Dezimalzahl um" heißt dasselbe wie „Schreibe den Bruch als Dezimalzahl".
Sprachhilfe zu **3**: Eine Skala ist eine Einteilung zum Messen, die aus Strichen und Zahlen besteht.
Die Lösungen von **7** findest du unter den Dezimalzahlen: 0,8 0,75 0,6 0,5 0,4 0,3 0,25 0,2 0,1

1 Wandle den Bruch in eine Dezimalzahl um. Erweitere so, dass der Nenner 10, 100 oder 1000 wird.

Beispiel $\frac{1}{8} = \frac{1 \cdot 125}{8 \cdot 125} = \frac{125}{1000} = 0{,}125$

a) $\frac{3}{5}$ b) $\frac{9}{20}$ c) $\frac{3}{8}$ d) $\frac{1}{4}$
e) $\frac{7}{25}$ f) $\frac{21}{200}$ g) $3\frac{1}{2}$ h) $6\frac{15}{50}$

2 Wandle in eine Dezimalzahl um. Kürze so, dass der Nenner 10, 100 oder 1000 wird.

a) $\frac{26}{200}$ b) $\frac{488}{4000}$ c) $\frac{36}{600}$ d) $\frac{25}{250}$

3 Übertrage die Tabelle in dein Heft.

Bruch	$\frac{1}{10}$	$\frac{1}{8}$	$\frac{1}{4}$	$\frac{1}{2}$	$\frac{3}{4}$
Dezimalzahl					

a) Fülle die Tabelle aus. Merke dir die zusammengehörenden Zahlen gut.
b) Fragt euch gegenseitig ab.

4 Wandle den Bruch in eine Dezimalzahl um. Kürze zuerst und erweitere dann.

Beispiel $\frac{6}{40} = \frac{3}{20} = \frac{15}{100} = 0{,}15$

a) $\frac{3}{75}$ b) $\frac{6}{15}$ c) $\frac{8}{160}$ d) $\frac{57}{15}$
e) $\frac{21}{70}$ f) $\frac{48}{32}$ g) $\frac{12}{30}$ h) $\frac{27}{180}$ ► 3

5 Vanessa hat in ihr Heft gekleckert. Finde heraus, welche Zahlen unter den Klecksen standen.

a) $\frac{15}{125} = \frac{●}{25} = \frac{●}{100} = 0{,}12$
b) $\frac{42}{●} = \frac{●}{20} = \frac{35}{100} = 0{,}●$
c) $\frac{●}{150} = \frac{●}{50} = \frac{●}{●} = 0{,}06$
d) $\frac{7}{875} = \frac{●}{125} = \frac{8}{●} = 0{,}008$

6 Wandle den Bruch in eine Dezimalzahl um. Dividiere dazu den Zähler durch den Nenner.

Beispiel $\frac{4}{5} = 4 : 5 = 4{,}0 : 5 = \ldots$

a) $\frac{3}{5}$ b) $\frac{3}{8}$ c) $\frac{1}{8}$ d) $\frac{7}{4}$
e) $\frac{5}{2}$ f) $\frac{6}{5}$ g) $\frac{5}{16}$ h) $\frac{9}{8}$ ► 6

7 ▼ Sophie möchte einen 2 m langen Stoff in acht gleich lange Stücke schneiden. Wie lang muss ein Stück sein?

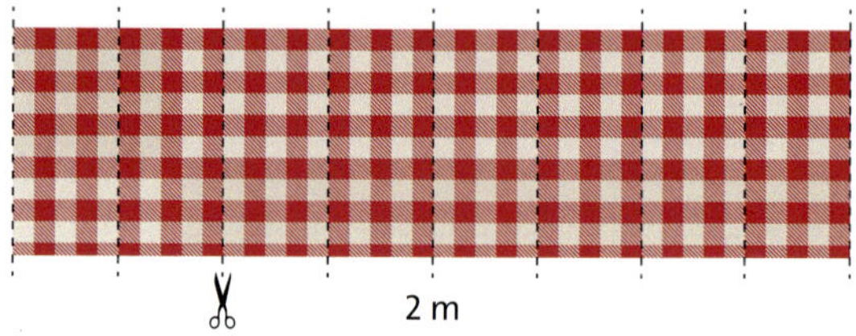

8 Schreibe als Bruch und als Prozentzahl.

Beispiel $0{,}12 = \frac{12}{100} = 12\,\%$

a) 0,25 b) 0,17 c) 0,02
d) 0,09 e) 0,090 f) 0,330 ► 8

9 Notiere den Anteil jeder Farbe als Bruch, als Dezimalzahl und als Prozentzahl.

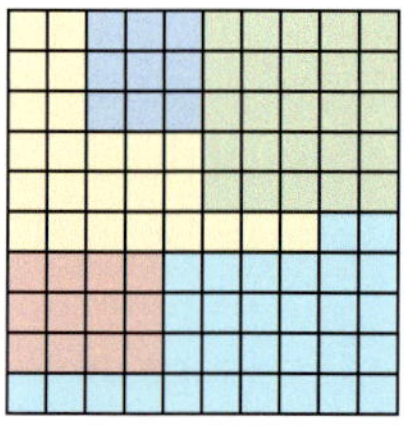

10 Umrande im Heft ein Hunderterfeld, also 10 mal 10 Kästchen. Färbe
10 % in blau,
25 % in grün,
43 % in rot und
22 % in gelb.

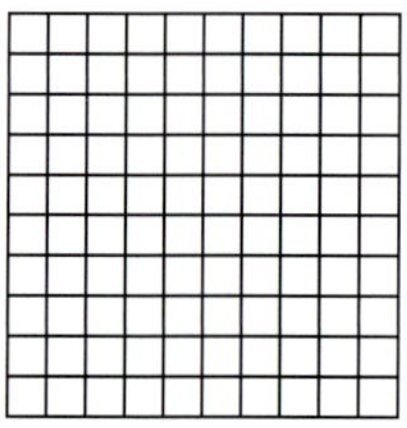

Beispiel 10 % = $\frac{10}{100}$; Färbe 10 Kästchen.

11 An einem Sommertag trugen die 100 Kinder in den 6. Klassen Folgendes:
- lange Jeans 46
- lange Stoffhose 9
- kurze Hose 34
- Rock 11

Gib die Anteile als Prozentzahlen an.

12 Welche Zahlen ergeben umgewandelt 0,6?

0,06 % | 6 % | 600 % | $\frac{60}{10}$ | $\frac{15}{30}$ | 0,6 %
$\frac{12}{20}$ | $\frac{9}{15}$ | $\frac{6}{10}$ | 60 % | $\frac{600}{100}$ | $\frac{3}{5}$

Tipp zu **7**: Hier gibt es zwei Lösungswege.

1 Wandle den Bruch in eine Dezimalzahl um. Erweitere zuerst passend.

a) $\frac{1}{4}$ b) $\frac{12}{20}$ c) $\frac{17}{5}$ d) $\frac{35}{50}$

e) $\frac{16}{25}$ f) $\frac{1}{8}$ g) $\frac{9}{40}$ h) $\frac{7}{125}$

2 Wandle den Bruch in eine Dezimalzahl um. Kürze zuerst und erweitere dann passend.

Beispiel $\frac{33}{55} = \frac{3}{5} = \frac{6}{10} = 0{,}6$

a) $\frac{36}{60}$ b) $\frac{21}{60}$ c) $\frac{24}{48}$ d) $\frac{24}{40}$

e) $\frac{14}{40}$ f) $\frac{36}{72}$ g) $\frac{21}{35}$ h) $\frac{42}{120}$

3 Zeichne die Skala des Messbechers 8 cm hoch ins Heft. Schreibe rechts die Dezimalzahlen dazu.

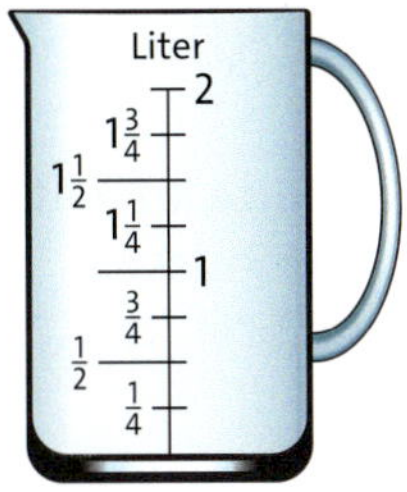

a) Ergänze Striche für $\frac{1}{8}$, $\frac{1}{5}$, $\frac{3}{8}$, $1\frac{5}{8}$. Beschrifte sie.

b) Präge dir Bruch und Dezimalzahl gut ein.

c) Fragt euch gegenseitig ab.

4 Wandle den Bruch in eine Dezimalzahl um. Dividiere dazu den Zähler durch den Nenner.

a) $\frac{3}{8}$ b) $\frac{7}{8}$ c) $\frac{3}{20}$ d) $\frac{5}{16}$

e) $\frac{5}{32}$ f) $\frac{12}{15}$ g) $\frac{12}{5}$ h) $2\frac{4}{5}$

5 Jan, Lisa und Dawid wandeln $\frac{5}{8}$ in eine Dezimalzahl um.

Lisa

```
 5,000 : 8 = 0,625
-0
 50
-48
 20
-16
  40
 -40
   0
```

Jan

$\frac{5}{8} = \frac{625}{1000} = 0{,}625$

Dawid

Ich weiß: $\frac{1}{8} = 0{,}125$

$125 \cdot 5$

625

$\frac{5}{8} = 0{,}625$

a) Beschreibe und vergleiche die drei Rechenwege. Welchen Weg findest du am einfachsten?

b) Wandle die Brüche $\frac{3}{8}$ und $\frac{7}{8}$ in Dezimalzahlen um. Gehe vor wie Jan, Lisa und Dawid.

6 In einer Fabrik wird ein 10 kg schweres Stahlrohr in 16 gleich große Rohre zerschnitten. Berechne, wie viel jedes der 16 kurzen Rohre wiegt.

7 Schreibe als Dezimalzahl und Prozentzahl.

Beispiel $\frac{12}{100} = 0{,}12 = 12\,\%$ und

$\frac{8}{10} = \frac{80}{100} = 0{,}80 = 80\,\%$

a) $\frac{77}{100}$ b) $\frac{7}{100}$ c) $\frac{3}{10}$

d) $\frac{6}{10}$ e) $\frac{120}{100}$ f) $\frac{204}{100}$

8 Zeichne vier Quadrate mit je 10 × 10 Kästchen.

a) Markiere im ersten Quadrat die Anteile mit verschiedenen Farben: $\frac{15}{100}$; 0,25; $\frac{2}{10}$; 35 %; $\frac{50}{1000}$

b) Markiere im zweiten Quadrat die Anteile mit verschiedenen Farben: $\frac{3}{10}$; 0,22; 8 %; $\frac{2}{5}$

c) Jeder denkt sich für das dritte Quadrat eine farbige Aufteilung aus und schreibt die Anteile als Bruch, als Dezimalzahl und als Prozentzahl. Tauscht die Bruchteile aus und markiert sie im vierten Quadrat. Vergleicht gegenseitig.

9 Ordne richtig zu. Begründe.

a) 0,3 % sind …

① $\frac{3}{100}$ ② $\frac{3}{10}$ ③ $\frac{3}{1000}$

b) $\frac{2}{5}$ sind …

① 2 % ② 40 % ③ 4 %

10 Ergänze die Tabelle im Heft.

Bruch			$\frac{28}{35}$	$\frac{7}{8}$	$\frac{9}{16}$
Dezimalzahl		0,25			
Prozentzahl	12 %				

11 ▼ Jan und Ole trainieren Elfmeterschießen. Ole hat bei 8 von 20 Schüssen getroffen. Jan hat bei 6 von 15 Schüssen getroffen. Wer hat anteilig mehr Treffer erzielt? Gib die Anteile als Prozentzahlen an.

Tipp zu **11**: Schreibe zuerst die Anteile als Bruch.

Kompetenz	☒

1 Ich kann Dezimalzahlen in eine Stellenwerttafel eintragen und lesen.
→ Lies auf **Seite 58** nach.

1 Fülle die Stellenwerttafel in deinem Heft aus. Schreibe auf, wie du die Dezimalzahlen sprichst.

Dezimalzahl	Z	E,	z	h
0,7				
2,19				

2 Ich kann Brüche als Dezimalzahlen schreiben.
→ Lies auf **Seite 58** nach.

2 Schreibe den Bruch als Dezimalzahl.
a) $\frac{8}{10}$ b) $\frac{55}{100}$ c) $\frac{25}{10}$

3 Ich kann Dezimalzahlen als Brüche schreiben.
→ Lies auf **Seite 58** nach.

3 Schreibe die Dezimalzahl als Bruch.
a) 0,25 b) 0,3

4 Ich kann Dezimalzahlen vergleichen und der Größe nach ordnen.
→ Lies auf **Seite 62** nach.

4 Setze im Heft $<$, $>$ oder $=$ ein.
a) 0,65 ▪ 0,55 b) 5,27 ▪ 5,28
c) 1,33 ▪ 1,3 ▪ 1,30 ▪ 1,03

5 Ich kann Dezimalzahlen auf einem Zahlenstrahl ablesen und eintragen.
→ Lies auf **Seite 62** nach.

5 Übertrage den Zahlenstrahl in dein Heft.
a) Lies die markierten Zahlen A und B ab.

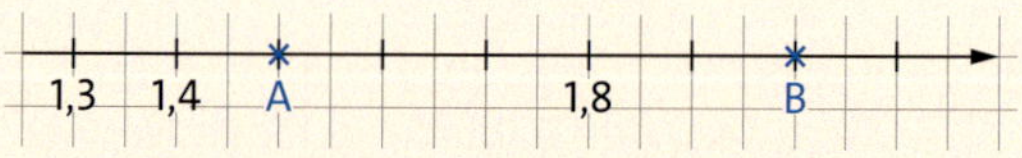

b) Trage die Zahlen ein: 1,7; 1,85; 2,1

6 Ich kann Dezimalzahlen runden.
→ Lies auf **Seite 62** nach.

6 Runde.
a) auf Zehntel: 3,62 und 5,279
b) auf Hundertstel: 0,044

7 Ich kann Brüche in Dezimalzahlen umwandeln, indem ich sie zuerst erweitere oder kürze.
→ Lies auf **Seite 66** nach.

7 Wandle den Bruch in eine Dezimalzahl um. Erweitere oder kürze den Nenner auf 10 oder 100.
a) $\frac{3}{5}$ (erweitern) b) $\frac{9}{20}$ (erweitern)
c) $\frac{12}{40}$ (kürzen)

8 Ich kann Brüche in Dezimalzahlen umwandeln, indem ich dividiere.
→ Lies auf **Seite 66** nach.

8 Wandle den Bruch in eine Dezimalzahl um. Teile dazu den Zähler durch den Nenner.
a) $\frac{1}{4}$ b) $\frac{5}{8}$

9 Ich kann Brüche als Prozentzahlen schreiben und umgekehrt.
→ Lies auf **Seite 66** nach.

9 Wandle um.
a) in eine Prozentzahl: $\frac{75}{100}$ und $\frac{20}{100}$
b) in einen Bruch: 19 % und 5 %

→ Lösungen auf Seite 241 und 242

☒

1 Fülle die Stellenwerttafel in deinem Heft aus. Schreibe auf, wie du die Dezimalzahlen sprichst.

Dezimalzahl	H	Z	E,	z	h	t
0,3						
27,04						

2 Schreibe den Bruch als Dezimalzahl.

a) $\frac{88}{100}$ b) $\frac{120}{10}$ c) $7\frac{5}{10}$

3 Schreibe die Dezimalzahl als Bruch.

a) 0,95 b) 0,002

4 Vergleiche. Setze im Heft <, > oder = ein.

a) 3,95 ▢ 3,59 b) 75,6 ▢ 75,600

c) Ordne der Größe nach: 2,045; 2,405; 2,540; 2,054; 2,504; 2,440; 2,45

5 Dezimalzahlen am Zahlenstrahl

a) Lies die markierten Zahlen ab.

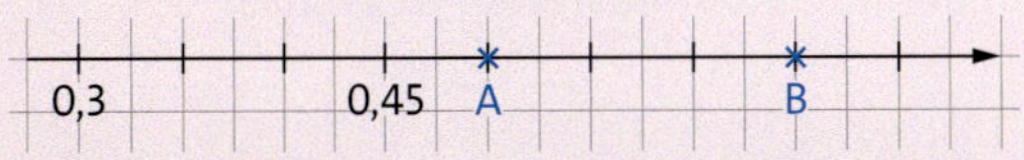

b) Zeichne einen 10 cm langen Zahlenstrahl von 5 bis 6. Trage ein: 5,8; 5,25; 5,7; 5,05

6 Runde.

a) auf Hundertstel: 0,739 und 1,0636

b) auf Tausendstel: 15,8007

7 Wandle den Bruch in eine Dezimalzahl um. Erweitere oder kürze zuerst so, dass der Nenner 10 oder 100 wird.

a) $\frac{4}{5}$ b) $\frac{27}{30}$ c) $\frac{7}{25}$

8 Wandle den Bruch in eine Dezimalzahl um. Dividiere dazu den Zähler durch den Nenner.

a) $\frac{7}{8}$ b) $\frac{9}{16}$

9 Wandle um.

a) in eine Prozentzahl: $\frac{5}{100}$ und $\frac{9}{10}$

b) in einen Bruch: 6 % und 70 %

☒

1 Fülle die Stellenwerttafel in deinem Heft aus. Schreibe auf, wie du die Dezimalzahlen sprichst.

Dezimalzahl	H	Z	E,	z	h	t
0,08						
172,010						

2 Schreibe den Bruch als Dezimalzahl.

a) $\frac{65}{100}$ b) $\frac{370}{100}$ c) $2\frac{38}{100}$

3 Schreibe die Dezimalzahl als Bruch.

a) 0,655 b) 2,03

4 Vergleiche. Setze im Heft <, > oder = ein.

a) 12,093 ▢ 12,93 b) 14,20400 ▢ 14,204

c) Ordne der Größe nach: 0,0337; 0,3307; 0,7033; 0,0373; 0,0733; 0,3370; 0,3037

5 Dezimalzahlen am Zahlenstrahl

a) Lies die markierten Zahlen ab.

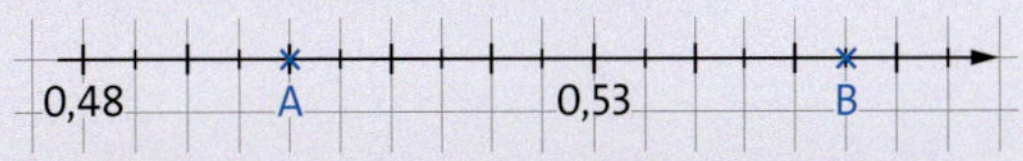

b) Zeichne einen passenden Zahlenstrahl. Trage die Zahlen ein: 7,3; 8,8; 7,85; 8,15

6 Runde.

a) auf Hunderstel: 6,0641

b) auf Tausendstel: 12,8705 und 0,005 49

7 Wandle den Bruch in eine Dezimalzahl um. Erweitere und kürze zuerst passend.

a) $\frac{2}{25}$ b) $\frac{72}{80}$ c) $\frac{15}{12}$

8 Wandle den Bruch eine Dezimalzahl um. Dividiere dazu schriftlich.

a) $\frac{3}{16}$ b) $\frac{5}{32}$

9 Wandle in eine Prozentzahl oder in einen Bruch um.

a) $\frac{135}{100}$ und $\frac{3}{10}$ b) 1 % und 105 %

→ Lösungen auf Seite 242

Periodische Dezimalzahlen

Endliche und periodische Dezimalzahlen

Zoe und Leon wandeln Brüche in Dezimalzahlen um.

Zoe wandelt den Bruch $\frac{5}{8}$ um.

$$\frac{5}{8} = 5 : 8 = 5{,}000\ldots : 8 = 0{,}625$$

```
 -0
  50
 -48
   20
  -16
    40
   -40
     0
```

Zoe erhält das Ergebnis 0,625.

Leon wandelt den Bruch $\frac{1}{3}$ in eine Dezimalzahl um.

$$\frac{1}{3} = 1 : 3 = 1{,}000\ldots : 3 = 0{,}333\ldots$$

```
 -0
  10
  -9
   10
   -9
    10
     ⋮
```

Nach einiger Zeit fragt sich Leon, ob er einen Fehler gemacht hat.

Das endet ja nie!

1 Vergleicht die Rechenwege von Zoe und Leon.
Besprecht gemeinsam, was bei Leons Rechnung anders ist.

Bisher kennst du Dezimalzahlen, bei denen du die Anzahl an Nachkommastellen angeben kannst.
Die Anzahl der Nachkommastellen ist endlich. Die Anzahl der **Nachkommastellen** ist **endlich**.

Endliche Dezimalzahlen Dezimalzahlen, die nach dem Komma eine bestimmte Anzahl an Nachkommastellen haben, heißen **endliche Dezimalzahlen**.	0,625 ist eine endliche Dezimalzahl. Sie hat drei Nachkommastellen. Weitere Beispiele: 0,76; 47,222; 3,8

Es gibt Dezimalzahlen, bei denen sich eine oder mehrere Ziffern nach dem Komma immer wiederholen.
Die Wiederholungen können bei der ersten Nachkommastelle beginnen oder erst später.

Periodische Dezimalzahlen Die Ziffern nach dem Komma, die sich immer wiederholen, heißen Periode. Dezimalzahlen heißen **periodische Dezimalzahlen**, wenn sich eine Ziffer oder eine Folge von Ziffern immer wiederholt. Periodisch heißt: immer wiederkehrend.	$0{,}333\ldots = 0{,}\overline{3}$ lies: null Komma Periode drei $0{,}1666\ldots = 0{,}1\overline{6}$ lies: null Komma eins Periode sechs $4{,}2727\ldots = 4{,}\overline{27}$ lies: vier Komma Periode zwei sieben

2 Schreibe auf, wie man die Dezimalzahl liest.
a) $1{,}\overline{5}$ b) $0{,}\overline{27}$ c) 3,75 d) $0{,}\overline{6}$ e) $1{,}\overline{16}$ f) 0,333

3 Schreibe die Dezimalzahlen in Kurzform mit einem Strich über der Periode.
a) 1,666… b) 78,999… c) 0,777… d) 2,3636… e) 107,0404… f) 8,123123…

Reinperiodische und gemischtperiodische Dezimalzahlen

Karim und Dana wandeln Brüche in periodische Dezimalzahlen um.

Karim wandelt den Bruch $\frac{3}{11}$ um.

$\frac{3}{11} = 3 : 11 = 3{,}0000\ldots : 11 = 0{,}2727\ldots = 0{,}\overline{27}$

$$\begin{array}{l} -\underline{0} \\ \mathbf{30} \\ -\underline{22} \\ \quad \mathbf{80} \\ \ -\underline{77} \\ \quad\ \mathbf{30} \\ \quad -\underline{22} \\ \qquad \mathbf{80} \\ \qquad \vdots \end{array}$$

Dana wandelt den Bruch $\frac{7}{6}$ um.

$\frac{7}{6} = 7 : 6 = 7{,}0000\ldots : 6 = 1{,}1666\ldots = 1{,}1\overline{6}$

$$\begin{array}{l} -\underline{6} \\ \ 10 \\ -6 \\ \quad \mathbf{40} \\ \ -\underline{36} \\ \qquad \mathbf{40} \\ \quad -\underline{36} \\ \qquad\ \mathbf{40} \\ \qquad\ \vdots \end{array}$$

4 Vergleicht die Ergebnisse von Karim und Dana.
Besprecht gemeinsam, ab wann sich die Ziffern in den Ergebnissen wiederholen.

Die periodischen Dezimalzahlen kannst du in zwei Arten unterteilen.

Reinperiodische Dezimalzahlen Dezimalzahlen, bei denen die Periode direkt nach dem Komma beginnt, nennt man reinperiodische Dezimalzahlen.	$1{,}\overline{7}$ lies: eins Komma Periode sieben $9{,}\overline{81}$ lies: neun Komma Periode acht eins $0{,}\overline{503}$ lies: null Komma Periode fünf null drei
Gemischtperiodische Dezimalzahlen Dezimalzahlen, bei denen zwischen dem Komma und der Periode noch eine oder mehrere Ziffern stehen, nennt man gemischtperiodische Dezimalzahlen.	$1{,}1\overline{6}$ lies: eins Komma ein Periode sechs $12{,}0\overline{32}$ lies: zwölf Komma null Periode drei zwei $3{,}12\overline{4}$ lies: drei Komma eins zwei Periode vier

5 Wandle den Bruch in eine Dezimalzahl um. Teile den Zähler durch den Nenner.
Notiere, ob du eine reinperiodische Dezimalzahl oder eine gemischtperiodische Dezimalzahl erhältst.
a) $\frac{5}{9}$ b) $\frac{1}{6}$ c) $\frac{2}{11}$ d) $\frac{2}{15}$

6 Wandelt die Brüche in Dezimalzahlen um. Überlegt gemeinsam , wie ihr am besten umwandeln könnt: durch Erweitern und Kürzen oder durch Dividieren. Begründet eure Wahl.
$\frac{4}{5}$; $\frac{3}{2}$; $\frac{4}{9}$; $\frac{4}{15}$; $\frac{9}{8}$; $\frac{5}{12}$
Ordne die Ergebnisse in drei Gruppen: ① endliche Dezimalzahlen
② reinperiodische Dezimalzahlen
③ gemischtperiodische Dezimalzahlen

7 Wandle die Brüche in Dezimalzahlen um. Teile den Zähler durch den Nenner.
a) $\frac{1}{9}$; $\frac{2}{9}$; $\frac{3}{9}$; $\frac{4}{9}$
b) $\frac{1}{11}$; $\frac{2}{11}$; $\frac{3}{11}$; $\frac{4}{11}$
c) Setze die beiden Reihen fort, bis du 1 erreichst. Versuche das, ohne zu rechnen.

8 Zu jedem Weihnachtsfest bekommen Anna, Ben und Fritz von ihrer Großtante zusammen 100 € geschenkt.
Und jedes Jahr gibt es Streit. Warum?
Was könnten Anna, Ben und Fritz tun, damit es nicht zum Streit kommt?
Macht einen Vorschlag und stellt ihn der Klasse vor.

9 Ordne jedem Bruch eine Dezimalzahl zu.
Welche Dezimalzahl fehlt auf dem leeren Kärtchen?

$\frac{6}{30}$ $\frac{2}{3}$ $\frac{8}{11}$ $\frac{9}{25}$ $\frac{1}{3}$ $\frac{99}{10}$ $\frac{5}{6}$

$0,\overline{72}$ $0,2$ $0,8\overline{3}$ $0,36$ $9,9$ $0,\overline{3}$ ▢

10 Untersucht Brüche der Form $\frac{1}{▢}$.
Übertragt die Tabelle in eure Hefte. Tragt eure Ergebnisse in die Tabelle ein.

	Bruch	Dezimalzahl	Wie wandle ich um?	Wie sieht die Dezimalzahl aus?
Nenner 2	$\frac{1}{2}$	0,5	erweitern auf Nenner 10	endlich, eine Nachkommastelle
Nenner 3				reinperiodisch, eine Ziffer als Periode
...				
Nenner 10			umschreiben als Dezimalzahl	

11 Notiere die wahren Aussagen in deinem Heft.
Woran erkennst du periodische Dezimalzahlen?
a) Periodische Dezimalzahlen haben einen Strich über der Zehntel-Stelle.
b) Wenn in einer Zahl eine Ziffer ganz oft vorkommt, dann ist die Zahl periodisch.
c) Jeder Bruch ist eine periodische Zahl.
d) Periodische Dezimalzahlen sind endlich.
e) Periodische Dezimalzahlen haben einen Strich über Stellen hinter dem Komma.

12 Stina hat eine Entdeckung gemacht:
$0,\overline{8} = \frac{8}{9}$ $\quad 0,\overline{12} = \frac{12}{99}$ $\quad 0,\overline{563} = \frac{563}{999}$
a) Beschreibe Stinas Entdeckung in eigenen Worten. Überprüfe sie an weiteren Beispielen.
b) Finde die Brüche zu $0,\overline{2}$; $0,\overline{15}$ und $0,\overline{413}$.

13 Milan hat von seiner großen Schwester gehört, dass $0,\overline{9} = 1$ sein soll.
Milan glaubt nicht, dass das stimmt:
„Hinter dem Komma gehen die Neunen doch immer weiter!"
Begründe, dass Milans Schwester recht hat.
Benutze für deine Begründung:
$\frac{1}{9} = 0,\overline{1}$; $\frac{▢}{9} = 0,\overline{2}$; ... $\frac{▢}{▢} = 0,\overline{9}$
aber es gilt auch $\frac{9}{9} = ▢$.

Vermischte Übungen

1 Schreibe als Bruch und als Dezimalzahl.
Beispiel drei Zehntel: $\frac{3}{10} = 0{,}3$

a) neun Zehntel b) sieben Hundertstel
c) elf Hundertstel d) dreizehn Tausendstel

2 Jeder denkt sich eine Dezimalzahl aus mit einer 4 vor dem Komma. Vergleicht eure beiden Zahlen. Schreibt fünf Vergleiche in eure Hefte.
Beispiel $4{,}65 > 4{,}02$

3 Übertrage den Zahlenstrahl in dein Heft.

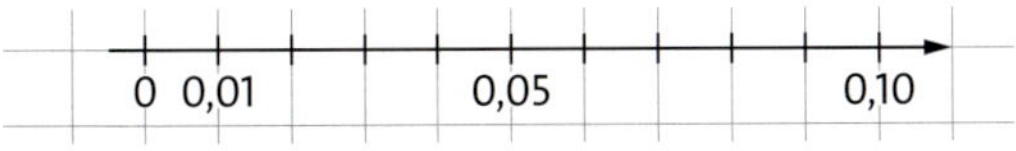

a) Trage die Zahlen ein: 0,09; 0,04; 0,06; 0,02
b) Ordne die Zahlen von klein nach groß. Setze das Zeichen < zwischen die Zahlen.

4 Zeichne einen Zahlenstrahl, der 4 cm lang ist. Trage die erste Zahl am Anfang und die zweite Zahl am Ende ein. Finde dann drei Zahlen, die zwischen den beiden Zahlen liegen.
a) 0,6 und 1 b) 0,02 und 0,06 ▶ 5

5 Vergleiche die Zahlen. Gehe so vor:
- Wandle den Bruch in eine Dezimalzahl um.
- Vergleiche die beiden Dezimalzahlen.
- Setze im Heft < oder > ein.

a) $\frac{3}{10}$ ■ 0,305 b) $\frac{5}{20}$ ■ 0,26
c) $\frac{17}{20}$ ■ 0,916 d) $9\frac{3}{4}$ ■ 9,64

6 Runde die Zahl 1,6935 auf …
a) Zehntel b) Hundertstel c) Tausendstel

7 Wandle die Brüche in Dezimalzahlen um. Erkläre, wie du vorgegangen bist.
a) $\frac{3}{4}$ b) $\frac{1}{8}$ c) $\frac{12}{25}$ d) $\frac{5}{8}$
e) Sortiere die vier Zahlen der Größe nach. Beginne mit der größten Zahl.

8 Schreibe als Prozentzahl, als Bruch und als Dezimalzahl.
Beispiel elf Prozent: $11\,\% = \frac{11}{100} = 0{,}11$

a) sechs Prozent b) achtzig Prozent
c) fünfundvierzig Prozent d) neunzig Prozent

9 Prozentzahl, Bruch und Dezimalzahl: Immer drei Kärtchen passen zusammen. Ordne zu.

36 % 9 % 15 % 63 % 99 % 90 %

$\frac{99}{100}$ $\frac{15}{100}$ $\frac{36}{100}$ $\frac{9}{10}$ $\frac{9}{100}$ $\frac{63}{100}$

0,90 0,09 0,63 0,15 0,99 0,36

▶ 10

10 Notiere, zu wie viel Prozent der Akku geladen ist. Schreibe die Angabe auch als Dezimalzahl und als Bruch.

a) 
b) 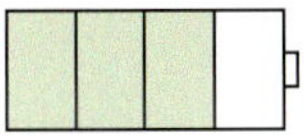

11 Yunus hat Preisschilder für den Laden seines Vaters geschrieben:

$\frac{1}{2}$ kg Tomaten für 1,85 €

$\frac{1}{10}$ kg Käse für 0,84 €

$\frac{1}{4}$ kg Butter für 1,99 €

„So geht das nicht!“, sagt sein Vater, „Schreib das besser ohne die Brüche. Und mit Gramm statt mit Kilogramm.“
Was schreibt Yunus auf die neuen Schilder?

12 Wer wird Kapitänin oder Kapitän? Die Spielerinnen und Spieler der D-Jugend vom Fußballverein Rot-Gelb haben gewählt.

a) Bei den Mädchen bekommt Louise 35 % der Stimmen, Nael bekommt $\frac{1}{5}$ der Stimmen und Samira bekommt $\frac{9}{20}$ der Stimmen.
b) Bei den Jungen erhält Tom $\frac{3}{20}$ der Stimmen, Ilias erhält 25 % und Ben erhält $\frac{3}{5}$ der Stimmen.

Tipp zu **11**: Für das Umrechnen von Gewichten gilt: 1 Kilogramm (kg) = 1000 Gramm (g) und 0,1 kg = 100 g

Vermischte Übungen ☒

1 Schreibe als Dezimalzahl.
a) vierzehn Hundertstel b) zwei Zehntel
c) hundert Tausendstel d) zwölf Zehntel

2 Sortiere die Zahlen der Größe nach.
0,44; 0,404; 0,04; 0,4; 0,040; 0,4442

3 Lies die markierten Zahlen vom Zahlenstrahl ab. Schreibe sie als Dezimalzahl und als Bruch.

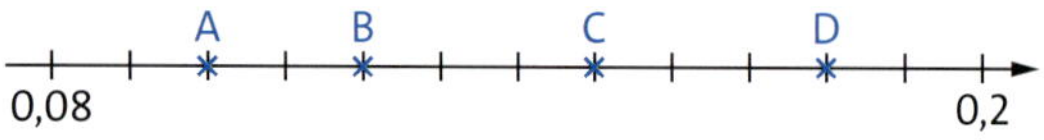

4 Zeichne einen 15 cm langen Zahlenstrahl und trage ein: 0,38; 0,42; 0,5; 0,35; 0,47. Überlege zuerst, mit welchen Zahlen dein Zahlenstrahl anfangen und enden soll. ▸ 4

5 Nenne drei Dezimalzahlen, die …
a) größer als 0,46 und kleiner als 0,5 sind.
b) größer als 1,8 und kleiner als 1,9 sind.
c) größer als 0,01 und kleiner als 0,02 sind.

6 Runde die Zahlen nacheinander auf Einer, auf Zehntel, auf Hundertstel und auf Tausendstel.
a) 27,9082 b) 3,1649 c) 0,0297

7 In einigen Supermärkten gibt es den „Rundungsrabatt“. Das heißt, es wird immer auf volle 5er-Beträge abgerundet.
Beispiel Statt 2,39 € bezahlt man 2,35 €.
Statt 1,12 € bezahlt man 1,10 €.
Welchen Preis muss man bezahlen?
a) 4,27 € b) 5,95 € c) 6,49 € d) 2,03 € ▸ 7

8 Schreibe als Prozentzahl, als Bruch und als Dezimalzahl.
a) zwölf Prozent b) sechzig Prozent
c) null Prozent d) hundertzwanzig Prozent
e) 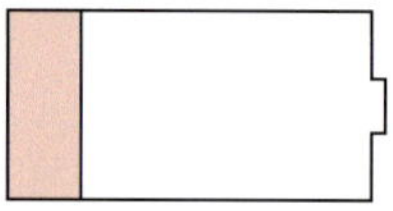 f) 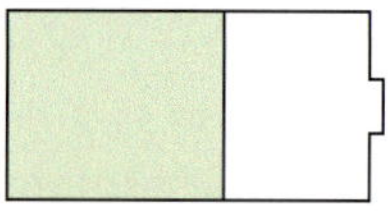

9 Ordne gleiche Werte einander zu.

0,8 | $\frac{16}{20}$ | 0,008 | $\frac{80}{1000}$ | $\frac{4}{5}$ | 8 %
$\frac{8}{100}$ | 80 % | $\frac{8}{1000}$ | 0,8 % | $\frac{24}{3000}$ | 0,08

10 Stimmt die Aussage? Begründe.
a) $\frac{4}{5} = 0{,}8$ b) $0{,}2 = 2\,\%$
c) $0{,}65 = 0{,}650$ d) $\frac{35}{10} = 35\,\%$

11 Fülle die Lücken im Heft.
a) $\frac{4}{20} = \frac{\square}{100} = 0{,}\square = \square\,\%$
b) $\frac{3}{5} = \frac{6}{\square} = 0{,}\square = \square\,\%$
c) $\frac{16}{40} = \frac{\square}{10} = 0{,}\square = \square\,\%$
d) $\frac{\square}{300} = \frac{9}{100} = \square\,\%$ ▸ 8

12 Fülle die Tabelle im Heft aus.

Bruch	$\frac{9}{10}$	$\frac{3}{15}$	$\frac{7}{8}$		$\frac{2}{125}$	$\frac{2}{32}$
gekürzter Bruch						
Dezimalzahl						
Prozentzahl				3 %		

13 „Gibst du mir dein Rezept für Amerikaner?“, fragt Rocco seine Schwester Ariane. „Na klar“, antwortet Ariane.
Aber um Rocco zu ärgern, hat sie vier Angaben als Brüche geschrieben.

$\frac{1}{8}$ kg Zucker
$\frac{3}{40}$ kg Margarine
$\frac{1}{10}$ l Milch
2 Eier
$\frac{1}{4}$ kg Mehl
1 Prise Salz
1 Päckchen Backpulver
1 Päckchen Vanillezucker

a) Mit welchen Brüchen wird Rocco Schwierigkeiten bekommen, wenn er die Zutaten abmisst? Begründe.
b) Wandle die Brüche in Dezimalzahlen um.

14 Nach der Klassensprecherwahl steht fest: Helena hat 24 % der Stimmen bekommen. Abel hat $\frac{2}{5}$ der Stimmen bekommen und Arne hat die restlichen Stimmen bekommen. Wer hat die Wahl gewonnen?

Vermischte Übungen ☒

1 Fülle die Tabelle im Heft aus.

	7,042	sieben Einer, vier Hundertstel, zwei Tausendstel
a)		drei Zehner, ein Zehntel, sieben Tausendstel
b)	3,0450	
c)	0,107	
d)		sechsundneunzig Hundertstel
e)		fünfhunderteinundachtzig Tausendstel

2 Vergleiche. Setze im Heft <, > oder = ein.

a) 0,3 ▢ $\frac{3}{10}$ b) $\frac{4}{5}$ ▢ 0,4 c) 0,45 ▢ 0,405
d) 0,76 ▢ 0,77 e) 0,8 ▢ $\frac{8}{100}$ f) 0,27 ▢ 0,26

3 Übertrage den Zahlenstrahl in dein Heft.

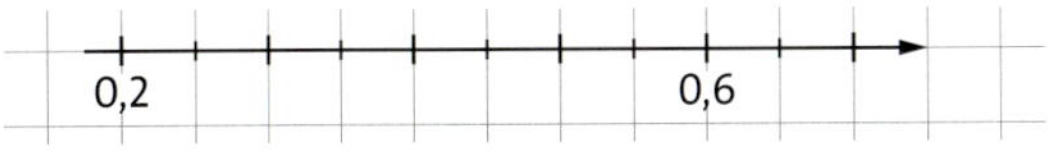

Trage ein: 0,55; $\frac{2}{5}$; 35 %; $\frac{1}{4}$; $\frac{3}{6}$; 60 %

4 Ergänze den Lückentext in deinem Heft:

a) Die Zahl 0,35 liegt auf dem Zahlenstrahl in der Mitte zwischen 0,3 und ▢. 0,35 ist also ▢ als 0,3 und kleiner als ▢.
b) Auf einem Zahlenstrahl mit Tausendstel-Schritten kommt nach der 0,35 die ▢.

5 Runde sinnvoll. Begründe, welche Rundungsstelle du gewählt hast.

a) Ermal ist 1,5689 m weit gesprungen.
b) Anna wiegt 39,2863 kg.
c) Die Laufstrecke ist 15,492 km lang.
d) Der Film dauert 118,55 Minuten.

6 Runde die Zahl nacheinander auf Einer, auf Zehntel, auf Hundertstel und auf Tausendstel. Sortiere dann die vier gerundeten Zahlen der Größe nach.

a) 89,1709 b) 6,2873 c) 0,0054

7 Schreibe den Bruch als Dezimalzahl und als Prozentzahl.

a) $\frac{16}{20}$ b) $\frac{3}{25}$ c) $\frac{24}{150}$ d) $\frac{48}{40}$
e) $\frac{47}{50}$ f) $\frac{4}{200}$ g) $\frac{18}{90}$ h) $\frac{7}{700}$

8 Schreibe die Prozentzahl als Bruch. Kürze so weit wie möglich.

a) 35 % b) 4 % c) 140 % d) 0,6 %

9 Bastelt ein Quartettspiel aus 32 Karten. Immer vier Karten (ein Quartett) gehören zusammen: ein Bruch, eine Dezimalzahl, eine Prozentzahl und eine Zeichnung.

$\frac{3}{4}$ | 0,75 | 75 % | 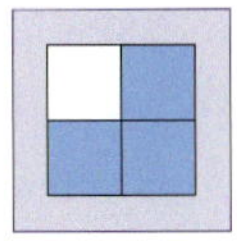

Spielt zusammen euer Quartettspiel.

10 Fülle die Tabelle im Heft aus. Runde die Dezimalzahlen auf Tausendstel und die Prozentzahlen auf Zehntel, wenn nötig.

Bruch	$\frac{36}{150}$		$\frac{2}{7}$		$\frac{44}{25}$	$\frac{8}{11}$
Dezimalzahl				2,08		
Prozentzahl		82 %				

11 Am Mathematik-Wettbewerb nehmen alle Kinder aus den 6. Klassen teil. Dieser Anteil der Kinder kommt in die nächste Runde:

6 a: $\frac{1}{7}$ 6 b: 4 von 26 Kindern
6 c: 12 % 6 d: jeder Achte

Welche Klasse schnitt in der ersten Runde am besten ab?

12 Die Schilder geben an, wie viel vom Tagesbedarf eines Erwachsenen an Vitamin C, Eisen und Calcium mit 100 mℓ abgedeckt werden.
Vergleiche jeweils die Anteile miteinander. Welches Getränk ist gesünder?

„Tomati" (100 mℓ)
Eisen 20 %
Vitamin C 2,5-fache
Calcium $\frac{1}{3}$

„Froschdrink" (100 mℓ)
Eisen $\frac{1}{6}$
Vitamin C 240 %
Calcium 0,4-fache

Das Sport-Abzeichen

Die Kinder der 6. Klassen trainieren im Sportunterricht für das Deutsche Sport-Abzeichen. In dieser Woche üben sie für den 50-m-Lauf und den Weitsprung.

Die Tabelle zeigt, wie schnell die Kinder mindestens laufen müssen und wie weit sie mindestens springen müssen, um die Sport-Abzeichen Bronze, Silber oder Gold zu erhalten.

Alter	**10–11 Jahre**						**12–13 Jahre**					
Geschlecht	**weiblich**			**männlich**			**weiblich**			**männlich**		
Sport-Abzeichen	Bronze	Silber	Gold	Bronze	Silber	Gold	Bronze	Silber	Gold	Bronze	Silber	Gold
Laufen 50 m (in s)	11,0	10,1	9,1	10,3	9,3	8,4	10,6	9,6	8,5	9,7	8,9	8,1
Weitsprung (in m)	2,30	2,60	2,90	2,60	2,90	3,20	2,80	3,10	3,40	3,20	3,50	3,80

A Leyla (11 Jahre) ist fünfmal gesprungen:
2,63 m; 2,41 m; 2,36 m; 2,81 m; 2,40 m
Ordne die Ergebnisse der Größe nach. Beginne mit dem kürzesten Sprung. Welches Abzeichen erhält sie für ihren weitesten Sprung?

B Max ist dreimal gesprungen:
2,93 m; 3,05 m; 2,99 m
Übertrage den Zahlenstrahl in dein Heft und trage die Ergebnisse ein.

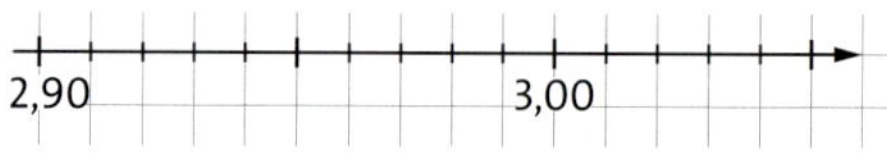

C Lukas (12 Jahre), möchte beim 50-m-Lauf ein Silber-Abzeichen schaffen. Nenne drei mögliche Zeiten, mit denen er das Silber-Abzeichen erhält.

D Beim 50-m-Lauf wurden diese Zeiten gemessen:
Alaina (12,61 s), Eliah (10,374 s), Louisa (11,58 s), Matteo (8,87 s) und Paula (9,046 s).
Der Sportlehrer rundet die Zeiten auf Zehntel-Sekunden. Welche Ergebnisse trägt er ein?

E Amar ist 3,20 m weit gesprungen. Seinen Freunden erzählt er, dass er $\frac{64}{20}$ m weit gesprungen ist. Stimmt das oder übertreibt er?

F Welches Sport-Abzeichen erhalten Anna (11 Jahre) und Ben (12 Jahre) für das Laufen und für den Weitsprung?

Name: *Anna*
Laufen 50 m: *8,9 s*
Weitsprung: *2,55 m*

Name: *Ben*
Laufen 50 m: *9,5 s*
Weitsprung: *2,93 m*

G Betty (10 Jahre) und ihre jüngere Schwester Daja machen beim 50-m-Lauf mit.
Für Daja gelten andere Zeiten: Bronze 16,5 s, Silber 14,9 s und Gold 13,4 s.
Zeichne einen Zahlenstrahl und trage mit zwei Farben die geforderten Zeiten für Betty und Daja ein. Welche Zeitunterschiede bestehen jeweils zwischen den Abzeichen?

1 Schreibe als Dezimalzahl.
a) sechs Zehntel
b) fünf Hundertstel
c) $\frac{75}{100}$ d) $\frac{4}{1000}$

2 Ergänze die Lücken im Heft.
a) $0{,}45 = \frac{\square}{100}$ b) $0{,}8 = \frac{\square}{\square}$

3 Wer ist am weitesten gesprungen?
Fynn: 2,74 m
Marie: 2,67 m
Sascha: 2,77 m

4 Übertrage den Zahlenstrahl in dein Heft.

a) Lies die Zahlen A und B ab.
b) Trage 1,52 und 1,57 ein.
c) Notiere drei andere Zahlen zwischen 1,5 und 1,6.

5 Dezimalzahl runden
a) Gib an, auf welche Stelle gerundet wurde: $0{,}982 \approx 0{,}98$
b) Runde 22,46 auf Zehntel.
c) Runde 0,03366 auf Hundertstel.

6 Wandle den Bruch in eine Dezimalzahl um.
a) Erweitere oder kürze: $\frac{9}{25}$ und $\frac{9}{30}$
b) Dividiere: $\frac{3}{4}$ und $\frac{7}{8}$

7 Wandle um …
a) in Brüche: 15 %; 71 %
b) in Dezimalzahlen: 25 %; 88 %
c) in Prozentzahlen: $\frac{65}{100}$; $\frac{18}{100}$

---

1 Schreibe als Dezimalzahl.
a) siebzehn Hundertstel
b) zweihunderteins Tausendstel
c) $\frac{3}{100}$ d) $\frac{302}{100}$

2 Ergänze die Lücken im Heft.
a) $0{,}495 = \frac{495}{\square}$ b) $0{,}36 = \frac{\square}{\square}$

3 Beim 50-m-Lauf ist Samira 9,03 s gelaufen, Nike ist 9,30 s gelaufen und Lisa ist 9,05 s gelaufen. Wer war am schnellsten? Wer war am langsamsten?

4 Übertrage den Zahlenstrahl in dein Heft.

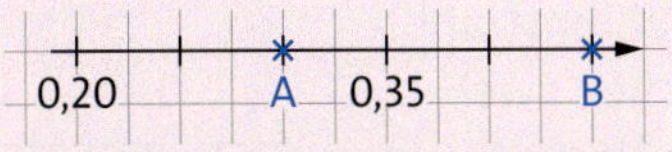

a) Lies die Zahlen A und B ab.
b) Trage 0,25 und 0,375 ein.
c) Notiere drei Zahlen zwischen 0,2 und 0,3.

5 Dezimalzahl runden
a) Gib an, auf welche Stelle gerundet wurde: $9{,}047 \approx 9{,}0$
b) Runde 27,983 auf Hundertstel.
c) Nenne drei Dezimalzahlen, die gerundet 4,75 ergeben.

6 Wandle den Bruch in eine Dezimalzahl um.
a) $\frac{27}{300}$ b) $\frac{9}{8}$
c) $\frac{8}{25}$ d) $\frac{7}{16}$

7 Wandle um …
a) in Brüche und Dezimalzahlen: 5 %; 123 %; 19 %; 7 %
b) in Prozentzahlen: $\frac{3}{100}$; $\frac{181}{100}$

---

1 Schreibe als Dezimalzahl.
a) sieben Einer, fünf Zehntel, sechs Hundertstel
b) $\frac{3008}{1000}$ c) $\frac{503}{100}$

2 Ergänze die Lücken im Heft.
a) $0{,}608 = \frac{\square}{\square}$ b) $1{,}07 = \frac{\square}{\square}$

3 Beim 50-m-Lauf haben Aleyna 8,98 s, Louis 9,02 s und Tim 8,92 s gebraucht. In welcher Reihenfolge kamen sie ins Ziel?

4 Am Zahlenstrahl

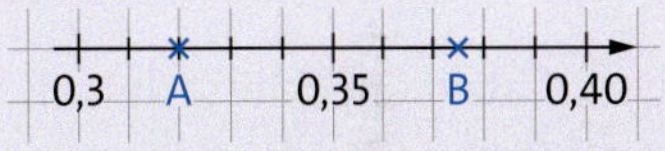

a) Lies die Zahlen A und B ab.
b) Zeichne einen Zahlenstrahl und trage ein: 1,05; 1,6; 1,45
c) Notiere drei Zahlen zwischen 4,1 und 4,12.

5 Dezimalzahl runden
a) Runde 19,004 auf Hundertstel.
b) Nenne drei Dezimalzahlen, die gerundet 0,008 ergeben.
c) Gib die größte Zahl mit vier Nachkommastellen an, die auf Hundertstel gerundet 2,67 ergibt.

6 Wandle den Bruch in eine Dezimalzahl um.
a) $\frac{51}{125}$ b) $\frac{57}{16}$
c) $\frac{78}{600}$ d) $\frac{23}{32}$

7 Ordne die Zahlen der Größe nach von klein nach groß.
$\frac{12}{32}$; $\frac{3}{15}$; 28 %; 0,48; 12,5 %

→ Lösungen auf Seite 242 und 243

Dezimalzahlen

→ Seite 58

Dezimalzahlen sind Zahlen mit einem Komma. Nach dem Komma kommen Zehntel (z), Hundertstel (h), Tausendstel (t), …
Dezimalzahlen kannst du in eine **erweiterte Stellenwerttafel** eintragen.
Dezimalzahlen sind Brüche in einer anderen Schreibweise. Dezimalzahlen kannst du als Brüche mit den Nennern 10, 100, 1000, … schreiben und andersherum.

12,017
sprich: zwölf Komma null drei sieben

H	Z	E,	z $\frac{1}{10}$	h $\frac{1}{100}$	t $\frac{1}{1000}$
	1	2,	0	3	7

$0{,}8 = \frac{8}{10}$ und $0{,}05 = \frac{5}{100}$

$\frac{7}{10} = 0{,}7$ und $\frac{9}{100} = 0{,}09$

Dezimalzahlen vergleichen und runden

→ Seite 62

So **vergleichst** du Dezimalzahlen:
Beginne links und vergleiche die Ziffern Stelle für Stelle miteinander. Der erste Unterschied entscheidet.

25,4
8,976 25 > 8; also ist 25,4 > 8,976

43,03
43,028 3 > 2; also ist 43,03 > 43,028

Dezimalzahlen kannst du auf dem Zahlenstrahl eintragen, wenn du die Strecke zwischen zwei natürlichen Zahlen in 10 (oder 100 oder 1000 …) gleich große Teile unterteilst.

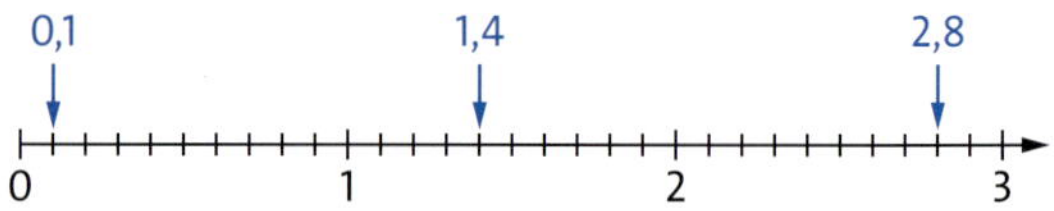

Dezimalzahlen **rundest** du genauso wie natürliche Zahlen.

1. Finde die Rundungsstelle. („Runde auf …“)
2. Betrachte die Ziffer rechts daneben:
   - Bei 0, 1, 2, 3 und 4 **ab**runden.
   - Bei 5, 6, 7, 8 und 9 **auf**runden.

Runde 3,121 auf Zehntel: 3,121 ≈ 3,1 (**ab**runden)
Runde 3,1564 auf Hundertstel:
3,1564 ≈ 3,1 (**auf**runden)

Brüche in Dezimalzahlen und Prozentzahlen umwandeln

→ Seite 66

Schau dir den Bruch an und entscheide, wie du ihn am besten in eine Dezimalzahl umwandelst:

Kürze oder erweitere den Nenner auf 10, auf 100, auf 1000 … Schreibe dann den Bruch als Dezimalzahl.

$\frac{4}{5} = \frac{8}{10} = 0{,}8$ $\frac{9}{20} = \frac{45}{100} = 0{,}45$

Oder:

Dividiere den Zähler durch den Nenner.
Setze beim Dividenden ein Komma und ergänze danach so viele Nullen, wie du brauchst.
Denke im Ergebnis an das Komma.

$\frac{3}{4} = 3{,}00 : 4 = 0{,}75$
−0
30
−28
20
−20
0

Brüche mit dem Nenner 100 oder Dezimalzahlen kannst du als **Prozentzahlen** schreiben.
Das %-Zeichen steht für Hundertstel (1 von 100).

$\frac{1}{100} = 0{,}01 = 1\,\%$ ein Prozent (1 von hundert)
$\frac{30}{100} = 0{,}30 = 30\,\%$ dreißig Prozent

Winkel

4

▶ Eine junge Radfahrerin fährt neben einem Lieferwagen. Das kann gefährlich werden. Denn der Fahrer im Lieferwagen kann die Radfahrerin nicht durch das Seitenfenster und nicht in den Außenspiegeln sehen.
Der Bereich, in dem der Fahrer etwas sehen kann, heißt Sichtbereich.
Der Bereich, in dem der Fahrer die Radfahrerin nicht sehen kann, heißt **der tote Winkel**.
Was meinst du: Warum heißt dieser Bereich der tote Winkel?

In welchen Situationen ist der tote Winkel besonders gefährlich für die Radfahrerin?

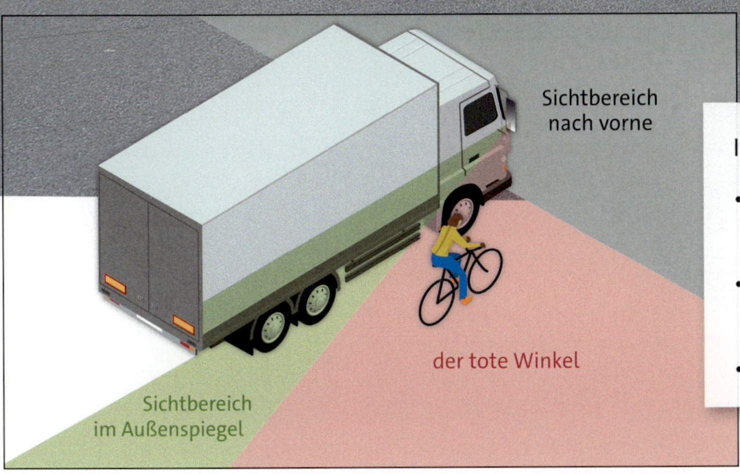

In diesem Kapitel lernst du ...

- verschiedene Arten von Winkeln kennen,
- die Größe von Winkeln zu schätzen und zu messen,
- Winkel zu zeichnen.

Kompetenz	Aufgabe	Lies und übe:
1 Ich kann Strecken, Halbgeraden (Strahlen) und Geraden erkennen.	**1** Welche Linien sind … a) Strecken? b) Halbgeraden? c) Geraden? 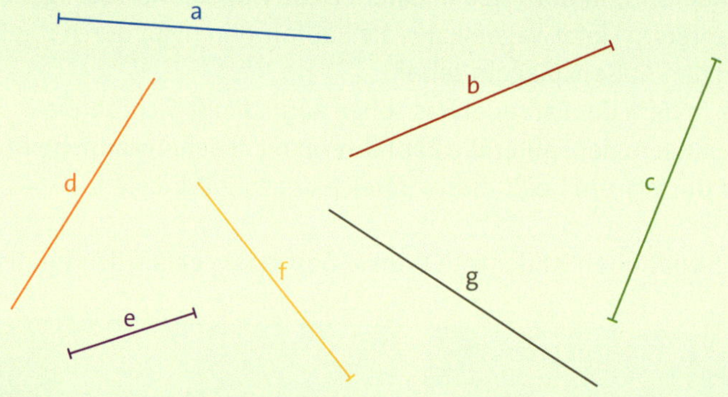	→ Seite 230 Nr. 74
2 Ich kann die Fachbegriffe Strecke, Halbgerade und Gerade erklären.	**2** Erkläre den Fachbegriff in deinem Heft. a) die Strecke b) die Halbgerade c) die Gerade Diese Wörter helfen dir: Anfangspunkt, Endpunkt, gerade Linie, messen Beginne so: Eine Strecke hat …	→ Seite 230 Nr. 74
3 Ich kann eine Strecke mit einer vorgegebenen Länge zeichnen.	**3** Zeichne eine Strecke mit folgender Länge: a) 4 cm b) 6,5 cm c) 3,2 cm	→ Seite 231 Nr. 75
4 Ich kann eine Figur auf kariertes Papier übertragen.	**4** Übertrage die Figur in dein Heft. 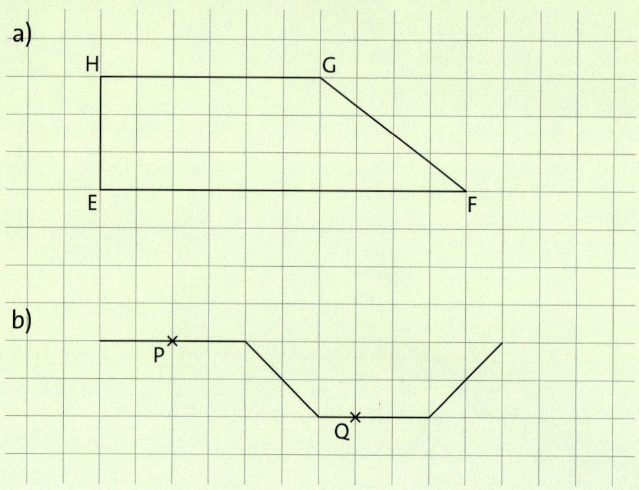	→ Seite 233 Nr. 79

Kompetenz	Aufgabe	Lies und übe:
5 Ich kann zueinander parallele und zueinander senkrechte Geraden erkennen.	**5** Welche Geraden sind zueinander parallel? Schreibe sie auf und benutze das Zeichen ||. Welche Geraden verlaufen zueinander senkrecht? Schreibe sie auf und benutze das Zeichen ⊥. 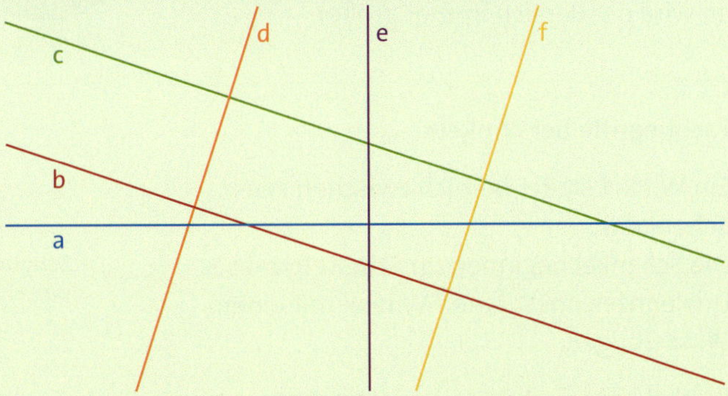	→ Seite 231 Nr. 76
6 Ich kann zueinander senkrechte und zueinander parallele Geraden zeichnen.	**6** Zeichne auf Karopapier oder auf weißem Papier … a) eine Gerade a und eine Gerade b, die senkrecht zu a ist. b) eine Gerade c und eine Gerade d, die parallel zu c ist. c) zwei zueinander parallele Geraden e und f und dazu eine Gerade g, die senkrecht zu e ist.	→ Seite 232 Nr. 77, 78
7 Ich kann Vielecke benennen.	**7** Benenne die Vielecke. a) 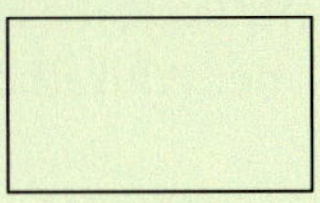 b) 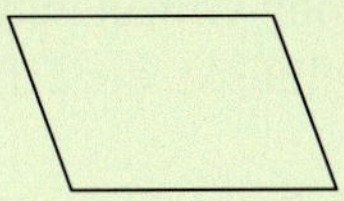 c) 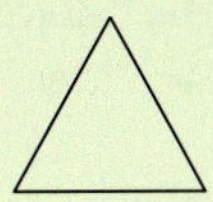	→ Seite 233 Nr. 80, 81
8 Ich kann die Koordinaten von Punkten ablesen und Punkte in ein Koordinatensystem eintragen.	**8** Übertrage das Koordinatensystem mit der Figur in dein Heft. a) Schreibe die Koordinaten der Punkte A, B und C in dein Heft. b) Trage die Punkte D(6|3), E(3|0) und F(3|2) ein. Verbinde C mit D, D mit E, E mit F und F mit A. 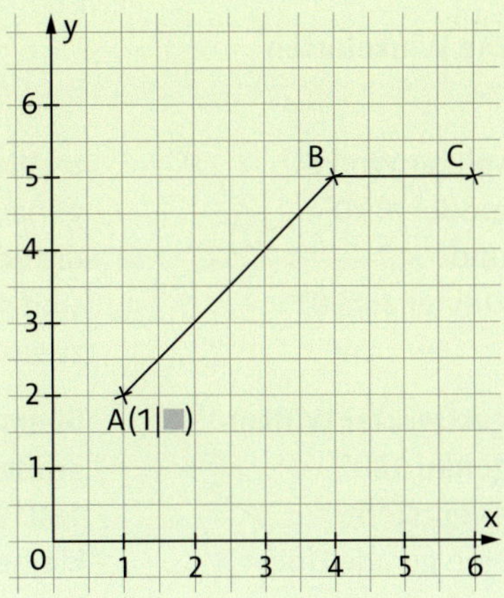	→ Seite 235 Nr. 87, 88

→ Lösungen auf Seite 243 und 244

Winkel und Winkelarten

Um 12 Uhr stehen der Stundenzeiger und der Minutenzeiger genau übereinander.
10 Minuten später ist es 12:10 Uhr. Zwischen den beiden Zeigern ist ein Bereich entstanden. Wenn der Minutenzeiger weiter geht, dann wird der Bereich immer größer.

12:00 Uhr

12:10 Uhr

Sprich so:
α „alfa"
Schreibe so:

W

Fachbegriffe bei Winkeln

Ein Winkel ist der Bereich zwischen zwei **Schenkeln**.
Die Schenkel beginnen im **Scheitelpunkt S**.
Du kennzeichnest einen Winkel mit einem **Winkelbogen**.

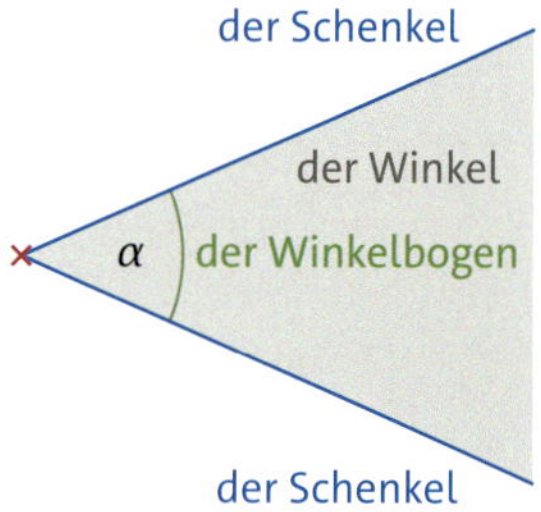

Winkel benennst du mit griechischen Buchstaben:

α	β	γ	δ	ε
Alpha	Beta	Gamma	Delta	Epsilon

Winkelgrößen misst du in **Grad**, kurz **°**.
Ein Kreis hat 360°.
Wenn du den Kreis in 360 gleich große Teile teilst, so hat jedes Teil eine Winkelgröße von 1°.

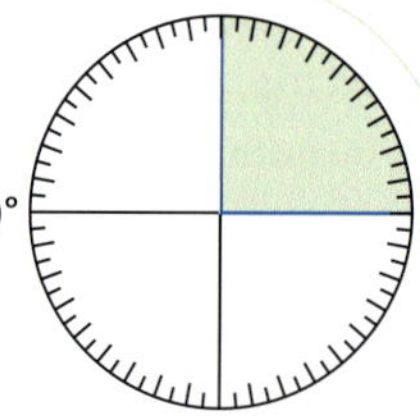

▶ **Aufgabe** Zeichne einen Winkel in dein Heft. Trage die Fachbegriffe ein: der Scheitelpunkt, der Schenkel, der Winkelbogen, α ▶1 ▶1 ▶1

Um 12:10 Uhr bilden die Zeiger einen Winkel von 55°. Es ist ein spitzer Winkel.

Einen rechten Winkel markierst du mit einem Punkt im Winkelbogen:

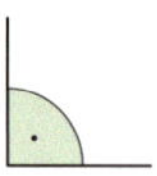

W

Die Winkelarten

spitzer Winkel
größer als 0° und kleiner als 90°

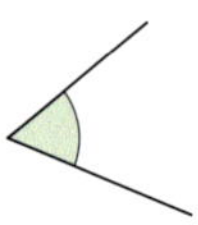

rechter Winkel
genau 90°, die Schenkel sind senkrecht zueinander

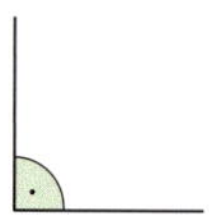

stumpfer Winkel
größer als 90° und kleiner als 180°

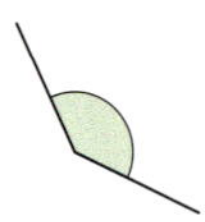

gestreckter Winkel
genau 180°, es entsteht eine gerade Linie

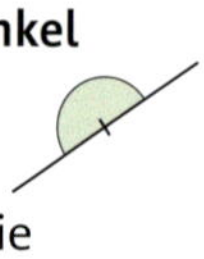

überstumpfer Winkel
größer als 180° und kleiner als 360°

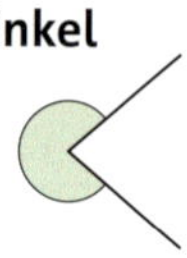

Vollwinkel
genau 360°, die Schenkel liegen aufeinander

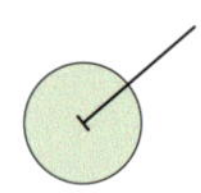

▶ **Aufgabe** Ordne den Winkeln ①, ② und ③ jeweils eine Winkelart zu: spitzer Winkel, gestreckter Winkel, stumpfer Winkel. ▶4 ▶5 ▶5

①

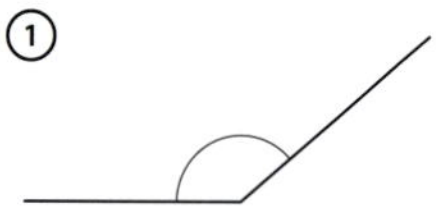

②

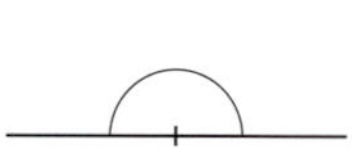

③

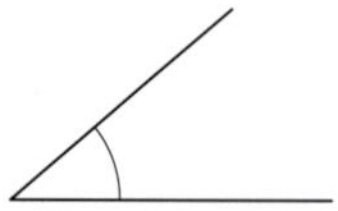

1 Die Schenkel eines Zirkels bilden einen Winkel.
Findet Winkel in eurer Klasse, zum Beispiel an Tischen, Stühlen und Türen.
Schreibt die Beispiele auf.

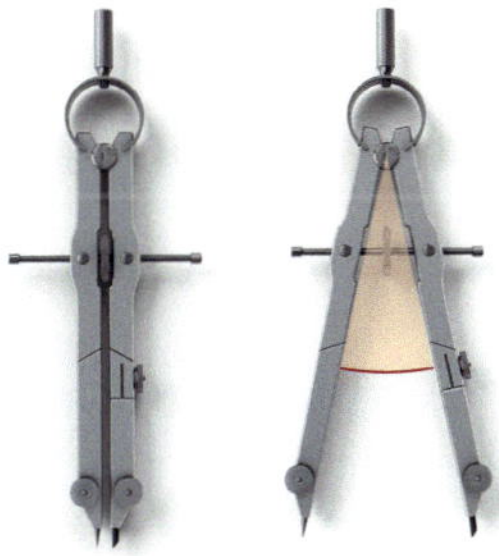

2 Zeichne den Winkel in dein Heft.
Die Größe muss nur ungefähr stimmen.
Ordne den drei Nummern die Fachbegriffe zu:
Scheitelpunkt, Schenkel, Winkelbogen ▶ 3

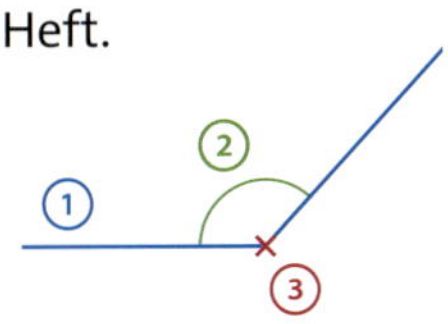

3 Überlegt zu zweit:
a) Warum heißt ein spitzer Winkel spitz?
b) Warum heißt ein stumpfer Winkel stumpf?
c) Stellt weitere Fragen und beantwortet sie.

4 Bildet reihum mit euren Armen alle sechs Winkelarten. Die anderen bestimmen die Winkelart.

5 Welche Winkelart bilden die Zeiger der Uhr?

a) 3 Uhr

b) 8 Uhr

c) 1 Uhr

6 Bestimme die Winkelart. Ergänze dazu die Sätze in deinem Heft.

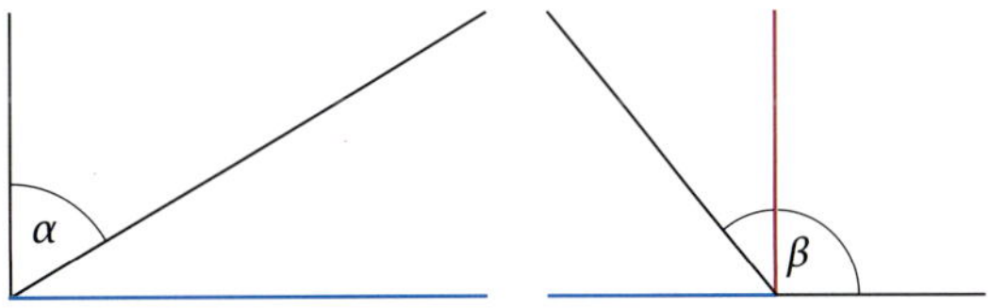

a) Winkel α ist kleiner als □°. Also ist α ein □ Winkel.
b) Winkel β ist größer als □° und kleiner als □°. Also ist β ein □ Winkel. ▶ 6

7 Bestimme zuerst für jeden Winkel die Winkelart. Begründe deine Antwort.

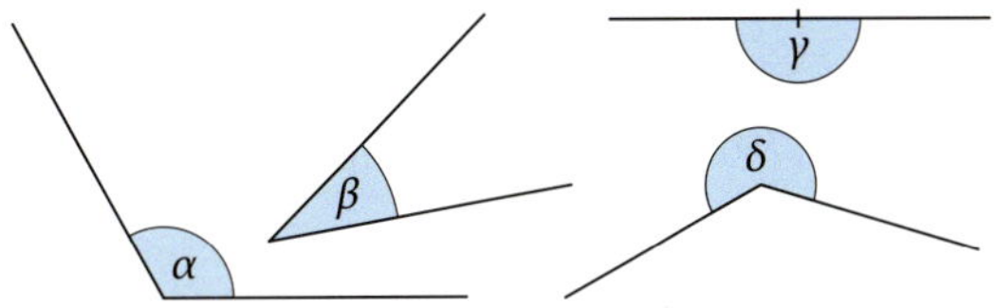

Ordne dann die Winkel von klein nach groß.
Schreibe so: $\beta <$ □ $<$ □ $<$ □

8 Bestimme die Winkelart.
a) $\alpha = 40°$ b) $\beta = 180°$ c) $\gamma = 340°$.

9 Übertrage die Figur in dein Heft.

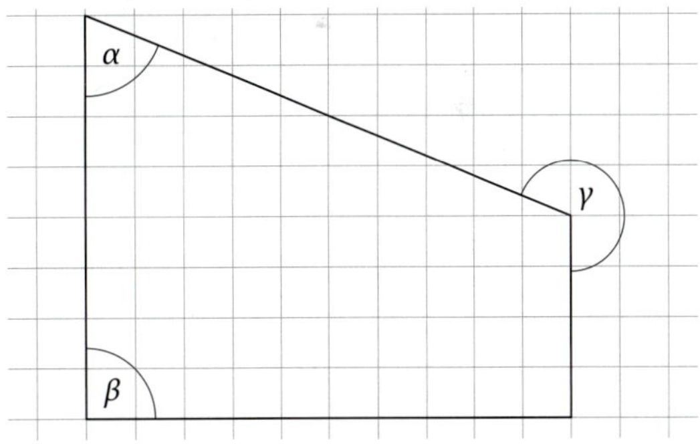

a) Bestimme für jeden Winkel die Winkelart.
b) Markiere in der Figur drei weitere Winkel. Bestimme immer die Winkelart.

10 Jeder zeichnet fünf Winkel.
Tauscht die Winkel untereinander aus. Jeder sortiert die fünf Winkel von klein nach groß. Sind alle Winkelarten dabei? Welche fehlen?

Zusatzaufgabe: Wenn du eine Winkelscheibe hast, dann stelle auf der Winkelscheibe den Winkel ein.
a) 90° b) 270° c) 50° d) 120° Nenne die Winkelart.

1 Wenn die Klappe zusammenschlägt, dann gibt es einen lauten Knall und das Rennen beginnt.

a) Beschreibe, wo die Winkel liegen. Es gibt jeweils zwei Möglichkeiten.
b) Wie verändern sich die Winkel, wenn du die Klappe zusammenschlägst?
c) Nenne drei Beispiele für Winkel in deiner Umgebung. Tipp: Denke an andere Gegenstände, die sich auf- und zuklappen lassen.

2 Zeichne und beschrifte einen Winkel im Heft. Gehe so vor:
- Zeichne einen Punkt S (den Scheitelpunkt).
- Zeichne von S aus zwei Halbgeraden a und b. Das sind die Schenkel.
- Zeichne den Winkelbogen.
- Schreibe ein α in den Winkel.

▸ 3

3 Welche Einheit passt: cm², Grad oder cm? Ergänze die Lücken im Heft.
a) Eine Länge misst man in ▒.
b) Einen Flächeninhalt misst man in ▒.
c) Die Winkelgröße misst man in ▒.

4 Jedes Dreieck hat drei (Innen-)Winkel. Finde zu jedem Winkel die beiden Schenkel.
Schreibe so auf: Die Schenkel von Winkel ▒ sind die Seiten ▒ und ▒.

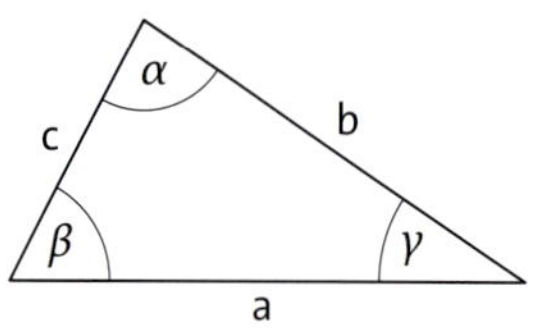

5 Bestimme für jeden Winkel die Winkelart. Begründe deine Antwort.

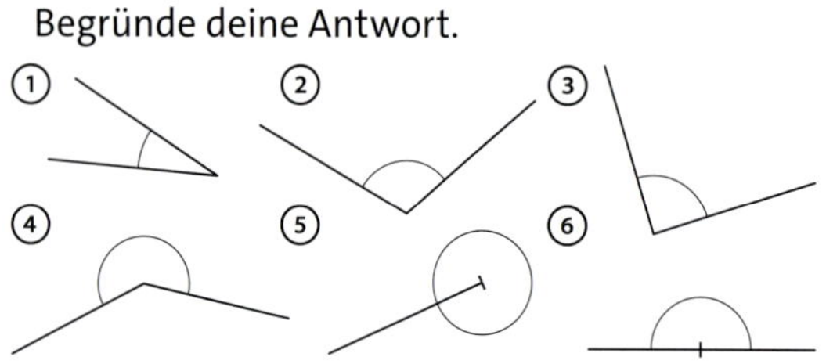

Ordne die Winkel von klein nach groß.

▸ 6

6 Korrigiere die falsche Aussage im Heft.
① *Ein stumpfer Winkel ist größer als ein rechter Winkel.*
② *Ein gestreckter Winkel ist größer als ein überstumpfer Winkel.*

7 Bestimme zu jeder Winkelgröße die passende Winkelart: $\alpha = 30°$, $\beta = 100°$, $\gamma = 90°$, $\delta = 250°$.

8 Nach 10 s hat der Zeiger der Stoppuhr einen bestimmten Winkel „überstrichen". Es ist ein spitzer Winkel entstanden.
Bestimme jeweils die Winkelart für die folgenden Zeitspannen:

a) 15 s b) 30 s c) 31 s
d) 49 s e) 60 s

▸ 7

9 Übertrage die Figur in dein Heft.

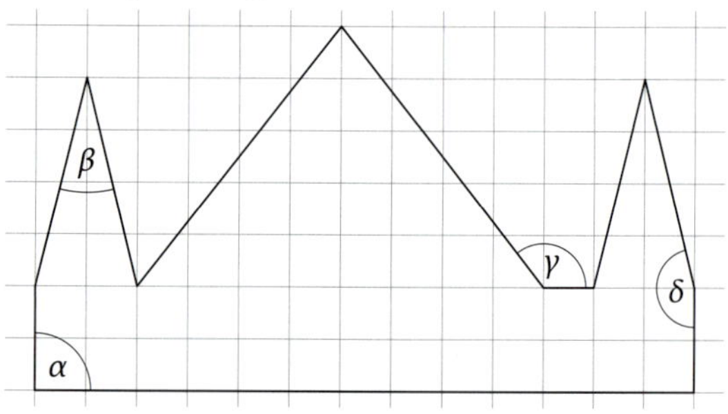

a) Bestimme für jeden Winkel die Winkelart.
b) Ordne den vier Winkeln die richtige Größe zu: 166°; 90°; 28°; 129°. Schreibe: $\alpha = 90°$.
c) Markiere weitere Winkel und nenne die Winkelart. Findest du für jede Winkelart einen Winkel?

10 ▾ Findet in diesem **Mosaik** möglichst viele unterschiedliche Winkelarten. Schätzt, wie groß die Winkel sind.

Sprachhilfe zu **10**: Ein **Mosaik** ist ein Muster aus vielen kleinen Steinen.

1 Finde drei Beispiele für Winkel in deiner Umgebung. Beschreibe die Schenkel.

2 Zeichne einen Winkel α, den Scheitelpunkt S und die beiden Schenkel c und d. Denke an die Beschriftung. Trage auch den Winkelbogen ein.

3 In jedem Viereck gibt es vier (Innen-)Winkel.

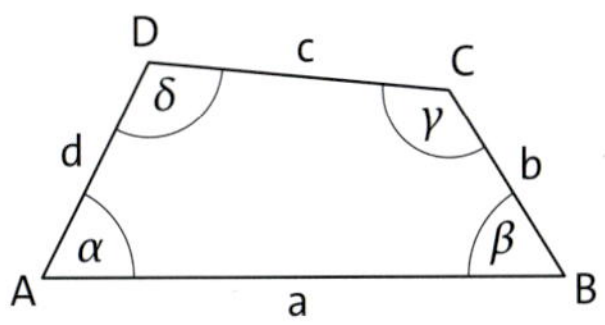

Schreibe zu jedem Winkel den Scheitelpunkt und die beiden Schenkel auf. Bilde ganze Sätze.

4 In der Figur gibt es einige Winkel.

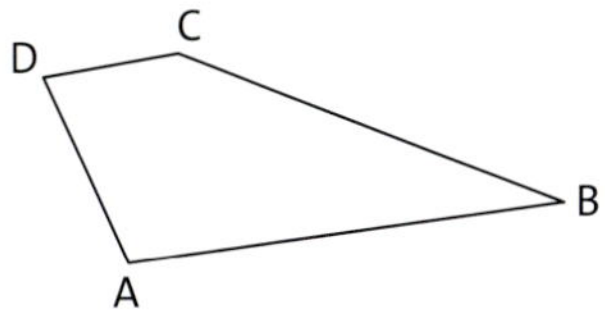

Marko meint: „Es gibt vier Winkel in der Figur."
Eske meint: „Nein, ich finde acht Winkel."

a) Skizziere das Viereck in deinem Heft.
b) Markiere die Winkel mit Winkelbogen. Hat Marko oder hat Eske recht?

5 Betrachte die Winkel.

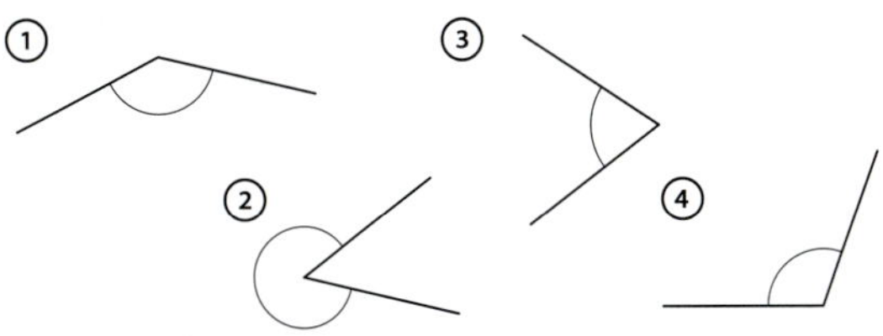

a) Bestimme jeweils die Winkelart. Welche drei Winkelarten fehlen?
b) Ordne die vier Winkel nach der Größe.

6 Ordne die passende Winkelgröße zu.

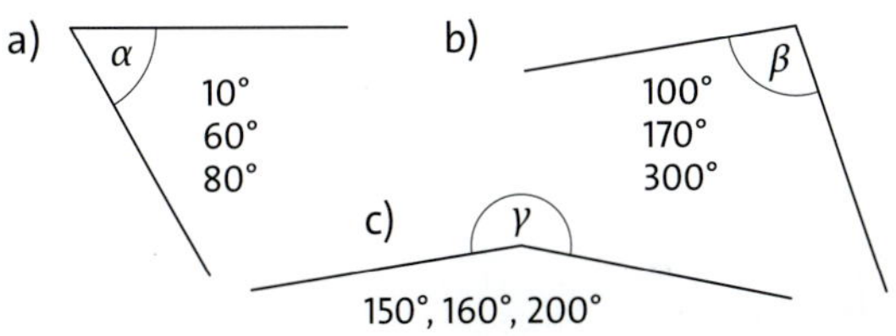

7 Bestimme die Winkelart. Begründe.
① 145° ② 80° ③ 240° ④ 90° ⑤ 12°

Beispiel „Ein Winkel von 200° ist ein überstumpfer Winkel, weil er größer als 180° und kleiner als 360° ist."

8 Berichtige falsche Aussagen in deinem Heft.
① *Ein spitzer Winkel kann um 90° größer sein als ein anderer spitzer Winkel.*
② *Ein überstumpfer Winkel kann um 180° größer sein als ein stumpfer Winkel.*

9 Starte im Mittelpunkt und wähle zwei Schenkel durch verschiedene Buchstaben. So ergeben sich zwei Winkel.

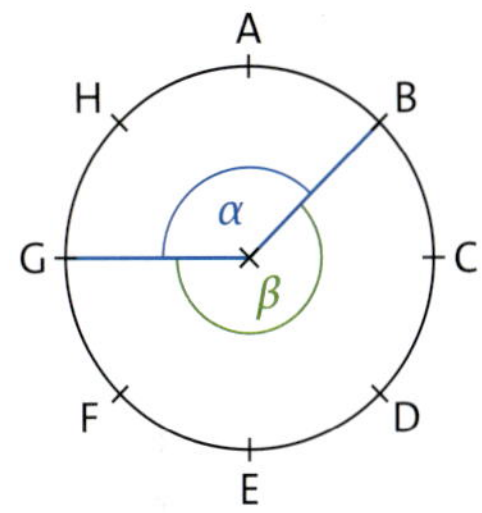

Beispiel
Die Schenkel durch B und durch G bilden die Winkel α und β.

Nenne für jeden Winkel drei Beispiele. Gib immer die zwei Punkte an.

a) $\gamma = 90°$ b) $\delta = 180°$ c) spitzer Winkel ε

10 Zeichne ein Koordinatensystem. Beide Achsen sollen bis 7 gehen. Das ist deine Schatzkarte.

a) Bei welchem Punkt kommst du an?
- Starte im Punkt (2|1) und schaue zum Punkt (2|2).
- Laufe 2 Schritte.
- Dreh dich um 90° nach rechts und laufe 3 Schritte.
- Dreh dich um 90° nach links und laufe 4 Schritte.

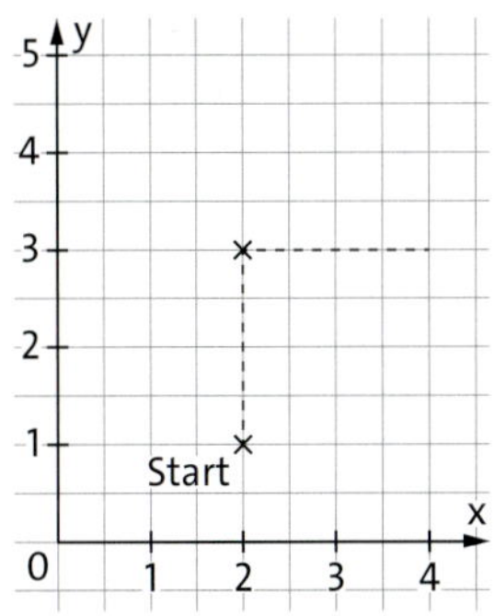

b) Starte im Punkt (5|7) und schaue zur x-Achse. Wie musst du dich drehen und laufen, damit du zum Punkt (6|1) kommst?
c) Starte bei (2|1) und schaue zum Punkt (2|2). Du möchtest zu einem Schatz bei (4|3). Allerdings darfst du nicht über (2|3) und (4|1) gehen und du darfst dich immer nur um 90° drehen. Schreibe eine Anleitung.

Winkelgrößen messen

Mit dem Geodreieck kannst du messen, wie groß ein Winkel ist.
Es gibt eine innere Skala und eine äußere Skala für Winkel.

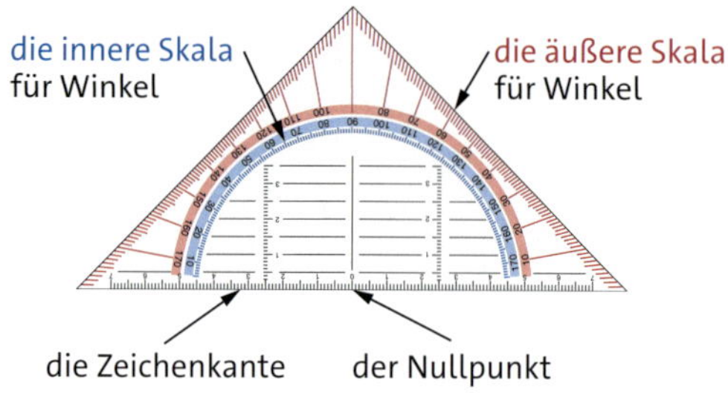

*Eine **Skala** ist eine Einteilung zum Messen. Man sagt: die Skala (Einzahl), die Skalen (Mehrzahl).*

W

So kannst du die **Winkelgröße messen**:

1. **Das Geodreieck anlegen**
   Lege die Zeichenkante genau an einen Schenkel.
   Achte darauf, dass der Nullpunkt genau auf dem Scheitelpunkt liegt.
2. **Die Skala wählen und ablesen**
   Wähle die Skala, die beim angelegten Schenkel mit 0° beginnt.
   Lies die Winkelgröße am anderen Schenkel ab.

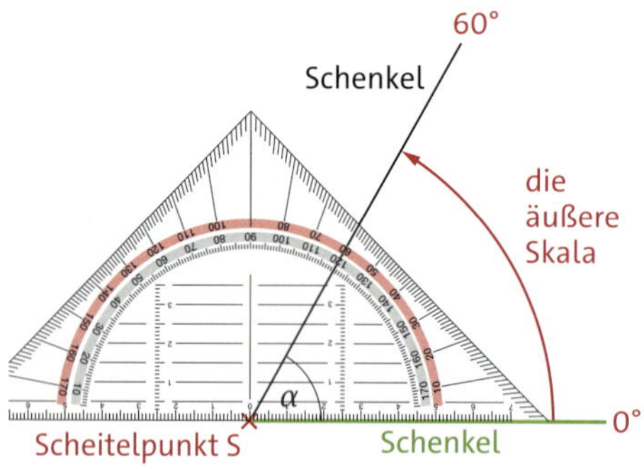

Die Winkelgröße beträgt $\alpha = 60°$.

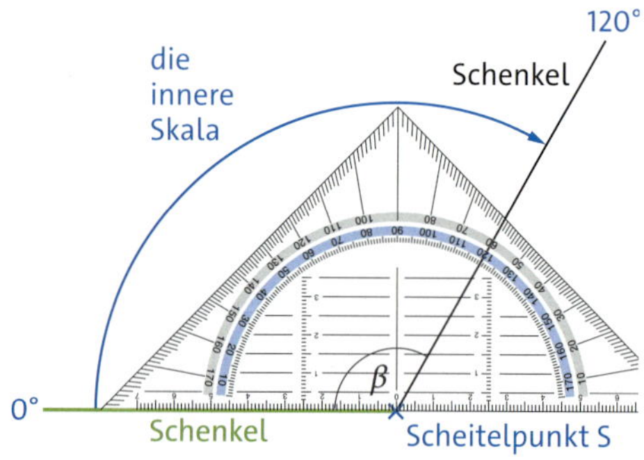

Die Winkelgröße beträgt $\beta = 120°$.

▶ **Aufgabe** Oliver und Felix skaten gerne.
Felix zeigt Oliver die Zeichnung von einer Rampe.
Zu steil, denkt Oliver.

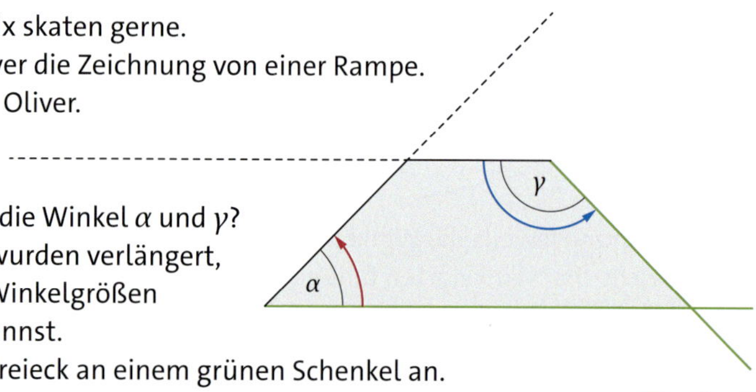

Wie groß sind die Winkel α und γ?
Die Schenkel wurden verlängert, damit du die Winkelgrößen gut ablesen kannst.
Lege das Geodreieck an einem grünen Schenkel an.

▶1 ▶1 ▶1

1 Lies die Winkelgröße ab. Schreibe: $\alpha = \square°$.

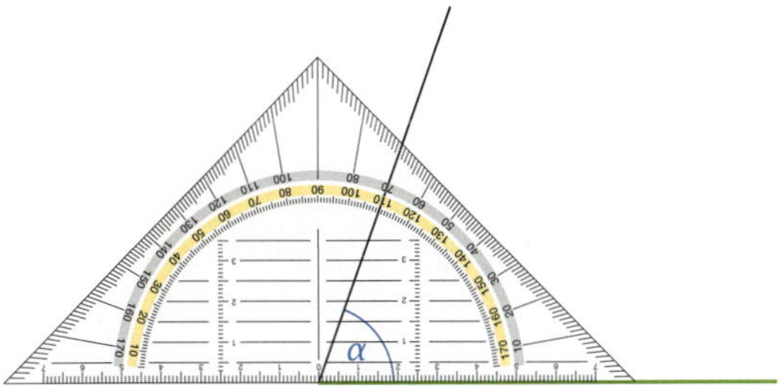

2 Überlege zuerst, ob der Winkel spitz, stumpf oder rechtwinklig ist. Miss dann die Winkelgröße.

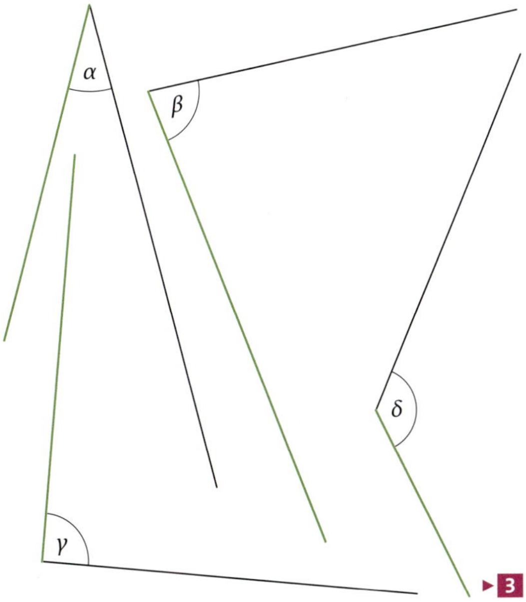

▸ 3

3 Nimm ein DIN-A4-Blatt. Falte eine Ecke auf eine Kante und schneide den Rand ab (Bild 1).

a) Falte einen Hund.

b) Miss alle Winkel an den Ohren.
Notiere die Winkelgrößen.

c) Erfindet selbst Faltfiguren.
Tauscht sie aus und messt die Winkel.

4 Miss die beiden Winkelgrößen.
Addiere die Winkelgrößen.
Was fällt dir auf?
Finde eine Erklärung.

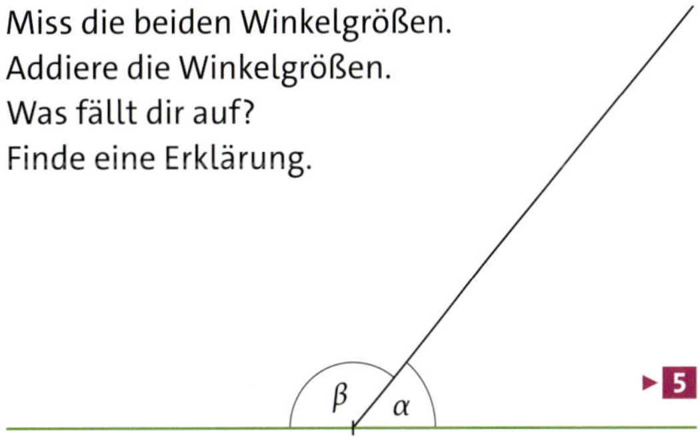

▸ 5

5 Kontrolliere Jakobs Hausaufgaben.
Finde und verbessere die Fehler.
Erkläre, wie Jakob messen muss.

a)

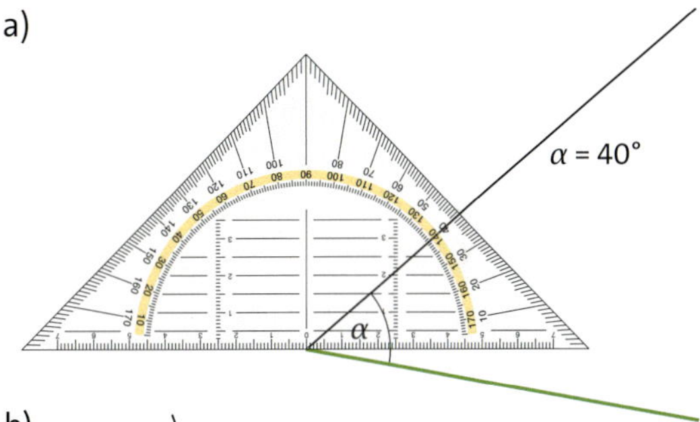

b)

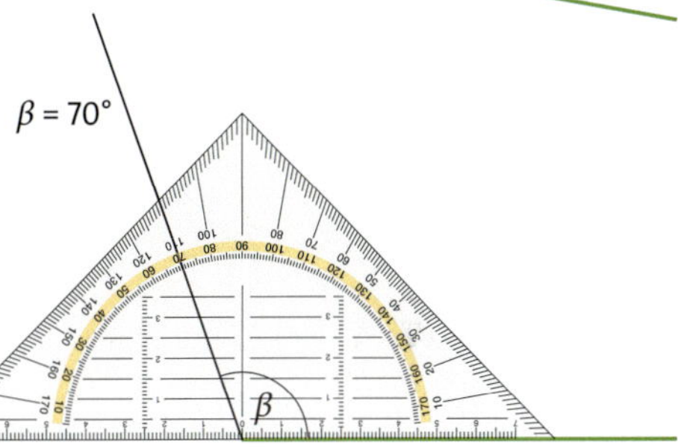

6 Übertrage das Viereck in dein Heft.
Schätze zuerst die vier Winkelgrößen.
Miss dann die Winkelgrößen.

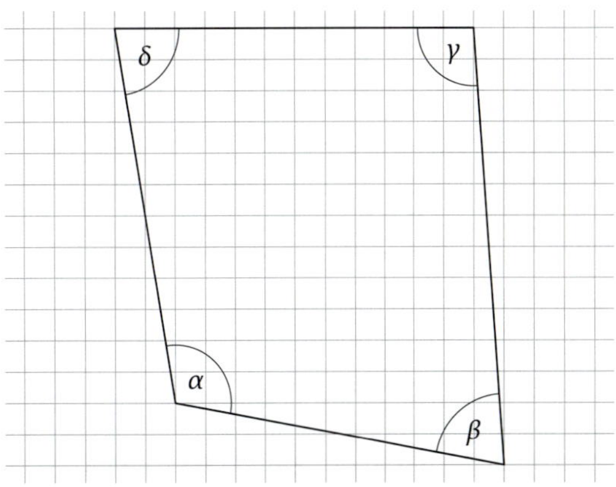

1 Jasmin und Zitara lesen auf dem Geodreieck die Winkelgröße ab.

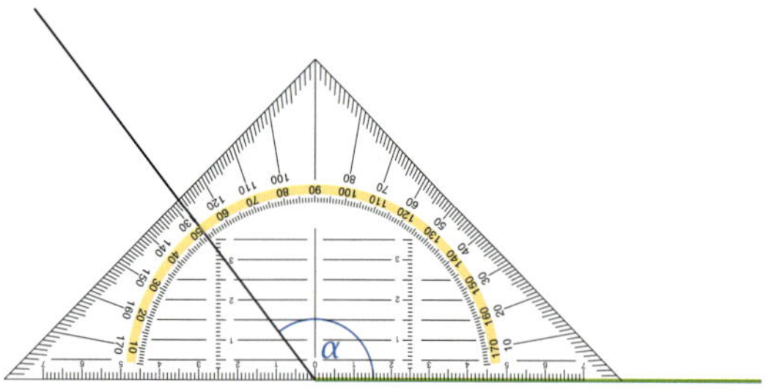

a) Jasmin liest 52° und Zitara 128°. Wer von den beiden hat recht? Begründe deine Antwort.
b) Erkläre den Fehler, den eine der beiden beim Abmessen gemacht hat.

2 Miss und notiere die Winkelgrößen. Finde spitze und stumpfe Winkel. Kontrolliere damit, ob deine Messungen stimmen können.

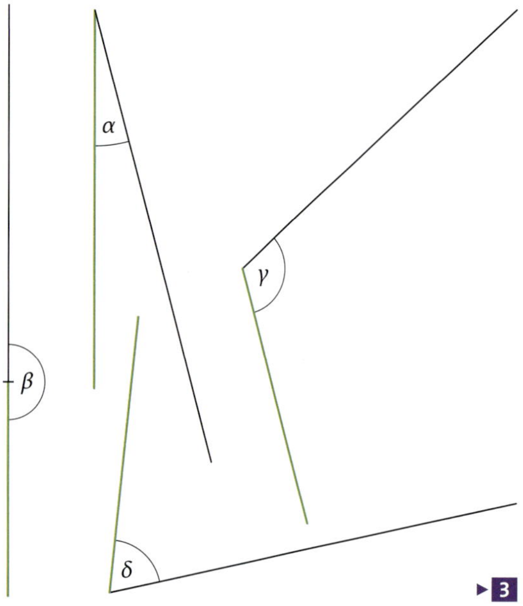

▶ 3

3 Spielt gegeneinander „Wer ist näher dran?“.
So geht es:
- Jeder zeichnet einen Winkel.
- Tauscht die Winkel untereinander aus.
- Schätzt die Winkelgröße des anderen.
- Messt den Winkel und berechnet, wie sehr ihr euch verschätzt habt.
  Wer näher dran ist, der gewinnt!

Beispiel „Ich schätze 115°.“ gemessen: 104°
um 115° – 104° = 11° verschätzt

4 Gehe so vor:
- Nimm ein Blatt Papier oder Pappe.
- Knicke eine Ecke um. Die Ecke darf nicht zu klein sein.
- Beschrifte die Winkel des Dreiecks.

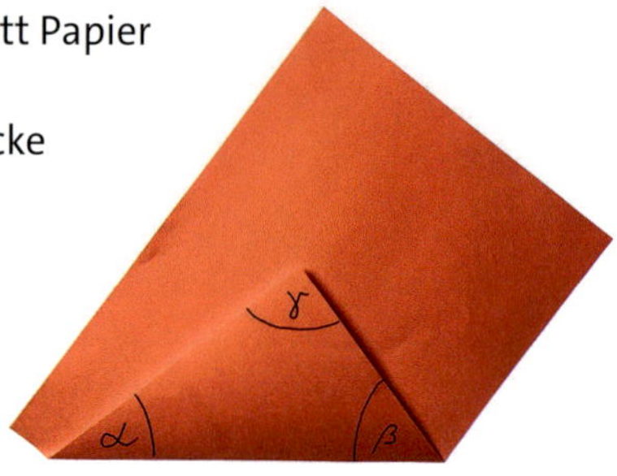

a) Miss alle drei Winkelgrößen im Dreieck und schreibe sie auf.
b) Addiere die Winkel in einem Dreieck. Vergleicht untereinander. Was fällt euch auf?

▶ 5

5 Miss die beiden Winkelgrößen. Schreibe sie in dein Heft.

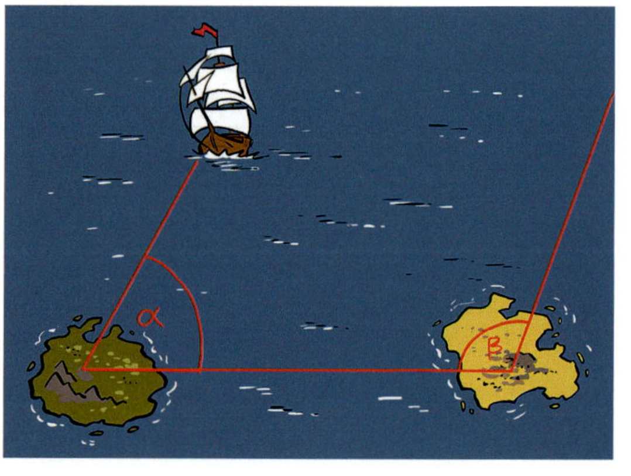

6 Übertrage die Figur in dein Heft. Schätze die Winkelgrößen. Miss anschließend. Verlängere die Seiten, um besser messen zu können.

a)

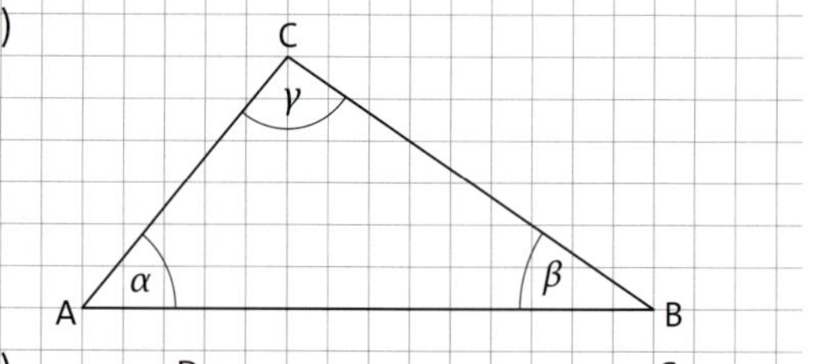

b)

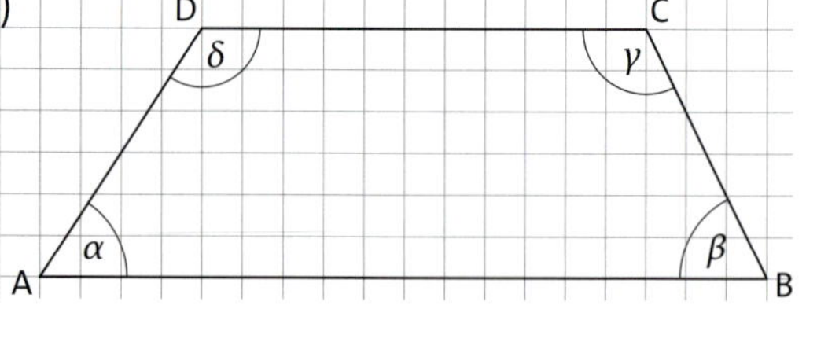

1 Erkläre ohne zu messen, welche zwei Winkelgrößen falsch sind. Begründe.

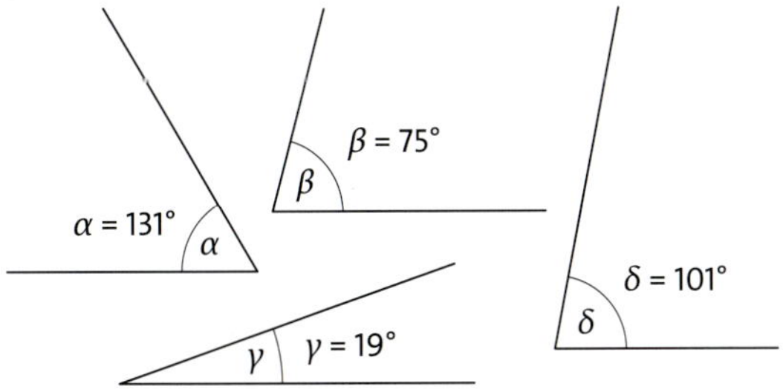

2 Miss die Winkelgrößen und notiere sie.

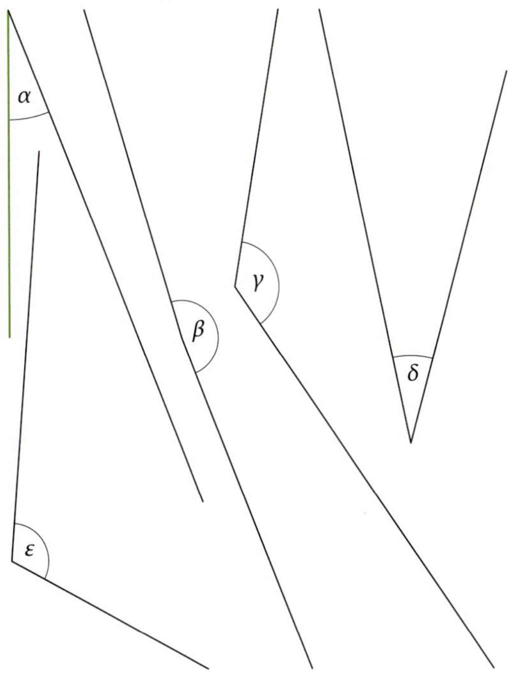

3 Zeichne zuerst ein Viereck auf ein Blatt Papier.

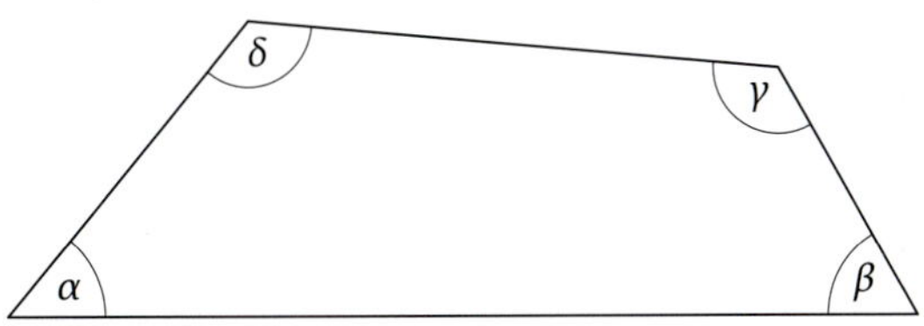

Gehe dann so vor:

- Markiere die Winkel wie im Beispiel.
- Miss die Winkelgrößen und notiere sie.
- Addiere die Winkelgrößen.
- Vergleicht untereinander eure Ergebnisse.

4 Skizziere den Winkel ungefähr in der richtigen Größe. Die Skala am Geodreieck darfst du nicht benutzen.

① 58° ② 95° ③ 150°

Miss nach, wie gut du gezeichnet hast.

Beispiel Du sollst einen Winkel mit der Größe 58° zeichnen. Danach misst du 72°. Der Winkel ist 14° zu groß.

5 Max und Ole trainieren Eckstöße. Max schießt einen Eckstoß auf Ole, der dann auf das Tor schießt.

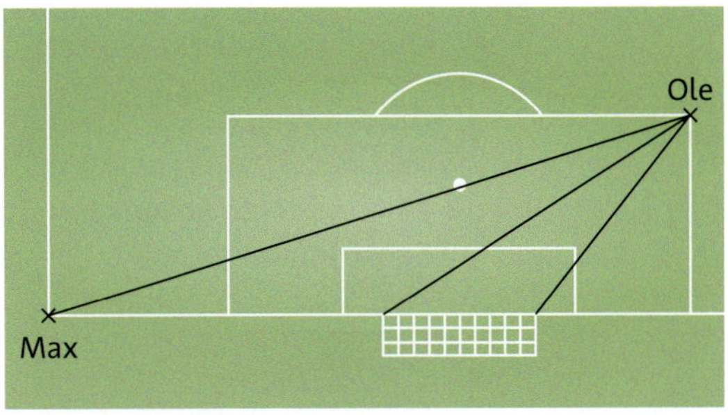

a) Bestimme die Größe des Winkels, in dem Ole das Tor treffen würde.
b) Gibt es einen besseren Punkt, an dem Ole stehen könnte? Begründe.

6 Zeichne ein Koordinatensystem in dein Heft. Die Achsen sollen beide bis 10 gehen.

a) Trage die Punkte (0|0), (6|0), (6|6), (3|10) und (0|6) ein und verbinde sie nach der Reihenfolge zu einem Haus. Miss alle Winkel, die du findest.
b) Zeichne noch einen Schornstein auf das Haus. Miss die Winkel auch dort.

7 ▼ Übertrage die Figur in doppelter Größe in dein Heft.

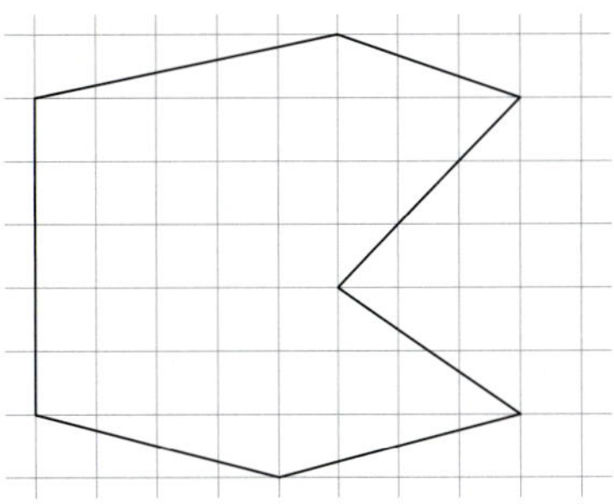

Schätze zuerst die Größen der sieben (Innen-)Winkel. Miss sie anschließend.

Hilfe zu **7**: „In doppelter Größe" heißt: Geht man im Buch 1 Kästchen in eine Richtung, dann entspricht das in der Zeichnung 2 Kästchen.

Winkel zeichnen

*Eine **Bienenwabe** besteht aus vielen Zellen. In die Zellen legen die Bienen Honig, Pollen und ihre Eier. Die Zellen sind Sechsecke.*

Jasmin soll im Biologieunterricht die Zelle einer Bienenwabe zeichnen.
Aber ihre Zeichnung ist ganz schief geworden.
Die Lehrerin gibt Jasmin einen Tipp:
„Du zeichnest nacheinander sechs Winkel von 120°. Es ist wichtig, dass du die Schenkel immer gleich lang zeichnest."

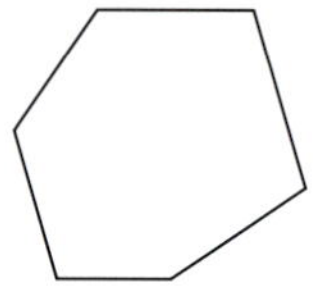

Jasmins Bild

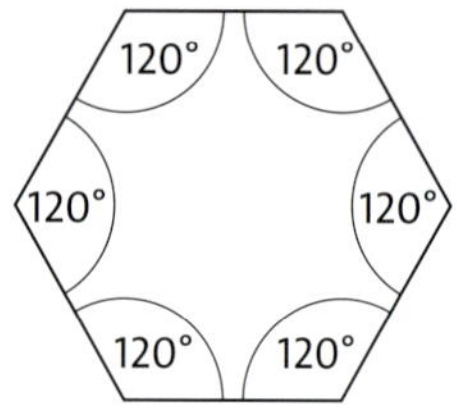

Tipp der Lehrerin

Mit dem Geodreieck kannst du Winkel zeichnen. Dafür gibt es zwei Verfahren.

W

Das Markierungsverfahren

Wie zeichnest du einen Winkel von 60°?
Zeichne einen Schenkel mit dem Scheitelpunkt S.

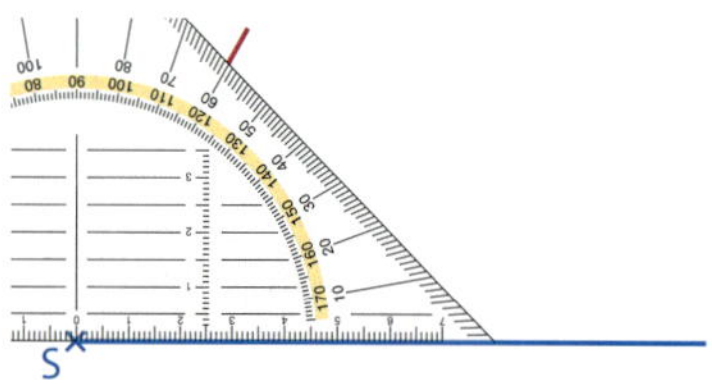

Lege die Kante des Geodreiecks auf den Schenkel und den Nullpunkt auf den Scheitelpunkt S. Markiere einen Strich bei der Gradzahl 60°.

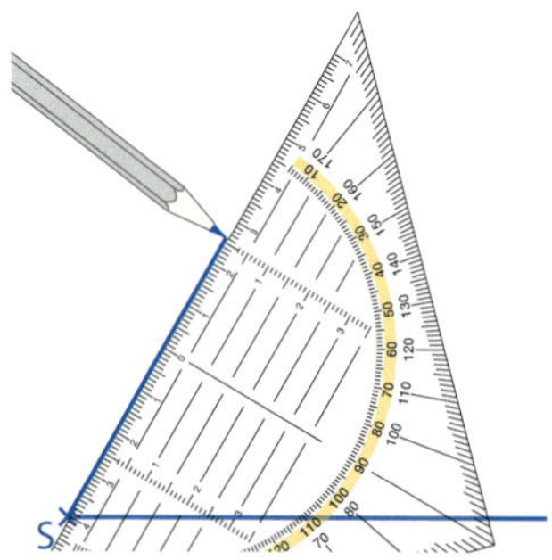

Verbinde deine Markierung mit dem Scheitelpunkt S. Das ist der andere Schenkel.
Beschrifte den Winkel.

▶ **Aufgabe** Zeichne mit dem Markierungsverfahren einen Winkel von 80°. ▶1 ▶1 ▶1

W

Das Drehverfahren

Wie zeichnest du einen Winkel von 60°?
Zeichne einen Schenkel mit dem Scheitelpunkt S.
Lege das Geodreieck mit dem Nullpunkt auf den Scheitelpunkt S.

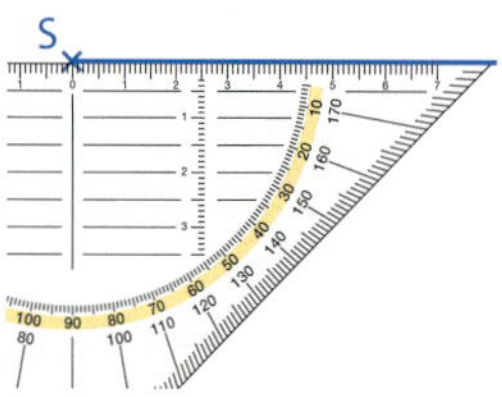

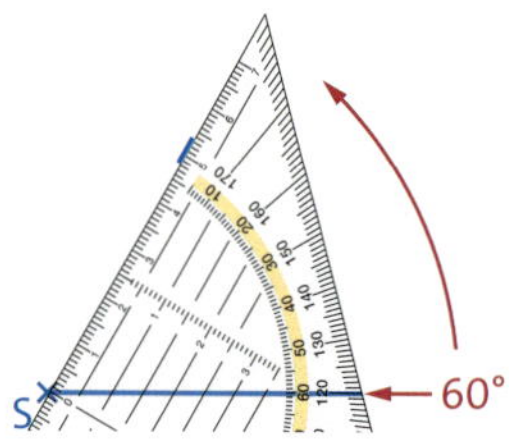

Drehe das Geodreieck so, dass die Gradzahl 60° auf dem Schenkel liegt.

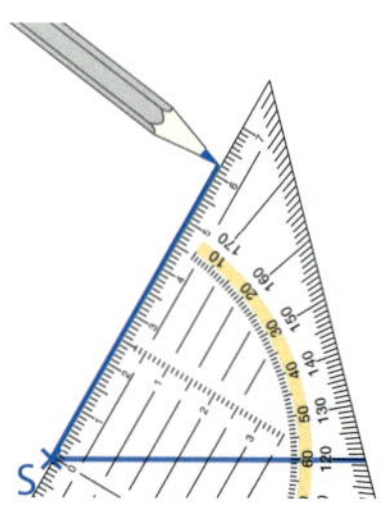

Zeichne den anderen Schenkel.
Beschrifte den Winkel.

▶ **Aufgabe** Zeichne mit dem Drehverfahren einen Winkel von 75°. ▶2 ▶2 ▶2

1 Zeichne den Winkel in dein Heft.
Benutze das Markierungsverfahren.

a)
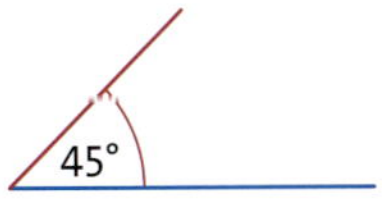

b)
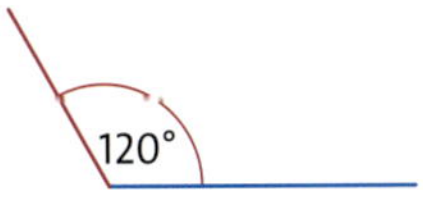

c)
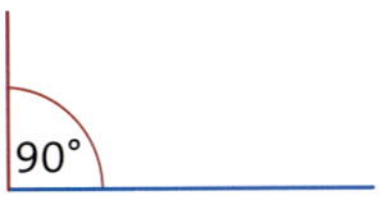

d)
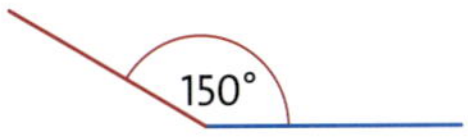

e)
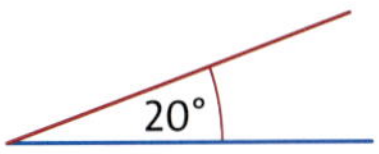

f)

2 ▼ Zeichne den Schenkel mit dem Scheitelpunkt S.
Zeichne den Winkel.
Benutze das Drehverfahren.

a)
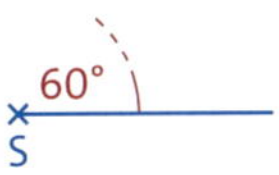

b)
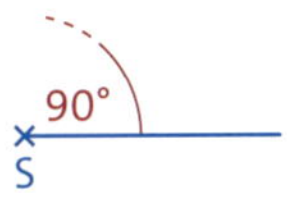

c)
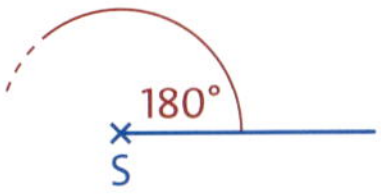

d)
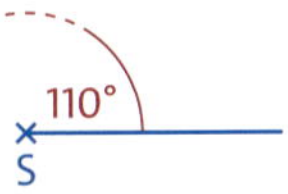

e)
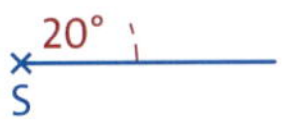

f)
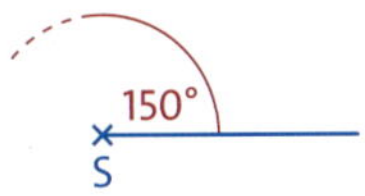

3 Hier stimmt etwas nicht. Beschreibe zuerst den Fehler. Korrigiere dann die Zeichnung in deinem Heft.

a) Zeichne einen Winkel von 40°:

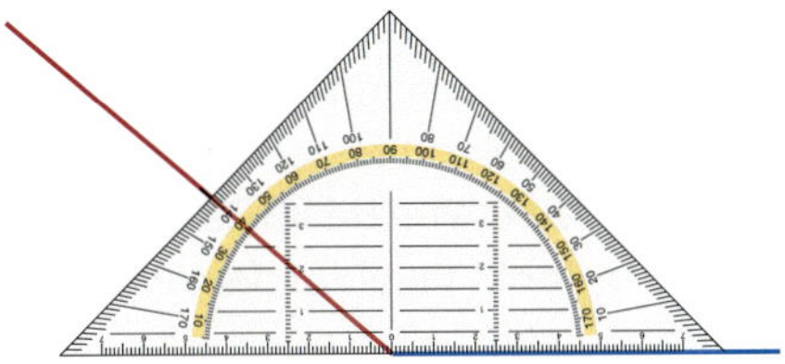

b) Zeichne einen Winkel von 30°:

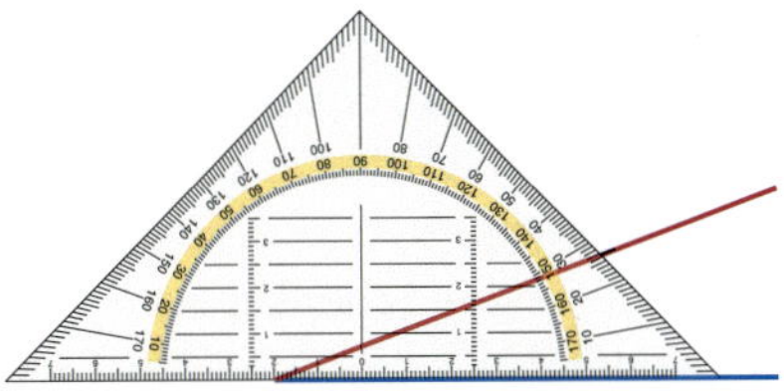

▸ 3

4 Zeichne die Winkel. Wähle das Markierungsverfahren oder das Drehverfahren.

a) 20°; 70°
b) 44°; 64°
c) 100°; 160°
d) 107°; 137°

5 Zeichne den blauen Weg zum Ziel ab.

Start
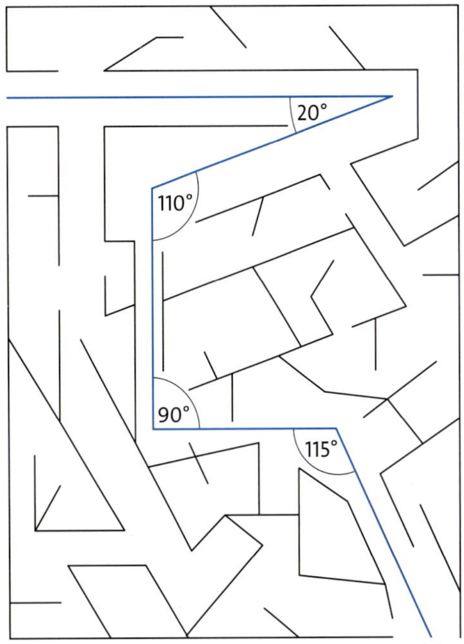

Ziel

6 Zeichne mit einer dynamischen Geometrie-Software die Winkel mit den Größen 40°, 150°, 260°, 330°.

Winkel mit fester Größe

Gehe so vor:
1. Klicke auf das Icon mit Winkel.
   Wähle „Winkel mit fester Größe“ aus.
2. Klicke auf zwei Punkte im Zeichenfenster.
   Der erste Punkt liegt auf dem ersten Schenkel.
   Der zweite Punkt ist der Scheitelpunkt.
3. Es öffnet sich ein Fenster.
   Gib die Winkelgröße ein. Dann trägt das Programm einen dritten Punkt und einen Winkelbogen ein.
4. Zeichne die beiden Schenkel als Halbgeraden ein.

Hilfe zu **2**: Achte auf die richtige Skala. Überlege zuerst, welche Winkelart der Winkel hat.
a) spitz b) rechter W. c) gestreckt d) stumpf e) spitz f) stumpf

1 Zeichne die Winkel. Verwende das Markierungsverfahren. Überlege vorher, ob ein Winkel spitz oder stumpf ist.
a) 20°; 75°; 66°
b) 100°; 155°; 178°

2 Zeichne den Winkel mit dem Drehverfahren.

a)
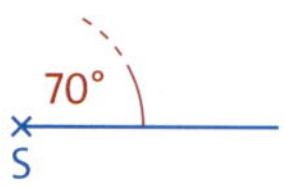

b)
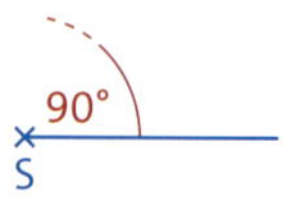

c)

d)
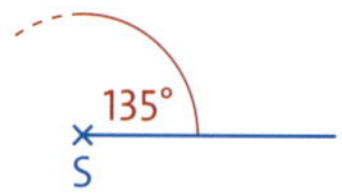

e)

f)

▸ 3

3 Zeichne die Winkel in dein Heft. Wähle selbst das Verfahren. Bestimme die Winkelgröße des Winkels zwischen β und γ.

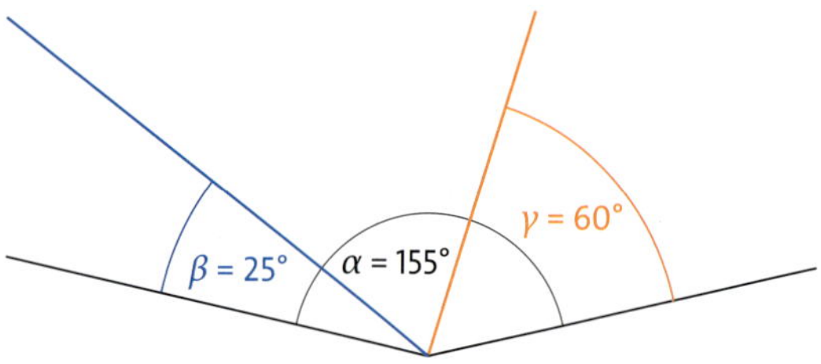

4 Im Kunstunterricht zeichnen die Schülerinnen und Schüler Muster. Die Muster sollen aus verschiedenen Vielecken bestehen. Jedes Vieleck soll einen 45°-Winkel haben.

Beispiel

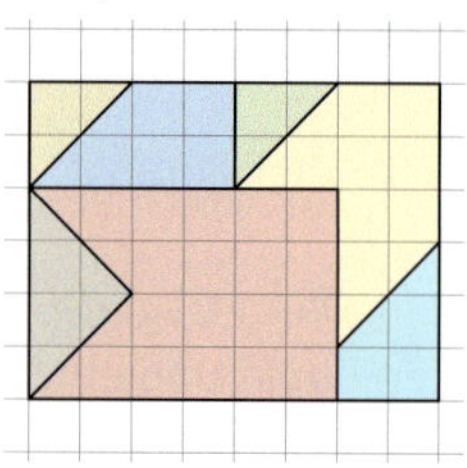

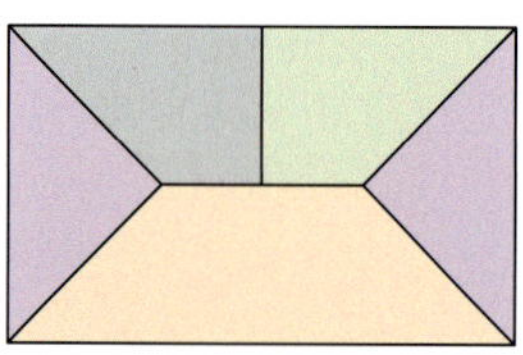

Gestalte zwei Muster. Wenn du dich sicher fühlst, dann zeichne auf weißes Papier.

5 Zeichne ein Sechseck. Beginne so: Zeichne einen Schenkel mit einer Länge von 5 cm. Zeichne dann einen Winkel mit der Größe 120°. Der zweite Schenkel muss auch 5 cm lang sein.

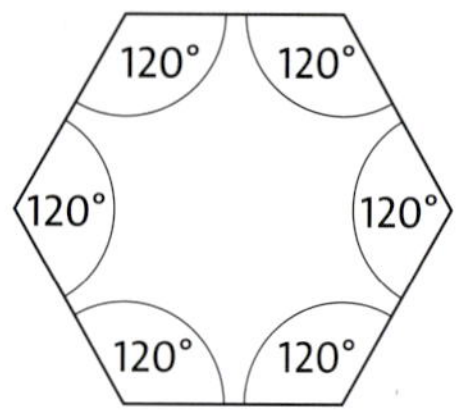

6 Zeichne ein Koordinatensystem. Die Achsen sollen bis 7 gehen.

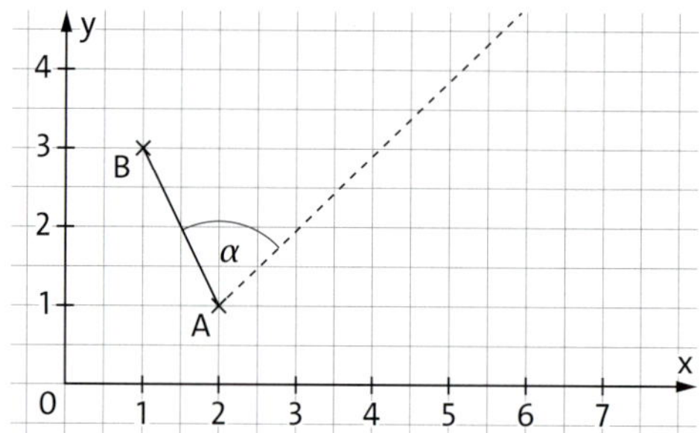

a) Zeichne die Punkte A(2|1) und B(1|3) ein. Verbinde die Punkte mit einer Strecke.
b) Zeichne den Winkel α = 73° bei A wie in der Skizze ein.
c) Verlängere den gezeichneten Schenkel des Winkels. Er geht durch den Punkt C(6|▒). Was ist die y-Koordinate von C?

7 Zeichne mit einer dynamischen Geometrie-Software die Winkel mit den Größen 28°, 169°, 111°, 272°, 355°, 279°

Winkel mit fester Größe

Gehe so vor:
1. Klicke auf das Icon mit Winkel. Wähle „Winkel mit fester Größe“ aus.
2. Klicke auf zwei Punkte im Zeichenfenster. Der erste Punkt liegt auf dem ersten Schenkel. Der zweite Punkt ist der Scheitelpunkt.
3. Es öffnet sich ein Fenster. Gib die Winkelgröße ein. Dann trägt das Programm einen dritten Punkt und einen Winkelbogen ein.
4. Zeichne die beiden Schenkel als Halbgeraden ein.

1 Zeichne die Winkel. Verwende das Markierungsverfahren. Überlege vorher, ob ein Winkel spitz oder stumpf ist.
a) 10°; 80°; 81° b) 56°; 69°; 72°
c) 125°; 140°; 175° d) 144°; 128°; 166°

2 Zeichne den Winkel mit dem Drehverfahren.
a) 50° b) 140° c) 26°
d) 43° e) 100° f) 106°

3 ▼ Zeichne die Figur in dein Heft.

a)

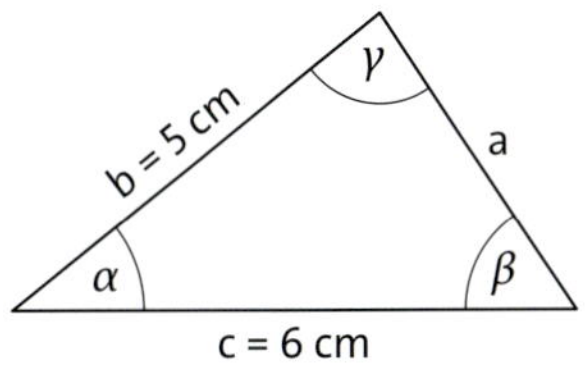

$\alpha = 38°$

b)

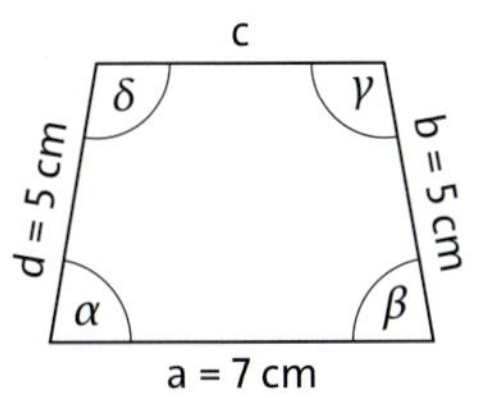

$\alpha = \beta = 80°$

4 Das ist das Sternbild Waage.

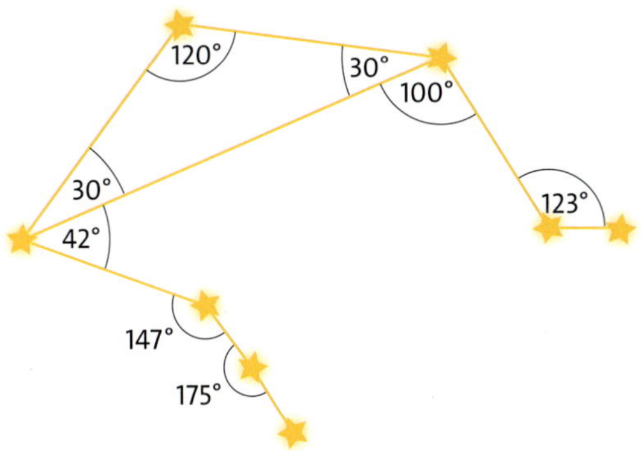

a) Zeichne das Sternbild in dein Heft.
b) Vergleiche deine Zeichnung mit dem Bild. Wenn deine Zeichnung ganz anders aussieht, dann verändere deine Streckenlängen.

5 Zeichne eine Bienenwabe. Beginne mit einem Sechseck: Zeichne einen Schenkel mit einer Länge von 3 cm. Zeichne dann einen Winkel mit der Größe 120°.

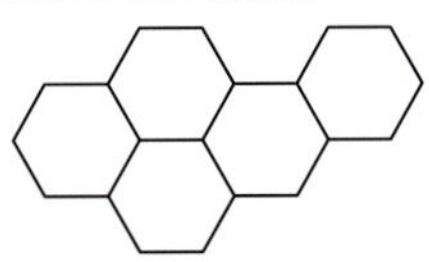

6 Über den See soll eine Brücke (rot) gebaut werden. Nun muss die Länge der Brücke bestimmt werden.
Dazu wurden zwei Strecken am Ufer entlang abgesteckt und die Winkelgröße gemessen.

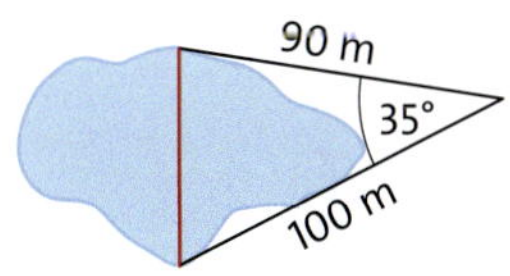

a) Zeichne den Winkel in dein Heft. Zeichne auch die Strecken. 10 m im Bild sollen 1 cm in deiner Zeichnung entsprechen.
b) Zeichne die rote Strecke ein und miss ihre Länge. Wie lang wird die Brücke in Wirklichkeit?

7 Zeichne ein Koordinatensystem. Die Achsen sollen bis 7 gehen (1 Einheit = 1 cm).
a) Zeichne eine Strecke zwischen den Punkten A(6|2) und B(1|4) ein. Diese Strecke soll auf dem ersten Schenkel des Winkels liegen.
b) Zeichne zwei Winkel mit 31° bei A ein.
c) Verlängere die gezeichneten Schenkel der Winkel. Einer geht durch den Punkt C(▒|6). Was ist die x-Koordinate von C?

8 MK So zeichnest du einen Winkel mit einer dynamischen Geometrie-Software:
1. Klicke auf das Icon mit Winkel. Wähle „Winkel mit fester Größe" aus.
 Winkel mit fester Größe
2. Klicke auf zwei Punkte im Zeichenfenster. Der erste Punkt liegt auf dem ersten Schenkel.
Der zweite Punkt ist der Scheitelpunkt.
3. Es öffnet sich ein Fenster. Gib die Winkelgröße ein. Dann trägt das Programm einen dritten Punkt und einen Winkelbogen ein.
4. Zeichne die beiden Schenkel als Halbgeraden ein.

a) Zeichne am Computer Winkel der Größe: 43°; 162°; 103°; 232°; 316°; 281°
b) Zeichne das Dreieck am Computer. Beginne mit dem Winkel.

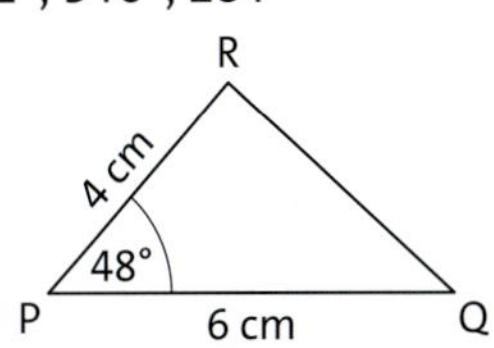

Tipp zu **3**: weitere Werte sind: a) a = 3,7 cm; β = 56°; γ = 86° b) c = 5,3 cm; γ = δ = 100°

Drehsymmetrie

Ein Windrad ist ein kleines Kraftwerk. Der Wind bewegt die Flügel. Wenn sich die Flügel **drehen**, dann wird Strom erzeugt.

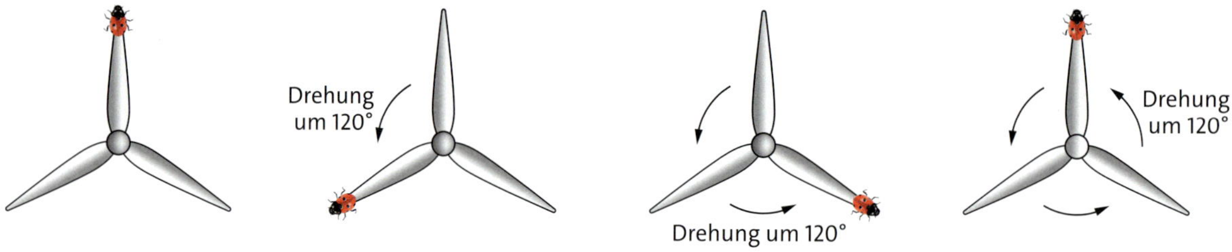

Jedes Mal, wenn das Windrad um 120° gedreht wird, dann passt es wieder genau aufeinander.

Wenn du eine **Drehung** beschreibst, dann brauchst du zwei Begriffe.
- Die Figur dreht sich um einen Punkt. Dieser Punkt liegt in der Mitte der Figur und wird **Drehzentrum Z** genannt.
- Du drehst die Figur immer **gegen** den Uhrzeigersinn. Wie weit du drehst, zeigt dir der **Drehwinkel**.

Wenn eine Figur nach einer Drehung um Z wieder genau aufeinanderpasst, dann ist die Figur **drehsymmetrisch**. Der Drehwinkel muss kleiner als 360° sein.

Das Windrad ist drehsymmetrisch. Der Drehwinkel ist 120° groß.

1 Sind Quadrate drehsymmetrisch? Prüft so:
1. Zeichnet zwei gleich große Quadrate und schneidet sie aus.
2. Zeichnet in ein Quadrat die beiden Diagonalen ein.
3. Legt das Quadrat mit den Diagonalen auf das andere Quadrat.
4. Stecht mit einer Pinnnadel (oder dem Zirkel) in den Schnittpunkt der Diagonalen.
5. Dreht nun das obere Quadrat und prüft, ob das Quadrat drehsymmetrisch ist.
6. Begründet euer Ergebnis.

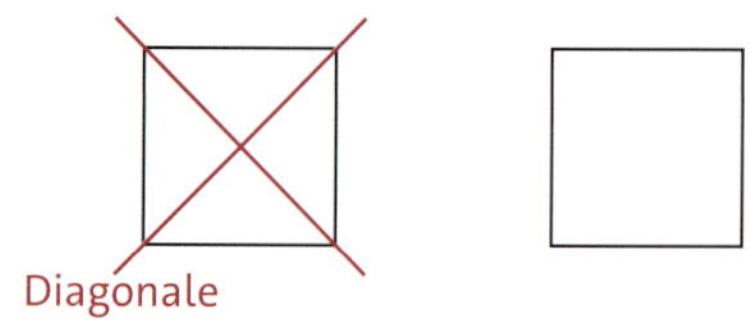

2 Drehsymmetrische Figuren am Geobrett darstellen
a) Spanne die Figuren auf deinem Geobrett nach.
b) Drehe das Geobrett und überprüfe, ob die Figuren drehsymmetrisch sind.
c) Zeichne die Figuren in dein Heft. Markiere das Drehzentrum Z.

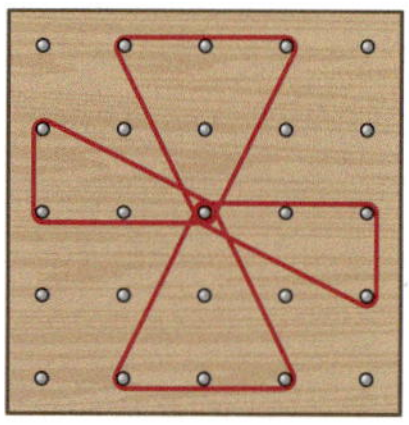

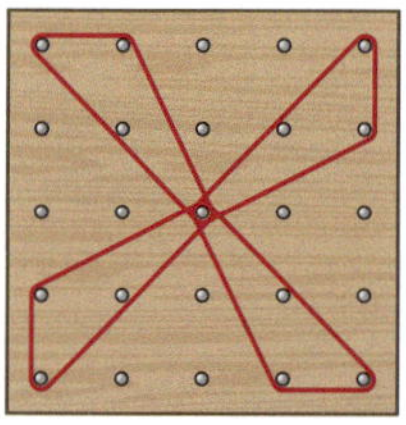

3 Welche Verkehrsschilder sind drehsymmetrisch? Schreibe den Drehwinkel in dein Heft.

a) 

b) 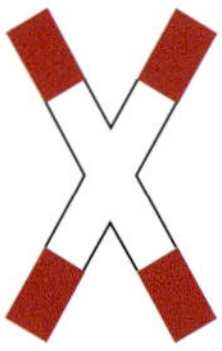

c) 

d) 

e) 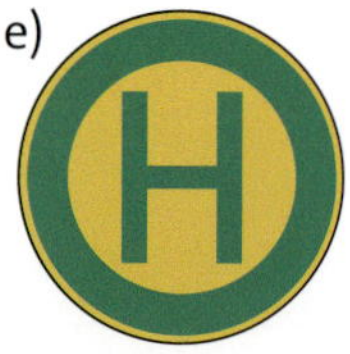

f) 

4 Zeichne die Figur in dein Heft und ergänze sie zu einer drehsymmetrischen Figur. Die Kästchen helfen dir dabei.

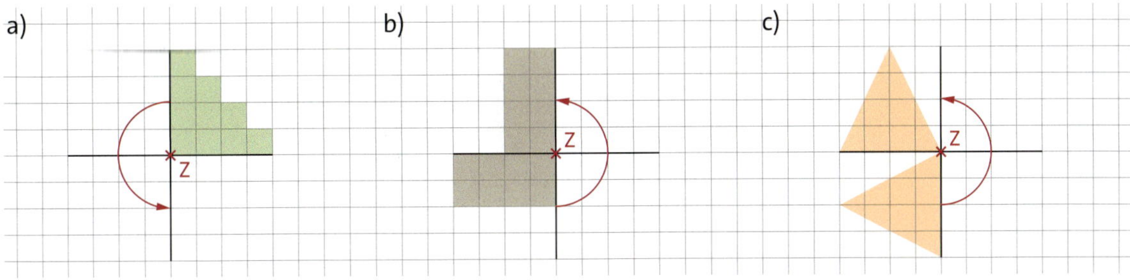

So kannst du eine Figur drehen:

Beispiel Drehe das Viereck mit dem Drehwinkel $\alpha = 120°$ um das Drehzentrum Z.

1. Verbinde A mit dem Drehzentrum Z. Zeichne einen Kreis um Z. Der Kreis muss durch A gehen.
2. Lege dein Geodreieck mit dem Nullpunkt auf Z. Zeichne einen Winkel von 120°. Der Punkt, in dem sich die Linie und der Kreis treffen, ist der Bildpunkt A'.
3. Verfahre genauso mit den Punkten B, C und D. Verbinde die Bildpunkte. Du erhältst das gedrehte Viereck.

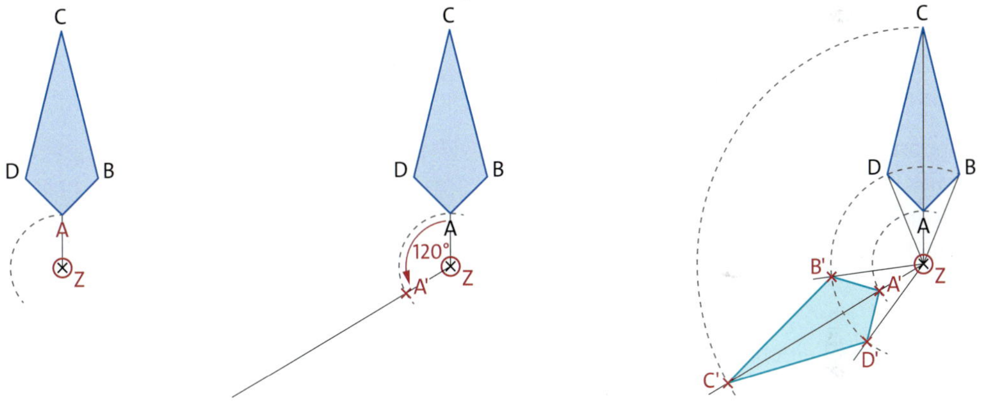

5 Zeichne ein Viereck mit den Eckpunkten A, B, C und D. Wähle einen weiteren Punkt. Dieser Punkt ist das Drehzentrum Z. Drehe das Viereck mit dem Drehwinkel $\alpha = 120°$ um Z.

6 Übertrage das Koordinatensystem in dein Heft.

a) Zeichne das Dreieck mit den Eckpunkten A(5|4), B(9|3) und C(7|6). Trage das Drehzentrum Z (5|3) ein.

b) Drehe das Dreieck um das Drehzentrum Z. Der Drehwinkel ist 130° groß.

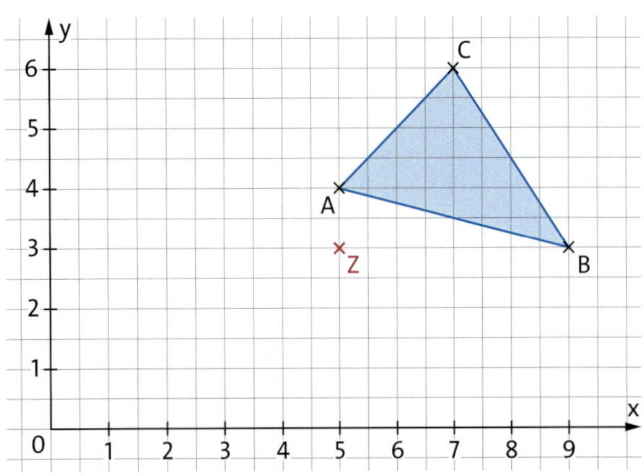

Der Kreis

Zeichne das Muster in deinem Heft nach. Male die Kreise aus.

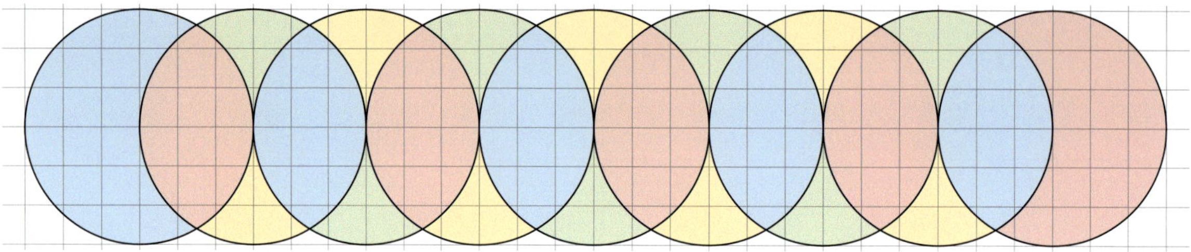

Einen Kreis mit einem Zirkel zeichnen

Markiere einen Punkt mit einem Kreuz. Der Punkt heißt der Mittelpunkt M.
Stich die Zirkelspitze in den Mittelpunkt.
Um den Mittelpunkt herum ziehst du den Kreis.

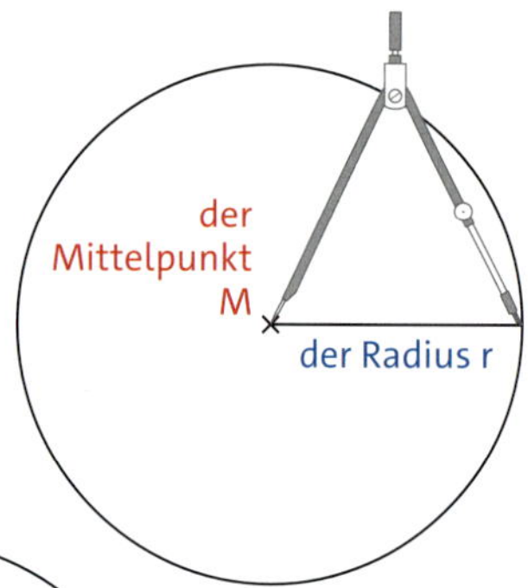

Der Radius und der Durchmesser

In einem Kreis gibt es zwei besondere Strecken:
Der Radius r geht vom Mittelpunkt M zum Rand.
Der Durchmesser d geht von Rand zu Rand durch den Mittelpunkt M.

Der Durchmesser ist zweimal so lang wie der Radius.
So berechnest du den Durchmesser:
Multipliziere den Radius mit 2. Also $d = 2 \cdot r$

Das geht auch umgekehrt:
Der Radius ist halb so lang wie der Durchmesser.
So berechnest du den Radius:
Dividiere den Durchmesser durch 2. Also $r = d : 2$

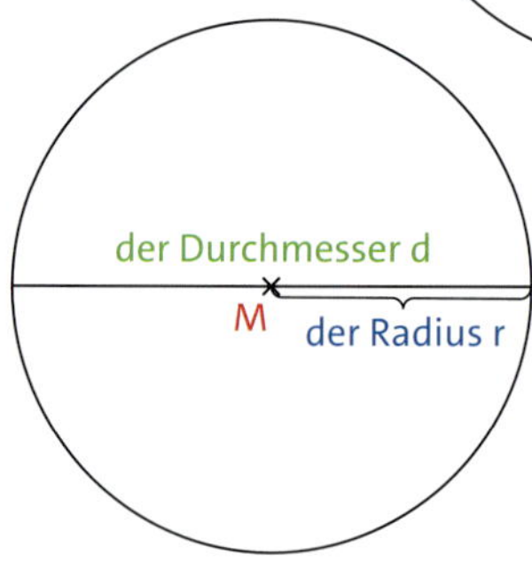

1 David zeichnet einen Kreis mit dem Radius r = 3 cm.
Wie geht er vor? Ordne jeder Zeichnung den passenden Satz zu.

① 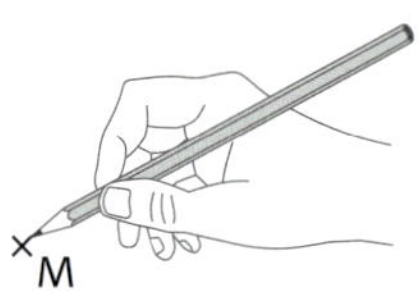

② 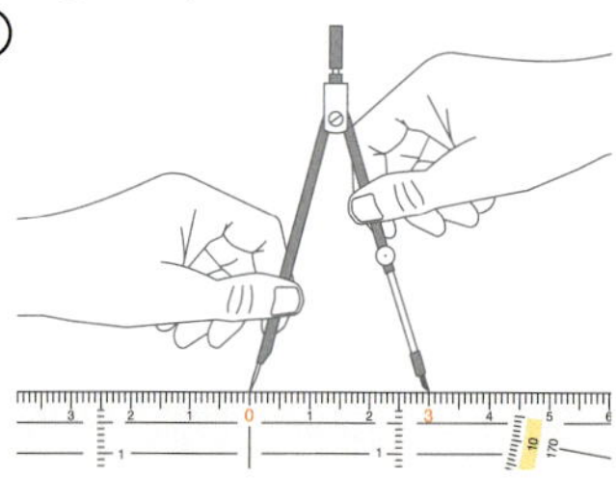

③ 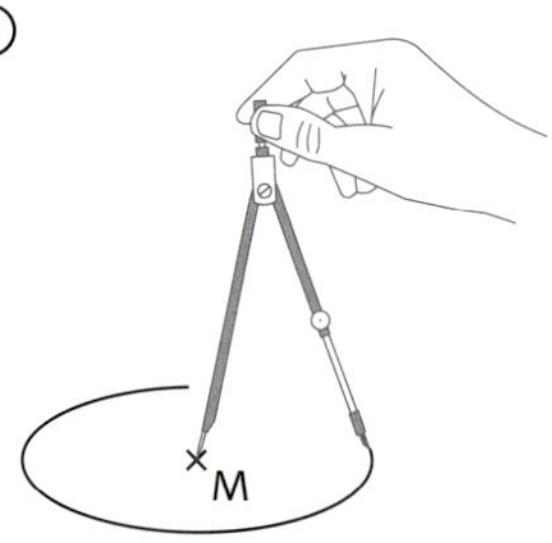

Ⓐ David zieht einen Kreis um den Mittelpunkt.
Ⓑ David stellt den Zirkel auf 3 cm ein.
Ⓒ David markiert den Mittelpunkt.

2 Zeichne einen Kreis mit deinem Zirkel.
a) Radius r = 4 cm b) r = 3,5 cm c) r = 8,2 cm d) r = 2,4 cm

3 Berechne den Durchmesser und den Radius. Ergänze die Tabelle im Heft. Achte auf gleiche Einheiten.

Radius r	6 cm	4 cm	62 m	6 cm : 2 = 3 cm			36 km
Durchmesser d	6 cm · 2 = 12 cm			6 cm	10 cm	240 mm	

4 Schätze zuerst, wie lang der Radius und der Durchmesser sind. Miss dann nach.

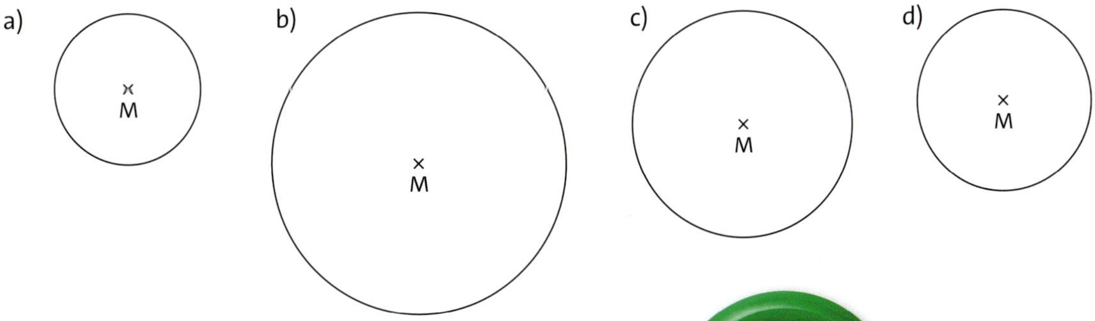

5 Jeder misst den Durchmesser des grünen Knopfs.
Vergleicht eure Ergebnisse. Berechnet dann den Radius.

6 Zeichnet mit Hilfsmitteln wie Flaschen oder Bechern verschiedene Kreise auf Papier.

a) Schätzt, wie lang der Durchmesser ist.
b) Wo liegt der Mittelpunkt ungefähr? Zeichnet den Mittelpunkt ein.
c) Messt nun den Durchmesser und vergleicht mit eurer Schätzung.

7 Untersuche den Zusammenhang zwischen Kreisteilen und Winkelgrößen.
Übertrage zur Vorbereitung die Tabelle in dein Heft.

Wie oft hast du gefaltet?	0	1	2	3
Anzahl der Kreisteile	1			
Winkelgröße eines Kreisteils	360°			

a) • Nimm ein DIN-A4-Blatt. Zeichne einen Kreis mit einem Radius von 6 cm. Schneide den Kreis aus.
• Falte den Kreis einmal in der Mitte und falte ihn wieder auseinander. Zähle die Anzahl der Kreisteile und bestimme die Winkelgröße. Notiere beide Ergebnisse in der Tabelle.
• Falte den Kreis nun zweimal in der Mitte und falte ihn wieder auseinander. Notiere wieder die Anzahl der Kreisteile und die Winkelgröße.
• Falte den Kreis nun dreimal …

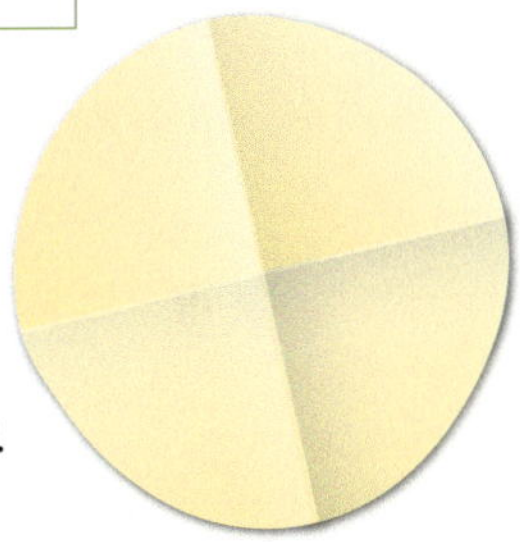

b) Betrachte die Winkelgröße nach einmal, zweimal und dreimal falten. Was fällt dir auf?
c) Stell dir vor, du faltest den Kreis viermal. Wie groß ist der Winkel? Begründe.

8 Betrachte die vier Kreise.

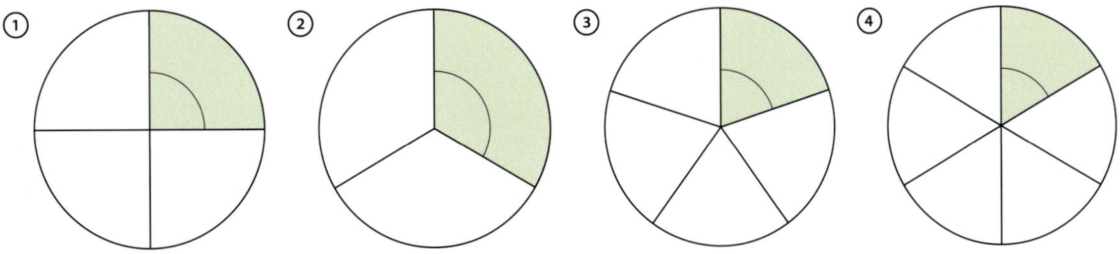

a) Gib jeweils den grünen Teil als Bruch an.
b) Ordne die Winkelgrößen den Kreisen zu: 72°, 120°, 60°, 90°
c) Welcher Zusammenhang besteht zwischen den Brüchen und den Winkelgrößen?

Kompetenz	☒
1 Ich kann Winkel mit den Fachbegriffen beschriften. → Lies auf **Seite 84** nach.	**1** Ordne jeder Zeichnung einen Fachbegriff zu: Winkelbogen, Schenkel, Scheitelpunkt
2 Ich kenne die verschiedenen Winkelarten. → Lies auf **Seite 84** nach.	**2** Ordne jeder Zeichnung eine Winkelart zu: gestreckter Winkel, spitzer Winkel, rechter Winkel, stumpfer Winkel, überstumpfer Winkel
3 Ich kann die Winkelgrößen schätzen und messen. → Lies auf **Seite 88** nach.	**3** Schätze zuerst die drei Winkelgrößen. Miss dann nach.
4 Ich kann Winkel zeichnen. → Lies auf **Seite 92** nach.	**4** Zeichne den Winkel. a) $\alpha = 50°$ b) $\beta = 90°$ c) $\gamma = 75°$ d) $\delta = 130°$

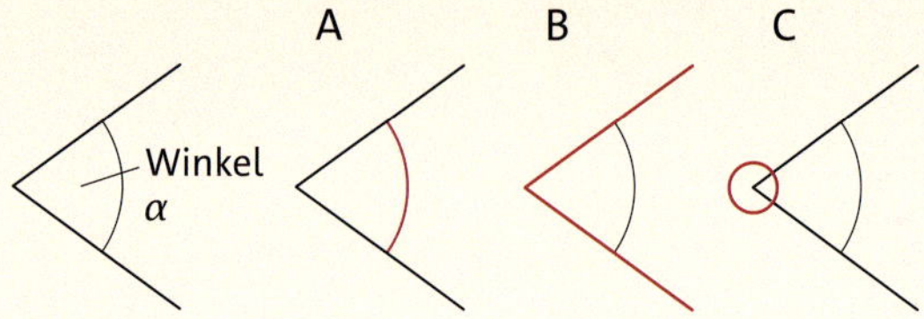

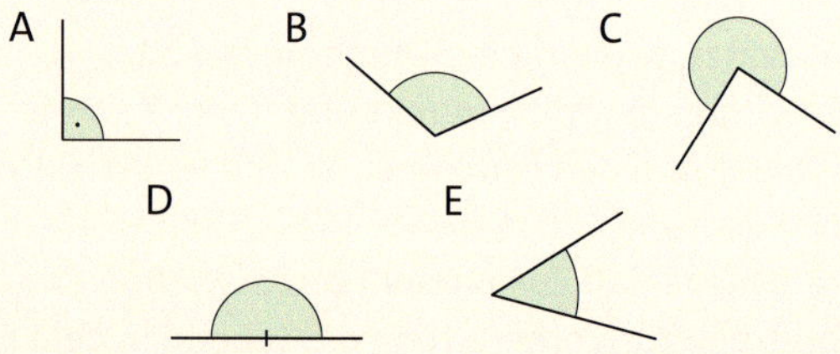

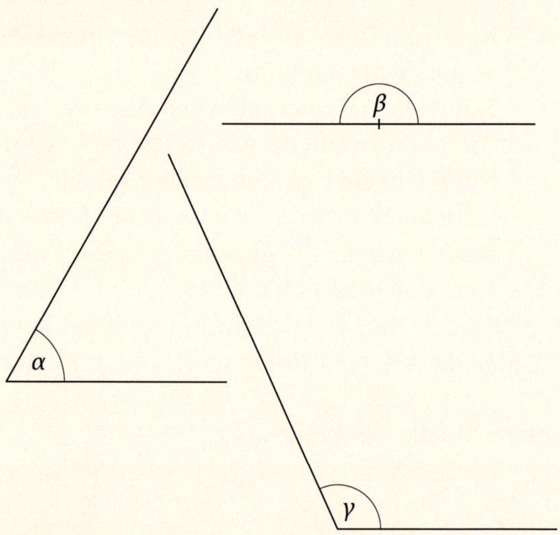

→ Lösungen auf Seite 244

☒

1 Zeichne einen Winkel.
Beschrifte den Winkel mit den Fachbegriffen: Winkelbogen, Schenkel, Scheitelpunkt S, Winkel β

2 Betrachte die Winkel.

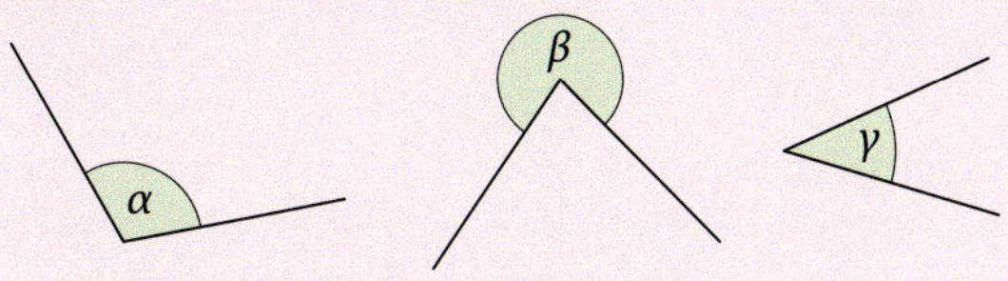

a) Bestimme jeweils die Winkelart.
b) Welche drei Winkelarten fehlen? Zeichne für jede fehlende Winkelart ein Beispiel.

3 Schätze zuerst die drei Winkelgrößen. Miss dann nach. Beschreibe dein Vorgehen.

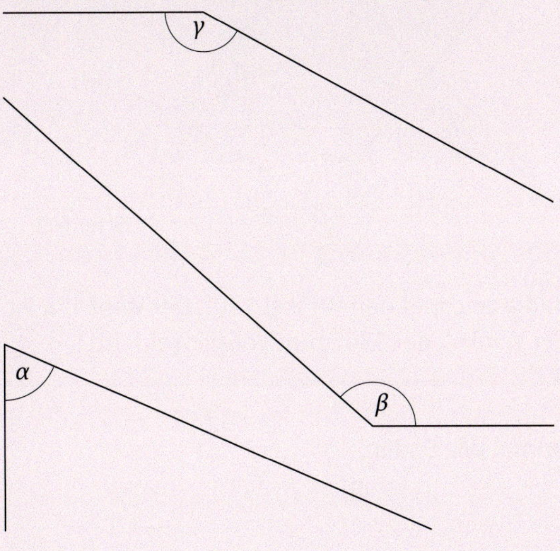

4 Zeichne den Winkel.

a) $\alpha = 55°$ b) $\beta = 172°$
c) $\gamma = 112°$ d) $\delta = 180°$

☒

1 Übertrage die Zeichnung ungefähr in dein Heft.

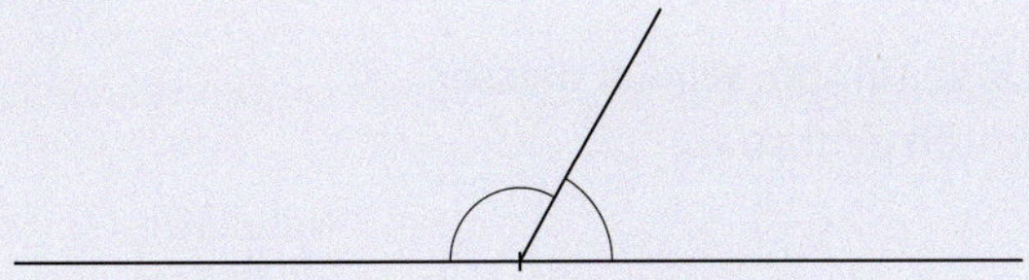

Beschrifte die Winkel vollständig mit den Fachbegriffen. Nenne die Winkel α und β.

2 Zeichne für jede Winkelart ein Beispiel. Notiere, in welchem Bereich der Winkel liegt.

Beispiel überstumpfer Winkel

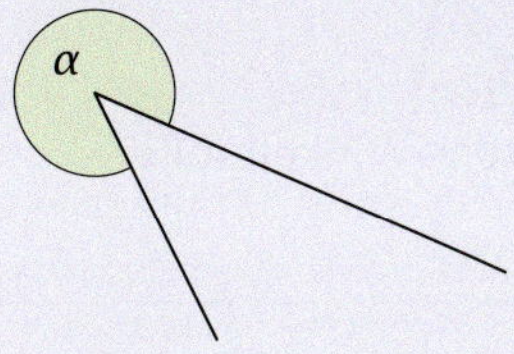

$\alpha > 180°$ und $\alpha < 360°$

3 Schätze zuerst die drei Winkelgrößen. Miss dann nach. Beschreibe dein Vorgehen.

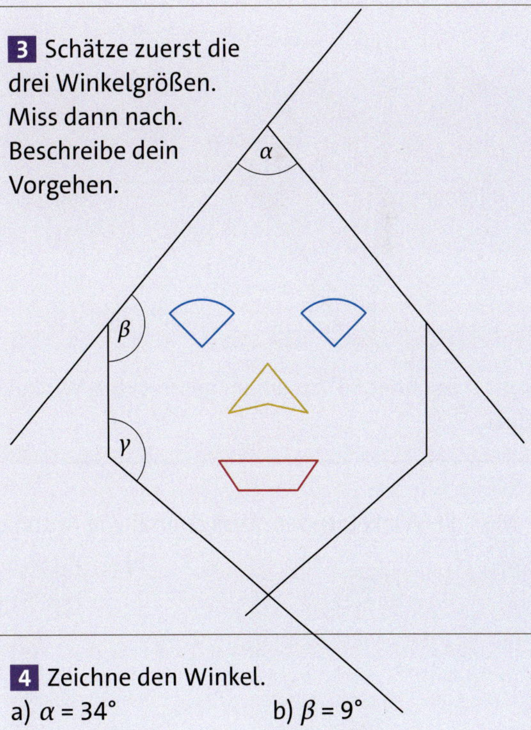

4 Zeichne den Winkel.

a) $\alpha = 34°$ b) $\beta = 9°$
c) $\gamma = 107°$ d) $\delta = 179°$

→ Lösungen auf Seite 244

Überstumpfe Winkel messen und zeichnen

Am Geodreieck reicht die Skala für Winkel nur bis 180°. Überstumpfe Winkel sind aber größer als 180°. Wie kannst du dann überstumpfe Winkel messen und zeichnen? Es gibt zwei Verfahren.

Überstumpfe Winkel messen

Anton geht so vor:

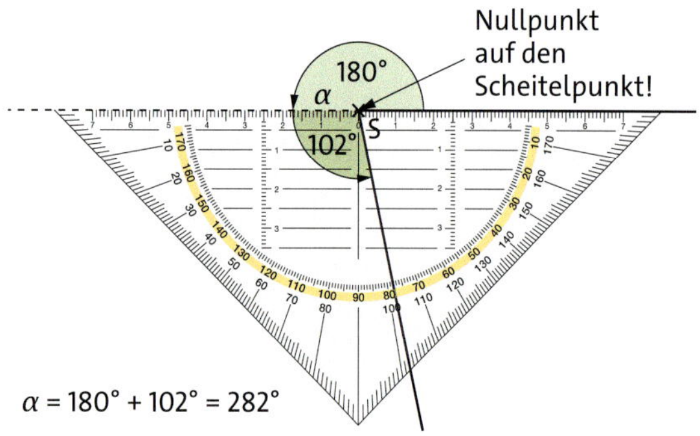

$\alpha = 180° + 102° = 282°$

Anton addiert die abgelesene Winkelgröße zu 180°.

Badia geht so vor:

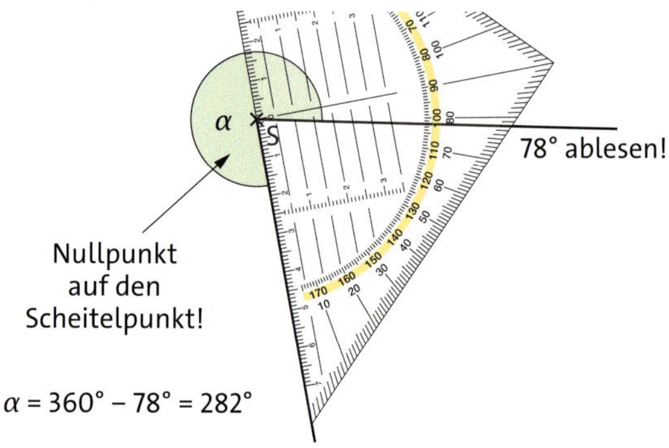

$\alpha = 360° - 78° = 282°$

Badia subtrahiert die abgelesene Winkelgröße von 360°.

Überstumpfe Winkel zeichnen

Anton zeichnet einen Winkel von 230° so:

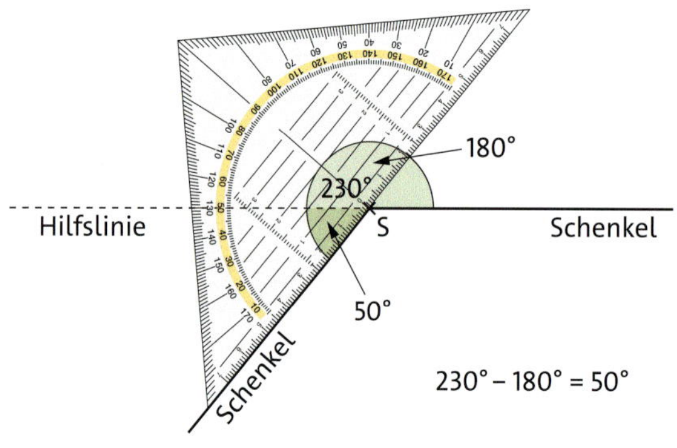

$230° - 180° = 50°$

Anton zeichnet 50° zu einem gestreckten Winkel dazu.

Badia zeichnet einen Winkel von 230° so:

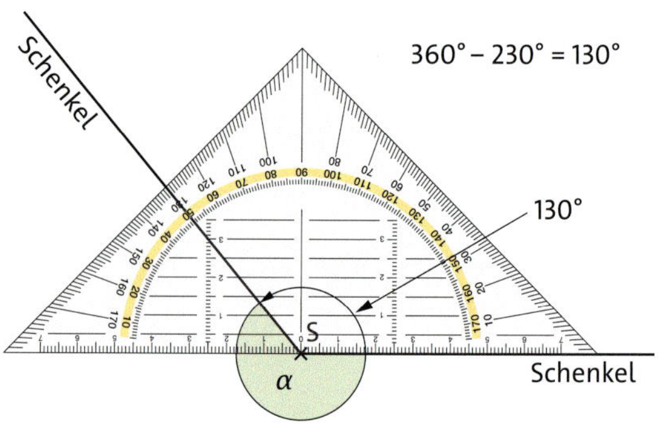

$360° - 230° = 130°$

Badia zeichnet den Winkel 130°. Der Winkel α ist der Winkel, der 130° zum Vollwinkel fehlt.

1 Miss die Winkelgrößen. Miss einmal wie Anton und einmal wie Badia.

a)

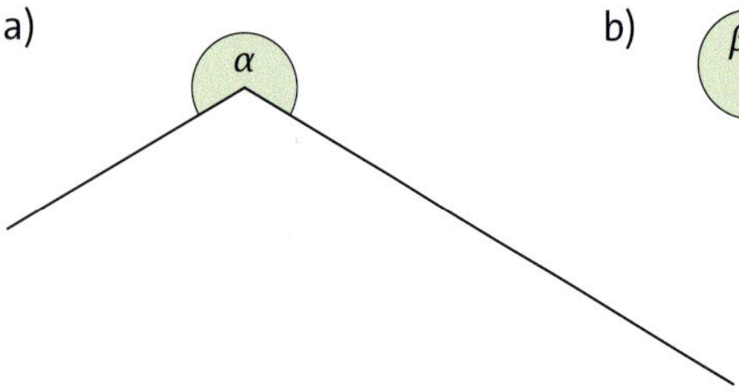

b)

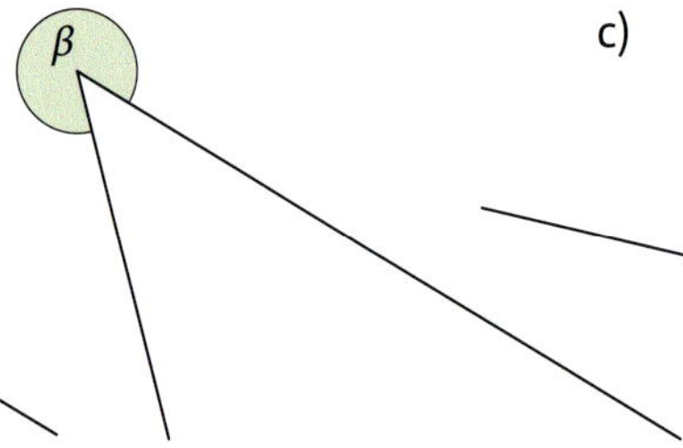

c)

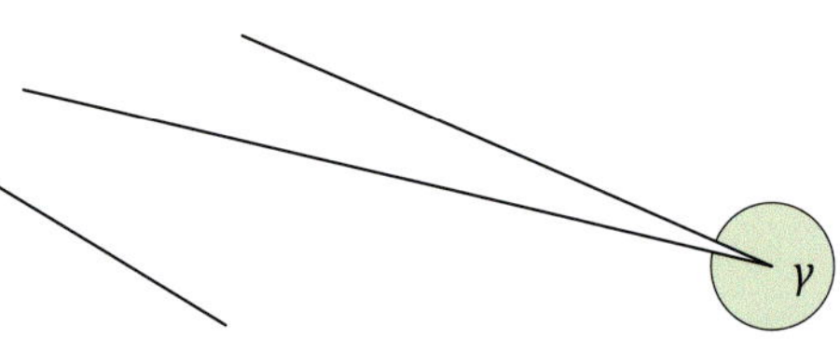

2 Zeichne die Winkel. Zeichne einmal wie Anton und einmal wie Badia.

a) $\alpha = 200°$ b) $\beta = 290°$ c) $\gamma = 340°$

Vermischte Übungen

1 Immer zwei Kärtchen gehören zusammen. Finde sie und bilde das Lösungswort.

- ① gestreckter Winkel
- ② Vollwinkel
- ③ stumpfer Winkel
- ④ spitzer Winkel
- ⑤ überstumpfer Winkel
- ⑥ rechter Winkel

- genau 90° L
- zwischen 180° und 360° E
- zwischen 0° und 90° K
- genau 360° I
- genau 180° W
- zwischen 90° und 180° N

2 Bestimme zuerst die Winkelart und schätze die Winkelgröße. Miss dann genau.

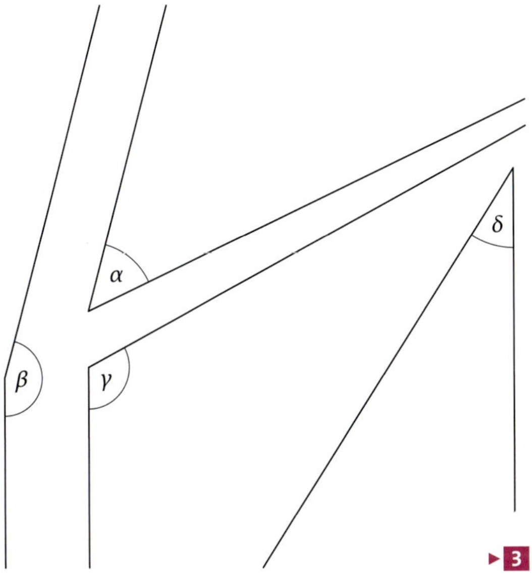

▸ 3

3 Zeichne einen Winkel von 75°.
Beschreibe, wie du vorgegangen bist.
Diese Wörter helfen dir: Geodreieck, Schenkel, Scheitelpunkt, Skala, Winkelbogen

4 Wie gut kannst du schätzen?

a) Skizziere einen Winkel von 40°, das heißt: Zeichne den Winkel ungefähr in der richtigen Größe. Die Skala am Geodreieck darfst du nicht benutzen.
Miss dann deinen Winkel und berechne den Unterschied zu 40°.

b) Einer denkt sich eine Winkelgröße aus. Der andere zeichnet dann den Winkel. Nun prüft ihr, ob die Zeichnung stimmt.

5 Zeichne den Winkel. Bestimme die Winkelart.

a) 45° b) 120° c) 75°
d) 123° e) 10° f) 179°

▸ 5

6 Zeichne den Winkel ab. Wie groß ist β?

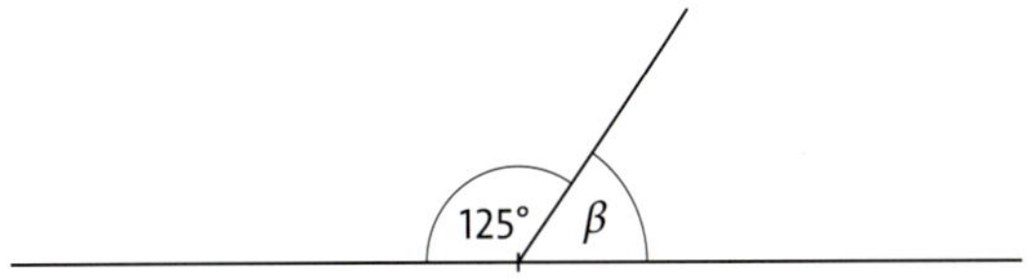

7 Pietro steht auf einem Turm und schaut zuerst in Richtung Schule.
Dann dreht er sich in verschiedene Richtungen. Schreibe auf, was er sieht.

a) Pietro dreht sich um 120° nach rechts.
b) Von dort dreht er sich um 90° nach links.
c) Nun dreht er sich um 150° nach links.

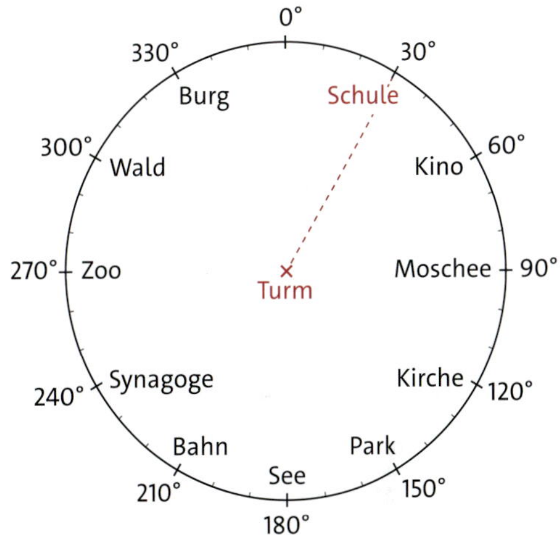

8 Übertrage die Zeichnung in dein Heft. Miss, wie lang die Seiten sind.

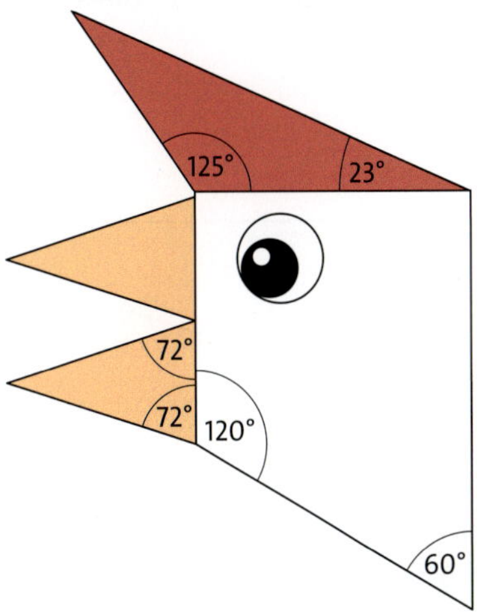

Vermischte Übungen ☒

1 Ordne jedem Winkel seine Größe zu.
Begründe mithilfe der Winkelarten.
Eine Winkelgröße bleibt übrig.

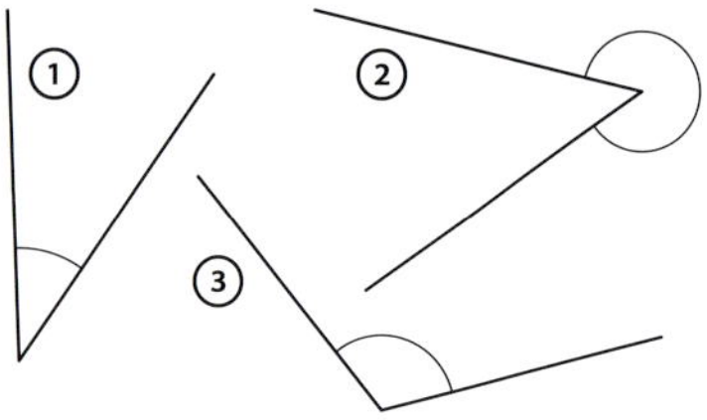

312° | 216° | 37° | 115°

2 Die Winkel α und β gehören zusammen.

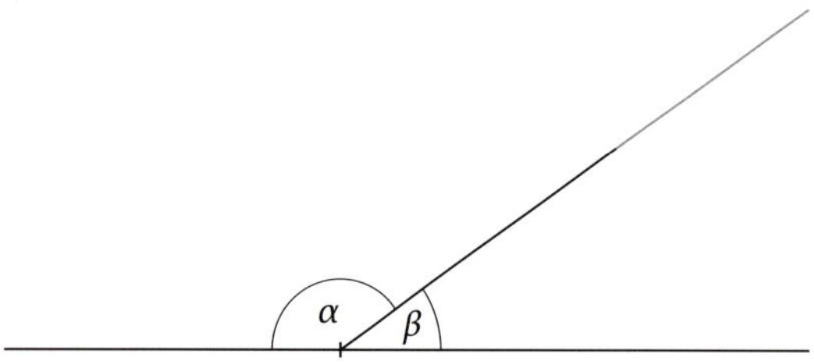

a) Miss die beiden Winkelgrößen.
Wie groß sind beide Winkel zusammen?
Schreibe als Rechnung: $\alpha + \beta =$ ■
b) Der Winkel β soll jetzt 67° betragen.
Wie groß ist dann der Winkel α?
c) Der Winkel α soll ein spitzer Winkel sein.
Bestimme die Winkelart von β. ► 2

3 Übertrage die Tabelle in dein Heft und ergänze drei weitere Zeilen für γ, δ und ε.

Winkel	Winkelart	geschätzte Größe	gemessene Größe
α			
β			

Trage deine Ergebnisse für diese Winkel ein:

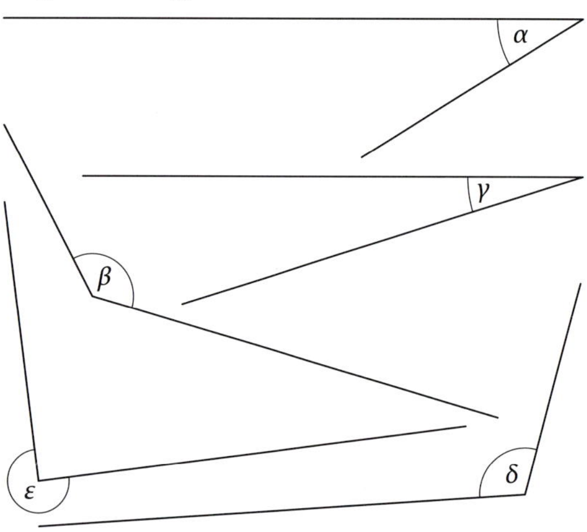

4 Zeichne den Winkel. Bestimme die Winkelart.
a) 35° b) 100° c) 89°
d) 5° e) 155° f) 73° ► 4

5 Schätze verstecken und finden

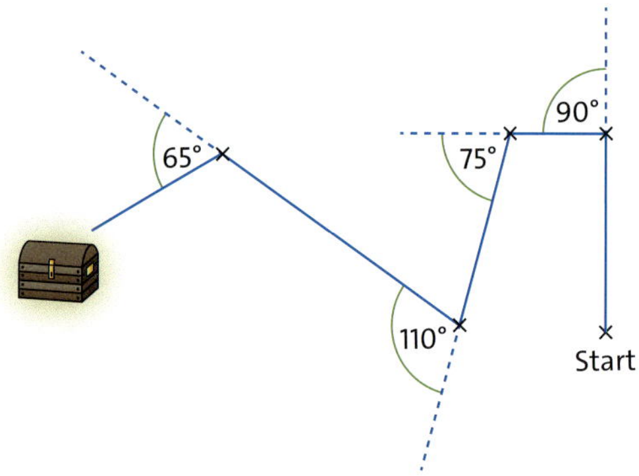

a) Ergänze die Anweisungen zum Versteck.
Gehe vom Start aus 2 cm geradeaus.
Drehe dich um 90° nach links und gehe 1 cm.
Drehe dich um 75° nach ■ und gehe 2 cm.
Drehe dich um ■° nach rechts, gehe 3 cm.
Drehe dich um ■° nach ■. Dort siehst du den Schatz.
b) Denke dir eine eigene Schatzkarte aus und schreibe die Anweisungen auf.
c) Diktiert euch gegenseitig die Anweisungen und zeichnet den Weg zum Schatz. Vergleicht eure Schatzkarten.

6 Auch wenn du geradeaus schaust, kannst du Dinge sehen, die neben dir sind. Der Sehwinkel gibt an, in welchem Bereich du etwas sehen kannst.

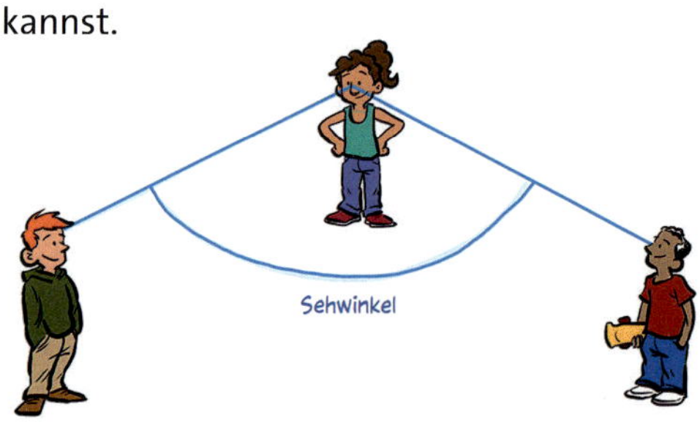

Bestimmt eure Sehwinkel und zeichnet die Sehwinkel auf.
Geht so vor:
Einer von euch stellt sich in die Mitte. Zwei andere stellen sich so rechts und links auf, dass sie gerade noch gesehen werden. Ihr könnt zwischen euch eine lange Schnur spannen, um den Winkel sichtbar zu machen.

Vermischte Übungen ☒

1 Zeichne ein Viereck, das kein Rechteck ist. Die Seiten sollen mindestens 5 cm lang sein.
a) Markiere alle Winkel und benenne sie mit griechischen Buchstaben.
b) Bestimme die Winkelarten.
c) Schätze die Winkelgrößen. Miss dann genau. Um wie viel Grad hast du dich jeweils verschätzt?

2 Betrachte die fünf Winkel.

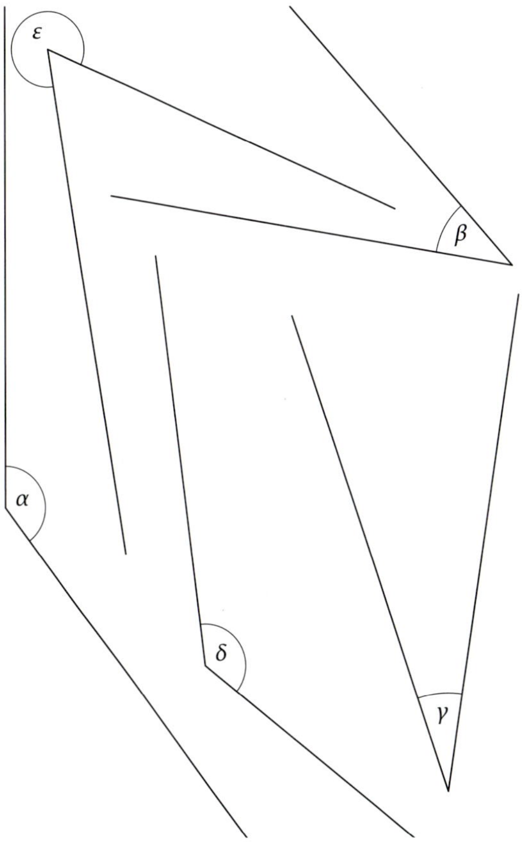

a) Ordne die Winkel nach der Größe, ohne zu messen.
b) Miss alle Winkelgrößen. Stimmt deine Reihenfolge aus Teilaufgabe a)?
c) Zeichne einen Winkel, dessen Größe zwischen α und ε liegt.
d) Zeichne einen Winkel, dessen Größe zwischen β und γ liegt.

3 Zeichne den Winkel und bestimme die Winkelart.
a) 77° b) 138° c) 8° d) 103°
e) Welche Winkel sind für euch einfach zu zeichnen, welche sind schwieriger? Beschreibt eure Schwierigkeiten.

4 Zwei Winkel können direkt nebeneinander liegen.

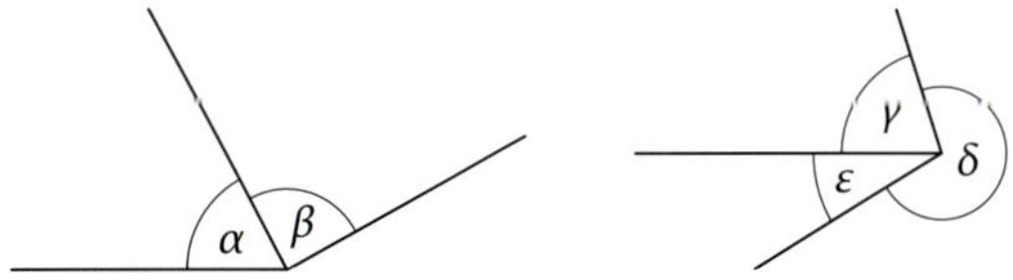

Zeichne …
a) zwei spitze Winkel, die zusammen einen stumpfen Winkel ergeben.
b) einen spitzen Winkel und einen stumpfen Winkel, die zusammen einen überstumpfen Winkel ergeben.
c) drei Winkel, die zusammen einen Vollwinkel ergeben
d) zwei Winkel, die zusammen 170° ergeben. Ein Winkel soll 55° groß sein.

5

Starte beim hohlen Baum und schaue zum großen Stein. Gehe 3 Schritte geradeaus. Drehe dich um 90° nach rechts, gehe 2 Schritte. Drehe dich um 60° nach rechts, gehe 4 Schritte. Drehe dich um 127° nach rechts, gehe 4 Schritte zum Schatz.

Zeichne eine passende Karte. Wo ist man am Ende?

6 Zeichne ein Koordinatensystem. Trage die Punkte ein: A (4|1), B (6|5), C (3|3).
a) Verbinde A mit C und dann C mit B. Es entstehen zwei Winkel. Miss die Winkelgrößen.
b) Verbinde nun A und B. Wie groß sind die vier Winkel, die neu entstanden sind?
c) Finde Punkt D. Wenn du A mit D verbindest und D mit B, dann soll ein rechter Winkel entstehen.

7 Eine 4 m lange Leiter lehnt an einem Haus.
a) Zeichne die Winkel und die Strecke. 1 m im Bild soll in deinem Heft 1 cm lang sein.
b) Wie hoch reicht die Leiter?

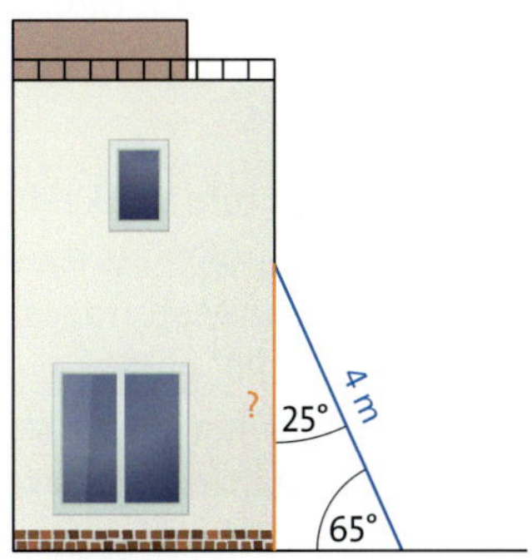

Der tote Winkel

Wenn du mit deinem Fahrrad unterwegs bist, dann stehst du manchmal an Ampeln direkt neben Autos.
Der Fahrer des Autos kann dich aber nicht immer sehen, selbst wenn er in den Außenspiegel schaut.
Der Bereich, in dem der Fahrer dich nicht sieht, heißt der tote Winkel.

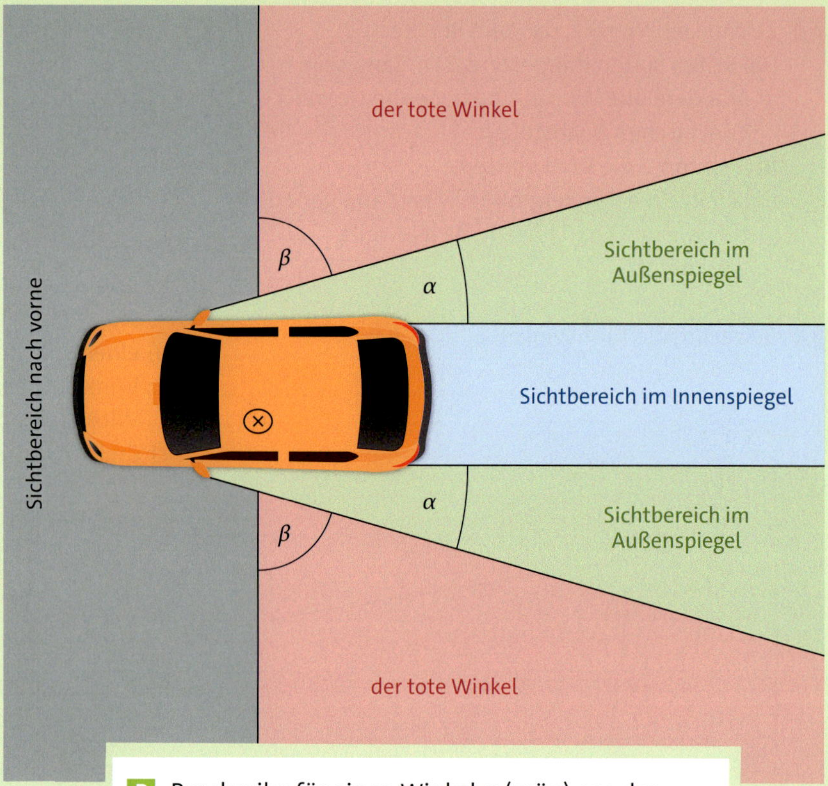

A Ist der tote Winkel
① ein spitzer Winkel,
② ein rechter Winkel oder
③ ein stumpfer Winkel?

B Beschreibe für einen Winkel α (grün), wo der Scheitelpunkt und die beiden Schenkel liegen.

C Miss oben im Bild die Größe des Winkels α und die Größe des toten Winkels β.

D Ein Techniker hat einen neuen Außenspiegel entwickelt. Damit vergrößert sich der Winkel α auf 25°.
Übertrage die Zeichnung in dein Heft.
A steht für den Außenspiegel und F für die Fahrerin.
Zeichne in A den Winkel $\alpha = 25°$.
Trage den toten Winkel β ein.
Miss den toten Winkel β.

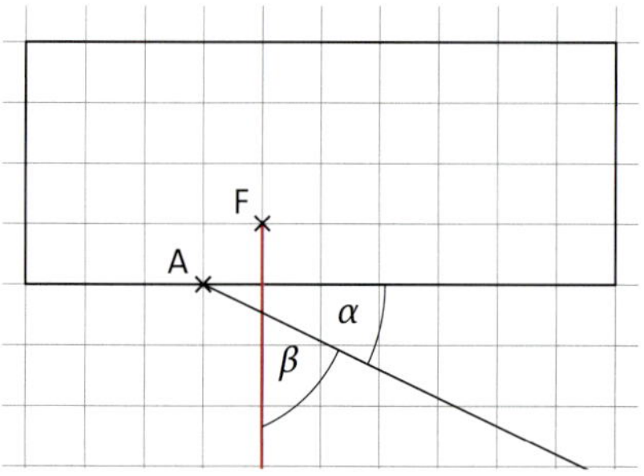

E Der tote Winkel bei einem Motorrad ist größer als bei einem Auto.
Beim Motorrad ist der tote Winkel $\beta = 80°$ groß.
Zeichne eine Skizze für das Motorrad.
Ergänze die Winkel wie in Aufgabe D.

F Bei Frau Stasiaks Auto betrug der tote Winkel 68°. Aber nun ist der rechte Außenspiegel abgebrochen. Wie groß ist der tote Winkel auf der rechten Seite jetzt? Begründe.

Abschlusstest

Niveau 1

1 Bestimme die Winkelarten. Welche drei Winkelarten fehlen?

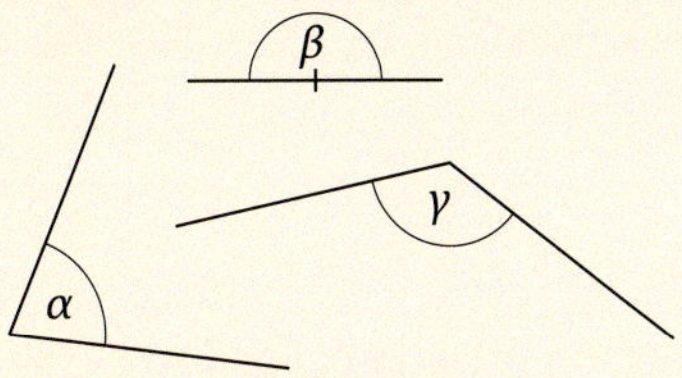

2 Zeichne einen spitzen Winkel und einen stumpfen Winkel.
Gib die genauen Winkelgrößen an.

3 Zeichne einen rechten Winkel. Trage dann eine Halbgerade so ein, dass zwei 45°-Winkel entstehen.

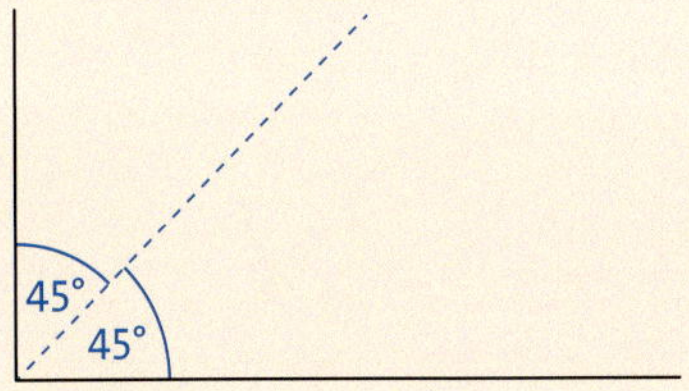

4 Entscheide: Ist der Winkel spitz oder stumpf?
Miss dann die Winkelgröße.

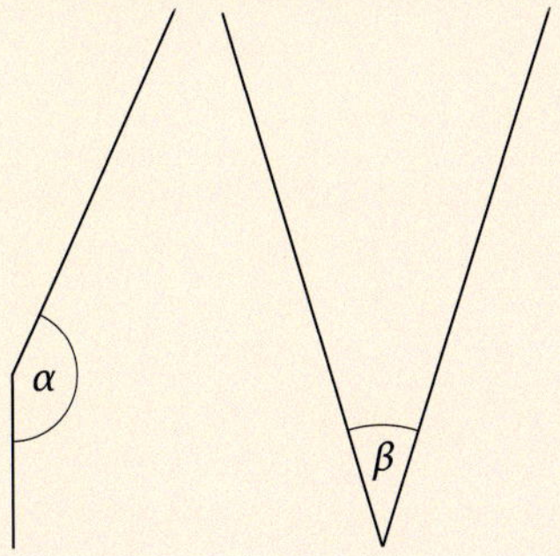

5 Zeichne den Winkel.
a) $\alpha = 30°$
b) $\beta = 75°$
c) $\gamma = 155°$

Niveau 2

1 Bestimme die Winkelarten für die schwarzen und roten Winkel. Welche Winkelarten fehlen?

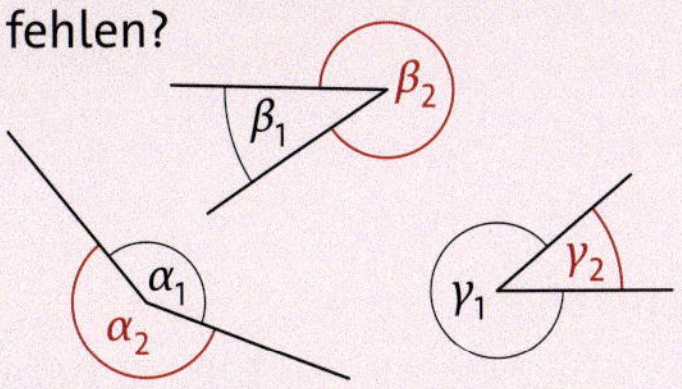

2 Zeichne einen spitzen Winkel, der größer als 50° ist und einen stumpfen Winkel, der kleiner als 120° ist.
Gib die genauen Winkelgrößen an.

3 Zeichne eine 10 cm lange Strecke und einen Punkt S in der Mitte.
Zeichne den Winkel $\beta = 65°$.
Wie groß ist der Winkel α?

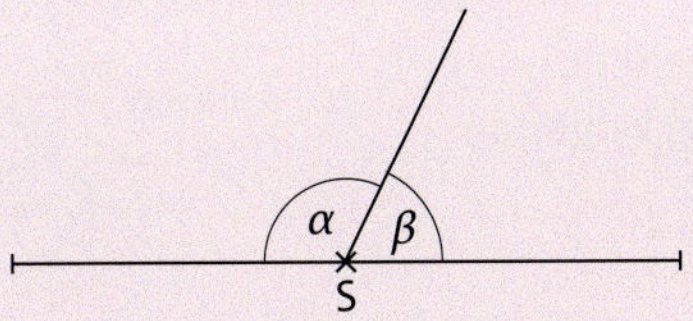

4 Entscheide, ob der Winkel spitz oder stumpf ist.
Miss dann die Winkelgröße.

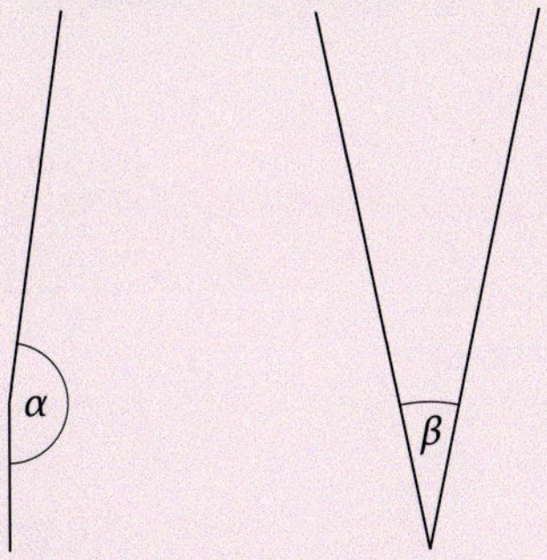

5 Zeichne den Winkel.
a) $\alpha = 83°$
b) $\beta = 148°$
c) $\gamma = 7°$

Niveau 3

1 Sortiere die sechs Winkel nach ihrer Größe ohne zu messen. Bestimme alle Winkelarten. Welche Winkelarten fehlen?

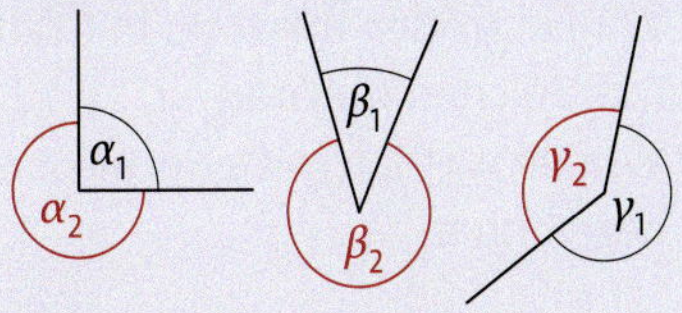

2 Zeichne einen spitzen Winkel, der größer als 86° ist, und einen stumpfen Winkel, der kleiner als 99° ist.
Nenne jeweils noch zwei andere mögliche Winkelgrößen.

3 Zeichne ein 10 cm langes und 4 cm breites Rechteck.
Zeichne den Winkel $\alpha = 55°$ an zwei Stellen ein.
Wie groß ist der Winkel β?

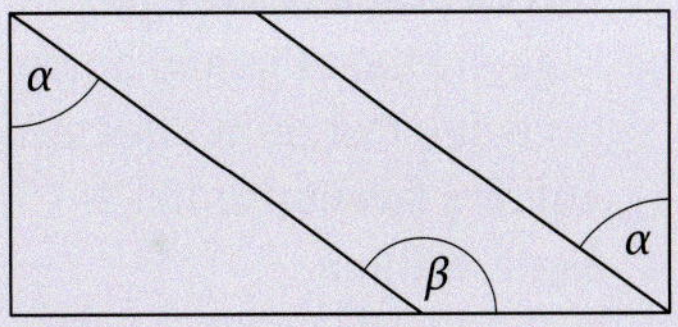

4 Bestimme die Winkelarten.
Miss dann die Winkelgröße.

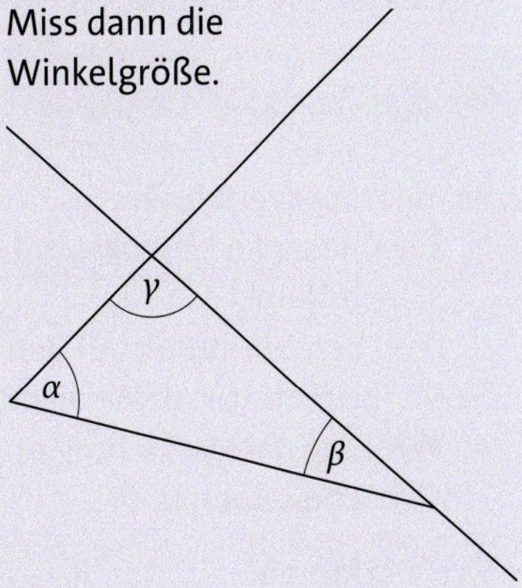

5 Zeichne den Winkel.
a) $\alpha = 92°$
b) $\beta = 185°$
c) $\gamma = 333°$

→ Lösungen auf Seite 245

Winkel und Winkelarten → Seite 84

Ein Winkel ist der Bereich zwischen zwei **Schenkeln**.
Die Schenkel beginnen im **Scheitelpunkt S**.
Du markierst einen Winkel mit einem **Winkelbogen**.
Winkelgrößen misst du in Grad.
Das Zeichen für Grad ist °.
Winkel werden mit griechischen Buchstaben bezeichnet.

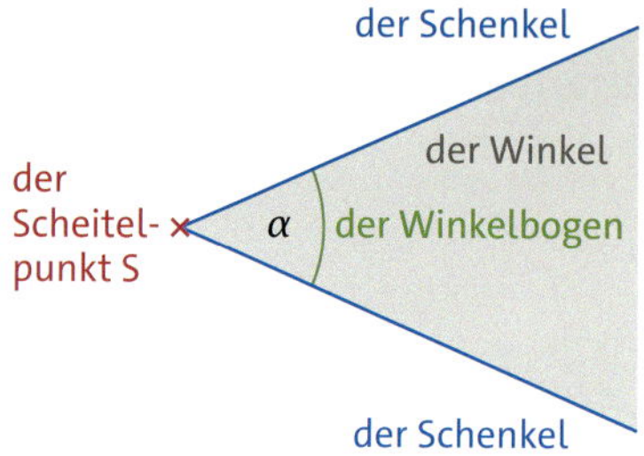

Alpha α, Beta β, Gamma γ, Delta δ, Epsilon ε

Es gibt folgende **Winkelarten:**

spitzer Winkel größer als 0°, kleiner als 90°

rechter Winkel genau 90°

stumpfer Winkel größer als 90°, kleiner als 180°

gestreckter Winkel genau 180°

überstumpfer Winkel größer als 180°, kleiner als 360°

Vollwinkel genau 360°

Winkel messen → Seite 88

1. **Das Geodreieck anlegen**
   Lege die Kante genau an den Schenkel.
   Lege den Nullpunkt des Geodreiecks genau auf den Scheitelpunkt S.
2. **Skala wählen**
   Die richtige Skala beginnt mit 0° am Schenkel.
3. **Ablesen**
   Lies die Winkelgröße ab.

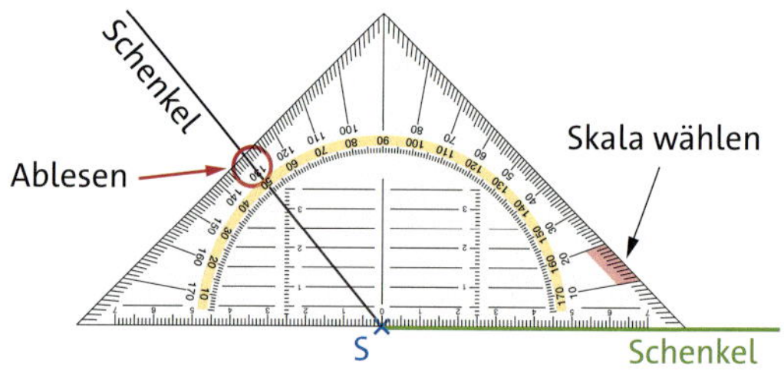

Du verwendest die äußere Skala.
Der Winkel ist 130°.

Winkel zeichnen → Seite 92

Markierungsverfahren

1. Zeichne einen Schenkel mit dem Scheitelpunkt S.
2. Lege den Nullpunkt auf den Scheitelpunkt.
3. Markiere die Gradzahl an der Winkelskala.
4. Verbinde die Markierung und den Scheitelpunkt.

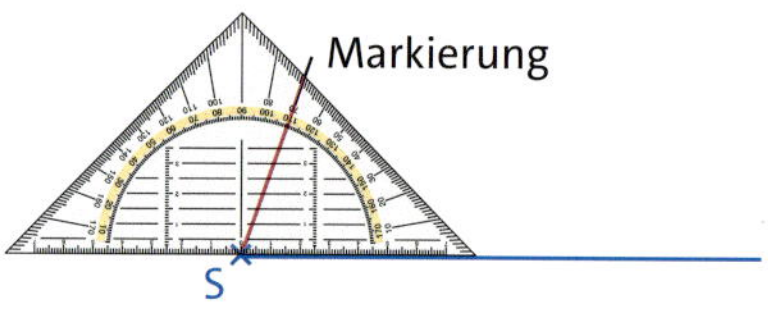

Drehverfahren

1. Zeichne einen Schenkel mit dem Scheitelpunkt S.
2. Lege den Nullpunkt auf den Scheitelpunkt.
3. Drehe das Geodreieck um den Nullpunkt bis zur Gradzahl an der Winkelskala.
4. Zeichne den zweiten Schenkel.

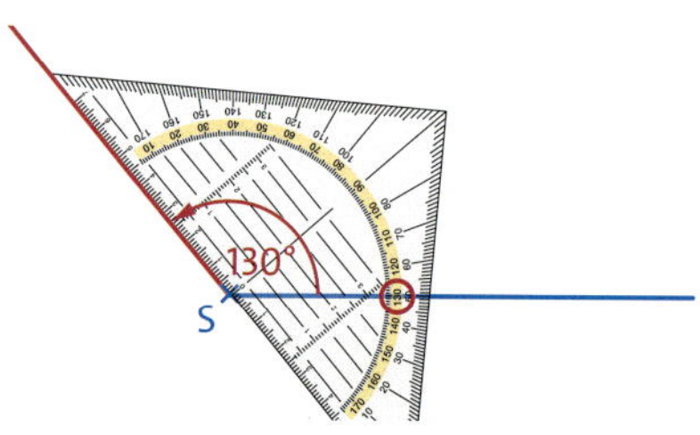

Mit Dezimalzahlen rechnen

5

▶ Auf Preisschildern stehen oft Zahlen mit einem Komma.
Zahlen mit einem Komma heißen **Dezimalzahlen**.

Stell dir vor, du kaufst auf dem Markt Obst und Gemüse.
Nun willst du wissen, wie viel alles zusammen kostet.
Du musst die einzelnen Preise addieren (zusammenrechnen).
Du möchtest auch wissen, wie viel Geld du zurückbekommst.
Was musst du dann rechnen?

In diesem Kapitel lernst du …

- Dezimalzahlen zu addieren,
- Dezimalzahlen zu subtrahieren,
- Dezimalzahlen zu multiplizieren,
- Dezimalzahlen zu dividieren,
- beim Rechnen mit Dezimalzahlen auf das Komma zu achten.

<table>
<tr><th>Kompetenz</th><th>Aufgabe</th><th>Lies und übe:</th></tr>
<tr><td>1 Ich kann im Kopf addieren und subtrahieren.</td><td>

1 Rechne im Kopf.
a) 17 + 26 b) 45 − 19 c) 29 + 49
d) 100 − 23 e) 36 + 64 f) 84 − 63

</td><td>→ Seite 222 Nr. 42, 44</td></tr>
<tr><td>2 Ich kann im Kopf multiplizieren und dividieren.</td><td>

2 Rechne im Kopf.
a) 9 · 6 b) 27 : 9 c) 12 · 4
d) 36 : 4 e) 6 · 15 f) 85 : 5

</td><td>→ Seite 226 Nr. 56, 57</td></tr>
<tr><td>3 Ich kann schriftlich addieren.</td><td>

3 Addiere schriftlich in deinem Heft.

<table>
<tr><td>a)</td><td></td><td>1</td><td>5</td><td>7</td><td></td><td>b)</td><td></td><td>2</td><td>3</td><td>1</td><td>7</td></tr>
<tr><td></td><td>+</td><td>2</td><td>8</td><td>6</td><td></td><td></td><td>+</td><td>1</td><td>3</td><td>4</td><td>5</td></tr>
<tr><td></td><td></td><td></td><td></td><td></td><td></td><td></td><td>+</td><td></td><td>2</td><td>2</td><td>1</td></tr>
</table>

c) 1312 + 187 + 59

</td><td>→ Seite 223 Nr. 45, 46</td></tr>
<tr><td>4 Ich kann schriftlich subtrahieren.</td><td>

4 Subtrahiere schriftlich in deinem Heft.

<table>
<tr><td>a)</td><td></td><td>1</td><td>8</td><td>3</td><td></td><td></td><td>b)</td><td></td><td>4</td><td>1</td><td>2</td></tr>
<tr><td></td><td>−</td><td>1</td><td>2</td><td>6</td><td></td><td></td><td></td><td>−</td><td>2</td><td>2</td><td>5</td></tr>
<tr><td></td><td></td><td></td><td></td><td></td><td></td><td></td><td></td><td>−</td><td></td><td>1</td><td>9</td></tr>
</table>

c) 198 − 103 − 46

</td><td>→ Seite 223 Nr. 47, 48</td></tr>
<tr><td>5 Ich kann schriftlich multiplizieren.</td><td>

5 Multipliziere schriftlich in deinem Heft.

<table>
<tr><td>a)</td><td>7</td><td>6</td><td>·</td><td>1</td><td>6</td></tr>
</table>

b) 119 · 23
c) 54 · 734

</td><td>→ Seite 227 Nr. 62, 63</td></tr>
<tr><td>6 Ich kann schriftlich dividieren.</td><td>

6 Dividiere schriftlich in deinem Heft.

<table>
<tr><td>a)</td><td>1</td><td>8</td><td>9</td><td>:</td><td>9</td><td>=</td><td></td><td></td></tr>
</table>

b) 714 : 14
c) 1164 : 12

</td><td>→ Seite 228 Nr. 64, 65</td></tr>
</table>

Kompetenz	Aufgabe	Lies und übe:

7 Ich kann Dezimalzahlen in der Stellenwerttafel darstellen.

7 Übertrage die Stellenwerttafel ins Heft.
Ergänze die fehlenden Zahlen.
Lies die Zahlen laut vor.

Z	E,	z	h	t	Dezimalzahl
	0,	5			
	,				1,73
	,				23,218
5	3,	0	6		

→ Seite 58;
Seite 61 Nr. 2

---

8 Ich kann Brüche in Dezimalzahlen umrechnen.

8 Rechne den Bruch in eine Dezimalzahl um: Erweitere geschickt oder dividiere den Zähler durch den Nenner.

a) $\frac{4}{5}$ b) $\frac{3}{4}$ c) $\frac{9}{20}$ d) $\frac{3}{8}$

→ Seite 66;
Seite 68
Nr. 1, 2, 6

---

9 Ich kann Dezimalzahlen runden.

9 Runde die Dezimalzahl auf die zweite Stelle nach dem Komma, also auf Hundertstel.

Beispiel 2,755 ≈ 2,76

a) 0,152 b) 1,348 c) 0,7394

→ Seite 62;
Seite 63
Nr. 11, 12

---

10 Ich kann den Flächeninhalt von Rechtecken berechnen.

10 Berechne den Flächeninhalt des Rechtecks.
Rechne Länge mal Breite.

a)
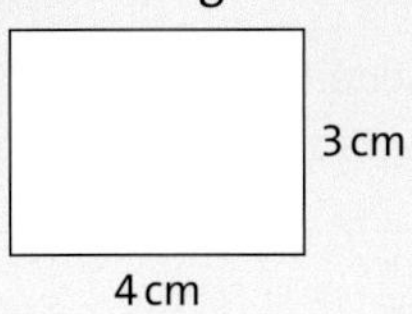

b)
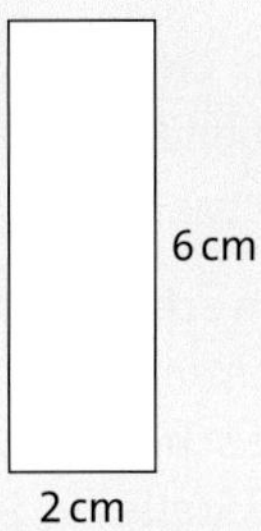

→ Seite 235
Nr. 85

---

11 Ich kann die **Vorrangregeln** anwenden.

11 Berechne. Gib an, welche Vorrangregel du beachten musst: „Punkt vor Strich" oder „Klammern zuerst".

a) $18 - 5 \cdot 3$ b) $19 - (13 - 11)$
c) $4 \cdot (7 + 3)$ d) $18 : 3 + 6$

→ Seite 229
Nr. 68, 69

---

12 Ich kann Sachaufgaben lösen.

12 Lisa, Jule, Tom und Sven kaufen zusammen ein Geschenk.
Jedes Kind bezahlt 10 €.

a) Wie viel kostet das Geschenk?
b) Pia möchte sich auch an dem Geschenk beteiligen.
Wie viel muss nun jeder bezahlen?

→ Seite 229
Nr. 70
→ Seite 230
Nr. 72, 73

→ Lösungen auf Seite 246

Dezimalzahlen addieren und subtrahieren

Max und Julie waren für ihre Oma einkaufen.
Zu Hause fragt ihre Oma:
„Wie viel Geld habt ihr bezahlt?“
Leider ist vom Kassenzettel ein Stück abgerissen.
Julie hat die Idee: „Wir können das ja nachrechnen. Ich rechne schriftlich.“
Max hilft Julie und fertigt einen **Überschlag** an.
Er rundet auf volle Euro: 4 € + 1 € + 1 € = 6 €
Jetzt kennen sie das ungefähre Ergebnis.

der Kassenzettel

Meine Drogerie

Waschmittel	4,49 €
Deo-Roller	1,25 €
Taschentücher	0,95 €
TOTAL	

Wenn die Dezimalzahlen unterschiedlich viele Stellen nach dem Komma haben, dann ergänze leere Stellen mit Nullen. Beispiel: 1,79 + 2,8
Rechne:
1,79
+ 2,80

W **Dezimalzahlen schriftlich addieren**

1. Schreibe die Dezimalzahlen untereinander. Schreibe Komma unter Komma.
2. Addiere schriftlich. Beginne rechts und addiere Stelle für Stelle. Wenn die Summe 10 oder größer wird, dann denke an den Übertrag.
3. Setze auch im Ergebnis das Komma.

Aufgabe: 4,49 € + 1,25 € + 0,95 €

	Z	E,	z	h	t
		4,	4	9	
+		1,	2	5	
+		0,	9	5	
		1	1		
		6,	6	9	

Der Einkauf kostete 6,69 €.

▶ Aufgabe Akram kauft Saft für 0,95 € und Brot für 2,90 €.
Wie viel muss er bezahlen? ▶1 ▶1 ▶1

Die Oma gab Max und Julie einen 20-€-Schein. Der Einkauf kostete 6,69 €.
Wie viel Geld geben Max und Julie der Oma zurück?

Überschlag:
20 € – 13 € = 7 €

W **Dezimalzahlen schriftlich subtrahieren**

1. Schreibe Komma unter Komma.
2. Subtrahiere schriftlich. Beginne rechts und subtrahiere Stelle für Stelle. Denke an den Übertrag.
3. Setze auch im Ergebnis das Komma.

Aufgabe: 20,00 € – 6,69 €

	Z	E,	z	h	t
	2	0,	0	0	
–		6,	6	9	
	1	1	1		
	1	3,	3	1	

Die Oma bekommt 13,31 € zurück.

▶ Aufgabe Emre hat einen 5-€-Schein. Er kauft eine Packung Kaugummis für 1,49 €.
Wie viel Geld bekommt er zurück? ▶4 ▶3 ▶2

Dezimalzahlen mit gleich vielen Stellen nach dem Komma kannst du auch **im Kopf addieren oder subtrahieren**: 3,6 + 2,8 = ?

1. Weg	2. Weg
36 + 28 = 64, also 3,6 + 2,8 = 6,4	3,6 + 2,8 = (3 + 2) + (0,6 + 0,8) = 5 + 1,4 = 6,4

▶6 ▶5 ▶4

1 Schreibe die Aufgabe in dein Heft.
Überschlage zuerst. Addiere dann.

		H	Z	E,	z	h	t		
a)		1	2	3,	2	5			
	+		4	6,	7	8			
b)		2	6	7,	8	2			
	+	5	2	3,	9	7			

2 Bringt selbst Kassenzettel mit. Stellt euch gegenseitig Aufgaben, bei denen ihr zwei Preise addiert. Rechnet nach.

3 Addiere schriftlich.
Schreibe Komma unter Komma.
a) 123,5 + 45,6 b) 18,32 + 54,87
c) 5,305 + 12,431 d) 12,65 + 1,22 + 8,8

4 Schreibe die Aufgabe in dein Heft.
Überschlage zuerst. Subtrahiere dann.

		H	Z	E,	z	h	t		
a)		2	3	9,	0	5			
	–	1	7	4,	1	8			
b)		9	0	7,	7	8	3		
	–	1	4	1,	3	4	2		

5 Subtrahiere schriftlich.
Schreibe Komma unter Komma.
a) 20,61 – 13,57 b) 50,54 – 29,16
c) 4,556 – 2,323 d) 17,902 – 5,75 ▸ 5

6 Addiere im Kopf.
a) 1,4 + 6,2 b) 2,7 + 4,5
c) 0,5 + 0,4 d) 1,2 + 6

7 Subtrahiere im Kopf.
Beispiel 5,3 – 3,2
53 – 32 = 21 oder (5 – 3) + (0,3 – 0,2), also
= 5,3 – 3,2 = 2,1 2 + 0,1 = 2,1
a) 12,8 – 5,6 b) 20,9 – 10,7
c) 5,7 – 5,3 d) 4,9 – 4,4

8 Übertrage die Zahlenmauer in dein Heft und fülle sie aus. Addiere dazu die Zahlen.

8,6	1,25	7,3

▸ 7

9 Wähle jeweils eine blaue und eine gelbe Karte.
12,5 35,76 5,12 243,8
534,81 0,15 0,67 71,89
a) Bilde mit beiden Karten eine Additions-Aufgabe. Berechne das Ergebnis.
b) Bilde eine Subtraktions-Aufgabe. Rechne blau minus gelb.
c) Finde weitere vier Additions-Aufgaben und vier Subtraktions-Aufgaben.

10 Esra hat 40 €. Sie möchte fünf Dinge kaufen.

die Ohrenwärmer	12,45 €
die Handschuhe	7,55 €
der Taschenwärmer	1,49 €
die Mütze	11,35 €
die dicken Socken	3,79 €

a) Wie viel kostet alles zusammen?
b) Wie viel Geld bleibt übrig?

11 Arib fliegt mit seiner Mutter nach Marokko. Das Gepäck wiegt:

leerer Koffer (4,1 kg)
Kleidung und Schuhe (15,14 kg)
Kulturbeutel (2,89 kg)
Bücher (1,87 kg)
Süßigkeiten (0,5 kg)

a) Wie schwer ist das Gepäck insgesamt?
b) Das Gepäck darf nicht schwerer als 23 kg sein. Was kann Arib herausnehmen?

12 Rechengeschichten sind kurze Geschichten, die zu einer Rechnung passen.
① 30 € – 12,99 € – 5,50 €
② 2,75 € + 2,75 € + 3,99 € + 1,59 €
a) Erfinde zu jeder Rechnung eine Rechengeschichte.
b) Löse deine Aufgabe. Schreibe einen Antwortsatz.

1 Schreibe die Aufgabe ins Heft. Überschlage zuerst das Ergebnis. Addiere dann schriftlich.

a)		1	9	6,	7	6			
	+		5	0,	3	7			

b) 198,254
+ 213,087

c) 72,901
+ 357,24
+ 39,6

2 Addiere schriftlich. Schreibe die Zahlen untereinander. Schreibe Komma unter Komma.
a) 84,92 + 92,38 b) 402,8 + 77,05 + 54,90
c) 7,003 + 105,7 + 89,302 + 2,95

3 Schreibe die Aufgabe ins Heft. Überschlage das Ergebnis. Subtrahiere dann schriftlich.

a)		1	4	7,	9	7			
	–		2	1,	2	4			

b) 503,716
– 353,215

c) 772,90
– 93,076
– 106,3

4 Zwei der fünf Aufgaben sind falsch. Finde die Fehler. Korrigiere sie im Heft.
a) 32,5 – 13,57 = 18,93
b) 29,16 – 12,23 = 16,89
c) 300 – 57,98 = 242,02
d) 100 – 25,8 – 13,7 = 60,5
e) 250,45 – 50,62 – 12,57 = 187,36 ▶ 4

5 ▼ Berechne im Kopf.
a) 1,5 + 0,5 b) 9,2 + 9,5
c) 5,8 + 12,6 d) 3,3 + 7,7
e) 18,7 – 4,6 f) 14,5 – 4,5
g) 15,6 – 1,8 h) 29,1 – 19,8

6 Fülle die Zahlenmauer im Heft aus. Addiere die Zahlen.

	45,4	
3,56	12,91	

7 Simon kauft ein:

Wasser	3 kg
Butter	0,250 kg
Äpfel	4,067 kg
Käse	0,624 kg
Waschmittel	2,5 kg
Schokolade	0,200 kg

Simons Fahrradkorb kann 11 kg tragen.
Im Fahrradkorb liegt ein 0,5 kg schwerer Ball.
a) Kann Simon alles im Fahrradkorb transportieren?
b) Simon isst die Schokolade gleich vor dem Supermarkt. Passt es jetzt? ▶ 6

8 Bei den Olympischen Spielen im Geräteturnen steht die Punkteverteilung nach 5 Geräten fest. Als Letztes kommen dann noch die Punkte für das Reck hinzu.
Gib an, wer Gold, wer Silber und wer Bronze gewonnen hat.

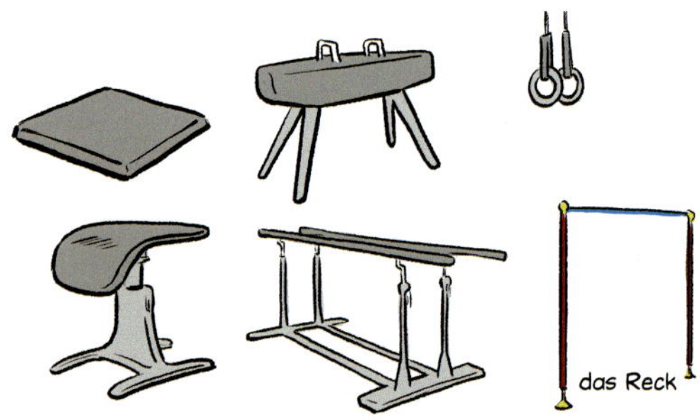

Name	Gerät 1–5	Reck
Köhei Uchimura	77,090	15,600
Marcel Nguyen	75,831	15,200
Nikolai Kuksenkow	75,366	15,066
David Beljawski	75,231	15,066
Danell Leyva	74,998	15,700

9 Schreibe eine passende Rechengeschichte. Berechne das Ergebnis.
a) 12,25 € + 12,25 € + 34,99 €
b) 1235 € – 560,50 € – 38,45 €
c) Denke dir eine Rechnung aus und lass deinen Partner eine Geschichte dazu schreiben. Überprüfe, ob die Geschichte passt. Löse die Aufgabe.

Wenn du die Ergebnisse von **5** in die richtige Reihenfolge bringst, dann ergibt sich eine Fischart.
2 (K); 9,3 (U); 10 (J); 11 (E); 13,8 (A); 14,1 (L); 18,4 (B); 18,7 (A)

1 Überschlage zuerst. Addiere dann.

a) 27,34 + 9,12

b) 143,85 + 2,345

c) 8,78 + 12,437 + 35,01

d) 0,254 + 27,015 + 1,2

e) 305,05 + 123,149 + 7,05 + 12,004

f) 0,035 + 30,724 + 8,9 + 256,55

2 Überschlage zuerst. Subtrahiere dann.

a) 76,95 − 25,63

b) 218,39 − 72,018

c) 35,87 − 9,28 − 18,56

d) 100,5 − 23,85 − 45,908

e) 35,76 − 12,4 − 5,87 − 2,76

f) 910,4 − 54,72 − 743,98 − 12,074

3 Ergänze die fehlenden Zahlen im Heft.

a) 31□,76 − 58,□1 (Übertrag: □□1) = 2□7,85

b) □25,□8 − 183,19 (Übertrag: □ □) = 7□2,4□

c) 798,25□ − □13,□27 − 3□,560 (Übertrag: □11) = 150,6□7

d) Jede und jeder entwirft eine Subtraktions-Aufgabe mit Lücken. Tauscht dann eure Aufgaben und löst sie. Kontrolliert euch gegenseitig.

4 Übertrage die Tabelle ins Heft und fülle sie aus. Berechne möglichst viele Aufgaben im Kopf.

+	9,3	7,5	2,34	
3,8				15,89
		12		
2,91				

5 Löse die Zahlenmauer in deinem Heft. Addiere.

a)

317,08			
12,19		243,6	15,92

b) Erfinde selbst eine solche Zahlenmauer.

6 Rechne zuerst in die größte gegebene Einheit um und addiere dann.

a) 54 € 40 ct + 205 € 71 ct

b) 325 km 705 m + 793 km 105 m

c) 19 t 568 kg + 1 t 74 kg + 9 kg + 906 kg

d) 4 kg 283 g + 304 kg 602 g + 6 kg 8 g

7 Bei den Olympischen Spielen im Rodeln fahren die Rodler viermal. Die vier Zeiten werden addiert.

Armin Zöggeler				
	52,506 s	52,387 s	51,910 s	51,994 s
Semen Pawlitschenko				
	52,660 s	52,593 s	51,928 s	52,255 s
Felix Loch				
	52,185 s	51,964 s	51,613 s	51,764 s
Albert Demtschenko				
	52,170 s	52,273 s	51,707 s	51,852 s
Dominik Fischnaller				
	52,729 s	52,540 s	52,007 s	52,203 s
Andi Langenhan				
	52,707 s	52,480 s	52,073 s	52,095 s

a) Wer hat am Ende welchen Platz belegt?

b) Wie viele Sekunden liegen zwischen dem 1. und dem 2. Platz? Wie viele Sekunden liegen zwischen dem 2. und dem 3. Platz?

8 Leon will einen Brief mit Fotos per Post an seine Oma schicken. Sein Brief besteht aus:

Briefpapier 4,38 g
Fotos 11,247 g
Briefumschlag 4,8 g

Das Porto kostet:

bis 20 g	→ 0,70 €
bis 50 g	→ 0,85 €
bis 500 g	→ 1,45 €

a) Wie viel muss Leon bezahlen?

b) Wie viel Gramm kann Leon noch hinzufügen, ohne mehr zu zahlen?

c) Ein Foto wiegt 3,479 g. Wie viele Fotos kann Leon noch in den Umschlag stecken?

Wenn du die Ergebnisse von **2** in die richtige Reihenfolge bringst, dann ergibt sich ein Lösungswort.
8,03 (I); 14,73 (E); 30,742 (L); 51,32 (T); 99,626 (R); 146,372 (E)

Dezimalzahlen multiplizieren

Die Geschwister Lisa, Mark und Robin streiten sich, wer das größte Zimmer hat. Jetzt wollen sie genau berechnen, wie groß die Zimmer sind.
Alle Zimmer sind rechteckig. Also erhalten sie den Flächeninhalt, indem sie die Länge mit der Breite multiplizieren.
Für die Kammer ist der Flächeninhalt
1 m · 2 m = 2 m².

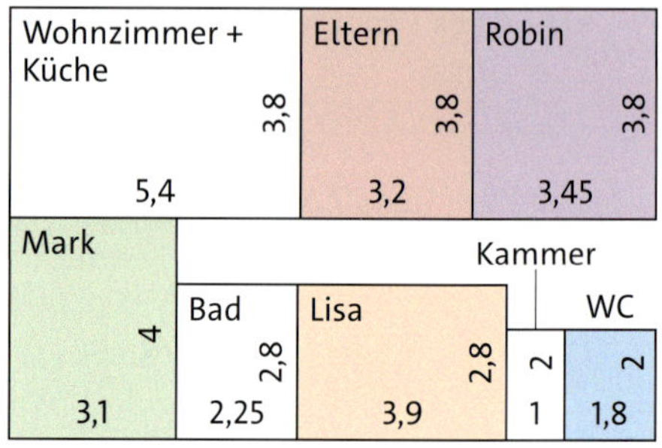

Fachbegriff bei der Multiplikation:
1. Faktor 2. Faktor
3,45 · 3,8

W

Dezimalzahlen multiplizieren
1. Multipliziere die Zahlen schriftlich, ohne das Komma zu beachten.
2. Zähle bei beiden Faktoren, wie viele Stellen nach dem Komma stehen.
3. Setze das Komma im Ergebnis: Das Ergebnis hat so viele Stellen nach dem Komma, wie beide Faktoren zusammen. Achtung, zähle Nullen am Ende mit.

Lisas Zimmer:
1 Stelle + 1 Stelle

3,	9	·	2,	8
		7	8	
		3	1	2
	1			
	1	0,	9	2

= 2 Stellen

Robins Zimmer:
2 Stellen + 1 Stelle

3,	4	5	·	3,	8
	1	0	3	5	
		2	7	6	0
		1	1		
	1	3,	1	1	0

= 3 Stellen

Lisas Zimmer ist 10,92 m² groß.
Robins Zimmer ist 13,11 m² groß.

▶ **Aufgabe** Das Elternzimmer ist 3,2 m lang und 3,8 m breit.
Berechne den Flächeninhalt. ▸1 ▸1 ▸1

Einfache **Dezimalzahlen** kannst du auch **im Kopf multiplizieren.**
Mark kann 3,1 · 4 im Kopf berechnen. Mark rechnet: 31 · 4 = 124
Das Ergebnis muss 1 Stelle nach dem Komma haben: 3,1 · 4 = 12,4 (1 Stelle, 1 Stelle)
Marks Zimmer ist 12,4 m² groß.

▶ **Aufgabe** Das WC ist 1,8 m breit und 2 m lang.
Berechne den Flächeninhalt. ▸5 ▸5 ▸6

Stufenzahlen sind:
10
100
1000
10 000

W

Dezimalzahlen mit Stufenzahlen multiplizieren
Verschiebe das Komma für jede Null der Stufenzahl um eine Stelle nach rechts.
In der Stellenwerttafel erkennst du, warum das gilt.

10 hat eine Null, also Komma 1 nach rechts.

3,45 · 10 = 34,5
3,45 · 100 = 345
3,45 · 1000 = 3450

	T	H	Z	E,	z	h
				3,	4	5
3,45 · 10 =			3	4,	5	
3,45 · 100 =		3	4	5		
3,45 · 1000 =	3	4	5	0		

·10 ·100 ·1000

Wenn du mit einer Stufenzahl multiplizierst, dann wird die Zahl größer.

▶ **Aufgabe** Berechne: a) 4,67 · 10 b) 7,8 · 100 c) 0,62 · 100 ▸8 ▸8 ▸7

1 Übertrage die Rechnung in dein Heft.
Setze das Komma im Ergebnis.

a) 2,35 · 3
705

b) 42,7 · 5
2135

c) 3,45 · 4
1380

2 Übertrage. Setze das Komma im Ergebnis.
a) 20,3 · 321,4 = 652442
b) 1,15 · 2,29 = 26335
c) 13,22 · 0,03 = 3966

3 Multipliziere schriftlich.
a) 2,3 · 1,5 b) 1,2 · 1,6
c) 5,2 · 3,4 d) 10,6 · 2,22
e) 6,25 · 2,1 f) 14,13 · 5,5
g) 3,41 · 2,36 h) 6,24 · 6,53

4 Multipliziere schriftlich. Setze das Komma im Ergebnis. Zähle die Nullen am Ende mit.
a) 2,34 · 5 b) 3,25 · 4 c) 0,25 · 8
d) 0,06 · 2,5 e) 11,2 · 5 f) 4,05 · 3,22 ▸5

5 Berechne zuerst die obere Aufgabe.
Nutze das Ergebnis für die Aufgaben darunter:
Überlege gut, wo du das Komma setzt.
Beispiel 4 · 6 = 24
0,4 · 0,6 = 0,24
1 + 1 = 2 Stellen nach dem Komma

a) 5 · 7
0,5 · 0,7
0,05 · 0,7

b) 6 · 8
0,6 · 0,8
0,06 · 0,08

c) 12 · 5
1,2 · 0,5
0,12 · 0,5

6 Multipliziere im Kopf.
a) 2,1 · 3 b) 1,3 · 3 c) 1,1 · 7
d) 0,6 · 6 e) 4 · 0,7 f) 0,5 · 0,3

7 Immer zwei Aufgaben haben dasselbe Ergebnis.
Finde die vier Paare.
Erkläre, wie du vorgegangen bist.

1,2 · 0,2 | 0,9 · 0,02 | 11,5 · 0,03
0,09 · 0,02 | 0,12 · 2 | 0,9 · 0,002
0,009 · 2 | 1,15 · 0,3

▸8

8 Multipliziere im Heft: Zähle zuerst die Nullen der Stufenzahl. Verschiebe dann das Komma.
a) 2,27 · 10 b) 6,287 · 10
c) 4,125 · 100 d) 2,58 · 100
e) 1,0934 · 1000 f) 0,143 · 10

9 Multipliziere im Heft: Verschiebe das Komma.
Fülle fehlende Stellen mit Nullen.
Beispiel 1,23 · 1000 = 1230
a) 5,37 · 1000 b) 2,71 · 1000
c) 4,1 · 100 d) 6,5 · 1000

10 Multipliziere im Kopf mit der Stufenzahl.
a) 10 · 3,06 b) 100 · 11,6
c) 100 · 2,6 d) 1000 · 0,0002
e) 10 · 12,27 f) 0,004 · 10

11 Tina kauft für die Schule ein.
Berechne jeweils den Preis.
a) vier Schnellhefter für je 1,20 €
b) fünf Hefte für je 0,99 €
c) drei Tintenkiller für je 0,75 €
d) sechs Bleistifte für je 0,55 € ▸11

12 Die Größe von Bildschirmen wird in Zoll gemessen. 1 Zoll entspricht 2,54 cm.

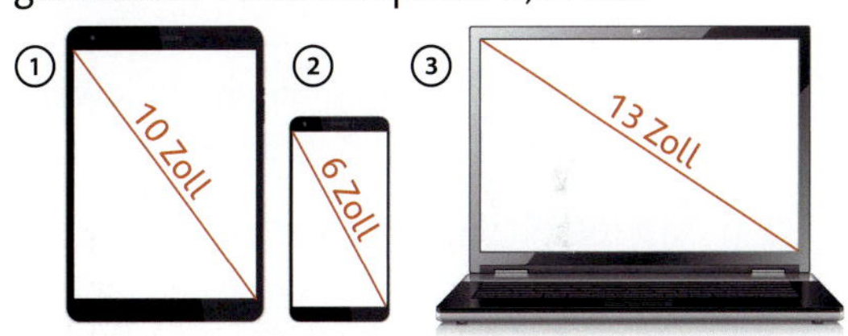

Berechne die Längen in Zentimetern (cm).
Beispiel 3 Zoll entsprechen 3 · 2,54 cm.
Du darfst die Faktoren vertauschen.

2,	5	4	·	3
		7,	6	2

13 Marie geht mit ihren 4 Freundinnen ins Kino. Eine Kinokarte kostet 6,50 €. Wie viel bezahlen die 5 Freundinnen zusammen?

14 Emir fuhr mit seinen Eltern in die Türkei.
Sie hatten 650 türkische Lira dabei.
1 türkische Lira war so viel wert wie 0,16 €.
Wie viele Euro waren die 650 türkischen Lira wert?

Wenn du die Ergebnisse von **3** in die richtige Reihenfolge bringst, dann ergibt sich ein Lösungswort:
1,92 (A); 3,45 (F); 8,0476 (E); 13,125 (O); 17,68 (K); 23,532 (T); 40,7472 (N); 77,715 (R)

1 Nutze das Ergebnis der Rechnung
123 · 456 = 56 088.
Setze im Heft das Komma an die richtige Stelle.

a) 12,3 · 456 b) 123 · 4,56
c) 1,23 · 45,6 d) 1,23 · 4,56
e) 1,23 · 0,456 f) 0,123 · 4,56

2 Multipliziere schriftlich.

a) 3,6 · 0,4 b) 9,2 · 2,7
c) 20,5 · 4,31 d) 4,75 · 8,3
e) 42,91 · 7,08 f) 0,37 · 0,1081

3 Multipliziere. Zähle die Nullen im Ergebnis mit.

·	4	0,2	2,8	12,6
4,5				
7,5				
9,35				

4 Finde die Fehler. Erkläre und korrigiere die Fehler dann in deinem Heft.

a) 12,5 · 3
375

b) 2,33 · 0,3
000
699
6,99

c) 5,24 · 1,5
524
2620
0,636

► 6

5 Berechne. Schaffst du das, indem du jeweils nur eine Aufgabe rechnest? Begründe.

a) 0,8 · 9
0,8 · 0,9
0,08 · 0,9

b) 15 · 0,8
0,15 · 0,8
0,15 · 0,08

c) 12 · 1,5
1,2 · 1,5
0,12 · 0,15

6 Multipliziere im Kopf.

a) 0,5 · 0,9 b) 0,7 · 0,8 c) 0,9 · 0,06
d) 0,07 · 0,04 e) 1,5 · 0,03 f) 11 · 0,8

7 Immer zwei Aufgaben haben das gleiche Ergebnis. Finde sie. Beschreibe dein Vorgehen.

12,4 · 0,003 2,2 · 3 0,22 · 3
2,2 · 0,3 1,24 · 0,3 1,24 · 0,03
12,4 · 0,03 22 · 0,3

► 7

8 Multipliziere im Heft: Verschiebe dazu das Komma. Fülle fehlende Stellen mit Nullen.
Beispiel 1,56 · 10 000 = 15 600

a) 3,37 · 10 b) 2,45 · 100
c) 8,6 · 100 d) 1,027 · 10 000
e) 1000 · 0,067 f) 10 000 · 0,054

9 Multipliziere im Kopf.

a) 2,04 · 10 b) 1000 · 0,009
c) 32,64 · 10 d) 22,93 · 1000
e) 100 · 13,9 f) 1000 · 0,0007

10 Ein Verein kauft für die Jugend-Mannschaft 14 neue Bälle. Ein Ball kostet 12,73 €. Wie viel muss der Verein bezahlen?

► 11

11 Am Wandertag fährt die 6 b in den Tierpark. Für alle 29 Kinder zusammen kostet das 67 €. Der Klassenlehrer sammelt von jedem 2,40 € ein. Reicht das Geld oder braucht der Lehrer noch Geld aus der Klassenkasse?

12 Ali war im Urlaub in den USA und hat sich Basketball-Schuhe für 154,99 $ gekauft. 1 $ (US-Dollar) entsprach zu der Zeit 0,88 €. Milos hat in Kanada die Schuhe für 199,99 CAD (kanadische Dollar) gekauft. 1 CAD entsprach zu der Zeit 0,67 €. Schätze zuerst, wer die Schuhe günstiger gekauft hat. Berechne dann genau.

13 In den USA wird die Geschwindigkeit in Meilen pro Stunde (mph) angegeben. 1 mph entspricht etwa 1,61 $\frac{km}{h}$. Wie schnell fährt das Auto? Gib in $\frac{km}{h}$ an.

14 ▼ Mona möchte in ihrem Zimmer **Laminat** auslegen. 1 m² Laminat kostet 11,75 €. Berechne die Kosten.

3,24 m

4,50 m

Sprachhilfe zu **14**: **Laminat** besteht aus einzelnen Platten, die auf dem Boden verlegt werden können. Laminat sieht häufig so aus wie ein Fußboden aus Holz.

1 Multipliziere die beiden Dezimalzahlen.
a) $9{,}7 \cdot 0{,}6$ b) $3{,}8 \cdot 5{,}7$
c) $12{,}04 \cdot 6{,}5$ d) $9{,}40 \cdot 4{,}8$
e) $103{,}4 \cdot 7{,}02$ f) $0{,}059 \cdot 0{,}89$

2 Multipliziere die Zahlen in der Zahlenmauer.

12,05	4,8	13,6

3 Berichtige die Fehler im Heft.
Erkläre, wie die Fehler passiert sind.

Tom:							
1,	2	5	·	0,	0	3	3
				3	7	5	
					3	7	5
					1		
	0,	0	0	4	1	2	5

Valentin:					
2,	0	8	·	1,	3
		2	0	8	
			6	2	4
			1		
		2	7	0,	4

Lisa:									
0,	3	5	·	8	=	0,	2	8	0

4 Schreibe ab. Setze in der grünen Zahl das fehlende Komma. Ergänze Nullen, falls notwendig.
a) $102 \cdot 5{,}2 = 5{,}304$
b) $2{,}03 \cdot 322 = 65{,}366$
c) $0{,}2278 \cdot 0{,}02 = 4556$
d) $0{,}12 \cdot 212 = 0{,}2544$
e) $64 \cdot 1{,}02 = 0{,}065\,28$

5 Berechne. Finde zu jeder Aufgabe zwei weitere Aufgaben mit dem gleichen Ergebnis.
Beispiel $2{,}03 \cdot 0{,}6 = 1{,}218$
$20{,}3 \cdot 0{,}06 = 1{,}218$
$0{,}203 \cdot 6 = 1{,}218$
a) $4{,}5 \cdot 0{,}83$ b) $12{,}4 \cdot 0{,}9$
c) $6{,}32 \cdot 4{,}05$ d) $3{,}005 \cdot 11{,}8$

6 Multipliziere im Kopf.
a) $1{,}7 \cdot 0{,}3$ b) $0{,}6 \cdot 1{,}8$
c) $0{,}8 \cdot 0{,}13$ d) $0{,}09 \cdot 1{,}1$
e) $0{,}15 \cdot 0{,}6$ f) $12{,}5 \cdot 0{,}002$

7 Berechne, indem du das Komma verschiebst. Fülle fehlende Stellen mit Nullen, wenn nötig.
a) $5{,}02 \cdot 10$ b) $3{,}2 \cdot 100$
c) $4{,}04 \cdot 10\,000$ d) $9{,}5 \cdot 1000$
e) $100 \cdot 0{,}3$ f) $10\,000 \cdot 0{,}19$

8 Multipliziere geschickt im Kopf.
Beispiel $50 \cdot 0{,}8$
$= 5 \cdot 10 \cdot 0{,}8$
$= 5 \cdot 8 = 40$
a) $70 \cdot 0{,}3$ b) $90 \cdot 0{,}6$
c) $400 \cdot 0{,}25$ d) $500 \cdot 0{,}12$
e) $3000 \cdot 0{,}035$ f) $6000 \cdot 0{,}012$

9 Finde die fehlende Zahl.
a) $5{,}8 \cdot$ ▒ $= 5800$ b) $0{,}076 \cdot$ ▒ $= 760$
c) $31{,}2 \cdot$ ▒ $= 62\,400$ d) ▒ $\cdot 2{,}5 = 1000$

10 Wie verändert sich das Ergebnis, wenn du …
a) bei beiden Faktoren das Komma um eine Stelle nach rechts verschiebst?
b) das Komma beim 1. Faktor um eine Stelle nach links und beim 2. Faktor um eine Stelle nach rechts verschiebst?

11 In den USA misst man Längen oft in Inch.
1 Inch entspricht 2,54 cm.
Berechne die Länge in Zentimetern.
a) 5 Inch b) 12 Inch
c) 32 Inch

12 An Tankstellen werden die Preise auf $\frac{1}{10}$ Cent genau angegeben, z. B. $1{,}39^9 = 1{,}399$ €.
Erst auf der Rechnung wird auf Cent gerundet.
Berechne die Kosten.

a) Miriams große Schwester tankt ihren Motorroller mit 3,8 ℓ Super.
b) Miriams Papa tankt 23,94 ℓ Super E10.
c) Bauer Willi tankt seinen Traktor auf. Er kauft 53,91 ℓ Diesel.

13 Jonas sucht einen möglichst großen Käfig für seine Maus. Welchen soll er kaufen?
1. Käfig „Wohlig“ mit 31,8 cm x 29,3 cm
2. Käfig „Nest“ mit 35,6 cm x 27,9 cm

14 Ayeshas Familie hat ein rechteckiges Grundstück gefunden, das 32,4 m lang und 16,3 m breit ist. Ein Quadratmeter kostet 179,80 €. Berechne die Kosten.

Dezimalzahlen dividieren

Ole, Burak und Louis wollen ihr Baumhaus streichen.
Sie kaufen einen Eimer Farbe für 13,80 €.
Wie viel muss jeder bezahlen?

Probe: 4,6 · 3
13,8

W

Eine Dezimalzahl durch eine natürliche Zahl dividieren
Dividiere schriftlich.
Wenn du bei der ersten Ziffer nach dem Komma ankommst, dann musst du im Ergebnis ein Komma setzen.

	1	3,	8	:	3	=	4,	6
–	1	2	↓					
		1	8					
	–	1	8					
			0					

Die 8 ist die erste Ziffer nach dem Komma. Setze deshalb im Ergebnis ein Komma.

Jeder bezahlt 4,60 €.

▶ Aufgabe Ole, Burak und Louis kaufen sich außerdem Sitzkissen für 14,70 €. Wie viel muss jeder bezahlen? ▶ 1 ▶ 1 ▶ 1

Im Kopf rechnen: Beachte das Komma zuerst nicht. Setze es dann im Ergebnis.
3,9 : 3 = ?   Nebenrechnung: 39 : 3 = 13
3,9 : 3 = 1,3
▶ 3 ▶ 3 ▶ 4

Fachbegriffe bei der Division:
Dividend Divisor
13,95 : 3 = 4,65

Wenn du das Komma bei beiden Zahlen verschiebst, dann bleibt das Ergebnis gleich:
0,852 : 0,12 = 7,1
8,52 : 1,2 = 7,1
85,2 : 12 = 7,1

W

Eine Dezimalzahl durch eine andere Dezimalzahl dividieren
Wandle die Zahlen so um, dass der Divisor eine natürliche Zahl wird.
Verschiebe dazu das Komma bei beiden Zahlen um gleich viele Stellen nach rechts.
Das Ergebnis ändert sich dadurch nicht.

Dividiere dann wie oben eine Dezimalzahl durch eine natürliche Zahl.

· 10 (4,96 : 0,8) · 10
49,6 : 8
natürliche Zahl

Komma jeweils 1 Stelle nach rechts; du multiplizierst beide Zahlen mit 10.

	4	9,	6	:	8	=	6,	2
–	4	8	↓					
		1	6					
	–	1	6					
			0					

Komma im Ergebnis setzen

Sonderfälle:
Hier treten Nullen auf.

· 100 (5,6 : 0,32) · 100
560 : 32

1,41 : 3 = 0,47
–0
14
–12
21
–21
0

0,9 : 6 = 0,15
–0
09
– 6
30
–30
0

▶ Aufgabe Berechne: a) 5,84 : 1,6 b) 1,74 : 0,58 ▶ 6 ▶ 6 ▶ 5

Wenn du durch eine Stufenzahl dividierst, dann wird die Zahl kleiner.

W

Durch eine Stufenzahl dividieren
Verschiebe das Komma um so viele Stellen nach links, wie die Stufenzahl Nullen hat.

85,2 : 10 = 8,52   Komma 1 nach links
85,2 : 100 = 0,852   Komma 2 nach links, Null davor

▶ Aufgabe Dividiere durch die Stufenzahl. a) 56,8 : 10 b) 89,1 : 100 ▶ 11 ▶ 11 ▶ 9

1 Dividiere schriftlich. Rechne die Probe.
Beispiel 18,6 : 6 = 3,1; Probe: 3,1 · 6 = 18,6
a) 12,5 : 5 b) 14,8 : 4 c) 5,12 : 4
d) 9,74 : 2 e) 17,4 : 3 f) 28,2 : 6

2 Dividiere.
a) 11,4 : 6 b) 49,8 : 3 c) 89,5 : 5
d) 5,36 : 2 e) 8,88 : 6 f) 20,4 : 12 ▶ 3

3 Berechne im Kopf zuerst ohne Komma. Setze dann das Komma im Ergebnis.
Beispiel 4,8 : 4 = 1,2 Im Kopf 48 : 4 = 12
a) 2,4 : 2 b) 3,6 : 3 c) 2,7 : 9
d) 3,5 : 5 e) 3,2 : 2 f) 4,4 : 4
g) 5,6 : 8 h) 4,2 : 6 i) 7,2 : 8

4 Nutze das erste Ergebnis für die Aufgaben darunter. Überlege, wo du das Komma setzt.

a) 315 : 7 = 45	b) 1614 : 3 = 538
31,5 : 7 =	161,4 : 3 =
3,15 : 7 =	16,14 : 3 =

▶ 6

5 ▼ Dividiere schriftlich.
a) 2,25 : 0,5 b) 4,07 : 1,1
c) 0,81 : 0,9 d) 2,613 : 2,01
e) 19,32 : 2,1 f) 3,75 : 0,25
g) 9,6 : 0,08 h) 6,606 : 22,02

6 Dividiere schriftlich. Rechne dann die Probe. Achtung, es sind Sonderfälle. Erkläre, warum.
a) 3,57 : 7 b) 2,28 : 3 c) 2,52 : 6
d) 91,6 : 0,04 e) 906 : 0,06 f) 20,1 : 0,15

7 Immer zwei Aufgaben haben dasselbe Ergebnis. Finde die vier Paare. Erkläre dein Vorgehen.

12,6 : 0,07 | 1,26 : 7 | 0,126 : 0,07 | 126 : 7
1,26 : 0,7 | 12,6 : 0,7 | 126 : 700 | 126 : 0,7

8 ▼ Verschiebe das Komma. Rechne im Kopf.
a) 1,2 : 0,6 b) 4,5 : 0,5 c) 2,1 : 0,7
d) 1,5 : 0,5 e) 0,28 : 0,04 f) 0,48 : 0,12

9 Finde zu jeder Aufgabe die richtige Lösung. Dann erhältst du ein Lösungswort.

① 0,42 : 0,7	Ⓝ 1,4
② 0,7 : 0,2	Ⓛ 3,5
③ 0,45 : 0,5	Ⓣ 2,5
④ 0,42 : 0,3	Ⓐ 0,9
⑤ 0,72 : 0,4	Ⓟ 0,6
⑥ 0,75 : 0,3	Ⓔ 1,8

▶ 11

10 Dividiere. Zähle zuerst die Nullen der Stufenzahl. Verschiebe dann das Komma.
Beispiel 12,3 : 100 = 0,123
a) 314,2 : 10 314,2 : 100 314,2 : 1000
b) 16,35 : 10 16,35 : 100 16,35 : 1000
c) 478 : 10 478 : 100 478 : 1000

11 Dividiere. Meist musst du Nullen ergänzen.
a) 3,7 : 10 b) 2,715 : 10
c) 41,6 : 100 d) 64,5 : 100
e) 1,2 : 100 f) 3,07 : 1000

12 ▼ Teile Preise, Gewichte und Längen.
a) 2,24 € : 7 b) 5,34 m : 3
c) 3,225 kg : 5 d) 1,800 km : 4

13 Cans Mutter kauft ein Paket mit 5 Heften für 1,95 €. Can gibt seinem Freund Mika ein Heft. Mika möchte das Heft bezahlen. Wie viel kostet ein Heft? ▶ 13

14 Julia kauft auf dem Markt 2,5 kg Äpfel. Der Verkäufer verlangt 4,25 €. Stimmt der Preis?

15 Nächste Woche hat die 6 d in der Schule einen Bastel-Tag. Jedes Kind benötigt 0,45 m buntes Band. Auf einer Rolle sind 9 m Band. Für wie viele Kinder reicht eine Rolle?

Bringe die Ergebnisse von **5** in die richtige Reihenfolge. Dann ergibt sich ein Lösungswort:
0,3 (D); 0,9 (V); 1,3 (I); 3,7 (I); 4,5 (D); 9,2 (D); 15 (E); 120 (N)
Die Lösungen von **8** ergeben zusammen 28.
Tipp zu **12**: Du kannst ohne Komma rechnen. Rechne in eine kleinere Einheit um.
Beispiel 6,69 m : 3 = ? und 6,69 m = 669 cm Rechne: 669 cm : 3 = 223 cm = 2,23 m

1 Dividiere schriftlich. Rechne dann die Probe.

a) 4,68 : 3 b) 45,54 : 6 c) 26,04 : 4
d) 12,42 : 6 e) 3,111 : 3 f) 7,413 : 7
g) 13,09 : 11 h) 55,38 : 13 i) 43,68 : 26

2 Finde die falschen Ergebnisse und korrigiere sie.

a) 6,4 : 8 = 8 b) 3,5 : 7 = 0,5
c) 13,2 : 6 = 2,2 d) 20,7 : 9 = 0,23
e) 0,84 : 14 = 0,6 f) 1,75 : 25 = 0,7 ►3

3 Berechne im Kopf.

Beispiel 4,8 : 6 = 0,8 Rechne 48 : 6 = 8

a) 4,5 : 9 b) 3,6 : 3 c) 5,4 : 6
d) 0,9 : 3 e) 0,48 : 4 f) 1,25 : 5
g) 12,5 : 5 h) 1,21 : 11 i) 0,81 : 9

4 Berechne zuerst eine der vier Aufgaben. Löse die anderen Aufgaben, indem du das Komma verschiebst.

a) 8,142 : 6
81,42 : 6
8142 : 6
814,2 : 6

b) 1513 : 17
1,513 : 17
0,1513 : 17
151,3 : 17 ►5

5 ▼ Dividiere schriftlich.

a) 7,02 : 0,9 b) 13,36 : 0,8
c) 1,164 : 0,04 d) 0,162 : 0,03
e) 28,42 : 1,4 f) 0,361 : 0,19
g) 20,02 : 2,2 h) 34,5 : 1,5

6 Dividiere. Achtung, es sind Sonderfälle.

a) 5,67 : 9 b) 26,04 : 8 c) 19,3 : 8
d) 11,286 : 5,4 e) 18,147 : 23 f) 0,36 : 1,5

7 ▼ Verschiebe das Komma. Rechne dann im Kopf.

a) 14,4 : 0,6 b) 5,2 : 0,4 c) 2,1 : 0,7
d) 15 : 0,3 e) 0,28 : 0,04 f) 0,48 : 0,12

8 Bilde aus den vier Dezimalzahlen mindestens sechs Divisionsaufgaben. Berechne die Ergebnisse.

12,8 0,4 2,56 0,08

9 Finde vier Aufgaben mit demselben Ergebnis. Verschiebe dazu nur das Komma.

Beispiel 15,5 : 5 = 155 : 50 = 1,55 : 0,5 = …

a) 73,2 : 6 b) 0,396 : 0,09 ►9

10 Teile durch Stufenzahlen. Formuliere eine Regel, wie man das Komma verschiebt.

a) 948,5 : 10 948,5 : 100 948,5 : 1000
b) 67,03 : 10 67,03 : 100 67,03 : 1000
c) 83 : 10 83 : 100 83 : 1000

11 Wenn du eine Größe durch eine Zahl teilst, dann kann es sinnvoll sein, das Ergebnis zu runden.

Beispiel
12,95 € : 6 = 2,158 333... €
Sinnvoll gerundet: 12,95 € : 6 ≈ 2,16 €

a) 13,76 € : 7 b) 1,60 € : 6
c) 14,74 m : 5 d) 8,9 m : 9
e) 1,975 kg : 3 f) 6,21 kg : 8

12 Pia, Ceren und Bao haben beim Flohmarkt zusammen 65,25 € eingenommen. Jeder bekommt gleich viel Geld. Wie viel ist das?

13 Obstbauer Heinz spendet Apfelsaft für das Schulfest. Aus seinen Äpfeln hat er 68,6 Liter Apfelsaft gepresst. Wie viele 0,7-Liter-Flaschen ergibt das? ►12

14 Eine Postkarte wiegt etwa 5,5 g und ist ungefähr 0,6 mm dick.

a) Wie viele Postkarten wiegen etwa so viel wie eine Tafel Schokolade (100 g)? Tipp: Hier musst du runden.
b) Wie dick wäre der Stapel Postkarten ungefähr?

Die Ergebnisse von **5** ergeben in der richtigen Reihenfolge ein Lösungswort. Finde den letzten Buchstaben:
1,9 (A); 5,4 (H); 7,8 (F); 9,1 (R); 16,7 (L); 20,3 (M); 23 (K); 29,1 (O)
Die Lösungen von **7** ergeben zusammen 101.

1 Dividiere schriftlich. Rechne die Probe.
a) 13,5 : 6 b) 40,32 : 12 c) 74,85 : 15
d) 43,68 : 13 e) 11,568 : 16 f) 90,72 : 24

2 Beschreibe die Fehler und korrigiere im Heft.

a)
```
95,22 : 9 = 1,58
-9
 052
 -45
   72
  -72
    0
```
b)
```
270,12 : 6 = 45,2
-24
  30
 -30
  012
  -12
    0
```
c)
```
8,127 : 9 = 9,03
-81
  02
 -00
  27
 -27
   0
```
d)
```
8,45 : 5 = 169
-5
 34
-30
 45
-45
  0
```

3 Dividiere schriftlich. Runde das Ergebnis auf zwei Stellen nach dem Komma.
Beispiel 4,94 : 6 = 0,823 33... ≈ 0,82
a) 1,28 : 8 b) 17,52 : 8
c) 0,645 : 5 d) 1,112 : 12
e) 12,15 : 7 f) 9,999 : 4
g) 64,5 : 13 h) 12,112 : 12

4 Rechne im Kopf. Überprüfe mit der Probe.
a) 6,3 : 9 b) 8,4 : 7 c) 11,4 : 6
d) 3,5 : 7 e) 0,81 : 9 f) 11,5 : 5
g) 1,25 : 5 h) 0,84 : 12 i) 1,2 : 5

5 Dividiere schriftlich.
a) 0,264 : 0,5 b) 1,6436 : 1,4
c) 4,75 : 0,4 d) 3,2 : 0,25
e) 1,2544 : 2,8 f) 18,666 : 0,18
g) 0,041 25 : 0,015 h) 593,04 : 0,08
i) 3,44 : 1,6 j) 26,288 : 1,24

6 Dividiere. Achtung, das ist etwas knifflig.
a) 0,413 : 7 b) 1,274 : 13 c) 72,8 : 1,82
d) 9,69 : 1,6 e) 17,55 : 3,12 f) 1,28 : 1,6
g) 19,28 : 16 h) 11,275 : 5,5

7 Setze im Heft = oder ≠ passend ein.
Vergleiche ohne zu rechnen.
a) 0,125 : 0,08 ▢ 125 : 8
b) 17,139 : 0,047 ▢ 1713,9 : 4,7
c) 239,58 : 763,19 ▢ 2,3958 : 7,6319
d) 4 : 0,0135 ▢ 4000 : 135

8 ▼ Verschiebe das Komma. Rechne im Kopf.
a) 19,8 : 0,9 b) 1,25 : 0,5
c) 7,86 : 0,2 d) 4 : 0,25
e) 15,6 : 0,06 f) 0,04 : 0,005
g) 9,24 : 0,3 h) 0,666 : 0,9

9 Berechne. Formuliere eine Regel.
a) 39,4 : 10 b) 9,24 : 10 c) 4,47 : 100
d) 242 : 100 e) 13,3 : 100 f) 7,12 : 1000

10 Ben hat eine Eidechse. Sie frisst regelmäßig lebende Heuschrecken. Im Internet bestellt Ben eine Großpackung Heuschrecken mit 1,5 kg. Wie viele Heuschrecken enthält die Packung, wenn jede Heuschrecke etwa 0,4 g wiegt?

11 Lina sieht im Supermarkt ein Preisschild für Käse. Sie geht zu einem Verkäufer und sagt: „Der Preis für 1 kg stimmt nicht!“

> **Löchli**
> Schweizer Käse
> 150-g-Packung
> nur **1,59 €**
> 1 kg = 8,60 €

a) Überschlage.
Hat Lina recht?
b) Berechne den richtigen Preis für 1 kg.
Beginne so: Multipliziere die Werte mit 100.
Du erhältst: 15 kg kosten 159 €.

12 Karim behauptet: „Wenn der Divisor kleiner ist als 1, dann ist der Wert des Quotienten immer größer als der Dividend.“
Stimmt das? Überprüfe Karims Behauptung: Rechne je drei Beispiele mit Dividenden größer oder kleiner als 1.

Die Ergebnisse von **8** ergeben in der richtigen Reihenfolge ein Lösungswort:
0,74 (E); 2,5 (I); 8 (H); 16 (E); 22 (E); 30,8 (S); 39,3 (D); 260 (C)

Zwischentest

Kompetenz	☒
1 Ich kann Dezimalzahlen addieren. → Lies auf **Seite 112** nach.	**1** Addiere. Wenn du schriftlich rechnest, dann schreibe Komma unter Komma. a) 0,3 + 0,6 b) 2,4 + 3,5 c) 3,47 + 4,34 d) 2,35 + 5,3
2 Ich kann Dezimalzahlen subtrahieren. → Lies auf **Seite 112** nach.	**2** Überschlage zuerst. Subtrahiere dann. a) 8,6 – 5,1 b) 8,3 – 7,2 c) 8,45 – 2,54 d) 4,98 – 3,8
3 Ich kann Dezimalzahlen schriftlich multiplizieren. → Lies auf **Seite 116** nach.	**3** Multipliziere schriftlich. a) 8,5 · 7,1 b) 6,3 · 6,2 c) 2,61 · 4,3
4 Ich kann Dezimalzahlen im Kopf multiplizieren. → Lies auf **Seite 116** nach.	**4** Multipliziere im Kopf. a) 0,4 · 2 b) 0,5 · 4 c) 0,3 · 0,2 d) 2,1 · 4
5 Ich kann Dezimalzahlen mit Stufenzahlen multiplizieren. → Lies auf **Seite 116** nach.	**5** Multipliziere. Verschiebe das Komma nach rechts. a) 2,82 · 10 b) 5,203 · 100 c) 6,755 · 1000
6 Ich kann Dezimalzahlen schriftlich dividieren. → Lies auf **Seite 120** nach.	**6** Verschiebe das Komma und dividiere schriftlich. a) 8,52 : 0,6 b) 3,12 : 0,4 c) 4,95 : 0,09
7 Ich kann Dezimalzahlen im Kopf dividieren. → Lies auf **Seite 120** nach.	**7** Dividiere im Kopf. a) 2,4 : 3 b) 3,6 : 4 c) 4,9 : 7
8 Ich kann Dezimalzahlen durch Stufenzahlen dividieren. → Lies auf **Seite 120** nach.	**8** Dividiere. Verschiebe das Komma nach links. a) 12,2 : 10 b) 139,2 : 100 c) 1371,7 : 1000
9 Ich kann Sachaufgaben mit Dezimalzahlen lösen. → Lies auf **Seite 112, 116 und 120** nach.	**9** Martin und seine 3 Freunde haben auf dem Flohmarkt altes Spielzeug verkauft. Sie haben 65,36 € eingenommen. Jeder der 4 Jungen soll gleich viel Geld bekommen. Wie viel ist das?

→ Lösungen auf Seite 246 und 247

☒

1 Überschlage zuerst. Addiere dann.
a) 7,8 + 1,2 b) 16,5 + 2,6
c) 11,24 + 5,903 d) 4,028 + 2,23

2 Subtrahiere. Rechne dann die Probe.
a) 7,8 – 4,5 b) 14,5 – 8,6
c) 9,574 – 4,28 d) 7,09 – 5,382

3 Multipliziere schriftlich.
a) $11{,}3 \cdot 0{,}5$ b) $9{,}2 \cdot 2{,}3$
c) $21{,}3 \cdot 0{,}245$

4 Multipliziere im Kopf.
a) $1{,}3 \cdot 5$ b) $0{,}4 \cdot 2{,}5$
c) $1{,}2 \cdot 0{,}05$

5 Multipliziere, indem du das Komma verschiebst.
a) $3{,}91 \cdot 10$ b) $5{,}289 \cdot 1000$
c) $0{,}87 \cdot 1000$

6 Dividiere schriftlich. Verschiebe zuerst das Komma. Rechne dann die Probe.
a) 1,7 : 0,5 b) 1,52 : 0,8
c) 3,072 : 0,6

7 Dividiere im Kopf.
a) 7,2 : 8 b) 0,28 : 4 c) 0,72 : 1,2

8 Dividiere, indem du das Komma verschiebst.
a) 19,2 : 10 b) 26,73 : 100
c) 6,7 : 1000

9 Die Klasse von Mara hat ein Fest gefeiert.
25 Schülerinnen und Schüler waren da.
Essen und Getränke haben 72,40 € gekostet.
Davon kamen 36,15 € aus der Klassenkasse.
Wie viel muss jeder noch dazuzahlen?

☒

1 Addiere.
a) 21,3 + 5,1 b) 1,39 + 13,1
c) 3,005 + 51,99 d) 2,5 + 4,21 + 1,032 + 4

2 Rechne einen Überschlag und berechne dann die Differenz.
a) 14,7 – 5,5 b) 21 – 14,5
c) 32,08 – 16,942 d) 0,927 – 0,0927 – 0,31

3 Multipliziere schriftlich.
a) $2{,}35 \cdot 3{,}5$ b) $11{,}38 \cdot 0{,}25$
c) $32{,}6 \cdot 2{,}952$

4 Multipliziere im Kopf.
a) $0{,}25 \cdot 0{,}4$ b) $3{,}5 \cdot 0{,}3$
c) $0{,}075 \cdot 4$

5 Multipliziere.
a) $1{,}4829 \cdot 100$ b) $1000 \cdot 24{,}3$
c) $9{,}3213 \cdot 10\,000$

6 Dividiere schriftlich. Rechne auch die Probe.
a) 4,23 : 0,9 b) 4,08 : 1,2
c) 0,222 : 0,15

7 Dividiere im Kopf.
a) 4,2 : 7 b) 0,056 : 0,8 c) 14,4 :12

8 Dividiere.
a) 77,3 : 10 b) 3,7 : 100
c) 25 : 100 000

9 Tim möchte um seine Spielzeug-Burg einen Zaun aus Holzstücken bauen.
Jedes Holzstück soll 8,5 cm lang sein.
Tim hat drei 1,2 m lange Holzleisten.
Wie viele Zaunstücke kann er daraus bauen?

→ Lösungen auf Seite 247 und 248

Mit der Gelosia-Methode multiplizieren

In Italien ist ein Rechentrick bekannt, mit dem du große Zahlen multiplizieren kannst.
Dieser Trick ist bekannt als **Gelosia-Methode**, denn in Italien heißt der Trick „moltiplicare per gelosia“.
„Gelosia (di finestra)“ heißt auf Deutsch „Jalousie“.
Du benutzt ein Rechenfeld, das aussieht wie eine Jalousie.

Schritt 1
Berechne 243 · 6.
Schreibe die Aufgabe an ein Rechenfeld.

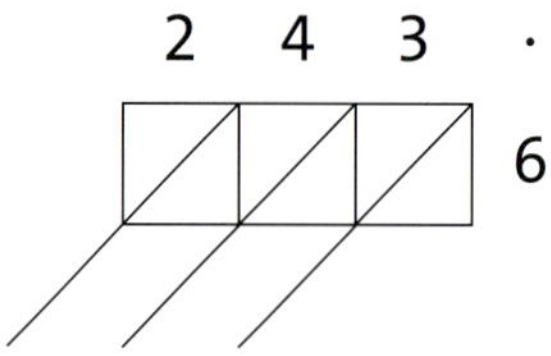

Schritt 2
Beginne oben rechts.
Rechne 3 · 6 = 18.
Trage das Ergebnis 18 ein.

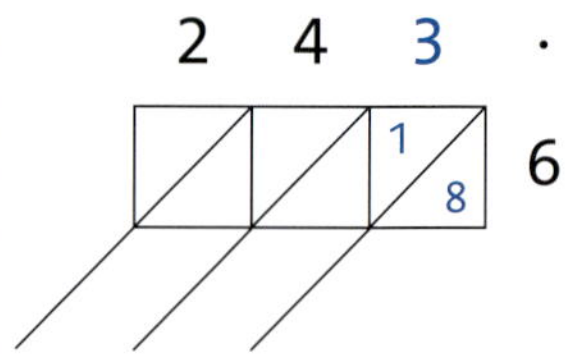

Schritt 3
Rechne 4 · 6 = 24
und
2 · 6 = 12.
Dein Rechenfeld sieht nun so aus:

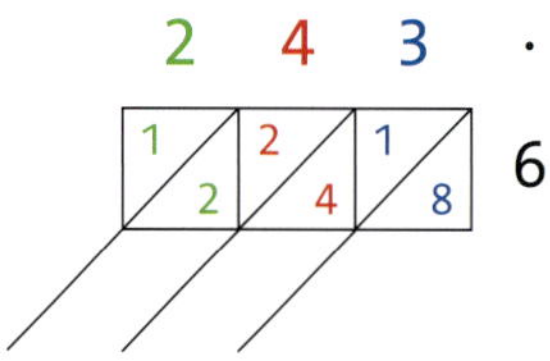

Schritt 4
Addiere die Ziffern entlang der schrägen Linien.
Fange rechts an.
Das Ergebnis ist
243 · 6 = 1458

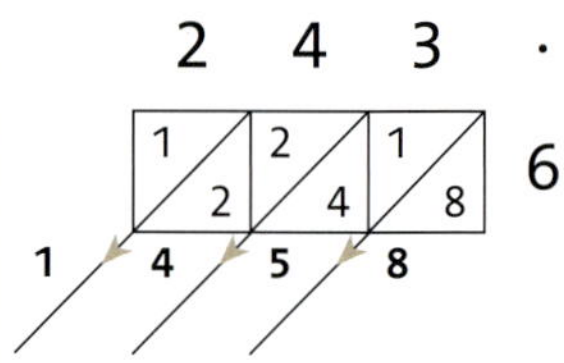

Dieser Trick funktioniert auch mit **Dezimalzahlen**.

Schritt 1
Berechne 32,6 · 4,7.
Das Rechenfeld ist drei mal zwei Kästchen groß.
Markiere die Diagonale, auf der die Kommas zusammentreffen.
So siehst du, wo im Ergebnis das Komma steht.

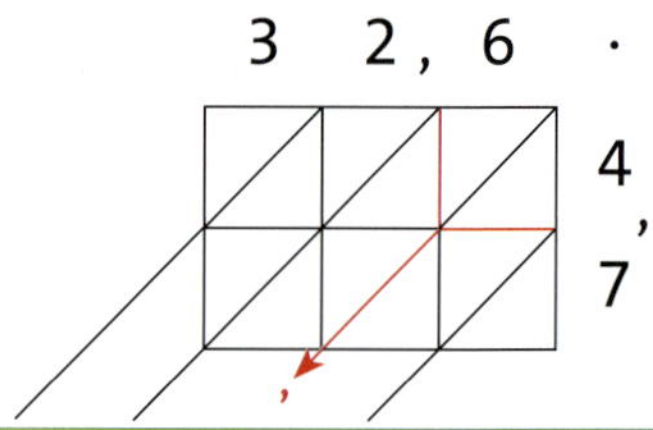

Schritt 2
Rechne wie oben.
Notiere das Ergebnis von 2 · 4 als 08 = 0 Zehner 8 Einer.
Wenn du entlang der Linien mehr als 10 erhältst, dann notiere mit blau einen Übertrag in das nächste Feld: 4 + 4 + 4 = 12.
Das Ergebnis ist: **32,6 · 4,7 = 153,22**

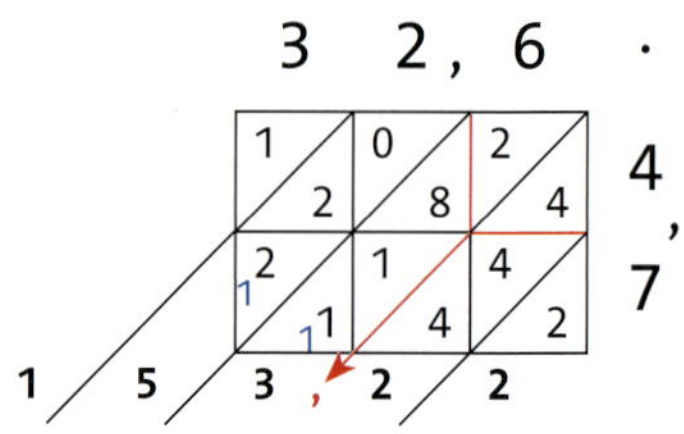

1 Berechne mit der Gelosia-Methode.

a) 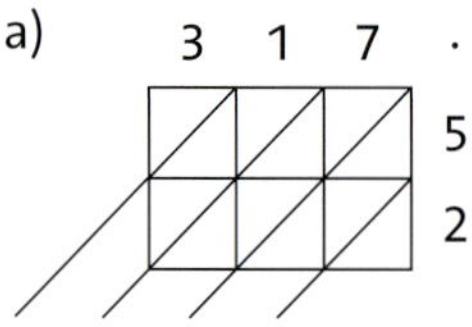

b) 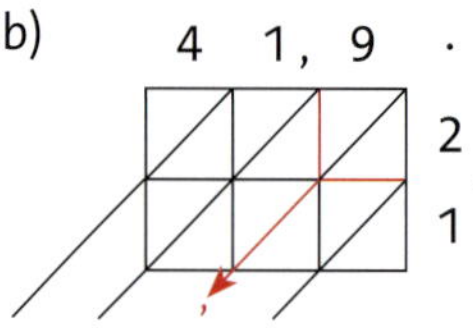

c) 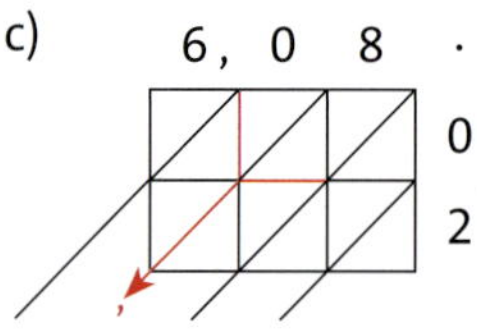

d) 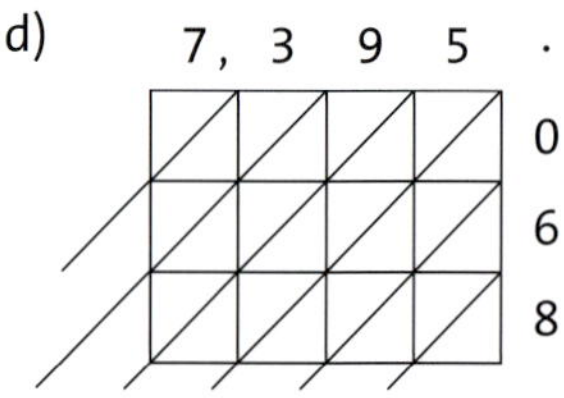

2 Zeichne ein passendes Rechenfeld. Markiere die Komma-Diagonale. Berechne anschließend.
a) 19,7 · 6,8 b) 51,26 · 3,8 c) 132,4 · 23,6

Vermischte Übungen

1 Berechne im Kopf oder schriftlich.
Schreibe Komma unter Komma.
a) 7,5 + 1,5 b) 5,6 + 0,7
c) 24,87 + 98,52 d) 37,02 + 8,9
e) 2,9 − 1,4 f) 12,3 − 0,9
g) 12,6 − 0,05 h) 82,91 − 24,75

2 Berechne schriftlich im Heft.

a)
```
   175,62
 +  12,04
 +   5,21
 ________
```
b)
```
   704,51
 + 160,09
 + 104,3
 ________
```

► 3

3 Überschlage zuerst.
Berechne dann im Kopf oder schriftlich.
a) 10 · 0,5 b) 8 · 2,5 c) 12,9 · 34,9
d) 40,7 · 8,04 e) 4,5 : 0,5 f) 7,7 : 1,1
g) 8,55 : 1,5 h) 19,89 : 1,3

4 Übertrage die Zahlenmauer in dein Heft.
Multipliziere.

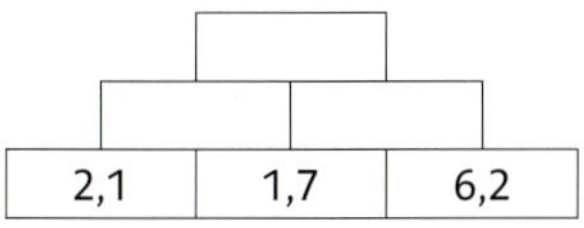

5 Übertrage in dein Heft. Fülle die Lücken.
Beispiel 12,5 + ▢ = 27,8
Rechne: 27,8 − 12,5 = 15,3
Also: 12,5 + 15,3 = 27,8
a) 27,5 + ▢ = 58,27 b) ▢ + 2,7 = 5,38
c) 15,9 − ▢ = 8,71 d) ▢ − 1,8 = 9,6
e) 7,5 · ▢ = 105 f) ▢ · 4,3 = 35,26
g) ▢ : 1,5 = 1,5 h) 10,08 : ▢ = 3,6

6 Vier Rechnungen mit den selben Zahlen
① 5,95 : 1,7 ② 5,95 + 1,7
③ 5,95 − 1,7 ④ 5,95 · 1,7
a) Berechne.
b) Welche Rechnung war für dich am einfachsten? Warum?

► 7

7 ▼ Berechne schriftlich. Tipp: Klammern zuerst!
a) 27,5 · (34,8 − 12,7) b) (8,72 + 1,28) · 9,8
c) 12,6 : 2 + 18,9 d) (123,42 + 12,68) : 0,5

8 Bastelt zehn Ziffernkarten:

0	1	2	3	4	5	6	7	8	9

Bastelt für jeden von euch diese Spielkarten.
Auf die Striche legt ihr später die Ziffernkarten.

__ __,__ __ + __,__
__ __,__ __ − __,__
__ __,__ __ · __,__
__ __,__ __ : __,__

- Mischt die Ziffernkarten und legt sie verdeckt auf einen Stapel.
- Jeder nimmt sich seine Spielkarte mit dem +.
- Zieht abwechselnd Ziffernkarten vom Stapel. Legt die gezogenen Ziffernkarten nacheinander auf eure Spielkarten. So entsteht für jeden eine Aufgabe.
- Berechnet eure Aufgaben im Heft.
- Tauscht eure Rechnungen. Rechnet nach. Für jede richtige Aufgabe gibt es 1 Punkt.
- Nun ist die nächste Spielkarte an der Reihe. Gewinner ist, wer nach allen vier Spielkarten die meisten Punkte hat.

9 Die Klasse 6 d verkauft auf dem Schulfest Limonade. Die Eltern haben 126 Liter gespendet. In ein Glas passen 0,3 Liter.

a) Wie viele Gläser Limonade kann die Klasse maximal verkaufen?
b) Ein Glas Limonade kostet 1,50 €. Am Ende hat die Klasse 287 Gläser verkauft. Wie viel hat sie eingenommen?

10 ▼ Alessandro möchte für seine Kaninchen ein Gehege bauen.
a) Wie viele Meter Zaun benötigt er?
b) 1 m Zaun kostet 3,87 €. Reichen 32 €?

Finde die vier Ergebnisse von **7**: In der richtigen Reihenfolge ergibt sich ein Lösungswort:
25,2 (U); 37,4 (A); 98 (L); 106,2 (E); 272,2 (S); 399,8 (M); 549,31 (D); 607,75 (P)
Sprachhilfe zu **10**: Ein Gehege ist ein eingezäunter Bereich, in dem Tiere gehalten werden.

1 Überschlage zuerst. Berechne schriftlich.
a) 57,82 + 104,09
b) 4,91 + 532,096 + 32,07
c) 42,7453 + 724,945
d) 314,01 – 245,95
e) 623,974 – 34,73 – 462,006
f) 92,407 – 25,5298

2 Setze eine der Ziffern 1, 6 oder 9 ein.
Jede Ziffer darf nur einmal vorkommen.
Wann wird das Ergebnis am größten?
Wann wird das Ergebnis am kleinsten?
a) 6▢,72 – ▢6,03
b) ▢27,93 + 5,▢8 – 6▢3,25
c) (1▢35,84 + 85,08) – (▢44,89 + 932,1▢) ▸ 2

3 Berechne im Kopf oder schriftlich. Rechne bei den Divisionsaufgaben auch die Probe.
a) 0,7 · 1,3 b) 7,093 · 10,74
c) 0,873 · 2,74 d) 2,1 · 0,4
e) 6,3 : 0,9 f) 235,52 : 12,8
g) 0,16 : 1,6 h) 60,27 : 4,9

4 Fülle die Zahlenmauer (Multiplikation) im Heft.

a)

	3,6	
5,2	0,8	

b)

	0,544	
	0,32	
	1,6	

▸ 4

5 Setze im Heft die passende Zahl ein.
a) 31,43 : ▢ = 3,143 b) 725,98 – ▢ = 567,9
c) ▢ · 1,7 = 11,05 d) 0,23 + ▢ = 4,64
e) 3,69 : ▢ = 1,8

6 Rückwärts gedacht: Dies sind die Ergebnisse.
20,8 24,5 6,25
a) Finde jeweils eine Plus-Aufgabe.
b) Finde jeweils eine Minus-Aufgabe.
c) Finde jeweils eine Mal-Aufgabe.
d) Finde jeweils eine Geteilt-Aufgabe. ▸ 5

7 Berechne schriftlich.
a) 9,87 · (73,48 – 9,5) b) 44,88 : (98,1 – 79,4)
c) 127,3 + 12,64 : 7,9 d) 123,42 + 98,68 : 0,5

8 Bastelt 20 Ziffernkarten mit den Ziffern von 0 bis 9. Jede Ziffer soll zweimal vorkommen.
0 1 2 3 4 5 6 7 8 9
Bastelt für jeden von euch diese Spielkarten:
_ _,_ _ + _,_ _ _,_ _ – _,_
_ _,_ _ · _,_ _ _,_ _ : _,_
- Mischt die Ziffernkarten und legt sie verdeckt auf einen Stapel.
- Jeder nimmt sich eine erste Spielkarte.
- Zieht abwechselnd Ziffernkarten vom Stapel. Legt die gezogenen Ziffern der Reihenfolge nach auf eure Karte. So entsteht für jeden eine Aufgabe.
- Berechnet eure Aufgaben im Heft.
- Tauscht eure Rechnungen. Rechnet nach. Für jede richtige Aufgabe gibt es 1 Punkt. Gewinner ist, wer nach allen vier Spielkarten die meisten Punkte hat.

9 Eine BMX-Strecke wird überdacht, weil dort oft große Pfützen waren. Das Dach ist ein Rechteck mit 28,7 m Länge und 22,2 m Breite.
Das Dach besteht aus rechteckigen Platten, die 2,05 m lang und 0,925 m breit sind.

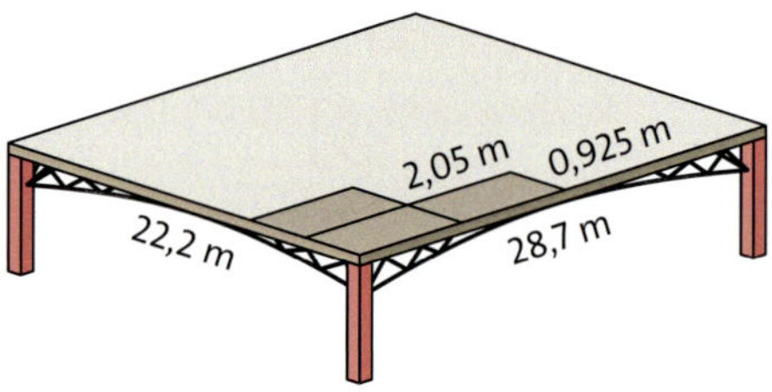

a) Wie viele Platten braucht man?
b) Eine Platte kostet 11,99 €. Wie viel kosten die Platten für das gesamte Dach? ▸ 9

10 Laurenz hat Spielzeug über das Internet verkauft. Dieses Geld hat er eingenommen:

2 mal 5,34 €	6 mal 2,68 €
1 mal 17,40 €	3 mal 14,72 €

a) Wie viel Geld ist das insgesamt?
b) Auf dem Konto hat Laurenz 187,23 €. Reicht das ganze Geld für einen Laptop für 285 €?

Hier findest du die fünf gesuchten Zahlen von **5**. In der richtigen Reihenfolge ergibt sich ein Lösungswort:
2,05 (A); 4,41 (M); 6,5 (M); 9,8 (R); 10 (K); 45,78 (T); 79,8 (N); 158,08 (O)

1 Überschlage zuerst. Berechne schriftlich.
a) 9,6391 + 492,503
b) 27,942 + 8,3006 + 307,83
c) 1050,8 – 62,952
d) 50 603,055 – 86,4 – 9902,75

2 Berechne. Runde auf Tausendstel, falls nötig.
a) 11,28 · 3,9 b) 18,27 : 18,72
c) 25,86 · 13,7 · 14,4 d) 49,14 : 52,3

3 Fülle die Multiplikationsmauer im Heft.
a)

b) Erfinde eine Mauer mit 10 Steinen. Die Zahl ganz oben soll fünf Stellen nach dem Komma haben.

4 ▼ Ergänze die passende Zahl im Heft.
a) 56,983 – ▒ = 23,478
b) ▒ : 2,18 = 28,6
c) 3,6 · ▒ = 194,472
d) 8,6 · 7,4 · ▒ = 82,732
e) 8 · 0,018 + ▒ · 0,982 = 8

5 Berechne. Beachte die Vorrangregeln.
a) (2,25 : 1,5 + 0,64 · 1,1) : 100
b) 9,6 + 0,12 : 0,6 – 2,3 · 4,18
c) 5298,76 – (2304,76 · 0,1) + 254,091
d) 0,125 · 3,7 · 8 · 2,985

6 Denkt euch eine Dezimalzahl mit zwei Stellen nach dem Komma aus. Das ist eure Zielzahl. Bildet aus den Ziffern unten eine Aufgabe mit lauter Dezimalzahlen. Das Ergebnis soll möglichst nah an eurer Zielzahl liegen.
Beispiel Zielzahl 11,45
Rechnung: 4,05 + 7,4 oder 4,3 · 2,7
Ziffern für die erste Dezimalzahl:

4 | 2 | 0 | 4 | 1 | 5 | 9

Ziffern für die zweite Dezimalzahl:

9 | 7 | 0 | 8 | 2 | 4 | 3

7 Multipliziere eine Dezimalzahl mit sich selbst. Begründe: Warum kann das Ergebnis keine Dezimalzahl mit einer ungeraden Anzahl an Nachkommastellen sein?

8 Bei einem Kart-Rennen erreichten Max und seine Freunde diese Zeiten (in Sekunden):

Name	Rd. 1	Rd. 2	Rd. 3	Rd. 4
Max	23,465	22,987	23,023	23,309
Eric	22,986	23,701	22,964	23,245
Tan	23,195	23,205	23,401	22,908
Elli	23,781	22,845	22,998	23,210

a) Wer war insgesamt am schnellsten?
b) Der Rekord liegt bei 1 Minute 35,122 s. Wie weit ist der Sieger davon entfernt?

9 Wie viel Geschenkband benötigt Eren für dieses Geschenk? Rechne mit 1,2 m zusätzlich für die Schleife.

10 Die Haare eines Menschen wachsen ca. 0,04 cm pro Tag. Lenjas Haare sind etwa 21,2 cm lang.
a) Wie lange hat es gedauert, bis ihre Haare diese Länge erreicht hatten?
b) Wann sind Lenjas Haare 30 cm lang?

11 Denk dir eine passende Sachaufgabe aus und löse sie.
a) 42,85 – 42,13 b) 978 : 0,33

Hier findest du die fünf gesuchten Zahlen von **4**. In der richtigen Reihenfolge ergibt sich ein Lösungswort:
1,3 (B); 1,51 (F); 5,7 (M); 8 (E); 33,1 (K); 33,505 (P); 54,02 (O); 62,348 (R); 208,05 (L)

Lecker und gesund

Die Klasse 6 c macht ein Projekt zu gesunder Ernährung. Lisa, Kai, Jill und Servet haben sich für den Einkauf gemeldet.

A Lisa und Jill kaufen auf dem Markt und beim Bäcker ein. Sie bezahlen:

9,75 € auf dem Markt
6,28 € beim Bäcker

Wie viel haben sie insgesamt ausgegeben?

B Servet und Kai kaufen zwei Kisten Mineralwasser für 11,18 €. Sie bezahlen mit einem 20-€-Schein. Wie viel Geld bekommen sie zurück?

C Lisa hat auf dem Markt Bananen gekauft. Der Preis für 1 kg beträgt 2,50 €. Wie viel hat Lisa für 1,7 kg Bananen bezahlt?

D In zwei Getränkekisten sind zusammen 24 Flaschen mit je 0,7 Litern Mineralwasser. Wie viel Liter sind das insgesamt? Wie viele Gläser (0,2 Liter) kann man damit füllen?

E Kai meint: „Beim Obsthändler kostet 1 kg Äpfel 1,59 €. Im Supermarkt sind sie viel billiger! Dort gibt es einen Karton mit 3,5 kg Äpfeln für 5,99 €." Berechne den Preis für 1 kg. Runde dabei sinnvoll. Vergleiche dann.

F Jill hat noch 10 € übrig. Sie möchte Erdbeeren, Paprika und Möhren kaufen. In den Tabellen findest du die Preise und die Gewichte ihres Einkaufs. Reicht ihr Geld?

Erdbeeren	
Preis pro kg	Gewicht
3,99 €	0,890 kg

Paprika	
Preis pro kg	Gewicht
1,99 €	1,840 kg

Möhren	
Preis pro kg	Gewicht
1,29 €	2,349 kg

1 Überschlage zuerst.
Berechne dann schriftlich.
a) 3,04 + 5,67
b) 12,14 − 3,09

2 Rechne schriftlich.
a) 1,35 · 3 b) 11,4 · 1,5
c) 1,92 : 8 d) 2,184 : 0,6

3 Rechne im Kopf.
a) 0,5 · 0,4 b) 0,02 · 100
c) 0,16 : 0,04

4 Lea hat einen 10-€-Schein. Sie kauft einen Malblock für 2,60 €, ein Lineal für 2,90 € und Gummibärchen für 1,30 €.
a) Wie viel bekommt sie zurück?
b) Wie viele Bonbons für 8 ct kann Lea noch kaufen?

5 Familie Merten hat einen Pool. Sie streichen den Boden neu. Berechne den Flächeninhalt.

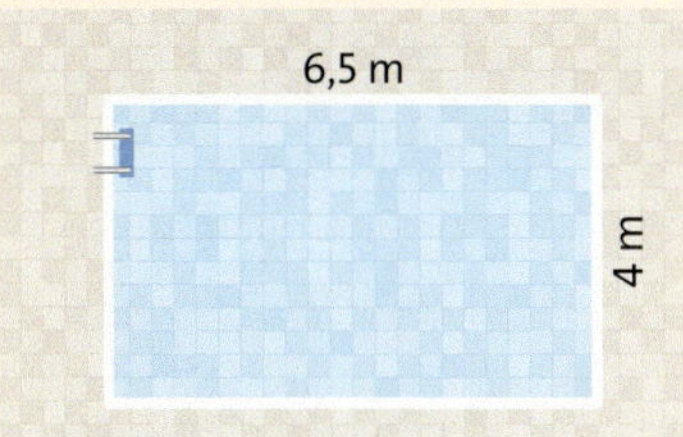

6 3 Stunden Trampolin kosten 25,80 €.

a) Wie viel kostet 1 Stunde?
b) Wie viel kosten 2 Stunden?

1 Überschlage zuerst.
Berechne dann.
a) 24,89 + 53,7
b) 78,8 − 34,79

2 Rechne schriftlich.
a) 2,63 · 0,16 b) 3,136 · 1,5
c) 11,13 : 0,7 d) 0,399 : 0,15

3 Rechne im Kopf.
a) 0,15 · 0,4 b) 0,05 · 1,2
c) 0,72 : 0,08

4 Die Klasse 6 b verkauft Getränke für 91,17 €, Würstchen für 28,50 € und Kuchen für 35,80 €.
a) Berechne die Einnahmen.
b) Die Getränke hatte die 6 b vorher für 32,69 € gekauft. Wie hoch ist der Gewinn?

5 Das Grundstück von Finns Eltern ist 17,5 m lang und 12,5 m breit. Seine Eltern haben 199,90 € pro Quadratmeter bezahlt. Wie viel hat das Grundstück gekostet?

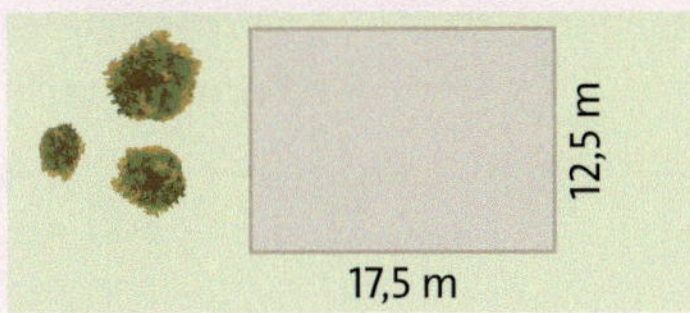

6 Obstbauer Willi hat 462,5 kg Äpfel geerntet. Er möchte die Äpfel in 12,5-kg-Säcke füllen.
a) Wie viele Säcke braucht er?
b) Obstbauer Willi verkauft einen Sack Äpfel für 18,50 €.
Wie viel Geld kann er mit seinen Äpfeln verdienen?

1 Überschlage zuerst.
Berechne dann.
a) 14,89 + 77,2 + 32,263
b) 99,7 − 33,73 − 56,427

2 Rechne schriftlich.
a) 5,32 · 2,4 b) 21,5 · 0,35
c) 8,408 : 0,08 d) 0,3444 : 1,2

3 Rechne im Kopf.
a) 1,5 · 0,06 b) 0,22 · 0,5
c) 1,21 : 0,11

4 Mark und Lisa kaufen für ihren kleinen Bruder Geschenke: ein Modellauto für 8,99 €, ein Comic-Heft für 5,90 € und ein PC-Spiel für 19,99 €.
Jeder soll gleich viel bezahlen. Wie viel Geld ist das?

5 Max kauft 1,034 kg Möhren, 1,497 kg Kartoffeln und 0,731 kg Tomaten. Wie viel muss er zahlen? Runde sinnvoll.

6 Die 27 Kinder der 6 b machen eine Klassenfahrt. Hotel und Busfahrt kosten 4101,30 €. Die Busfahrt kostet 17,50 € pro Kind.
a) Wie viel kostet das Hotel für ein Kind?
b) Das Schwimmbad kostet 1,75 € pro Kind. Die Lehrerin zahlt insgesamt 33,25 €. Wie viele Kinder kamen mit?

→ Lösungen auf Seite 248 bis 250

Dezimalzahlen addieren und subtrahieren

→ Seite 112

Überschlage zuerst.

1. Schreibe alle Dezimalzahlen untereinander. Schreibe Komma unter Komma.
2. Rechne Stelle für Stelle von rechts nach links. Wenn die Summe 10 oder größer wird, dann denke an den Übertrag.
3. Setze auch im Ergebnis das Komma.

6,15 + 3,75 + 0,99 = ?
Überschlag: 6 + 4 + 1 = 11

	Z	E,	z	h	t
		6,	1	5	
+		3,	7	5	
+		0,	9	9	
	1	1	1		
	1	0,	8	9	

20 – 4,99 – 3,79 = ?
Überschlag: 20 – 5 – 4 = 11

	Z	E,	z	h	t
	2	0,	0	0	
–		4,	9	9	
–		3,	7	9	
	1	2	2		
	1	1,	2	2	

Dezimalzahlen mit gleich vielen Nachkommastellen kannst du im Kopf so addieren oder subtrahieren.

3,6 + 2,8 = ?
36 + 28 = 64, also
3,6 + 2,8 = 6,4

oder

3,6 + 2,8
= (3 + 2) + (0,6 + 0,8)
= 5 + 1,4 = 6,4

Dezimalzahlen multiplizieren

→ Seite 116

1. Multipliziere die Zahlen schriftlich, ohne das Komma zu beachten.
2. Zähle bei beiden Faktoren, wie viele Stellen nach dem Komma stehen.
3. Setze das Komma im Ergebnis. Das Ergebnis hat so viele Stellen nach dem Komma, wie beide Faktoren zusammen. Achtung, Nullen am Ende werden mitgezählt.

Berechne 4,7 · 1,5.

1 Stelle + 1 Stelle

4,	7	·	1,	5
		4	7	
		2	3	5
		1		
		7,	0	5

= 2 Stellen

Mit Stufenzahlen multiplizieren und dividieren

→ Seite 116

→ Seite 120

Zähle die Nullen der Stufenzahl. Verschiebe das Komma für jede Null um eine Stelle. Manchmal musst du rechts Nullen anhängen.

Multiplizieren,
Komma nach rechts
3,25 · 10 = 32,5
3,25 · 100 = 325
3,25 · 1000 = 3250

Dividieren,
Komma nach links
432,5 : 10 = 43,25
432,5 : 100 = 4,325
432,5 : 1000 = 0,4325

Dezimalzahlen dividieren

→ Seite 120

Die zweite Zahl (der Divisor) muss eine natürliche Zahl sein. Wenn der Divisor keine natürliche Zahl ist, dann verschiebe das Komma bei beiden Zahlen um gleich viele Stellen nach rechts.

Dividiere schriftlich, wie gewohnt. Wenn du bei der ersten Ziffer nach dem Komma ankommst, dann musst du im Ergebnis ein Komma setzen.

3,72 : 3,1
↓ ↓
37,2 : 31

Komma jeweils 1 Stelle nach rechts; du multiplizierst beide Zahlen mit 10.

	3	7,	2	:	3	1	=	1,	2
–	3	1	↓						
		6	2						
	–	6	2						
			0						

Komma setzen

Körper

6

▶ Schuhe sind in Schuhkartons verpackt.
Die Schuhkartons kann man gut stapeln.
Welche Form haben Schuhkartons?
Welche Formen von Verpackungen kennst du noch?
Welche Verpackungen kann man noch gut stapeln?

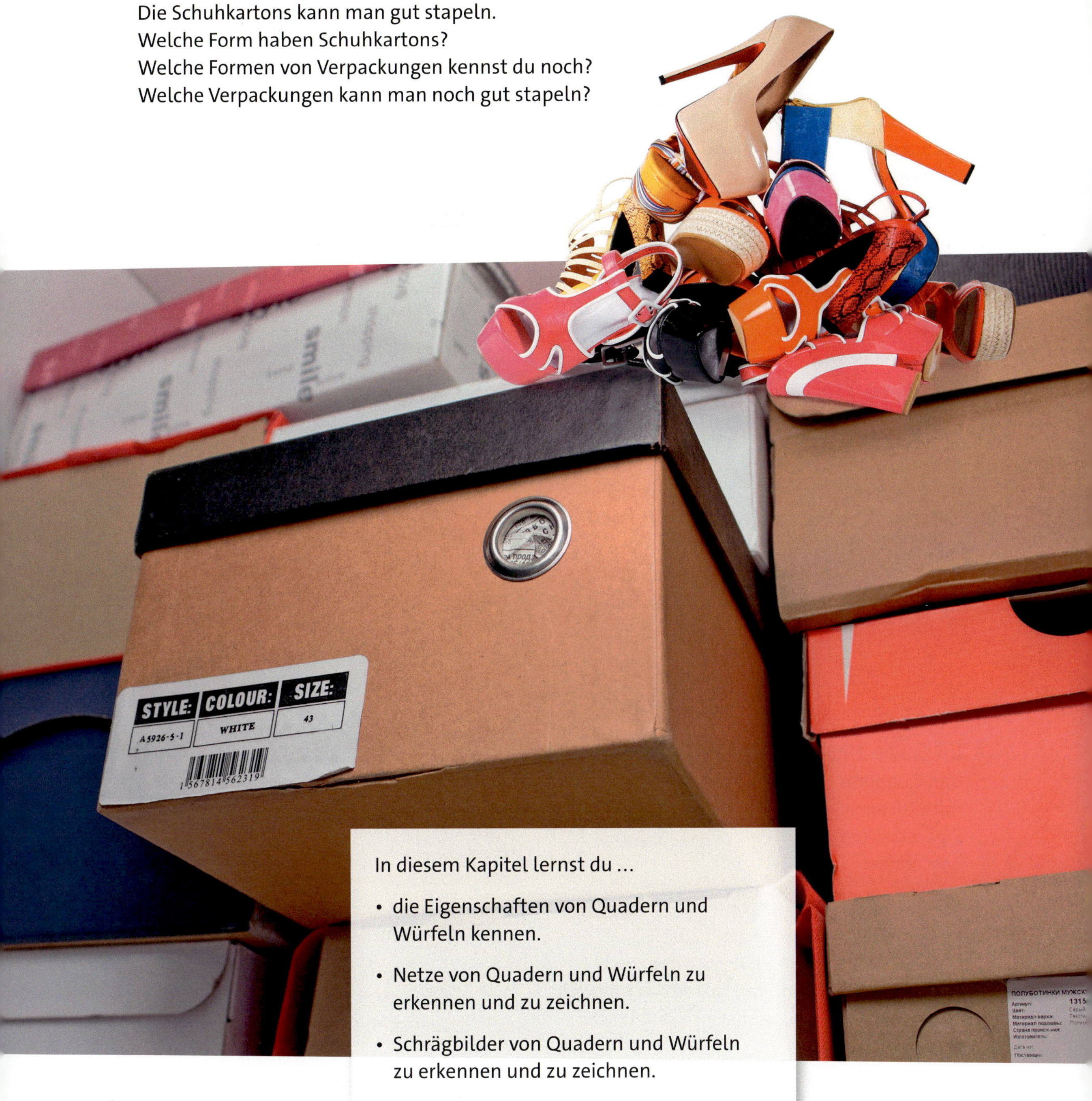

In diesem Kapitel lernst du …

- die Eigenschaften von Quadern und Würfeln kennen.
- Netze von Quadern und Würfeln zu erkennen und zu zeichnen.
- Schrägbilder von Quadern und Würfeln zu erkennen und zu zeichnen.
- Volumeneinheiten umzurechnen.
- den Oberflächeninhalt und das Volumen von Quadern und Würfeln zu berechnen.

Kompetenz	Aufgabe	Lies und übe:
1 Ich kann eine Strecke mit einer gegebenen Länge zeichnen.	**1** Zeichne eine Strecke mit der gegebenen Länge. Benutze ein weißes Blatt Papier: a) 6 cm b) 2,5 cm c) 4 cm 5 mm	→ Seite 231 Nr. 75
2 Ich kann zueinander parallele Geraden zeichnen.	**2** Zeichne eine Gerade f auf ein weißes Blatt Papier. Zeichne eine zu f parallele Gerade g im Abstand von 3 cm. 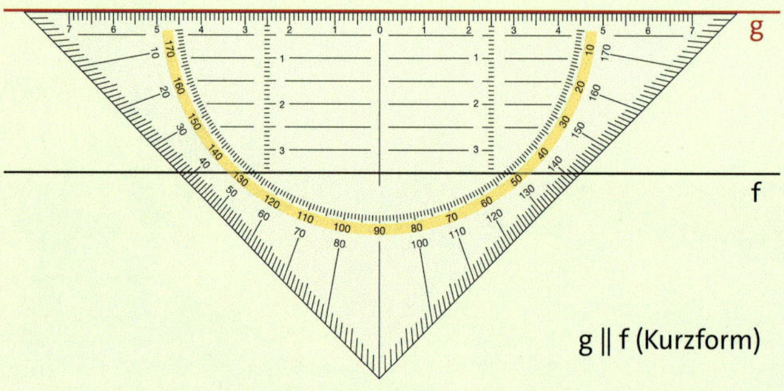 g ∥ f (Kurzform)	→ Seite 232 Nr. 77
3 Ich kann zueinander senkrechte Geraden zeichnen.	**3** Zeichne eine Gerade f auf ein weißes Blatt Papier. Zeichne dann zwei Geraden g und h. Die Geraden g und h sollen zu f senkrecht sein. 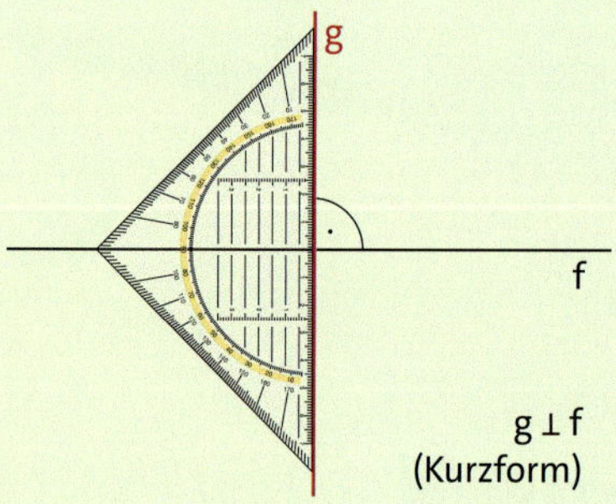 g ⊥ f (Kurzform)	→ Seite 232 Nr. 78
4 Ich kann Rechtecke und Quadrate mithilfe ihrer Eigenschaften beschreiben.	**4** Fünf Eigenschaften von Rechtecken und Quadraten. 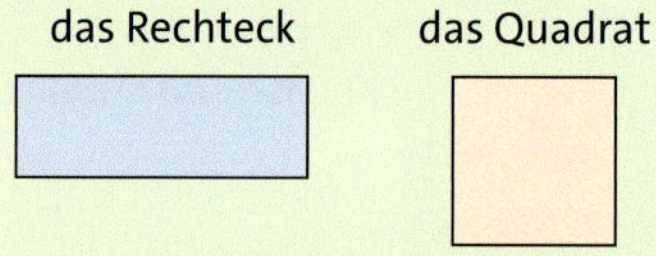 ① Es hat vier Eckpunkte. ② Es hat vier rechte Winkel. ③ Gegenüberliegende Seiten sind zueinander parallel. ④ Gegenüberliegende Seiten sind gleich lang. ⑤ Es hat vier gleich lange Seiten. a) Welche Eigenschaften hat ein Quadrat? Welche Eigenschaften hat ein Rechteck? b) Beschreibe die Gemeinsamkeiten und die Unterschiede von Rechtecken und Quadraten. Schreibe in ganzen Sätzen.	→ Seite 234 Nr. 82

Kompetenz	Aufgabe	Lies und übe:
5 Ich kann Rechtecke und Quadrate mit gegebenen Seitenlängen zeichnen.	**5** Zeichne in dein Heft … a) ein Rechteck mit den Seitenlängen a = 5 cm und b = 3 cm. b) ein Quadrat mit der Seitenlänge a = 4 cm. c) ein Rechteck mit den Seitenlängen a = 2,5 cm und b = 6 cm.	→ Seite 234 Nr. 83, 84
6 Ich kann Längen in andere Einheiten umrechnen.	**6** Rechne in die angegebene Einheit um. a) 12 cm = ■ mm b) 90 dm = ■ m c) 8 m = ■ mm d) 1500 mm = ■ dm e) 8,4 dm = ■ cm f) 95,8 dm = ■ m	→ Seite 220 Nr. 31, 32, 33
7 Ich kann Flächeninhalte in andere Einheiten umrechnen.	**7** Rechne in die angegebene Einheit um. a) $3000\ dm^2$ = ■ m^2 b) $700\ mm^2$ = ■ cm^2 c) $2\ m^2\ 50\ dm^2$ = ■ dm^2 d) $150\,000\ cm^2$ = ■ m^2 e) $17{,}4\ cm^2$ = ■ mm^2 f) $80{,}9\ dm^2$ = ■ m^2	→ Seite 220 Nr. 34, 35, 36
8 Ich kann im Kopf und schriftlich multiplizieren.	**8** Multipliziere im Kopf oder schriftlich. a) $5 \cdot 14$ b) $23 \cdot 3$ c) $12 \cdot 8$ d) $11 \cdot 13$ e) $34 \cdot 17$ f) $103 \cdot 46$	→ Seite 226 Nr. 56 → Seite 227 Nr. 62, 63
9 Ich kann im Kopf und schriftlich dividieren.	**9** Dividiere im Kopf oder schriftlich. a) 42 : 7 b) 180 : 60 c) 120 : 15 d) 513 : 19 e) 204 : 12 f) 98 : 14	→ Seite 226 Nr. 57 → Seite 228 Nr. 64, 65
10 Ich kann den Flächeninhalt A von Rechtecken und Quadraten berechnen.	**10** Berechne den Flächeninhalt A. 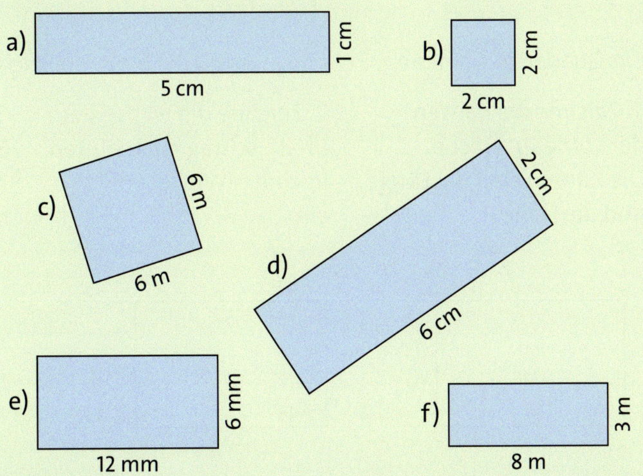	→ Seite 235 Nr. 85, 86

→ Lösungen auf Seite 251

Körper beschreiben und zeichnen

Schau dir die Gegenstände an. Sie haben die Form von bestimmten Körpern. Finde Gemeinsamkeiten und Unterschiede. Nutze auch die Wörter Ecke, Kante und Fläche.

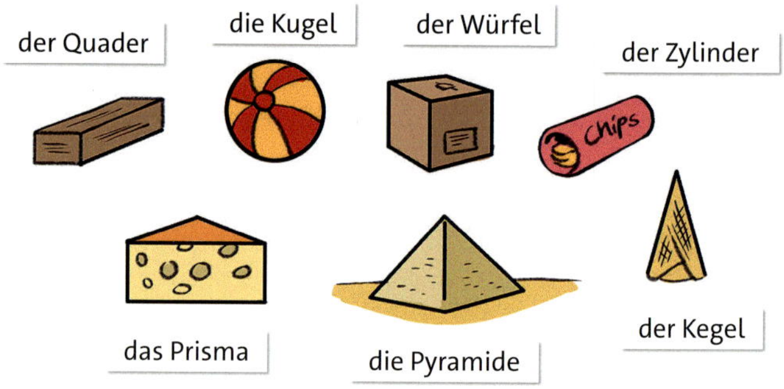

*Wo sich zwei **Flächen** berühren, ist eine **Kante**. Wo sich die **Kanten** berühren, ist eine **Ecke**.*

W

Körper werden durch **Flächen** begrenzt.

Quader und **Würfel** sind Körper mit 6 **Flächen**, 12 **Kanten** und 8 **Ecken**.

Ein **Quader** wird durch Rechtecke begrenzt. Immer zwei gegenüberliegende Rechtecke sind gleich groß.

Ein **Würfel** wird durch Quadrate begrenzt. Alle Quadrate sind gleich groß. Der Würfel ist ein besonderer Quader.

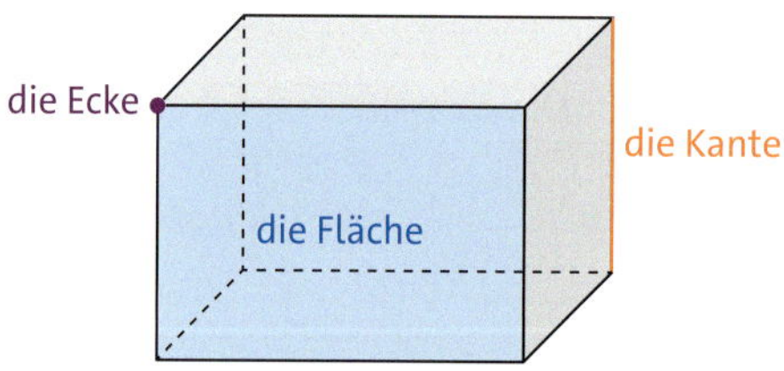

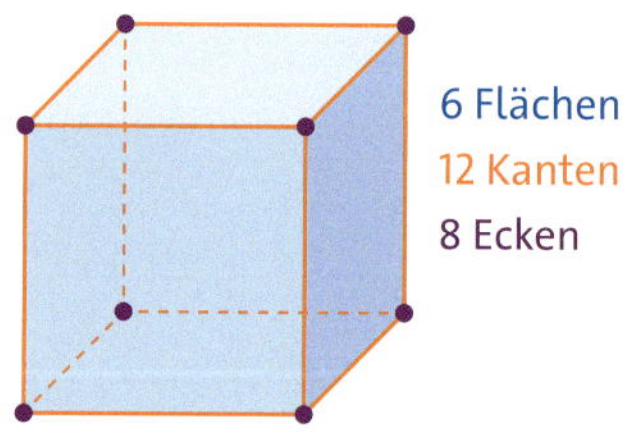

▶ **Aufgabe** Nenne Beispiele für Würfel und Quader in deiner Umgebung. ▸1 ▸1 ▸1

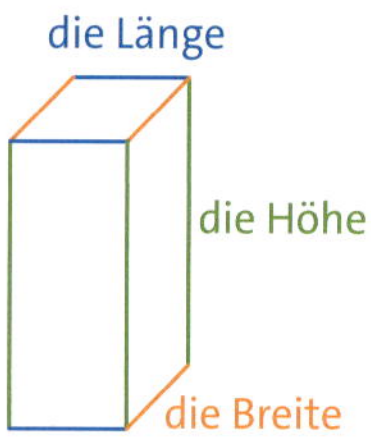

lang – die Länge
breit – die Breite
hoch – die Höhe

W

Mit einem **Schrägbild** kannst du dir einen Quader oder einen Würfel räumlich vorstellen.

Ein Quader ist 4 cm lang, 3 cm hoch und 2 cm breit. So zeichnest du das Schrägbild:

1. Zeichne die Kanten der vorderen Fläche. Die Kanten sind die Länge und die Höhe.

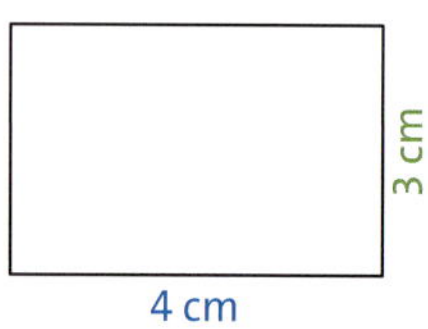

2. Zeichne die Hälfte der Breite schräg nach hinten in einem Winkel von 45° ein.

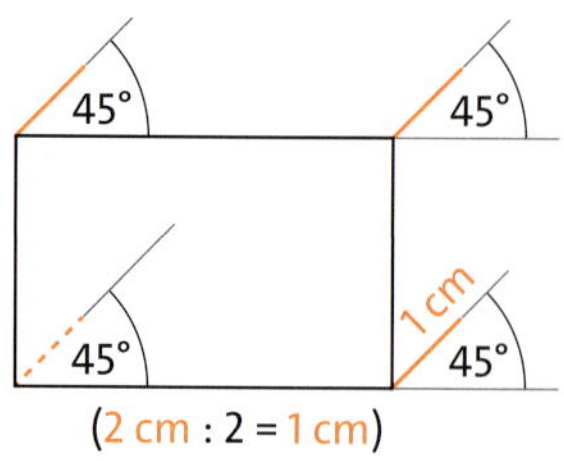

3. Verbinde die Eckpunkte. Strichle die Kanten, die du nicht siehst. Kontrolliere die Kantenlängen.

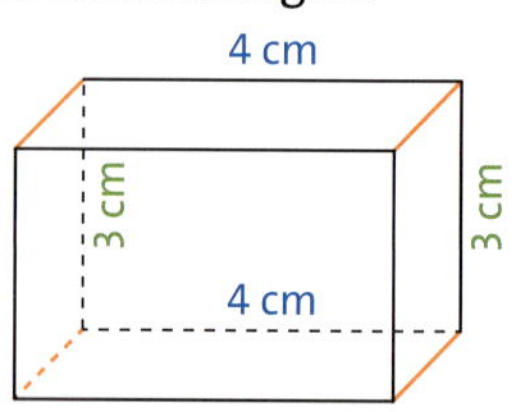

das Schrägbild

Im Heft kannst du die Kante nach hinten genau diagonal durch die Kästchen zeichnen.

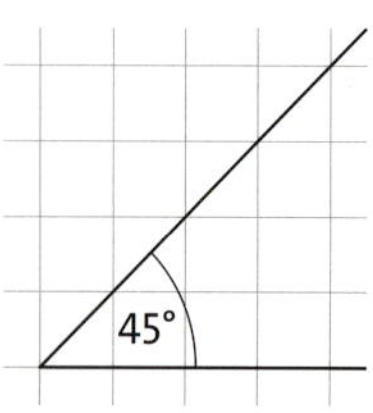

▶ **Aufgabe** Ein Quader ist 6 cm lang, 5 cm hoch und 4 cm breit. Zeichne das Schrägbild. ▸5 ▸3 ▸3

1 Welche Gegenstände haben die Form eines …
a) Würfels.
b) Quaders.

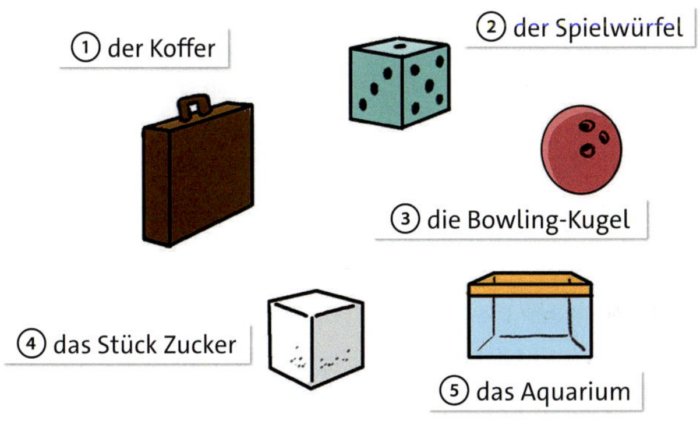

2 Arbeitet zu zweit.
Überlegt euch Gegenstände, die die Form eines Quaders haben. Erstellt eine Liste.

3 Beschreibe: Welche Eigenschaften hat ein Würfel? Benutze:
acht, Ecke, Kante, Quadrat, sechs, zwölf

4 Wähle zwischen den zwei blauen Ausdrücken. Schreibe den richtigen Satz in dein Heft.
a) Ein Quadrat ist eine Fläche/ein Körper.
Es hat acht/vier Ecken und 4 Kanten/Seiten.
b) Ein Quader ist eine Fläche/ein Körper.
Er hat acht/vier Ecken und 12 Kanten/Seiten.

► 2

5 Übertrage die Zeichnung in dein Heft. Zeichne daraus das Schrägbild eines Würfels.

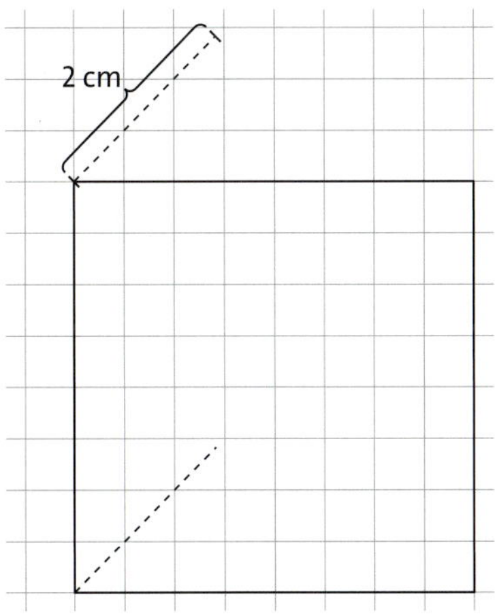

6 Zeichne das Schrägbild eines Würfels.
a) Eine Kante ist 3 cm lang.
b) Eine Kante ist 50 mm lang.

7 Baut aus Zahnstochern und Knete einen Würfel.

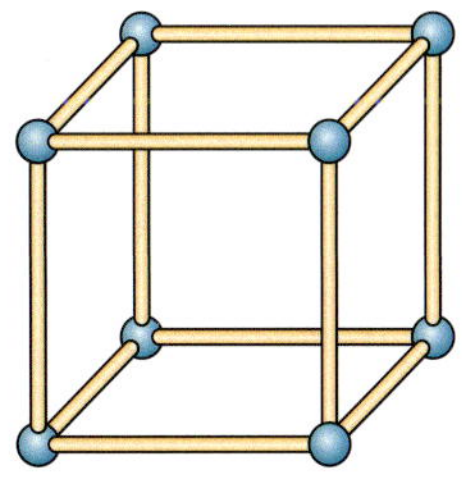

► 5

8 Zeichne das Schrägbild eines Quaders. Übertrage die Zeichnung in dein Heft und ergänze.

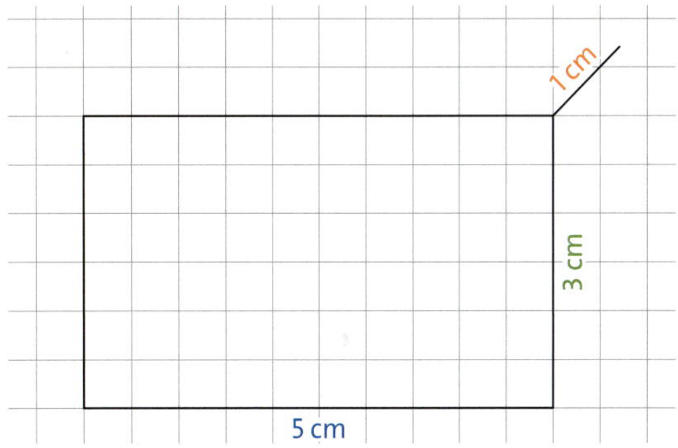

9 Ein Quader ist 4 cm lang, 3 cm hoch und 2 cm breit.
Tatjana sollte ein Schrägbild zeichnen, aber sie hat zwei Fehler gemacht.
Hilf ihr beim Verbessern.

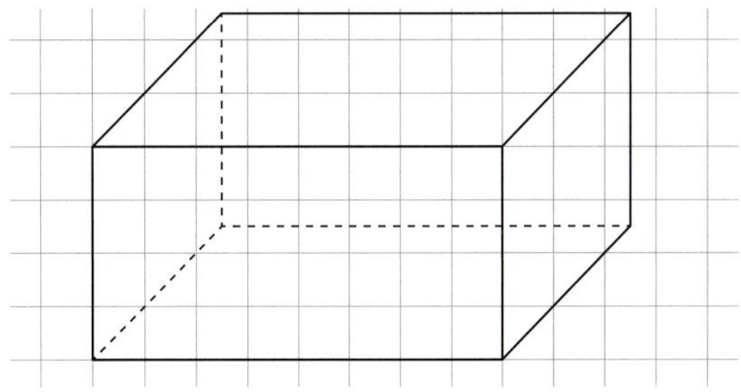

a) Miss nach und beschreibe die Fehler.
b) Zeichne das richtige Schrägbild.

► 9

10 Zeichne die beiden Schrägbilder.
① Ein Quader ist 5 cm lang, 2 cm hoch und 4 cm breit.
② Ein Quader ist 2 cm lang, 4 cm hoch und 5 cm breit.
Vergleiche deine beiden Schrägbilder.
Was fällt dir auf?

1 Betrachte die fünf Gegenstände.

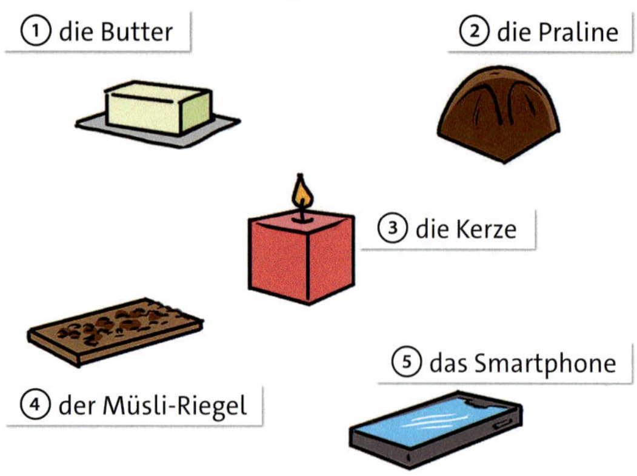

a) Welche Gegenstände haben die Form eines Würfels?
Begründe deine Antwort.

b) Welche Gegenstände haben die Form eines Quaders?
Begründe deine Antwort.

2 Einer von euch beschreibt dem anderen einen Würfel. Dann wird abgewechselt und der andere beschreibt einen Quader.
Diese Fachbegriffe können euch helfen:
Quadrat, Ecke, gleich lang, Kante, Rechteck, parallel, Fläche, senkrecht ▸ 2

3 Schrägbild eines Würfels

a) Übertrage die Zeichnung in dein Heft.
Zeichne das Schrägbild fertig.

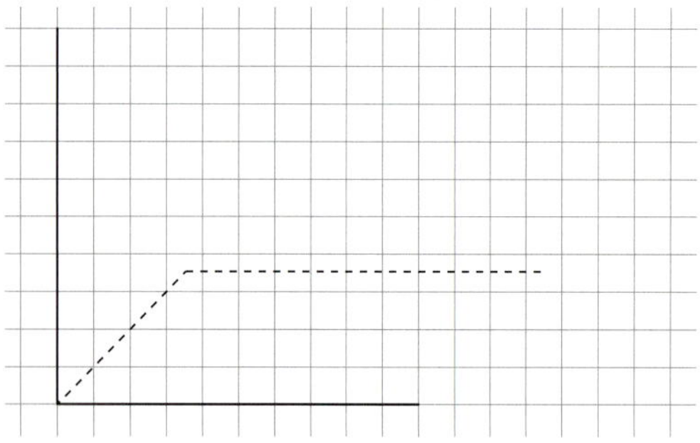

b) Zeichne das gleiche Schrägbild auf einem weißen Blatt Papier.

4 Die Kante eines Würfels ist 6 cm lang.
Zeichne das Schrägbild. ▸ 4

5 Baut aus Zahnstochern und Knete verschiedene Quader.

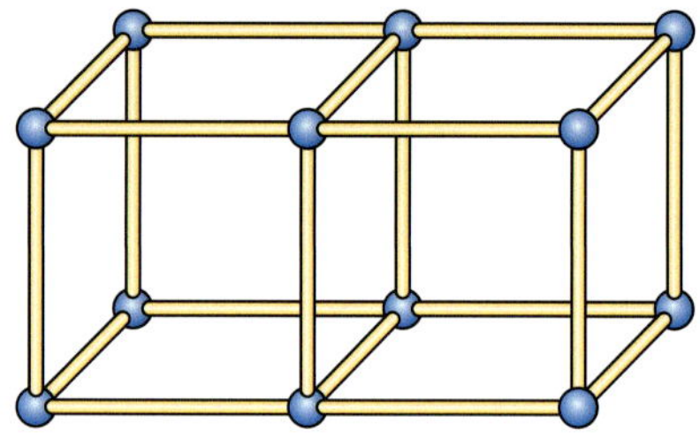

6 Übertrage die Zeichnung in dein Heft. Zeichne daraus das Schrägbild eines Quaders.

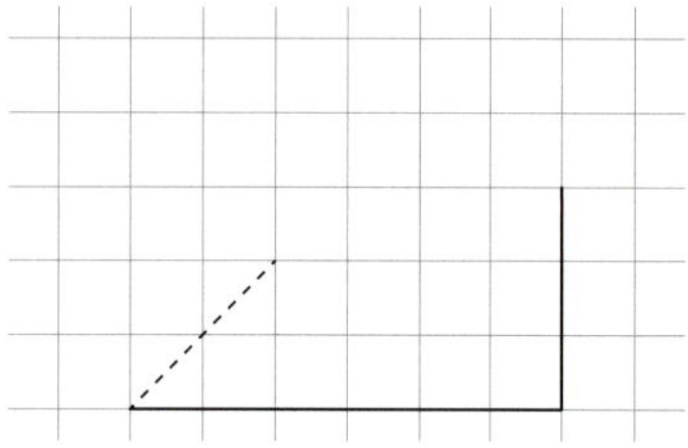

7 Ein Quader ist 4,5 cm lang, 1,5 cm hoch und 1 cm breit. Das ist Toms Schrägbild.

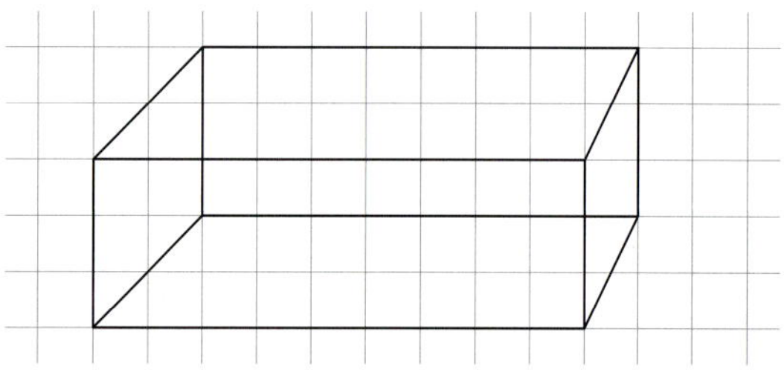

a) Beschreibe, welche Fehler er gemacht hat.

b) Zeichne das richtige Schrägbild. ▸ 7

8 Besorge dir eine quaderförmige Verpackung, die nicht zu groß ist. Zeichne ein Schrägbild.
Miss zuerst, wie lang die Kanten sind.

9 Ein Quader hat Kanten, die 7 cm, 4 cm und 2 cm lang sind.
Zeichne zwei verschiedene Schrägbilder.
Wähle einmal 7 cm als Länge und einmal 4 cm als Länge.

10 Das ist ein Schrägbild für den Buchstaben F.
Wähle einen Buchstaben.
Zeichne ein Schrägbild.
Die Kantenlängen kannst du selber wählen.

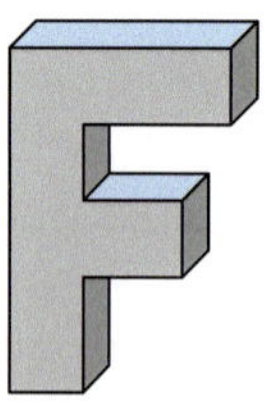

Sprachübung zu **1**: Beschreibe den Unterschied zwischen einem Quader und einem Quadrat.
Nutze die Fachbegriffe: Fläche – Körper, Seiten – Kanten.

1 Schaue dir die fünf Gegenstände an.

a) Welche Gegenstände haben die Form eines Würfels? Begründe deine Antwort.
b) Welche Gegenstände haben die Form eines Quaders? Begründe deine Antwort.
c) Drei Körper sind keine Quader. Warum? Weißt du, wie diese Körper heißen?

2 Beschreibe die Gemeinsamkeiten von Würfel und Quader. Finde auch Unterschiede. Verwende die Fachbegriffe.

3 Vervollständige das angefangene Schrägbild eines Würfels in deinem Heft.

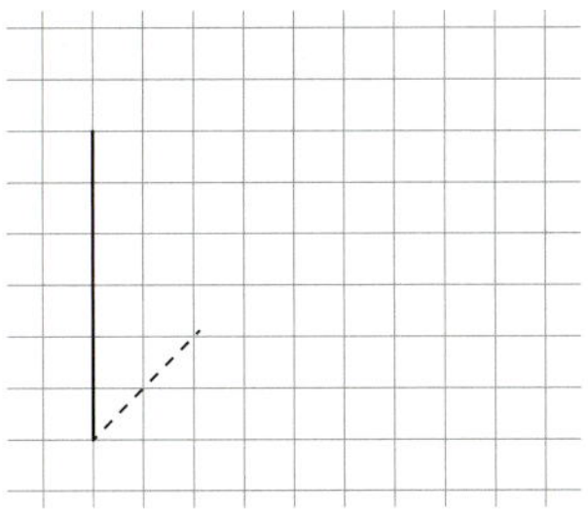

4 Zeichne das Schrägbild auf ein weißes Blatt Papier. Miss zuerst, wie lang die Kanten des Quaders sind.

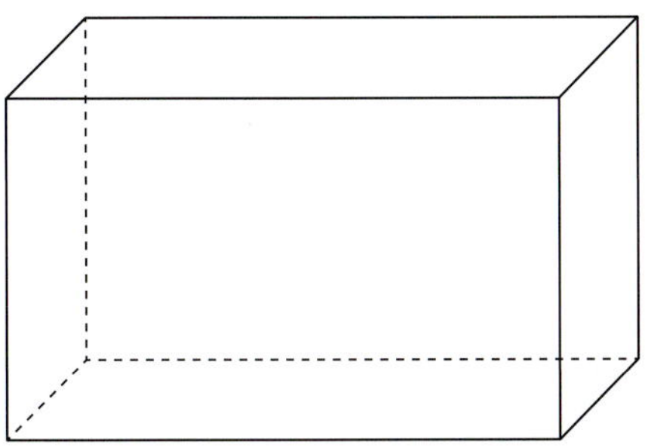

5 Zeichne das Schrägbild des Körpers.
a) ein Würfel mit 6,5 cm langen Kanten
b) ein Quader, der 5,5 cm lang, 2,5 cm breit und 4 cm hoch ist
c) zwei Würfel, die aufeinander stehen und deren Kanten 4 cm lang sind

6 Diese Schrägbilder sind nicht ganz richtig.

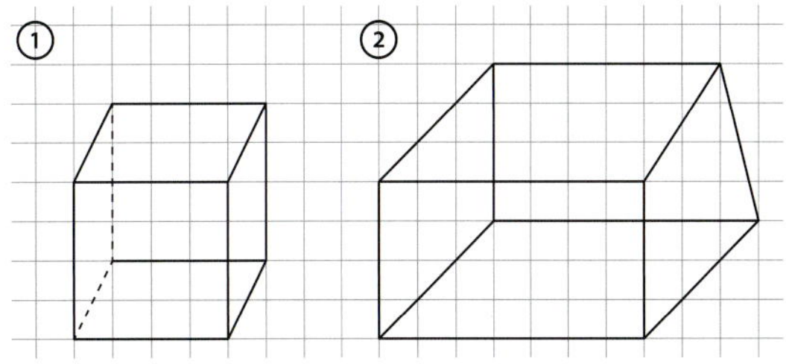

a) Beschreibe die Fehler in den Schrägbildern.
b) Zeichne die richtigen Schrägbilder.

7 Zeichne drei verschiedene Schrägbilder der Verpackung. Bei jedem Schrägbild soll die Verpackung auf einer anderen Fläche liegen.

8 Denke dir einen einfachen zusammengesetzten Körper aus.
Er soll mindestens aus einem Quader und einem Würfel bestehen.
Zeichne ein Schrägbild.
Beispiel:

Netze von Würfeln und Quadern

Nora hat eine Verpackung aufgeschnitten und auseinandergefaltet.
Sie hat aufgepasst, dass alles zusammenhält.
Jetzt kann sie die Verpackung flach hinlegen.

Zu einem Körper gibt es mehrere Netze. Beispiele für Netze eines Würfels:

W Die **zusammenhängenden** Flächen eines Körpers sind das **Netz des Körpers**.
Das Netz eines Körpers entsteht, wenn du den Körper auseinanderfaltest.
Das Netz kannst du so zusammenfalten, dass ein Körper entsteht.

Das **Netz eines Würfels** besteht aus 6 gleich großen Quadraten.

Der Würfel hat eine Kantenlänge von 4 cm.

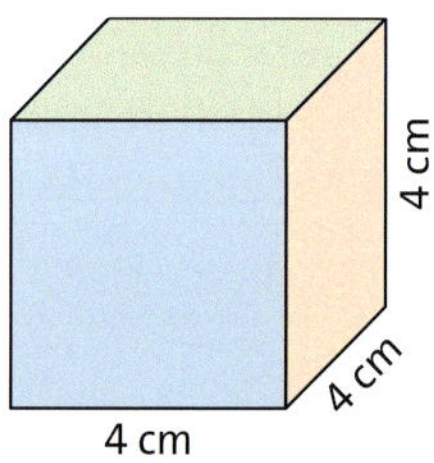

das Schrägbild

Nora schneidet den Würfel auf und faltet ihn auseinander.

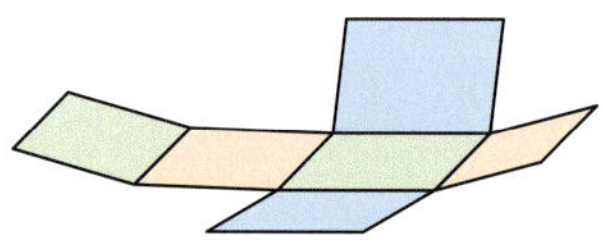

Das **Netz** besteht aus 6 Quadraten. Die Seitenlänge ist immer 4 cm.

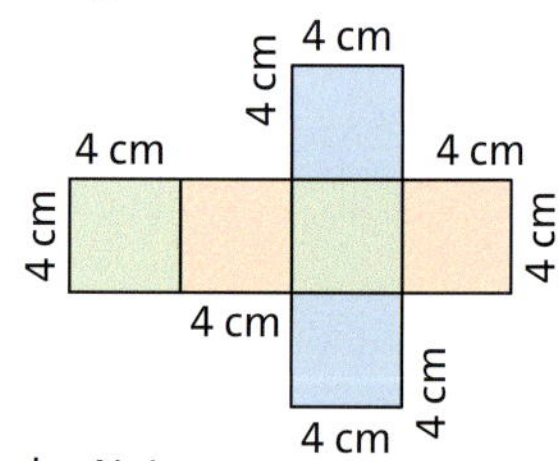

das Netz

▶ **Aufgabe** Zeichne das Netz des Würfels auf ein Blatt Papier.
Schneide das Netz aus und falte einen Würfel daraus. ▶ 2 ▶ 3 ▶ 1

Nora hat auch einen Quader als Verpackung. Sie schneidet die Verpackung auseinander.

W Das **Netz eines Quaders** besteht aus 6 Rechtecken. Jeweils zwei Rechtecke sind gleich groß. Diese Rechtecke liegen sich beim Quader gegenüber.

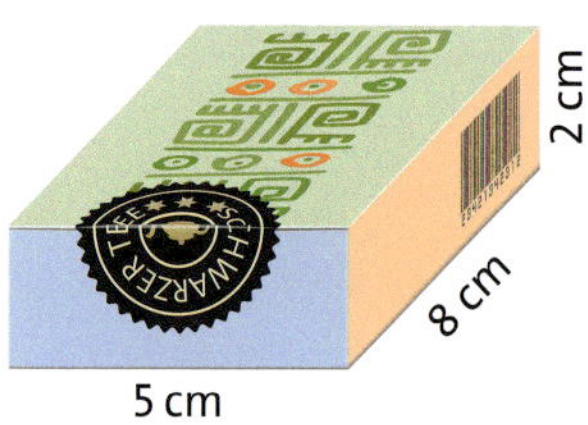

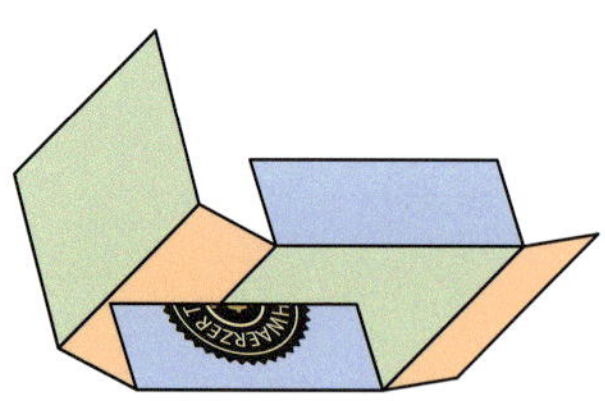

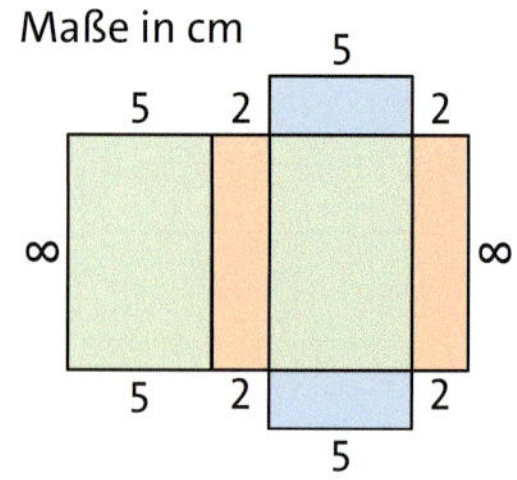

▶ **Aufgabe** Zeichne das Netz des Quaders auf ein Blatt Papier.
Schneide das Netz aus und falte einen Quader daraus. ▶ 5 ▶ 5 ▶ 4

1 Sammelt leere Verpackungen, die die Form von Würfeln oder Quadern haben.

1. Schneidet eine Verpackung entlang einiger Kanten vorsichtig auf.
2. Faltet die Verpackung auseinander.
3. Legt die Verpackung auf ein großes Blatt Papier. Zeichnet nun einmal rundherum.
4. Ergänzt die Linien an den geknickten Kanten. So erhaltet ihr ein Netz.

2 Zeichne das Netz auf kariertes Papier.

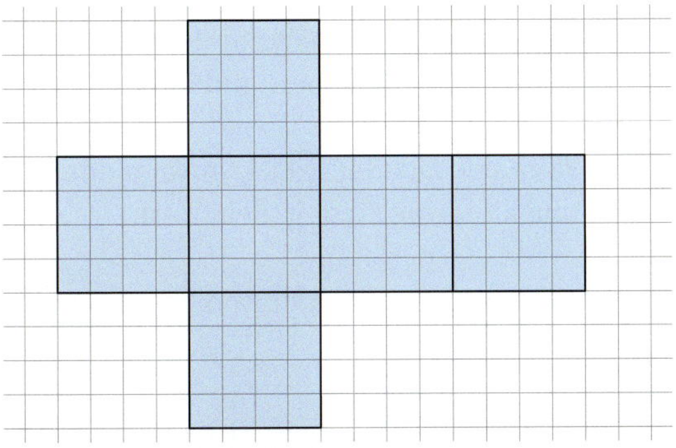

1. Schneide das Netz aus und falte es zu einem Würfel.
2. Färbe die gegenüberliegenden Flächen mit der gleichen Farbe.
3. Falte den Würfel wieder auseinander und klebe das Netz in dein Heft. ► 3

3 Welche Figuren sind Netze von Würfeln?
Tipp: Du kannst die Figuren auch abzeichnen, ausschneiden und falten. Nimm für die Kanten die doppelte Länge, also 6 Kästchen.

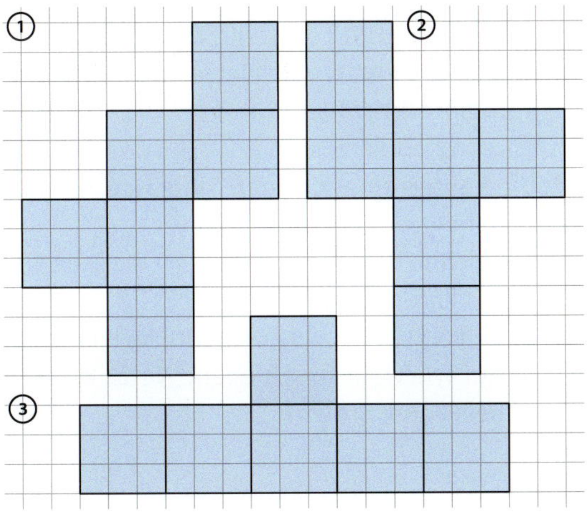

4 Die Kanten eines Würfels sind 4 cm lang. Jeder von euch zeichnet ein Netz des Würfels. Vergleicht eure Netze untereinander. Habt ihr verschiedene Netze gezeichnet?

5 Zeichne das Netz des Quaders auf ein Blatt Papier.

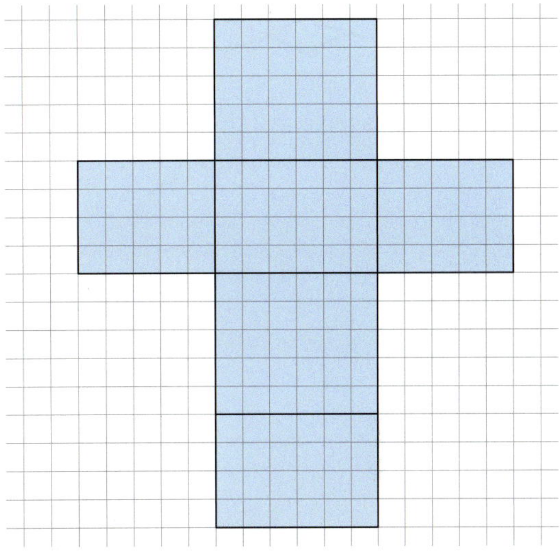

1. Schneide das Netz aus und falte es zu einem Quader.
2. Färbe die gegenüberliegenden Flächen mit der gleichen Farbe.
3. Falte den Quader wieder auseinander und klebe das Netz in dein Heft. ► 7

6 Zeichne ein Netz des Quaders.

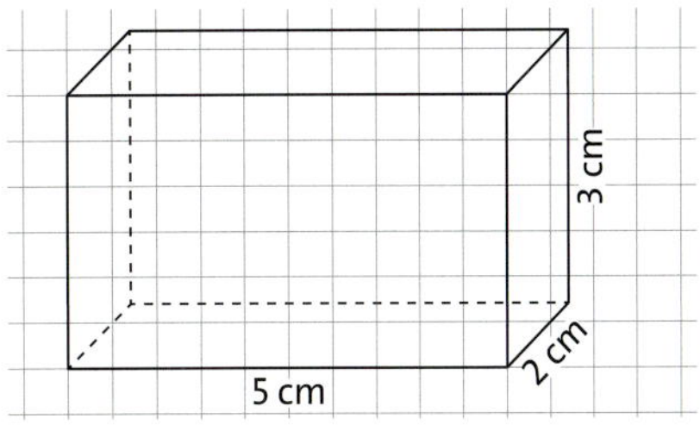

7 Woraus kannst du einen Quader falten?

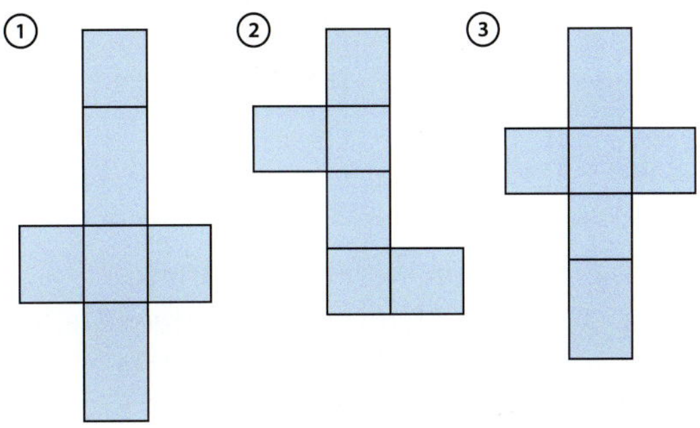

1 Rollt einen Würfel ab. Umfahrt die einzelnen Flächen mit einem Buntstift.

2 Mit der Vorlage kannst du einen Würfel herstellen.

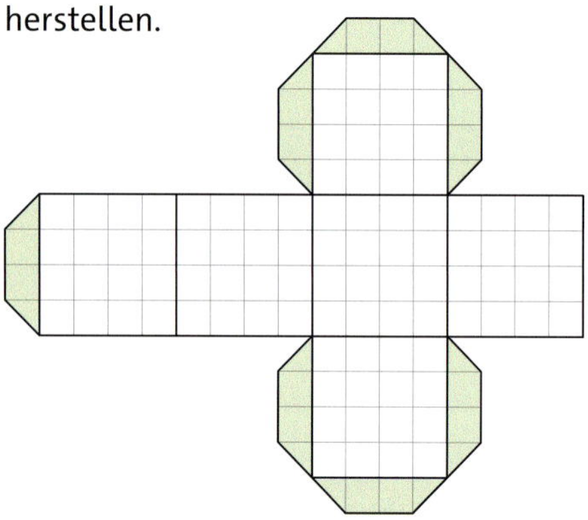

a) Beschreibe, welcher Teil der Figur das Netz des Würfels ist. Beschreibe, wozu die grünen Flächen da sind.
b) 1. Übertrage die Figur auf ein Blatt.
   2. Schneide die Figur aus und falte sie zu einem Würfel.
   3. Färbe gegenüberliegende Flächen mit der gleichen Farbe.
   4. Klebe den Würfel zusammen. ► 3

3 Übertrage die Zeichnung in dein Heft. Lasse ausreichend Platz.

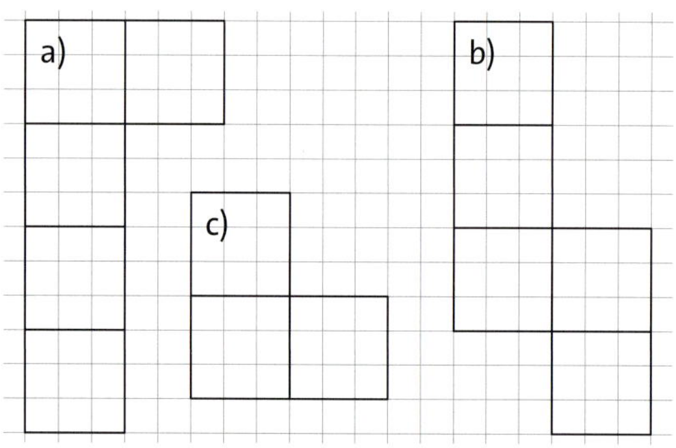

1. Ergänze zum Netz eines Würfels.
2. Vergleicht, ob ihr an derselben Stelle ergänzt habt. Findet noch weitere Möglichkeiten.

4 Die Kanten eines Würfels sind 3,5 cm lang. Zeichne das Netz. Färbe gegenüberliegende Flächen in der gleichen Farbe.

5 Du brauchst eine leere Verpackung in der Form eines Quaders.
a) Schneide die Verpackung an den Kanten auseinander und lege sie flach hin.
b) Beschreibe die Verpackung. Nutze die Fachbegriffe: Rechteck, gleich groß, gegenüberliegend.

6 Die Kanten eines Quaders sind 4 cm, 6 cm und 3,5 cm lang.
1. Zeichne ein Netz auf kariertes Papier.
2. Färbe gleiche Flächen mit der gleichen Farbe.
3. Schneide das Netz aus und falte es zu einem Quader.
4. Falte den Quader wieder auseinander und klebe die Figur in dein Heft. ► 5

7 Aus welchen Netzen kannst du einen Quader bauen?

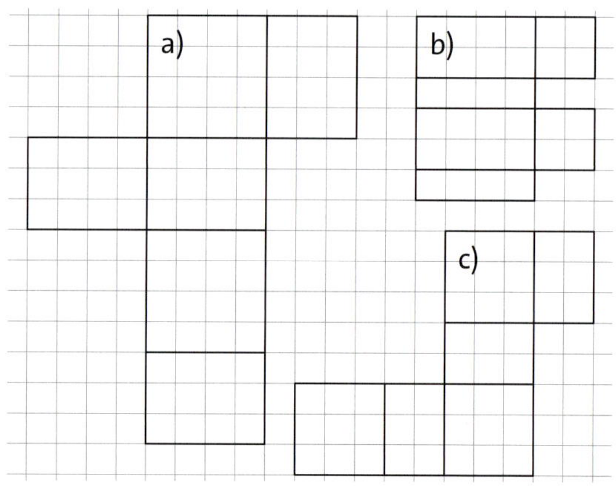

8 Jeder zeichnet ein fehlerhaftes Netz eines Quaders. Tauscht eure Netze aus. Findet und korrigiert die Fehler.

9 Die Kanten eines Quaders sind 3 cm, 4 cm und 2 cm lang.
a) Zeichne möglichst viele verschiedene Netze auf kariertes Papier.
b) Vergleicht und prüft eure Netze. Auf wie viele verschiedene Netze kommt ihr beide zusammen?

1 Würfelnetz oder nicht?

1. Zeichne sechs Quadrate mit der Seitenlänge 4 cm auf kariertes Papier.
2. Schneide die Quadrate aus und lege daraus drei verschiedene Netze.
3. Übertrage die Netze auf kariertes Papier und schneide sie aus.
4. Prüfe, aus welchen Netzen du Würfel falten kannst. Klebe diese Netze in dein Heft.

2 Bei einem Spielwürfel ergeben die gegenüberliegenden Zahlen immer die Summe 7.

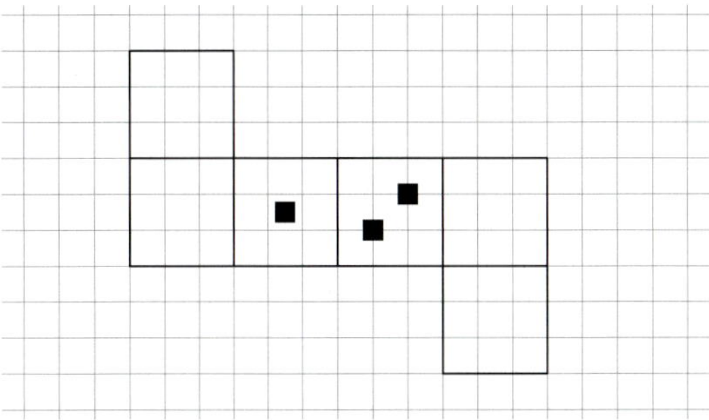

1. Zeichne das Netz mit der doppelten Seitenlänge auf ein kariertes Blatt Papier.
2. Beschrifte die restlichen Flächen wie bei einem Spielwürfel mit Bleistift.
3. Schneide das Netz aus und falte es zu einem Würfel. Prüfe, ob die Zahlen auf den richtigen Flächen stehen.

3 Die Kanten eines Würfels sind 4,5 cm lang. Zeichne ein Netz. Färbe gegenüberliegende Flächen in der gleichen Farbe.

4 Quadernetze finden

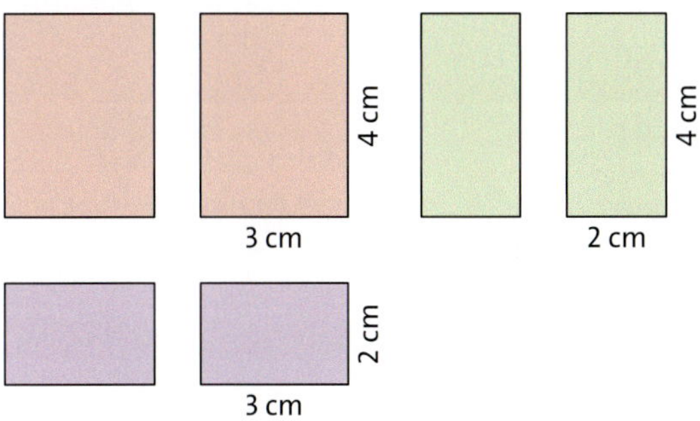

1. Zeichne die Rechtecke auf ein Blatt Papier. Schneide sie aus.
2. Lege aus den Rechtecken mindestens vier verschiedene Quadernetze.
3. Zeichne die Netze in dein Heft.

5 Übertrage die Zeichnung in dein Heft. Lasse ausreichend Platz zwischen den Netzen. Ergänze die Zeichnung zu einem Quadernetz.

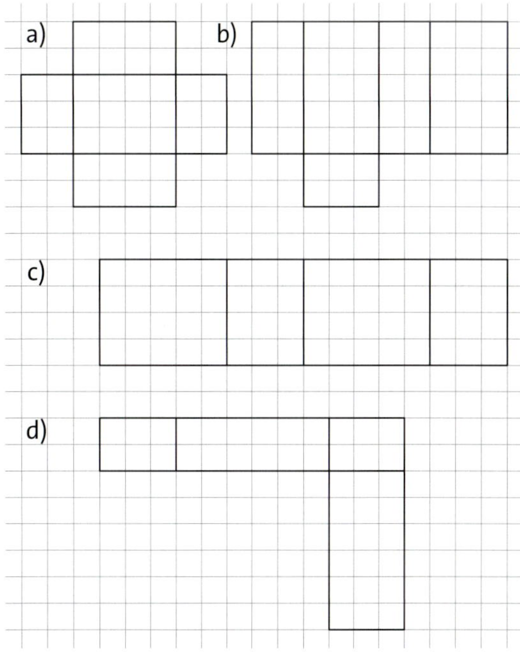

6 Die Kanten eines Quaders sind 3,5 cm, 4,5 cm und 2,5 cm lang. Zeichne ein Netz auf ein weißes Blatt Papier. Färbe gegenüberliegende Flächen in der gleichen Farbe.

7 Das ist das Netz eines Quaders.

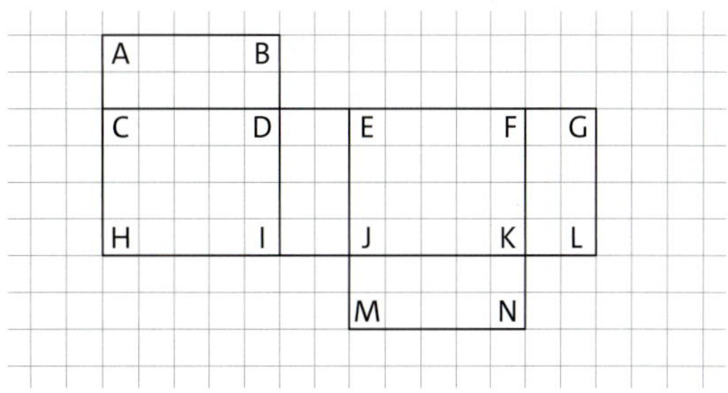

a) Überlegt für jede Ecke, welche Punkte beim Falten aufeinandertreffen. Schreibt: B trifft auf E. Zur Kontrolle: Einmal treffen drei Punkte aufeinander und viermal zwei Punkte. Drei Punkte bleiben übrig.
b) Bastelt den Quader mit doppelter Kantenlänge. Prüft, ob ihr die Punkte richtig zugeordnet habt.

Oberflächeninhalt von Quadern und Würfeln

Ein Geschenk ist in einem Paket verpackt.
Tim findet das langweilig und will das Paket mit buntem Papier bekleben.
Wie viel Papier braucht Tim?
Wie kann er das herausfinden?

*Der **Oberflächeninhalt O** eines Körpers ist der Flächeninhalt des Netzes.*

a, b, c heißen Variablen. Du kannst für eine Variable eine Zahl einsetzen.

W

Die **Oberfläche eines Quaders** besteht aus 6 Rechtecken.

Der **Oberflächeninhalt des Quaders** ist der Flächeninhalt aller 6 Rechtecke zusammen:
Flächeninhalt für …

- ein grünes Rechteck: $a \cdot b$
- ein blaues Rechteck: $a \cdot c$
- ein rotes Rechteck: $b \cdot c$

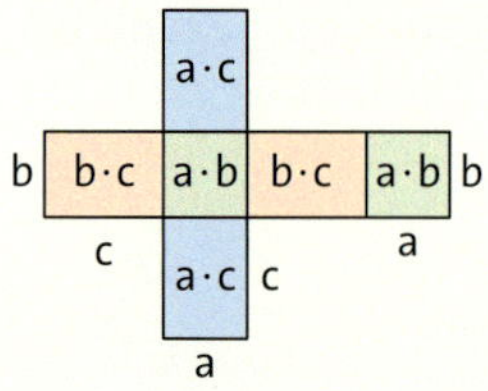

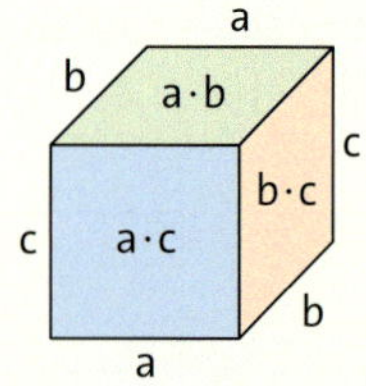

Jedes Rechteck kommt zweimal vor.

Der **Oberflächeninhalt O eines Quaders** ist:
$O = 2 \cdot a \cdot b + 2 \cdot a \cdot c + 2 \cdot b \cdot c$ oder $O = 2 \cdot (a \cdot b + a \cdot c + b \cdot c)$

Wie kannst du dir die Formel für den Oberflächeninhalt des Quaders merken?

$2 \cdot a \cdot b$ $2 \cdot b \cdot c$
$a = 8;\ b = 4;\ c = 2$
$2 \cdot a \cdot c$

Tims Paket ist a = 30 cm lang, b = 60 cm breit und c = 15 cm hoch.
So berechnest du den Oberflächeninhalt:

$O = 2 \cdot 30\,cm \cdot 60\,cm + 2 \cdot 30\,cm \cdot 15\,cm + 2 \cdot 60\,cm \cdot 15\,cm$
$O = 2 \cdot 1800\,cm^2 + 2 \cdot 450\,cm^2 + 2 \cdot 900\,cm^2$
$O = 3600\,cm^2 + 900\,cm^2 + 1800\,cm^2$
$O = 6300\,cm^2$ Tim braucht $6300\,cm^2$ buntes Papier.

▶ **Aufgabe** Ein Quader hat die Kantenlängen a = 8 cm, b = 4 cm und c = 2 cm.
Berechne den Oberflächeninhalt. ▶1 ▶1 ▶1

W

Die **Oberfläche eines Würfels** besteht aus 6 Quadraten. Alle Quadrate sind gleich groß.

Der **Oberflächeninhalt des Würfels** ist der Flächeninhalt aller 6 Quadrate zusammen.

Der Flächeninhalt eines Quadrats ist $a \cdot a$.

Der **Oberflächeninhalt O eines Würfels** ist
$O = 6 \cdot a \cdot a$ oder $O = 6 \cdot a^2$

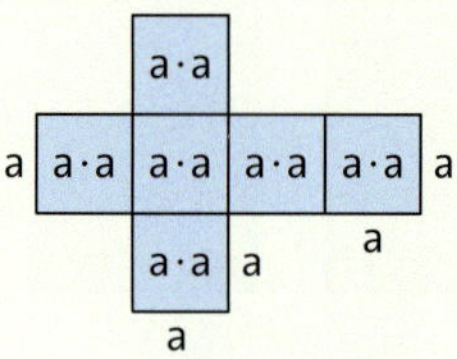

Berechne den Oberflächeninhalt eines Würfels mit a = 10 cm.
$O = 6 \cdot 10\,cm \cdot 10\,cm$
$O = 6 \cdot 100\,cm^2$
$O = 600\,cm^2$ Der Oberflächeninhalt ist $600\,cm^2$ groß.

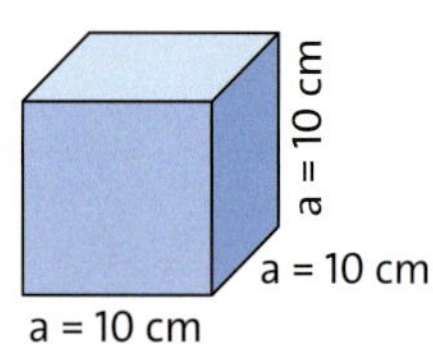

▶ **Aufgabe** Ein Würfel hat die Kantenlänge a = 5 cm.
Berechne den Oberflächeninhalt. ▶6 ▶7 ▶7

1 Das ist das Netz eines Quaders.
Berechne den Oberflächeninhalt des Quaders.

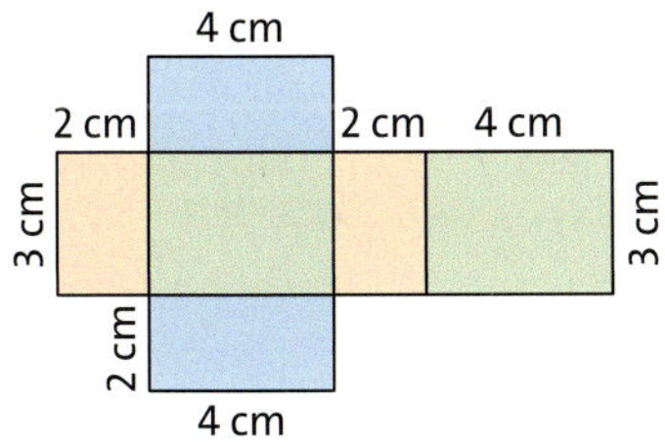

2 Das ist das Netz eines Quaders.

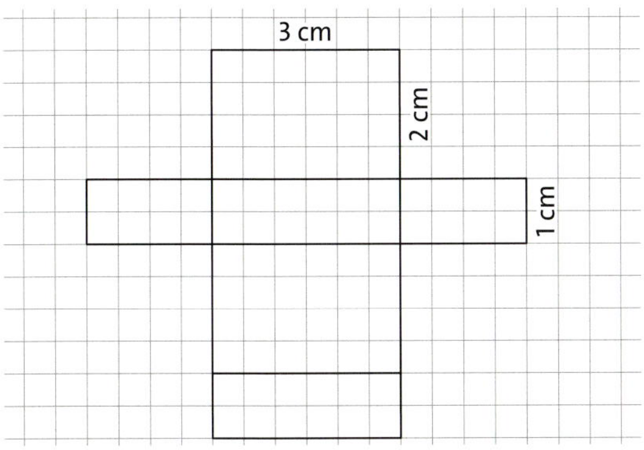

a) Berechne den Oberflächeninhalt des Quaders.
b) Überprüfe dein Ergebnis. Übertrage dazu das Netz in dein Heft und trage Zentimeterquadrate (4 Kästchen = 1 cm^2) ein.

3 Berechne den Oberflächeninhalt des Quaders.
Beispiel zu a) $a = 1\,m$; $b = 5\,m$; $c = 7\,m$

$O = 2 \cdot 1\,m \cdot 5\,m + 2 \cdot 1\,m \cdot 7\,m + 2 \cdot 5\,m \cdot 7\,m$

	Länge a	Breite b	Höhe c
a)	1 m	5 m	7 m
b)	5 m	4 m	2 m
c)	9 m	2 m	1 m
d)	4 m	6 m	8 m
e)	10 m	4 m	3 m

► 4

4 Luisa möchte einen Schuhkarton mit schwarzer Folie bekleben.
Wie viel Folie braucht Luisa?
Berechne den Oberflächeninhalt.

5 Ole sollte den Oberflächeninhalt eines Quaders berechnen. Welche Fehler hat er gemacht? Rechne richtig in deinem Heft.

a) $a = 2\,cm$; $b = 4\,cm$; $c = 3\,cm$;
$O = 2\,cm + 4\,cm + 3\,cm = 9\,cm$

b) $a = 4\,m$; $b = 8\,m$; $c = 5\,m$
$O = 4\,m \cdot 8\,m + 4\,m \cdot 5\,m + 8\,m \cdot 5\,m$
$O = 32\,m + 20\,m + 40\,m = 92\,m$

c) $a = 5\,m$; $b = 7\,cm$; $c = 2\,m$
$O = 2 \cdot 5\,m \cdot 7\,m + 2 \cdot 5\,m \cdot 2\,m + 2 \cdot 7\,m \cdot 5\,m$
$O = 70\,m^2 + 20\,m^2 + 70\,m^2 = 160\,m^2$

► 5

6 Berechne den Oberflächeninhalt des Würfels.

a)

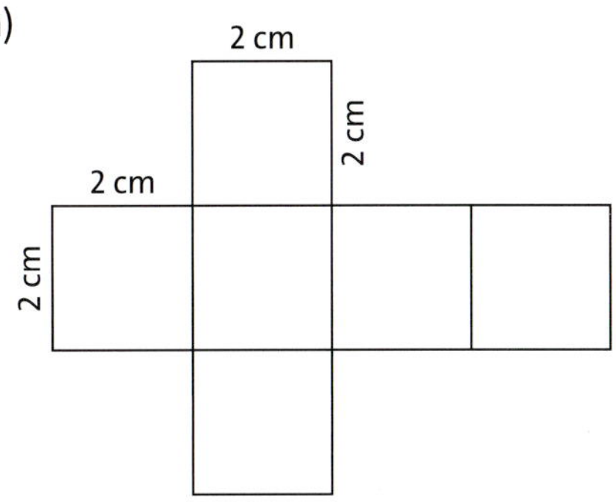

b)

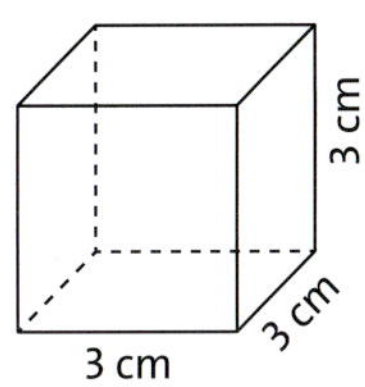

c)

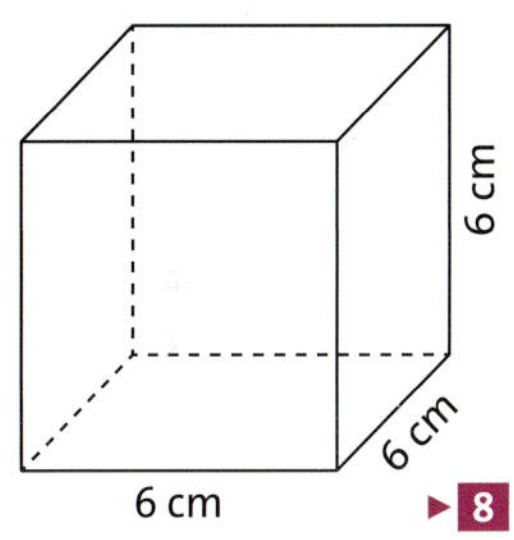

► 8

7 Berechne den Oberflächeninhalt des Würfels.
a) $a = 4\,cm$ b) $a = 5\,cm$ c) $a = 7\,cm$

8 Aisha will einen Würfel basteln.
Darin möchte sie eine Action-Figur einpacken.
Die Kanten des Würfels müssen 6 cm lang sein.
a) Berechne den Oberflächeninhalt des Würfels.
b) Kann Aisha den Würfel aus einem A4-Blatt falten? Probiere es aus.

Wenn du die Ergebnisse von **3** in die richtige Reihenfolge bringst, dann ergibt sich ein Lösungswort.
58 m^2 (R) ; 76 m^2 (A) ; 94 m^2 (P) ; 164 m^2 (Y) ; 208 m^2 (T)

1 Berechne den Oberflächeninhalt des Quaders.

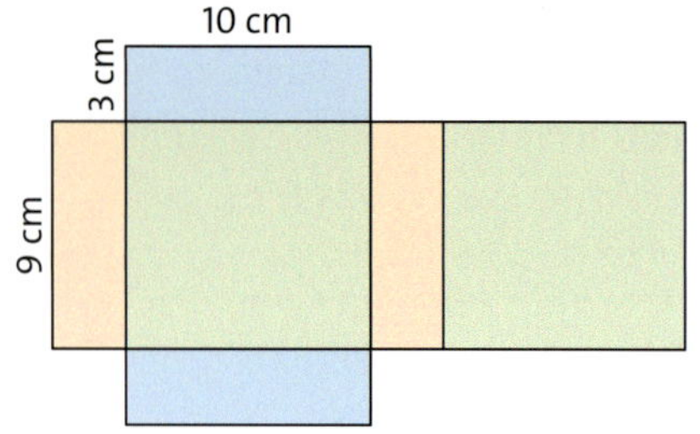

2 Berechne den Oberflächeninhalt des Quaders.

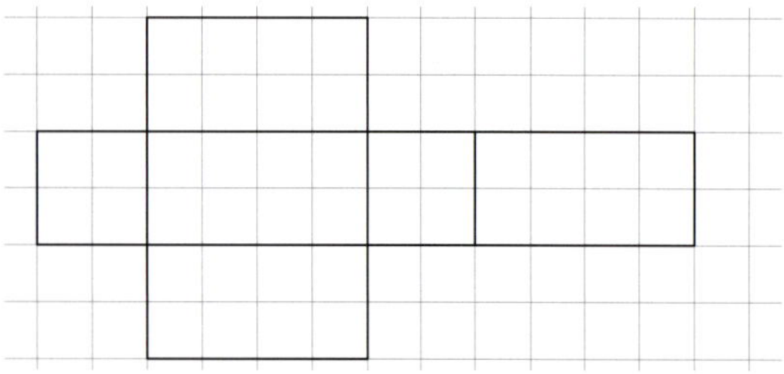

3 Berechne den Oberflächeninhalt des Quaders.

	Länge a	Breite b	Höhe c
a)	2 cm	3 cm	4 cm
b)	7 m	2,5 m	5 m
c)	8 dm	11 dm	3 dm
d)	30 mm	40 mm	20 mm

▸ 3

4 Welcher Quader hat den größeren Oberflächeninhalt? Begründe.

a)

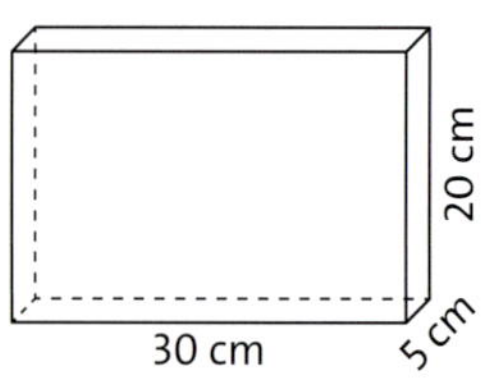

b)

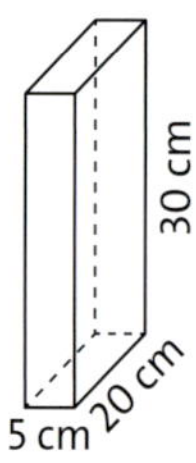

5 Lena will den Kasten von allen 6 Seiten lackieren. Auf der Dose mit Lack steht: für ca. 1 m². Reicht eine Dose? Begründe.

6 Ein Quader ist a = 8 cm lang und b = 5 cm breit. Sein Oberflächeninhalt beträgt 314 cm². Wie groß ist die Höhe c?

c = 6 cm   c = 7 cm   c = 9 cm

Erkläre dein Vorgehen. ▸ 7

7 Berechne den Oberflächeninhalt des Würfels.

a)

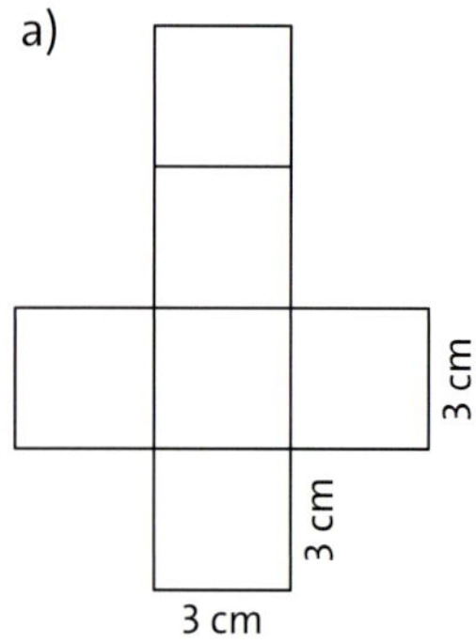

b)

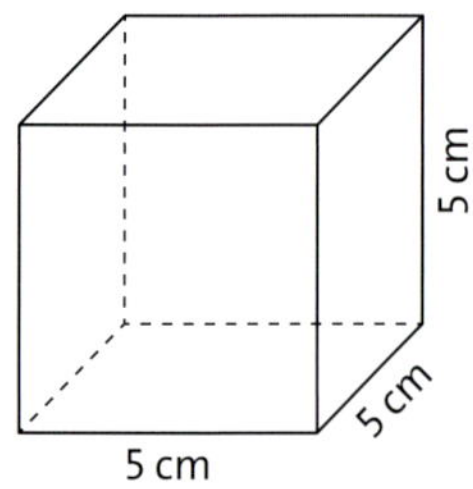

8 Berechne den Oberflächeninhalt des Würfels.

a) a = 9 cm   b) a = 6,2 cm

c) a = 0,5 mm   d) a = 2,7 m ▸ 9

9 Matti bastelt einen Würfel aus Pappe. Eine Kante soll 7 cm lang sein.

a) Wie viel cm² Pappe braucht Matti?

b) Kann er den Würfel aus einem A4-Blatt Pappe falten?

10 Die Kanten der Würfel sind 12 cm lang.

a) Berechne den Oberflächeninhalt.

① 2 einzelne Würfel (zusammen)

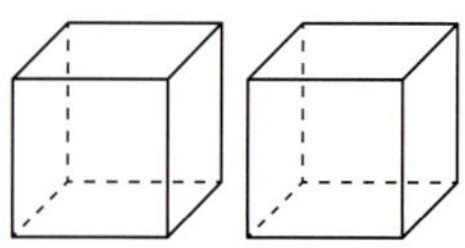

② Turm aus 2 Würfeln

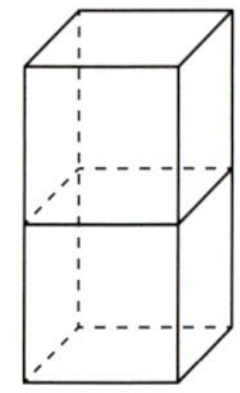

b) Vergleiche die beiden Oberflächeninhalte. Begründe den Unterschied.

11 Vergleiche den Oberflächeninhalt.

a) Würfel mit a = 5 cm und Quader mit a = 5 cm; b = 4 cm und c = 6 cm

b) Würfel mit a = 10 cm und Quader mit a = 10 cm; b = 15 cm und c = 6 cm

1 Berechne den Oberflächeninhalt des Quaders.

a)

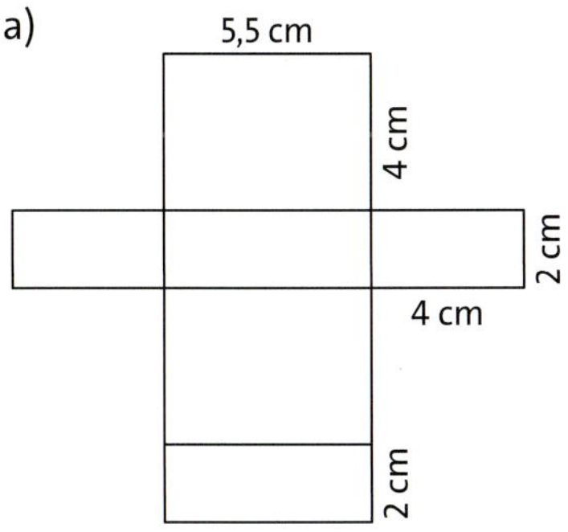

b)

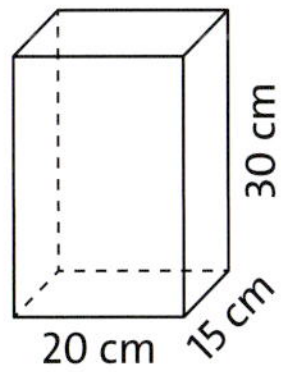

2 ▼ Das Fischstäbchen ist 10 cm lang, 2 cm breit und 1,5 cm hoch. Auf wie viel cm^2 wurde **Panade** aufgetragen?

3 Berechne den Oberflächeninhalt des Quaders. Achte auf gleiche Einheiten.

	Länge a	Breite b	Höhe c
a)	3,5 cm	6 cm	4 cm
b)	4,5 cm	5,3 cm	2,6 cm
c)	2 dm	15 cm	7 dm
d)	70 mm	0,4 dm	0,09 m

4 Ein Quader ist a = 3 cm lang, b = 3 cm breit und c = 5 cm hoch.
a) Berechne den Oberflächeninhalt.
b) Stefano meint: „Ich kann den Oberflächeninhalt dieses Quaders auch berechnen mit $O = 2 \cdot a^2 + 4 \cdot a \cdot c$."
Begründe, ob Stefano recht hat.

5 Ein Quader mit einem Oberflächeninhalt von $68\,cm^2$ ist a = 4 cm lang und b = 1 cm breit. Finde die Höhe c, indem du verschiedene Werte für c ausprobierst.

6 👥 Die Oberfläche eines Quaders beträgt $72\,m^2$. Findet möglichst viele passende Seitenlängen. Erklärt euer Vorgehen.

7 Die Kanten eines Würfels sind 12 cm lang. Berechne den Oberflächeninhalt.

8 Berechne den Oberflächeninhalt des Würfels. Rechne zuerst in eine größere Einheit um, dann kannst du einfacher rechnen.
Beispiel: a = 40 cm; 40 cm = 4 dm;
$O = 6 \cdot 4\,dm \cdot 4\,dm = 96\,dm^2$
$O = 9600\,cm^2$
a) a = 50 dm b) a = 250 mm c) a = 1600 cm

9 Ein Würfel hat einen Oberflächeninhalt von $294\,cm^2$. Wie lang sind die Kanten? Gehe so vor: Der Würfel besteht aus 6 Quadraten. Überlege, wie groß ein Quadrat ist und welche Seitenlänge es hat.

10 Dieses Kästchen soll gestrichen werden.
Es ist ein Quader, der 40 cm lang, 40 cm breit und 20 cm hoch ist.

Der Griff oben ist ein Quader mit a = 5 cm, b = 4 cm und c = 3 cm.
a) Berechne den Oberflächeninhalt.
b) Das Kästchen soll zweimal gestrichen werden. 0,02 mℓ Farbe reichen für $1\,cm^2$. Wie viel mℓ Farbe braucht man etwa?

11 Berechne den Oberflächeninhalt des Körpers. Beschreibe dein Vorgehen.

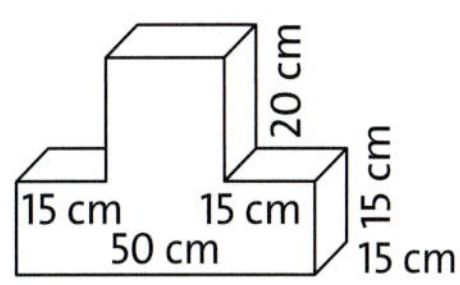

12 Paul behauptet: „Wenn ich bei einem Würfel alle drei Kantenlängen verdopple, dann verdoppelt sich auch der Oberflächeninhalt."
a) Überprüfe diese Behauptung anhand von drei verschiedenen Würfeln. Wähle zum Beispiel einen Würfel mit Kantenlänge 2 cm.
b) Verbessere Pauls Aussage. Begründe.

Sprachhilfe zu **2**: Die **Panade** beim Fischstäbchen ist die Hülle um den Fisch. Sie besteht vor allem aus Semmelbröseln, also aus geriebenem trockenen Weißbrot.

Volumen und Volumeneinheiten

Ein kleiner Würfel hat eine Kantenlänge von 1 cm.
Der große Würfel hat eine Kantenlänge von 10 cm, also 1 dm.
Wie oft passt der kleine Würfel in den großen Würfel?

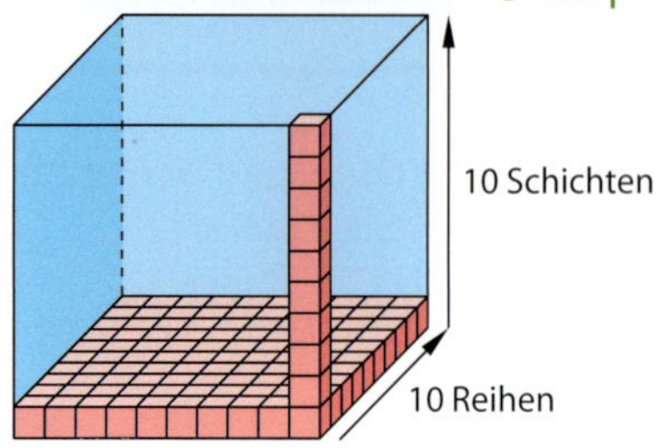

Das Volumen hat etwas mit voll zu tun. Du kannst das Volumen eines Körpers messen, indem du den Körper mit Würfeln ausfüllst.

W Das **Volumen** gibt an, wie viel in einen Körper hineinpasst.
Die **Einheiten für das Volumen** sind:

Kubikmeter
m^3
Würfel mit 1 m Kantenlänge

der Müllcontainer

Kubikdezimeter
dm^3
Würfel mit 1 dm Kantenlänge

der Zettelblock

Kubikzentimeter
cm^3
Würfel mit 1 cm Kantenlänge

der Zuckerwürfel

Kubikmillimeter
mm^3
Würfel mit 1 mm Kantenlänge

der Kopf einer Stecknadel

▶ **Aufgabe** Gib die Einheit für das Volumen an: für den kleinen Würfel mit der Kantenlänge 1 cm und für den großen Würfel mit Kantenlänge 1 dm. ▶1 ▶1 ▶1

In einen Würfel mit 1 dm Kantenlänge passen 1000 Würfel mit 1 cm Kantenlänge: 10 in der Länge, 10 Reihen, 10 Schichten, also $10 \cdot 10 \cdot 10 = 1000$.

W **Volumeneinheiten umrechnen**
Die Umrechnungszahl ist 1000.

$1\,m^3 = 1000\,dm^3$
$1\,dm^3 = 1000\,cm^3$
$1\,cm^3 = 1000\,mm^3$

So rechnest du in die **nächstkleinere Einheit** um: multipliziere mit 1000.

mm^3 ist die nächstkleinere Einheit von cm^3.
$3\,cm^3 = 3 \cdot 1000\,mm^3 = 3000\,mm^3$

So rechnest du in die **nächstgrößere Einheit** um: dividiere durch 1000.

m^3 ist die nächstgrößere Einheit von dm^3.
$2000\,dm^3 = 2\,m^3$, denn $2000 : 1000 = 2$

Für alle nicht belegten Felder kannst du dir eine Null denken.

die Einheitentabelle

m^3			dm^3			cm^3			mm^3			Beispiel
H	Z	E	H	Z	E	H	Z	E	H	Z	E	
					6	0	0	0	0	0	0	$6\,dm^3 = 6000\,cm^3 = 6\,000\,000\,mm^3$
		1	4	5	0	0	0	0				$1{,}450\,m^3 = 1450\,dm^3 = 1\,450\,000\,cm^3$
								6	0	5	7	$6\,cm^3\ 57\,mm^3 = 6{,}057\,cm^3 = 6057\,mm^3$

▶ **Aufgabe** Rechne um: $9\,m^3 = \square\,dm^3$ $\quad 24\,000\,mm^3 = \square\,cm^3$ ▶3 ▶2 ▶2

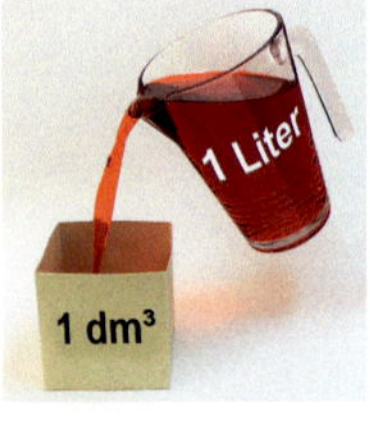

W Bekannte **Volumeneinheiten für Flüssigkeiten** sind:
Liter ℓ und **Milliliter mℓ**
So rechnest du um: 1 ℓ = 1000 mℓ $\quad$ 1 ℓ = 1 dm^3
1 mℓ = 1 cm^3

3 ℓ = 3000 mℓ
5 ℓ 250 mℓ = 5,250 ℓ = 5250 mℓ
5 dm^3 = 5 ℓ
250 cm^3 = 250 mℓ

▶ **Aufgabe** Rechne um: 4 dm^3 = □ ℓ $\quad$ 240 cm^3 = □ mℓ ▶9 ▶8 ▶6

1 Übertrage die Sätze in dein Heft.
Trage die Einheit ein.
a) Ein Würfel mit der Kantenlänge 1 m hat ein Volumen von 1 ▢.
b) Ein Würfel mit der Kantenlänge 1 ▢ hat ein Volumen von 1 cm^3.

2 Welche Volumeneinheit passt am besten?
Nutze cm^3, dm^3 und m^3.
a) das Schwimmbecken

b) der Getränkekarton

c) die Streichholzschachtel

▸ 2

3 Rechne um …
a) in die nächstkleinere Einheit.
1 m^3, 1 dm^3, 1 cm^3
b) in die nächstgrößere Einheit.
1 mm^3, 1 cm^3, 1 dm^3

4 Ordne von klein nach groß.
a) 1 dm^3; 1 mm^3; 1 m^3; 1 cm^3
b) 4 cm^3; 4 dm^3; 40 cm^3; 40 dm^3; 400 cm^3

5 Rechne in die nächstkleinere Einheit um.
Beispiel 5 m^3 = 5 · 1000 dm^3 = 5000 dm^3
a) Schreibe in dm^3: 6 m^3; 55 m^3; 32 m^3
b) Schreibe in cm^3: 4 dm^3; 43 dm^3; 75 dm^3
c) Schreibe in mm^3: 2 cm^3; 26 cm^3; 54 cm^3

6 Rechne in die nächstgrößere Einheit um.
Beispiel 4000 mm^3 = 4 cm^3, denn
4000 : 1000 = 4
a) Schreibe in cm^3: 2000 mm^3; 3000 mm^3; 71 000 mm^3; 85 000 mm^3
b) Schreibe in dm^3: 5000 cm^3; 9000 cm^3; 10 000 cm^3; 77 000 cm^3
c) Schreibe in m^3: 8000 dm^3; 6000 dm^3; 22 000 dm^3; 94 000 dm^3

▸ 5

7 Übertrage die Einheitentabelle in dein Heft.
Ergänze unten vier leere Zeilen.

m^3			dm^3			cm^3			mm^3		
H	Z	E	H	Z	E	H	Z	E	H	Z	E
	1	4									
								9			
		7	5	0	0						
					4	8	7	5			

a) Lies die vier Einträge laut vor.
b) Rechne die vier Einträge in alle kleineren Einheiten um.
Beispiel
14 m^3 = 14 000 dm^3 = ▢ cm^3 = ▢ mm^3
c) Trage in die leeren Zeilen ein:
390 dm^3; 780 cm^3; 50 m^3; 20 mm^3
Rechne jeweils in zwei andere Einheiten um.
Schreibe auch mit Komma.
Beispiel 390 dm^3 = 0,390 m^3

8 Zeichne eine Einheitentabelle wie in Aufgabe 7. Trage ein und rechne um.
a) 8500 dm^3 = ▢ m^3 ▢ dm^3
b) 79 500 cm^3 = ▢ dm^3 ▢ cm^3
c) 1099 mm^3 = ▢ cm^3 ▢ mm^3
d) 6 m^3 850 dm^3 = ▢ dm^3
e) 11 cm^3 50 mm^3 = ▢ mm^3

▸ 8

9 Rechne um.
a) 25 ℓ = ▢ dm^3
b) 240 mℓ = ▢ cm^3
c) 4000 mℓ = ▢ ℓ
d) 5 m^3 = ▢ ℓ
e) 1 m^3 = ▢ mℓ
f) 459 ℓ = ▢ dm^3

10 Sara kauft 1 ℓ Saft.
In das Glas passen 200 cm^3.
Wie viele Gläser kann Sara füllen?

11 Gib in einer passenderen Einheit an.
a) In den Eimer passen 10 000 mℓ Wasser.
b) In der Sonnencreme sind 250 cm^3.
c) Die Gießkanne ist mit 5 dm^3 Wasser gefüllt.

Tipp zu **11**: Überlege zuerst, mit welcher Einheit es am besten klingt: ℓ, mℓ oder cm^3. Wandle dann um.

1 Welche Volumeneinheit passt am besten?
a) der Rollkoffer b) der Container

c) das Stück Käse

2 Rechne in die nächstkleinere Einheit um.
Beispiel $11\,\text{m}^3 = 11 \cdot 1000\,\text{dm}^3 = 11\,000\,\text{dm}^3$
a) $12\,\text{cm}^3 = \square\,\text{mm}^3$ b) $49\,\text{dm}^3 = \square\,\text{cm}^3$
c) $780\,\text{m}^3 = \square\,\text{dm}^3$ d) $57\,\text{cm}^3 = \square\,\text{mm}^3$
e) $60\,\text{dm}^3 = \square\,\text{cm}^3$ f) $150\,\text{m}^3 = \square\,\text{dm}^3$

3 Rechne in die nächstgrößere Einheit um.
Beispiel $7000\,\text{mm}^3 = 7\,\text{cm}^3$, denn $7000 : 1000 = 7$
a) $3000\,\text{mm}^3 = \square\,\text{cm}^3$ b) $5000\,\text{cm}^3 = \square\,\text{dm}^3$
c) $4000\,\text{dm}^3 = \square\,\text{m}^3$ d) $70\,000\,\text{cm}^3 = \square\,\text{dm}^3$
e) $180\,000\,\text{mm}^3 = \square\,\text{cm}^3$
f) $250\,000\,\text{dm}^3 = \square\,\text{m}^3$

4 Ergänze die Volumeneinheiten.
a) $8\,\text{dm}^3 = 8000\,\square = 8\,000\,000\,\square$
b) $95\,\square = 95\,000\,\text{dm}^3 = 95\,000\,000\,\square$
c) $12\,000\,000\,\square = 12\,000\,\square = 12\,\text{m}^3$ ▸ 3

5 Übertrage die Einheitentabelle in dein Heft. Ergänze unten sechs leere Zeilen.

m³			dm³			cm³			mm³		
H	Z	E	H	Z	E	H	Z	E	H	Z	E
				2	5						
								4	8		
		3	5								
				6	6	9	0	0	2	5	0

a) Lies die vier Einträge laut vor.
b) Rechne die vier Einträge in alle kleineren Einheiten um.
c) Trage ein und schreibe dann in zwei anderen Einheiten: $65\,\text{cm}^3$; $74\,\text{m}^3\ 950\,\text{dm}^3$; $50\,\text{dm}^3\ 752\,\text{cm}^3$; $1{,}9\,\text{cm}^3$
Beispiel $87\,\text{cm}^3 = 87\,000\,\text{mm}^3 = 0{,}087\,\text{dm}^3$

6 Finde zuerst die nächstkleinere Einheit. Schreibe dann die Größe ohne Komma.
Beispiel $6{,}3\,\text{m}^3$; nächstkleinere Einheit dm^3
$6{,}3\,\text{m}^3 = 6300\,\text{dm}^3$
a) $7{,}562\,\text{dm}^3$ b) $8{,}39\,\text{cm}^3$ c) $9{,}5\,\text{m}^3$
d) $5{,}04\,\text{cm}^3$ e) $1{,}308\,\text{m}^3$ f) $0{,}75\,\text{dm}^3$

7 Finde zuerst die nächstgrößere Einheit. Schreibe dann die Größe mit Komma.
Beispiel $2635\,\text{dm}^3$; nächstgrößere Einheit m^3
$2635\,\text{dm}^3 = 2{,}635\,\text{m}^3$
a) $1575\,\text{mm}^3$ b) $34\,798\,\text{cm}^3$
c) $7640\,\text{dm}^3$ d) $8300\,\text{cm}^3$
e) $964\,\text{mm}^3$ f) $62\,\text{dm}^3$ ▸ 6

8 Rechne in die angegebene Einheit um.
a) $69\,\text{dm}^3$ (ℓ) b) $500\,\text{m}^3$ (ℓ)
c) $73\,\text{dm}^3$ (mℓ) d) 4 ℓ (cm^3)
e) $464\,000\,\text{cm}^3$ (ℓ) f) 19 ℓ (cm^3)

9 Jannis meint: „In der Packung sind $200\,\text{cm}^3$ Saft.“
Hat Jannis recht?
Gehe so vor:
1. Rechne 2 ℓ in dm^3 um.
2. Rechne in cm^3 um.

10 Sortiere der Größe nach.
$250\,\text{dm}^3$ $20\,500\,000\,\text{cm}^3$
$25\,000\,000\,000\,\text{mm}^3$ $25\,\text{m}^3$
2500 ℓ 25 000 mℓ

11 Elisa hat Einheiten umgerechnet und Fehler gemacht. Finde die Fehler und korrigiere im Heft.
a) $400\,\text{cm}^3$ = 400 ℓ b) $670\,\text{dm}^3$ = 67 000 mℓ
c) 3400 mℓ = $34\,\text{dm}^3$ d) 0,5 ℓ = $5000\,\text{cm}^3$

12 Betrachte den großen Würfel.
a) Bestimme das Volumen in cm^3 und in mm^3.
b) Beschreibe, wie ein Würfel mit einem Volumen von $64\,000\,\text{mm}^3$ aussieht.

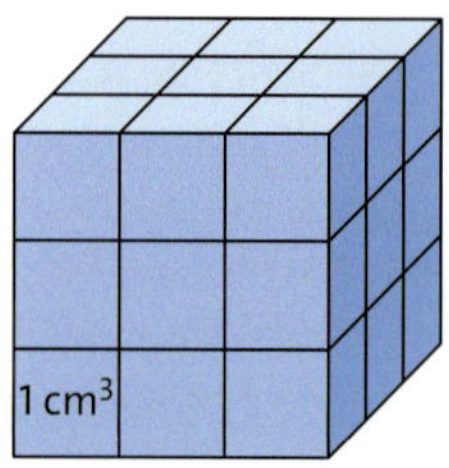

1 Begründe, welches Volumen stimmt.
(Die Werte sind gerundet.)

a) der Spielwürfel:
$3\,cm^3$ oder $15\,cm^3$?

b) der Schrank
$1\,m^3$ oder $27\,m^3$?

c) das Aquarium
$3\,dm^3$ oder $100\,dm^3$?

2 Rechne um.
Beispiel $4\,000\,000\,cm^3 = 4000\,dm^3 = 4\,m^3$
a) ▢ $cm^3 = 9000\,dm^3 =$ ▢ m^3
b) ▢ $mm^3 = 16\,000\,cm^3 =$ ▢ dm^3
c) ▢ $cm^3 = 7500\,dm^3 =$ ▢ m^3
d) ▢ $mm^3 = 800\,cm^3 =$ ▢ dm^3

3 Übertrage die Einheitentabelle in dein Heft.
Ergänze unten sechs leere Zeilen.

m^3			dm^3			cm^3			mm^3		
H	Z	E	H	Z	E	H	Z	E	H	Z	E
				2	6	7	3	5			
								7	5		
		3	7	5	0	9	9	8			
			1	2	3	4	5				

a) Lies die vier Einträge laut vor.
b) Rechne die vier Einträge in alle kleineren Einheiten um.
c) Trage ein und rechne dann in zwei andere Einheiten um: $165\,dm^3$; $74\,m^3\,25\,dm^3$; $50\,dm^3\,7\,mm^3$; $4{,}92\,m^3$

4 Ein großer Würfel hat ein Volumen von $64\,dm^3$.
Er wird zersägt in kleine Würfel mit einem Volumen von $8\,cm^3$.
Wie viele kleine Würfel erhält man?

5 Schreibe ohne bzw. mit Komma.
a) $2{,}576\,dm^3$
b) $6{,}025\,m^3$
c) $102{,}005\,cm^3$
d) $605\,cm^3\,823\,mm^3$
e) $7\,m^3\,405\,dm^3$
f) $6\,dm^3\,25\,mm^3$
g) $0{,}87\,m^3$
h) $1{,}3502\,dm^3$

6 Rechne in die angegebene Einheit um.
a) $40\,cm^3$ (mℓ)
b) $4{,}5\,dm^3$ (ℓ)
c) $65\,m^3$ (ℓ)
d) $7\,m^3$ (mℓ)
e) 200 mℓ (dm^3)
f) 0,25 ℓ (m^3)

7 Samuel möchte das $1\text{-}m^3$-Becken vollständig mit Wasser füllen. Er hat leider nur einen Eimer, in den 10 ℓ passen.
Wie viele Eimer Wasser muss er in das Becken schütten?

8 Sortiere das Volumen nach der Größe.
Beginne mit dem kleinsten.
a) $31\,m^3$; 3100 ℓ; $301\,000\,000\,000\,mm^3$; $31\,000\,000\,cm^3$; $310\,000\,dm^3$
b) 4,5 ℓ; $405\,dm^3$; 450 mℓ; $45\,000\,cm^3$; $0{,}045\,m^3$

9 Ein großer Tropfen Wasser ist $4\,mm^3$ groß.
a) In eine Badewanne passen 200 ℓ Wasser. Bestimme die Anzahl der Tropfen Wasser, die in die Badewanne passen.
b) Wie viele Tropfen passen ungefähr in eure Badewanne zuhause? Schätze zuerst.

10 Carim hat Einheiten umgerechnet und Fehler gemacht. Finde und korrigiere die Fehler.
a) 12 mℓ = $12\,dm^3$
b) 0,075 ℓ = $7{,}5\,cm^3$
c) $9{,}99\,m^3$ = 999 000 mℓ
d) $0{,}95\,dm^3$ = 95 mℓ

11 Betrachte die „Pyramide“.

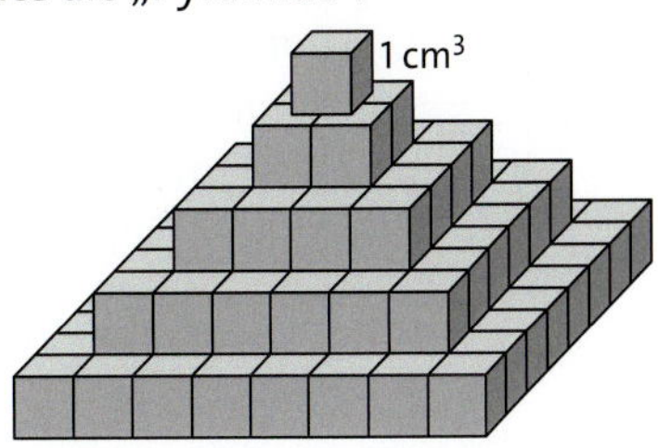

a) Bestimme das Volumen in mm^3, in cm^3 und in dm^3.
b) Beschreibe, wie eine „Pyramide“ mit einem Volumen von $221\,000\,mm^3$ aussehen kann.

Volumen von Quadern und Würfeln

Yunus und Daria haben eine Schachtel in der Form eines Quaders und eine Schachtel in der Form eines Würfels. Von der Lehrerin haben sie viele kleine 1-cm³-Würfel erhalten. Mit den 1-cm³-Würfeln füllen sie beide Schachteln aus. Wo passen mehr hinein?

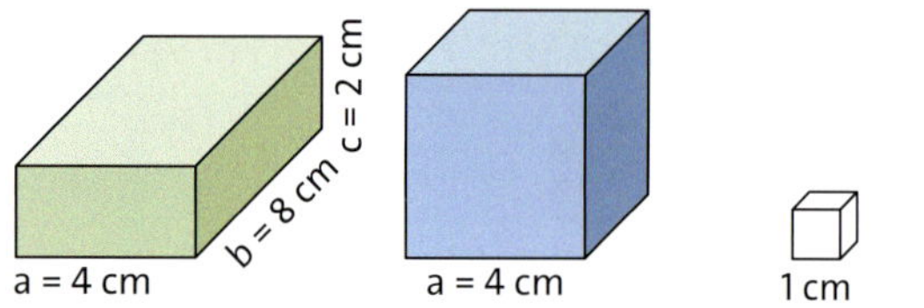

Merke dir: Das Volumen hat etwas mit voll zu tun.

W

Das Volumen V eines Quaders

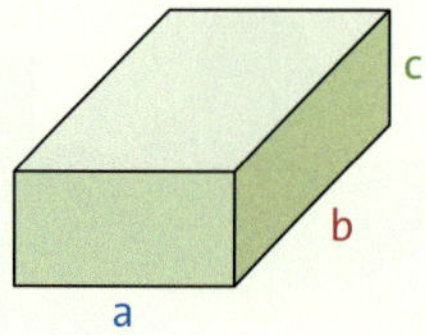

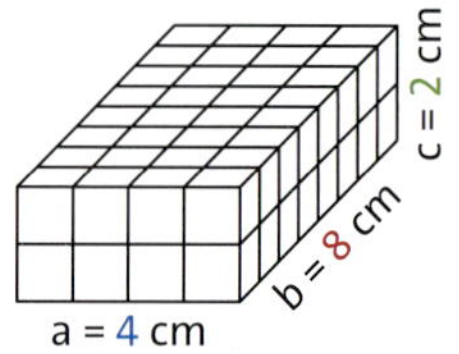

Das **Volumen V** eines Quaders berechnest du so: Multipliziere die drei Kantenlängen.

Volumen = Länge mal Breite mal Höhe
$V = a \cdot b \cdot c$

gegeben: Kantenlängen
$a = 4\,cm$; $b = 8\,cm$; $c = 2\,cm$
gesucht: Volumen V

$V = 4\,cm \cdot 8\,cm \cdot 2\,cm$
$V = 64\,cm^3$

Es passen 64 kleine 1-cm³-Würfel hinein. Die Schachtel hat ein Volumen von $64\,cm^3$.

▶ **Aufgabe** Berechne das Volumen einer Schachtel mit $a = 6\,cm$, $b = 5\,cm$ und $c = 3\,cm$.

▶ 1 ▶ 1 ▶ 1

Auch ein Würfel ist ein Quader, nämlich ein Quader mit lauter gleich langen Kanten.

W

Das Volumen V eines Würfels

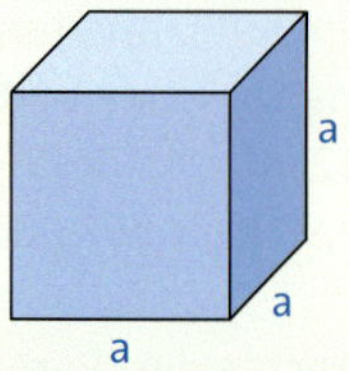

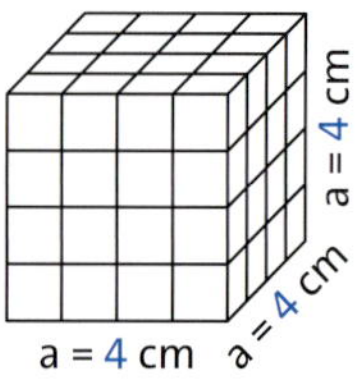

Für das Volumen kannst du auch kurz $V = a^3$ schreiben, da $a \cdot a \cdot a = a^3$ ist.

Das **Volumen V** eines Würfels berechnest du so: Multipliziere die drei Kantenlängen. Alle Kantenlängen sind a.

Volumen = Länge mal Breite mal Höhe
$V = a \cdot a \cdot a$

gegeben: Kantenlänge $a = 4\,cm$
gesucht: Volumen V

$V = 4\,cm \cdot 4\,cm \cdot 4\,cm$
$V = 64\,cm^3$

Es passen 64 kleine 1-cm³-Würfel hinein. Die Schachtel hat ein Volumen von $64\,cm^3$. Beide Schachteln haben dasselbe Volumen.

▶ **Aufgabe** Berechne das Volumen einer Schachtel mit $a = 6\,cm$.

▶ 5 ▶ 3 ▶ 2

1 Ein kleiner Würfel ist 1 cm³ groß.
Bestimme das Volumen des Quaders.

a)
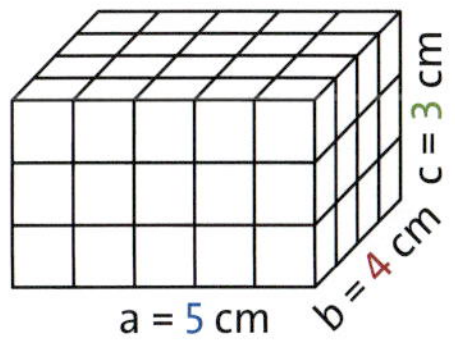

b)
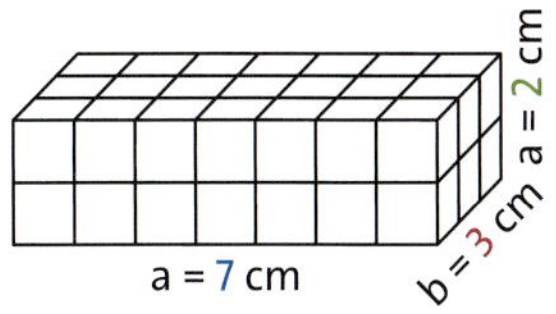

2 Der grüne Würfel ist 1 m³ groß.
Bestimme das Volumen des großen Quaders.

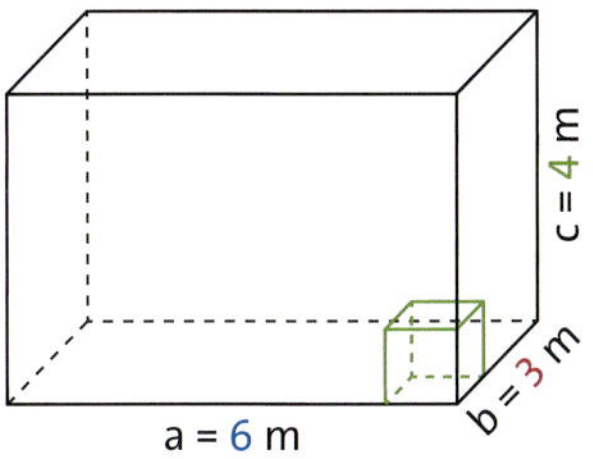

3 Berechne das Volumen V des Quaders.
a) a = 4 cm; b = 5 cm; c = 6 cm
b) a = 1 cm; b = 5 cm; c = 12 cm
c) a = 6 cm; b = 3 cm; c = 10 cm
d) a = 7 cm; b = 1 cm; c = 7 cm

4 Berechne das Volumen der beiden Quader.
① a = 4 cm; b = 6 cm; c = 2 cm
② a = 2 cm; b = 4 cm; c = 6 cm
Vergleiche das Volumen.
Was fällt dir auf? ▶ 3

5 Bestimme das Volumen des Würfels.

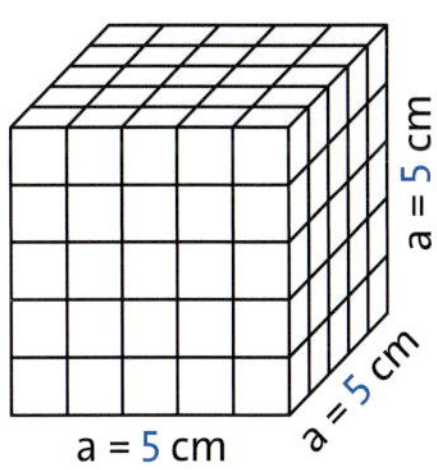

6 Berechne das Volumen des Würfels.
a) a = 2 cm b) a = 4 m c) a = 10 dm
d) a = 8 mm e) a = 3 cm f) a = 100 m

7 Finde das passende Volumen.
Drei Kärtchen bleiben übrig.
① Quader mit a = 3 cm; b = 4 cm und c = 10 cm
② Würfel mit a = 6 cm
③ Quader, der 8 cm breit, 2 cm lang; 4 cm hoch ist
④ Würfel mit einer Kantenlänge von 10 m

V = 120 cm³
V = 1000 cm³
V = 36 cm³
V = 1200 cm³
V = 1000 m³
V = 216 cm³
V = 64 cm³

▶ 6

8 Ein Container ist 10 m lang, 6 m breit und 2 m hoch. Bestimme das Volumen.

9 Jede Kante des Aquariums ist 4 dm lang.
Es sind 16 Fische im Aquarium.

a) Wie viel dm³ Wasser passen ins Aquarium?
b) Wie viel cm³ Platz hat jeder Fisch?
Schätze zuerst, ob ein Fisch so viel Platz hat wie in einem großen Glas (0,5 dm³) ist. ▶ 8

10 Ein Quader hat ein Volumen von 150 cm³.
Dabei ist a = 5 cm und b = 10 cm.
Bestimme die Länge von c.
Du suchst also eine Zahl, für die gilt:
5 cm · 10 cm · ▢ cm = 150 cm³

11 Bestimme das Volumen des Körpers.

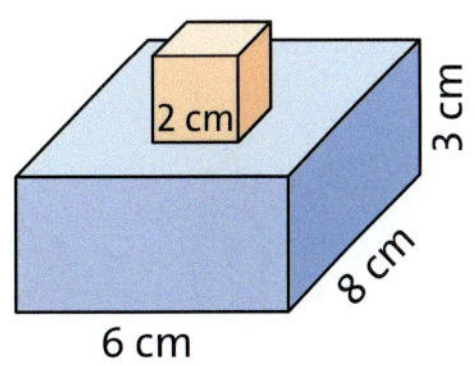

Gehe so vor:
1. Bestimme das Volumen des Würfels.
2. Bestimme das Volumen des Quaders.
3. Addiere deine Ergebnisse.

Die Ergebnisse von **3** und **6** findest du unter diesen Zahlen: 8; 27; 49; 60; 64; 120; 180; 512; 1000; 1 000 000

1 Berechne das Volumen.

a)

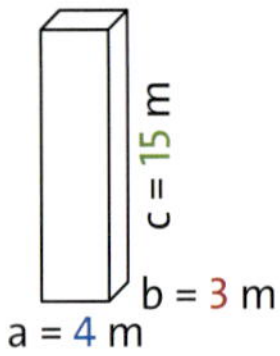

b)

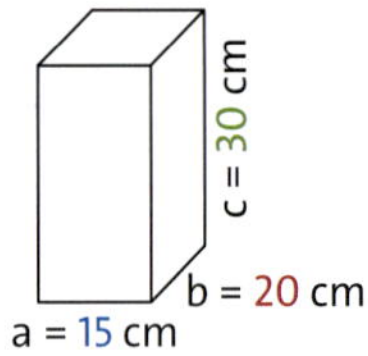

2 Berechne das Volumen V des Quaders.

a) a = 4 cm; b = 5 cm; c = 3 cm
b) a = 3 m; b = 60 m; c = 12 m
c) d = 2 dm; e = 20 dm; f = 10 dm
d) d = 70 mm; e = 2 mm; f = 3 mm ▸ 2

3 Berechne das Volumen V des Würfels.

a) a = 6 cm b) a = 9 mm c) a = 1000 mm

4 Berechne das Volumen V des Quaders.
Achte auf gleiche Einheiten.

Beispiel gegeben: a = 12 cm; b = 5 cm;
c = 2 dm, also c= 20 cm
gesucht: V
$V = 12\,cm \cdot 5\,cm \cdot 20\,cm = 1200\,cm^3$

a) a = 1 dm; b = 5 cm; c = 7 cm
b) a = 3 m; b = 70 dm; c = 5 m
c) d = 5 cm; e = 9 cm; f = 200 mm

5 Berechne das Volumen des Quaders.
Prüfe zuerst, ob der Quader ein Würfel ist.

	Kante a	Kante b	Kante c
a)	10 cm	1000 mm	1 dm
b)	20 cm	2 dm	0,2 m
c)	400 mm	40 cm	4 dm
d)	0,8 m	80 dm	800 cm

6 Ein Blumenkasten ist 55 cm lang, 12 cm breit und 15 cm hoch. Der Sack Blumenerde enthält 20 Liter (also 20 000 cm^3).

Reicht ein Sack Blumenerde aus, um zwei Blumenkästen zu füllen?

7 In Japan werden würfelförmige Melonen verkauft. Eine Kante ist etwa 20 cm lang.

a) Berechne das Volumen.
b) Verschickt werden die Melonen in Kartons mit l = 80 cm Länge, b = 60 cm Breite und h = 40 cm Höhe.
Wie viele Melonen passen dort hinein? ▸ 5

8 Ein Quader hat das Volumen V = 120 cm^3 und die Kantenlängen a = 2 cm und b = 6 cm.
Simone soll die Kantenlänge c bestimmen.
Sie rechnet so:
120 : 2 = 60; 60 : 6 = 10
Die Kante c ist 10 cm lang.

a) Prüfe, ob Simones Lösung stimmt.
b) Erkläre Simones Vorgehen.

9 Ein Quader hat das Volumen V = 240 cm^3.
Seine Kanten sind a = 10 cm und b = 4 cm lang.
Berechne die Länge der Kante c.

10 Ein Würfel hat ein Volumen von 125 m^3.
Wie lang ist eine Kante?
Du suchst also die Kantenlänge a, für die gilt:
$a \cdot a \cdot a = 125\,m^3$

11 Bestimme das Volumen des Körpers.
Zerlege ihn dazu in Quader und Würfel.
Berechne dann jeweils einzeln das Volumen und addiere die Ergebnisse.

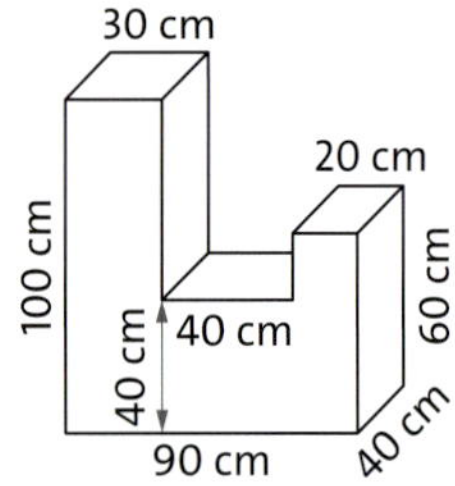

Hinweis zu **2**: Die Kantenlängen können auch anders heißen als a, b und c.
Die Ergebnisse von **2**, **3** und **4** findest du hier: 60; 105; 216; 350; 400; 420; 729; 900; 2160; 1 000 000 000

1 Berechne das Volumen.

a)

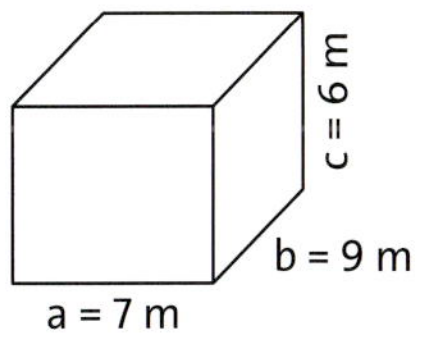

b)

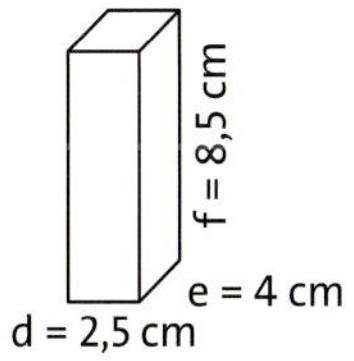

2 Berechne das Volumen des Würfels.
a) a = 11 cm b) a = 2,5 cm

3 ▼ Ordne die Körper nach der Größe ihres Volumens.

① Würfel mit a = 12 cm

② Quader mit a = 12 cm; b = 30 cm; c = 5 cm

③ Würfel mit a = 13 cm

④ Quader mit d = 20 cm; e = 16 cm; f = 6 cm

4 ▼ Berechne das Volumen.
Prüfe zuerst, ob der Quader ein Würfel ist.

Beispiel gegeben: a = 40 cm; b = 4 dm;
c = 0,4 m, also a = 4 dm; c = 4 dm
Es ist ein Würfel mit a = 4 dm.
gesucht: V
$V = 4\,dm \cdot 4\,dm \cdot 4\,dm = 64\,dm^3$

a) a = 8 dm; b = 80 cm; c = 0,8 m
b) l = 30 cm; b = 3 dm; h = 3 m
c) a = 9000 mm; b = 9 m; c = 90 dm

5 Berechne die fehlende Kantenlänge des Quaders.

Beispiel
gegeben: $V = 60\,cm^3$; a = 3 cm; b = 4 cm;
gesucht: c
Rechnung: $3\,cm \cdot 4\,cm \cdot c = 60\,cm^3$
$12\,cm^2 \cdot c = 60\,cm^3$
$12\,cm^2 \cdot 5\,cm = 60\,cm^3$
also c = 5 cm

	a	b	c	V
a)	8 cm	2 cm		$64\,cm^3$
b)	40 dm		5 dm	$600\,dm^3$
c)		1,5 m	4 m	$48\,m^3$
d)	600 cm		50 dm	$210\,m^3$

6 Gib die Kantenlängen von drei Quadern an, die ein Volumen von $24\,cm^3$ haben.
Beschreibe dein Vorgehen.

7 Die Kanten eines Würfels sind 3 cm lang.
a) Berechne das Volumen.
b) Verdopple die Kantenlänge und berechne dann das Volumen. Beschreibe, wie sich das Volumen verändert hat.
c) Ergänze den Satz in deinem Heft:
Wenn man die Kantenlänge eines Würfels verdreifacht, dann ▒ sich das Volumen.

8 Ein Waschmittel-Karton ist 25 cm lang, 12,5 cm breit und 34 cm hoch.
Das Waschpulver im Karton steht nicht bis ganz oben zum Deckel.

a) Berechne das Volumen des Kartons.
b) Im Karton sind 10 Liter (also $10\,000\,cm^3$) Waschpulver. Bestimme, wie hoch das Waschpulver steht.

9 Ein Trinkpäckchen hat die Form eines Quaders. Es ist 71 mm lang, 31 mm breit und 83 mm hoch.
Passen 330 mℓ in das Trinkpäckchen?

10 In einem Spiel besteht alles aus Quadern. Erik hat eine Figur mit einem 3-D-Drucker ausgedruckt.

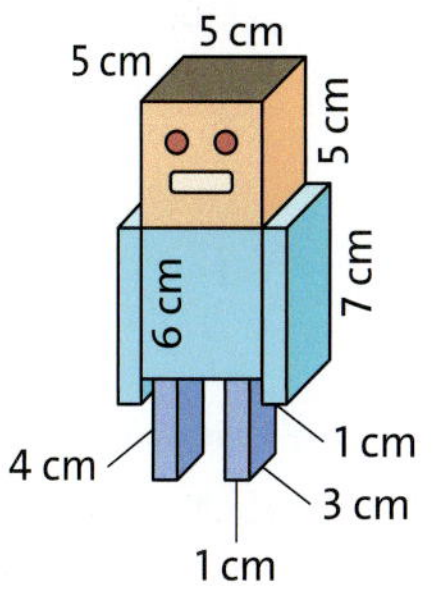

a) Aus welchen sechs Quadern besteht die Figur? Gib ihre Maße an.
Bestimme das Volumen der Figur.
b) Erik will die Figur in einen Karton packen. Welches Volumen muss der Karton mindestens haben?
c) Wie viel cm^3 des Kartons kann Erik noch mit Watte füllen, um die Figur zu schützen?

Die Ergebnisse von **3** und **4** findest du unter diesen Zahlen:
270; 512; 729; 1728; 1800; 1920; 2197

Kompetenz	☒

1 Ich kann die Eigenschaften von Würfeln und Quadern beschreiben.

→ Lies auf **Seite 136** nach.

1 Bilde drei richtige Sätze in deinem Heft.

Ein Quader hat … | Ein Würfel hat … | 6 | 4 | 12 | Ecken | Kanten | quadratische Flächen

---

2 Ich kann Schrägbilder von Quadern und Würfeln zeichnen.

→ Lies auf **Seite 136** nach.

2 Zeichne das Schrägbild in dein Heft. Übertrage die Zeichnung und ergänze.

a) b)

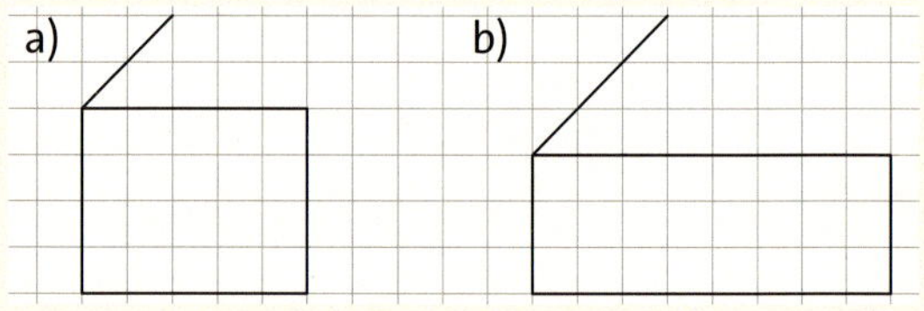

---

3 Ich kann Netze von Quadern und Würfeln zeichnen.

→ Lies auf **Seite 140** nach.

3 Zeichne das Netz in dein Heft. Übertrage die Zeichnung und ergänze.

a) Würfel b) Quader

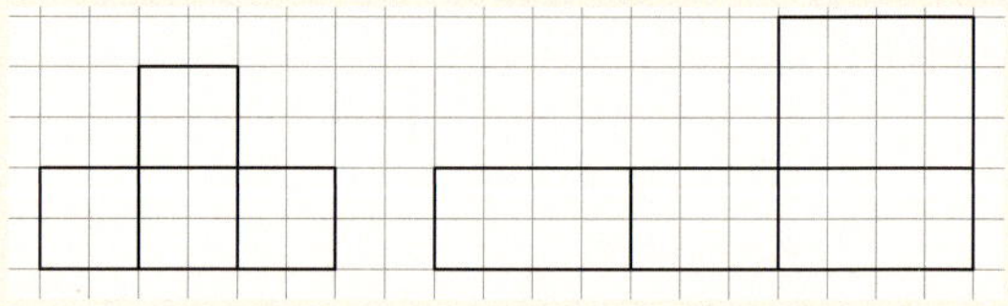

---

4 Ich kann den Oberflächeninhalt von Quadern und Würfeln berechnen.

→ Lies auf **Seite 144** nach.

4 Berechne den Oberflächeninhalt.

a)

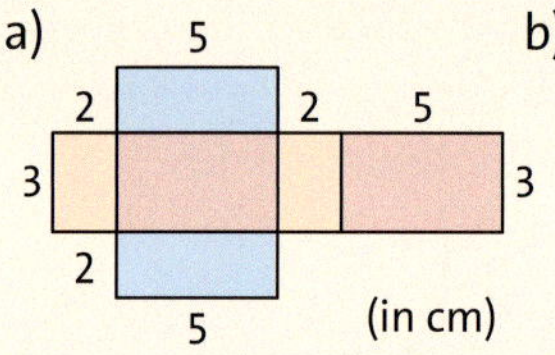

b)

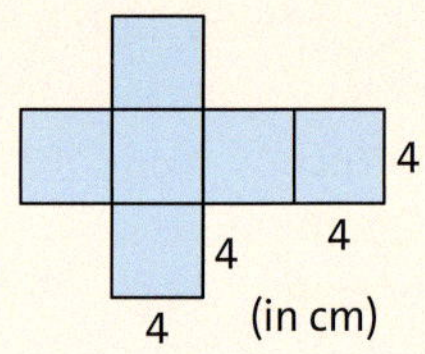

---

5 Ich kann ein Volumen in andere Einheiten umrechnen.

→ Lies auf **Seite 148** nach.

5 Rechne in die angegebene Einheit um.

a) $2\,dm^3 = \square\,cm^3$ b) $3000\,mm^3 = \square\,cm^3$
c) $15\,m^3 = \square\,dm^3$ d) $2\,\ell = \square\,m\ell$

---

6 Ich kann das Volumen von Quadern und Würfeln berechnen.

→ Lies auf **Seite 152** nach.

6 Berechne das Volumen.

a)

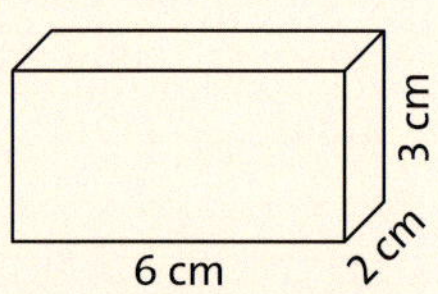

b)

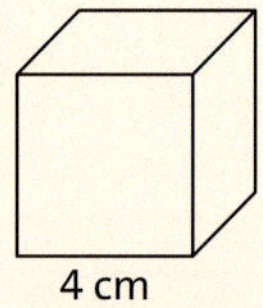

→ Lösungen auf Seite 251

☒

1 Ergänze die Sätze im Heft.
Ein Quader und ein Würfel haben beide ■ Flächen. Die Flächen eines Quaders sind ■ und die Flächen eines Würfels sind ■.
Außerdem haben Quader und Würfel immer ■ Ecken und ■ Kanten.

2 Zeichne das Schrägbild.
a) Würfel mit der Kantenlänge 4 cm
b) Quader mit den Kantenlängen 6 cm, 3 cm und 4 cm

3 Zeichne ein Netz in dein Heft.
a) Würfel mit der Kantenlänge 4 cm
b) Quader mit den Kantenlängen 4 cm, 2 cm und 3 cm

4 Berechne den Oberflächeninhalt.
a) Quader mit a = 6 cm, b = 4 cm und c = 5 cm
b) Würfel mit a = 70 mm

5 Rechne um.
a) $3000\,dm^3$ = ■ m^3
b) $12\,cm^3$ = ■ mm^3
c) $4500\,cm^3$ = ■ dm^3
d) $73\,dm^3$ = ■ ℓ
e) $3\,dm^3$ = ■ ℓ
f) 50 ℓ = ■ mℓ

6 Berechne das Volumen.
a) Quader mit a = 5 cm, b = 3,2 cm und c = 4 cm
b) Würfel mit a = 5 cm

☒

1 Beschreibe Gemeinsamkeiten und Unterschiede von Quadern und Würfeln.
Betrachte die Flächen und die Kantenlängen.

2 Zeichne das Schrägbild auf ein weißes Blatt Papier.
a) Würfel mit der Kantenlänge 6,4 cm
b) Quader mit den Kantenlängen 9 cm; 4,8 cm und 8,8 cm

3 Zeichne ein Netz in dein Heft.
a) Würfel mit der Kantenlänge 3,5 cm
b) Quader mit den Kantenlängen 3,5 cm; 2,5 cm und 1,5 cm

4 Berechne den Oberflächeninhalt.
a) Quader mit a = 5,5 cm; b = 20 mm und c = 4 cm
b) Würfel mit a = 2,5 cm

5 Rechne in die angegebene Einheit um.
a) $200\,dm^3$ (mm^3)
b) $3500\,mm^3$ (cm^3)
c) $2{,}1\,cm^3$ (mm^3)
d) $15\,400\,cm^3$ (ℓ)
e) 350 mℓ (ℓ)
f) 6800 mℓ (dm^3)

6 Berechne die gesuchte Größe.
a) Quader: a = 1,4 cm; b = 6 cm; c = 3 cm; V = ?
b) Würfel: a = 400 cm; V = ?
c) Quader: $V = 36\,m^3$; a = 2 m; b = 6 m; c = ?

→ Lösungen auf Seite 251 bis 253

Mit Trinkpäckchen experimentieren

Bringt viele verschiedene Trinkpäckchen mit in die Schule.

1 Ihr benötigt mehrere gleiche Trinkpäckchen.
Stellt verschiedene Netze her.
Geht so vor:
1. Trinkt die Trinkpäckchen erst aus. Schmeckt es?
2. Schneidet einen Karton entlang der Kanten auf.
3. Breitet dann das Netz aus.
4. Nehmt ein neues Trinkpäckchen und schneidet die Kanten anders auf.
   Bei welchem Netz könnt ihr euch den Quader gut vorstellen?
   Bei welchem Netz könnt ihr euch den Quader kaum vorstellen?

2 Ihr braucht: ein leeres Trinkpäckchen, einen Messbecher und Wasser.
Geht so vor:

a) 1. Messt die Kantenlängen.
   2. Berechnet das Volumen.

b) 1. Schneidet den Deckel ab.
   Füllt Wasser bis zum Rand.
   2. Kippt das Wasser in den Messbecher.
   Lest die Menge ab.

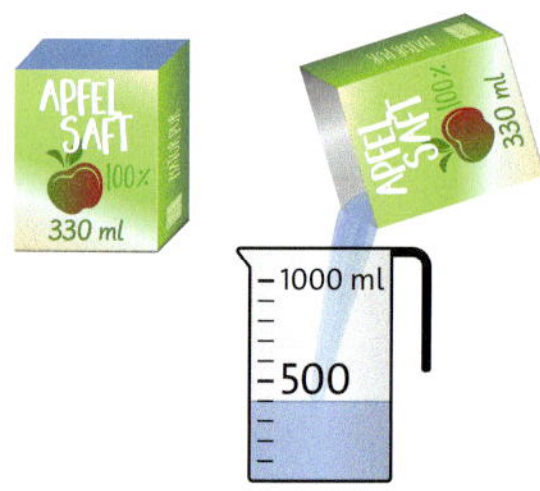

c) Vergleicht das berechnete Volumen aus a) und das Volumen im Messbecher aus b).
   Vergleicht dann mit der Volumenangabe auf der Packung. Gibt es Unterschiede?
   Wie könnt ihr diese erklären?

3 Die beiden Figuren ① und ② sind aus gleichen Trinkpäckchen zusammengesetzt.

①

②

Falls ihr nicht so viele Trinkpäckchen habt, könnt ihr mit diesen Zahlen rechnen.

a) Baut die Figuren ① und ② mit euren Trinkpäckchen nach. Messt die Kantenlängen der Figuren.
b) Bestimmt das Volumen der Figuren. Vergleicht.
c) Kaja meint, beide Figuren haben denselben Oberflächeninhalt. Überprüft Kajas Meinung.
d) Ordnet die vier Trinkpäckchen anders an. Zeichnet ein Schrägbild.
   Berechnet dann Volumen und Oberflächeninhalt. Vergleicht eure Ergebnisse in der Klasse.

4 Überlegt euch eine Fantasie-Figur aus Trinkpäckchen und anderen Verpackungen.
Zeichnet eine Skizze. Legt dann eine Tabelle an und füllt sie aus.

Teil	Körper	Maße	Oberflächeninhalt	Volumen
Bauch	1 Quader	40 cm × 12 cm × 8 cm		
Beine	5 Quader	6 cm × 4 cm × 8 cm		
Augen	3 Würfel	6 cm × 6 cm × 6 cm		
Hals/Kopf	2 Quader	24 cm × 6 cm × 6 cm		

Das dreiäugige Giraffen-Monster
gebaut von: Tina, Hamit, Andreas
besteht aus: 8 Quadern, 3 Würfeln
Volumen: fast 9000 cm³
Oberflächeninhalt: über 400 000 cm²

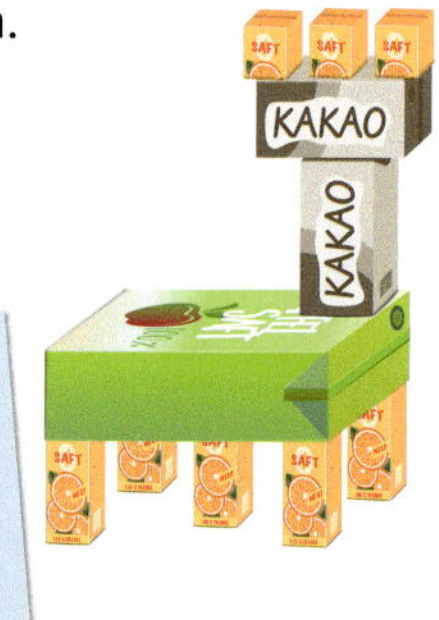

Denkt euch einen Namen aus.
Erstellt einen Steckbrief.
Stellt eure Figur in eurer Klasse vor.

1 Finde die nächstkleinere Einheit.
Rechne in diese Einheit um.
Beispiel 4 dm³, nächstkleinere Einheit: cm³;
$4\,dm^3 = 4 \cdot 1000\,cm^3 = 4000\,cm^3$

a) $7\,dm^3$ b) $25\,cm^3$ c) $212\,m^3$
d) 5 ℓ e) $1{,}375\,dm^3$ f) $0{,}98\,m^3$

2 Finde die nächstgrößere Einheit.
Rechne in diese Einheit um.
Beispiel 4000 dm³, nächstgrößere Einheit: m³;
$4000\,dm^3 = 4\,m^3$, denn $4000 : 1000 = 4$

a) $5000\,cm^3$ b) $16\,000\,dm^3$
c) $2000\,mm^3$ d) 6000 mℓ
e) $3600\,cm^3$ f) $956\,mm^3$

3 Ordne die Einheiten richtig zu:
mm²; m; cm³; dm; m³; m²
Schreibe in Sätzen. Die Einheiten für die Kantenlänge sind …

① Kantenlänge ② Oberflächeninhalt ③ Volumen

4 Die Kantenlänge des Würfels ist a = 3 cm.
a) Zeichne ein Netz.
b) Berechne den Oberflächeninhalt.
c) Berechne das Volumen.

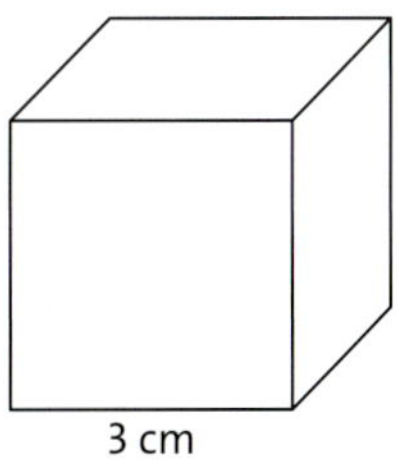

5 Hier siehst du das Netz eines Quaders.

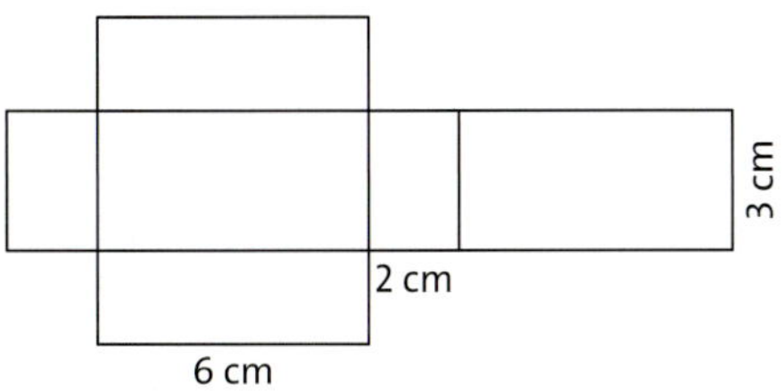

a) Zeichne ein Schrägbild.
b) Berechne den Oberflächeninhalt.
c) Berechne das Volumen. ▸ 5

6 Geht es um den Oberflächeninhalt oder um das Volumen?
a) Jan füllt ein Glas mit Wasser.
b) Marta wickelt eine Schachtel in Papier ein.
c) Frau Yun streicht ein Brett.

7 Ein Schwimmbecken ist 25 m lang, 10 m breit und 2 m tief.
a) Berechne das Volumen in m³.
b) Das Schwimmbecken ist bis zum Rand mit Wasser gefüllt. Wie viel Liter Wasser sind das? (1 m³ sind 1000 ℓ.) ▸ 8

8 Annas Eltern wollen ein Haus bauen. Zuerst gräbt ein Bagger eine Grube für den Keller.

Die Grube hat die Form eines Quaders. Die Grube ist 12 m lang, 13 m breit und 3 m tief. Berechne, wie viel m³ Erde der Bagger ausgegraben hat.

9 Frau Jeschinow möchte an einer Seite ihrer Terrasse eine Mauer bauen.
Dafür kauft sie Ziegelsteine.

Die Mauer sieht so aus:

Berechnet das Volumen der Mauer auf zwei verschiedenen Wegen.
Vergleicht dann eure Ergebnisse.
Einer wählt Weg ①, der andere wählt Weg ②.
Weg ①: Bestimme zuerst, aus wie vielen Ziegelsteinen die Mauer besteht. Berechne dann das Volumen eines Ziegelsteins. Multipliziere mit der Anzahl der Ziegelsteine.
Weg ②: Bestimme die Länge, die Breite und die Höhe der Mauer. Berechne dann das Volumen der Mauer.

1 Rechne in die nächstgrößere und nächstkleinere Einheit um.
Beispiel 5000 dm³
5000 dm³ = 5 m³ und 5000 dm³ = 5 000 000 cm³
a) 3000 cm³ b) 6400 dm³
c) 850 dm³ d) 92 cm³

2 Ergänze die Tabelle in deinem Heft.

Größe	Einheiten
Kantenlänge	mm; …
Oberflächeninhalt	mm²; …
Volumen	mm³; …

3 Ein Quader ist 7,5 cm lang; 2,5 cm hoch und 4 cm breit.
a) Zeichne ein Schrägbild.
b) Berechne das Volumen.
c) Zeichne ein Netz.
d) Berechne den Oberflächeninhalt.

4 Die Kanten eines Würfels sind 4,6 cm lang.
a) Zeichne ein Netz.
b) Berechne den Oberflächeninhalt.
c) Zeichne ein Schrägbild.
d) Berechne das Volumen.

▶ 5

5 Begründe, ob das Volumen oder der Oberflächeninhalt gesucht wird.
a) Ein Zaun wird gestrichen.
b) Ein Buch wird in Geschenkpapier gewickelt.
c) Der Sandkasten wird neu mit Sand gefüllt.

6 Bestimme die fehlenden Werte.

Größe	a)	b)	c)	d)
a	6 cm	4 dm	16 m	
b	9 cm	4 dm	2 m	5 cm
c	11 cm	7 dm		5 cm
O				150 cm²
V			160 m³	

7 Eine quaderförmige Baugrube ist 10 m lang, 8 m breit und 4 m tief.
Sie läuft voller Wasser.
Berechne die Menge des Wassers in m³, dm³ und ℓ.

8 Schätze erst die Kantenlängen. Berechne dann den Oberflächeninhalt und das Volumen. Beschreibe, was die Größen bedeuten.
a) Fischstäbchen

b) Blechkuchen

▶ 8

9 Yassin hat ein Aquarium.

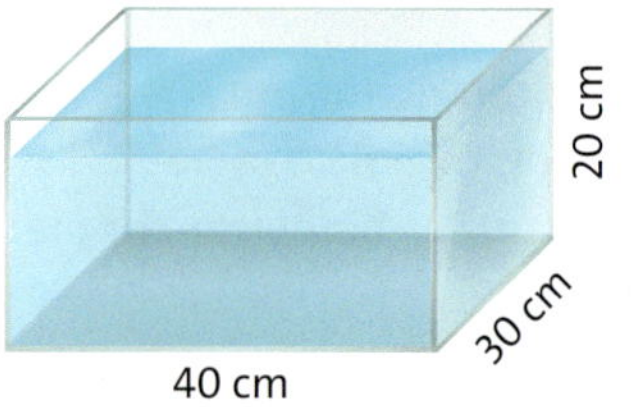

a) Berechne das Volumen des Aquariums in m³, dm³ und ℓ.
b) Das Aquarium ist bis 5 cm unter dem Rand mit Wasser gefüllt. Bestimme, wie viel Liter Wasser im Aquarium sind.
c) Yassin meint: „Man braucht 5200 cm² Glas, um das Aquarium zu bauen."
Begründe, ob Yassins Aussage stimmt.

10 Der Laderaum eines Lasters ist ein Quader. Er ist 12 m lang; 2,50 m breit und 3 m hoch.

a) Berechne das Volumen des Laderaums.
b) Der Laderaum besteht oben, an den Seiten und hinten aus Metall. Wie viel m² sind das?
c) In dem Laster werden Kühlschränke transportiert. Ein verpackter Kühlschrank ist 1,20 m hoch, 60 cm lang und 50 cm breit. Schätze, wie viele Kühlschränke in den Laster passen. Berechne dann.

Vermischte Übungen ☒

1 Rechne in zwei andere Einheiten um.
a) $4{,}035\,dm^3$ b) $40\,\ell$ c) $10{,}09\,cm^3$
d) $14{,}5\,cm^3$ e) $0{,}625\,m^3$ f) $3\,dm^3\,4\,cm^3$

2 Begründe, ob das Volumen oder der Oberflächeninhalt gesucht wird.
a) Ein Brett wird lackiert.
b) Cornflakes werden in den Karton gefüllt.
c) Eine Vase wird in Papier eingewickelt.
d) Überlegt euch Beispiele, in denen entweder das Volumen oder der Oberflächeninhalt von Quadern gesucht ist.

3 Zeichne auf ein weißes Blatt Papier.
a) das Schrägbild eines Quaders, der 7 cm lang, 4 cm breit und 3 cm hoch ist
b) das Netz eines Quaders mit a = 3,5 cm; b = 4,5 cm und c = 6 cm
c) das Schrägbild eines Würfels mit der Kantenlänge a = 5 cm.
d) das Netz eines Würfels mit a = 2,5 cm

4 Berechne …
a) das Volumen eines Quaders mit a = 2 cm; b = 5,5 cm und c = 4 cm.
b) den Oberflächeninhalt eines Würfels mit a = 8,3 dm.
c) das Volumen eines Würfels mit a = 21 m.
d) den Oberflächeninhalt eines Quaders mit a = 21 mm; b = 15 mm und c = 18 mm.

5 Svenja überlegt:
„Wenn das Volumen eines Würfels in m^3 angegeben wird, dann wird die Kantenlänge in m angegeben. Der Oberflächeninhalt wird dann in m^2 angegeben.
Wie ist es aber, wenn das Volumen des Würfels in ℓ angegeben wird?“
Beantworte Svenjas Frage.

6 Bestimme die fehlenden Werte.

Größe	a)	b)	c)
a	6,6 cm		6 m
b	5,2 cm	2 cm	3 m
c	2,9 cm	1,5 dm	
O			$126\,m^2$
V		$90\,cm^3$	

7 Das Schwimmbecken mit dem Sprungturm ist 20 m lang, 12 m breit und 5 m tief.
Das Wasser reicht bis 25 cm unter den Rand.

a) Berechne das Volumen des Wassers in m^3.
b) Das Becken wird komplett neu gefüllt. Die Pumpe füllt 500 ℓ in der Minute. Berechne die Zeit, bis das Becken wieder gefüllt ist.
c) Als das Becken leer war, wurden die Wände und der Boden gereinigt. Berechne die Größe der Fläche, die gereinigt wurde.

8 Dieser Block aus Stahl hat ein durchgängiges Loch.

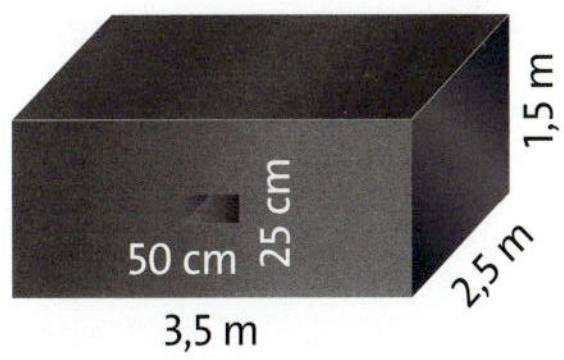

a) Berechne das Volumen.
b) $1\,m^3$ Stahl wiegt 8000 kg. Berechne das Gewicht des Stahlblocks.
c) Berechne den Oberflächeninhalt. Beachte, dass auch die Flächen im Loch dazuzählen.

9 Hier sind Verpackungen von Kosmetikartikeln.

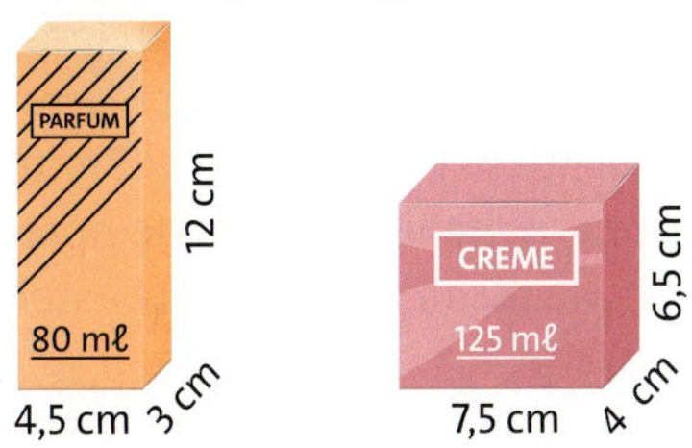

a) Schätze, welche Verpackung das größere Volumen hat.
b) Bestimme das Volumen jeder Verpackung.
c) Vergleiche jeweils das Volumen mit der Angabe auf der Verpackung.
d) Wenn die Verpackung mehr als ein Drittel Luft enthält, dann nennt man das „Mogelpackung“. Bestimme, welche Verpackung eine Mogelpackung ist.

Im Schuhgeschäft

Im Schuhgeschäft werden Schuhe in Schuhkartons sortiert nach der Art und nach der Schuhgröße.

A Die Schuhkartons werden mit einem Lkw transportiert.
Es passen 30 Kartons hintereinander, 20 Kartons nebeneinander und 20 Kartons übereinander. Berechne die Anzahl der Kartons und der Schuhe im Lkw.

B Ein Schuhkarton für Kinderschuhe ist 20 cm breit und 25 cm lang. Die Höhe des Schuhkartons beträgt 10 cm.
Berechne das Volumen.

C Zeichne einen Schuhkarton für Babyschuhe als Schrägbild.
Der Schuhkarton soll 4 cm breit, 5 cm lang und 2 cm hoch sein.

D Auseinandergeklappt sieht ein Schuhkarton so aus.

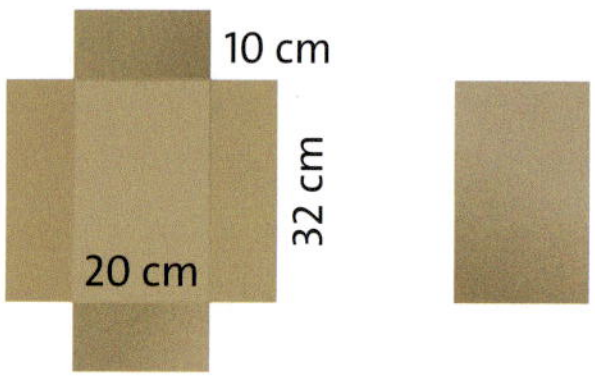

Gib an, wie hoch, wie breit und wie lang der Schuhkarton ist.
Berechne den Oberflächeninhalt des Kartons.

E Ein Schuhregal ist 80 cm hoch, 5 m lang und 50 cm breit. Bestimme, wie viele Kartons mit den Maßen 30 cm (Länge), 20 cm (Breite) und 10 cm (Höhe) nebeneinander hineinpassen.
Überlege, wie du die Kartons am besten anordnen kannst.

F Eine Palette mit Schuhkartons wird für den Transport vorbereitet. Die Kartons werden seitlich mit Folie umwickelt.
Ein einzelner Schuhkarton ist 13 cm breit, 20 cm lang, 10 cm hoch.
Schätze, ob mehr als 1 m^2 Folie benötigt wird.
Berechne dann genau.

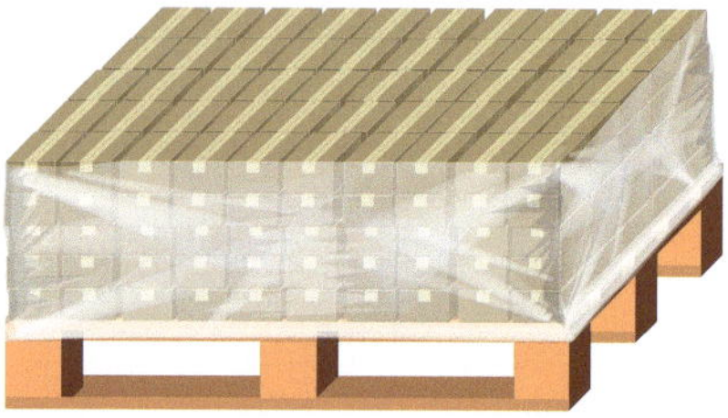

1 Zeichne zuerst ein Netz. Berechne dann den Oberflächeninhalt.

a) Quader mit a = 4 cm; b = 2 cm und c = 3 cm

b) Würfel mit a = 2 cm

2 Zeichne zuerst das Schrägbild in dein Heft. Berechne dann das Volumen.

a) 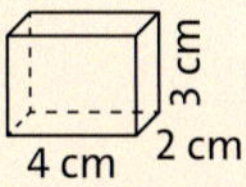

b) Würfel mit der Kantenlänge a = 2 cm

3 Rechne um.

a) $3\,dm^3$ = ▒ cm^3

b) $2000\,mm^3$ = ▒ cm^3

c) $32\,000\,cm^3$ = ▒ dm^3

4 Geht es um das Volumen oder um den Oberflächeninhalt?

a) Helena füllt ihr Aquarium mit frischem Wasser.

b) Jan packt ein Geschenk in Geschenkpapier ein.

5 Ein Schwimmbecken ist 10 m lang, 8 m breit und 3 m tief.
Berechne das Volumen.

6 Ordne zu.

① Würfel mit a = 4 cm

② Quader mit a = 5 cm, b = 6 cm und c = 7 cm

③ Würfel mit a = 6 cm

$V = 216\,cm^3$ | $O = 96\,cm^2$ | $V = 210\,cm^3$

---

1 Zeichne zuerst ein Netz. Berechne dann den Oberflächeninhalt.

a) Quader mit a = 3 cm; b = 5 cm und c = 2 cm

b) Würfel mit a = 2,5 cm

2 Zeichne zuerst das Schrägbild. Berechne dann das Volumen.

a) Quader mit den Kantenlängen a = 4 cm; b = 4,5 cm und c = 2 cm

b) Würfel mit der Kantenlänge a = 5 cm

3 Rechne jeweils in die nächstkleinere Einheit und in die nächstgrößere Einheit um.

a) $4000\,cm^3$ b) $500\,dm^3$

4 Geht es um das Volumen oder um den Oberflächeninhalt?

a) Wie viel Papier brauchst du, um einen $1\text{-}dm^3$-Würfel zu falten?

b) Wie viele Pullover passen in meinen Koffer?

5 Ein Schwimmbecken ist 25 m lang und 15 m breit. Es wird 2 m hoch mit Wasser gefüllt. Berechne, wie viel Liter Wasser im Schwimmbecken sind.

6 Bestimme die fehlende Größe.

a) Ein Würfel hat einen Oberflächeninhalt von $150\,m^2$. Wie lang ist eine Kante?

b) Ein Quader hat ein Volumen von $150\,m^3$. Außerdem ist a = 3 m und b = 5 m. Wie lang ist c?

---

1 Zeichne zuerst ein Netz. Berechne dann den Oberflächeninhalt.

a) Quader mit a = 25 mm; b = 4 cm und c = 3,5 cm

b) Würfel mit a = 3,2 cm

2 Zeichne zuerst das Schrägbild. Berechne dann das Volumen.

a) Quader mit den Kantenlängen a = 3,5 cm; b = 40 mm und c = 2,5 cm

b) Würfel mit der Kantenlänge a = 3,2 cm

3 Rechne jeweils in die nächstkleinere Einheit und in die nächstgrößere Einheit um.

a) $30{,}4\,dm^3$ b) $507{,}2\,cm^3$

4 Geht es um das Volumen, um den Oberflächeninhalt oder um keines von beidem?

a) Wie viele Koffer passen in den Kofferraum eines Autos?

b) Till hat 1,10 m lange Beine.

c) Ein Bezug für ein Kissen wird angefertigt.

5 Ein Schwimmbecken ist 25 m lang; 15 m breit und 3 m hoch. Der Boden und die Seiten werden gestrichen.
Bestimme, wie viel m^2 das sind.

6 Bestimme die fehlende Größe.

a) Ein Würfel hat ein Volumen von $216\,m^3$. Wie groß ist die Kantenlänge?

b) Ein Quader hat ein Volumen von $210\,m^3$. Außerdem ist a = 6 m und b = 7 m. Wie lang ist die kürzeste Seite c?

→ Lösungen auf Seite 253 bis 255

Schrägbilder von Quadern und Würfeln → Seite 136

Das Schrägbild eines Quaders zeichnen:
1. Zeichne die vordere Fläche als Rechteck. Die Seiten sind die Länge und die Höhe.
2. Halbiere die Breite. Zeichne die halbe Breite in einem 45°-Winkel ein.
3. Verbinde die Eckpunkte.
4. Stichle die Kanten, die du nicht siehst.

zu 1. und 2.

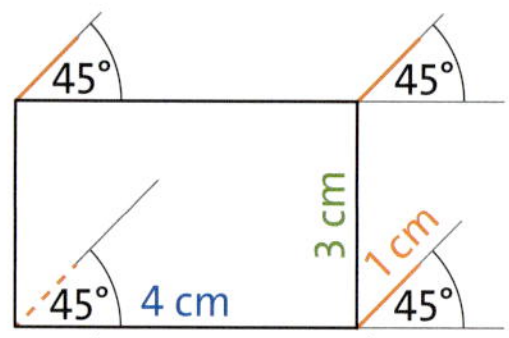

(2 cm : 2 = 1 cm)

zu 3. und 4.

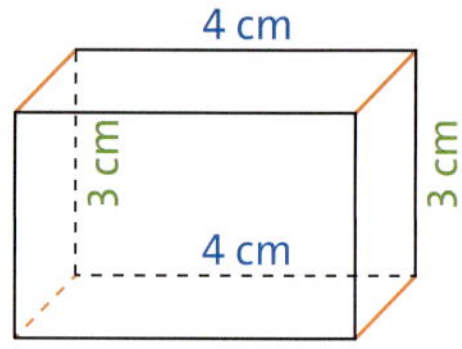

Netze von Würfeln und Quadern → Seite 140

Wenn du einen Körper auseinanderfaltest, dann entsteht das Netz. Das Netz eines Würfels besteht aus sechs gleich großen Quadraten. Das Netz eines Quaders besteht aus sechs Rechtecken. Jeweils zwei gegenüberliegende Rechtecke sind gleich groß.

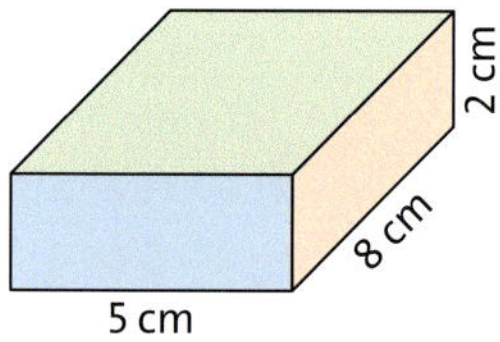

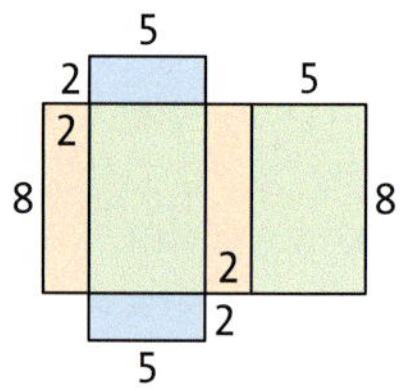

Oberflächeninhalt von Quadern und Würfeln → Seite 144

Der Oberflächeninhalt O eines Körpers ist der Flächeninhalt des Netzes.

Der **Oberflächeninhalt eines Quaders** ist
$O = 2 \cdot a \cdot b + 2 \cdot a \cdot c + 2 \cdot b \cdot c$ oder
$O = 2 \cdot (a \cdot b + a \cdot c + b \cdot c)$

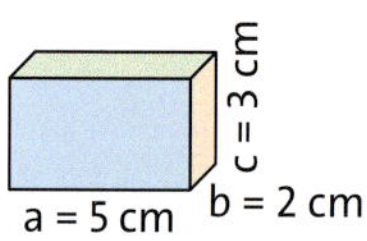

$O = 2 \cdot 5\,cm \cdot 2\,cm$
$+ 2 \cdot 5\,cm \cdot 3\,cm$
$+ 2 \cdot 2\,cm \cdot 3\,cm$
$O = 62\,cm^2$

Der **Oberflächeninhalt eines Würfels** ist
$O = 6 \cdot a \cdot a$ oder $O = 6 \cdot a^2$

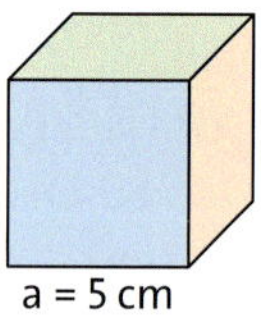

$O = 6 \cdot 5\,cm \cdot 5\,cm$
$O = 150\,cm^2$

Volumen und Volumeneinheiten → Seite 148

So rechnest du in die nächstkleinere Einheit um: multipliziere mit 1000.
So rechnest du in die nächstgrößere Einheit um: dividiere durch 1000.
Die Volumeneinheiten für Flüssigkeiten sind
Liter ℓ Milliliter mℓ

$1\,m^3 = 1000\,dm^3$
$1\,dm^3 = 1000\,cm^3$
$1\,cm^3 = 1000\,mm^3$

$95\,dm^3 = 95\,000\,cm^3$ $4565\,mm^3 = 4{,}565\,cm^3$
$1\,ℓ = 1000\,mℓ$ $1\,dm^3 = 1\,ℓ$ $1\,cm^3 = 1\,mℓ$

Volumen von Quadern und Würfeln → Seite 152

Volumen = Länge mal Breite mal Höhe
Das Volumen V eines Quaders mit den Kantenlängen a, b und c berechnest du so:
$V = a \cdot b \cdot c$
Das Volumen V eines Würfels mit der Kantenlänge a berechnest du so:
$V = a \cdot a \cdot a$

Quader mit a = 5 cm; b = 2 cm; c = 3 cm
$V = 5\,cm \cdot 2\,cm \cdot 3\,cm$
$V = 30\,cm^3$

Würfel mit a = 5 cm
$V = 5\,cm \cdot 5\,cm \cdot 5\,cm$
$V = 125\,cm^3$

Zuordnungen und negative Zahlen

7

▶ Stella macht in den Ferien einen Tauchkurs.
Am letzten Tag taucht sie bis ganz zum Boden.
Nach 4 Sekunden ist Stella 6 Meter tief getaucht.
Der Zeit „4 Sekunden“ kann man die Tiefe „6 Meter“ zuordnen.

Bist du schon mal im Schwimmbad bis zum Boden getaucht? Wie tief war das?
Schätze, wie viele Sekunden du bis zum Boden getaucht bist.
Welche Zeit und welche Tiefe kannst du einander zuordnen?

In diesem Kapitel lernst du …

- was eine Zuordnung ist,
- eine Zuordnung mit einem Text, mit einem Diagramm und mit einer Tabelle darzustellen,
- ein Weg-Zeit-Diagramm zu lesen und zu zeichnen,
- negative Zahlen zu benutzen.

Kompetenz	Aufgabe	Lies und übe:
1 Ich kann passende Einheiten verwenden.	**1** Ergänze die passende Einheit in deinem Heft. a) Mara kann 3,5 ___ weit springen. b) Theo fährt mit seinem Rad 15 ___ in einer Stunde. c) Ein Liter Wasser wiegt 1 ___. d) Anton braucht morgens 13 ___ für den Schulweg. e) Das neue Deutsch-Buch kostet 19,95 ___.	→ Seite 219 Nr. 29, 30
2 Ich kann eine Länge in andere Einheiten umrechnen.	**2** Rechne um und ergänze die Lücke im Heft. a) 1 km = ___ m b) 30 cm = 3 ___ c) 15 m = ___ cm d) 400 mm = ___ dm e) 3 dm = 0,3 ___ f) 500 m = ___ km	→ Seite 220 Nr. 31, 32, 33
3 Ich kann Zeitspannen berechnen.	**3** Wie viel Zeit ist vergangen? a) von 14:15 Uhr bis 16:35 Uhr b) von 3:50 Uhr bis 11:25 Uhr c) von 23:40 Uhr bis 4:12 Uhr	→ Seite 221 Nr. 40
4 Ich kann Werte aus einem Balkendiagramm ablesen.	**4** Nele sucht nach einem neuen Handy mit Vertrag. Sie vergleicht die monatlichen Preise. Lies die Preise ab und ordne die Preise der Größe nach. 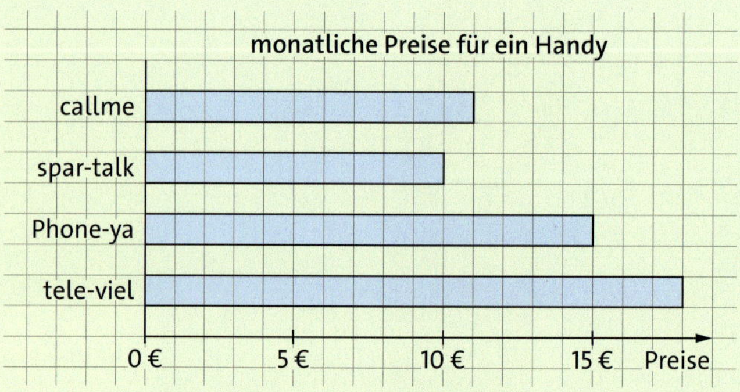	→ Seite 215 Nr. 16
5 Ich kann ein Säulendiagramm zeichnen.	**5** So groß sind Ronja, ihre Eltern und ihr Bruder Leo: Ronja 1,40 m Vater 1,85 m Mutter 1,70 m Leo 0,90 m Zeichne ein Säulendiagramm. Überlege zuerst, wie du die Hochachse sinnvoll einteilst.	→ Seite 216 Nr. 17, 18
6 Ich kann Punkte in ein Koordinaten-system eintragen.	**6** Zeichne ein Koordinatensystem mit beiden Achsen bis 6. Trage ein: A(2|1); B(4|6); C(6|3); D(4|4). Verbinde A mit B, B mit C, C mit D und D mit A.	→ Seite 235 Nr. 87, 88

Kompetenz	Aufgabe	Lies und übe:
7 Ich kann Werte aus einer Tabelle ablesen.	**7** Nutze die Tabelle und beantworte die Fragen unten.	→ Seite 214 Nr. 13

Bahnhof	Ankunft	Abfahrt
Erststadt	–	11:15 Uhr
Danndorf	12:04 Uhr	12:14 Uhr
Weiterburg	13:05 Uhr	13:07 Uhr
Endbahnhof	13:55 Uhr	–

a) Wann fährt der Zug in Erststadt ab?
b) Wann kommt der Zug in Weiterburg an?
c) Wie lange steht der Zug in Danndorf?

---

8 Ich kann Zahlen auf dem Zahlenstrahl ablesen.

8 Notiere zu jedem Buchstaben die passende Zahl.

a)

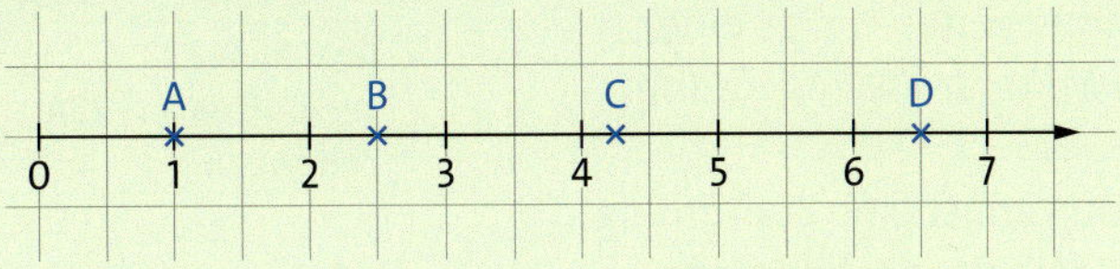

b)

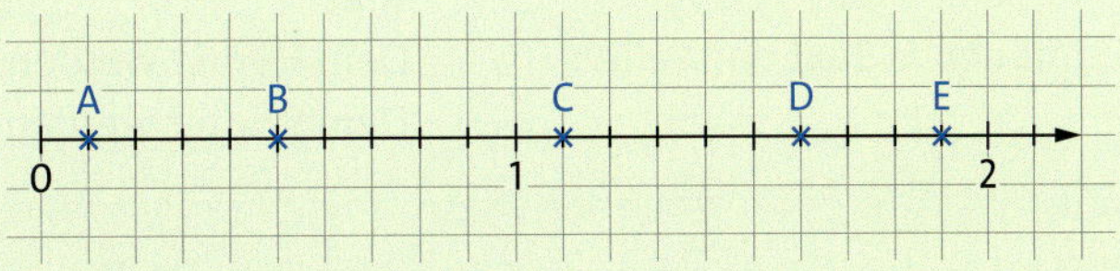

→ Seite 211 Nr. 1
→ Seite 62; Seite 63 Nr. 9

---

9 Ich kann einen Zahlenstrahl zeichnen und Zahlen eintragen.

9 Zeichne einen Zahlenstrahl in dein Heft.
Der Abstand zwischen 0 und 1 soll 1 cm lang sein.
Überlege, wie lang der Zahlenstrahl sein muss.
Trage ein:
2; 7; 3,5; 4,5; 11; 0,5; $5\frac{1}{2}$; $9\frac{1}{2}$

→ Seite 211 Nr. 2
→ Seite 62; Seite 63 Nr. 10

---

10 Ich kann Zahlen miteinander vergleichen.

10 Vergleiche. Setze in deinem Heft < (kleiner), > (größer) oder = (gleich) ein.

a) 8 ■ 9 b) 0,9 ■ 0,8
c) $\frac{1}{2}$ ■ 0,5 d) 13,5 ■ 13,05
e) 50,2 ■ 52 f) 1,25 ■ $1\frac{1}{4}$

→ Seite 62; Seite 63 Nr. 2

---

11 Ich kann Dezimalzahlen und Brüche der Größe nach ordnen.

11 Ordne die Zahlen der Größe nach.
Beginne mit der kleinsten Zahl.
a) 99; 19; 0,9; 0,99; 0,19; 1,9; 9; 91
b) 2; $2\frac{1}{2}$; $1\frac{1}{2}$; $\frac{1}{2}$; $\frac{1}{4}$; $2\frac{1}{4}$; $\frac{3}{4}$

→ Seite 213 Nr. 9, 10
→ Seite 62; Seite 64 Nr. 2

→ Lösungen auf Seite 256

Zuordnungen

Luisa arbeitet bei der Schülerzeitung.
In jeder Jahreszeit gab es eine neue Zeitung.
Sie schreibt auf, wie viele Zeitungen im letzten Schuljahr verkauft wurden.

Herbst: 234 Stück
Winter: 281 Stück
Frühling: 201 Stück
Sommer: 189 Stück

Jeder Jahreszeit wird die Anzahl der verkauften Zeitungen zugeordnet.
Kurz mit **Pfeil**: Jahreszeit → Anzahl der verkauften Zeitungen

Die Wörter gehören zusammen:
zu|ordnen
Ordne etwas zu.
etwas wird zugeordnet
die Zu|ordnung

W

Zuordnungen mit Texten und Tabellen darstellen
Bei einer **Zuordnung** wird einer ersten Größe eine zweite Größe zugeordnet.

Du kannst eine Zuordnung
- mit einer **Tabelle** oder
- mit einem **Text** darstellen.

Tabelle

Jahreszeit	Herbst	Winter	Frühling	Sommer
Anzahl der verkauften Zeitungen	234	281	201	189

Text
Dem Herbst werden 234 Zeitungen zugeordnet.
Dem Winter werden 281 Zeitungen zugeordnet.

▶ Aufgabe Vervollständige die Sätze in deinem Heft.
a) Dem Frühling werden ▒ Zeitungen zugeordnet.
b) Dem ▒ werden 189 Zeitungen zugeordnet.

▶ 1 ▶ 1 ▶ 1

W

Zuordnungen mit Diagrammen darstellen
Eine Zuordnung kannst du auch mit einem **Diagramm** darstellen, zum Beispiel mit einem **Säulendiagramm**.

Säulendiagramm

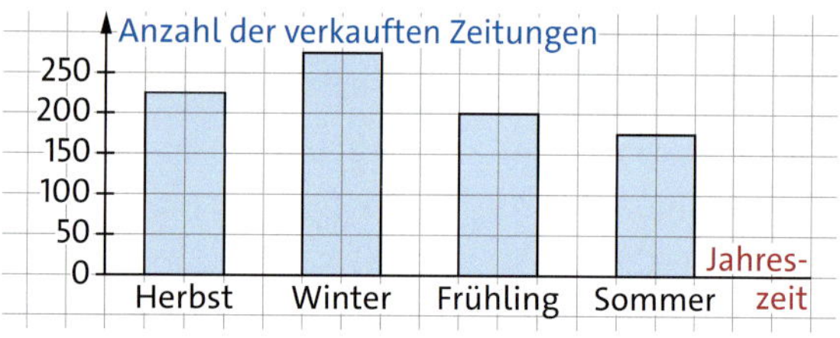

Du kannst eine Zuordnung mit einem **Pfeildiagramm** darstellen. Dort geht ein Pfeil immer von der ersten Größe zur zweiten Größe.

Pfeildiagramm

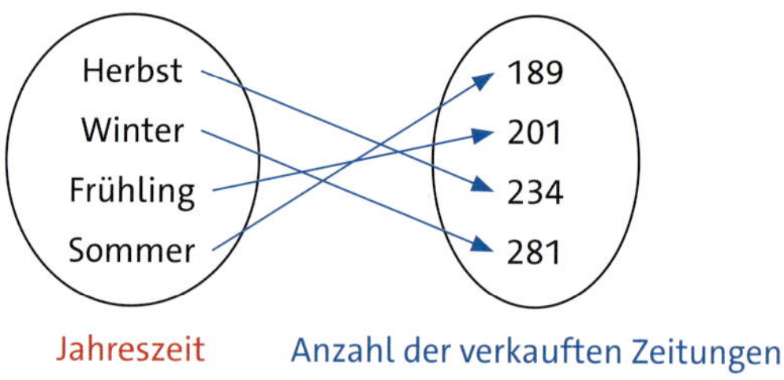

▶ Aufgabe Im nächsten Jahr werden so viele Zeitungen verkauft:
Herbst: 253 Zeitungen *Winter: 308 Zeitungen*
Frühling: 270 Zeitungen *Sommer: 159 Zeitungen*
Zeichne ein Pfeildiagramm.

▶ 5 ▶ 5 ▶ 3

1 Welche Größen werden einander zugeordnet? Ergänze die Sätze in deinem Heft.

a)

Kind	Lena	Cem	Emil
Lieblingsfach	Kunst	Sport	Mathe

Jedem ▒ wird sein Lieblingsfach zugeordnet.
Kurz mit Pfeil: Kind → ▒

b)

Gebäude	Haus	Hochhaus	Turm
Höhe	7 m	120 m	365 m

Jedem ▒ wird seine Höhe zugeordnet.
Kurz mit Pfeil: ▒ → Höhe

2 Was ist falsch? Berichtige die Tabelle im Heft.

Obst	Apfel	Banane	rot	Zitrone
Farbe	grün	gelb	Kirsche	sauer

3 Finde zu jedem Satz die passende Tabelle.
① Jedem Kind wird das Taschengeld zugeordnet.
② Jedem Ding wird sein Preis zugeordnet.
③ Jeder Sportart wird ein Gerät zugeordnet.

A

?	Tennisball	Taucherbrille	Fußball
?	1,50 €	9,90 €	15 €

B

?	Eishockey	Turnen	Darts
?	Puck	Barren	Pfeil

C

?	Lars	Mert	Ida
?	12 €	10 €	15 €

4 Zuordnungen mit Texten und Tabellen darstellen

a) Stelle den Text mit einer Tabelle dar.
Eine Spinne hat 8 Beine.
Ein Pferd hat 4 Beine.
Eine Ameise hat 6 Beine.
Ein Huhn hat 2 Beine.

Tier	Spinne			
▒			6	

b) Schreibe einen Text zur Tabelle. Beginne so:
Moritz hat einen Hund als Haustier.
Sofie … ▸ 4

Kind	Moritz	Sofie	Zehra	Jan
Haustier	Hund	Kaninchen	Fische	Katze

5 ▼ Asra bestellt ihr Mensa-Essen für diese Woche. Übertrage das Pfeildiagramm in dein Heft.

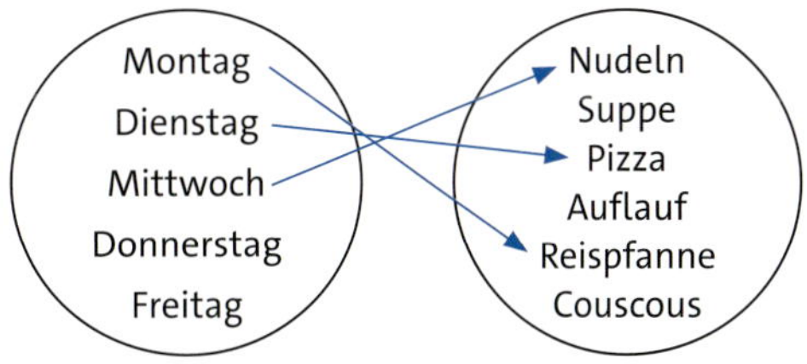

a) Schreibe auf, was Asra für Montag, für Dienstag und für Mittwoch bestellt.
b) Für Donnerstag bestellt Asra Suppe und für Freitag Couscous. Zeichne die Pfeile ein.
c) Stelle die Zuordnung als Tabelle dar. ▸ 8

Wochentag	Mo.	Di.	Mi.	Do.	Fr.
?		Pizza			

6 Welches Diagramm, welche Tabelle und welcher Text gehören zur selben Zuordnung?

Diagramm 1

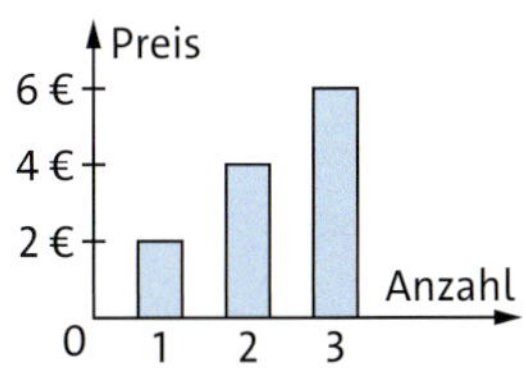

Diagramm 2

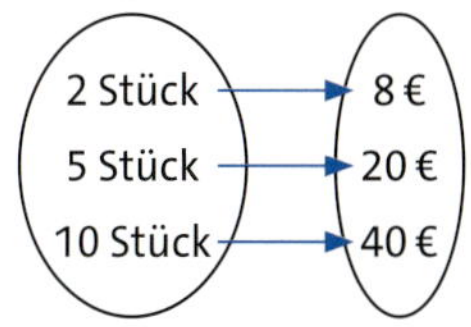

Tabelle 1

Anzahl	2	5	10
Preis	8 €	20 €	40 €

Tabelle 2

Anzahl	1	2	3
Preis	2 €	4 €	6 €

Text A:
Ein Heft kostet 4 €.

Text B:
Ein Eis kostet 2 €.

7 Jeder Zahl wird das Doppelte zugeordnet.

Stelle die Zuordnung mit einer Tabelle dar.

Zahl	3	4	7	9	15	25
das Doppelte	6					

Sprachhilfe zu 5a: Schreibe: Für Montag bestellt Asra … Für Dienstag bestellt sie … Für Mittwoch bestellt sie …

1 Schreibe einen Text zu der Tabelle.

Beispiel

Kind	Amelia	Jakub	Irina	Felix
Lieblings-essen	Spagetti	Pizza	Salat	Burger

Jedem Kind wird sein Lieblingsessen zugeordnet.
Kurz mit Pfeil: Kind → Lieblingsessen
Amelia isst am liebsten Spagetti.
Jakub isst am liebsten …

a)

Klasse	7 a	7 b	7 c	7 d
Raum	106	021	318	209

b)

Lebens-mittel	Butter	Milch	Joghurt	Käse
Preis	2,00 €	1,20 €	2,10 €	1,80 €

c)

Wochentag	Mo.	Di.	Mi.	Do.	Fr.
Schulstunden	6	7	5	8	6

2 Was ist hier falsch? Berichtige die Tabelle im Heft und fülle die Lücken.

▒	Januar	Februar	31	April	Mai
Tage	31	28 (29)	März	▒	24 °C

Ergänze dann im Heft: Jedem ▒ wird die Anzahl der ▒ zugeordnet. Kurz mit Pfeil: ▒ → ▒

3 Übertrage die Tabellen in dein Heft.
Setze statt der Fragezeichen diese Begriffe ein: Anzahl der Arbeiten, Sportart, Temperatur, Anzahl der Spieler, Wochentag, Note.
Notiere für jede Zuordnung einen Satz:
Jedem (oder jeder) ▒ wird ▒ zugeordnet.

①

?	Mo.	Di.	Mi.	Do.	Fr.
?	18 °C	16 °C	17 °C	20 °C	21 °C

②

?	Handball	Volleyball	Fußball
?	7	6	11

③

?	1	2	3	4	5	6
?	2	5	13	4	2	0

4 Jeder denkt sich eine Zuordnung aus und stellt sie mit einer Tabelle dar.
Dann beschreibt einer dem anderen seine Zuordnung mit einem Text. Der andere soll die passende Tabelle erstellen. Überprüft die Tabelle. Wechselt euch dann ab. ▸ 3

5 Übertrage das Pfeildiagramm in dein Heft. Ergänze die Pfeile. Beschreibe die Zuordnung:
Jeder ▒ wird ▒ zugeordnet. Kurz: ▒ → ▒

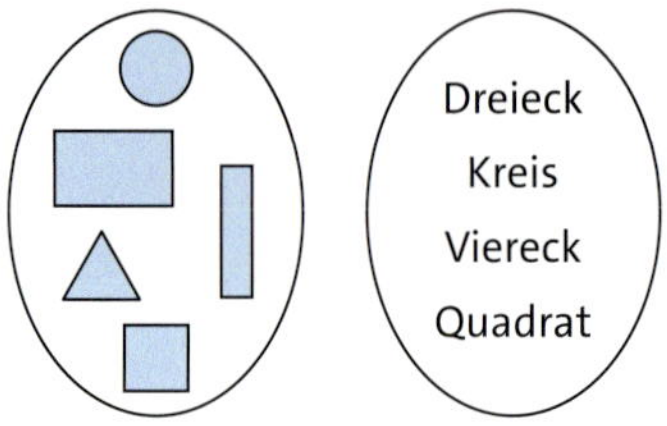

6 Betrachte das Balkendiagramm.

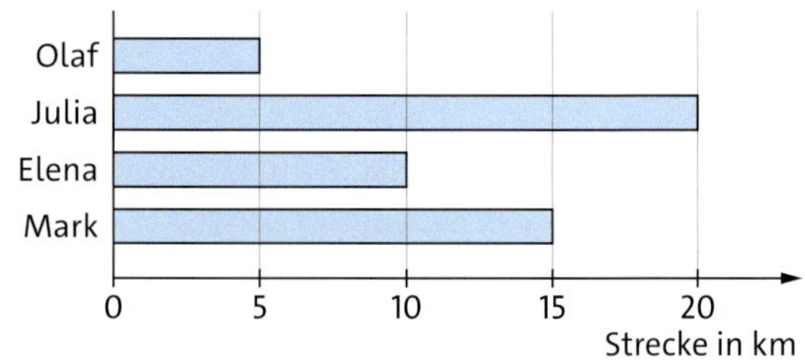

a) Welche Größen werden einander zugeordnet?
b) Erstelle eine passende Tabelle. Fülle sie aus.
c) Stelle die Zuordnung mit einem Text dar.

7 Welche Größen werden einander zugeordnet?
a) Zeichne ein passendes Säulendiagramm. Wähle auf der Hochachse 1 cm für 2 °C.

Uhrzeit	9:00	12:00	15:00	18:00
Temperatur	15 °C	21 °C	23 °C	22 °C

b) Stelle die Zuordnung mit einem Text dar.

8 „Wenn du 4 Stifte kaufst, dann gibt es einen Stift gratis dazu!“
a) Ergänze die Tabelle in deinem Heft.

Stifte	1	2	3	4	5	6
Preis	0,40 €		1,20 €			

b) Zeichne ein Pfeildiagramm. Was fällt auf?

9 Erstelle jeweils eine Tabelle mit 6 Spalten.
a) Ordne jeder Zahl die Hälfte der Zahl zu.
b) Ordne jeder Zahl ihren Nachfolger zu.
c) Finde die zwei nächsten Figuren. Ordne dann jeder Figur die Anzahl der Kästchen zu.

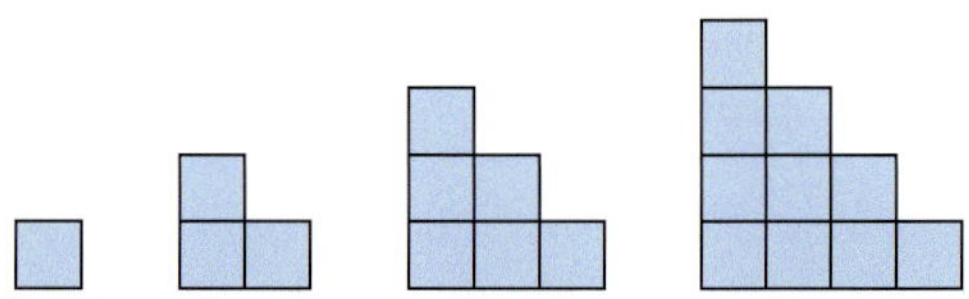

1 Gib an, welche Größen einander zugeordnet werden. Nutze auch die Schreibweise mit Pfeil. Stelle die Zuordnung mit einem Text dar.

a)

Klasse	7 a	7 b	7 c	7 d
Anzahl der Kinder	27	25	26	25

b)

Kind	Berat	Anna	Zofia	Niklas	Julia
Note	2–	4+	3	2–	3+

c)

Verein	Schalke 04	Union Berlin	FC Bayern	Mainz 05
Tabellenplatz	6	11	2	15

2 Stelle die Zuordnung mit einer Tabelle dar.

a) Frau Leitner unterrichtet Mathe. Herr Malak unterrichtet Sport. Herr Hoffner unterrichtet Musik. Frau Kalisch unterrichtet Englisch.

b) Ein T-Shirt kostet 12 €. Eine Hose kostet 25 €. Ein Pullover kostet 18 € und eine Jacke 40 €.

c) Das Autokennzeichen von Hannover ist H. Das Kennzeichen von Duisburg ist DU. Das Kennzeichen von Kassel ist KS. HX ist das Kennzeichen von Höxter.

d) Einer denkt sich einen Text zu einer Zuordnung aus. Der andere erstellt dazu die passende Tabelle. Wechselt euch ab.

3 Stelle das Pfeildiagramm als Tabelle dar. Welche Größen werden einander zugeordnet? Schreibe mit einem Pfeil.

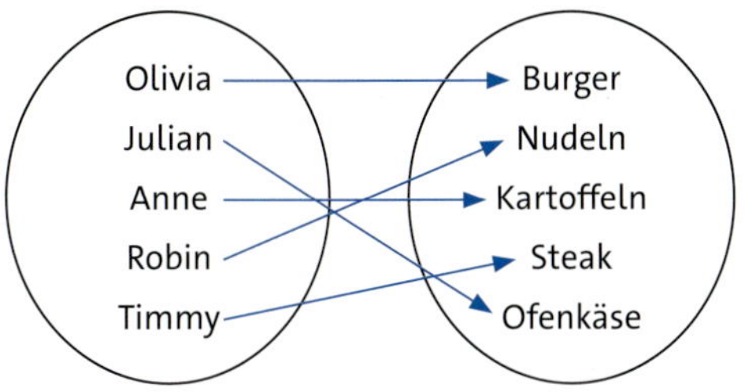

4 Viele Kinder mit Lebensmittel-Allergie müssen darauf achten, welche Zutaten sie essen. Lies den Text und zeichne ein Pfeildiagramm.

Allergiker aufgepasst!
Pizzateig enthält Weizenmehl. In Butterkuchen sind Eier, Weizenmehl und Milch enthalten. Nuss-Nugat-Creme enthält Haselnüsse und Milch. Erdnüsse können in Cornflakes und Schokoriegeln vorkommen.

5 Erstelle zuerst eine Tabelle und dann ein Säulendiagramm für die Zuordnung: Schüler → Taschengeld pro Monat.

Sonja: 4 € pro Woche
Bert: 25 € pro Monat Alf: 20 € pro Monat
Maria: 3 € pro Woche + 10 € pro Monat (Oma)

6 Eine 400-mℓ-Flasche Spülmittel hat ein Loch. Frau Berger hat ihren Sohn im Verdacht. Er soll das ausgelaufene Spülmittel schnell wegwischen, denn pro Minute fließen 50 mℓ aus.

a) Fülle die Tabelle in deinem Heft aus.

Zeit in min	0	1	2	…	8
Inhalt in mℓ	400	350			0

b) Übertrage das Koordinatensystem in dein Heft. Trage die Werte ein und verbinde sie.

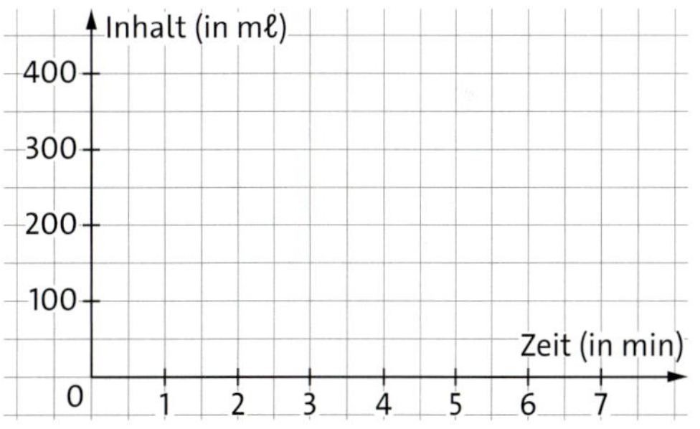

7 Welcher Satz, welche Tabelle und welches Diagramm gehören zusammen? Ein Diagramm fehlt. Zeichne es.

A Jeder Zahl wird ihr Dreifaches zugeordnet.

B Jeder Zahl wird das Doppelte plus 1 zugeordnet.

C Jeder Zahl wird 4 minus die Hälfte der Zahl zugeordnet.

I

Zahl x	1	2	3	4
Wert y	3	5	7	9

II

Zahl x	1	2	3	4
Wert y	3,5	3	2,5	2

III

Zahl x	1	2	3	4
Wert y	3	6	9	12

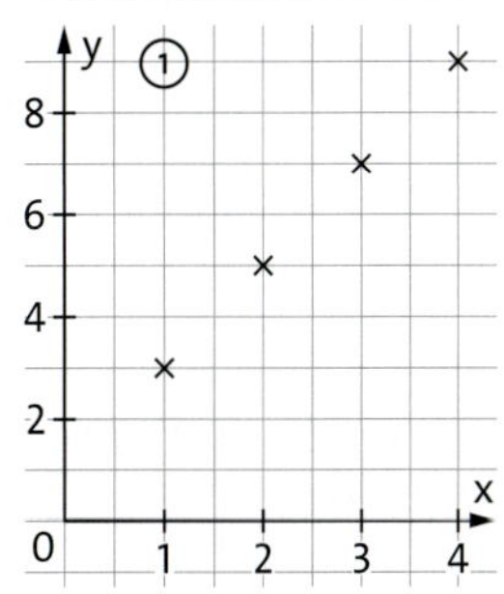

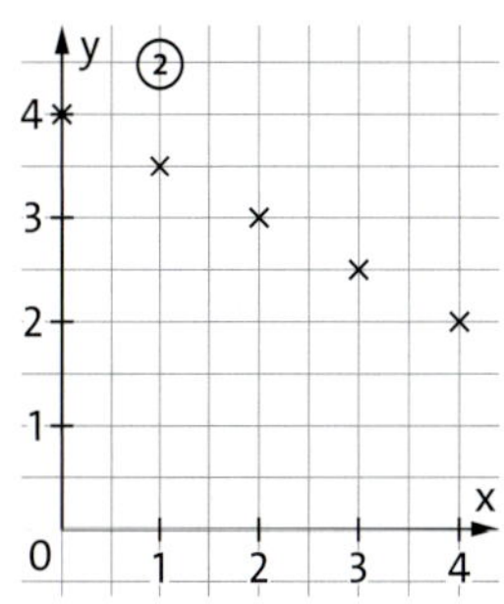

Weg-Zeit-Diagramme

Die Fußball-Mannschaft des 1. FC Köln fährt nach Dortmund zu einem Auswärtsspiel. Die Tabelle zeigt, wann der Mannschaftsbus wie weit gefahren ist.

Zeit	0 min	20 min	40 min	60 min	80 min
Weg	0 km	20 km	70 km	70 km	100 km

Jedem Zeitpunkt wird der zurückgelegte Weg zugeordnet.
Kurz: Zeitpunkt → zurückgelegter Weg.

*Achtung! Es heißt zwar **Weg-Zeit**-Diagramm, trotzdem steht die **Zeit** auf der x-Achse und der **Weg** auf der y-Achse.*

W

Ein Weg-Zeit-Diagramm zeichnen
Auf der x-Achse steht die **Zeit**.
Auf der y-Achse steht der **Weg**.
Trage zuerst die Punkte ein.
Die x-Koordinate ist der Zeitpunkt.
Die y-Koordinate ist der zurückgelegte Weg.
Verbinde dann die Punkte.
Es entsteht eine Linie.
Die Linie heißt der **Graph** der Zuordnung.

Die Punkte des Weg-Zeit- Diagramms sind (0|0), (20|20), (40|70), (60|70), (80|100)

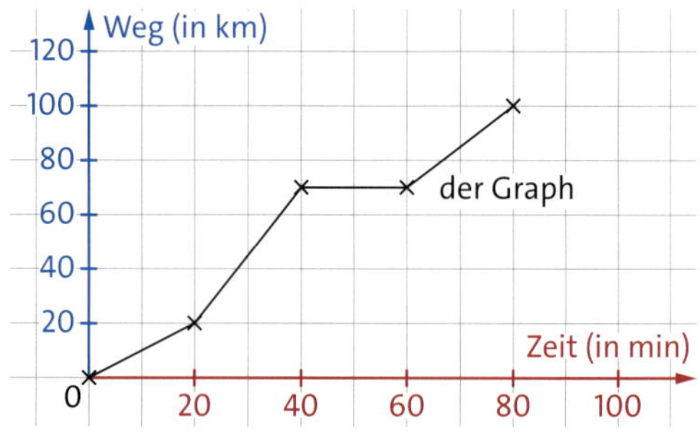

▶ Aufgabe Dies ist die Tabelle für den Heimweg der Kölner Mannschaft.
Zeichne das Weg-Zeit-Diagramm.

Zeit in min	0	20	40	60
Weg in km	0	30	70	100

▸ 1 ▸ 1 ▸ 1

Ava schaut sich das Weg-Zeit-Diagramm an und sagt: „Auf der Hinfahrt hat die Mannschaft aber eine lange Pause gemacht." Woher weiß sie das?

Wenn der Graph flach verläuft, dann ist der Bus in der Zeit wenig Kilometer gefahren.

Wenn der Graph steil verläuft, dann ist der Bus in der Zeit viele Kilometer gefahren.

Wenn der Graph parallel zur x-Achse verläuft, dann läuft die Zeit weiter, aber der Weg wird nicht länger (Pause).

W

Ein Weg-Zeit-Diagramm lesen
Der Punkt (60|70) heißt: Nach 60 Minuten ist der Bus 70 km weit gefahren.
Wenn der Graph flach verläuft, dann ist der Bus langsam gefahren.
Wenn der Graph steil verläuft, dann ist der Bus schnell gefahren.
Wenn der Graph parallel zur x-Achse verläuft, dann ist der Bus nicht gefahren.

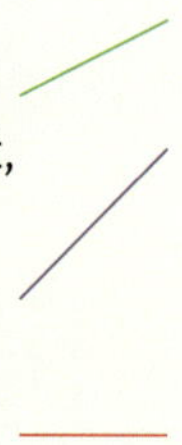

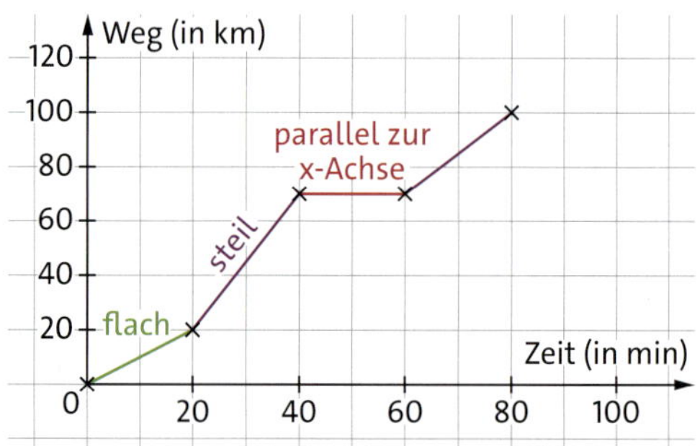

0 min bis 20 min: langsam in der Stadt
20 min bis 40 min: schnell auf der Autobahn
40 min bis 60 min: Pause

▶ Aufgabe Immer zwei Sätze gehören zusammen. Welche? ▸ 3 ▸ 2 ▸ 2

① Das Fahrrad hat einen Platten.
② Das Fahrrad fährt langsam bergauf.
③ Das Fahrrad fährt schnell bergab.

Ⓐ Der Graph verläuft steil.
Ⓑ Der Graph verläuft flach.
Ⓒ Der Graph ist parallel zur x-Achse.

1 Übertrage das Weg-Zeit-Diagramm in dein Heft. Trage die Punkte ein und verbinde sie. Lisa geht zu ihrer Freundin.

Zeit in min	0	2	3	5	7
Weg in m	0	100	100	350	400

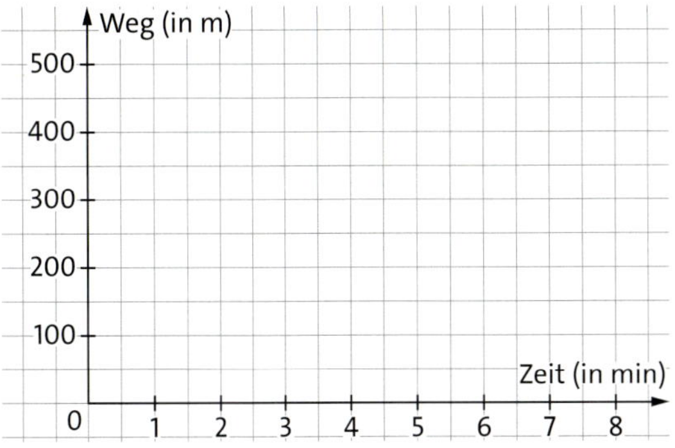

2 Igor muss in 4 Minuten zu Hause sein. Aber er ist spät dran und muss rennen. Übertrage die Tabelle in dein Heft. Lies die Werte im Diagramm ab. Fülle dann die Tabelle aus.

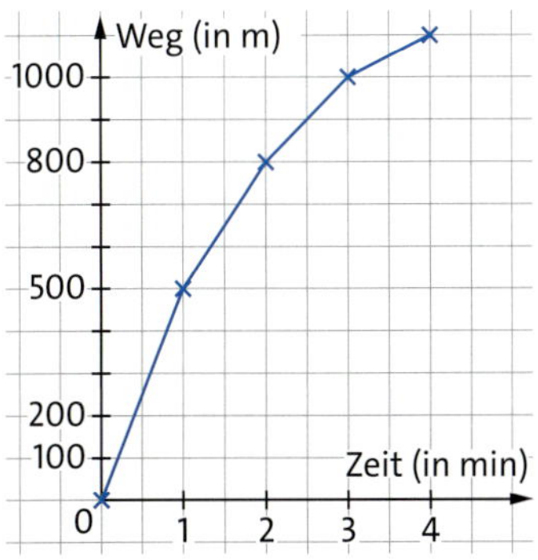

Zeit in min	0	1	2	3	4
Weg in m	0				

3 Wer läuft langsam? Wer läuft schnell?
a) Finde zu jedem Graphen das passende Tier.

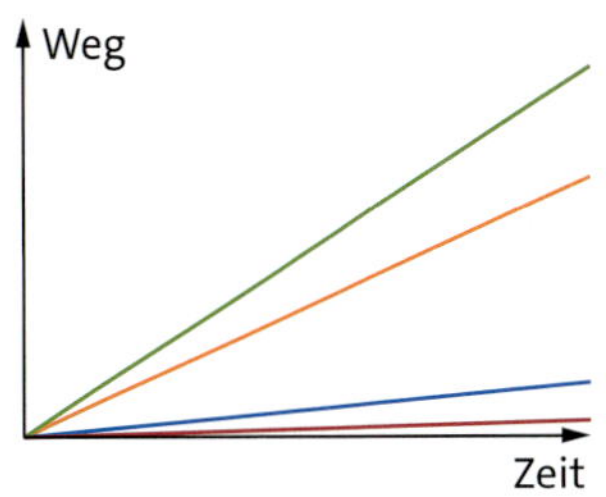

Hund
Schnecke
Gepard
Schildkröte

b) Zeichne ein Diagramm für Hase, Huhn, Maus und Katze. Erkläre die Graphen. ▸ 2

4 Rudi ist eine Rennmaus und läuft ein Rennen. Hier siehst du das Weg-Zeit-Diagramm.

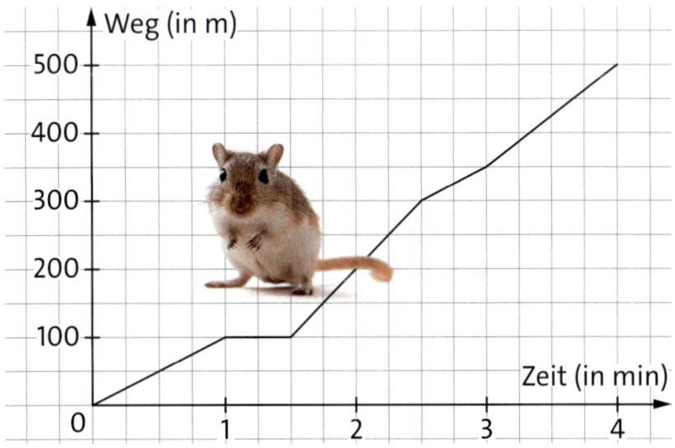

Sind die Aussagen wahr oder falsch? Korrigiere falsche Aussagen in deinem Heft.
① Am Anfang läuft Rudi am schnellsten.
② Nach 1 Minute ist Rudi 100 m weit gelaufen.
③ Nach 2 Minuten macht Rudi eine Pause.
④ Nach der Pause läuft Rudi schnell.
⑤ Das Rennen dauert 3 Minuten. ▸ 4

5 Das Weg-Zeit-Diagramm zeigt, wie ein Auto bei einem Rennen gefahren ist. Bringe die Sätze in die richtige Reihenfolge.

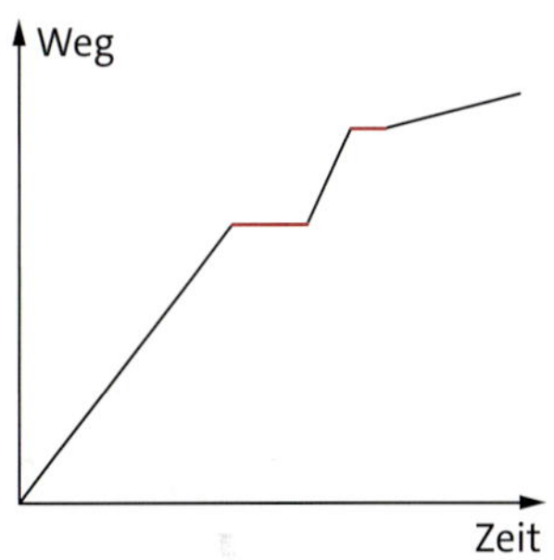

A Plötzlich knallt es, das Auto bleibt kurz stehen.

B Dann fährt das Auto sehr schnell weiter.

C Reifenwechsel: Das Auto fährt in die Boxengasse.

D Am Anfang fährt das Auto schnell.

E Das Auto startet wieder und rollt langsam ins Ziel.

6 Schreibe eine Weg-Zeit-Geschichte.

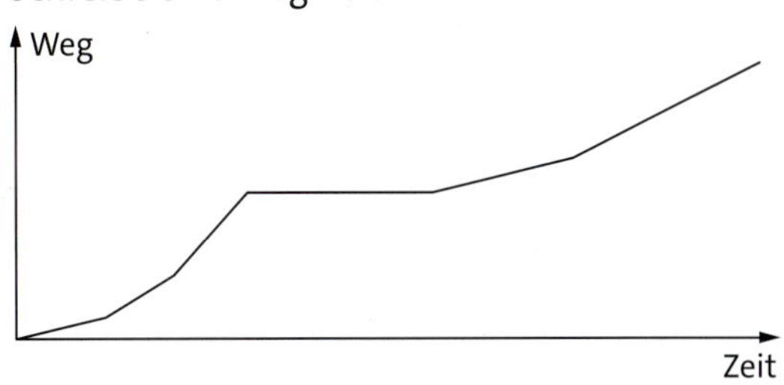

Sprachhilfe zu **5**: In der **Boxengasse** haben die Teams ihre Werkstatt.
Tipp zu **6**: Du kannst eine Wanderung beschreiben oder ein Autorennen oder …

1 Elias fährt mit dem Fahrrad zum Training.

Zeit in min	0	3	6	7	9
Weg in m	0	800	1400	1400	1900

Zeichne ein Weg-Zeit-Diagramm in dein Heft.
Wähle auf der x-Achse 1 cm für 1 Minute.
Wähle auf der y-Achse 1 cm für 400 m.
Trage die Punkte ein und verbinde sie.

2 ▼ Till macht einen Ausritt.

a) Finde für jeden Abschnitt des Graphen den passenden Ausdruck:
Galopp – Trab – Schritt – Pause

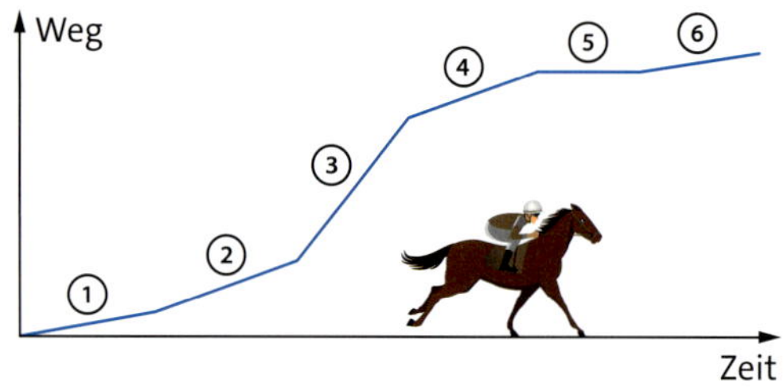

b) Skizziere ein Diagramm für diesen Ausritt:
Trab – Galopp – Trab – Pause – Schritt – Trab

▸ 3

3 Henrik steigt auf einen Berg. Im Diagramm steht auf der Hochachse die Höhe in m.

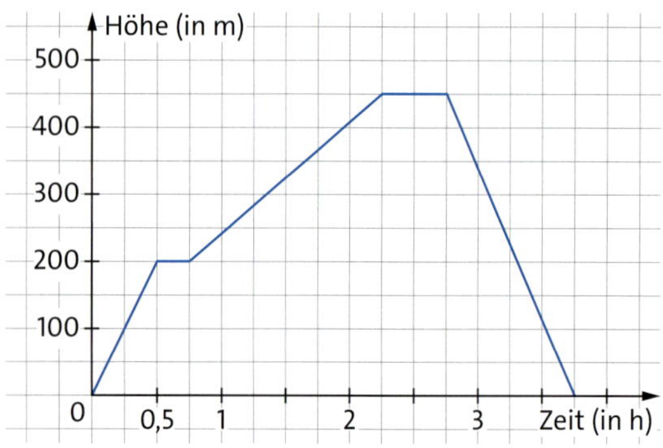

Ergänze den Text in deinem Heft:
Henrik startet auf einer Höhe von ▒.
Nach ▒ ist er in einer Höhe von ▒. Dort macht er ▒ min Pause. Denn gleich wird es steiler.
Nach insgesamt ▒ ist Henrik in ▒ Höhe angekommen. Hier genießt er ▒ lang die Aussicht.
Dann beginnt er mit dem Abstieg.
▒ später kommt er am Fuß des Bergs an.

4 Mark, Luisa und Dario fahren ein Rennen.

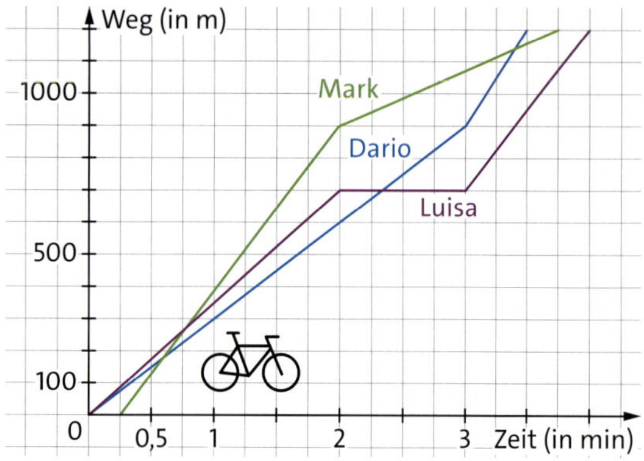

a) Beantworte die Fragen. Begründe jede Antwort mithilfe des Diagramms.
① Wer gewinnt das Rennen?
② Wer startet zu spät?
③ Wem fällt unterwegs die Kette herunter?
④ Wann ungefähr überholt Dario Luisa?
⑤ Wer ist nach 2 min Erster? Wer ist Letzter?
⑥ Wie weit ist Dario nach 3 min gefahren?

b) 👥 Jeder und jede notiert für sich wahre und falsche Aussagen über das Rennen.
Einer liest seine Aussagen vor. Der andere entscheidet, ob die Aussagen wahr oder falsch sind. Wechselt euch dann ab. ▸ 5

5 Max' Familie macht eine Wanderung im Wald.
Erstelle eine Tabelle. Zeichne das Diagramm.
Finde zuerst eine Einteilung für die Achsen.

> Mit dem Bus fährt Max' Familie 3 km bis zum Wald. Die Fahrt dauert 15 Minuten.
> In 2 Stunden wandern sie 8 km bis zu einem Aussichtsturm.
> Dort halten sie sich eine halbe Stunde auf.
> In nur 1 h und 45 min laufen sie den gesamten Weg zurück zur Bushaltestelle.
> Sie müssen 15 min auf den Bus warten, der sie wieder nach Hause bringt.

6 Schreibe eine Geschichte, die zum Diagramm passt.

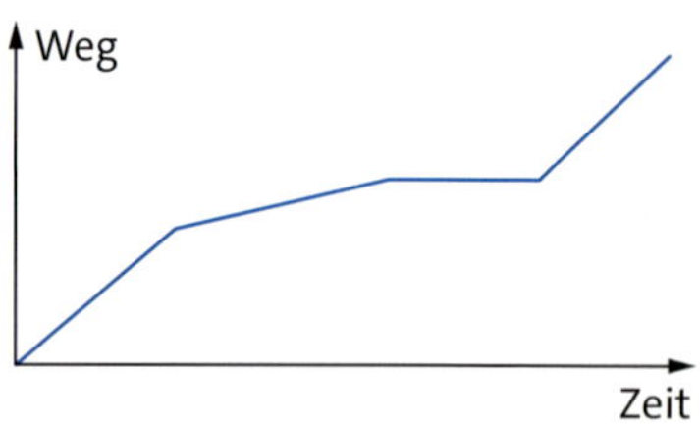

Sprachhilfe zu **2**: Im **Schritt** geht das Pferd langsam. Im **Trab** ist es schneller. Am schnellsten ist der **Galopp**.

1 Noah fährt mit dem Roller zu seinem Freund. Nach 2 Minuten ist er 400 m gefahren. Dann wartet er 1 Minute lang an einer Ampel. Nach insgesamt 5 Minuten ist er 800 m von zu Hause entfernt.
Noah trifft Samuel und sie gehen die letzten 200 m zu Fuß. Dafür brauchen sie 3 Minuten.

a) Erstelle aus dem Text eine Tabelle.
b) Zeichne das Weg-Zeit-Diagramm.
Wähle auf der x-Achse 1 cm für 1 Minute.
Wähle auf der y-Achse 1 cm für 200 m.

2 Akin fährt mit seinem Skateboard. Er fällt hin und geht zu Fuß weiter. Rechts siehst du das passende Diagramm.

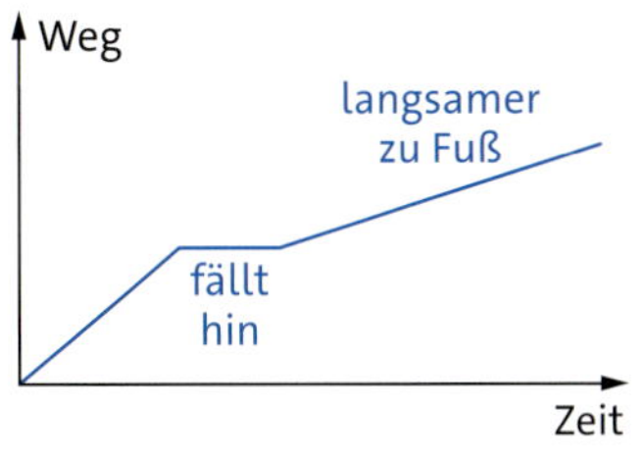

Skizziere selbst ein Weg-Zeit-Diagramm:
a) Fenja geht zur Schule. An einer Ampel muss sie lange warten. Dann geht sie weiter.
b) Selma fährt mit dem Rad zu Irina. Plötzlich merkt sie, dass sie spät dran ist, und beeilt sich sehr.

3 Manja und Helene machen eine kleine Radtour.

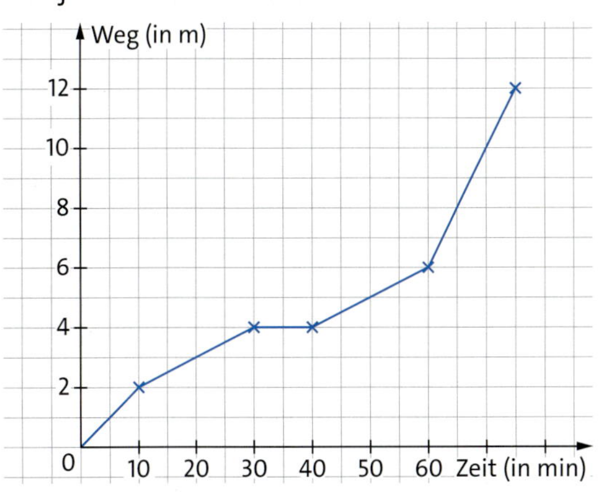

Bringe die Sätze in die richtige Reihenfolge.
① Es geht bergauf – sie fahren langsamer.
② Die Mädchen rollen schnell bergab.
③ Nach 1 Stunde sind sie erst 6 km gefahren.
④ Manja und Helene machen eine Pause.
⑤ Die Mädchen fahren von zu Hause los.
⑥ Nach 10 min Pause geht es weiter bergauf.
⑦ Nach 75 min sind sie am Ziel angekommen.

4 Im Schnee: Marla und Ben ziehen ihre Schlitten einen langen Hang hoch.
Nach 1 Minute sind beide in 4 m Höhe.
Dort sucht Marla ihre Handschuhe und zieht sie an. Nach 0,5 Minuten geht sie weiter.
Eine weitere Minute später ist sie oben in 8 m Höhe angekommen und wartet dort.
Ben ist nach 2,5 Minuten 7 m hoch. Da stolpert er und rutscht 1 m tiefer. Er schaut nach, ob er sich verletzt hat. Nein, alles okay.
Nach 0,5 Minuten geht er vorsichtig weiter und kommt 1 Minute später bei Marla an.
Zusammen fahren sie in 30 Sekunden den Hang herunter.

a) Erstelle eine Tabelle für Marla und eine Tabelle für Ben.

Zeit in min	0	1				
Höhe in m						

b) Zeichne die beiden Graphen in ein Diagramm. Finde zuerst eine sinnvolle Einteilung für die Achsen.
c) Beantworte die Fragen.
① Wann ist Ben in 5 m Höhe?
② Auf welcher Höhe trennen sie sich?
③ Wann und auf welcher Höhe überholt Marla Ben?
④ Wie lange dauert Bens Weg nach oben?

5 Die Ballonfahrt: Schreibe eine Geschichte, die zum Diagramm passt. Achtung: Auf der Hochachse steht die Höhe des Ballons.

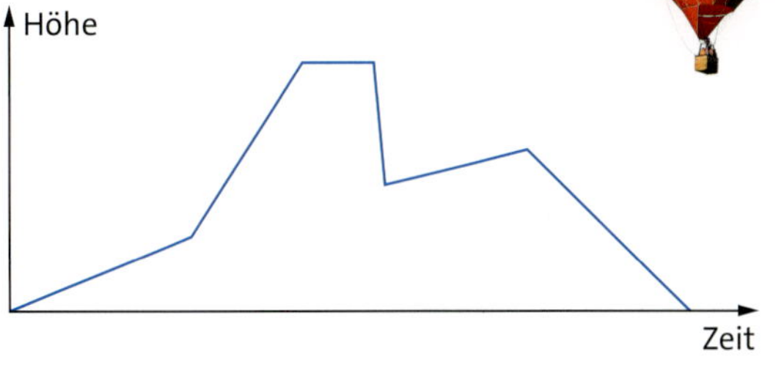

6 Jeder schreibt für sich eine Bewegungsgeschichte und zeichnet das Diagramm dazu. Tauscht nur die Geschichten aus und zeichnet die Diagramme.
Vergleicht die Diagramme, die zur gleichen Geschichte gehören. Gibt es Unterschiede? Woran liegt das?

Negative Zahlen darstellen und vergleichen

*Temperaturen werden in Deutschland in **Grad Celsius**, kurz °C gemessen.*

*0 °C nennt man auch den **Gefrierpunkt**, weil Wasser bei 0 °C zu Eis gefriert.*

Am Morgen geht Mats zur Schule.
Die Straßen sind vereist.
Die Temperatur liegt unter 0 °C.
Es ist −3 Grad Celsius (−3 °C) kalt.
Tagsüber steigt die Temperatur auf 4 °C.
Am Abend ist es dann −5 °C kalt.
Ist es am Abend wärmer oder kälter als am Morgen?

W

Negative Zahlen auf der Zahlengerade

Wenn du den Zahlenstrahl nach links verlängerst, dann entsteht die **Zahlengerade.**
Auf der Zahlengeraden kannst du auch Zahlen eintragen, die kleiner als null sind.

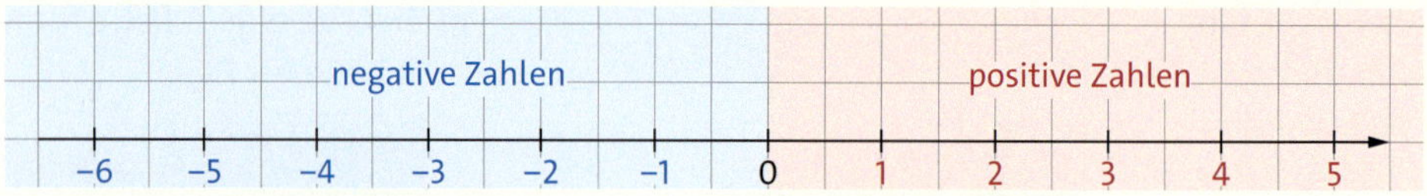

Positiv und negativ haben eine andere Bedeutung als im Alltag.

positiv = über null; größer als null
negativ = unter null; kleiner als null

Die Zahlen links von der Null heißen **negative Zahlen**.
Sie haben das **Vorzeichen −**.

Die Zahlen rechts von der Null heißen **positive Zahlen**.
Sie haben eigentlich das **Vorzeichen +**.
Aber meist lässt man das + weg.

−5 und −3 sind negative Zahlen. 4 ist eine positive Zahl.
0 ist weder positiv noch negativ.

▶ **Aufgabe** Lies die markierten Zahlen ab. Welche Zahlen sind negativ?

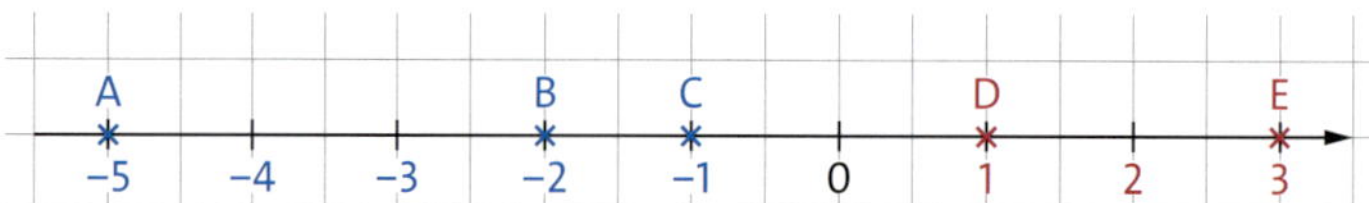

▶1 ▶1 ▶1

W

Ganze Zahlen vergleichen und ordnen

Auf der Zahlengerade gilt: Nach rechts werden die Zahlen größer.
Nach links werden die Zahlen kleiner.

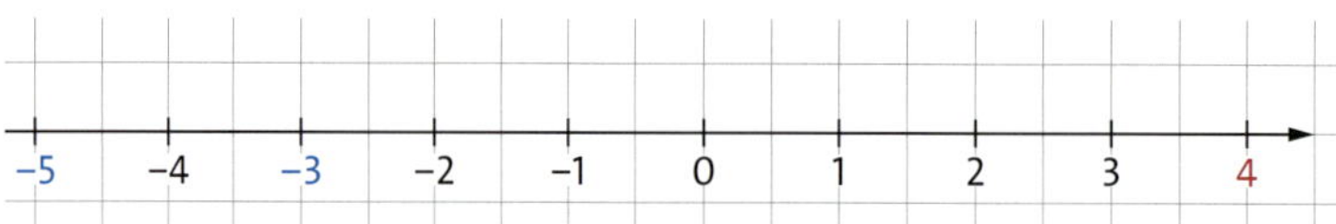

*Die Zahlen …; -2; -1; 0; 1; 2; … heißen **ganze Zahlen**. Die ganzen Zahlen zusammen mit den positiven und negativen Dezimalzahlen heißen **rationale Zahlen**.*

−3 steht rechts von −5, also ist −3 > −5.
5 ist größer als 3, aber −5 und −3 sind negativ.
Dort ist es umgekehrt: −3 ist größer als −5.
Das heißt: Am Abend (−5 °C) ist es kälter als am Morgen (−3 °C).
Es gilt: −5 < −3 < 0 < 4

▶ **Aufgabe** Ordne die fünf Zahlen von klein nach groß: 6; −4; 0; 5; −2

▶7 ▶6 ▶6

1 Lies die Temperatur ab.

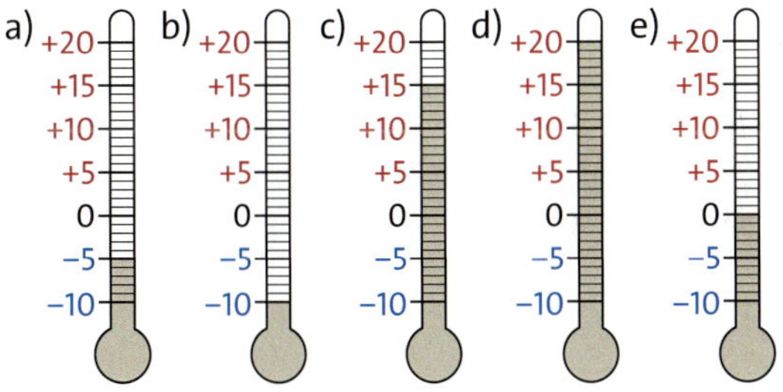

2 Sind die Temperaturen positiv oder negativ?
a) Es sind 8 °C unter null.
b) Heute taut es bei +5° C.
c) Bei mehr als 20° kann ich ein T-Shirt anziehen.
d) Es hat tagelang gefroren. Nun sind minus 6 °C.

3 Welche Zahlen sind negativ, welche Zahlen sind positiv? Übertrage die Tabelle in dein Heft. Trage die Zahlen ein.

negativ	positiv

30 400 −8 5 0
17 235 −33 −133 7
−25 80 −105

▶ 3

4 Notiere die markierten Zahlen in deinem Heft.

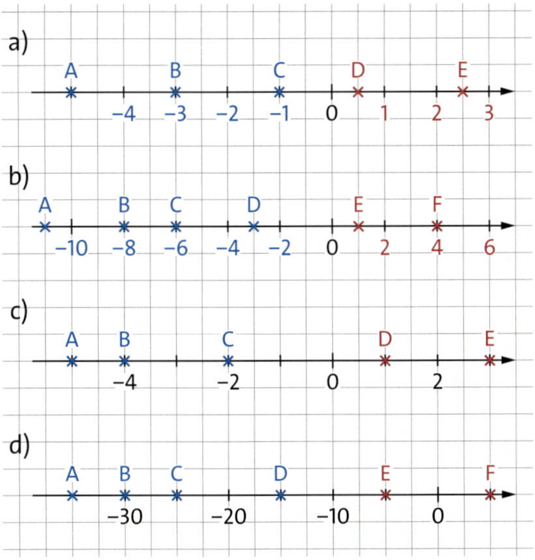

5 ▼ Zeichne eine **Zahlengerade** von −7 bis 7.
Wähle 1 cm für 1 Einheit.
Schreibe alle negativen Zahlen mit Blau und alle positiven Zahlen mit Rot.
Trage dann 3; 6; 2,5 und −1,5 ein.

6 Als Hilfe für diese Aufgabe könnt ihr mit Kreppband eine Zahlengerade auf den Boden kleben. Oder du zeichnest eine Zahlengerade in deinem Heft. Lege dazu dein Heft quer.
a) Starte bei 5. Springe in 2er Schritten nach links. Springe sechsmal und notiere alle Zahlen, auf denen du landest.

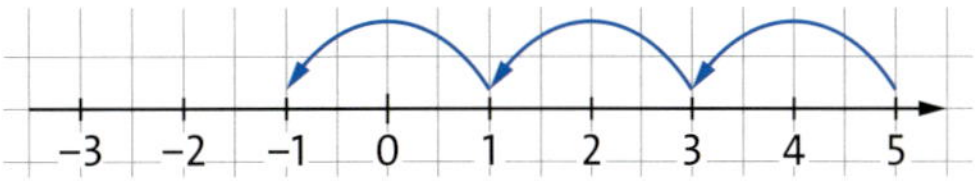

b) Starte bei −20. Springe in 2er Schritten nach rechts. Springe achtmal. Notiere alle Zahlen.

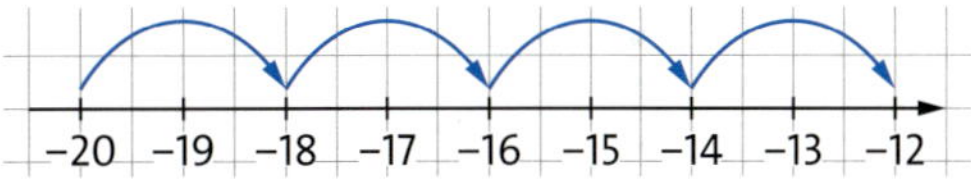

c) Starte bei 11. Springe in 3er Schritten nach links. Springe achtmal. Notiere alle Zahlen.

▶ 6

7 Was ist kälter?
a) 8 °C oder −8 °C
b) −13 °C oder −14 °C
c) −1 °C oder 25 °C
d) −9 °C oder −12 °C
e) 2 °C oder −5 °C
f) −3 °C oder −2 °C

8 Vergleiche die beiden Zahlen.
Setze in deinem Heft <, > oder = ein.
a) 0 ☐ 4
b) −3 ☐ −5
c) 8 ☐ −2
d) −5 ☐ −50
e) −4 ☐ 0
f) −7 ☐ 7
g) 10 ☐ −1
h) −90 ☐ 90

▶ 7

9 Ordne die Zahlen von klein nach groß.

−5 5 −8 −15

10 Frau May hat 520 € mehr von ihrem Konto abgehoben, als auf dem Konto war.
Sie hat also 520 € Schulden bei der Bank. Man sagt auch: Frau May hat −520 € auf dem Konto.
Frau Shi hat −620 € auf ihrem Konto.
Wer hat mehr Schulden?

Sprachhilfe zu **5**: Ein Zahlen**strahl** beginnt mit 0. Er hat den Anfangspunkt 0 und keinen Endpunkt.
Eine Zahlen**gerade** hat keinen Anfangspunkt und keinen Endpunkt.

1 Lies die Temperaturen ab.

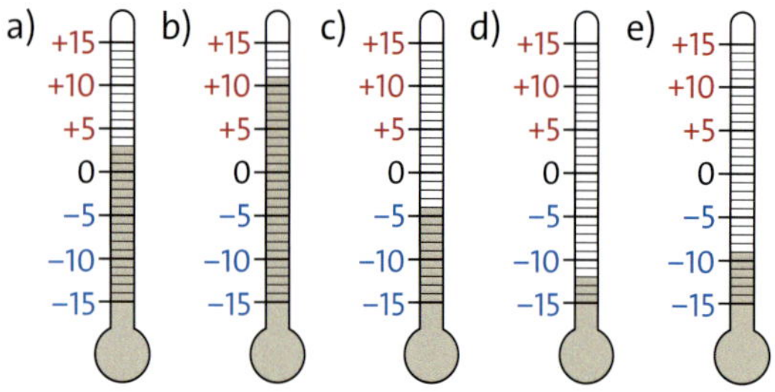

2 Ergänze die Vorzeichen + oder − im Heft.

a) Bei ▒28° C liegen wir gern am Strand.
b) Es ist so kalt, dass wir bei ▒5 °C auf dem See Schlittschuh laufen können.
c) Hitzerekord: ▒33 °C und mehr im Sommer!
d) Im Urlaub sind wir auf einen Berg gestiegen, der war ▒1500 m hoch.
e) Der tiefste Punkt des Toten Meeres liegt 794 m unter dem Meeresspiegel, also bei ▒794 m.

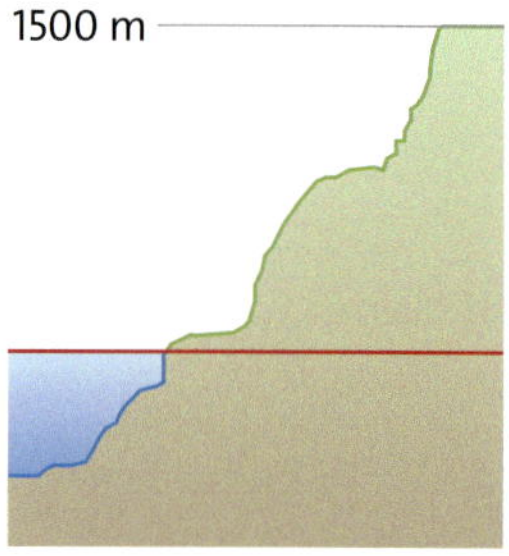

f) Der tiefste Ort in den Niederlanden heißt Nieuwkerk (sprich „Njukerk"). Er liegt unter dem Meeresspiegel bei ▒3,74 m. ▸ 2

3 Notiere die markierten Zahlen in deinem Heft.

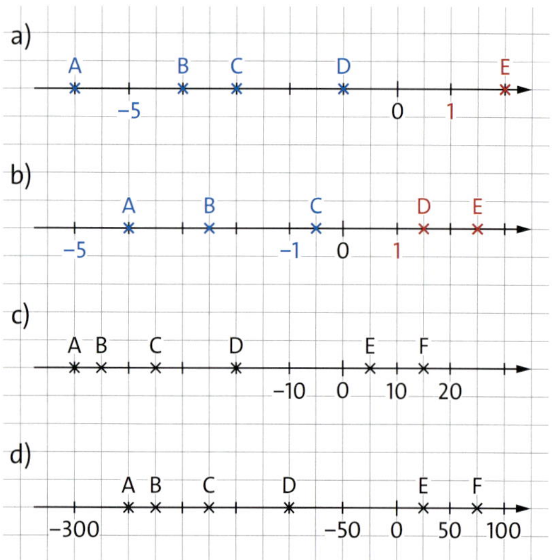

4 Zeichne eine Zahlengerade von −8 bis 5. Wähle 1 cm für 1 Einheit. Trage ein:
−7; 0,5; −1,5; −3,5; 4; $-\frac{1}{2}$

5 Springe immer achtmal. Notiere alle Zahlen.

a) Starte bei 22. Springe in 4er Schritten nach links.

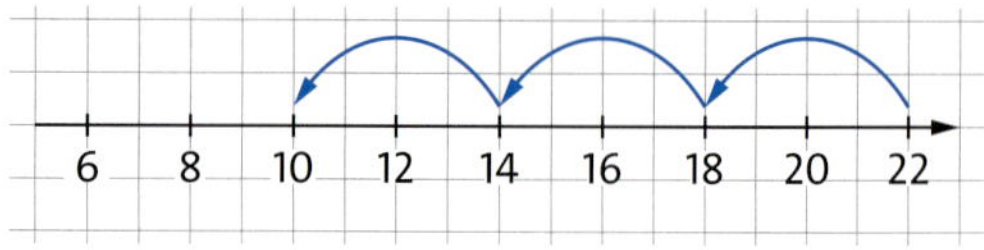

b) Starte bei −90. Springe in 10er Schritten nach rechts.
c) Starte bei −300. Springe in 50er Schritten nach rechts. ▸ 5

6 Vergleiche immer zwei Zahlen. Übertrage die Tabelle in dein Heft. Trage <, > oder = ein.

	−4	4	3	−3
3	>			
0				
−2,5			<	
−1,5				

7 In einem Labor wird untersucht, wie tief Regenwürmer innerhalb einer Stunde graben:

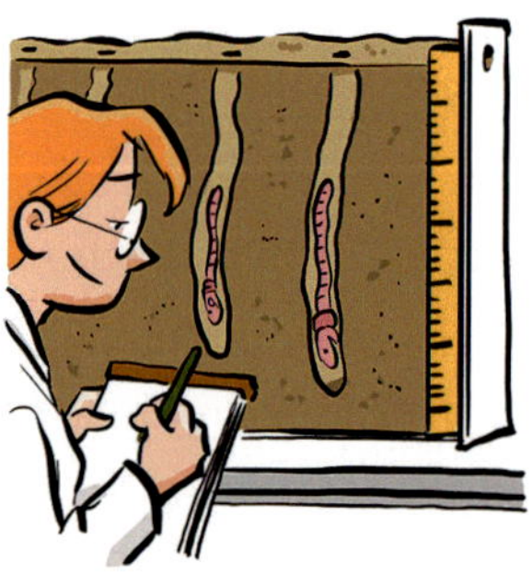

Wurm A: −29 cm
Wurm B: −27,5 cm
Wurm C: −22 cm
Wurm D: −31 cm
Wurm E: −31,5 cm
Wurm F: −26 cm

Ordne die Tiefen der Größe nach. Beginne mit dem tiefsten Wert. ▸ 8

8 Ordne die Zahlen der Größe nach.

a) 7,5; −2; −6,5; −8; −1,5; 0,5; 7; −5,2
b) −25; 27; −26; −20; 21; −20,5; 26,5; −22,8

9 Bei einer Bank können Erwachsene mehr Geld abheben, als auf ihrem Konto ist. Dann ist der Kontostand negativ. Man hat also Schulden bei der Bank. Ordne die Kontostände der Größe nach.

Herr Minke −155 €

Frau Saba 280 €

Frau Mita −125 €

Frau Labetzki 250 €

Herr Öztürk −125 €

1 Schreibe die Größe mit Vorzeichen in dein Heft.
a) Eisen schmilzt bei ■ 1528 °C.
b) Die niedrigste Temperatur, die überhaupt möglich ist, liegt bei ■ 273,15 °C. Das nennt man den absoluten Nullpunkt.
c) Der Marianengraben liegt im Pazifischen Ozean. Dort ist die tiefste Stelle der Weltmeere. Sie liegt 11 km unter dem Meeresspiegel, also bei ■ 11 km.
d) Der Mount Everest ist der höchste Berg der Welt. Es ist ■ 8848 m hoch.

2 Notiere die markierten Zahlen in deinem Heft.

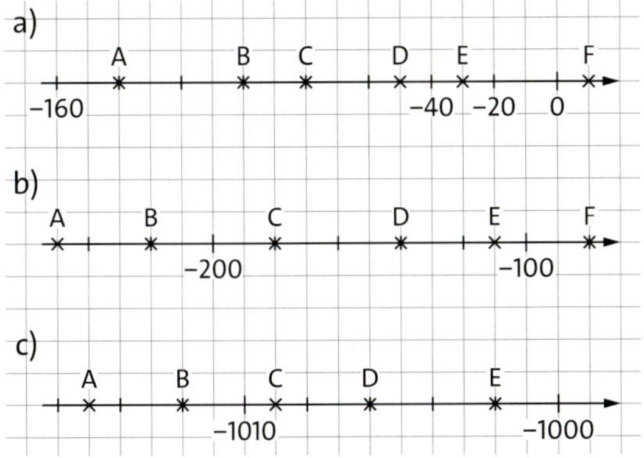

3 Zeichne eine Zahlengerade. Trage die Zahlen ein. Überlege dir erst eine sinnvolle Einteilung.
a) −5; −3; 2,5; 0,5; −8; 1,5; −6,5
b) 0,2; −0,4; 0,6; 1,2; −2,4; −0,8; $-\frac{1}{2}$
c) −500; −350; −425; −375; −450; −325

4 Schreibe alle ganzen Zahlen auf, die zwischen den beiden Zahlen liegen.
Beispiel Zwischen −3 bis 4 liegen −2; −1; 0; 1; 2; 3.
a) −5 und 2
b) −10 und −4
c) −50 und −41
d) −103 und −98

5 Ergänze im Heft fünf weitere Zahlen.
a) −5, −3, −1; …
b) 6; 4; 2; …
c) 5; 0; −5; …
d) −150; −130; −110; …
e) −1,8; −2,0; −2,2; …

6 Vergleiche. Setze im Heft <, > oder = ein.
a) 9 ■ −12
b) −97 ■ −79
c) −1,7 ■ −1,9
d) −9,04 ■ −9,4
e) $-\frac{1}{4}$ ■ $-\frac{3}{4}$
f) $-\frac{1}{2}$ ■ $-\frac{1}{4}$
g) −4,5 ■ $-\frac{9}{2}$
h) −0,5 ■ $-\frac{6}{10}$

7 Unglaublich, was auf dem Grund des Sees liegt!

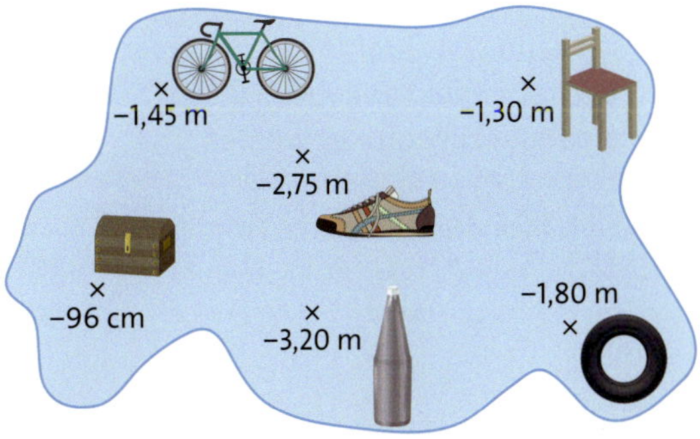

a) Schreibe auf, wie tief die einzelnen Dinge liegen.
b) Ordne die Tiefen der Größe nach.

8 Ordne von klein nach groß.
a) −17; 15; −16; −10; 11; −10,8; 16,5; −12,5
b) −7; 27; 0,27; −2; 2,7; −7,2; −72; −27
c) 0,08; −0,88; −8,08; −0,8; −8,8; 0,88; −0,08

9 Wenn man ein regelmäßiges Einkommen hat, kann man bei einer Bank mehr Geld abheben, als auf dem Konto ist. Man hat dann Schulden bei der Bank. Der Kontostand wird mit einem Minus vor der Summe oder einem S dahinter angegeben. (Das S steht für „Soll“.)
Ordne die Kontostände der Größe nach.

Herr Lutz	−244,00 €
Frau Sandke	270,50 €
Frau Jablonski	−225,90 €
Herr Yussuf	−225,70 €
Frau Walter	250,30 €

10 Viele berühmte Mathematiker haben vor der Geburt von Jesus Christus gelebt. Hinter den Jahreszahlen steht dann „v. Chr.“ (vor Christus).

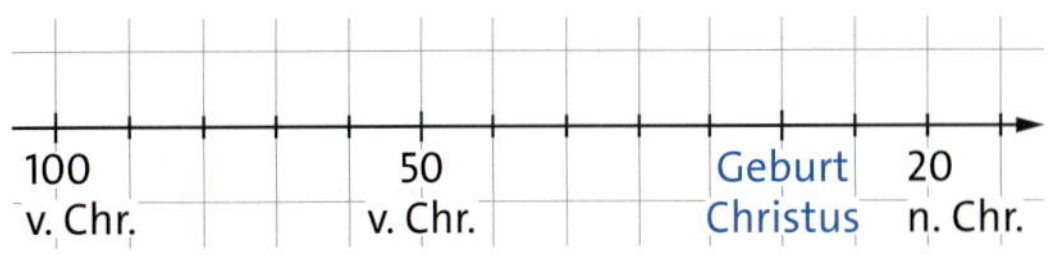

Archimedes lebte von 287 v. Chr. bis 212 v. Chr.
Pythagoras lebte von 570 v. Chr. bis 480 v. Chr.
Thales von Milet von 625 v. Chr. bis 547 v. Chr.
a) Zeichne für jeden Mathematiker eine Zahlengerade mit einer passenden Einteilung. Trage die Lebensspannen ein. Runde vorher sinnvoll.
b) Ordne die sechs Jahreszahlen der Größe nach.

Zwischentest

Kompetenz

1 Ich kann eine Zuordnung mit einer Tabelle darstellen und angeben, welche Größen einander zugeordnet werden.

→ Lies auf **Seite 168** nach.

1 Tim hat 15 €. Anna hat 30 €. Furkan hat 20 €. Melina hat 5 €.

a) Fülle die Tabelle in deinem Heft aus.

Kind	Tim	Anna	Furkan	Melina
Geld in €				

b) Ergänze: Jedem ▒ wird sein ▒ zugeordnet.

2 Ich kann Werte aus einem Pfeildiagramm ablesen und eine Zuordnung mit einem Text darstellen.

→ Lies auf **Seite 168** nach.

2 Beim Weitsprung: Schreibe einen Text.

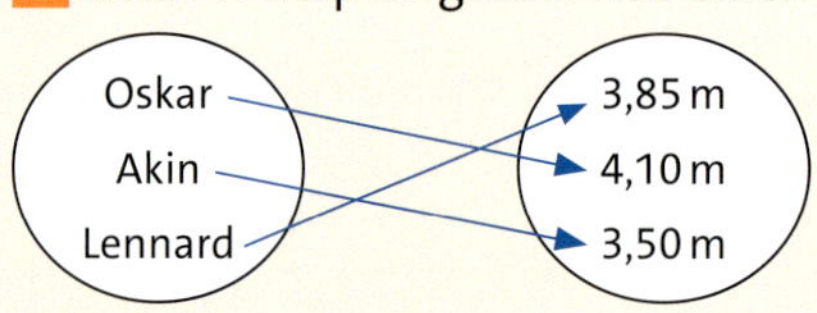

Beginne so: Jedem Schüler wird ▒ zugeordnet. Oskar springt …

3 Ich kann ein Weg-Zeit-Diagramm ergänzen und als Text darstellen.

→ Lies auf **Seite 172** nach.

3 Eine Schnecke kriecht einen Feldweg entlang. Übertrage das Diagramm in dein Heft.

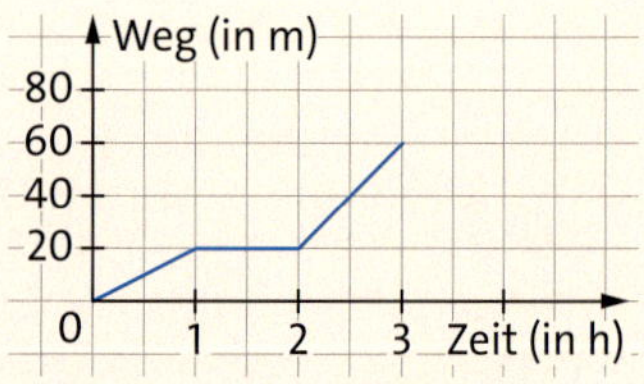

a) Trage ein: Nach 4 h ist die Schnecke bei 80 m.

b) Lies ab und ergänze den Text im Heft:

① Nach 1 Stunde ist die Schnecke bei ▒ m.
② Zwischen 1 h und 2 h macht sie ▒.
③ Nach 3 h ist …

4 Ich kann erklären, was positive und negative Zahlen in einem Zusammenhang bedeuten.

→ Lies auf **Seite 176** nach.

4 Finde die passende Angabe.

a) Es ist angenehm warm: −25 °C oder +25 °C?
b) Schulden bei der Bank: −50 € oder +50 €?
c) Wasser ist zu Eis gefroren: −7 °C oder +7 °C?

5 Ich kann (rationale) Zahlen auf der Zahlengerade ablesen und eintragen.

→ Lies auf **Seite 176** nach.

5 Übertrage die Zahlengerade in dein Heft. Notiere zuerst die markierten Zahlen. Trage dann ein: −1, −2,5 und +2,5.

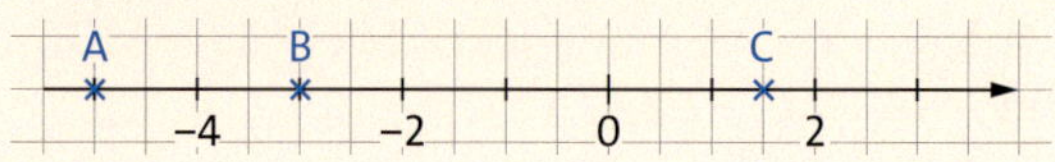

6 Ich kann (rationale) Zahlen vergleichen.

→ Lies auf **Seite 176** nach.

6 Setze im Heft < (kleiner) oder > (größer) ein.

a) −7 ▒ −8
b) −22 ▒ −20
c) −0,5 ▒ −1
d) −105 ▒ −150

→ Lösungen auf Seite 256

1 Mit 7 Jahren sind Mädchen im Durchschnitt 121 cm groß, mit 8 Jahren sind sie 127 cm groß. Mit 9 Jahren sind sie 132 cm groß und mit 10 Jahren 138 cm.
Beschreibe die Zuordnung mit Pfeil: ■ → ■
Zeichne eine Tabelle und trage alle Werte ein.

2 Welche Größen werden einander zugeordnet? Stelle die Zuordnung mit einem Text dar.

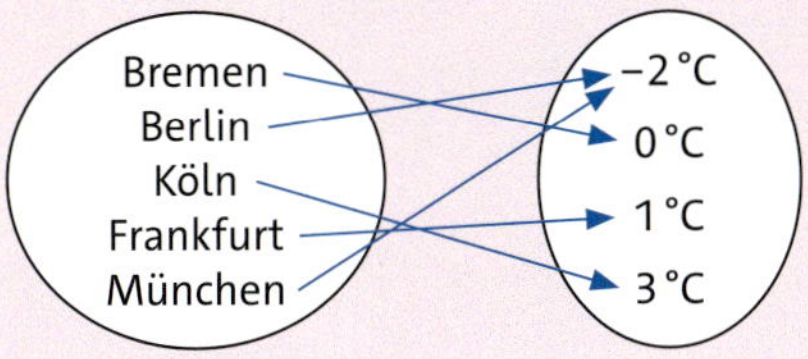

3 Frau Malek macht einen Spaziergang. Übertrage das Diagramm in dein Heft.

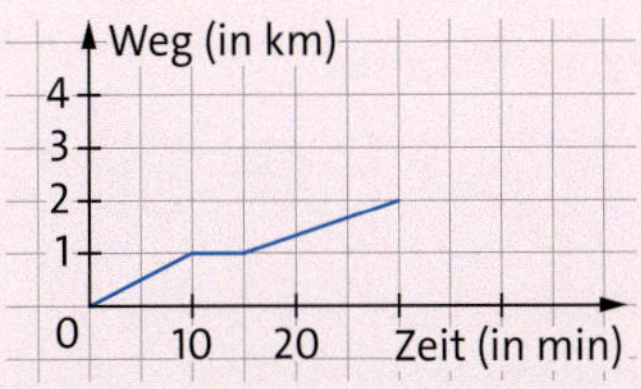

a) Trage ein: Nach 40 min ist Frau Malek 3,5 km gegangen.
b) Welche Strecke hat Frau Malek nach 30 min zurückgelegt? Wann hält Frau Malek an und redet mit einer Bekannten?

4 Setze im Heft ein: 20 °C; −21 m; −4 °C
Bei unserer Höhlenwanderung gingen wir runter bis auf ■. Dort war es ■ kalt. Draußen war es ■ warm.

5 Übertrage die Zahlengerade in dein Heft. Notiere zuerst die markierten Zahlen. Trage dann ein: −9; −2,5 und 4,5.

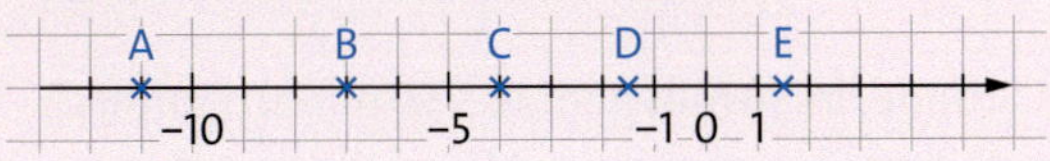

6 Ordne die Zahlen von klein nach groß.
$-3; -\frac{1}{2}; -2{,}7; 0{,}5; 0; -3{,}1$

1 Viktor möchte ins Schwimmbad. Zu Fuß braucht er 45 min, mit dem Fahrrad nur 15 min. Wenn sein Vater ihn mit dem Auto fährt, dauert es 10 min. Mit dem Bus dauert es 20 min.
Welche Größen werden einander zugeordnet? Zeichne eine Tabelle und trage die Werte ein.

2 Stelle die Zuordnung mit einem Text dar.

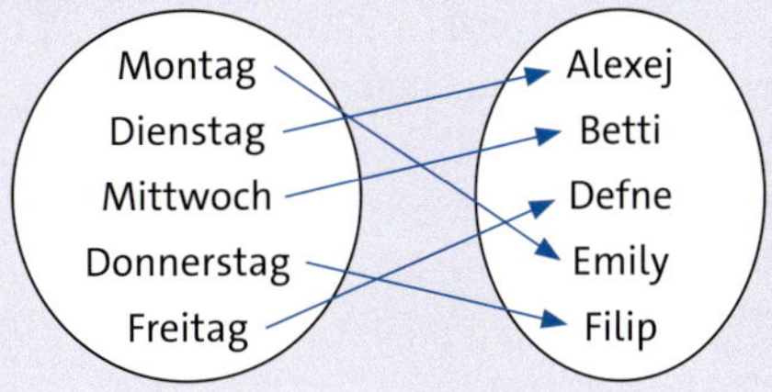

3 Die Zwillinge Oxana und Joanna sind unterwegs zur Schule, die 1 km entfernt ist.

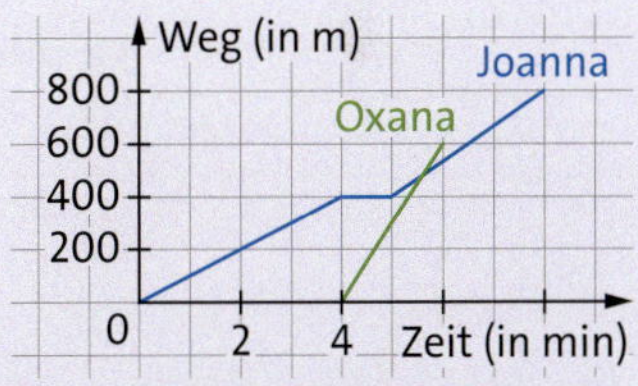

Joanna geht zu Fuß, Oxana fährt mit dem Rad. Übertrage das Diagramm in dein Heft.
a) Ergänze das Diagramm so, dass Joanna vor Oxana an der Schule ankommt.
b) Schreibe einen kurzen Text zum Diagramm.

4 Formuliere sinnvolle Sätze, in denen diese Größen vorkommen:
−15 °C; 100 °C; −67 m; 250 €; −125 €

5 Zeichne eine Zahlengerade und trage ein: −4; 0,75; −1,5; und −3,25.
Überlege dir zuerst eine sinnvolle Einteilung.

6 Ordne die Zahlen der Größe nach.
$3; -\frac{2}{3}; 0{,}6; -4{,}6; \frac{2}{5}; -2; -4{,}15$
Nenne zwei weitere Zahlen zwischen −5 und 3.

→ Lösungen auf Seite 256 und 257

Höhlen-Wanderung

Hast du schon einmal eine Tropfstein-Höhle besucht? Dort gehst du durch Gänge unter der Erde und betrachtest die spannende Umgebung.

Das Diagramm unten zeigt ein **Höhenprofil** für eine Höhlen-Wanderung.
Du kannst ablesen, wie viele Meter es bergauf und bergab geht und wie viel Zeit du dafür brauchst.

Wanderung zum Höhlensee

mit Führung, nur nach Anmeldung
Schwierigkeit: anspruchsvoll
erforderlich: festes Schuhwerk, warme Kleidung
Dauer: etwa 4,5 Stunden
Beginn: Sa. + So. 10 Uhr

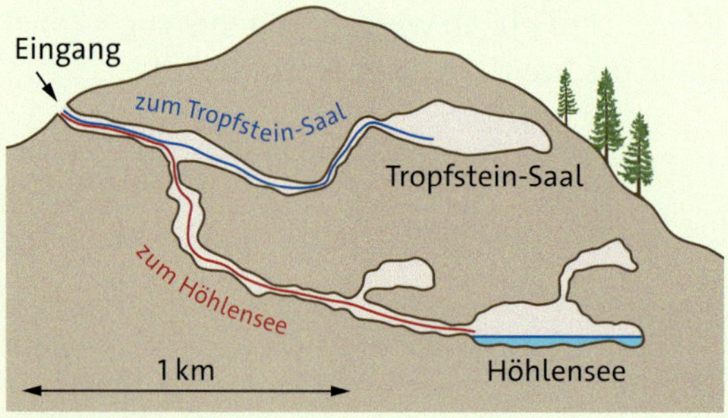

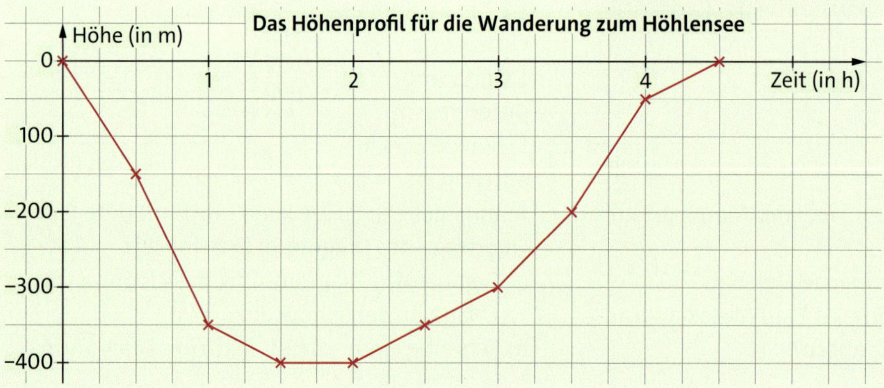

1 Betrachte das Höhenprofil für die Wanderung zum Höhlensee.
a) Übertrage die Tabelle in dein Heft. Ergänze die fehlenden Werte mithilfe des Höhenprofils.

Zeit in h	0	0,5	1	1,5	2	2,5	3	3,5	4	4,5
Höhe in m	0	–150								

b) Beschreibe kurz die Wanderung. Fülle dazu die Lücken im Heft: Eingang: 10 Uhr, Hinweg: 10 Uhr bis ▒ Uhr, am Höhlensee ▒ Uhr bis ▒ Uhr, Rückweg: ▒ Uhr bis ▒ Uhr, Ausgang: ▒ Uhr

2 „Am steilsten nach unten geht es in der ersten halben Stunde. In 30 min geht es 150 m nach unten." Stimmt das? Formuliere drei Sätze. Lasse sie von einem Mitschüler oder einer Mitschülerin prüfen.

3 Die Tabelle stellt die Wanderung zum Tropfstein-Saal dar, auf der Karte ist das der blaue Weg. Erstelle ein Info-Blatt mit einem Höhenprofil und Hinweisen zur Wanderung.

Zeit in h	0	0,5	1	1,5	2	2,5
Höhe in m	0	–120	20	20	–120	0

1 Welche Größen sind einander zugeordnet?
Stelle die Zuordnung als Text dar.

a)

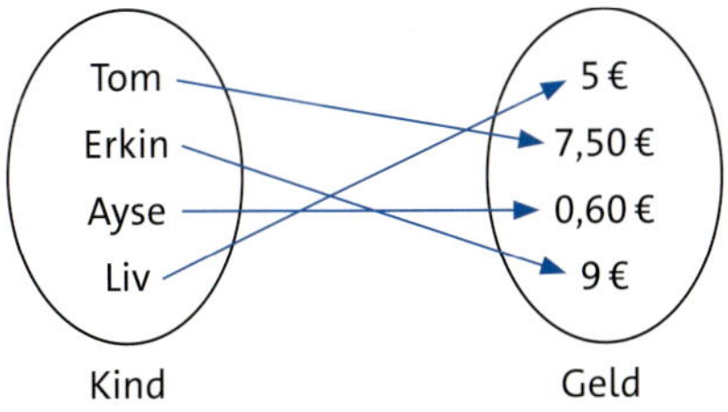

b)

Tag	Mo.	Di.	Mi.	Do.	Fr.
Temperatur in °C	1	2	1,5	3	0,5

c)

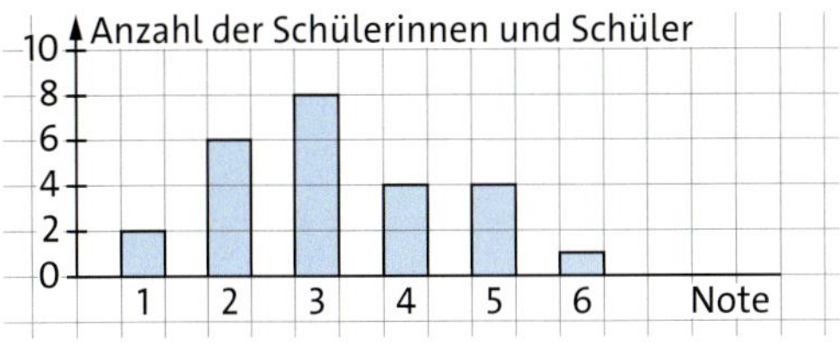

2 Notiere zuerst, welche Größen einander zugeordnet werden.
Schreibe dann drei passende Sätze.
Stelle die Zuordnung mit einer Tabelle dar.

Beispiel Kind → Hobby
Jedem Kind wird ein Hobby zugeordnet.
Sabrina wird Basketball zugeordnet. Marie …

Kind	Sabrina	Marie	Helena
Hobby	Basketball	Lesen	Turnen

a) Kind → Lieblingsfach
b) Zeit in h → Weg in km
c) Uhrzeit → Temperatur in °C

3 Evi geht mit ihrem Opa spazieren.
Um 11 Uhr gehen die beiden los.
Nach 30 Minuten haben sie 2,5 km geschafft.
Nun machen sie 15 min Pause auf einer Bank.
Sie laufen weiter und schaffen 1 km in 15 min.

a) Übertrage die Tabelle ins Heft. Fülle sie aus.

Zeit in min	0	30	45	60
Weg in km	0			

b) Zeichne ein Weg-Zeit-Diagramm.
Wähle auf der x-Achse 1 cm für 15 Minuten.
Wähle auf der y-Achse 1 cm für 1 km.

4 Das Diagramm zeigt, wie sich Maik, Luis und Damir nachmittags bewegt haben.

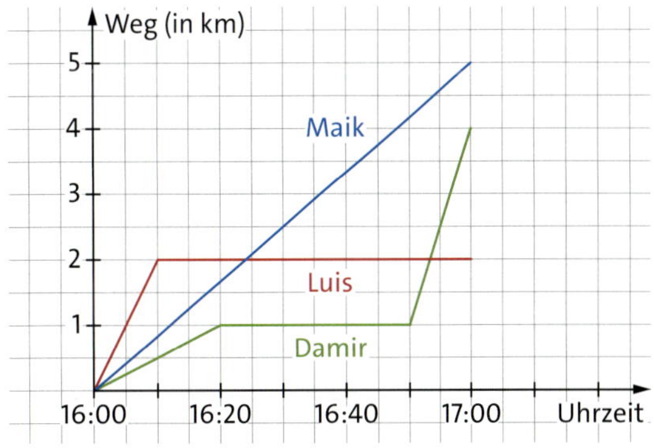

a) Welche Aussage passt zu welchem Jungen?
① ▒ hat einen Spaziergang gemacht.
② ▒ ist mit dem Roller zu einem Freund gefahren. Dort haben sie zusammen am Computer gespielt.
③ ▒ ist zu Tom gelaufen. Sie haben zusammen Hausaufgaben gemacht. Dann hat Toms Vater sie mit dem Auto zum Training gefahren.

b) Fülle die Tabelle für Damir im Heft aus.

Zeit in min	0	20	50	60
Weg in km	0			

5 Die Wetterkarte zeigt, wie kalt es in der Nacht wird.

a) Stelle die Zuordnung Stadt → Temperatur in °C mit einer Tabelle dar.
b) In welcher Stadt wird es am kältesten?
In welcher Stadt wird es am wärmsten?
c) Sortiere die Temperaturen der Größe nach.
d) Trage die Werte auf einer Zahlengerade ein.
Wähle 1 cm für 1 °C.

Sprachhilfe zu **1**: Beginne so: Jedem (oder jeder) ▒ wird ▒ zugeordnet.
Tom wird ▒ zugeordnet. Das heißt: Tom hat …

1 Adam ist krank. Am Morgen hat er 38,5 °C Fieber, am Mittag sind es nur noch 38 °C. Am Nachmittag hat Adam wieder 38,5 °C Fieber. Am Abend sind es sogar 39 °C.

a) Welche Größen werden einander zugeordnet? Stelle die Zuordnung mit einer Tabelle dar.

Tageszeit	Morgen	Mittag	Nach-mittag	Abend
Temperatur				

b) Zeichne das angefangene Diagramm ab. Trage alle Werte ein. Verbinde die Punkte.

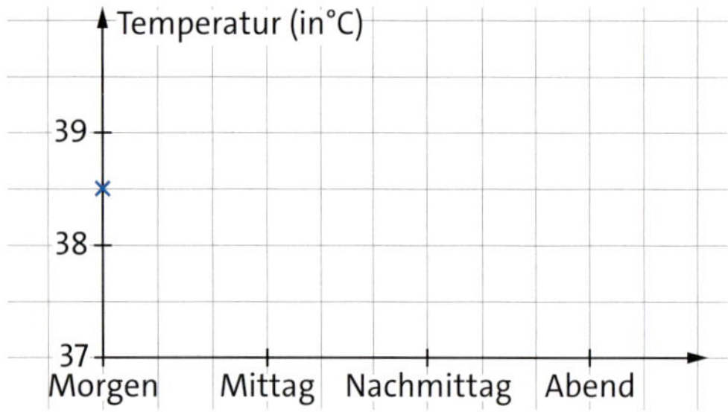

c) Zeichne ein Pfeildiagramm.

d) Vergleicht die beiden Diagramme.

2 Das Diagramm zeigt Lisas Schulweg.

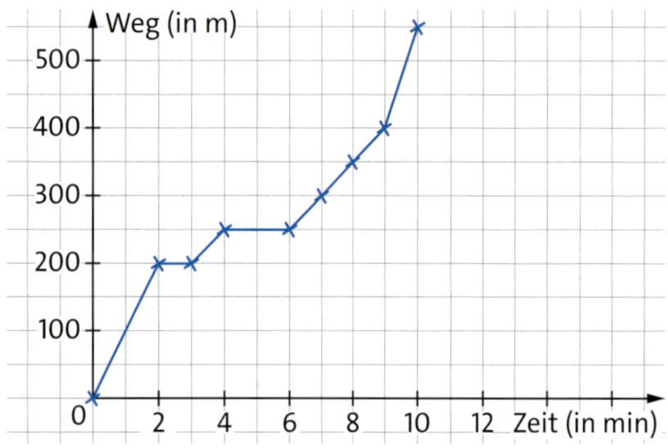

a) Welche Größen werden einander zugeordnet?

b) Lies alle Punkte im Diagramm ab und trage sie in eine Tabelle ein.

c) Schreibe einen Text über Lisas Schulweg.

3 Amelia ist auf der Eislaufbahn. Zuerst fährt sie zwei schnelle Runden (800 m) in 4 Minuten. Dann trifft sie eine Freundin. Sie unterhalten sich 5 Minuten lang am Rand und fahren danach gemeinsam 1200 m. Dafür brauchen sie 8 Minuten.
Nun wird es voller auf der Bahn. Deshalb fahren sie die nächsten 1000 m in 10 Minuten.
Zeichne ein Weg-Zeit-Diagramm.

4 Dies sind die durchschnittlichen Temperaturen in Alert, einer Stadt im Norden von Kanada. Dort dauert der Winter bis zu 8 Monate.

Dez −30 °C	Juni 0 °C	April −25 °C	Okt −20 °C	Jan −31 °C	Juli 4 °C
Feb −34 °C	Aug 2 °C	Sept. −10 °C	Mai −12 °C	Nov −26 °C	März −32 °C

a) Trage die Temperaturen in eine Tabelle ein.

b) Sortiere die Temperaturen der Größe nach.

5 Mecit notiert jeden Morgen um 7:00 Uhr, wie warm oder kalt es ist.

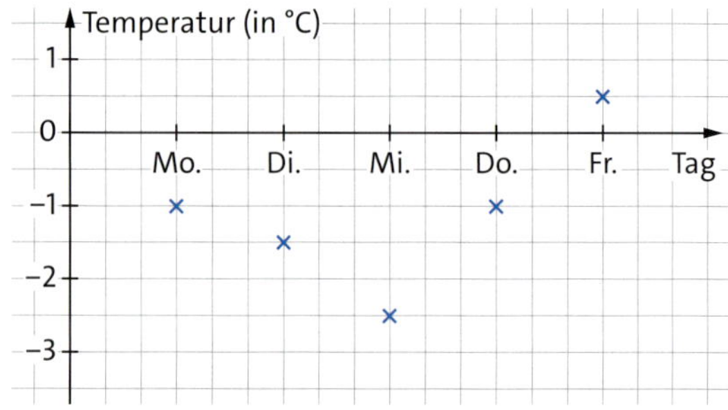

a) An welchem Morgen war es am kältesten? Wann war es am wärmsten?

b) Sortiere die Werte der Größe nach.

c) Auch Jana hat morgens die Temperatur notiert. Zeichne ein passendes Diagramm.

Tag	Mo.	Di.	Mi.	Do.	Fr.
Temperatur in °C	−2	−2,5	−5	−1,5	1

6 Unsere Jahreszahlen zählen die Jahre nach der Geburt von Jesus Christus. Das Jahr 2000 bedeutet: 2000 Jahre nach Christus' Geburt. Die Jahre vor Christus schreibt man mit v. Chr.

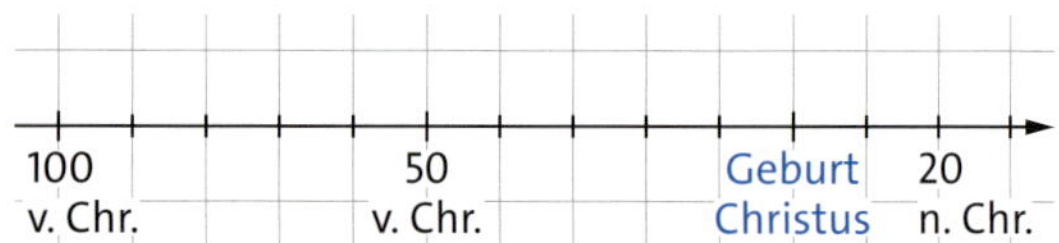

Kleopatra war eine Königin im Alten Ägypten und lebte von 69 v. Chr. bis 30 v. Chr.
Der römische Kaiser Cäsar lebte von 100 v. Chr. bis 44 v. Chr.

a) Übertrage die Zahlengerade oben ins Heft. Trage die Daten von Kleopatra und Cäsar ein.

b) Zähle an der Zahlengeraden ab, wie lange Kleopatra lebte und wie lange Cäsar lebte.

Vermischte Übungen ☒

1 Arbeitet zu viert oder zu fünft zusammen. Wählt eine Zuordnung aus.

Schüler → Berufswunsch

Spieler → Trikotnummer

Schüler → Lieblingsfarbe

Buch → Seitenzahl

Denkt euch fünf bis sechs Werte aus, die einander zugeordnet werden.
Stellt die Zuordnung mit einem Text, einer Tabelle und einem Pfeildiagramm dar.
Geht arbeitsteilig vor.
Wenn möglich, dann zeichnet auch ein Säulendiagramm. Wann ist das nicht möglich?

2 Familie Graf füllt ihren Pool mit Wasser. Pro Minute fließen 20 Liter Wasser in den Pool.

a) Lege eine Tabelle an. Trage in Abständen von 20 min ein, wie viel Liter Wasser im Pool sind. Wann ist der Pool mit 2400 Litern gefüllt?

b) Das Diagramm zeigt, wie das Wasser wieder abgelassen wird. Schreibe einen Text dazu. Nenne auch einige Werte, die einander zugeordnet werden.

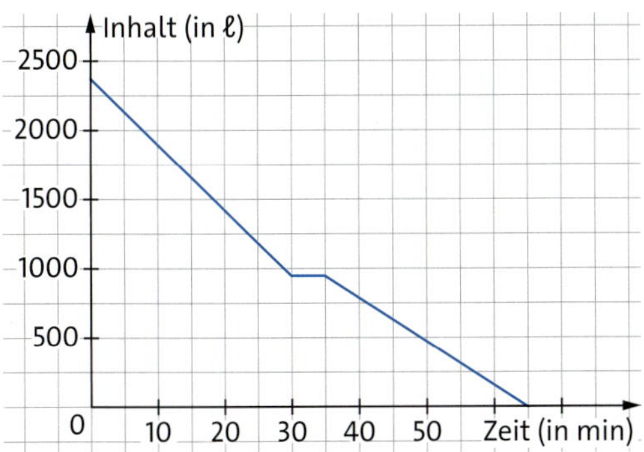

3 Elena geht mit ihrem Hund Gassi. Die Tabelle zeigt, wann sie wie weit gelaufen sind.

Zeit in min	0	5	10	12	15	20
Weg in m	0	300	800	800	1200	1500

a) Zeichne ein Weg-Zeit-Diagramm.

b) Schreibe eine Geschichte über den Spaziergang.

4 Geschwindigkeiten gibt man mit der Einheit $\frac{km}{h}$ an (Kilometer pro Stunde).
$30\,\frac{km}{h}$ bedeutet zum Beispiel, dass in 1 Stunde 30 Kilometer zurückgelegt werden.

Fortbewegung	Auto	Fahrrad	E-Bike	zu Fuß
Geschwindigkeit	$54\,\frac{km}{h}$	$18\,\frac{km}{h}$	$30\,\frac{km}{h}$	$5\,\frac{km}{h}$

Zeichne ein Weg-Zeit-Diagramm. Ganz rechts auf der x-Achse soll 1 Stunde stehen.
Trage die Graphen für alle Fahrzeuge ein.
Vergleiche die Graphen.

5 In einer Januarwoche hat Theo jeden Abend die Temperatur gemessen.

Tag	Mo.	Di.	Mi.	Do.	Fr.
Temperatur in °C	2,5	−1	−3	−2,5	1,5

a) Sortiere die Temperaturen der Größe nach.

b) Zeichne das Diagramm ab (y-Achse bis −3). Trage alle Werte ein. Verbinde die Punkte.

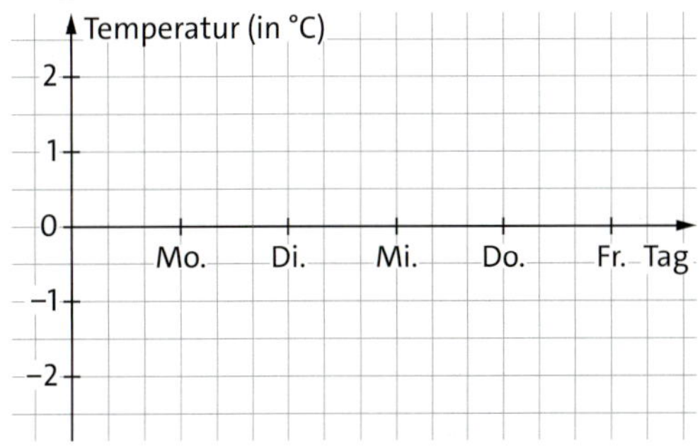

6 Die Höhen von Orten orientieren sich am Meeresspiegel. Der Meeresspiegel liegt bei 0 m über Normalhöhennull (NHN).
Bei Orten über dem Meeresspiegel wird die Höhe mit „über NHN" angegeben.
Bei Orten unter dem Meeresspiegel steht „unter NHN" oder eine negative Zahl.

- Assalsee (Afrika): 160 m unter NHN
- Death Valley (USA): 85 m unter NHN
- Totes Meer (Israel/Jordanien): −420 m
- Turfem Becken (China): −154 m

a) Zeichne eine Zahlengerade und trage die vier Höhen ein.

b) Recherchiere im Internet: Finde weitere Orte, die unter NHN liegen. Auf wie vielen Höhenmetern wohnst du?

Das Bronze-Abzeichen

In den Sommerferien geht Stella jeden Nachmittag ins Schwimmbad. Zusammen mit ihrer Freundin Nadia trainiert sie für das Bronze-Abzeichen. Stella muss 200 m in höchstens 15 Minuten schwimmen und 2 m tief tauchen.

Nadia schätzt und notiert, wie tief Stella getaucht ist.

Tag	Mo.	Di.	Mi.	Do.	Fr.
Tiefe	1,50 m	1,80 m	1,80 m	2,00 m	2,50 m

Das Diagramm zeigt, wie Stella am Donnerstag geschwommen ist.

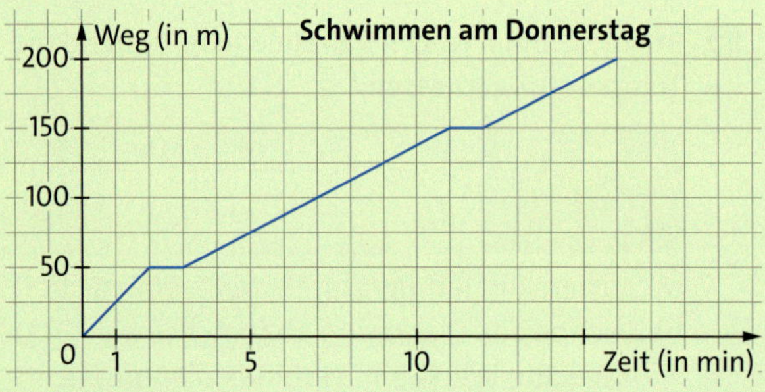

Mein Test-Schwimmen am Freitag:
Ich bin zügig losgeschwommen und habe 100 m in 6 Minuten geschafft.
Aber dann habe ich mich verschluckt und brauchte 4 Minuten für die nächsten 50 m.
Ich habe 1 Minute am Rand Pause gemacht.
Danach bin ich noch die letzten 3 Minuten bis zum Ziel geschwommen. 200 m geschafft!

A Welche beiden Größen werden einander zugeordnet?
a) in der Tabelle (Tauchen)
b) im Diagramm (Schwimmen)

B Schwimmen am Donnerstag: Stelle die Zuordnung als Tabelle dar. Lies möglichst genau ab.

Zeit in min	0	2	4	6	…	16
Weg in m	0					

C Beantworte die Fragen zum Donnerstag mithilfe des Diagramms.
a) Schafft Stella es, die 200 m in 15 Minuten zu schwimmen?
b) Was passiert nach 2 Minuten?
c) Schreibe einen kurzen Bericht zum Weg-Zeit-Diagramm.

D Zeichne ein Diagramm zu Stellas Test-Schwimmen am Freitag.

E Stellas Tauchtraining
Schreibe die Tiefen aus der Tabelle zuerst als negative Zahlen. Ordne die Tiefen dann der Größe nach.

F Stelle in einem Diagramm dar, wie tief Stella an jedem Tag getaucht ist.

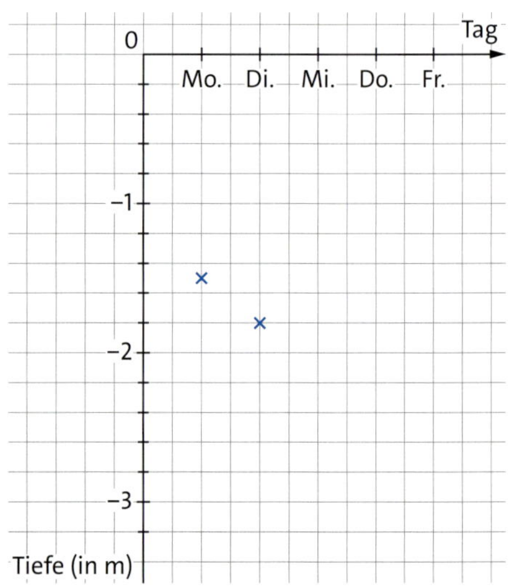

Abschlusstest

1 Beim 50-m-Lauf

Schüler	Tim	Jan	Max	Ben
Zeit in s	9,1	8,9	9,8	9,5

Ergänze die Lücken im Heft:
Jedem ■ wird ■ zugeordnet.
Tim lief die 50 m in ■ s.
Ben brauchte ■ s.
■ brauchte 8,9 s.

2 Beim Weitwurf:
Mara wirft 15 m weit.
Oliwia wirft 21 m weit.
Karoline wirft 18 m weit.
Zeichne ein Pfeildiagramm.

3 Wähle das richtige blaue Wort. Schreibe die Sätze auf.

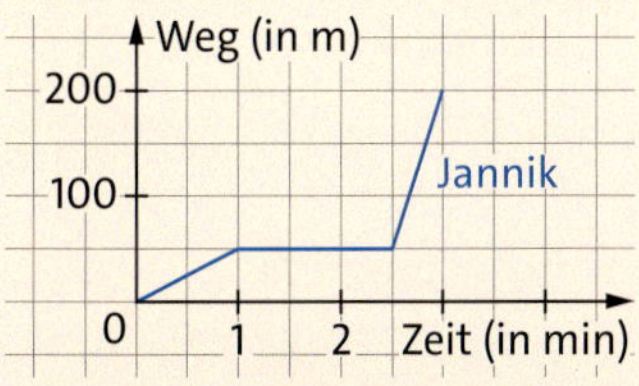

- Am Anfang geht Jannik schnell/langsam.
- Dann macht er eine Pause von 1 Minute/1,5 Minuten.
- Nach 1 Minute hat Jannik 50 m/200 m geschafft.
- Zum Schluss läuft er sehr schnell/langsam.

4 Temperaturen im Januar:
Rom −3 °C; Moskau −10 °C; Köln −2 °C; Berlin −5 °C; Madrid 3 °C; Paris 0 °C

a) Ordne der Größe nach.
b) Trage die Werte auf einer Zahlengerade ein. Wähle 1 cm für 1 °C.

5 Setze im Heft < oder > ein.

a) −5 ■ 5 b) −12 ■ −13
c) −9 ■ −2 d) −99 ■ −90

1 Beim Hufschmied

Anzahl Pferde	5		10
Anzahl Hufeisen		32	

a) Übertrage die Tabelle in dein Heft und fülle die Lücken.
b) Ergänze drei weitere Zahlenpaare. Wie gehst du vor?
c) Notiere drei passende Sätze.

2 Lilli reitet seit 3 Jahren, Julian seit 1,5 Jahren, Niklas seit 2 Jahren, Anne seit 6 Monaten. Zeichne ein Pfeildiagramm und ein Säulendiagramm.

3 Beantworte die Fragen.

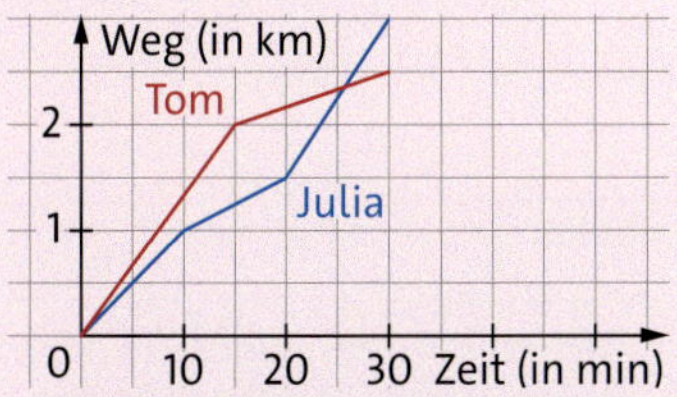

- Wie viel Kilometer ist Julia nach 10 Minuten gelaufen?
- Wie lange hat Tom für 2 km gebraucht?
- Wann ungefähr überholt Julia Tom? Bei welchem Kilometer?
- Wer ist am Anfang schneller?
- Wer ist nach 30 Minuten weiter gelaufen?

4 Kontostände am 31.12.:
Frau Bex −650 €; Herr Wu −560 €; Frau Hahn −605 €; Frau Vogt −506 €; Herr Graf −565 €

a) Ordne der Größe nach.
b) Zeichne eine Zahlengerade zwischen −700 und −500. Trage die Werte ein.

5 Setze im Heft < oder > ein.

a) −16 ■ −17 b) −33,5 ■ −33
c) −98 ■ −89 d) −99 ■ −99,9

1 Betrachte die Tabelle.

Mo.	Di.	Mi.	Do.	Fr.
13 °C	12 °C	9 °C	12 °C	8 °C

a) Welche Größen werden einander zugeordnet?
b) Formuliere drei Fragen, die du mithilfe der Tabelle beantworten kannst.

2 Ein Quadrat mit a = 1 cm hat einen Flächeninhalt von 1 cm². Ein Quadrat mit a = 2 cm hat … Ergänze zwei weitere Sätze. Zeichne ein Säulendiagramm.

3 *Um 16 Uhr geht Angelo von zu Hause los. Nach 5 min ist er an der Bushaltestelle, die 500 m entfernt ist. Dort wartet er 10 min auf den Bus. Angelo fährt 2 km, das dauert 4 min. Dann läuft er 1 min zur 100 m entfernten Turnhalle.*

a) Zeichne ein Weg-Zeit-Diagramm.
b) Beantworte die Fragen:
   - Wann kommt Angelo an?
   - Wie viel Kilometer legt er zurück?
   - Wie weit ist Angelo nach 10 Minuten gekommen?

4 So tief sind die Teilnehmer eines Tauchkurses getaucht:
Andrea −12 m; Ludwig −14,4 m; Elke −15,5 m; Norbert −17,2 m; Katrin −17,7 m; Stefan −14,9 m

a) Ordne der Größe nach.
b) Trage die Werte auf einer Zahlengeraden ein.

5 Welche Ziffern passen?

a) −23 < −2■ b) −2,5 > −2,■
c) −7,■ < −7,3 d) −0,■ > −0,6

→ Lösungen auf Seite 257 und 258

Zuordnungen → Seite 168

Bei einer **Zuordnung** wird einer ersten Größe eine zweite Größe zugeordnet.

Jeder Uhrzeit wird eine Temperatur zugeordnet.
Kurz mit Pfeil: Uhrzeit → Temperatur in °C

Eine Zuordnung kannst du darstellen
mit einer **Tabelle**,
mit einem **Text** oder
mit einem **Diagramm**.

Tabelle

Uhrzeit	7:00	8:00	9:00	10:00
Temperatur in °C	12	12	13	15

Text
Um 7:00 Uhr war es 12 °C warm.
Um 8:00 Uhr war es 12 °C warm.

Säulendiagramm

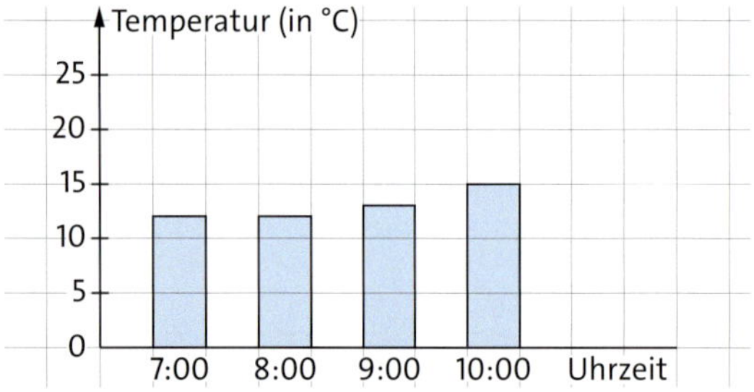

Pfeildiagramm

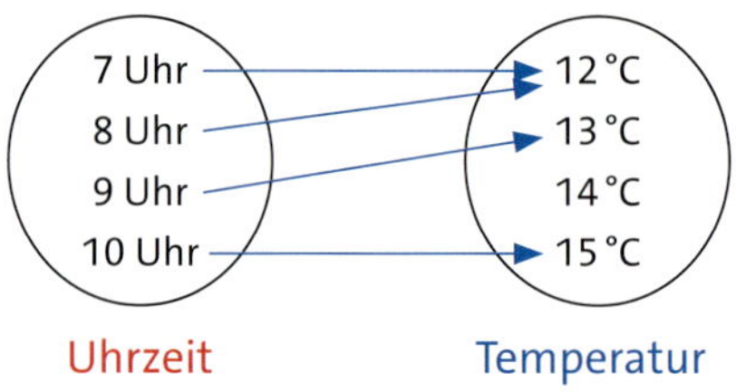

Weg-Zeit-Diagramme → Seite 172

Auf der x-Achse steht die **Zeit**.
Auf der y-Achse steht der **Weg**
(manchmal auch die Höhe).

Nach 1 Stunde hat man 20 km zurückgelegt.
Wenn der Graph flach verläuft,
dann bewegt man sich langsam.
Wenn der Graph steil verläuft,
dann bewegt man sich schnell.
Wenn der Graph parallel zur x-Achse verläuft,
dann bewegt man sich nicht.

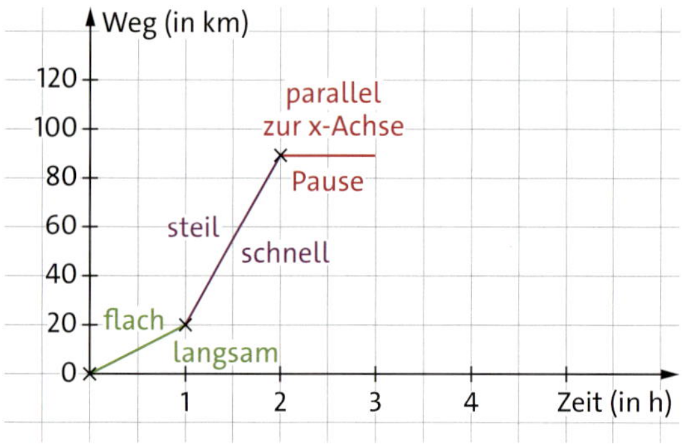

Negative Zahlen darstellen und vergleichen → Seite 176

Negative Zahlen auf der Zahlengeraden:
Die Zahlen links von der Null heißen **negative Zahlen**. Sie haben das **Vorzeichen –**.

Die Zahlen … –3; –2; –1; 0; 1; 2; 3 … heißen **ganze Zahlen**.

Auf der Zahlengerade gilt:
Die Zahlen werden nach rechts größer.

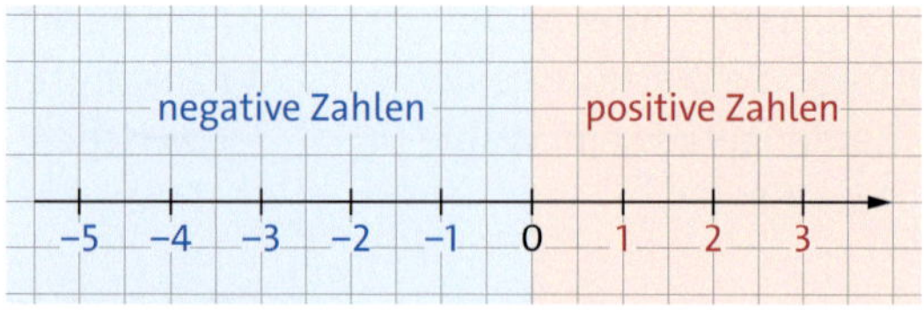

4 ist größer als 2.
–3 ist größer als –5.
–4 ist kleiner als –2.

Zufall

8

▶ Auf dem Schulfest gibt es ein Glücksrad.
Du kannst auf eine Farbe oder auf eine Zahl setzen.
Danach drehst du das Glücksrad.
Wenn das Glücksrad auf deiner Farbe oder auf deiner Zahl stehen bleibt, dann hast du gewonnen.

Auf welcher Farbe und
auf welcher Zahl steht dieses Glücksrad?
Würdest du auf eine Farbe oder auf eine Zahl setzen?
Warum entscheidest du dich so?

In diesem Kapitel lernst du, …

- was ein Zufallsexperiment ist,
- was Wahrscheinlichkeit bedeutet,
- wie du Wahrscheinlichkeiten berechnen kannst.

Kompetenz	Aufgabe	Lies und übe:
1 Ich kann Werte aus einem Diagramm ablesen.	**1** Frau Müller fragt in ihrer Klasse, welchen Nachtisch jeder und jede am liebsten mag. Lies aus dem Diagramm ab, wie viele Kinder am liebsten Pudding, am liebsten Eis oder am liebsten Obst essen.	→ Seite 215 Nr. 16

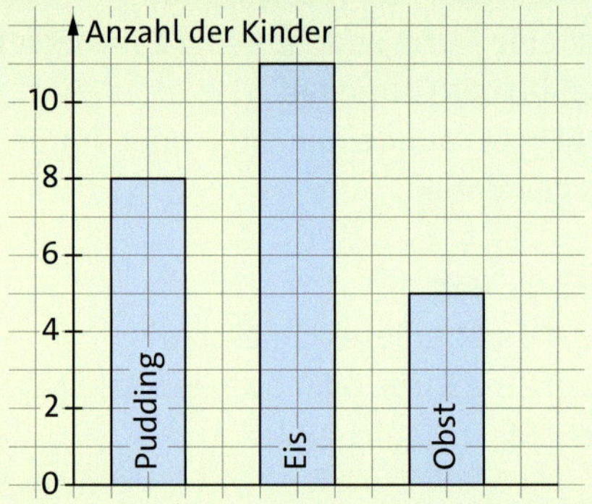

Kompetenz	Aufgabe	Lies und übe:
2 Ich kann ein Säulendiagramm zeichnen.	**2** Linus hat seine Mitschülerinnen und Mitschüler gefragt, welche Sportart sie machen. Stelle die Antworten in einem Säulendiagramm dar.	→ Seite 216 Nr. 17, 18

Sportart	Fußball	Turnen	Schwimmen
Anzahl	9	4	3

Kompetenz	Aufgabe	Lies und übe:
3 Ich kann Brüche kürzen.	**3** Kürze die Brüche so weit wie möglich. a) $\frac{4}{10}$ b) $\frac{5}{15}$ c) $\frac{24}{32}$ d) $\frac{36}{54}$	→ Seite 30; Seite 31 Nr. 9
4 Ich kann Brüche auf den Nenner 100 erweitern.	**4** Erweitere die Brüche auf den Nenner 100. a) $\frac{2}{50}$ b) $\frac{7}{10}$ c) $\frac{3}{20}$ d) $\frac{4}{5}$	→ Seite 66; Seite 67 Nr. 6
5 Ich kann einen Bruch in eine Dezimalzahl und in eine Prozentzahl umwandeln.	**5** Wandle den Bruch in eine Dezimalzahl und in eine Prozentzahl um. **Beispiel** $\frac{1}{4} = \frac{25}{100} = 0{,}25$ $\frac{1}{4} = \frac{25}{100} = 25\,\%$ a) $\frac{1}{10}$ b) $\frac{3}{5}$ c) $\frac{3}{2}$ d) $\frac{7}{20}$ e) $\frac{3}{50}$ f) $\frac{24}{200}$	→ Seite 66; Seite 69 Nr. 7
6 Ich kann eine Dezimalzahl in eine Prozentzahl und in einen Bruch umwandeln.	**6** Wandle die Dezimalzahl in eine Prozentzahl und in einen Bruch um. Kürze. **Beispiel** $0{,}34 = \frac{34}{100} = 34\,\%$ $0{,}34 = \frac{34}{100} = \frac{17}{50}$ a) 0,12 b) 0,08 c) 0,75 d) 0,2 e) 1,25	→ Seite 66; Seite 68 Nr. 8

Kompetenz	Aufgabe	Lies und übe:
7 Ich kann Anteile von Flächen als Brüche angeben.	**7** Welcher Anteil des Ganzen ist blau? Gib den Anteil als Bruch an. a) 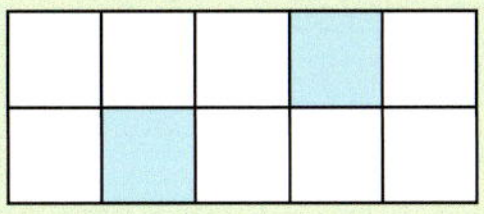 b) 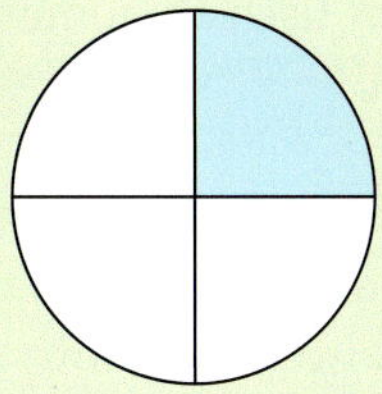 c) 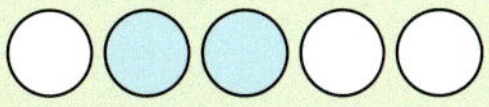	→ Seite 216 Nr. 19
8 Ich kann Anteile als Bruch und als Dezimalzahl angeben.	**8** Gib den Anteil als Bruch und als Dezimalzahl an. **Beispiel** 5 von 20 $\frac{5}{20} = \frac{25}{100} = 0{,}25$ a) 3 von 20 b) 7 von 10 c) 120 von 200 d) 25 von 250	→ Seite 219 Nr. 27, 28
9 Ich kann einen Bruch auf einem Zahlenstrahl ablesen.	**9** Lies die markierten Brüche ab. Kürze, wenn möglich. 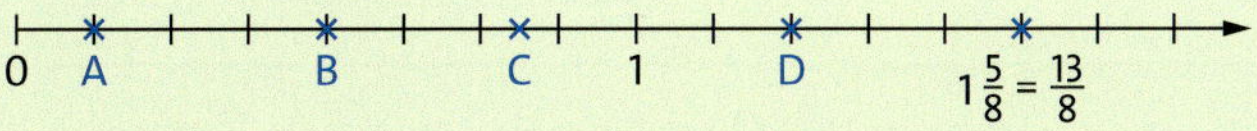	→ Seite 34; Seite 36 Nr. 10
10 Ich kann einen Bruch auf einem Zahlenstrahl eintragen.	**10** Zeichne einen 15 cm langen Zahlenstrahl. Trage den Bruch ein. **Beispiel** $\frac{13}{10}$ 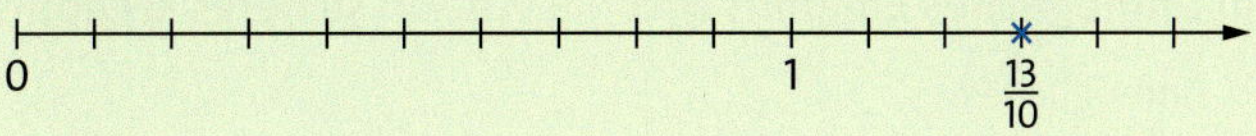 a) $\frac{7}{10}$ b) $\frac{3}{5}$ c) $1\frac{1}{5}$ d) $\frac{1}{2}$	→ Seite 34; Seite 36 Nr. 9
11 Ich kann Brüche vergleichen.	**11** Vergleiche die Brüche. Setze im Heft <, > oder = ein. Manche Brüche musst du zuerst auf einen gleichen Nenner erweitern. a) $\frac{5}{8}$ ■ $\frac{3}{8}$ b) $\frac{2}{5}$ ■ $\frac{6}{15}$ c) $\frac{4}{3}$ ■ $\frac{6}{5}$ d) $\frac{7}{9}$ ■ $\frac{7}{8}$	→ Seite 34; Seite 36 Nr. 3, 5
12 Ich kann Brüche und Dezimalzahlen der Größe nach ordnen.	**12** Ordne der Größe nach. Beginne mit der kleinsten Zahl. a) $\frac{1}{2}$; $\frac{1}{4}$; $\frac{2}{3}$; $\frac{4}{5}$; $\frac{7}{8}$ b) 0,8; 0,08; 0,82; 0,18; 0,21 c) 0,49; 0,5; $\frac{3}{4}$; $\frac{3}{5}$; 0,71; $\frac{7}{10}$	→ Seite 34; Seite 37 Nr. 6

→ Lösungen auf Seite 259

Zufall und Wahrscheinlichkeit

*Von **Zufall** spricht man, wenn man etwas nicht voraussehen kann.*

Finn und seine Mutter machen ein **Zufallsexperiment**. Finn wirft den Deckel seiner Limonade in die Luft. Wenn der Deckel mit der roten Seite oben landet, dann muss Finn den Tisch abräumen, ansonsten seine Mutter.

W

Was ist ein **Zufallsexperiment?**
An diesen drei Merkmalen erkennst du ein Zufallsexperiment:
① Du kannst das Ergebnis nicht vorhersagen oder beeinflussen.
② Du kennst alle möglichen Ergebnisse.
③ Du kannst das Experiment beliebig oft wiederholen.

Finn wirft den Deckel. Es handelt sich um ein Zufallsexperiment, denn:
- Du kannst nicht vorhersagen oder beeinflussen, auf welcher Seite der Deckel landet.
- mögliche Ergebnisse: rot oben, rot unten
- Du kannst den Deckel immer wieder werfen.

▶ **Aufgabe** Entscheide, ob es sich um ein Zufallsexperiment handelt. Begründe.
a) das Glücksrad drehen
b) den Monat nennen, in dem Weihnachten ist

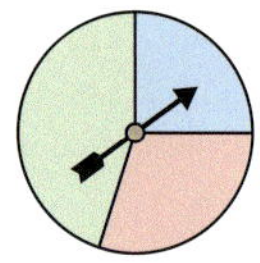

▶ 1 ▶ 1 ▶ 1

W

Bei einem Zufallsexperiment gilt: Die **Wahrscheinlichkeit** für ein Ergebnis gibt an, wie groß die Chance für das Ergebnis ist. Die Wahrscheinlichkeit schreibst du als Prozentzahl, als Bruch oder als Dezimalzahl.
Mit einem **Wahrscheinlichkeits-Streifen** kannst du die Chancen für die Ergebnisse darstellen.
Ein **unmögliches Ergebnis** tritt nie ein. Ein **sicheres Ergebnis** tritt auf jeden Fall ein.

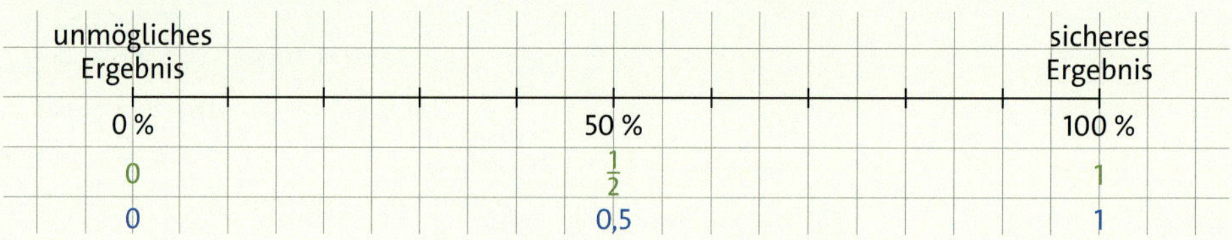

Finn wirft den Deckel. Die Wahrscheinlichkeit für „rote Seite oben" ist $40\,\% = \frac{4}{10} = 0{,}4$.
Die Wahrscheinlichkeit für „rote Seite oben" ist also kleiner als für „rote Seite unten".
Die Chance, den Tisch abräumen zu müssen, ist bei Finn kleiner als bei seiner Mutter.

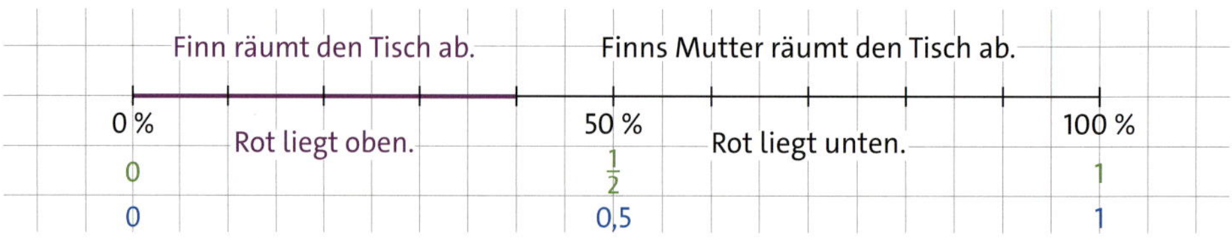

▶ **Aufgabe** Zeichne einen Wahrscheinlichkeits-Streifen für ein Glücksrad.
Markiere die Wahrscheinlichkeit für Blau (25 %), Rot (30 %) und Grün (45 %).
Ergänze dann: Die Wahrscheinlichkeit für Rot ist größer als …

▶ 5 ▶ 4 ▶ 3

1 Betrachte das Zufallsexperiment.
Nenne alle möglichen Ergebnisse.
Beispiel
Münze werfen
mögliche Ergebnisse:

Zahl Wappen

a) das Glücksrad drehen

b) eine Kugel ziehen

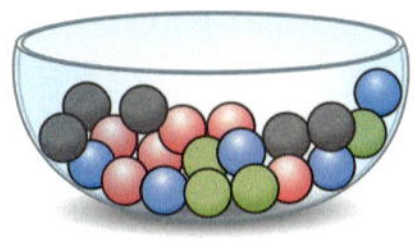

c) den Würfel werfen

d) den Quader werfen

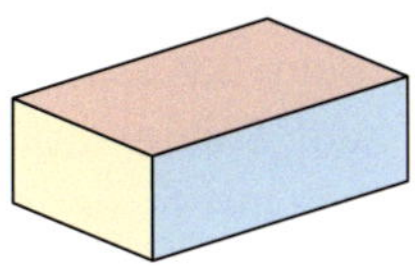

2 Entscheide, ob es sich um ein Zufallsexperiment handelt. Überprüfe die Merkmale ①, ② und ③ von der Wissensseite.
a) das Glücksrad drehen

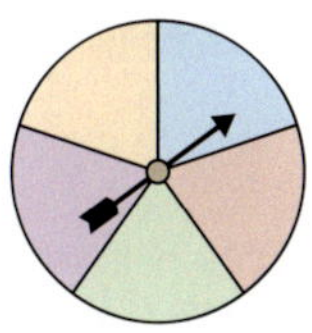

b) den Würfel werfen

▸ 2

3 ▾ Entscheide, ob es sich um ein Zufallsexperiment handelt. Begründe.
Philip mischt und zieht eine Karte ohne hinzusehen.

4 ▾ Entscheide, ob es sich um ein Zufallsexperiment handelt. Begründe.
a) In einer Tüte sind rote und grüne Bonbons. Merle zieht ein Bonbon ohne hinzusehen.
b) Leon plant eine Silvester-Party. Er wählt den 31.12. als Termin aus.
c) Bei einem Test kreuzt Miriam irgendwelche Antworten an, weil sie nicht gelernt hat. ▸ 4

5 Lies dir die Aussagen durch:

A: Du wirst im nächsten Herbst eine Erkältung bekommen.

B: Dein Bus kommt pünktlich.

C: An einem Sommertag regnet es auf Mallorca.

D: Das nächste Weihnachtsfest findet im April statt.

E: Dein Marmeladenbrötchen fällt vom Tisch. Es landet nicht auf der Marmeladenseite.

a) Ordne die Aussagen von „unmöglich“ bis „sicher“.
b) Zeichne einen Wahrscheinlichkeits-Streifen. Schätze die Wahrscheinlichkeiten. Trage die Aussagen A bis E ein.
c) Vergleicht eure Einträge. Erklärt euch gegenseitig, wie ihr geschätzt habt.

6 Luke und Lena werfen mit zerknüllten Papieren auf den Mülleimer.
Um es spannender zu machen, bietet Luke an: „Wenn du beim nächsten Wurf triffst, dann bringe ich heute den Müll raus.“
Lena weiß, dass sie mit einer Wahrscheinlichkeit von 60 % trifft.
Zeichne einen Wahrscheinlichkeits-Streifen.
Was denkst du: Wie findet Lena das Angebot von Luke?

7 Die Wahrscheinlichkeit für eine blaue Kugel ist
$\frac{2}{8} = \frac{1}{4} = 0{,}25 = 25\,\%$.

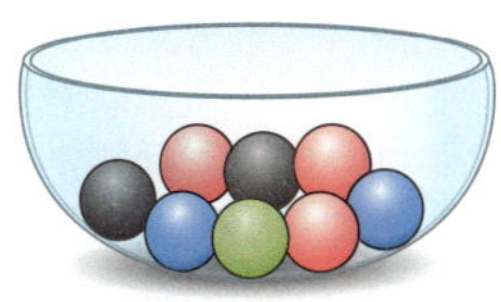

Vergleiche die Wahrscheinlichkeit für eine blaue Kugel mit der Wahrscheinlichkeit für eine andere Kugel.
Schreibe dazu drei Sätze:
Die Wahrscheinlichkeit für eine blaue Kugel ist größer/genauso groß/kleiner als …

Sprachhilfe zu **3** und **4**: Begründe so: Ich kann vorhersagen, ob … Ich kann nicht vorhersagen, ob …
Die möglichen Ergebnisse sind … Ich kann das Zufallsexperiment …

1 Entscheide, ob es sich um ein Zufallsexperiment handelt.
a) Du wirfst eine Münze.
b) Du suchst dir in einem Eisladen deine Lieblingssorte aus.
c) In einer Tüte sind Frucht-Bonbons und Sahne-Bonbons. Du ziehst ein Bonbon ohne hinzusehen.
d) Du bestimmst den Nachfolger einer Zahl.

2 Entscheide, ob es sich um ein Zufallsexperiment handelt. Begründe mit den Merkmalen ①, ② und ③ von der Wissensseite.
a) den Würfel werfen b) das Glücksrad drehen

c) eine Kugel ziehen d) eine Karte ziehen

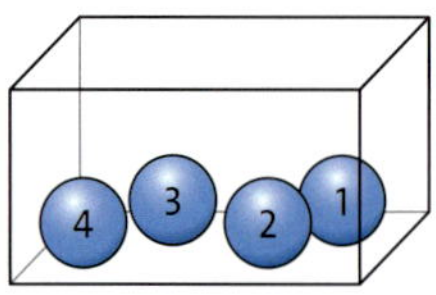

3 An einer Losbude gibt es Lose mit einem ☺ (Gewinn) oder mit einem ☹ (Niete).
Ben sagt: „Ich weiß gar nicht, auf wie vielen Losen ein ☺ steht und auf wie vielen ein ☹. Also ist es kein Zufallsexperiment."
Erkläre Ben, dass es sich doch um ein Zufallsexperiment handelt.
Nutze die Merkmale ①, ② und ③ für ein Zufallsexperiment. ▸3

4 Entscheide: Möglich, sicher oder unmöglich? Begründe deine Entscheidung.
a) Du würfelst. Der Spielwürfel zeigt eine 7.
b) Du schreibst in der Mathe-Arbeit eine Zwei.
c) Du nimmst einen Bleistift aus deiner Federmappe und der Bleistift ist gespitzt.
d) Die Sommerferien beginnen im Juni, im Juli oder im August.

5 Ordne jeder Aussage die passende Zahl zu. Zeichne einen Wahrscheinlichkeits-Streifen. Trage alles in eine Tabelle ein.

Aussage	Zahl	Wahrscheinlichkeits-Streifen
„Sehr wahrscheinlich …"	$\frac{4}{5}$	 0 $\frac{1}{2}$ 1

Das ist eher unwahrscheinlich. | 0 | $\frac{1}{2}$
Auf keinen Fall … | Das passiert sicher.
Die Chancen stehen 50 zu 50. | 1 | $\frac{1}{10}$

6 ▼ Beim Basketball:
Vier Spieler diskutieren, wie gut sie den Korb treffen.

Ahmed: Bei 4 von 5 Würfen trifft er.

Cisar: $\frac{3}{4}$ aller Würfe landen im Korb.

Daniel: Von 20 Würfen trifft er 17 Mal.

Ben: Die Wahrscheinlichkeit für einen Treffer ist 70 %.

Ordne die Spieler danach, wie gut sie treffen. Erkläre, wie du vorgegangen bist.

7 ▼ An einem Tag in der Stadt Bremen beträgt die Wahrscheinlichkeit für Regen 75 %.
Entscheide und begründe: Welche der fünf Aussagen treffen zu?
① Es wird sicher regnen.
② Es wird mindestens eine Stunde regnen.
③ Es wird sehr wahrscheinlich regnen.
④ Es ist möglich, dass es nicht regnet.
⑤ In der Vergangenheit regnete es bei gleicher Wetterlage in 75 % der Fälle.

Tipp zu **6**: Bringe zuerst alle Angaben in dieselbe Form (als Bruch, Dezimalzahl oder Prozentzahl).
Sprachhilfe zu **7**: Beginne deine Begründung mit: Die Aussage … trifft zu, weil …
Diese Wörter helfen dir: Wahrscheinlichkeit – bedeutet – es kann aber auch

1 Entscheide, ob es sich um ein Zufallsexperiment handelt. Begründe.
a) Du würfelst mit einem Spielwürfel.
b) Kim, Nina oder Cem wollen die Lösung ihrer Hausaufgabe vortragen. Ihr Mathelehrer schreibt die Namen auf drei Zettel und zieht einen Zettel ohne hinzusehen.
c) Du ziehst aus einer Tüte mit Kirschbonbons ein Bonbon heraus.
d) Du suchst im Restaurant eine Pizza aus.

2 Um welches Zufallsexperiment könnte es sich handeln? Dies sind alle möglichen Ergebnisse.
a) rot, grün, blau
b) Junge, Mädchen
c) 1, 2, 3, 4

3 Nenne ein unmögliches, ein mögliches und ein sicheres Ergebnis.
a) eine Kugel ziehen

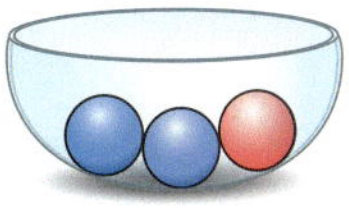

b) einen Dauermagneten werfen

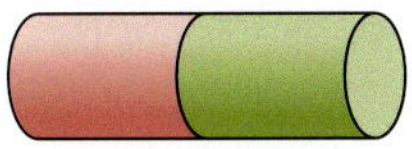

4 In einem großen Glas sind 100 Lose. Beschreibe in deinen Worten, was die verschiedenen Aussagen bedeuten.

Übersetze dann jede Aussage in die Sprache der Mathematik.
Gib die Wahrscheinlichkeit für einen Gewinn als Bruch und in Prozent an.
a) Die Chance zu gewinnen ist fifty-fifty.
b) Jedes 5. Los gewinnt.
c) 10 von 100 Losen gewinnen.

5 Schätze und vergleiche die Wahrscheinlichkeiten für die beiden Aussagen.
Begründe deine Schätzungen.
a) ① Die Sommerferien beginnen im Mai.
② Im Januar schneit es in den Alpen.
b) ① In der nächsten Sportstunde vergisst du deine Turnschuhe.
② Dein Bleistift ist gut angespitzt.

6 Untersuche die drei Zufallsexperimente.

①

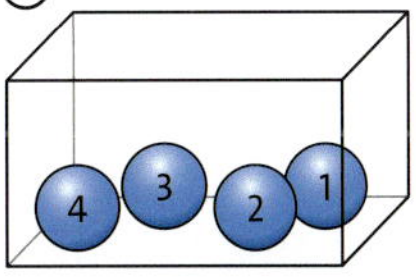

②

③

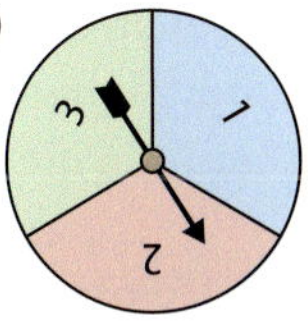

a) Nenne für jedes Zufallsexperiment alle möglichen Ergebnisse.
b) Die Wahrscheinlichkeit für eine 3 beträgt:
Ⓐ $\frac{1}{4}$ Ⓑ $\frac{1}{6}$ Ⓒ $\frac{1}{3}$
Entscheide und begründe, welche Angabe zu welchem Zufallsexperiment gehört.
c) Bei welchem Zufallsexperiment ist das Ergebnis „4" wahrscheinlicher? Begründe.

7 Familie May und Familie Schneider möchten wandern gehen. Sie wollen nicht in einen Regen geraten. Deshalb schauen sie vorher in einer Wetter-App nach.

Mi, 10.06. heute	Do, 11.06. morgen	12.06. Freitag	13.06. Samstag
max 21° min 13°	max 23° min 12°	max 29° min 13°	max 30° min 17°
☀ 1 Std.	☀ 8 Std.	☀ 1 Std.	☀ 13 Std.
💧 80%	💧 40%	💧 20%	💧 70%

a) Erklärt euch gegenseitig die Angaben, die in der Wetter-App stehen.
b) Jeder wählt einen Tag und zeichnet einen Wahrscheinlichkeits-Streifen für den Regen. Erklärt euch gegenseitig, was die Wahrscheinlichkeit bedeutet.
Beispiel Eine Regen-Wahrscheinlichkeit von 50 % bedeutet, dass es zu 50 % regnen wird und zu 50 % nicht. Beide Anteile sind gleich groß. Es ist also gleich wahrscheinlich, ob es regnet oder nicht.
c) Familie May geht am Donnerstag wandern. Familie Schneider wählt Freitag als Wandertag.
Bewertet die folgenden Aussagen:
① Familie May wird auf jeden Fall nass.
② Familie Schneider bleibt wahrscheinlich trocken.
③ Beide Familien sollten einen Regenschirm mitnehmen.

Zufallsexperimente durchführen

Wenn du ein Zufallsexperiment durchführst, dann musst du die Ergebnisse sorgfältig notieren.
Dafür eignet sich eine Strichliste.
Damit du die Striche gut zählen kannst, kannst du immer fünf Striche zusammenfassen. 𝍸

1 Du brauchst den Deckel einer Flasche.
Führe ein Zufallsexperiment durch, indem du den Deckel wirfst.
Überlege zuerst, in welcher Position der Deckel wohl am häufigsten landet.

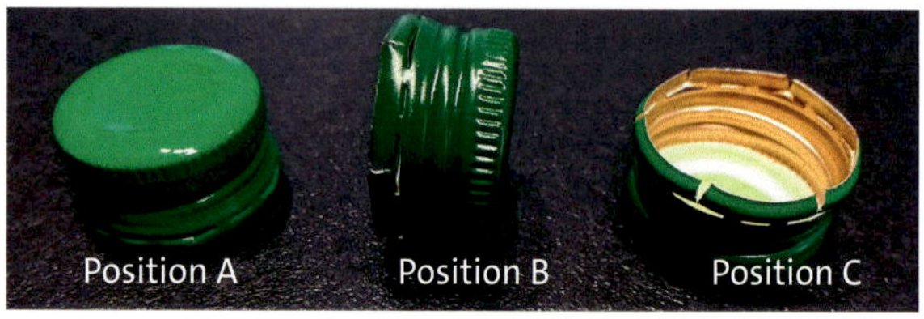

a) Wirf den Deckel 50-mal.
Notiere in einer Strichliste, in welcher Position der Deckel landet.

	Striche	Anzahl der Striche
Position A		
Position B		
Position C		

b) Zähle deine Striche für jede Position. In welcher Position ist der Deckel am häufigsten gelandet?

2 Eine Münze hat zwei verschiedene Seiten: Zahl und Wappen.

Zahl Wappen

a) Ihr braucht 10 Münzen. Es können auch Münzen von derselben Sorte dabei sein.
Werft die 10 Münzen. Zählt, wie oft Zahl und wie oft Wappen oben liegt.
Führt eine Strichliste.

	Striche	Anzahl der Striche
Zahl		
Wappen		

b) Wiederholt das Experiment, bis insgesamt 100 Striche in der Liste stehen.
c) Zählt eure Striche für Zahl und für Wappen. Vergleicht die Anzahlen. Was fällt euch auf?
d) Sophie behauptet: „Die Chance für Zahl steht 50 zu 50."
Hat Sophie recht? Begründe.

3 Maxim legt Chips mit Ziffern in eine Schüssel. Nun überlegt er, wie er einen Chip zieht:

Möglichkeit 1

Möglichkeit 2

Beschreibe den Unterschied zwischen den beiden Möglichkeiten.
Erkläre, ob Maxim in beiden Fällen ein Zufallsexperiment durchführt.

4 Du brauchst vier gleiche Stifte, zum Beispiel vier Buntstifte, die etwa gleich lang sind und sich gleich anfühlen.
Lege nur diese vier Stifte in deine Federmappe.

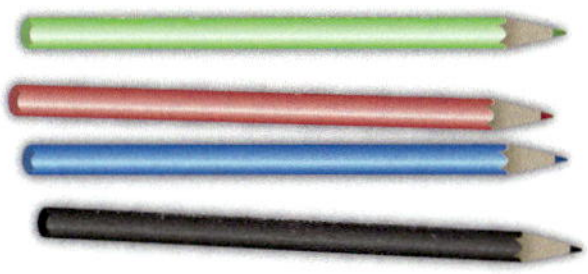

a) Zeichne eine Tabelle mit den Farben, zum Beispiel:

	Striche	Anzahl der Striche
grün		
rot		
blau		
schwarz		

b) Ziehe einen Stift ohne hinzusehen. Trage die Farbe in deine Strichliste ein. Lege den Stift zurück und mische die Stifte. Ziehe insgesamt 60-mal.
c) Zähle deine Striche bei den verschiedenen Farben. Vergleiche. Was fällt dir auf?
d) Vergleicht eure Anzahlen miteinander. Gibt es Gemeinsamkeiten?

5 Arbeitet zu zweit. Entscheidet zuerst, wer welche Aufgabe übernimmt.

Aufgabe A	**Aufgabe B**
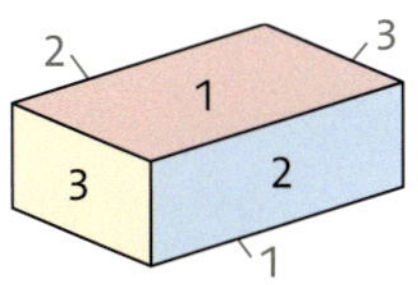 Beschrifte eine Streichholzschachtel mit den Zahlen 1, 2 und 3.	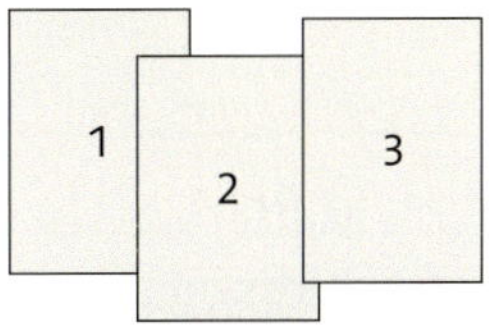 Beschrifte drei gleich große Zettel mit den Zahlen 1, 2 und 3.
Experiment: Wirf die Streichholzschachtel und notiere in einer Strichliste, welche Ziffer oben liegt.	Experiment: Lege die Zettel verdeckt auf den Tisch und mische. Ziehe einen Zettel und notiere die gezogene Zahl in einer Strichliste.

a) Entscheidet und begründet: Bei wem von euch wird die 1 am häufigsten das Ergebnis sein? Bei wem wird die 3 am häufigsten das Ergebnis sein?
b) Führt euer Experiment 50-mal durch. Erstellt Strichlisten. Zählt die Striche zusammen.
c) Stimmen eure Vermutungen aus a) mit den Strichlisten überein? Findet Erklärungen.
d) Jella hat Aufgabe B gewählt. Sie zieht 10-mal und hat als Ergebnis immer die 1 oder 3. Jella behauptet: „Als nächstes ziehe ich aber eine 2. Das ist sicher.“ Was meint ihr dazu? Erklärt.

6 Ihr braucht zwei Spielwürfel. Einer von euch würfelt mit beiden Würfeln gleichzeitig. Ihr bildet die Augensumme, das heißt, ihr addiert die beiden Zahlen auf den Würfeln.

Beispiel  +  = 8

Der andere notiert die Ergebnisse.
a) Welche verschiedenen Augensummen sind bei diesem Experiment möglich? Legt eine Tabelle für eure Strichliste an.
b) Stellt eine Vermutung auf: Welche Augensumme wird bei diesem Experiment am häufigsten vorkommen? Begründet eure Vermutung.
c) Führt das Experiment 50-mal durch. Führt eure Strichliste und tragt die Anzahlen ein.
d) Vergleicht die Strichliste mit eurer Vermutung aus b). Habt ihr richtig vermutet? Wenn nicht: Was war anders als erwartet? Findet mögliche Begründungen.

Laplace-Experimente

*Der Mathematiker Pierre Simon **Laplace** lebte von 1749 bis 1827. Er schrieb Bücher über Wahrscheinlichkeit und über Astronomie.*

Lea und Mats wollen zusammen ins Kino.
Aber sie können sich nicht auf einen Film einigen.
Deshalb überlegen sie sich ein Zufallsexperiment:
Sie legen vier Kugeln in einen Beutel. Mats schlägt vor:
Wenn Lea die gelbe Kugel zieht, dann darf sie bestimmen.

W

Wenn bei einem Zufallsexperiment jedes Ergebnis gleich wahrscheinlich ist, dann ist es ein **Laplace-Experiment**.

Die Kugeln im Beutel sind alle gleich groß. Lea und Mats können die Kugeln nicht sehen. Deshalb ist jede Kugel gleich wahrscheinlich.

Die Wahrscheinlichkeit für 1 Ergebnis beträgt:

$$P(\text{Ergebnis}) = \frac{1}{\text{Anzahl aller möglichen Ergebnisse}}$$

Im Beutel sind 4 Kugeln. Die Wahrscheinlichkeit für 1 Kugel (hier: die gelbe Kugel) beträgt $\frac{1}{4}$, kurz:

$P(\text{gelbe Kugel}) = \frac{1}{4} = \frac{25}{100} = 0{,}25 = 25\,\%$

Mit einer Wahrscheinlichkeit von 25 % darf Lea den Film bestimmen.

Die Abkürzung P steht für das englische Wort „probability“. Es bedeutet Wahrscheinlichkeit.

P (gelbe Kugel) liest du als „P von gelbe Kugel“ oder „die Wahrscheinlichkeit für eine gelbe Kugel“.

▶ **Aufgabe** Die Mutter von Lea und Mats schlägt vor, mit geschlossenen Augen Stifte aus einer Box zu ziehen.
a) Begründe, dass dies ein Laplace-Experiment ist.
b) Gib die Wahrscheinlichkeit für einen blauen Stift an.
▸ 1 ▸ 1 ▸ 1

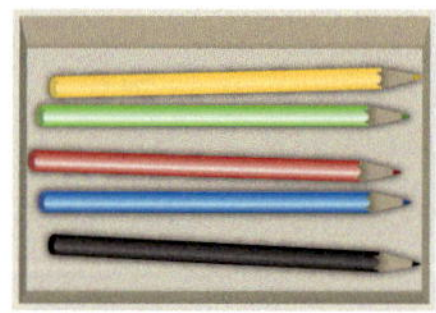

Lea will lieber das Zufallsexperiment mit dem Beutel machen, aber den Vorschlag von Mats findet sie unfair.
Sie will den Film bestimmen, wenn sie die gelbe oder die graue Kugel zieht.

Unterscheide die Fachbegriffe „Ereignis“ und „Ergebnis“.

W

Ergebnisse und Ereignisse
Wenn du mehrere einzelne Ergebnisse zusammenfasst, dann nennst du das ein **Ereignis**.

So berechnest du bei einem Laplace-Experiment die **Wahrscheinlichkeit für ein Ereignis:**

1. Zähle alle einzelnen Ergebnisse, die zu dem Ereignis gehören. Das sind die günstigen Ergebnisse.
2. Zähle alle möglichen Ergebnisse.
3. Rechne so:
   $$P(\text{Ereignis}) = \frac{\text{Anzahl der günstigen Ergebnisse}}{\text{Anzahl aller möglichen Ergebnisse}}$$

Die einzelnen Ergebnisse „gelbe Kugel“ und „graue Kugel“ fasst du zusammen zum Ereignis: „gelbe oder graue Kugel“.

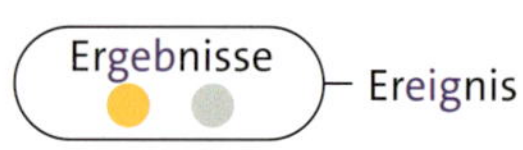

Lea gewinnt mit 2 Ergebnissen (günstige Ergebnisse).
Insgesamt gibt es 4 Kugeln (mögliche Ergebnisse).
$P(\text{gelbe oder graue Kugel}) = \frac{2}{4} = 0{,}5 = 50\,\%$
Mit einer Wahrscheinlichkeit von 50 % bestimmt Lea den Film. Das ist fair.

▶ **Aufgabe** Mats will unbedingt das Zufallsexperiment mit der Stiftebox machen.
Er bestimmt den Film, wenn er den grünen Stift oder den gelben Stift zieht.
Berechne die Wahrscheinlichkeit, dass Mats den Film bestimmt. ▸ 4 ▸ 5 ▸ 6

1 Entscheide, ob es sich um ein Laplace-Experiment handelt. Begründe.

a) eine Kugel ziehen

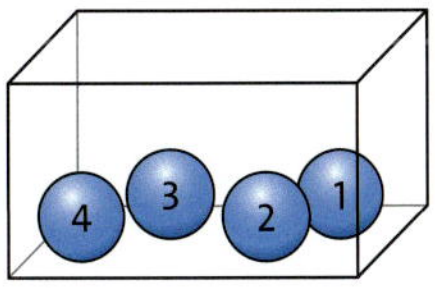

b) den Anspitzer werfen

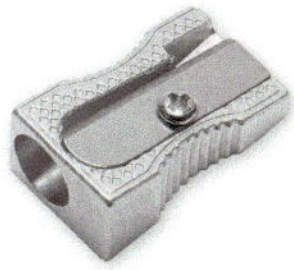

c) das Glücksrad drehen

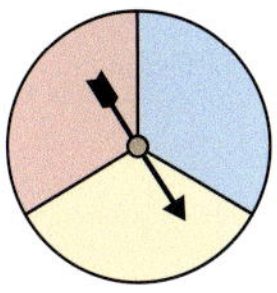

d) den Dominostein werfen

2 Hier handelt es sich um Laplace-Experimente. Nenne und zähle alle möglichen Ergebnisse. Gib die gefragte Wahrscheinlichkeit an.

Beispiel Du wirfst eine Münze.
mögliche Ergebnisse: Zahl, Wappen
Das sind 2 mögliche Ergebnisse.
$P(\text{Zahl}) = \frac{1}{2}$

a) Du wirfst einen Spielwürfel. $P(4) = ?$

b) Du ziehst einen Deckel. $P(\text{grün}) = ?$

c) Du ziehst eine Karte. $P(\text{Herz } 5) = ?$

d) In einer Kiste sind Kugeln mit den Zahlen von 10 bis 20. Du ziehst eine Kugel. $P(13) = ?$

3 Betrachte das Experiment „Münze werfen“. Ergänze den Text in deinem Heft.
Wenn ich eine Münze werfe, dann sind ▢ Ergebnisse möglich: Wappen und ▢.
Die Ergebnisse sind ▢, also ist es ein ▢.
Die Wahrscheinlichkeit für Wappen ist ▢. ► 4

4 Nadia zieht eine Kugel aus der Kiste ohne hinzusehen.

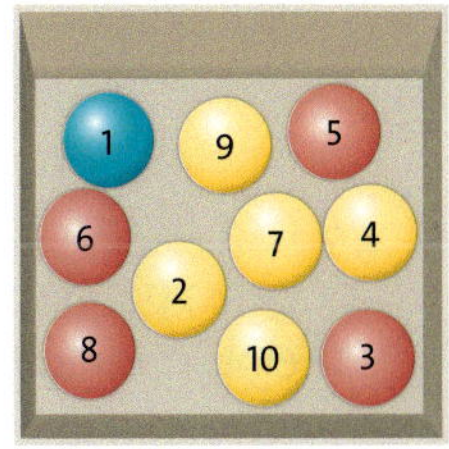

a) Wie viele mögliche Ergebnisse gibt es?

b) Gib die Wahrscheinlichkeit an:
① P(blaue Kugel)
② P(gelbe Kugel)
③ P(rote Kugel)
④ P(rote oder gelbe Kugel)
⑤ P(keine rote Kugel)
⑥ P(weiße Kugel) ► 6

5 Antonio wirft einen Würfel.
Gib die Wahrscheinlichkeit für jedes Ereignis an. Nenne und zähle zuerst alle günstigen Ergebnisse, die zu dem Ereignis gehören.

Beispiel Ereignis: eine Zahl größer als 4
2 günstige Ergebnisse: 5; 6
$P(\text{Zahl größer als } 4) = \frac{2}{6} = \frac{1}{3}$

a) eine 3 oder eine 4
b) eine gerade Zahl
c) eine Zahl größer als 3
d) eine Zahl kleiner als 2
e) mindestens eine 4
f) höchstens eine 1
g) Vergleicht eure Ergebnisse ► 7

6 In einer Klasse sind 18 Mädchen und 12 Jungen. Die Lehrerin wählt zufällig eine Person aus. Gib die Wahrscheinlichkeit für einen Jungen an.

7 In einem Eimer mit Losen sind 120 **Nieten**, 70 Trostpreise und 10 Hauptgewinne.

a) Bestimme die Anzahl der Lose in dem Eimer.

b) Gib die Wahrscheinlichkeit an:
① für einen Hauptgewinn
② für einen Trostpreis
③ für eine **Niete**

Sprachhilfe zu **1**: Begründe so: Es handelt sich um ein/kein Laplace-Experiment, weil alle/nicht alle Ergebnisse gleich wahrscheinlich sind.

Sprachhilfe zu **3**: Setze ein: $\frac{1}{2}$, 2, Laplace-Experiment, gleich wahrscheinlich, Zahl

Sprachhilfe zu **7**: Eine **Niete** ist ein Los, mit dem du nicht gewinnst.

1 Entscheide, ob es sich um ein Laplace-Experiment handelt. Begründe.
a) einen Radiergummi werfen
b) eine Münze werfen
c) eine Spielfigur werfen
d) einen Tetraeder-Würfel werfen (Ein Tetraeder hat vier gleich große Flächen.)

2 Betrachte die drei Zufallsexperimente.
① den Würfel werfen ② den Quader werfen ③ den Zylinder werfen

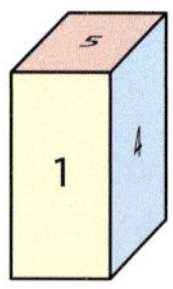

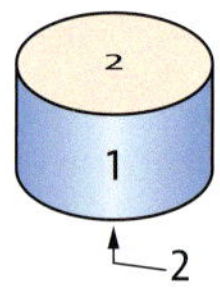

a) Entscheide für die Experimente ①, ② und ③, ob es sich um ein Laplace-Experiment handelt. Begründe.
b) Du willst eine 1 werfen. Für welches Experiment würdest du dich entscheiden?
c) 👥 Begründet eure Entscheidungen.

3 Samira meint zu diesem Glücksrad: „Das ist kein Laplace-Experiment. Die 3 und die 8 sind nicht an der richtigen Stelle.“

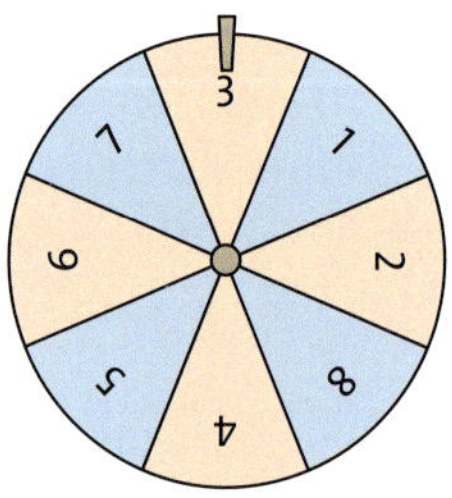

a) Begründe, warum Samira nicht recht hat.
b) Gib P(3) und P(8) an.

4 Einen Spielwürfel nennt man auch Hexaeder. Kennst du Würfel mit mehr als sechs Flächen?
① Hexaeder (6 Flächen) ② Oktaeder (8 Flächen) ③ Dodekaeder (12 Flächen)

a) Nenne für jeden der drei Würfel alle möglichen Ergebnisse.
b) Ordne jedem Würfel die Wahrscheinlichkeit für ein Ergebnis zu: $\frac{1}{12}$; $\frac{1}{6}$; $\frac{1}{8}$.
Begründe deine Zuordnung. ► 4

5 Das Glücksrad wird gedreht. Gib die Wahrscheinlichkeit für das Ereignis an. Nenne zuerst alle Ergebnisse, die zu dem Ereignis gehören (günstige Ergebnisse).

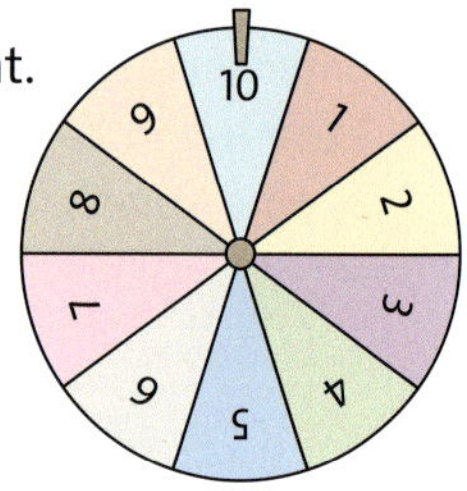

Beispiel Ereignis: eine Zahl größer als 8
2 günstige Ergebnisse: 9; 10
P(Zahl größer als 8) = $\frac{2}{10}$ = 20 %

a) eine gerade Zahl
b) eine durch 3 teilbare Zahl
c) keine 4
d) eine Zahl größer als 6
e) eine Zahl aus der 12er Reihe ► 8

6 Morgens an der Pierre-Simon-Laplace-Schule: 130 Schülerinnen und Schüler kommen mit dem Bus, 120 zu Fuß, 180 mit dem Fahrrad, 70 werden mit dem Auto gebracht.
a) Berechne die gesamte Anzahl von Schülerinnen und Schülern.
b) Eine Person wird zufällig ausgewählt. Gib die Wahrscheinlichkeit als Bruch und in Prozent an:
① P(Fahrrad) ② P(Bus oder Auto)
③ P(nicht mit dem Fahrrad)
c) Nora meint: „Bei ③ rechne ich einfach 100 % – P(Fahrrad)“.
Vergleiche Noras Aussage mit deiner Lösung. Begründe, dass die Aussage richtig ist. ► 9

7 ▼ Elias würfelt mit einem Spielwürfel.
a) Gib zu den vier Wahrscheinlichkeiten jeweils ein mögliches Ereignis an.
① $\frac{1}{6}$ ② $\frac{1}{2}$ ③ $\frac{5}{6}$ ④ $\frac{2}{3}$
b) Beschreibe, wie du bei a) vorgegangen bist.
c) 👥 Vergleicht eure Ereignisse. Findet gemeinsam weitere Ereignisse.

8 In einer Schale befindet sich eine unbekannte Anzahl von Losen. Die Wahrscheinlichkeit für eine Niete beträgt $\frac{3}{4}$. Gib mehrere Möglichkeiten an, wie viele Lose und wie viele Nieten in der Schale sein können. Begründe.

Sprachhilfe zu **7b**: Nutze diese Anfänge: Ich weiß, dass ein Würfel … Die Wahrscheinlichkeit für ein Ergebnis beträgt … Bei der Wahrscheinlichkeit $\frac{5}{6}$ überlege ich mir ein Ereignis mit … Ergebnissen.

1 Betrachte die Zufallsexperimente.
① Münze werfen ② Reißzwecke werfen
③ Glücksrad A drehen ④ Glücksrad B drehen

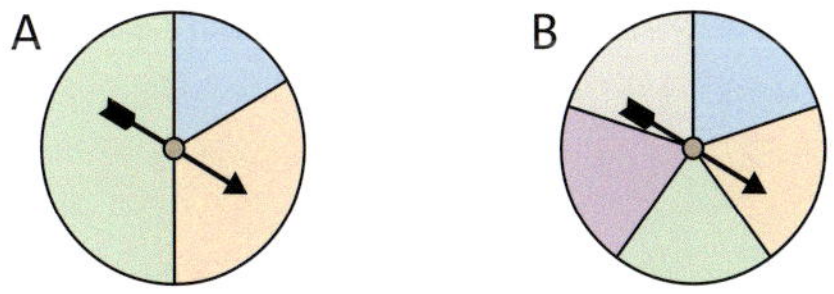

a) Entscheide, ob es sich um ein Laplace-Experiment handelt. Begründe.
b) Wähle das Glücksrad, das nicht zu einem Laplace-Experiment gehört. Beschreibe, was du verändern könntest, damit es zu einem Laplace-Experiment wird.

2 Hier handelt es sich um Laplace-Experimente. Gib die Wahrscheinlichkeit für ein Ergebnis an. Nenne zuerst alle möglichen Ergebnisse.
a) Du würfelst mit einem Spielwürfel.
b) Aus 12 Stiften ziehst du einen Stift heraus.
c) Dein Trainer wählt von 6 Spielerinnen und Spielern deiner Mannschaft eine Person aus.
d) Max wirft eine Münze.

3 Begründe zuerst, warum es sich um ein Laplace-Experiment handelt. Bestimme dann die Wahrscheinlichkeit für das Ergebnis.
a) In einer Kiste sind 5 Kugeln mit den Zahlen von 1 bis 5. Klara zieht die Kugel mit der 3.
b) Yusuf möchte den Herz-König aus einem Kartenspiel (32 Karten) ziehen.
c) Beim „Mensch-ärgere-dich-nicht" muss Mia eine 4 werfen, um zu gewinnen.

4 Ein Glücksrad hat drei gleich große Felder: eins mit einem Stern ✵, eins mit einem Herz ♥ und eins mit einem Kreis ○. Paul dreht 200-mal. Er sagt: „Das Drehen dieses Glücksrads ist kein Laplace-Experiment, denn es ist 66-mal bei ✵, 70-mal bei ♥ und nur 64-mal bei ○ stehengeblieben." Was meinst du? Begründe.

5 Skizziere jeweils ein Glücksrad mit gleich großen Feldern.
a) Die Wahrscheinlichkeit für „rot" soll $\frac{1}{4}$ sein.
b) Die Wahrscheinlichkeit für „grün" soll $\frac{1}{3}$ sein.
c) Die Wahrscheinlichkeit für „blau" soll 0 sein.

6 Oskars Klasse bereitet für das Schulfest eine Losbude vor.
a) Von den 50 vorbereiteten Losen sollen 40 Nieten sein. Gib die Wahrscheinlichkeit an, ein Gewinnlos zu ziehen.
b) Oskars Vater spendet 2 Hauptpreise und 70 Trostpreise. Die Gewinnwahrscheinlichkeit soll weniger als $\frac{1}{2}$ betragen. Erkläre, wie viele Nieten die Klasse jetzt braucht.

7 In einer Kiste befinden sich 50 Kugeln mit den Zahlen von 1 bis 50. Die Kugeln mit den Zahlen 1 bis 25 sind rot, die anderen Kugeln sind blau. Gib die Wahrscheinlichkeit an. Nenne zuerst die Ergebnisse, die zu dem Ereignis gehören.
a) P(rote Kugel mit gerader Zahl)
b) P(Kugel mit einer durch 4 teilbaren Zahl)
c) P(einstellige Zahl auf blauer Kugel)
d) P(blaue Kugel mit einer Zahl größer als 40)
e) Jeder überlegt sich drei weitere Ereignisse. Tauscht eure Ereignisse und gebt die Wahrscheinlichkeiten an.

8 Max berechnet die Wahrscheinlichkeit dafür, mit einem Spielwürfel keine 6 zu werfen:
$P(\text{keine } 6) = 1 - \frac{1}{6}$ Erkläre seinen Rechenweg.

9 ▼ Ein **Powerbank**-Hersteller testet vor dem Verkauf seine Produkte. Er weiß, dass von 1000 Powerbanks durchschnittlich bei 6 der Akku und bei 10 die USB-Schnittstelle defekt ist.

a) Gib die Wahrscheinlichkeit an, dass eine Powerbank einen defekten Akku hat.
b) Berechne die Wahrscheinlichkeit, dass eine einwandfreie Powerbank vorliegt. Keine Powerbank hat zwei Fehler.

10 Lena hat vier Aufgaben zur Wahrscheinlichkeit gelöst. Es ging um eine Box mit Kugeln, auf denen die Zahlen von 1 bis 40 stehen.
a) $P(E) = \frac{1}{40}$ b) $P(E) = \frac{1}{2}$
c) $P(E) = \frac{1}{4}$ d) $P(E) = \frac{3}{5}$
Zu welchen Ereignissen könnten die Wahrscheinlichkeiten gehören?
Vergleicht eure Antworten.

Sprachhilfe zu **9**: Eine **Powerbank** ist ein transportables Ladegerät für kleine elektronische Geräte wie Smartphones.

Zwischentest

Kompetenz	☒

1 Ich kann entscheiden, ob ein Experiment ein Zufallsexperiment ist.

→ Lies auf **Seite 192** nach.

1 Du ziehst eine Kugel aus der Box. Prüfe, ob die drei Merkmale für Zufallsexperimente gelten.

a) 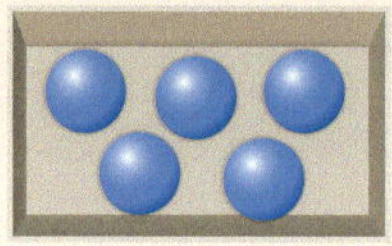 b) 

2 Ich kann die möglichen Ergebnisse eines Zufallsexperiments angeben.

→ Lies auf **Seite 192** nach.

2 Du drehst das Glücksrad.

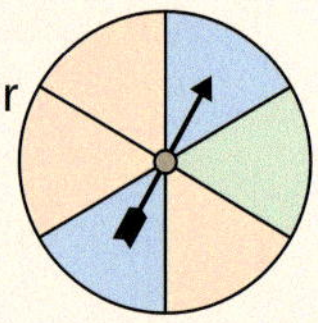

a) Gib die möglichen Ergebnisse für dieses Zufallsexperiment an.
b) Nenne ein unmögliches Ergebnis.

3 Ich kann die Wahrscheinlichkeit mit einem Wahrscheinlichkeits-Streifen darstellen.

→ Lies auf **Seite 192** nach.

3 Mia vergisst manchmal ihr Matheheft zu Hause. Das passiert mit einer Wahrscheinlichkeit von $\frac{3}{10}$.

a) Zeichne einen Wahrscheinlichkeits-Streifen. Trage die Wahrscheinlichkeit ein.
b) Schätze die Wahrscheinlichkeit, dein Matheheft zu vergessen. Trage auch deine Wahrscheinlichkeit in den Wahrscheinlichkeits-Streifen ein. Vergleiche.

4 Ich kann entscheiden, ob ein Zufallsexperiment ein Laplace-Experiment ist.

→ Lies auf **Seite 198** nach.

4 Du wirfst den Gegenstand. Entscheide, ob es sich um ein Laplace-Experiment handelt.

a)  b)  c) 

5 Ich kann die Wahrscheinlichkeit für ein Ergebnis bei einem Laplace-Experiment angeben.

→ Lies auf **Seite 198** nach.

5 Laplace-Experimente:
Gib die Wahrscheinlichkeit für eine 2 an.

a) 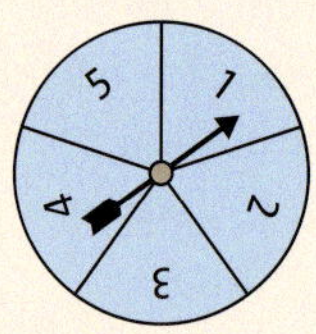

b) 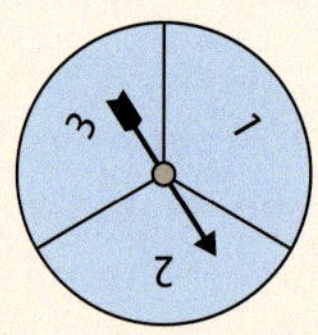

6 Ich kann die Wahrscheinlichkeit für ein Ereignis bei einem Laplace-Experiment berechnen.

→ Lies auf **Seite 198** nach.

6 Du ziehst eine Kugel aus der Kiste. Berechne die Wahrscheinlichkeit.

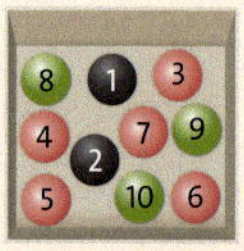

a) Die Kugel ist rot.
b) Die Kugel ist grün oder rot.
c) Die Kugel ist nicht grün.

→ Lösungen auf Seite 259

☒

1 Entscheide, ob es sich um ein Zufallsexperiment handelt. Begründe, wenn es **kein** Zufallsexperiment ist.
a) das Glücksrad drehen
b) den blauen Chip werfen
c) einen vierstelligen Code erraten

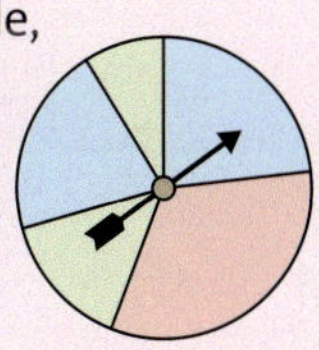

2 Zwei Zufallsexperimente mit Würfeln:
a) Gib für jeden Würfel alle Ergebnisse an.
b) Nenne jeweils ein unmögliches Ergebnis.

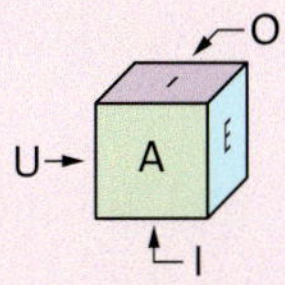

3 Die Wahrscheinlichkeit für weiße Weihnachten in Hannover beträgt etwa $\frac{1}{10}$.
a) Zeichne einen Wahrscheinlichkeits-Streifen. Trage die Wahrscheinlichkeit ein.
b) Schätze die Wahrscheinlichkeit für weiße Weihnachten ① auf Mallorca, ② am Nordpol, ③ in München. Erkläre deine Schätzungen. Trage auch diese Wahrscheinlichkeiten ein.

4 Beschreibe, woran du ein Laplace-Experiment erkennst. Nutze diese beiden Zufallsexperimente.

5 Entscheide, welches Experiment du wählen würdest, wenn du bei „blau" gewinnst.
Begründe deine Entscheidung, indem du jeweils die Wahrscheinlichkeiten für „blau" angibst.

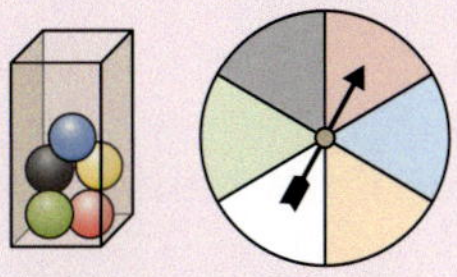

6 Du drehst das Glücksrad.
Berechne die Wahrscheinlichkeit.
a) Du drehst eine gerade Zahl.
b) Du drehst eine Zahl größer als 6.
c) Die gedrehte Zahl ist durch 3 teilbar.

☒

1 Nenne einen Gegenstand, mit dem du ein Zufallsexperiment durchführen kannst.
Nenne außerdem einen Gegenstand, mit dem du kein Zufallsexperiment durchführen kannst.
Begründe deine Wahl.

2 Ein Zufallsexperiment hat drei mögliche Ergebnisse: gelb, rot oder blau.
a) Beschreibe einen Würfel, der dazu passt.
b) Beschreibe eine Box mit Kugeln, die dazu passt.
c) Gib jeweils ein unmögliches Ergebnis an.

3 Auf einem Glücksrad sind drei verschiedenfarbige Felder. Die Wahrscheinlichkeit für das gelbe Feld beträgt $\frac{1}{2}$, die für das grüne Feld $\frac{2}{10}$.
a) Zeichne einen Wahrscheinlichkeits-Streifen und trage nebeneinander beide Wahrscheinlichkeiten ein.
b) Ermittle die Wahrscheinlichkeit für das rote Feld. Erkläre dein Vorgehen.

4 Begründe, dass es kein Laplace-Experiment ist, wenn du das Glücksrad drehst. Skizziere ein Glücksrad, mit dem du ein Laplace-Experiment durchführen kannst. Erkläre, auf was du achten musst.

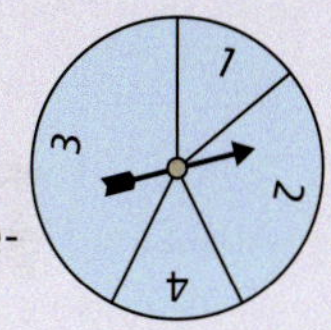

5 Timo zieht ein Bonbon aus einer Tüte. Die Wahrscheinlichkeit für Zitrone beträgt $\frac{1}{8}$.
a) Erkläre, wie viele Bonbons in der Tüte sein können. Finde mehrere Möglichkeiten.
b) Die Wahrscheinlichkeit für Kirsch soll $\frac{3}{4}$ betragen. Wie viele Kirsch-Bonbons können es sein? Erkläre.

6 Du drehst das Glücksrad.
Berechne die Wahrscheinlichkeit.
a) ein graues Feld
b) ein Feld mit einer Zahl < 18
c) Beschreibe ein Ereignis mit P = 60 %.

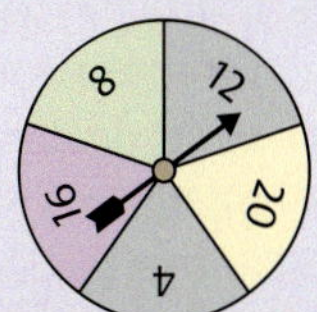

→ Lösungen auf Seite 259 und 260

Einfache Baumdiagramme

Laura kann sich oft nicht entscheiden, was sie essen soll. Deshalb schenkt ihre Freundin ihr einen besonderen Würfel. Mit dem Würfel kann Laura bestimmen, was sie isst. Laura möchte alle Ereignisse und Wahrscheinlichkeiten übersichtlich darstellen. Sie zeichnet ein **Baumdiagramm**.

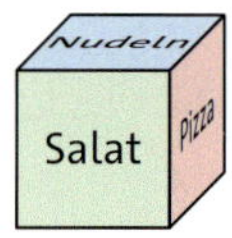

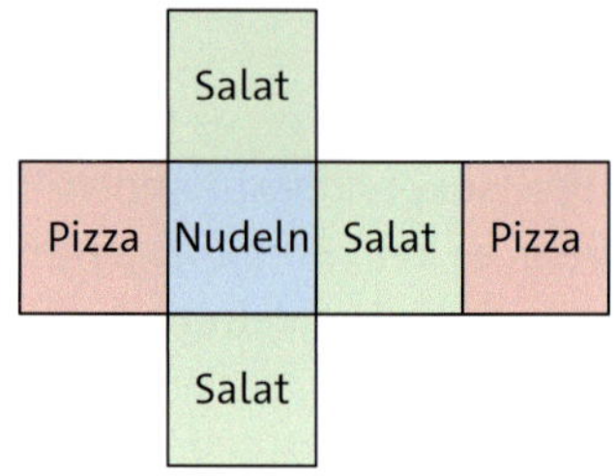

Ein Baumdiagramm zeichnen

Mit einem **Baumdiagramm** kannst du die Ereignisse und Wahrscheinlichkeiten eines Zufallsexperiments darstellen.

Bestimme, wie viele Ereignisse es gibt. Zeichne einen Baum mit so vielen Ästen. Beschrifte das Baumdiagramm:
- Schreibe hinter jeden Ast das Ereignis.
- Schreibe an jeden Ast die Wahrscheinlichkeit für das Ereignis.

An dem Baumdiagramm kannst du die Wahrscheinlichkeit für die Ereignisse ablesen oder neue Wahrscheinlichkeiten berechnen.

Es gibt drei mögliche Ergebnisse: Salat, Nudeln, Pizza

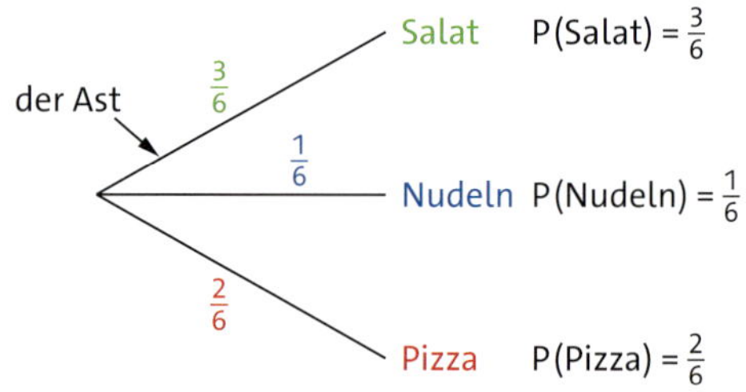

Die Wahrscheinlichkeit für Salat beträgt $\frac{3}{6}$.
Die Wahrscheinlichkeit für Salat oder Nudeln beträgt $\frac{3}{6} + \frac{1}{6} = \frac{4}{6}$.

1 Aus dem Netz baut Emilie einen Würfel für Getränke.
a) Zeichne ein Baumdiagramm und beschrifte es.
b) Gib die Wahrscheinlichkeit für das Ergebnis „Saft“ an.
c) Berechne die Wahrscheinlichkeit für das Ereignis „Wasser oder Limo“.

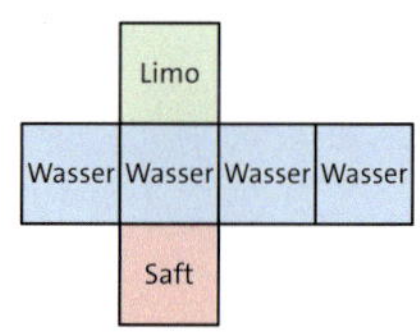

2 Aus der Kiste wird eine Kugel gezogen.
a) Zeichne ein Baumdiagramm und beschrifte es.
b) Gib die Wahrscheinlichkeit für das Ergebnis „2“ an.
c) Bestimme die Wahrscheinlichkeit für „ungerade Zahl“.
d) Jeder denkt sich zwei Ereignisse aus. Bestimmt gegenseitig die Wahrscheinlichkeiten mit dem Baumdiagramm.

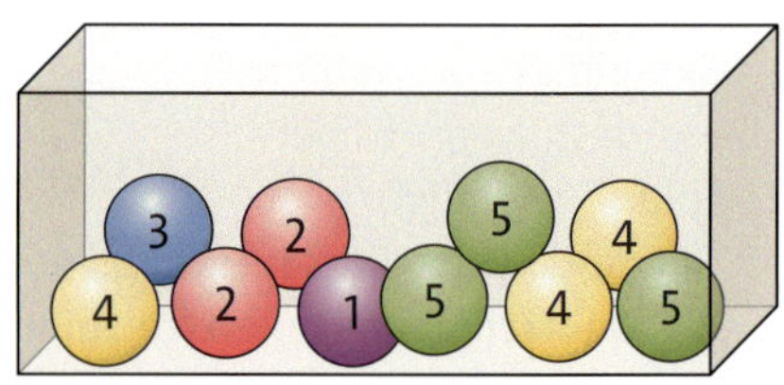

3 Maria hat sich ein Glücksrad ausgedacht. Dann zeichnet sie dazu ein Baumdiagramm.
a) Finde den Fehler.
b) Zeichne ein richtiges Baumdiagramm. Erkläre, wie du vorgegangen bist.

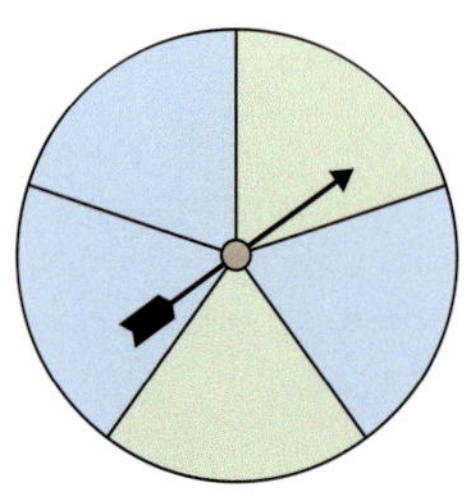

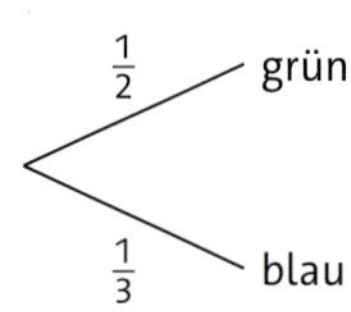

Vermischte Übungen

1 Entscheide, ob es sich um ein Zufallsexperiment handelt. Prüfe mithilfe der Merkmale ①, ② und ③ für Zufallsexperimente.
a) Du ziehst eine Karte aus einem Stapel mit roten, grünen und blauen Karten.
b) Du machst deine Hausaufgaben.
c) Du schreibst eine 3 in der Mathearbeit.
d) Du errätst die PIN für das Smartphone deiner Freundin oder deines Freundes.
e) Du zählst leise immer wieder von 1 bis 10. Jemand sagt „Stopp“ und du nennst die Zahl, bei der du gerade warst.

2 Untersuche die Zufallsexperimente.
① das Glücksrad drehen ② eine Karte ziehen ③ die Reißzwecke werfen

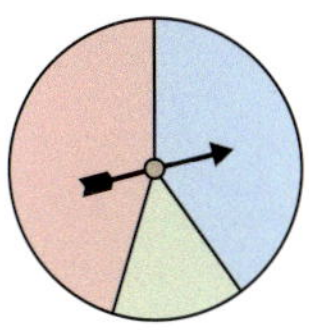

a) Nenne für jedes Zufallsexperiment alle möglichen Ergebnisse.
b) Nenne für jedes Zufallsexperiment ein unmögliches Ergebnis.
c) Entscheide für jedes Zufallsexperiment, ob es ein Laplace-Experiment ist oder nicht.
d) Wähle bei dem Laplace-Experiment ein mögliches Ergebnis aus. Gib die Wahrscheinlichkeit für dein Ergebnis an. ▸ 2

3 Vor Lilli liegen 10 farbige Karten.

a) Zeichne einen Wahrscheinlichkeits-Streifen. Markiere nebeneinander die Wahrscheinlichkeit für eine rote Karte, für eine blaue Karte und für eine grüne Karte.
b) Lilli sagt: „Diese Farbe ziehe ich mit einer Fifty-fifty-Chance.“ Welche Farbe meint Lilli?
c) Nenne ein unmögliches Ergebnis.

4 Die Netze gehören zu drei verschiedenen Würfeln. Jost würfelt mit jedem Würfel einmal.

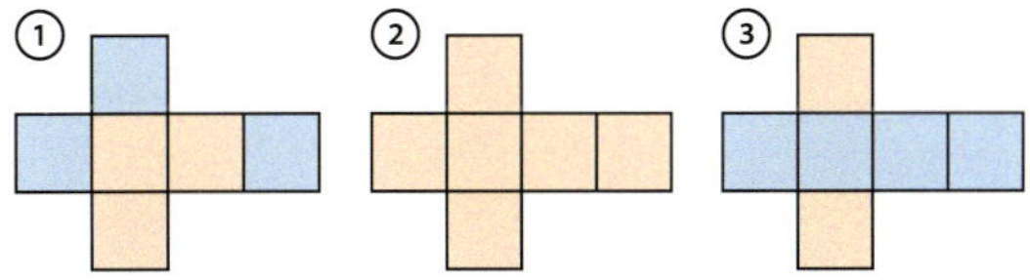

a) Bei welchem Würfel handelt es sich nicht um ein Zufallsexperiment, wenn du würfelst?
b) Gib die Wahrscheinlichkeit für „orange“ bei jedem Würfel an. ▸ 5

5 Rico zieht eine Kugel aus der Schale.

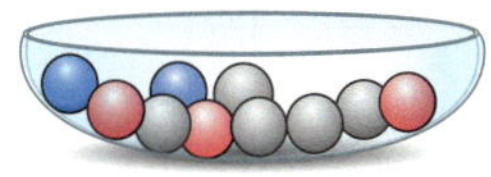

a) Gib die Wahrscheinlichkeiten an.
① P(rote Kugel) ② P(graue Kugel)
③ P(Kugel nicht grau) ④ P(grüne Kugel)
⑤ P(rote, blaue oder graue Kugel)
b) Ordne den Ereignissen ① bis ⑤ jeweils einen der Begriffe „unmögliches Ereignis“, „mögliches Ereignis“ oder „sicheres Ereignis“ zu.
c) Finde und beschreibe ein Ereignis mit der Wahrscheinlichkeit $\frac{2}{10}$ und ein Ereignis mit der Wahrscheinlichkeit $\frac{7}{10}$.

6 Fünf Kinder wollen ihre Hausaufgabe vorlesen. Frau Bohn wählt zufällig jemanden aus.

a) Nenne die Ergebnisse, die zu dem Ereignis gehören. Gib dann die Wahrscheinlichkeit an.
① Das Kind hat ein r im Namen.
② Das Kind hat kurze, braune Haare.

Beispiel Der Name endet auf -im.
2 Ergebnisse: Tim, Karim
$P = \frac{2}{5} = \frac{40}{100} = 40\,\%$

b) Zu einem Ereignis gehören die Ergebnisse Nuur, Tim, Mary. Beschreibe das Ereignis.
c) Finde und beschreibe ein Ereignis mit der Wahrscheinlichkeit $\frac{2}{5}$.

Sprachhilfen zu **1**: Ich kann vorhersagen, ob … Ich kann nicht vorhersagen, ob …
Die möglichen Ergebnisse sind … Ich kann das Zufallsexperiment …

1 Entscheide zuerst, ob es sich um ein Zufallsexperiment handelt. Begründe.
Welche sind Laplace-Experimente?

① den Becher werfen ② eine Kugel ziehen

③ den Würfel werfen ④ die Hand mit der Münze wählen

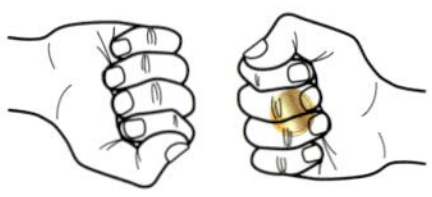

2 Jolanda hat auf ihrem Smartphone ein neues Spiel installiert.
In einem der vier Felder erscheint ein ☺, auf den Jolanda möglichst schnell tippen muss.
Damit sie besser vorbereitet ist, hat Jolanda berechnet, wie oft der ☺ die letzten Male wo aufblinkte.

40 % ☺	15 % ☺
15 % ☺	30 % ☺

a) Stelle die Prozentzahlen in einem Wahrscheinlichkeits-Streifen dar.
Über welches Feld sollte Jolanda ihren Finger beim Start halten?

b) Jolanda meint: „Die Felder kommen unterschiedlich häufig vor, also kann das kein Laplace-Experiment sein."
Was meint ihr? ▸ 2

3 Das Netz gehört zu einem Quader.
Die Wahrscheinlichkeit, grün zu werfen, beträgt 40 %. Emil wirft den Quader.

a) Begründe, welche Farbe mit der gleichen Wahrscheinlichkeit wie „grün" geworfen wird.

b) Bestimme die Wahrscheinlichkeit für die dritte Farbe. Erkläre, wie du vorgegangen bist.

4 Untersuche die Ereignisse.

Ⓐ mit einem Spielwürfel eine 5 oder 6 würfeln

Ⓑ mit einem Spielwürfel eine 3 oder 7 würfeln

Ⓒ aus einer Kiste mit 30 Murmeln eine von den 10 grünen Murmeln ziehen

Ⓓ aus den 27 Kindern einer Klasse, in der 9 Mädchen sind, einen Jungen auswählen

a) Für welche Ereignisse beträgt die Wahrscheinlichkeit $\frac{1}{3}$? Begründe deine Antwort.

b) Finde und beschreibe zwei weitere Ereignisse mit der Wahrscheinlichkeit $\frac{1}{3}$.
Vergleicht eure Ereignisse. ▸ 6

5 Jan zieht eine Karte ohne hinzusehen.

a) Gib die Wahrscheinlichkeit an. Schreibe zuerst alle günstigen Ergebnisse auf.
Ⓐ P(blaue 3)
Ⓑ P(gerade Zahl)
Ⓒ P(rote Karte)
Ⓓ P(grün und durch drei teilbar)

b) Gib zwei unmögliche Ereignisse an.

c) Finde und beschreibe ein Ereignis mit der Wahrscheinlichkeit $\frac{1}{6}$ und ein Ereignis mit der Wahrscheinlichkeit $\frac{3}{4}$.

6 Ordne gleiche Aussagen einander zu.

eine von 10 | ein Zehntel | fifty-fifty | eine Chance von 1 zu 1 | jede 2. | 50 : 50 | jeder 10.

7 Finde und beschreibe jeweils drei Ereignisse mit einer Wahrscheinlichkeit von $\frac{1}{2}$.

a) Du würfelst mit einem Spielwürfel.

b) Du ziehst ein Los aus einer Lostrommel mit 50 Losen, auf denen Zahlen von 1 bis 50 stehen.

Vermischte Übungen ⊠

1 Entscheide, ob es sich um ein Zufallsexperiment, kein Zufallsexperiment oder ein Laplace-Experiment handelt. Begründe.
① eine Kerze anzünden und nach 2 Stunden messen, wie weit sie abgebrannt ist
② am Morgen nachschauen, ob es regnet
③ die Seitenzahl einer Seite aus diesem Buch bestimmen

2 Ina behauptet, dass es Laplace-Experimente gibt, die keine Zufallsexperimente sind. Hat sie recht? Begründe.

3 In Enzos Kühlschrank stehen viele Grillsoßen. Es gibt die drei Sorten BBQ, Chili und Senf.

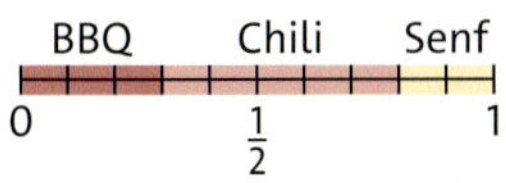

a) Lies die Wahrscheinlichkeit für jede Sorte aus dem Wahrscheinlichkeits-Streifen ab.
b) Wie viele Flaschen von jeder Sorte könnten im Kühlschrank stehen? Begründe.
c) Enzo möchte die Wahrscheinlichkeit dafür erhöhen, dass er die BBQ-Soße erwischt, wenn er ohne hinzusehen eine Soße aus dem Kühlschrank holt. Erkläre ihm zwei verschiedene Möglichkeiten dafür.

4 Glücksräder und Laplace-Experimente

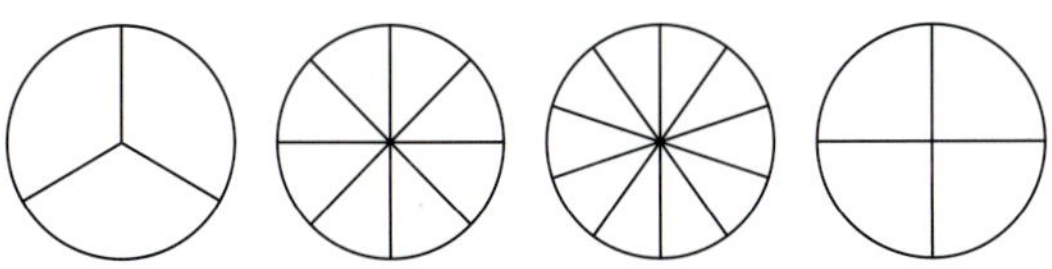

a) Skizziere die Glücksräder in dein Heft. Färbe oder gestalte jedes Glücksrad so, dass du damit ein Laplace-Experiment durchführen kannst. Gib jeweils die Wahrscheinlichkeit für ein Ergebnis an.
b) Skizziere ein Glücksrad, mit dem du kein Laplace-Experiment durchführen kannst. Beschreibe, wie sich dieses Glücksrad von den anderen Glücksrädern unterscheidet.

5 Das Glücksrad wird einmal gedreht.

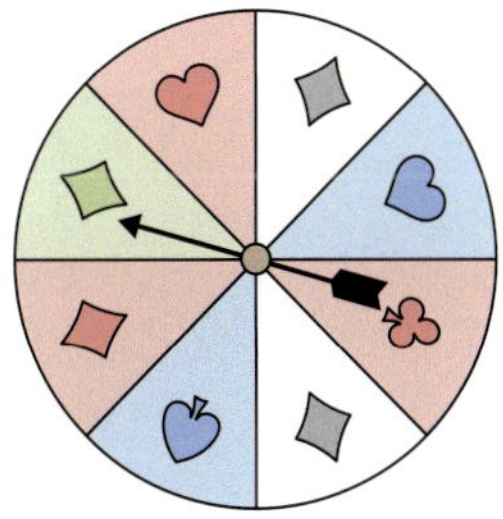

a) Gib die drei Wahrscheinlichkeiten an.
P(Herz)   P(blau)   P(grüne Raute)
b) Finde und beschreibe ein Ereignis mit der Wahrscheinlichkeit $\frac{1}{2}$ und ein Ereignis mit der Wahrscheinlichkeit $\frac{3}{8}$.
c) Beschreibe ein unmögliches Ereignis.
d) Jeder beschreibt drei weitere Ereignisse. Bestimmt dann gegenseitig die Wahrscheinlichkeiten und überprüft eure Lösungen.

6 Erkläre den Unterschied zwischen einem Ergebnis und einem Ereignis. Du kannst dafür das Glücksrad aus Aufgabe 5 nutzen.

7 Ben, Liz und Killian können sich nicht entscheiden, ob sie eine Radtour machen, ins Kino gehen oder Eis essen sollen. Erkläre, wie sie das mithilfe eines Würfels zufällig entscheiden können.

8 Die 6 b möchte beim Schulfest eine Losbude aufbauen. $\frac{4}{5}$ der 500 Lose sollen Nieten sein.
a) Wie groß ist die Wahrscheinlichkeit für einen Gewinn, wenn man das 1. Los zieht?
b) Um Müll zu vermeiden, entscheidet sich die 6 b lieber für ein Glücksrad. Dann müssen keine Lose gedruckt werden.
Weiß gewinnt.
Bei welchem der Glücksräder beträgt die Wahrscheinlichkeit zu verlieren $\frac{4}{5}$? Begründe.

①
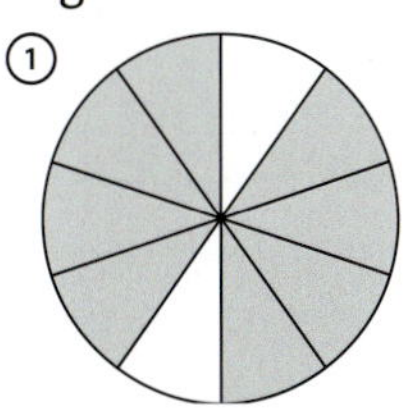

②
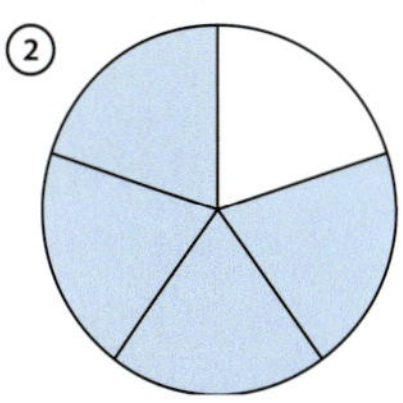

c) Überlege dir ein anderes Zufallsexperiment. Die Wahrscheinlichkeit zu verlieren soll weiterhin $\frac{4}{5}$ sein.

Glücksräder

Alex, Felix und Ben sind auf einem Jahrmarkt. Dort entdecken sie einen Stand mit Glücksrädern.

Glücksrad 1

Glücksrad 2

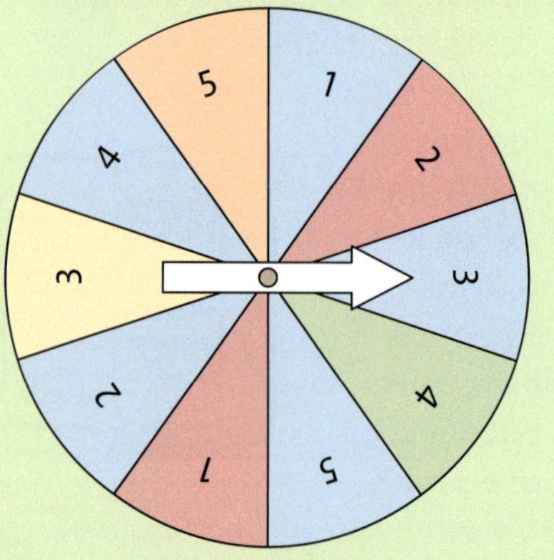

A Betrachte das Glücksrad 1. Gib die Wahrscheinlichkeit als Bruch, Dezimalzahl und Prozentzahl an.

Beispiel $P(3) = \frac{1}{20} = \frac{5}{100} = 0{,}05 = 5\,\%$

a) P(7) b) P(gelb) c) P(grüne 4)
d) P(gerade Zahl) e) P(gelb oder grün)

B Nenne für das Glücksrad 1 ein sicheres Ergebnis und ein unmögliches Ergebnis.

C Beim Glücksrad 2 musst du zuerst tippen, was du drehen wirst. Wenn dein Tipp kommt, dann hast du gewonnen.
Ben: Ich drehe ein blaues Feld.
Felix: Ich drehe eine 5.
Alex: Meine Zahl ist durch 2 teilbar.
Ordne die Ereignisse nach ihrer Wahrscheinlichkeit.

D Betrachte das Glücksrad 2. Finde und beschreibe ein Ereignis mit der angegebenen Wahrscheinlichkeit.

a) $P = \frac{1}{2}$
b) $P = \frac{1}{10}$
c) $P = 0{,}4$

E Zufallsexperiment oder nicht? Laplace-Experiment oder nicht? Ergänze die Sätze in deinem Heft:
Wenn die Felder bei einem Glücksrad alle eine Farbe und die gleiche Zahl haben, dann handelt es sich um ▒.
Wenn die verschiedenfarbigen Felder bei einem Glücksrad alle ▒ sind, dann handelt es sich um ein Laplace-Experiment.

F Alex hat nun schon 4-mal das Glücksrad 2 gedreht und noch immer war keine 5 dabei. Ben meint: „Das Glücksrad hat kein Gedächtnis. Die Wahrscheinlichkeit für eine 5 ändert sich nicht, auch wenn du schon 100-mal keine 5 gedreht hast.“ Begründe, dass Ben recht hat.

Abschlusstest

1 Welches Experiment ist kein Zufallsexperiment? Begründe.

2 Eine Reißzwecke landet mit einer Wahrscheinlichkeit von $\frac{3}{5} = 0{,}6$ auf dem Kopf.

a) Zeichne den Wahrscheinlichkeits-Streifen. Markiere die Wahrscheinlichkeit für „Kopf".

b) Paul sagt: „Wenn ich „Kopf" werfen möchte, dann nehme ich lieber eine Reißzwecke als eine Münze." Erkläre warum.

3 Welches Experiment ist ein Laplace-Experiment? Warum?

den Zylinder werfen | einen Stift ziehen

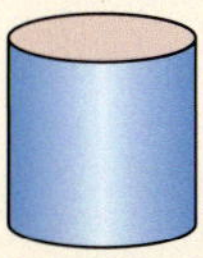

4 Du gewinnst mit einer 1. Welches Zufallsexperiment wählst du? Begründe.

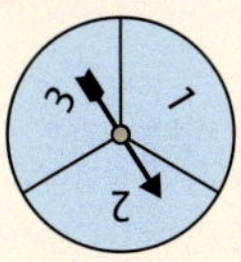

5 Untersuche das Glücksrad.

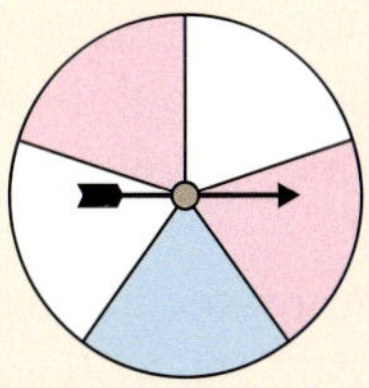

a) Nenne alle möglichen Ergebnisse.

b) Gib die Wahrscheinlichkeiten P(rosa) und P(nicht weiß) an.

c) Finde die Farbe mit der kleinsten Wahrscheinlichkeit.

1 Beschreibe die drei Merkmale eines Zufallsexperiments. Wähle dazu selbst ein Beispiel.

2 In einer Box sind 10 Kugeln: blaue, rote und grüne.

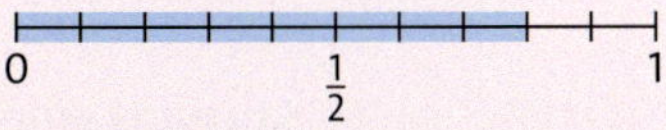

a) Gib die Wahrscheinlichkeit für „Blau" an. Nutze den Wahrscheinlichkeits-Streifen.

b) Begründe, wie viele Kugeln in der Box rot oder grün sind.

3 Erkläre anhand der Beispiele, was ein Laplace-Experiment ist und was nicht.

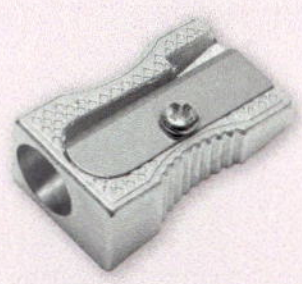

4 Vergleiche die Wahrscheinlichkeit für eine 4 an der Spitze mit der Wahrscheinlichkeit für eine blaue Kugel. Erkläre.

5 Untersuche das Glücksrad.

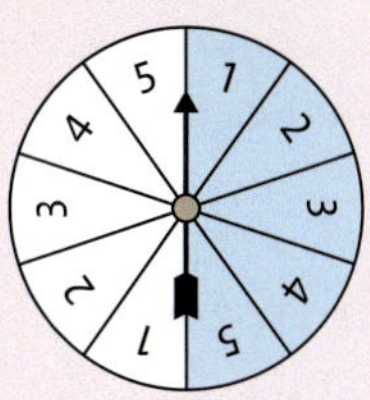

a) Gib die Wahrscheinlichkeiten P(5), P(gerade Zahl) und P(weiße 4) an.

b) Finde und beschreibe ein Ereignis mit der Wahrscheinlichkeit $\frac{3}{5}$.

1 Erkläre den Unterschied zwischen Zufallsexperimenten und Experimenten, die keine Zufallsexperimente sind.

2 Die sechs Flächen eines Würfels sind grün, gelb oder rot gefärbt. Es ist $P(\text{grün}) = \frac{1}{3}$ und $P(\text{gelb}) = \frac{1}{6}$.

a) Stelle die Wahrscheinlichkeiten an einem Streifen dar, der 12 Kästchen lang ist.

b) Bestimme P(rot) und erkläre dein Vorgehen.

c) Zeichne ein Netz dieses Würfels.

3 Skizziere ein Glücksrad, mit dem du ein Laplace-Experiment durchführen kannst, und ein Glücksrad, mit dem du kein Laplace-Experiment durchführen kannst. Beschreibe den Unterschied.

4 Beschreibe ein passendes Laplace-Experiment.

a) Ein Ergebnis hat eine Wahrscheinlichkeit von $\frac{1}{8}$.

b) Ein Ereignis hat eine Wahrscheinlichkeit von $\frac{2}{5}$. Nenne das Ereignis.

5 Ein Kartenspiel besteht aus 32 Karten: 8 Kreuz-Karten,

8 Pik-Karten, 8 Herz-Karten und 8 Karo-Karten.

a) Gib an: P(Pik), P(eine 7) und P(rote Zahl).

b) Finde und beschreibe zwei Ereignisse mit $P = \frac{1}{4}$.

→ Lösungen auf Seite 260 und 261

Zufall und Wahrscheinlichkeit → Seite 192

So erkennst du ein **Zufallsexperiment**:
① Du kannst das Ergebnis nicht vorhersagen oder beeinflussen.
② Du kennst alle möglichen Ergebnisse.
③ Du kannst das Experiment beliebig oft wiederholen.

Wenn du eine Reißzwecke wirfst, dann ist das ein Zufallsexperiment.

- Du kannst nicht vorhersagen oder beeinflussen, wie die Reißzwecke landet.
- mögliche Ergebnisse: Kopf, auf der Seite
- Du kannst die Reißzwecke immer wieder werfen.

Was ist **Wahrscheinlichkeit**?
Bei einem Zufallsexperiment gilt:
Die **Wahrscheinlichkeit** für ein Ergebnis ist eine Zahl (als Prozentzahl, Bruch oder Dezimalzahl).
Mit dieser Zahl kannst du schätzen, wie groß die Chance für ein Ergebnis ist.
Ein **unmögliches Ergebnis** tritt nicht ein.
Ein **sicheres Ergebnis** tritt auf jeden Fall ein.

Jan wirft eine Reißzwecke.
Die Wahrscheinlichkeit für „auf der Seite" beträgt $\frac{3}{5} = \frac{6}{10} = 0{,}6 = 60\,\%$.

Das Ergebnis „Reißzwecke bleibt in der Luft" ist ein unmögliches Ergebnis. Das Ergebnis „Reißzwecke landet" ist ein sicheres Ergebnis.

Mit einem **Wahrscheinlichkeits-Streifen** kannst du die Chancen für die Ergebnisse darstellen.

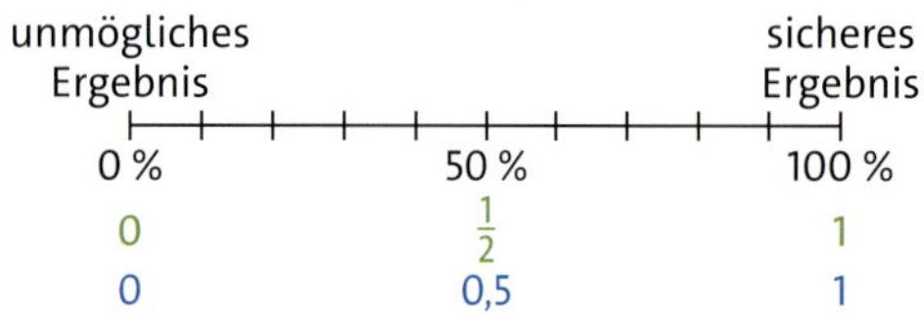

Der Wahrscheinlichkeits-Streifen zeigt die Wahrscheinlichkeiten beim Werfen der Reißzwecke.

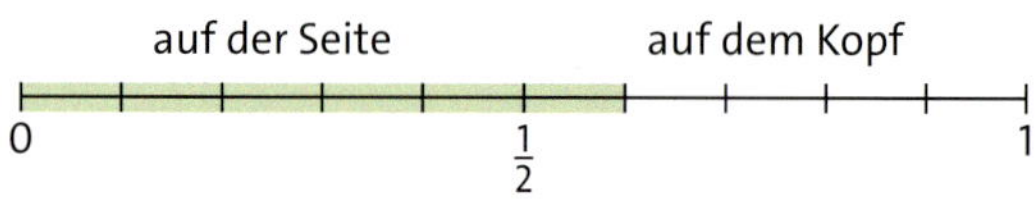

Laplace-Experimente → Seite 198

Wenn bei einem Zufallsexperiment jedes Ergebnis gleich wahrscheinlich ist, dann ist es ein **Laplace-Experiment.**

Die **Wahrscheinlichkeit für 1 Ergebnis** kannst du als Bruch angeben:

$$P(\text{Ergebnis}) = \frac{1}{\text{Anzahl aller möglichen Ergebnisse}}$$

Wenn du einen Würfel wirfst, dann ist das ein Laplace-Experiment, weil jede Zahl mit der gleichen Wahrscheinlichkeit oben liegen kann.

Es gibt 6 mögliche Ergebnisse.
Die Wahrscheinlichkeit für eine Zahl (hier: die 4) beträgt $P(4) = \frac{1}{6}$.

Wenn du mehrere Ergebnisse zusammenfasst, dann nennst du das ein Ereignis.

Das Ereignis „ungerade Zahl" besteht aus den Ergebnissen 1, 3 und 5.

So berechnest du bei einem Laplace-Experiment die **Wahrscheinlichkeit für ein Ereignis**:
1. Zähle alle einzelnen Ergebnisse, die zu dem Ereignis gehören. Das sind die günstigen Ergebnisse.
2. Zähle alle möglichen Ergebnisse.
3. Rechne so:
$$P(\text{Ereignis}) = \frac{\text{Anzahl der günstigen Ergebnisse}}{\text{Anzahl aller möglichen Ergebnisse}}$$

Wie groß ist die Wahrscheinlichkeit für das Ereignis „gerade Zahl", kurz P(gerade Zahl)?

Es gibt 3 günstige Ergebnisse: 2, 4, 6

Es gibt insgesamt 6 mögliche Ergebnisse.

$P(\text{gerade Zahl}) = \frac{3}{6} = \frac{1}{2} = 0{,}5 = 50\,\%$

Grundwissen

▶ Hier findest du einfache, anschauliche Erklärungen zur Mathematik aus den vergangenen Schuljahren. Es gibt viele Beispiele und Aufgaben, mit denen du weiter üben kannst. Die Lösungen findest du hinten im Buch ab Seite 262. So kannst du selbst kontrollieren, ob du richtig gerechnet hast.

Die Erklärungen und Aufgaben gehören zu vier Bereichen:
Zahlen und Daten: natürliche Zahlen darstellen, lesen, vergleichen und ordnen; Daten auswerten und darstellen; Brüche darstellen
Größen: Länge, Fläche, Gewicht, Zeit
Rechnen: Addition, Subtraktion, Multiplikation, Division, Sachaufgaben
Geometrie: Linien, Figuren, Flächeninhalt, Koordinatensystem

→ Seite 29 Nr. 8
→ Seite 56 Nr. 5, 6
→ Seite 167 Nr. 8, 9

Natürliche Zahlen auf dem Zahlenstrahl ablesen und eintragen

Finde heraus, in welchen Schritten der Zahlenstrahl zählt (Einer-Schritte, Zweier-Schritte, Fünfer-Schritte, Zehner-Schritte, ...).
Suche die beiden Zahlen, zwischen denen deine Zahl steht.
Starte bei der kleineren der beiden Zahlen.
Zähle ab, wo deine Zahl steht.

Welche Zahl ist hier markiert?

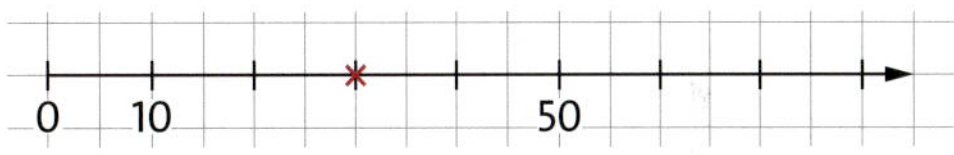

Es wird in Zehner-Schritten gezählt.
Das Kreuz steht zwischen 10 und 50,
2 Schritte hinter der 10 liegt die 30.

Trage die Zahlen 300 und 450 ein.

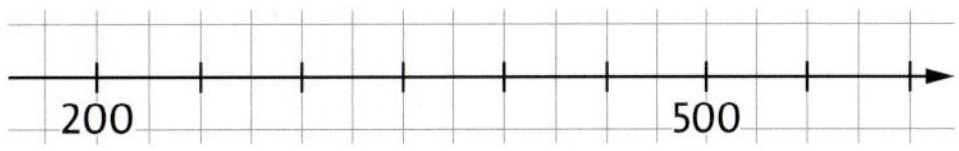

Es wird in 50er Schritten gezählt.
300 liegt zwei 50er Schritte hinter der 200.
450 liegt drei 50er Schritte hinter der 300.

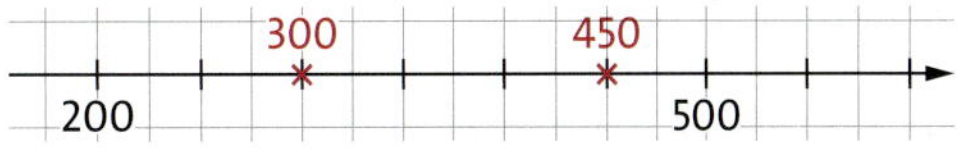

1 Welche Zahlen sind hier mit Kreuzen markiert?

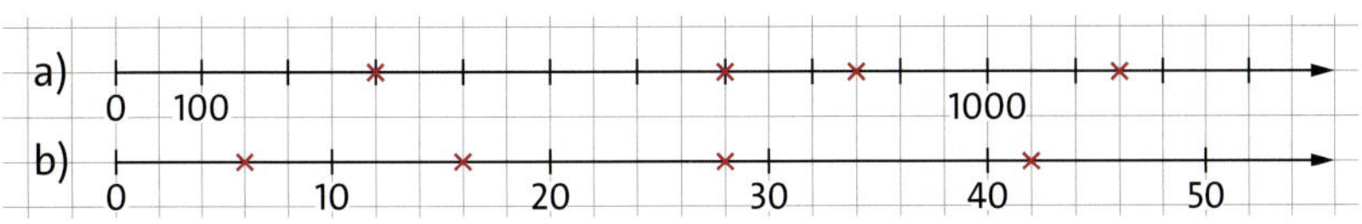

2 Übertrage den Zahlenstrahl in dein Heft.
a) Trage ein: 40; 70; 85; 125

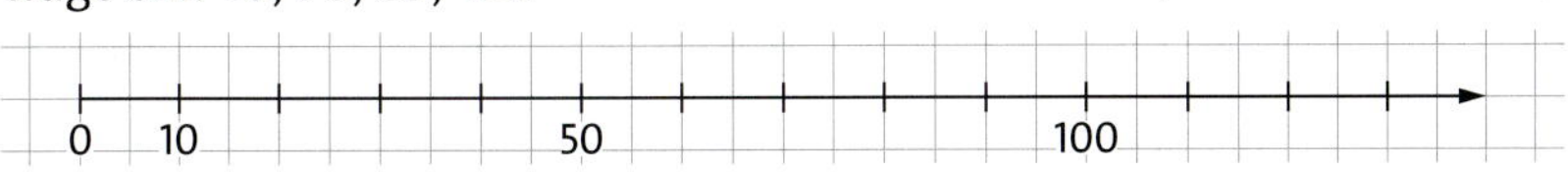

b) Trage ein: 600; 750; 950; 1100; 1175

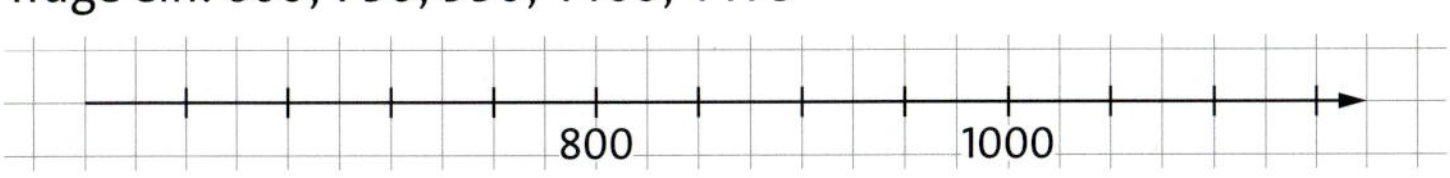

→ Seite 56 Nr. 1

Natürliche Zahlen in eine Stellenwerttafel eintragen

Die **Stellenwerttafel** ist eine Tabelle, in die du Zahlen eintragen kannst.

Ganz rechts in der Stellenwerttafel stehen die Einer (E).
Für die zweistelligen Zahlen brauchst du auch die Zehner-Stelle (Z).
Links davon kommen die Hunderter (H). Du brauchst die Hunderter-Stelle für dreistellige Zahlen, also für die Zahlen von 100 bis 999.
Links davon folgen Tausender, Zehntausender (ZT), Hunderttausender (HT) und so weiter.
Beginne beim Eintragen der Zahlen immer ganz rechts.

Tausender					
H	Z	E	H	Z	E

8207 = 8 T + 2 H + 0 Z + 7 E

Tausender					
H	Z	E	H	Z	E
		8	2	0	7

3 Zeichne eine Stellenwerttafel in dein Heft. Trage die Zahlen ein.
a) 7341
b) 642 801
c) 49 200
d) fünftausenddreihundertzwanzig
e) zehntausendzwölf

4 Zeichne eine Stellenwerttafel. Trage die Zahlen ein.
Achtung: Manchmal fehlen Stellenwerte.
Beispiel 5T 4Z 1E = 5T 0H 4Z 1E
a) 4T 6H 8Z 3E
b) 5T 3H 7E
c) 5ZT 3H 9Z

→ Seite 56 Nr. 2

Natürliche Zahlen aus einer Stellenwerttafel ablesen und als Wort schreiben

Schreibe die Ziffern aus der Stellenwerttafel der Reihe nach auf. Notiere sie in Dreierblöcken. Das ist übersichtlicher.

Bis zu den Hunderttausendern schreibst du Zahlen in einem einzigen Wort.

Tausender					
H	Z	E	H	Z	E
1	0	4	6	9	3

in Dreierblöcken:
104 693

1 HT 4 T 6 H 9 Z 3 E

einhundertviertausendsechshundertdreiundneunzig

5 Lies die vier Zahlen aus der Stellenwerttafel ab.
a) Notiere die Zahlen in Dreierblöcken.
b) Schreibe die Zahlen in Worten.

Tausender					
H	Z	E	H	Z	E
		7	3	4	2
	2	1	3	0	1
7	2	2	5	0	0
3	0	0	0	3	3

6 Schreibe die Zahlen mit Ziffern (in Dreierblöcken).
a) dreihundertsechsundzwanzig
b) viertausendfünfhundertachtunddreißig
c) elftausendneunhundert
d) zweihundertdreiundvierzigtausendachthundertneun

→ Seite 56
Nr. 3

Natürliche Zahlen miteinander vergleichen

Zwei Zahlen können **gleich groß** sein oder die erste Zahl ist **kleiner** als die zweite oder die erste Zahl ist **größer** als die zweite. Dafür gibt es mathematische Zeichen:

=	<	>
gleich	kleiner	größer

Merke dir:
In die große Öffnung passt mehr.
Dort steht die größere Zahl.

13 > 8
16 = 16
20 < 50

7 Schreibe in dein Heft. Vergleiche. Setze < oder > ein.

a) 17 ■ 31 b) 143 ■ 134 c) 756 ■ 675 d) 1000 ■ 984
e) 123 ■ 1023 f) 2003 ■ 203 g) 1234 ■ 1324 h) 9099 ■ 9909

8 Finde mindestens drei Zahlen, die du einsetzen kannst.

a) 100 > ■ b) 345 < ■ c) ■ < 10 d) ■ > 999

→ Seite 56
Nr. 4
→ Seite 167
Nr. 11

Natürliche Zahlen der Größe nach ordnen

Zahlen kannst du der **Größe nach sortieren**. Das heißt, du ordnest die Zahlen von klein nach groß.

Beginne mit der kleinsten Zahl.
Suche dann unter den restlichen Zahlen wieder die kleinste Zahl. Und so weiter.

Sortiere die Zahlen der Größe nach:
19; 79; 6; 45

Die kleinste Zahl ist 6.	6 < …
Von den restlichen Zahlen ist 19 die kleinste Zahl.	6 < 19 < …
Jetzt bleiben noch 79 und 45 übrig. 45 ist kleiner als 79.	6 < 19 < 45 < 79

9 Ordne die Zahlen von klein nach groß. Schreibe so: 4 < 10 < 17 < 20.

a) 15; 17; 8; 2 b) 245; 28; 1040; 9 c) 219; 945; 399; 500; 812
d) 333; 33; 330; 303; 300; 30 e) 1011; 1101; 1110; 1010; 1001 f) 543; 453; 354; 534; 345; 435

10 Betrachte die Ziffern 4, 5, 6 und 0.

a) Bilde aus den Ziffern sechs vierstellige Zahlen. Jede Ziffer soll genau einmal vorkommen.
b) Ordne deine sechs Zahlen von klein nach groß.

→ Seite 56 Nr. 7

Natürliche Zahlen runden

So rundest du natürliche Zahlen:

1. Finde die Rundungsstelle. („Runde auf …")
2. Betrachte die Ziffer rechts daneben:
   - Bei 0, 1, 2, 3 und 4 musst du **ab**runden: Die Rundungsstelle bleibt gleich, die Ziffern rechts davon werden alle zu 0.
   - Bei 5, 6, 7, 8 und 9 musst du **auf**runden: Die Rundungsstelle wird um 1 größer, die Ziffern rechts davon werden alle zu 0.

Runde auf Hunderter.

62 739 ≈ 62 700 denn wegen der 3 muss **ab**gerundet werden.

96 381 ≈ 96 400 denn wegen der 8 muss **auf**gerundet werden.

Runde auf Zehntausender.

62 739 ≈ 60 000 denn wegen der 2 muss **ab**gerundet werden.

96 381 ≈ 100 000 denn wegen der 6 muss **auf**gerundet werden.

11 Runde auf Hunderter.

a) 378 b) 518 c) 777 d) 4815 e) 6049 f) 56 789

12 Runde auf Tausender.

a) 5960 b) 6180 c) 9733 d) 12 501 e) 25 499 f) 99 500

→ Seite 167 Nr. 7

Werte aus einer Tabelle ablesen

Wenn du Werte aus einer Tabelle ablesen sollst, dann kannst du so vorgehen:

1. Lies die Überschrift. Dort erfährst du, um was es geht.
2. Lies, was in den Zeilen dargestellt ist. Lies, was in den Spalten dargestellt ist.

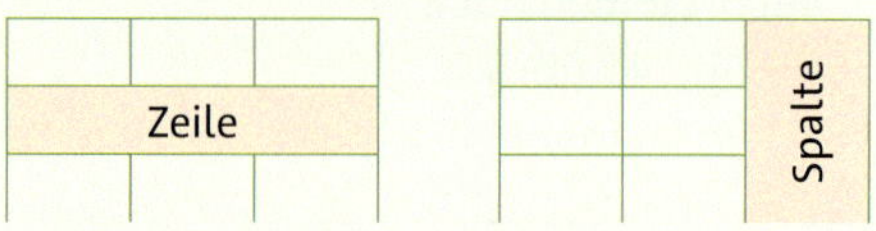

3. Notiere die Begriffe, nach denen gefragt wird.
4. Lies den gesuchten Wert ab.

Frage: Wie viel Niederschlag fiel in Düsseldorf am 1.4.?

Wetter in Düsseldorf

Datum	niedrigste Temperatur	höchste Temperatur	Niederschlag
1.4.	6 °C	12 °C	**5 Liter**
2.4.	1 °C	13 °C	1 Liter
3.4.	5 °C	18 °C	0 Liter

1. Die Tabelle zeigt das Wetter in Düsseldorf.
2. In den Zeilen stehen die Werte für die Tage. In den Spalten steht die niedrigste Temperatur, die höchste Temperatur und der Niederschlag für den Tag.
3. Frage: Wie viel Niederschlag fiel in Düsseldorf am 1.4.?
4. **5 Liter**; Antwort: Am 1.4. fielen 5 Liter Niederschlag.

13 Beantworte die Fragen für Hannover.

a) Wie hoch war die höchste Temperatur am 6.5.?

b) Wie hoch war die niedrigste Temperatur am 8.5.?

c) An welchem Tag fielen 2 Liter Niederschlag?

Wetter in Hannover

Datum	niedrigste Temperatur	höchste Temperatur	Niederschlag
6.5.	8 °C	18 °C	6 Liter
7.5.	6 °C	17 °C	2 Liter
8.5.	9 °C	21 °C	0 Liter

Maximum und Minimum finden, Spannweite berechnen

Die größte Zahl einer Zahlenreihe heißt das Maximum.
Die kleinste Zahl heißt das Minimum.
Die Spannweite berechnest du so:
Spannweite = Maximum – Minimum
(Ziehe vom Maximum das Minimum ab.)

In 1 Minute haben die Kinder so viele Liegestütze geschafft:

Name	Tim	Noah	Eva	Esra	Dejan
Anzahl	17	22	20	10	13

Noah hat die meisten Liegestütze geschafft.
22 ist das Maximum.
Esra hat die wenigsten Liegestütze geschafft.
10 ist das Minimum.
22 – 10 = 12
12 ist die Spannweite.
Noah hat 12 Liegestütze mehr geschafft als Esra.

14 Finde das Maximum und das Minimum.
a) 28; 30; 15; 20 b) 60 m; 90 m; 45 m; 50 m; 30 m c) 130 g; 70 g; 55 g; 100 g; 120 g

15 Finde zuerst das Maximum und das Minimum. Berechne dann die Spannweite.
a) 30; 50; 20; 40 b) 37 kg; 42 kg; 29 kg; 20 kg; 33 kg c) 73 ℓ; 45 ℓ; 88 ℓ; 61 ℓ; 57 ℓ; 92 ℓ

→ Seite 166 Nr. 4
→ Seite 190 Nr. 1

Werte aus einem Diagramm ablesen

Wenn du ein Diagramm lesen sollst, dann kannst du so vorgehen:
1. Lies die Überschrift. Dort erfährst du, um was es geht.
2. Lies, was an den Achsen steht.
3. Schaue, in welchen Schritten die Achse mit den Zahlen eingeteilt ist.
4. Lies die Werte ab.

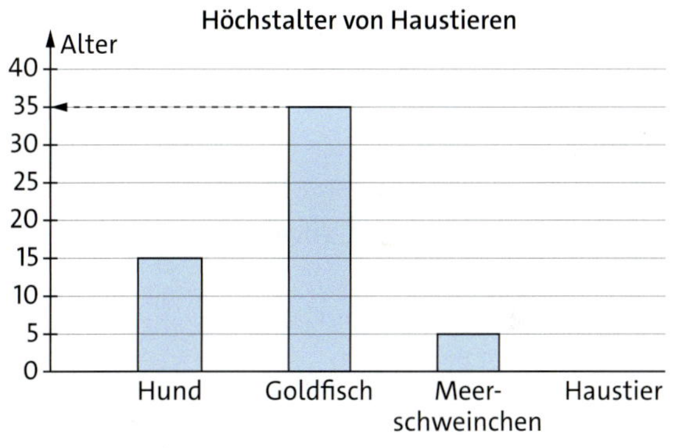

1. Das Diagramm zeigt, wie alt Haustiere werden können.
2. Auf der unteren Achse stehen drei Tiere (Hund, Goldfisch, Meerschweinchen). Auf der Hochachse steht das Alter der Tiere.
3. Das Alter der Tiere ist in 5er Schritte eingeteilt.
4. Ein Goldfisch kann 35 Jahre alt werden.

16 Damir hat alle in seiner Klasse nach dem Lieblingsessen gefragt.
a) Welches Lieblingsessen wurde am häufigsten genannt?
b) Wie viele essen am liebsten Nudeln?
c) Wie viele essen am liebsten Pommes?

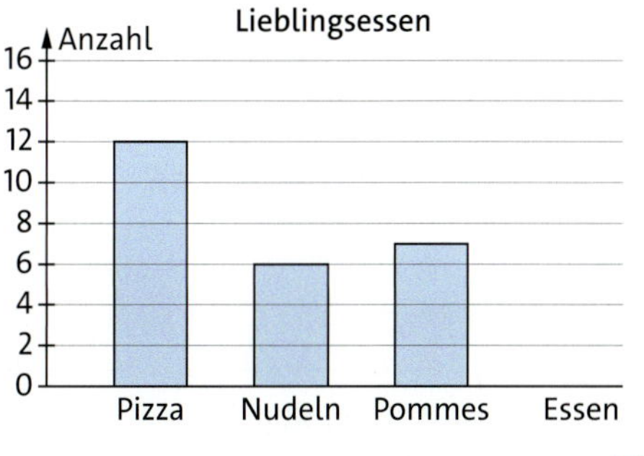

→ Seite 166 Nr. 5
→ Seite 190 Nr. 2

Ein Säulendiagramm zeichnen

1. Lege fest: Was soll auf welche Achse? Die Anzahl steht auf der Hochachse.
2. Finde den größten Wert, der auf der Hochachse dargestellt werden muss. Überlege dir eine gleichmäßige Einteilung. Zeichne die Hochachse etwas höher als nötig und beschrifte sie. Beginne mit 0.
3. Plane die Breite. Beachte die Anzahl der Säulen, ihre Breite und den Platz dazwischen. Zeichne die untere Achse etwas breiter als nötig und beschrifte sie.
4. Zeichne die Säulen ein und beschrifte sie. Die Säulen müssen alle gleich breit sein.
5. Gib deinem Diagramm eine Überschrift.

Leon hat beim Kartenspielen 8-mal gewonnen, Jan 4-mal und Serda 7-mal.

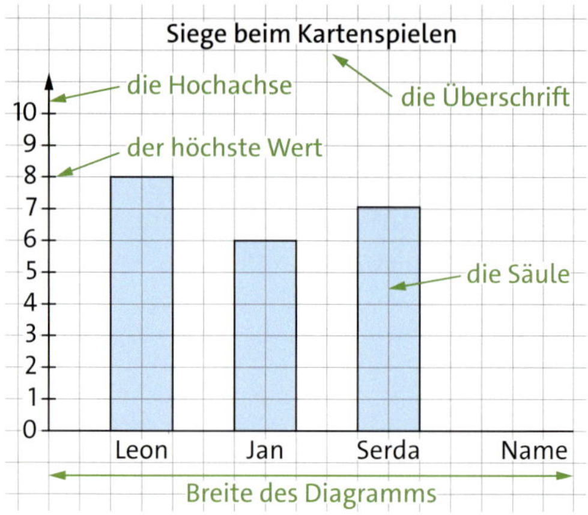

17 Bei der Wahl zum Klassensprecher hat Chiara 12 Stimmen bekommen. Patryk hat 8 Stimmen und Mathias hat 6 Stimmen bekommen. Stelle das Ergebnis in einem Säulendiagramm dar.

18 Die Klasse von Frau Arslan stimmt über den Wandertag ab. 5 Kinder wollen ins Schwimmbad, 8 Kinder wollen ins Kino, 2 Kinder wollen wandern, 9 Kinder wollen in die Kletterhalle und 2 Kinder haben sich enthalten. Stelle das Ergebnis in einem Säulendiagramm dar.

→ Seite 28 Nr. 1, 2
→ Seite 57 Nr. 8
→ Seite 191 Nr. 7

Brüche als Teil eines Ganzen angeben

Brüche sind Teile eines Ganzen.
Der Nenner gibt an, in wie viele gleich große Teile das Ganze aufgeteilt wurde.

$\frac{2}{3}$ ← der Zähler, ← der Bruchstrich, ← der Nenner

Der Zähler gibt an, um wie viele Teile des Ganzen es geht.

Welcher Teil des Ganzen ist rot?

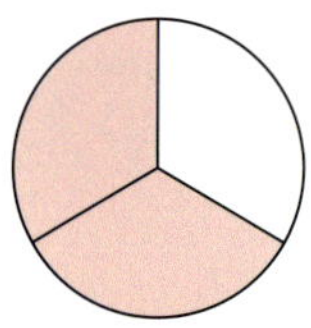

Der ganze Kreis wurde in 3 gleich große Teile aufgeteilt. 2 Teile des Ganzen sind rot markiert.

$\frac{2}{3}$ des Ganzen sind rot.

19 Welcher Teil des Ganzen ist grün? Schreibe als Bruch.

a) 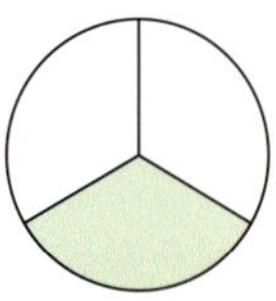
b) 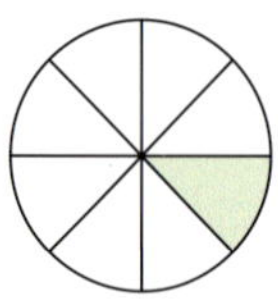
c) 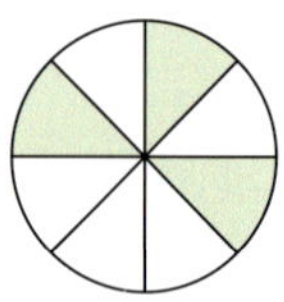
d) 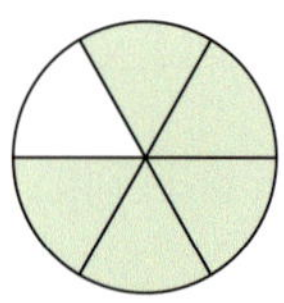
e) 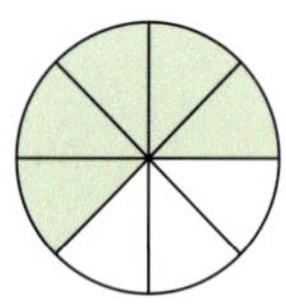

f) 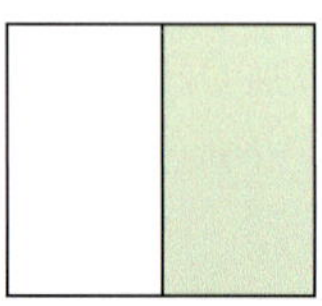
g) 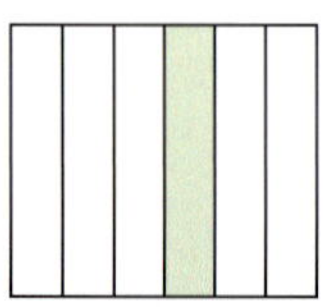
h) 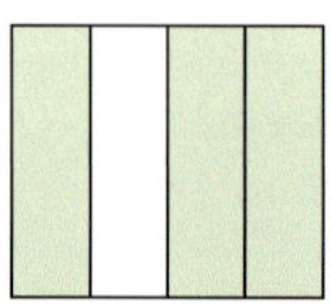
i) 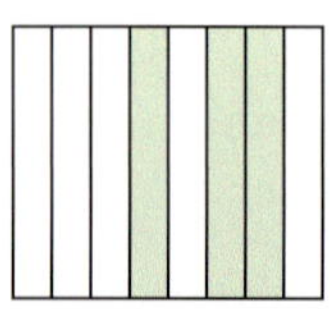
j) 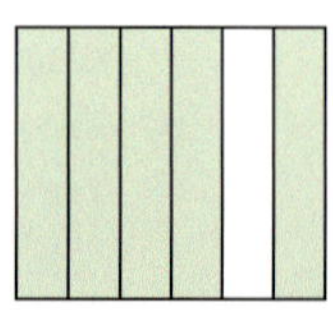

→ Seite 28
Nr. 3

Einen Bruch in einem Rechteck darstellen

So kannst du einen Bruch in einem Rechteck oder in einem Quader darstellen.

1. Schaue dir den Nenner an. Das ist die Zahl unter dem Bruchstrich. In so viele Teile soll das Rechteck geteilt werden.
2. Überlege: Wie kannst du das Rechteck in so viele gleich große Teile aufteilen, wie der Nenner angibt?
3. Teile das Rechteck in gleich große Teile.
4. Schaue dir den Zähler an. Das ist die Zahl über dem Bruchstrich.
5. Markiere so viele Teile des Ganzen, wie es der Zähler angibt.

Markiere den Bruchteil $\frac{2}{5}$ rot.

1. Das Rechteck muss in 5 gleich große Teile aufgeteilt werden.
2. Das Rechteck hat eine Länge von 10 Kästchen und eine Breite von 6 Kästchen. 10 lässt sich gut durch 5 teilen, 6 nicht.
3. Teile das Rechteck entlang der Länge in 5 gleich große Teile.

4./5. Markiere 2 der 5 Teile.

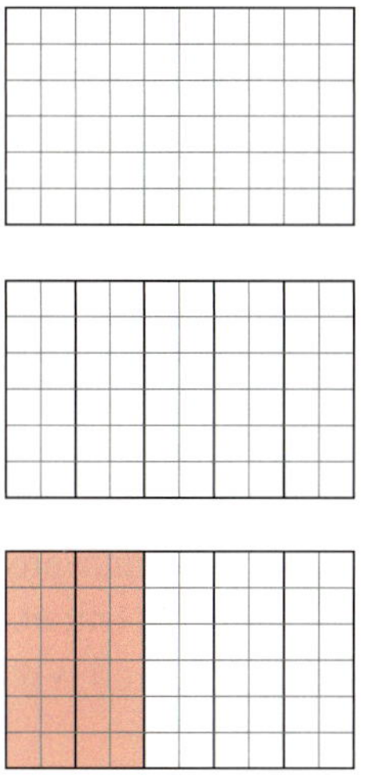

20 Übertrage das Rechteck in dein Heft. Markiere den Bruchteil rot.

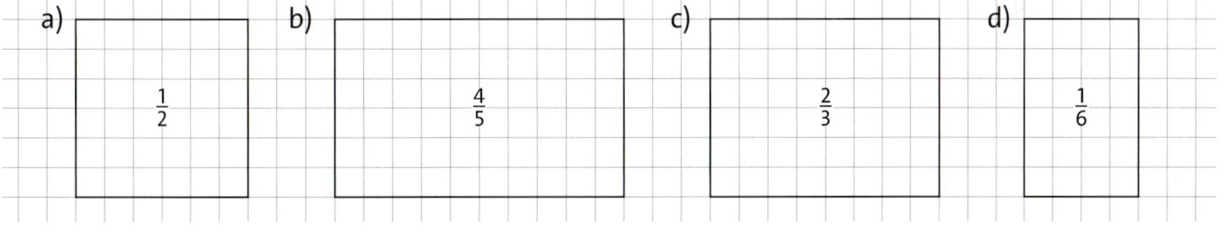

→ Seite 28
Nr. 4, 5

Bruchteile von Größen berechnen

So berechnest du Bruchteile von Größen:

1. Teile die gegebene Größe durch den Nenner.
2. Multipliziere das Ergebnis mit dem Zähler.

Manchmal lässt sich die gegebene Größe nicht durch den Nenner des Bruchs teilen. Häufig hilft dann, die gegebene Größe in eine kleinere Einheit umzurechnen.

Wie viel sind $\frac{2}{5}$ von 15 Murmeln?

1. 15 Murmeln : 5 = 3 Murmeln
2. 3 Murmeln · 2 = 6 Murmeln

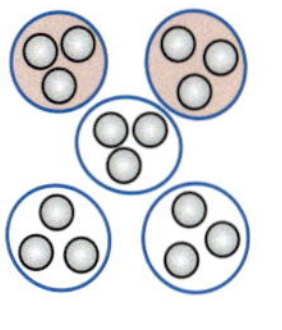

Wie viel sind $\frac{2}{5}$ von 3 kg?
3 lässt sich nicht durch 5 teilen.
Aber 3 kg = 3000 g

1. 3000 g : 5 = 600 g
2. 600 g · 2 = 1200 g

21 Berechne den Bruchteil.

a) $\frac{2}{3}$ von 15 Murmeln b) $\frac{3}{4}$ von 20 Schülern c) $\frac{4}{7}$ von 70 Autos d) $\frac{7}{10}$ von 80 Bussen

22 Rechne zuerst in die kleinere Einheit um. Berechne dann den Bruchteil.

a) $\frac{4}{5}$ von 3 kg b) $\frac{2}{5}$ von 4 kg c) $\frac{3}{4}$ von 2 cm d) $\frac{3}{10}$ von 4 €
e) $\frac{19}{100}$ von 2 € f) $\frac{3}{4}$ von 1 km g) $\frac{5}{6}$ von 2 min h) $\frac{3}{8}$ von 2 Tagen

→ Seite 28 Nr. 6

Eine gemischte Zahl in einen Bruch umwandeln

Eine gemischte Zahl besteht aus einer natürlichen Zahl und einem Bruch.

So wandelst du eine gemischte Zahl in einen Bruch um:

1. Der Nenner des Bruchs bleibt gleich.
2. Berechne den neuen Zähler: Multipliziere die natürliche Zahl mit dem Nenner. Addiere dann noch den Zähler des Bruchs.

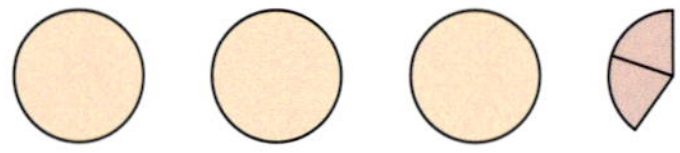

3 Ganze und 2 Fünftel
$3\frac{2}{5}$

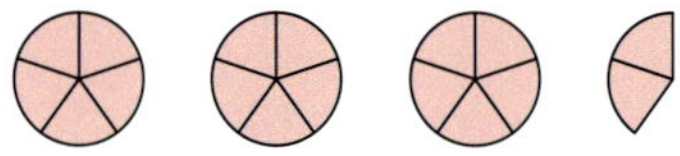

$\frac{17}{5}$
17 Fünftel

Der Nenner ist 5.
Der neue Zähler ist $3 \cdot 5 + 2 = 17$

$3\frac{2}{5} = \frac{3 \cdot 5 + 2}{5} = \frac{17}{5}$

23 Gib als gemischte Zahl und als Bruch an.

a)
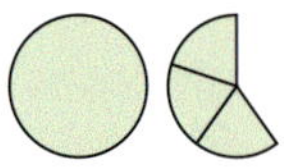

b)
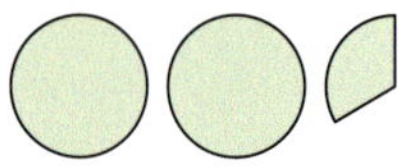

c)
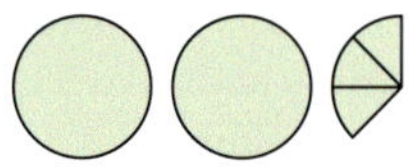

d)
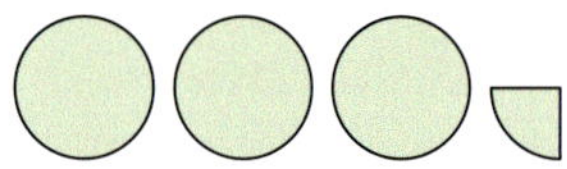

24 Schreibe als Bruch.

a) $1\frac{1}{2}$ b) $3\frac{1}{2}$ c) $5\frac{1}{2}$ d) $1\frac{2}{3}$ e) $3\frac{2}{3}$

f) $1\frac{1}{4}$ g) $2\frac{3}{4}$ h) $3\frac{1}{4}$ i) $3\frac{4}{5}$ j) $5\frac{1}{8}$

→ Seite 29 Nr. 7
→ Seite 57 Nr. 12

Einen Bruch in eine gemischte Zahl umwandeln

Wenn bei einem Bruch der Zähler und der Nenner gleich sind, dann hat der Bruch den Wert 1.
Wenn bei einem Bruch der Zähler größer ist als der Nenner, dann ist der Bruch größer als 1.
Du kannst den Bruch als gemischte Zahl schreiben.

1. Teile den Zähler durch den Nenner.
2. Du erhältst die natürliche Zahl.
3. Der Rest ist der neue Zähler des Bruchs.
4. Der Nenner bleibt gleich.

Bei $\frac{3}{4}$ ist der Zähler 3 kleiner als der Nenner 4, also $\frac{3}{4} < 1$.
Bei $\frac{7}{7}$ sind Zähler 7 und Nenner 7 gleich, also $\frac{7}{7} = 1$.
Bei $\frac{5}{3}$ ist der Zähler 5 größer als der Nenner 3, also $\frac{5}{3} > 1$.

Schreibe $\frac{5}{3}$ als gemischte Zahl.
5 : 3 = 1 Rest 2
1 ist die natürliche Zahl.
2 ist der neue Zähler.
Also: $\frac{5}{3} = 1\frac{2}{3}$

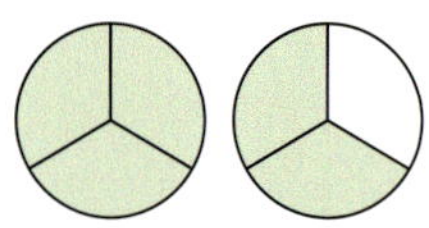

25 Übertrage die Tabelle in dein Heft. Trage die Brüche ein.
$\frac{3}{4}$; $\frac{4}{3}$; $\frac{3}{3}$; $\frac{7}{4}$; $\frac{4}{4}$; $\frac{4}{7}$; $\frac{7}{7}$; $\frac{3}{7}$; $\frac{7}{3}$

kleiner als 1	gleich 1	größer als 1

26 Wandle in eine gemischte Zahl um.

a) $\frac{4}{3}$ b) $\frac{5}{4}$ c) $\frac{7}{5}$ d) $\frac{10}{7}$ e) $\frac{8}{3}$ f) $\frac{11}{4}$ g) $\frac{16}{5}$ h) $\frac{23}{4}$

→ Seite 191 Nr. 8

Anteile als Bruch angeben

So gibt man Anteile als Bruch an:

1. Schreibe die Gesamtzahl in den Nenner. Das ist meistens die Zahl, die hinter dem Wort „von“ steht.
2. Schreibe die Anzahl der Teile in den Zähler.

Ebru soll auf dem Lehrerparkplatz die Farben der Autos untersuchen.
Sie hat die Farben von insgesamt 25 Autos aufgeschrieben. 3 Autos waren braun.
Ebru sagt: „3 von 25 Autos waren braun.“
Dann ist der Anteil der braunen Autos $\frac{3}{25}$.

27 Gib den Anteil als Bruch an. Kürze, wenn möglich.

a) 7 von 50 Personen tragen einen Hut.
b) 21 von 25 Schülern tragen eine Jeans.
c) 9 von 80 Lehrern unterrichten Sport.
d) Von 40 Autos waren 11 schwarz.
e) Von 90 Smartphones waren 5 kaputt.
f) Von 28 Tests waren 4 sehr gut.

28 Gib den Anteil als Bruch und als Dezimalzahl an. Erweitere dazu den Nenner auf 100 oder kürze passend.

Beispiel 3 von 25 $\quad \frac{3}{25} = \frac{3 \cdot 4}{25 \cdot 4} = \frac{12}{100} = 0{,}12$

a) 7 von 25
b) 9 von 20
c) 13 von 50
d) 80 von 200
e) 25 von 500
f) 33 von 330

→ Seite 166 Nr. 1

Passende Einheiten verwenden

Eine Größe besteht aus einer Maßzahl und einer Einheit.
Wenn in einer Aufgabe nach einer Einheit gesucht wird, dann kannst du so vorgehen:

1. Überlege, um welche Größe es geht. Wird nach einer Länge, nach einem Gewicht, nach einer Zeitspanne oder nach einem Preis gesucht?
2. Überlege dir, welche Einheiten nicht passen können, weil sie viel zu klein oder zu groß sind.
3. Wenn mehrere Einheiten möglich sind, dann wähle die Einheit, die für dich am besten passt.

3 € 50 ct 7 m 1,2 kg

Carolines Schulweg ist 750 ▒ lang.

1. Gesucht ist eine Länge. Diese Einheiten sind möglich: mm, cm, dm, m, km
2. mm und cm scheiden aus, weil die Strecke zu kurz wäre. km scheidet aus, weil die Strecke viel zu lang wäre.
3. Es bleiben dm und m. Wenn es dm wären, würde Caroline direkt neben der Schule wohnen. Das könnte sein, aber passt eigentlich nicht gut. Besser passt, dass ihr Schulweg 750 m lang ist.

29 Welche der drei Einheiten passt?

a) Tims Vater kauft einen Sack mit 10 ▒ Kartoffeln. (dm | kg | €)
b) Bojan baut einen Bilderrahmen für ein Foto. Er benötigt 80 ▒ Holz. (mm | cm | m)
c) Heute hat Kiras Mathelehrerin die Stunde schon wieder 5 ▒ zu spät beendet. (s | min | h)

30 Ergänze die passende Einheit in deinem Heft.

a) Alexanders Schulweg ist 1,2 ▒ lang.
b) Alexanders Vater wiegt 80 ▒.
c) Der Füller von Alexander kostet 9,95 ▒.
d) Alexander übt 60 ▒ für die Mathearbeit.
e) Alexander joggt eine Strecke von 5 ▒. Das dauert 25 ▒.

→ Seite 57 Nr. 13
→ Seite 135 Nr. 6
→ Seite 166 Nr. 2

Einheiten für Längen umrechnen

Die Umrechnungszahl bei den Längen mm, cm und dm ist 10.
Zwischen km und m ist die Umrechnungszahl 1000.

1 km = 1000 m
1 m = 10 dm
1 dm = 10 cm
1 cm = 10 mm

Eine Einheitentabelle hilft dir beim Umrechnen.

km			m			dm	cm	mm	
H	Z	E	H	Z	E	E	E	E	
							3	0	3 cm = 30 mm
					5	0	0		5 m = 500 cm
		7	0	0	0				7 km = 7000 m
						2	4		2 dm 4 cm = 2,4 dm = 24 cm
		0	0	5	6				56 m = 0,056 km

31 Rechne in die nächstkleinere Einheit um.
Beispiel 7 m = 7 · 10 dm = 70 dm
a) 8 cm = ☐ mm b) 4 m = ☐ dm c) 15 dm = ☐ cm d) 2 km = ☐ m
e) 25 km = ☐ m f) 1,5 dm = ☐ cm g) 3,6 km = ☐ m h) 3 m 2 dm = ☐ dm

32 Rechne in die nächstgrößere Einheit um.
Beispiel 500 cm = 50 dm, denn 500 : 10 = 50
a) 90 mm = ☐ cm b) 80 dm = ☐ m c) 3000 m = ☐ km d) 400 cm = ☐ dm
e) 500 m = ☐ km f) 45 mm = ☐ cm g) 7 mm = ☐ cm h) 3 m 2 dm = ☐ m

33 Rechne in die Einheit um, die in Klammern steht.
a) 3 m (cm) b) 400 mm (dm) c) 3,9 km (m) d) 0,5 dm (mm) e) 2,5 m (cm) f) 1 km 4 m (m)

→ Seite 135 Nr. 7

Einheiten für Flächeninhalte umrechnen

Die Umrechnungszahl bei Flächen ist 100.

$1\,m^2 = 100\,dm^2$
$1\,dm^2 = 100\,cm^2$
$1\,cm^2 = 100\,mm^2$

Eine Einheitentabelle hilft dir beim Umrechnen.

m^2		dm^2		cm^2		mm^2		
Z	E	Z	E	Z	E	Z	E	
			5	0	0			$5\,dm^2 = 500\,cm^2$
			4	0	0	0	0	$4\,dm^2 = 40\,000\,mm^2$
	0	3	5					$35\,dm^2 = 0{,}35\,m^2$
					1	4	5	$1\,cm^2\,45\,mm^2 = 1{,}45\,cm^2 = 145\,mm^2$

34 Rechne in die nächstkleinere Einheit um.
Beispiel $3\,m^2 = 3 \cdot 100\,dm^2 = 300\,dm^2$
a) $2\,m^2 =$ ☐ dm^2 b) $3\,cm^2 =$ ☐ mm^2 c) $10\,dm^2 =$ ☐ cm^2 d) $15\,m^2 =$ ☐ dm^2
e) $0{,}1\,cm^2 =$ ☐ mm^2 f) $1{,}3\,dm^2 =$ ☐ cm^2 g) $4\,dm^2\,30\,cm^2 =$ ☐ cm^2 h) $5\,m^2\,4\,dm^2 =$ ☐ dm^2

35 Rechne in die nächstgrößere Einheit um.
Beispiel $500\,cm^2 = 5\,dm^2$, denn 500 : 100 = 5
a) $600\,cm^2 =$ ☐ dm^2 b) $200\,mm^2 =$ ☐ cm^2 c) $8000\,dm^2 =$ ☐ m^2 d) $40\,cm^2 =$ ☐ dm^2
e) $160\,mm^2 =$ ☐ cm^2 f) $2340\,dm^2 =$ ☐ m^2 g) $1\,dm^2\,40\,cm^2 =$ ☐ dm^2 h) $5\,m^2\,3\,dm^2 =$ ☐ m^2

36 Rechne in die Einheit um, die in Klammern steht.
a) $3\,m^2$ (cm^2) b) $80\,000\,mm^2$ (dm^2) c) $0{,}6\,m^2$ (dm^2) d) $0{,}7\,dm^2$ (mm^2) e) $1\,m^2\,4\,dm^2$ (cm^2)

→ Seite 57 Nr. 13

Einheiten für Gewichte (Massen) umrechnen

Die Umrechnungszahl bei Gewichten ist 1000. Es gilt also:

1 t = 1000 kg
1 kg = 1000 g
1 g = 1000 mg

Eine Einheitentabelle hilft dir beim Umrechnen.

t			kg			g			mg			
H	Z	E	H	Z	E	H	Z	E	H	Z	E	
		2	0	0	0							2 t = 2000 kg
					3	0	0	0	0	0	0	3 kg = 3 000 000 mg
		0	4	0	0							400 kg = 0,4 t
								1	2	5	8	1 g 258 mg = 1,258 g = 1258 mg

37 Rechne in die nächstkleinere Einheit um.
Beispiel 7 g = 7 · 1000 mg = 7000 mg
a) 6 g = ☐ mg b) 3 t = ☐ kg c) 15 kg = ☐ g d) 25 t = ☐ kg
e) 0,5 t = ☐ kg f) 1,5 g = ☐ mg g) 2 kg 100 g = ☐ g h) 3 t 20 kg = ☐ kg

38 Rechne in die nächstgrößere Einheit um.
Beispiel 5000 kg = 5 t, denn 5000 : 1000 = 5
a) 9000 kg = ☐ t b) 2000 mg = ☐ g c) 3000 g = ☐ kg d) 500 kg = ☐ t
e) 700 mg = ☐ g f) 2700 g = ☐ kg g) 7 g 100 mg = ☐ g h) 4 kg 60 g = ☐ kg

39 Rechne in die Einheit um, die in Klammern steht.
a) 23 kg (g) b) 40 000 mg (g) c) 800 000 kg (t) d) 0,7 t (g) e) 2,5 kg (mg) f) 1 t 4 kg (kg)

→ Seite 166 Nr. 3

Zeitspannen berechnen

So kannst du bestimmen, wie viel Zeit zwischen zwei Uhrzeiten vergangen ist:

1. Ergänze die Minuten bis zur nächsten vollen Stunde.
2. Ergänze dann die fehlenden Stunden.
3. Ergänze die fehlenden Minuten bis zur Uhrzeit.
4. Addiere alle Zeiten.

Till geht um 16:15 Uhr zu einem Freund. Um 19:10 Uhr ist er wieder zu Hause.
Wie lang war Till unterwegs?

1. Von 16:15 Uhr bis 17 Uhr sind es 45 Minuten.
2. Von 17 Uhr bis 19 Uhr sind es 2 Stunden.
3. Von 19 Uhr bis 19:10 Uhr sind es 10 Minuten.
4. 45 Minuten + 2 Stunden + 10 Minuten
   = 2 Stunden + 45 Minuten + 10 Minuten
   = 2 Stunden 55 Minuten

Till war 2 Stunden und 55 Minuten unterwegs.

40 Wie viel Zeit ist vergangen?
a) von 11 Uhr bis 16 Uhr b) von 6:30 Uhr bis 12:30 Uhr c) von 3:00 Uhr bis 18:30 Uhr
d) von 13:30 Uhr bis 23 Uhr e) von 4:45 Uhr bis 7:30 Uhr f) von 15:15 Uhr bis 21:45 Uhr

→ Seite 29 Nr. 9

Fachbegriffe der Addition und Subtraktion

Fachbegriffe bei der Addition					Fachbegriffe bei der Subtraktion				
17	+	21	=	38	27	–	11	=	16
1. Summand		2. Summand		Wert der Summe	Minuend		Subtrahend		Wert der Differenz
Summe					Differenz				

41 Übertrage die Rechnung in dein Heft. Ordne jeder Zahl den Fachbegriff zu.
a) 27 + 9 = 36 b) 40 – 10 = 30 c) 31 = 54 – 23 d) 70 = 50 + 20

→ Seite 29 Nr. 10
→ Seite 110 Nr. 1

Im Kopf addieren und subtrahieren

Kleinere Zahlen kannst du einfach im Kopf addieren.
Zerlege dazu den zweiten Summanden in Einer und Zehner.
Addiere zum ersten Summanden zuerst die Einer des zweiten Summanden und dann die Zehner.

38 + 67 = ?
38 + 7 = 45
45 + 60 = 105

Wenn du mehrere Summanden addieren möchtest, dann versuche Rechenvorteile zu nutzen.
Vertausche dazu Summanden.

38 + 77 + 62
= 38 + 62 + 77
= 100 + 77
= 177

Du kannst auch kleinere Zahlen im Kopf subtrahieren.
Zerlege den Subtrahenden.
Subtrahiere vom Minuenden zuerst die Einer des Subtrahenden und dann die Zehner.

45 – 28 = ?
45 – 8 = 37
37 – 20 = 17

42 Addiere im Kopf.
a) 37 + 8 b) 43 + 26 c) 63 + 19 d) 47 + 24 e) 45 + 46 f) 36 + 72
g) 53 + 74 h) 58 + 43 i) 77 + 58 j) 105 + 47 k) 218 + 58 l) 174 + 39

43 Addiere im Kopf. Nutze Rechenvorteile.
a) 32 + 49 + 68 b) 45 + 55 + 34 c) 78 + 27 + 73 d) 81 + 36 + 19
e) 31 + 22 + 18 + 29 f) 45 + 37 + 15 + 33 g) 46 + 67 + 54 + 13 h) 65 + 66 + 74 + 75

44 Subtrahiere im Kopf
a) 48 – 6 b) 37 – 9 c) 58 – 13 d) 66 – 36 e) 44 – 15 f) 67 – 19
g) 83 – 45 h) 65 – 26 i) 100 – 45 j) 147 – 33 k) 144 – 86 l) 348 – 73

→ Seite 110 Nr. 3

Schriftlich addieren

Wenn du zwei oder mehr Summanden schriftlich addieren möchtest, dann gehe so vor:

1. Schreibe Einer unter Einer, Zehner unter Zehner und so weiter.
2. Beginne rechts bei den Einern. Addiere die Einer, dann die Zehner und so weiter.
3. Wenn die Summe der Ziffern 10 oder größer ist, dann schreibe den **Übertrag** in die nächste Spalte und addiere ihn dort hinzu.

Aufgabe: 453 + 2374

	T	H	Z	E
		4	5	3
+	2	3	7	4
		1		
	2	8	2	7

3 + 4 = 7, kein Übertrag
5 + 7 = 12 , Übertrag 1
4 + 3 + 1 = 8, kein Übertrag
Zur 2 wird nichts addiert, also bleibt sie stehen.

45 Schreibe die Aufgaben in dein Heft und addiere schriftlich.

a)

	H	Z	E
	3	1	2
+		4	5

b)

	H	Z	E
		7	4
+	1	2	5

c)

	H	Z	E
	2	7	4
+		6	3

d)

	T	H	Z	E
	1	5	0	6
+		3	7	8

e)

	T	H	Z	E
	2	4	7	9
+	1	7	0	4

46 Addiere schriftlich im Heft. Schreibe Einer unter Einer, Zehner unter Zehner und so weiter.
a) 36 + 142 b) 156 + 71 c) 425 + 347 d) 888 + 59 e) 384 + 61 + 2430

→ Seite 110 Nr. 4

Schriftlich subtrahieren

Wenn du schriftlich subtrahieren möchtest, dann gehe so vor:

1. Schreibe Einer unter Einer, Zehner unter Zehner und so weiter.
2. Beginne rechts bei den Einern. Finde die fehlende Zahl, die du von unten nach oben ergänzen musst. Dann sind die Zehner dran …
3. Wenn ein **Übertrag** entsteht, dann notiere ihn in der nächsten Spalte.

Aufgabe: 1538 – 473

	T	H	Z	E
	1	5	3	8
–		4	7	3
		1		
	1	0	6	5

3 + 5 = 8
7 + 6 = 13, **Übertrag** 1 zu den Hundertern
4 + 1 + 0 = 5
0 + 1 = 1

47 Schreibe die Aufgaben in dein Heft und subtrahiere schriftlich.

a)

	H	Z	E
	2	4	5
–		2	3

b)

	H	Z	E
	3	6	8
–		4	2

c)

	H	Z	E
	3	4	5
–		8	2

d)

	T	H	Z	E
	1	7	0	6
–		3	7	2

e)

	T	H	Z	E
	3	2	4	2
–	1	8	2	6

48 Subtrahiere schriftlich im Heft. Schreibe Einer unter Einer, Zehner unter Zehner und so weiter.
a) 156 – 32 b) 245 – 25 c) 633 – 171 d) 1038 – 419 e) 1384 – 61 – 141

→ Seite 29 Nr. 11

Zahlenmauern berechnen (addieren und subtrahieren)

So füllst du eine **Zahlenmauer** aus:
Rechne die beiden unteren Zahlen zusammen (addiere sie).
Schreibe das Ergebnis in den oberen Stein.

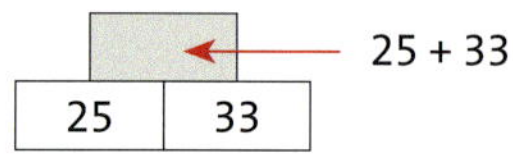

Du kennst den oberen Stein und einen unteren Stein?
Ziehe von der oberen Zahl die untere Zahl ab.
Schreibe das Ergebnis in den leeren unteren Stein.

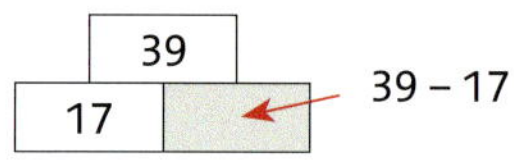

49 Übertrage die Zahlenmauer in dein Heft. Fülle sie aus.

a)
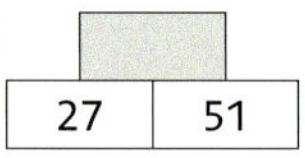

b)
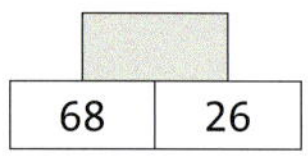

c)
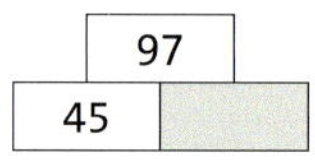

d)
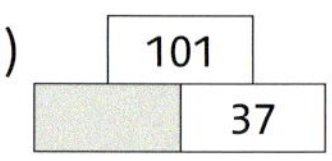

50 Fülle die Zahlenmauer im Heft aus.

a)
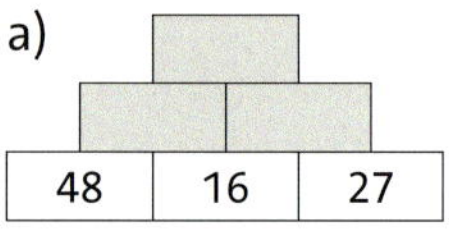

b)
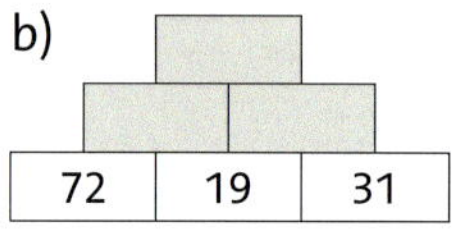

c)
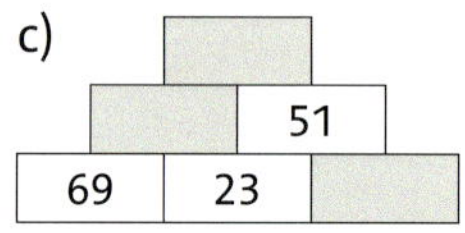

d)
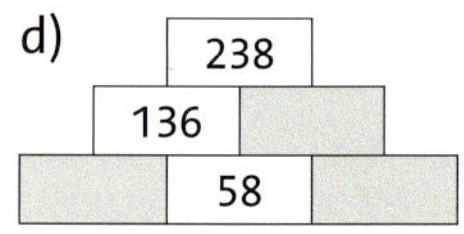

→ Seite 29 Nr. 12

Mit Rechendreiecken rechnen

So berechnest du die Zahl auf dem Strich außen:
Rechne die benachbarten Zahlen im Dreieck zusammen (addiere sie).

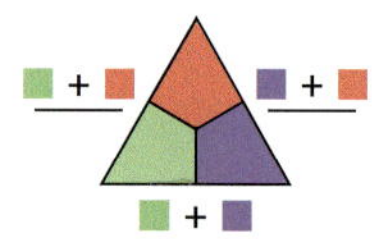

Du kennst eine Zahl im Dreieck und die Zahl auf dem Strich außen?
Ziehe von der Zahl auf dem Strich die Zahl im Dreieck ab.

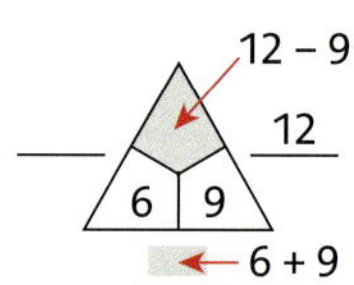

51 Übertrage die Rechendreiecke in dein Heft. Fülle sie dort aus.

a)
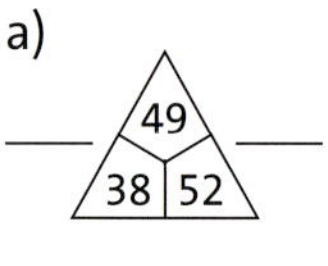

b)
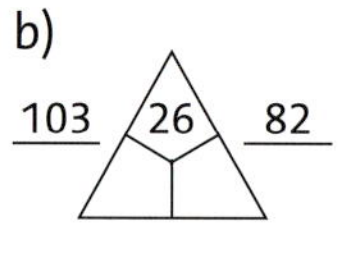

c)
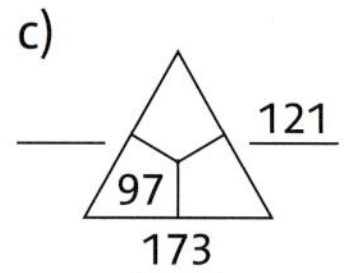

→ Seite 6 Nr. 4

Fachbegriffe der Multiplikation und Division

Fachbegriffe bei der Multiplikation					Fachbegriffe bei der Division				
7	·	9	=	63	35	:	7	=	5
1. Faktor		2. Faktor		Wert des Produkts	Dividend		Divisor		Wert des Quotienten
Produkt					Quotient				

52 Übertrage die Rechnung in dein Heft. Ordne jeder Zahl den Fachbegriff zu.
a) 8 · 9 = 72 b) 70 : 10 = 7 c) 66 = 11 · 6 d) 5 = 45 : 9

→ Seite 6 Nr. 1
→ Seite 7 Nr. 9, 10

Das kleine Einmaleins beherrschen

In der Tabelle stehen alle Malaufgaben mit den Zahlen 1 bis 10.
In den Zeilen findest du die Einmaleins-Reihen.
So findest du ein Ergebnis: Suche die beiden Zahlen, die du miteinander malnehmen willst, eine in der Spalte ganz links, eine in der obersten Zeile. Finde die Stelle, an der sich die Pfeile treffen.
Es ist egal, ob du 6 · 8 oder 8 · 6 rechnest, weil das Ergebnis gleich ist.
Das kleine Einmaleins solltest du auf jeden Fall auswendig können.

mal	1	2	3	4	5	6	7	8	9	10
1	1	2	3	4	5	6	7	8	9	10
2	2	4	6	8	10	12	14	16	18	20
3	3	6	9	12	15	18	21	24	27	30
4	4	8	12	16	20	24	28	32	36	40
5	5	10	15	20	25	30	35	40	45	50
6	6	12	18	24	30	36	42	48	54	60
7	7	14	21	28	35	42	49	56	63	70
8	8	16	24	32	40	48	56	64	72	80
9	9	18	27	36	45	54	63	72	81	90
10	10	20	30	40	50	60	70	80	90	100

53 Berechne im Kopf.
a) 2 · 7 b) 9 · 3 c) 10 · 5 d) 6 · 6 e) 4 · 8 f) 7 · 9
g) 8 · 6 h) 9 · 7 i) 5 · 1 j) 7 · 10 k) 7 · 8 l) 9 · 9

54 Setze die Einmaleins-Reihe fort.
a) 4, 8, 12, ■, ■, ■, ■, ■, ■, ■ b) 7, 14, ■, ■, 35, ■, ■, ■, ■, ■
c) ■, ■, 24, 32, 40, ■, ■, ■, ■, ■ d) ■, ■, 6, ■, 10 ■, 14, ■, ■, ■
e) ■, ■, ■, 24, 30, 36, ■, ■, ■, ■ f) ■, ■, ■, 20, ■, 30, ■, ■, 45, ■

55 Finde möglichst viele Mal-Aufgaben mit dem angegebenen Ergebnis.
Beispiel 20 = 1 · 20 = 2 · 10 = 4 · 5
a) 8 b) 21 c) 28 d) 30 e) 36 f) 50

Seite 6 Nr. 1, 2
Seite 57 Nr. 9
Seite 110 Nr. 2
Seite 135 Nr. 8, 9

Im Kopf multiplizieren und dividieren

Wenn du eine Aufgabe im Kopf multiplizieren möchtest, dann kannst du die Aufgabe in Teilaufgaben zerlegen. Rechne die Teilaufgaben und addiere die Ergebnisse.

$26 \cdot 3 =$
$20 \cdot 3 = 60$
$6 \cdot 3 = 18$
78

Im Kopf:
$26 \cdot 3 = 20 \cdot 3 + 6 \cdot 3$
$= 60 + 18$
$= 78$

Wenn du im Kopf dividieren möchtest, dann zerlege den Dividenden in zwei Zahlen, die beide durch den Divisor teilbar sind. Rechne die Teilaufgaben und addiere die Ergebnisse.

$72 : 6 =$
$60 : 6 = 10$
$12 : 6 = 2$
12

Im Kopf:
$72 : 6 = 60 : 6 + 12 : 6$
$= 10 + 2$
$= 12$

56 Zerlege im Kopf in Teilaufgaben und multipliziere.
a) $15 \cdot 6$ b) $18 \cdot 3$ c) $37 \cdot 2$ d) $28 \cdot 5$ e) $29 \cdot 6$ f) $73 \cdot 8$

57 Zerlege im Kopf in Teilaufgaben und dividiere.
a) $39 : 3$ b) $48 : 4$ c) $128 : 4$ d) $85 : 5$ e) $98 : 7$ f) $192 : 8$

→ Seite 6 Nr. 7

Punktmuster und Mal-Aufgaben einander zuordnen

So kannst du bestimmen, aus wie vielen Punkten ein Punktmuster besteht:
1. Zähle zuerst die Punkte in einer Zeile und in einer Spalte.
2. Multipliziere die Anzahl der Punkte in einer Zeile mit der Anzahl der Punkte in einer Spalte.

Wie viele Punkte sind das?

Das Punktmuster hat in jeder Zeile 10 Punkte.
Das Punktmuster hat in jeder Spalte 6 Punkte.
Das Punktmuster besteht aus $10 \cdot 6 = 60$ Punkten.

58 Bestimme die Anzahl der Punkte mit einer Mal-Aufgabe.

a)

b)

c)

d)

59 Zeichne ein Punktmuster zu der Aufgabe. Berechne dann.
a) $4 \cdot 5$ b) $7 \cdot 3$ c) $3 \cdot 6$ d) $11 \cdot 2$

→ Seite 6
Nr. 3

Division mit Rest

Manchmal geht eine Geteilt-Aufgabe nicht auf. Dann bleibt ein **Rest** übrig.

Teile 7 Lollis auf 3 Freunde auf. Jeder bekommt 2 Lollis und 1 Lolli bleibt übrig.

Man schreibt:
7 : 3 = 2 Rest 1

60 Dividiere im Kopf. Es bleibt immer ein Rest.

a) 16 : 3 b) 30 : 4 c) 45 : 6 d) 49 : 8 e) 80 : 9 f) 106 : 10

61 Finde mindestens drei Geteilt-Aufgaben, bei denen im Ergebnis der Rest 1 bleibt.

→ Seite 6
Nr. 5
→ Seite 110
Nr. 5
→ Seite 135
Nr. 8

Schriftlich multiplizieren

So multiplizierst du schriftlich:

Multipliziere jede Stelle des zweiten Faktors einzeln mit dem ersten Faktor.

1. Multipliziere zuerst mit der höchsten Stelle.
2. Multipliziere dann mit der nächsten Stelle. Schreibe das Ergebnis eine Stelle weiter nach rechts. Du trägst also das Ergebnis immer unter der Stelle ein, mit der du gerade multiplizierst.
3. Addiere alle Ergebnisse.

Aufgabe: 145 · 23

1	4	5	·	2	3
		2	9_1	0	
			4_1	3_1	5
		1			
		3	3	3	5

1. Rechne 2 · 145.
2. Rechne 3 · 145.
3. Addiere die beiden Ergebnisse.

62 Schreibe ins Heft. Multipliziere schriftlich.

a)

4	1	3	·	3

b)

2	3	1	·	4

c)

7	1	5	·	3	1

d)

4	0	7	·	5	2

e)

7	4	2	·	6	3

63 Multipliziere schriftlich.

a) 243 · 4 b) 306 · 7 c) 481 · 60 d) 806 · 37 e) 930 · 104

→ Seite 6 Nr. 6
→ Seite 110 Nr. 6
→ Seite 135 Nr. 9

Schriftlich dividieren

So dividierst du schriftlich:
1. Behandle die Ziffern der ersten Zahl (also des Dividenden) schrittweise von links nach rechts.
2. Teile die erste Zahl. Notiere das Ergebnis und schreibe das Vielfache unter die erste Zahl.
3. Subtrahiere. Schreibe den Rest auf.
4. Hole von oben die nächste Ziffer.
5. Rechne, bis alles aufgeteilt ist.

Aufgabe: 17 325 : 5

17 325 : 5 = 3465	1 kannst du nicht durch 5 teilen.
−15 ← ·5	5 passt 3-mal in die 17. 3 · 5 = 15
23	17 − 15 = 2, hole 3 von oben.
−20 ← ·5	5 passt 4-mal in die 23. 4 · 5 = 20
32	23 − 20 = 3, hole 2 von oben.
−30 ← ·5	5 passt 6-mal in die 32. 6 · 5 = 30
25	32 − 30 = 2, hole 5 von oben.
−25 ← ·5	5 passt 5-mal in die 25. 5 · 5 = 25
0	25 − 25 = 0, kein Rest

64 Übertrage in dein Heft. Ergänze die Ziffern in den grauen Kästchen.

a)	8	5	2	:	3	=	2	▢	▢		
−	6										
	2	5									
−	▢	▢									
		▢	▢								
	−	▢	▢								
			0								

b)	1	7	7	8	:	7	=	▢	▢	4		
−	▢	▢										
		3	▢									
	−	▢	▢									
			▢	▢								
		−	▢	▢								
				0								

c)	4	8	8	4	:	6	=	▢	▢	▢
−	▢	▢								
		0	8							
	−		▢							
			▢	▢						
		−	▢	▢						
				0						

65 Dividiere schriftlich. Es gibt keinen Rest.
a) 1710 : 5 b) 11 463 : 3 c) 5096 : 8 d) 18 420 : 2 e) 3224 : 4

→ Seite 7 Nr. 8

Zahlenmauern berechnen (multiplizieren und dividieren)

So füllst du eine **Zahlenmauer** aus:
Nimm die beiden Zahlen miteinander mal (multipliziere sie).
Schreibe das Ergebnis in den oberen Stein.

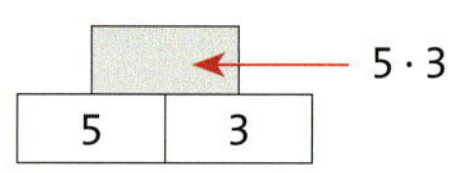

Du kennst den oberen Stein und einen unteren Stein?
Teile die obere Zahl durch die untere Zahl.
Schreibe das Ergebnis in den leeren unteren Stein.

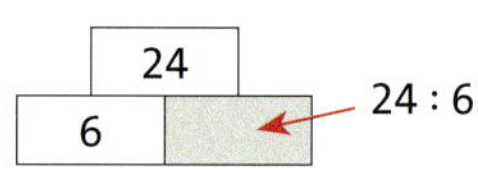

66 Übertrage die Zahlenmauern in dein Heft. Fülle sie aus.

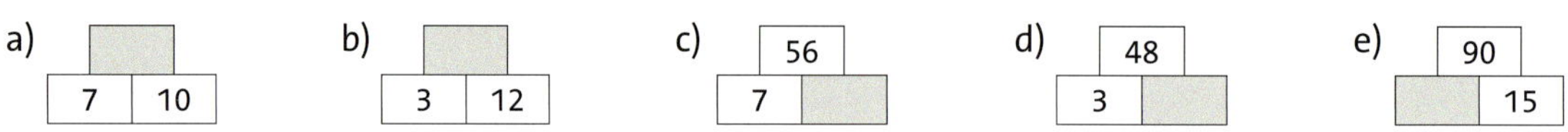

67 Fülle die Zahlenmauern im Heft aus.

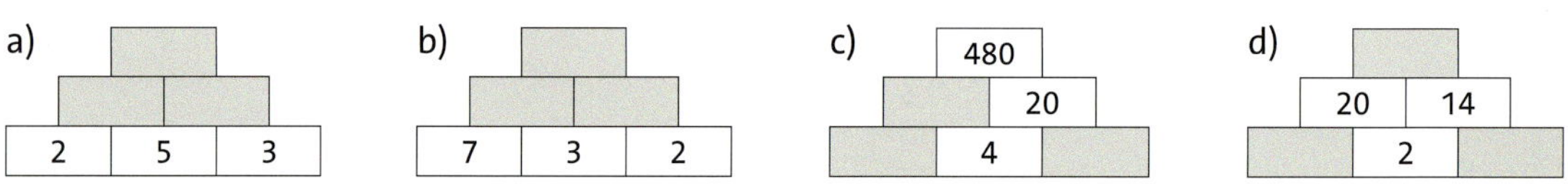

→ Seite 111 Nr. 11

Vorrangregeln anwenden

Die Vorrangregeln sind:
1. Klammern zuerst
2. Punktrechnung (·, :) vor Strichrechnung (+, –)
   Das heißt: wenn keine Klammer steht, dann musst du zuerst multiplizieren oder dividieren.
3. Wenn du keine Rechenvorteile nutzt, dann rechne jetzt von links nach rechts.

$14 - 2 \cdot 5 + (10 - 7)$	zuerst die Klammer rechnen
$= 14 - 2 \cdot 5 + 3$	dann Punktrechnung (also ·)
$= 14 - 10 + 3$	dann von links nach rechts
$= 4 + 3$	
$= 7$	

68 Rechne. Nenne die Vorrangregeln, die du genutzt hast.

a) $3 + 4 \cdot 5$
b) $4 \cdot (15 - 9)$
c) $18 - 12 : 3$
d) $24 : (13 - 5)$
e) $24 - 18 : 2 - (21 - 16)$
f) $35 - 3 \cdot 9 + 16$
g) $(35 - 17) + 6 : 2$
h) $35 : (25 - 18) \cdot 5$

69 Beachte die Vorrangregeln. Vergleiche die beiden Rechnungen.

a) $5 \cdot 9 - 6$ und $5 \cdot (9 - 6)$
b) $60 : 10 - 4$ und $60 : (10 - 4)$
c) $24 - 4 \cdot 5$ und $(24 - 4) \cdot 5$

→ Seite 7 Nr. 11
→ Seite 57 Nr. 14
→ Seite 111 Nr. 12

Informationen aus einem Text entnehmen

Lies den Text aufmerksam.
Kläre, was du nicht verstanden hast.

Beachte die **Frage**.
Notiere, was für die Frage wichtig ist.

Was bedeuten die Aussagen mathematisch?
Notizen und eine Skizze können dir helfen.

Formuliere eine **Antwort**. Die Wörter aus der Frage können dir helfen.

In einer Klassenarbeit gilt:
Mit **mehr als 43 Punkten** erreicht man die **Note 2**.
Mit **mehr als 52 Punkten** erreicht man die **Note 1**.
Welche Schüler bekommen eine 2?

Antonia: 56 P.	Benedikt: 38 P.	Carolin: 48 P.
Dimitri: 43 P.	Eileen: 51 P.	Florian: 52 P.

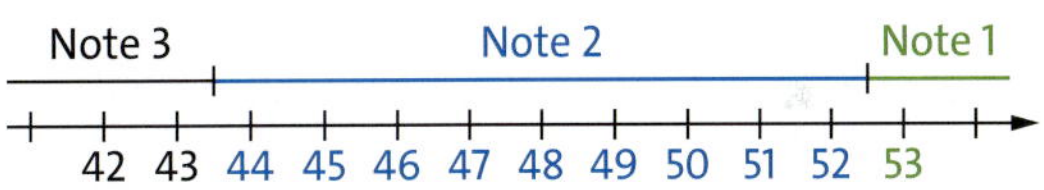

Die Note 2 gibt es bei mehr als 43 Punkten, also bei 44, 45, 46, ..., 52 Punkten.
(Mit 53 Punkten gibt es eine 1.)
Antwort: Carolin, Eileen und Florian bekommen eine 2.

70 Bei einem Online-Spiel sammelst du Punkte auf verschiedenen Leveln. Für die Punkte bekommst du Belohnungen. Für 1000 Punkte bekommst du einen Hund als Begleiter. Für 2500 Punkte bekommst du eine Kutsche und für 5000 Punkte bekommst du einen Zauber.
Welche der drei Belohnungen kann die Spielerin bekommen?

a) Nina: 1500 Punkte
b) Tania: 800 Punkte
c) Sarah: 6000 Punkte

→ Seite 7 Nr. 11
→ Seite 57 Nr. 14
→ Seite 111 Nr. 12

Sachaufgaben lösen

Sachaufgaben kannst du leichter lösen, wenn du schrittweise vorgehst.

1. Lies die Aufgabenstellung sorgfältig durch.
2. Notiere, was gesucht ist. Die Frage steht oft am Ende.
3. Welche Angaben aus dem Text sind für die Lösung wichtig?
4. Was musst du berechnen?
5. Prüfe: Ist das Ergebnis sinnvoll?
6. Formuliere eine Antwort.

Jan möchte einen Computer für 490 € kaufen.
Auf seinem Sparbuch sind 350 €.
Zum Geburtstag hat Jan 60 € geschenkt bekommen.
Wie viel muss Jan noch sparen?

Gesucht: wie viel Jan noch sparen muss
Wichtig: wie viel Geld Jan hat und wie viel der Computer kostet
Rechnungen: Wie viel Geld hat Jan insgesamt?
Dazu musst du die Beträge zusammenrechnen.
350 € + 60 € = 410 €
Wie viel Geld fehlt noch?
Jan braucht 490 € und hat nur 410 €.
Du musst die Beträge voneinander abziehen.
490 € − 410 € = 80 €
Probe: 350 € + 60 € + 80 € = 490 €
Antwort: Jan muss noch 80 € sparen.

71 Jakob möchte sich eine Playstation für 350 € kaufen. Er hat schon 180 € gespart. 100 € wollen ihm seine Eltern geben. Wie viel muss Jakob noch sparen?

72 Sara, Marta und Ayleen kaufen für ihren Vater zum Geburtstag ein Geschenk. Sie kaufen eine Tasse für 13 € und eine Grillschürze für 20 €. Wie viel Geld muss jedes Kind für das Geschenk bezahlen?

73 Familie Müller bucht einen Urlaub in Griechenland. Für die Eltern kostet der Urlaub 1280 € pro Person. Die drei Kinder zahlen jedes nur halb so viel wie ein Erwachsener.
Wie teuer ist der Urlaub von Familie Müller?

→ Seite 82 Nr. 1, 2

Strecken, Halbgeraden und Geraden erkennen

Strecke, Halbgerade und Gerade sind **gerade Linien**.
Eine **Strecke** hat einen Anfangspunkt und einen Endpunkt. Du kannst ihre Länge messen.

Eine **Halbgerade** hat einen Anfangspunkt, aber keinen Endpunkt. Eine Halbgerade wird auch **Strahl** genannt. Du kannst ihre Länge nicht messen.

Eine **Gerade** hat keinen Anfangspunkt und keinen Endpunkt. Du kannst ihre Länge nicht messen.

Du schreibst:

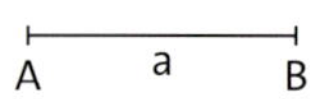

die Strecke $\overline{AB}$ oder a

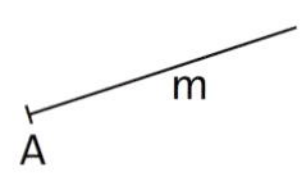

der Strahl m

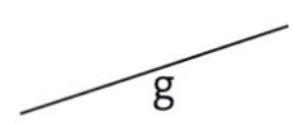

die Gerade g

74 Schreibe die passenden Buchstaben auf:
Welche Linien sind
a) Strecken?
b) Halbgeraden?
c) Geraden?

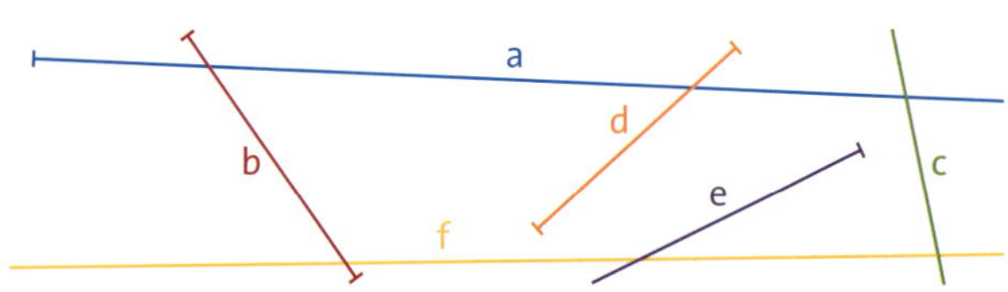

→ Seite 82 Nr. 3
→ Seite 134 Nr. 1

Strecken mit einer gegebenen Länge zeichnen

So zeichnest du eine Strecke mit einer gegebenen Länge: Nutze ein Lineal oder ein Geodreieck.

1. Markiere zuerst einen Anfangspunkt, hier A.
2. Lege die Null auf den Anfangspunkt.
3. Zeichne eine Strecke bis zum Endpunkt bei 3,5 cm.
4. Markiere den Endpunkt mit einem weiteren Buchstaben, hier B.

Du kannst dich an den Kästchen orientieren.
Es gilt: 2 Kästchen = 1 cm

Zeichne eine Strecke $\overline{AB}$, die 3,5 cm lang ist.

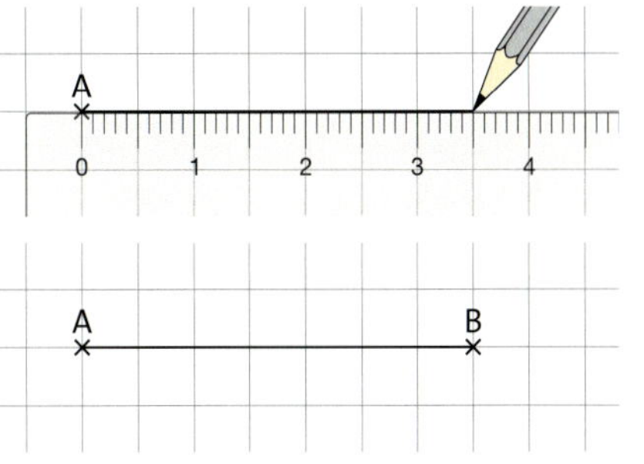

75 Zeichne die Strecke.

a) Strecke $\overline{AB}$ mit den Endpunkten A und B, Länge 6 cm
b) Strecke $\overline{CD}$ mit den Endpunkten C und D, Länge 4,5 cm
c) Strecke $\overline{EF}$ mit den Endpunkten E und F, Länge 5,3 cm
d) Strecke $\overline{GH}$ mit den Endpunkten G und H, Länge 3 cm 7 mm

→ Seite 83 Nr. 5

Untersuchen, ob Geraden parallel zueinander sind

Zwei Geraden g und h sind parallel zueinander, wenn sie überall den gleichen Abstand voneinander haben. Parallele Geraden schneiden sich nie. Nutze die parallelen Hilfslinien am Geodreieck.

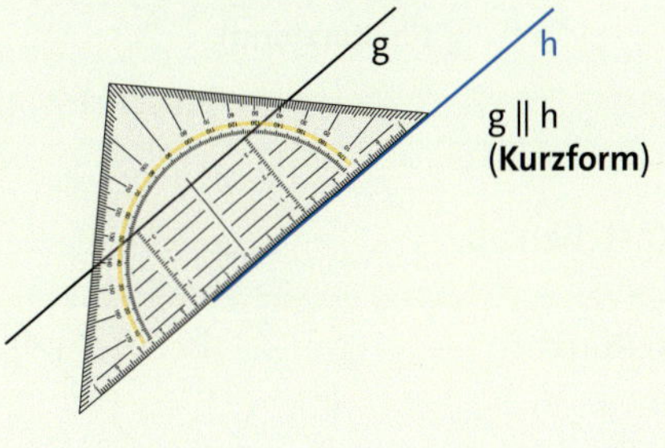

Untersuchen, ob Geraden senkrecht zueinander sind

Zwei Geraden g und h liegen senkrecht zueinander, wenn sie einen rechten Winkel bilden.
Nutze die Mittellinie des Geodreiecks.

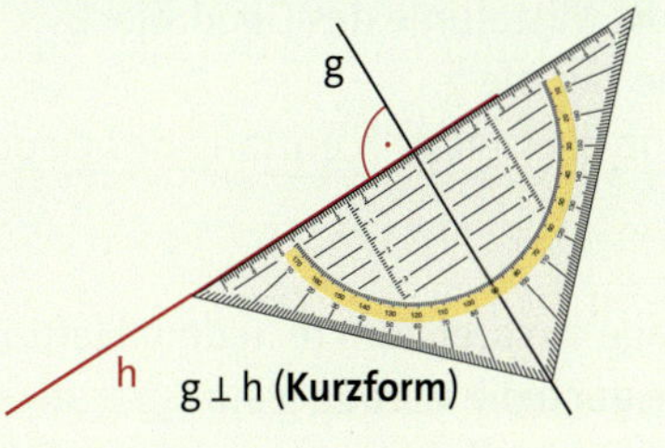

76 Prüfe mit deinem Geodreieck.

a) Welche Geraden verlaufen parallel zueinander? Schreibe in Kurzform auf (Kurzform g || h).
b) Welche Geraden verlaufen senkrecht zueinander? Schreibe in Kurzform auf (Kurzform g ⊥ h).

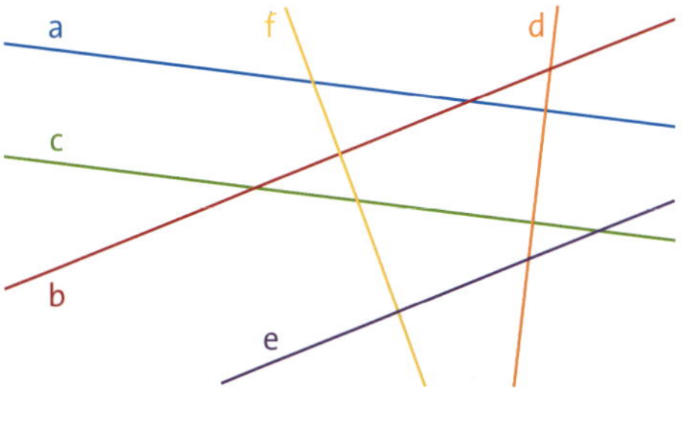

→ Seite 83 Nr. 6
→ Seite 134 Nr. 2

Zueinander parallele Geraden zeichnen

Zwei Geraden g und h sind parallel zueinander, wenn sie überall den gleichen Abstand voneinander haben. Parallele Geraden schneiden sich nie.

Wenn du eine parallele Gerade h zu einer gegebenen Gerade g zeichnen möchtest, dann gehe so vor:

1. Lege eine parallele Hilfslinie des Geodreiecks auf die Gerade g
2. Zeichne die Gerade h entlang des Lineals.

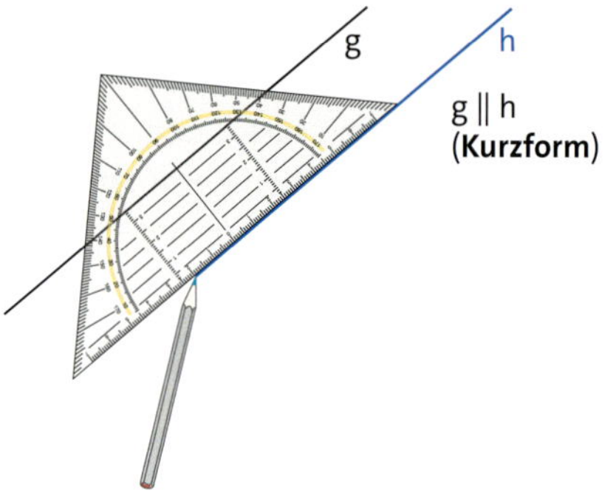

77 Übertrage die drei Punkte in dein Heft. Zähle dazu die Kästchen ab. Zeichne auch die Gerade g ein.

a) Zeichne eine Parallele zur Geraden g, die durch den Punkt C verläuft.

b) Zeichne eine Parallele zur Geraden g, die einen Abstand von 3 cm zur Geraden g besitzt.

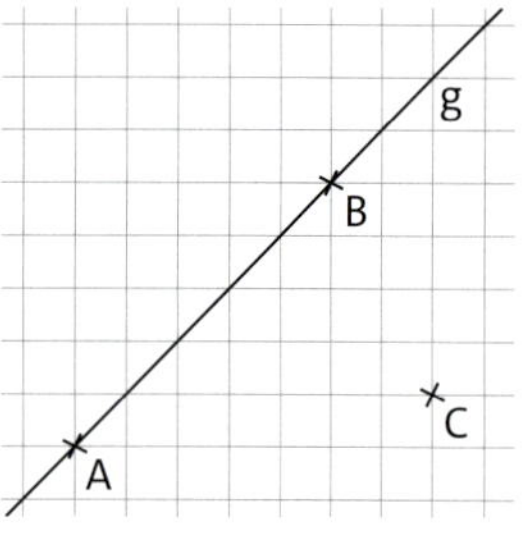

→ Seite 83 Nr. 6
→ Seite 134 Nr. 3

Zueinander senkrechte Geraden zeichnen

Zwei Geraden g und h liegen senkrecht zueinander, wenn sie einen rechten Winkel bilden.

Wenn du eine senkrechte Gerade h zu einer gegebenen Gerade g zeichnen möchtest, dann gehe so vor:

1. Lege die Mittellinie des Geodreiecks auf die Gerade g.
2. Zeichne die Gerade h entlang des Geodreiecks.

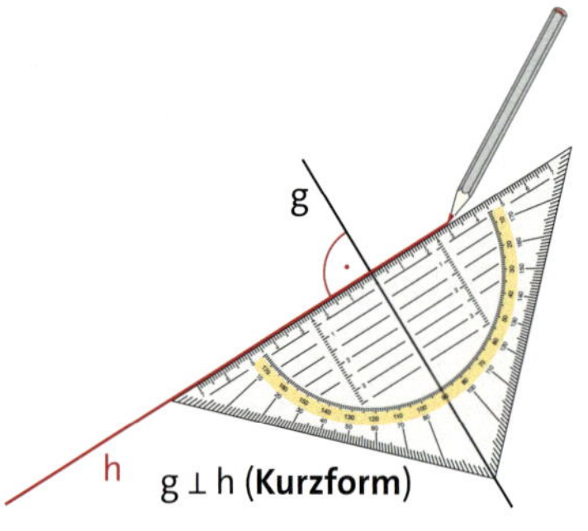

78 Übertrage die drei Punkte in dein Heft. Zähle dazu die Kästchen ab. Zeichne auch die Gerade g ein.

a) Zeichne eine Senkrechte zur Geraden g, die durch den Punkt B verläuft.

b) Zeichne eine Senkrechte zur Geraden g, die durch den Punkt C verläuft.

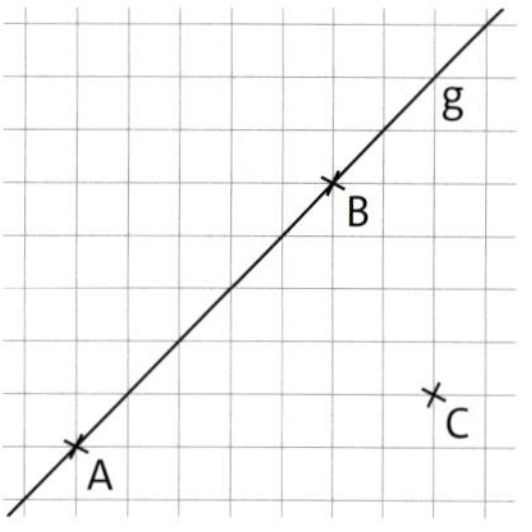

→ Seite 82 Nr. 4

Figuren auf kariertes Papier übertragen

So kannst du Figuren auf kariertes Papier übertragen:
Beginne bei einem Eckpunkt (hier der Punkt oben rechts) und arbeite von dort in eine Richtung weiter.
Zähle, wie viele Kästchen der nächste Punkt entfernt liegt und so weiter …

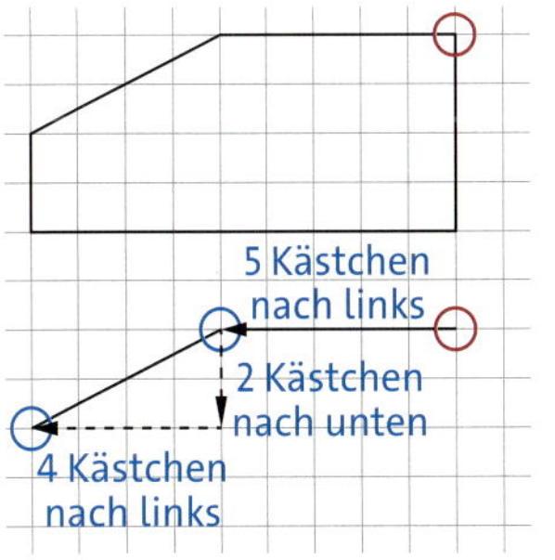

79 Übertrage die Zeichnung in dein Heft.

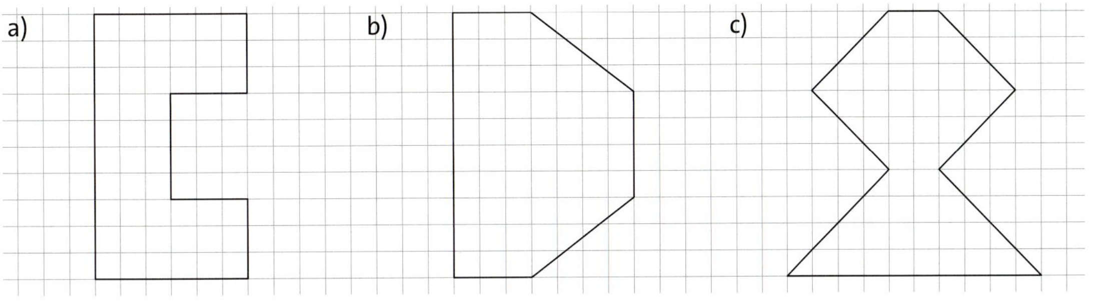

→ Seite 83 Nr. 7

Vielecke benennen

Ein Vieleck hat mehrere Eckpunkte, die mit Strecken verbunden sind. Diese Strecken heißen Seiten.
Ein Vieleck wird nach der Anzahl seiner Eckpunkte benannt.

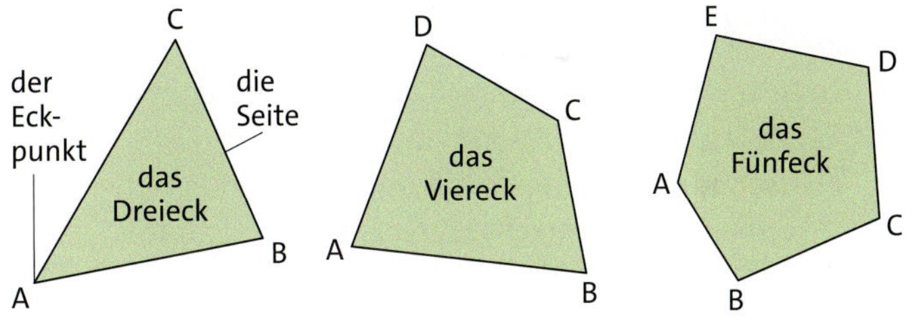

80 Schau dir die Figuren an.
a) Welche Figuren sind Vielecke? Wie heißen sie?
b) Eine Figur ist kein Vieleck ist. Begründe, warum die Figur kein Vieleck ist.

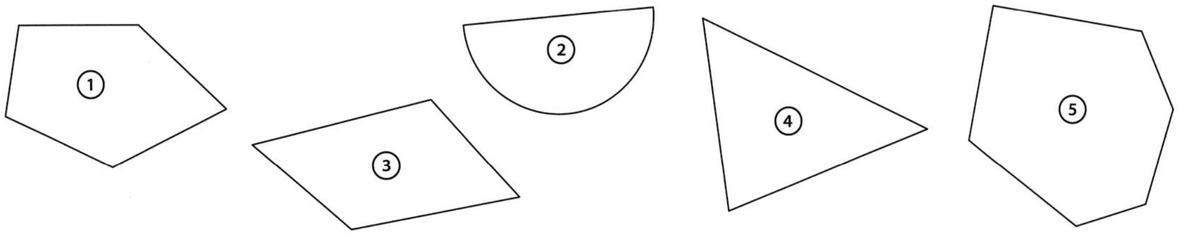

81 Zeichne ein Viereck, ein Fünfeck und ein Sechseck in dein Heft.

→ Seite 134 Nr. 4

Rechtecke und Quadrate mithilfe ihrer Eigenschaften beschreiben

Ein Rechteck hat vier rechte Winkel. Deshalb stehen die benachbarten Seiten senkrecht aufeinander. Die gegenüberliegenden Seiten sind parallel und gleich lang.

Ein Quadrat ist ein Rechteck mit vier gleich langen Seiten.

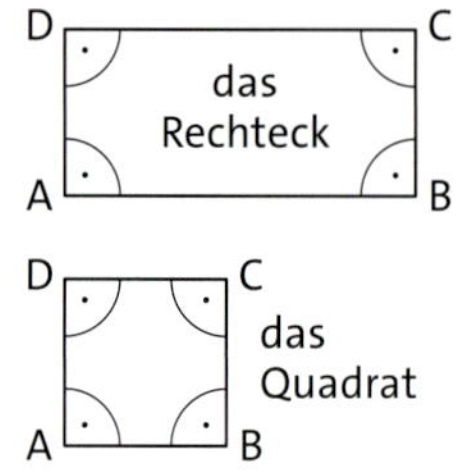

82 Welche dieser Vierecke sind Rechtecke? Welche der Vierecke sind Quadrate? Begründe.

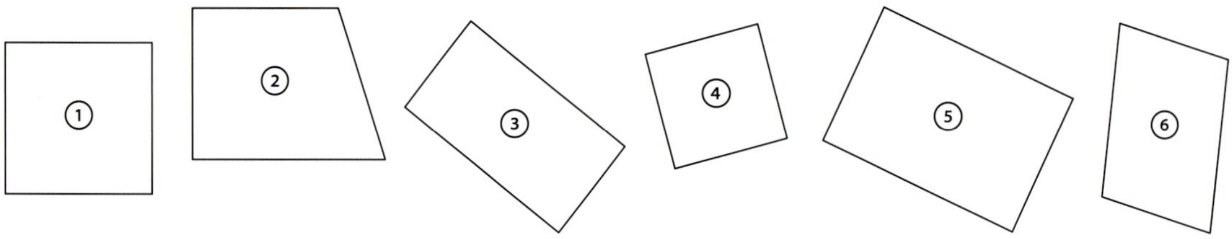

→ Seite 135 Nr. 5

Rechtecke und Quadrate mit gegebenen Seitenlängen zeichnen

Benutze beim Zeichnen immer ein Lineal oder ein Geodreieck. Achte darauf, dass dein Bleistift angespitzt ist.

Du kannst dich an den Kästchen im Heft orientieren.
Es gilt: 2 Kästchen = 1 cm.

So zeichnest du ein Rechteck mit den Seitenlängen a und b:

1. Zeichne eine Strecke mit der Länge a.
2. Zeichne am Anfangspunkt und am Endpunkt der Strecke je eine dazu senkrechte Strecke mit der Länge b.
3. Verbinde die Endpunkte der beiden Senkrechten. So schließt du das Rechteck.

Bei einem Quadrat gehst du genauso vor. Beachte, dass bei einem Quadrat alle Seiten die gleiche Länge haben.

Zeichne ein Rechteck, das a = 4 cm lang und b = 2 cm breit ist.
$a = 4 \cdot 2 = 8$ Kästchen
$b = 2 \cdot 2 = 4$ Kästchen

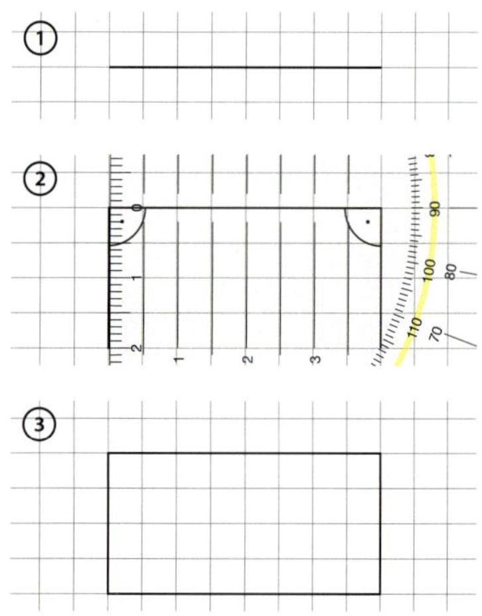

83 Zeichne ein Rechteck mit den folgenden Seitenlängen:
a) a= 5 cm; b = 4 cm b) a = 3 cm; b = 7 cm c) a = 2,5 cm; b = 5,5 cm d) a = 6,3 cm; b = 2,8 cm

84 Zeichne ein Quadrat mit folgender Seitenlänge:
a) a = 6 cm b) a = 3,5 cm c) a = 5,5 cm d) a = 3,7 cm

→ Seite 111 Nr. 10
→ Seite 135 Nr. 10

Flächeninhalt A von Quadraten und Rechtecken berechnen

Den **Flächeninhalt A eines Rechtecks** mit den Seitenlängen a und b berechnest du so: Multipliziere die beiden Seitenlängen.
A = a · b
Flächeninhalt = Länge mal Breite

gegeben:
a = 3 cm, b = 2 cm
gesucht: A
A = 3 cm · 2 cm
A = 6 cm²

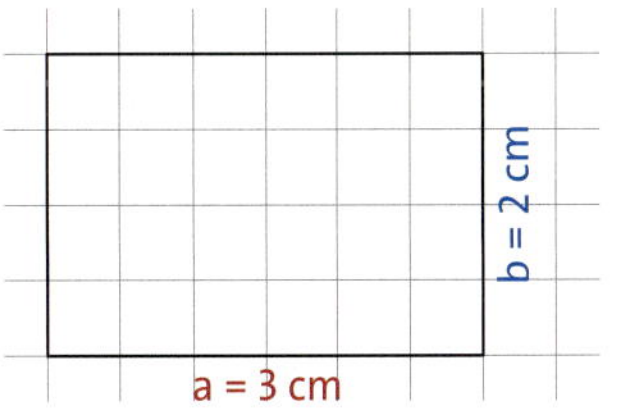

Den **Flächeninhalt A eines Quadrats** berechnest du so:
Multipliziere die Seitenlänge mit sich selbst.
A = a · a
Flächeninhalt = Länge mal Breite

gegeben: a = 2 cm
gesucht: A
A = 2 cm · 2 cm
A = 4 cm²

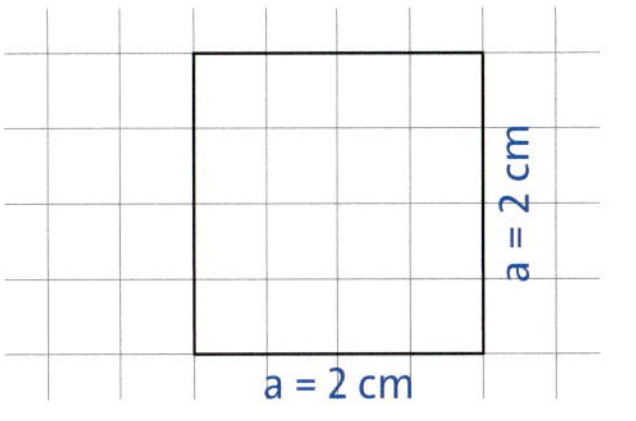

85 Berechne den Flächeninhalt A des Rechtecks.
a) a = 7 cm; b = 4 cm b) a = 9 cm; b = 6 cm c) a = 12 m; b = 5 m d) a = 17 dm; b = 2 dm

86 Berechne den Flächeninhalt A des Quadrats.
a) a = 4 cm b) a = 8 cm c) a = 10 dm d) a = 20 m

→ Seite 83 Nr. 8
→ Seite 166 Nr. 6

Punkte im Koordinatensystem ablesen und einzeichnen

Ein Koordinatensystem besteht aus zwei Zahlenstrahlen. Sie heißen die x-Achse und die y-Achse. Beide Achsen beginnen im Nullpunkt. Den Nullpunkt nennt man **Ursprung**, kurz (0|0). Die Achsen sind senkrecht zueinander.
Jeder Punkt im Koordinatensystem ist durch zwei Zahlen (**Koordinaten**) festgelegt.
Bei jedem Punkt P(x|y) wird zunächst die x-Koordinate und dann die y-Koordinate angegeben.

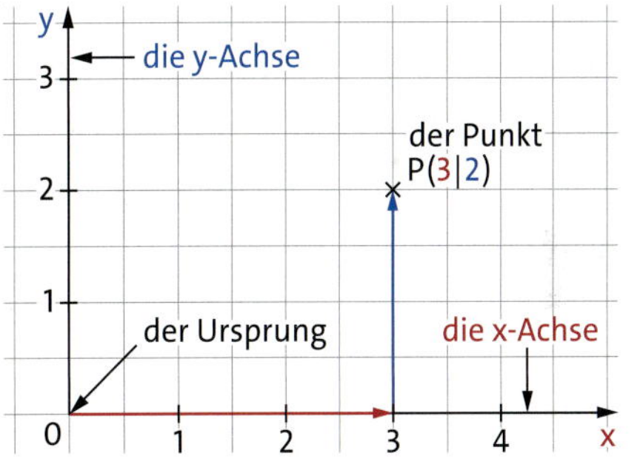

Der Punkt P hat die Koordinaten P(3|2).
Das bedeutet: Gehe von (0|0) zuerst 3 Einheiten nach rechts und danach 2 Einheiten nach oben.

87 Schreibe die Koordinaten der Punkte in dein Heft.

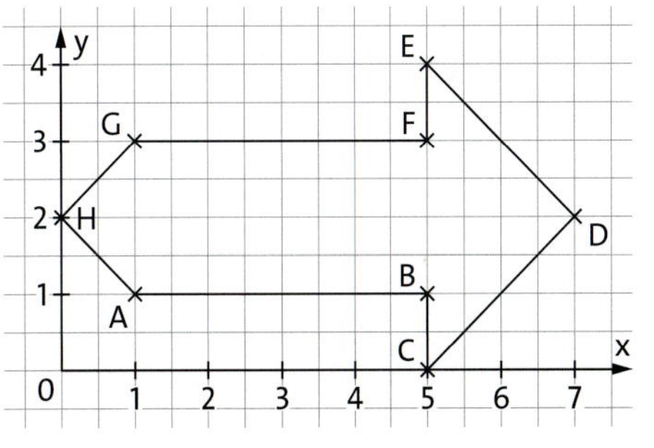

88 Zeichne ein Koordinatensystem. Die x-Achse soll von 0 bis 7 gehen. Die y-Achse soll von 0 bis 5 gehen.
a) Trage die Punkte A(1|1); B(3|2); C(4|5) und D(0|4) ein. Verbinde die Punkte zu einem Viereck.
b) Trage die Punkte E(4|4); F(6|0) und G(7|3) ein. Verbinde die Punkte zu einem Dreieck.

1 Teilbarkeit

▶ Seite 6/7 Wiederholung

1 a) 28 b) 45 c) 48 d) 55 e) 63
f) 39 g) 150 h) 125 i) 682

2 a) 9 b) 9 c) 9 d) 9 e) 20
f) 50 g) 90 h) 423 i) 311

3 a) 9 Rest 2 b) 7 Rest 3 c) 8 Rest 2
d) 4 Rest 1 e) 7 Rest 6 f) 9 Rest 3

4 a) 5: der Faktor; 6: der Faktor; 30: der Wert des Produkts
b) 30: der Dividend; 6: der Divisor; 5: der Wert des Quotienten

5 a)
```
324 · 7
 2268
```
b)
```
570 · 32
 1710
  1140
 18240
```
c)
```
2801 · 504
 14005
  00000
   11204
 1411704
```

6 a)
```
5124 : 3 = 1708
3
21
21
 02
 00
  24
  24
   0
```
b)
```
7623 : 9 = 847
72
 42
 36
  63
  63
   0
```
c)
```
572 : 11 = 52
55
 22
 22
  0
```

7 a) $12 \cdot 6 = 72$ oder $6 \cdot 12 = 72$
b) $16 \cdot 3 = 48$ oder $3 \cdot 16 = 48$
c) $15 \cdot 7 = 105$ oder $7 \cdot 15 = 105$

8 a)
```
      48
    4   12
  2   2   6
2   1   2   3
```
b)
```
     1000
   10   100
  2   5   20
2   1   5   4
```

9 a) 3, 6, 9, 12, 15, 18, 21, 24, 27, 30
b) 5, 10, 15, 20, 25, 30, 35, 40, 45, 50
c) 4, 8, 12, 16, 20, 24, 28, 32, 36, 40
d) 9, 18, 27, 36, 45, 54, 63, 72, 81, 90
e) 7, 14, 21, 28, 35, 42, 49, 56, 63, 70
f) 6, 12, 18, 24, 30, 36, 42, 48, 54, 60
g) 8, 16, 24, 32, 40, 48, 56, 64, 72, 80

10 a) $1 \cdot 20$; $2 \cdot 10$; $4 \cdot 5$; $5 \cdot 4$; $10 \cdot 2$; $20 \cdot 1$
b) $1 \cdot 24$; $2 \cdot 12$; $3 \cdot 8$; $4 \cdot 6$; $6 \cdot 4$; $8 \cdot 3$; $12 \cdot 2$; $24 \cdot 1$
c) $1 \cdot 27$; $3 \cdot 9$; $9 \cdot 3$; $27 \cdot 1$
d) $1 \cdot 35$; $5 \cdot 7$; $7 \cdot 5$; $35 \cdot 1$
e) $1 \cdot 40$; $2 \cdot 20$; $4 \cdot 10$; $5 \cdot 8$; $8 \cdot 5$; $10 \cdot 4$; $20 \cdot 2$; $40 \cdot 1$

11 a) An einer Seite sind es 6 Teile, an der anderen Seite 4 Teile. Es ist $6 \cdot 4 = 24$.
Insgesamt sind es 24 Teile.
b) $11 \cdot 16 = 176$
Das Puzzle hat insgesamt 176 Teile.
c) 20 Teile in der Länge, 25 Teile in der Breite oder 25 Teile in der Länge und 20 Teile in der Breite (denn $20 \cdot 25 = 500$)
50 Teile in der Länge und 10 Teile in der Breite wäre eher ungewöhnlich. Nicht sinnvoll wären $1 \cdot 500$ oder $2 \cdot 250$ oder $5 \cdot 100$ Teile.

▶ Seite 18 Zwischentest

1 a) 60 ist ein **Vielfaches** von 10.
b) 7 ist ein **Teiler** von 63.
c) 9 ist ein **Teiler** von 81.
d) 81 ist ein **Vielfaches** von 9.

2 a) 42 : 6 = **7**, also ist 42 durch 6 teilbar.
b) 98 : 8 = **12 Rest 2**, also ist 98 nicht teilbar durch 8.
c) 91 : 7 = 13, also ist 91 teilbar durch 7.

3

	teilbar durch 2	teilbar durch 5	teilbar durch 10	teilbar durch 4
75		×		
82	×			
190	×	×	×	
216	×			×

4 a) Quersumme $5 + 1 = 6$
51 ist durch 3 teilbar, aber nicht durch 9 teilbar.
b) Quersumme $1 + 1 + 7 = 9$
117 ist durch 3 teilbar und durch 9 teilbar.
c) Quersumme $3 + 0 + 5 = 8$
305 ist nicht durch 3 teilbar und nicht durch 9 teilbar.

5 a) $T_{20} = \{1; \mathbf{2}; 4; \mathbf{5}; \mathbf{10}; 20\}$
b) $T_{40} = \{1; \mathbf{2}; \mathbf{4}; 5; \mathbf{8}; 10; \mathbf{20}; \mathbf{40}\}$
c) $T_{60} = \{\mathbf{1}; 2; 3; 4, \mathbf{5}; \mathbf{6}; 10; 12; \mathbf{15}; \mathbf{20}; \mathbf{30}; 60\}$

6 a) Primzahl b) Primzahl
c) keine Primzahl, denn 3 · 17 = 51, also ist 51 teilbar durch 3 und durch 17 (und durch 1 und 51)
d) keine Primzahl, denn 7 · 11 = 77, also ist 77 teilbar durch 7 und durch 11 (und durch 1 und 77)

7 a) um 14:15 Uhr, um 14:30 Uhr, um 14:45 Uhr und um 15:00 Uhr
b) Nein. (Denn die Minutenzahl 25 ist nicht durch 15 teilbar. Der Bus fährt nur um 15:00 Uhr, 15:15 Uhr und 15:30 Uhr.)

▶ Seite 19 Zwischentest

1 a) 7 ist ein Teiler von 5**6**.
b) 9 ist ein Teiler von **2**7.
c) **44** ist ein Vielfaches von 11.
d) **4**5 ist ein Vielfaches von 9.

2 a) 98 ist durch 7 teilbar, denn 98 : 7 = 14.
b) 145 ist nicht durch 15 teilbar, denn 145 : 15 = 9 **Rest 10**.
c) 143 ist durch 13 teilbar, denn 143 : 13 = 11.

3 a) 258; 528; 582; 852
b) 285; 825
c) 528; 852
d) Tausche 8 durch 0 aus.
250 und 520 sind durch 10 teilbar.

4 Bilde zuerst die Quersumme und prüfe dann, ob die Quersumme durch 3 und 9 teilbar ist.
a) 6 + 5 + 7 = 18
657 ist durch 3 und durch 9 teilbar.
b) 8 + 9 + 2 = 19
892 ist weder durch 3 noch durch 9 teilbar.
c) 1 + 0 + 6 + 5 = 12
1065 ist durch 3, aber nicht durch 9 teilbar.

5 a) T_{42} = {1; 2; **3**; **6**; **7**; 14; **21**; 42}
b) T_{65} = {1; **5**; **13**; **65**}
c) T_{24} = {**1**; **2**; **3**; **4**; **6**; **8**; **12**; **24**}

6 Hier sind alle möglichen Zahlen aufgeführt.
Es reicht, zwei davon zu nennen.
a) 17, 19, 23, 29, 31
b) 41, 43, 47, 53, 59, 61, 67, 71, 73
c) 79, 83, 89, 97, 101, 103, 107, 109, 113, 127, 131, 137, 139, 149

7 a) um 11:12 Uhr, um 11:24 Uhr, um 11:36 Uhr und um 11:48 Uhr
b) Der nächste Bus fährt um 12:00 Uhr. Ich muss also 8 Minuten warten.

▶ Seite 19 Zwischentest

1 a) 8 ist ein Teiler von 9**6**.
b) 7 ist ein Teiler von 2**1**0 und 2**8**0.
c) 1**2** und **7**2 sind Vielfache von 12.
d) 1**2**6 und 1**9**6 sind Vielfache von 14.

2 a) 112 ist durch 8 teilbar, denn 112 : 8 = 14.
b) 112 ist nicht durch 12 teilbar, denn 112 : 12 = 9 **Rest 4**.
c) 68 ist durch 17 teilbar, denn 68 : 17 = 4.

3 456; 465; 546; 564; 645; 654
a) 456; 546; 564; 654
b) 465; 645
c) 456; 564
d) Bei den Ziffern muss eine Null dabei sein.
Welche Ziffer du dafür weglässt, ist egal.
Zum Beispiel: 0, 5 und 6
Es entstehen 506, 560, 605, 650.
Durch 10 teilbar sind 560 und 650.
(Achtung: wegen der Null entstehen nur vier dreistellige Zahlen, da 056 = 56 und 065 = 65.)

4 a) 57, nicht durch 9 teilbar
b) 333, auch durch 9 teilbar
c) 972, auch durch 9 teilbar

5 a) T_{28} = {1; 2; 4; 7; 14; 28}
b) T_{53} = {1; 53}
c) T_{69} = {1; 3; 23; 69}
d) T_{78} = {1; 2; 3; 6; 13; 26; 39; 78}

6 a) 11 ist eine Primzahl.
b) 101 ist eine Primzahl.
c) 1001 ist keine Primzahl, denn sie ist teilbar durch 7, 11, 13, 77, 91 und 143.
(Es reicht aus, einen dieser Teiler zu finden.)

7 a) um 10:16 Uhr, um 10:32 Uhr, um 10:48 Uhr und um 11:04 Uhr
b) Schreibe auf, wann die nächsten Busse zum Bahnhof abfahren: um 10:12 Uhr, um 10:24 Uhr, um 10:36 Uhr und um **10:48 Uhr**.
Die letzte Zeit steht auch beim Bus zum Zoo.
Also fahren die beiden Busse um 10:48 Uhr wieder gleichzeitig ab.

▶ Seite 25 Abschlusstest

1 a) 1, 3, 5, 9, 15, 45 (drei Teiler reichen)
b) 9, 18, 27, 36, 45, ... (drei Vielfache reichen)
c) 88 ist ein Vielfaches von 8.

2 a) Ja, denn 91 : 7 = 13.
b) Nein, denn 111 : 11 = 10 **Rest 1**.

3 a) 45, 65, 90 b) 45, 36, 57, 72, 90

4 a) T_{28} = {1; **2**; 4; **7**; **14**; 28}
b) T_{49} = {1; **7**; **49**}
c) T_{44} = {**1**; 2; 4, **11**; **22**; 44}
d) T_{47} = {**1**; **47**}

5 19 und 71 sind Primzahlen.
(42 ist keine Primzahl, denn 42 = 6 · 7.
55 ist keine Primzahl, denn 55 = 5 · 11.)
T_{19} = {1; 19} und T_{71} = {1; 71}

6 1 Kind bekommt 12 Stücke.
2 Kinder bekommen je 6 Stücke.
3 Kinder bekommen je 4 Stücke.
4 Kinder bekommen je 3 Stücke.
6 Kinder bekommen je 2 Stücke.
12 Kinder bekommen je 1 Stück.

▶ Seite 25 Abschlusstest

1 a) 4, 7, 8, 14, 28 b) 7, 14, 28, 42, 84
c) Nein. (Richtig wäre: 7 ist ein Teiler von 63.)

2 a) Nein, denn 188 : 8 = 23 **Rest 4**.
b) Ja, denn 168 : 12 = 14.

3 a) An der letzten Stelle können eine 0 oder eine 5 stehen (also 340 und 345; 2450 und 2455; 5730 und 5735).
b) 34**2**, 34**5** und 34**8**; 245**1**, 245**4** und 245**7**; 573**0**, 573**3**, 573**6** und 573**9**

4 a) $T_{35} = \{1; 5; 7; 35\}$ b) $T_{39} = \{1; 3; 13; 39\}$
c) $T_{73} = \{1; 73\}$; 73 ist eine Primzahl
d) $T_{100} = \{1; 2; 4; 5; 10; 20; 25; 50; 100\}$

5 a) keine Primzahl, denn $T_{91} = \{1; 7; 13; 91\}$
b) Primzahl, denn $T_{107} = \{1; 107\}$
c) Primzahl, denn $T_{127} = \{1; 127\}$
d) keine Primzahl, denn $T_{169} = \{1; 13; 169\}$

6 30 : 4 = 7 Rest 2 Es fehlen **2 Kinder**.
(28 arbeiten in 7 Vierergruppen)
Oder es fehlen **6 Kinder**. (24 Kinder arbeiten in 6 Vierergruppen.)
Oder es fehlen sogar **10 Kinder**. (20 Kinder arbeiten in 5 Vierergruppen.)
(Es könnten auch 14, 18, 22 oder 26 Kinder fehlen, aber das ist eher unwahrscheinlich.)

▶ Seite 25 Abschlusstest

1 a) 9 oder 21 b) 18

2 a) Nein, denn 240 : 7 = 34 **Rest 2**.
b) Ja, denn 225 : 15 = 15.

3 a) Hier sind alle möglichen Zahlen aufgeführt. Es reicht, drei davon zu nennen.
450; 405; 504; 540; 270; 720; 207; 702; 567; 576; 657; 675; 756; 765
b) 420; 720; 240; 540

4 a) $T_{48} = \{1; 2; \mathbf{3}; 4; 6; 8; \mathbf{12}; 16; \mathbf{24}; 48\}$
b) $T_{144} = \{1; 2; 3; 4; \mathbf{6}; 8; 9; 12; 16; \mathbf{18}; 24; 36; \mathbf{48}; 72; 144\}$

5 a) 97 b) 101

6 Dreiergruppen: 3, 6, 9, **12**, 15, 18 Kinder
Vierergruppen: 4, 8, **12**, 16, 20 Kinder
Sechsergruppen: 6, **12**, 18 Kinder
Leon kann 11 Kinder einladen (dann sind es mit ihm zusammen 12).

2 Brüche addieren und subtrahieren

▶ Seite 28/29 Wiederholung

1 **Richtig**, denn der Zähler steht über dem Bruchstrich und der Nenner steht unter dem Bruchstrich.

2 a) $\frac{1}{2}$ b) $\frac{1}{4}$ c) $\frac{2}{5}$ d) $\frac{5}{6}$

3 a) 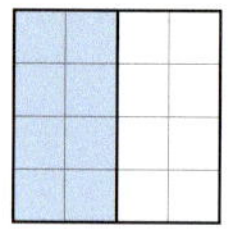 b) 
c) 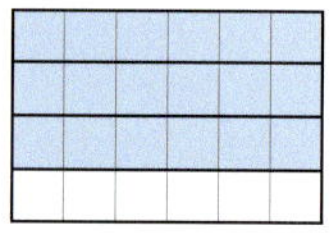

4 a) **4 Autos**, denn 8 : 2 = 4 (und 4 · 1 = 4)
b) **7 Busse**, denn 21 : 3 = 7 (und 7 · 1 = 7)
c) **4 Züge**, denn 10 : 5 = 2 und 2 · 2 = 4

5 a) **6 Monate**, denn 12 Monate : 2 = 6 Monate
b) **15 min**, denn 60 min : 4 = 15 min
c) **250 g**, denn 1000 g : 4 = 250 g
d) **750 m**, denn 1000 m : 4 = 250 m und 250 m · 3 = 750 m
e) **600 mg**, denn 1000 mg : 5 = 200 mg und 200 mg · 3 = 600 mg

6 a) $\frac{4}{3}$ b) $\frac{8}{5}$ c) $\frac{5}{2}$ d) $\frac{31}{7}$

7 a) $1\frac{1}{2}$ b) $1\frac{2}{3}$ c) $2\frac{3}{4}$ d) $3\frac{2}{5}$

8 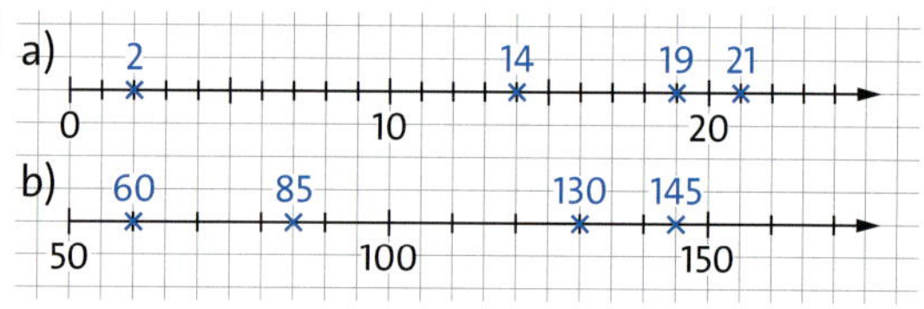

9 a) 3 + 5 = 8
1. Summand 2. Summand Wert der Summe

b) 9 − 2 = 7
Minuend Subtrahend Wert der Differenz

10 a) 30 b) 37 c) 82
d) 55 e) 54 f) 27

11 a)
54
29 **25**
17 12 13

b)
65
35 30
14 21 **9**

c)
59
31 **28**
22 **9** **19**

12 a)

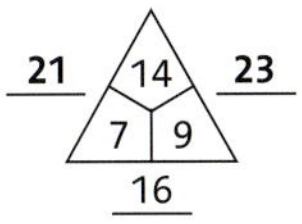

b)

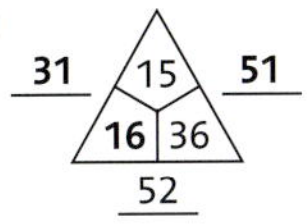

c)

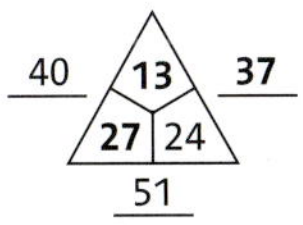

▶ Seite 46 Zwischentest

1 a) $\frac{1}{3} = \frac{1 \cdot 2}{3 \cdot 2} = \frac{2}{6}$ b) $\frac{2}{5} = \frac{2 \cdot 4}{5 \cdot 4} = \frac{8}{20}$

2 a) $\frac{8}{12} = \frac{8 : 2}{12 : 2} = \frac{4}{6}$ b) $\frac{9}{24} = \frac{9 : 3}{24 : 3} = \frac{3}{8}$

3 a) 10 ist gemeinsamer Nenner, denn $2 \cdot 5 = 10$.
Erweitere also mit 2. $\frac{2}{5} = \mathbf{\frac{4}{10}}$

b) 9 ist gemeinsamer Nenner, denn $3 \cdot 3 = 9$.
Erweitere also mit 3. $\frac{2}{3} = \mathbf{\frac{6}{9}}$

4 a) $\frac{5}{8} < \frac{7}{8}$, denn im Zähler ist $5 < 7$.

b) $\frac{3}{5} > \frac{3}{9}$, denn im Nenner ist $5 < 9$.

c) Erweitere $\frac{4}{9}$ mit 2, also $\frac{4}{9} = \frac{8}{18}$.

d) Kürze $\frac{8}{10}$ mit 2, also $\frac{8}{10} = \frac{4}{5}$,
es ist $\frac{3}{5} < \frac{8}{10}$ $(= \frac{4}{5})$.

5 Von 0 bis 1 sind es 4 Kästchen,
also steht 1 Kästchen für $\frac{1}{4}$.

a) $A = \frac{3}{4}$ und $B = 2\frac{3}{4}$

b)

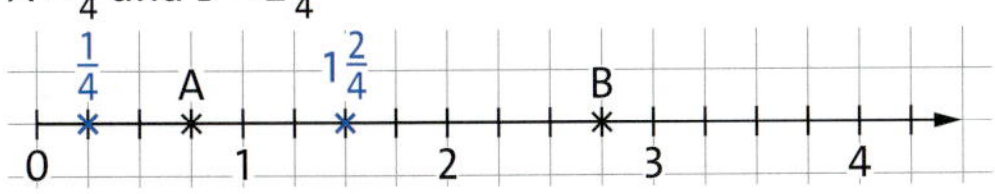

6 a) $\frac{2}{5} + \frac{1}{5} = \mathbf{\frac{3}{5}}$

b) 10 ist ein gemeinsamer Nenner.
$\frac{3}{10} + \frac{2}{5} = \frac{3}{10} + \frac{4}{10} = \mathbf{\frac{7}{10}}$

c) $\frac{7}{8} - \frac{3}{8} = \frac{4}{8} = \frac{1}{2}$

d) 15 ist ein gemeinsamer Nenner.
$\frac{13}{15} - \frac{2}{3} = \frac{13}{15} - \frac{10}{15} = \frac{3}{15} = \mathbf{\frac{1}{5}}$

7 a) $2\frac{1}{3}$ und $\frac{7}{3}$ b) $3\frac{3}{4}$ und $\frac{15}{4}$

8 a) $2\frac{1}{5} + 3\frac{3}{5} = 2 + 3 + \frac{1}{5} + \frac{3}{5} = \mathbf{5\frac{4}{5}}$

b) $3\frac{2}{9} + 1\frac{2}{3} = 3 + 1 + \frac{2}{9} + \frac{6}{9} = \mathbf{4\frac{8}{9}}$

c) $6\frac{7}{9} - 4\frac{5}{9} = 6 - 4 + \frac{7}{9} - \frac{5}{9} = \mathbf{2\frac{2}{9}}$

d) $3\frac{3}{4} - 2\frac{5}{8} = 3 - 2 + \frac{6}{8} - \frac{5}{8} = \mathbf{1\frac{1}{8}}$

▶ Seite 47 Zwischentest

1 a) $\frac{3}{4} = \frac{3 \cdot 6}{4 \cdot 6} = \frac{18}{24}$ b) $\frac{5}{8} = \frac{5 \cdot 3}{8 \cdot 3} = \frac{15}{24}$ (erweitert mit 3)

2 a) $\frac{15}{21} = \frac{15 : 3}{21 : 3} = \frac{5}{7}$ b) $\frac{12}{16} = \frac{12 : 4}{16 : 4} = \frac{3}{4}$ (gekürzt mit 4)

3 a) 21 ist ein gemeinsamer Nenner, denn $7 \cdot 3 = 21$.
Erweitere also den ersten Bruch mit 3.
$\frac{4}{7} = \frac{4 \cdot 3}{7 \cdot 3} = \mathbf{\frac{12}{21}}$

b) 12 ist ein gemeinsamer Nenner, denn $4 \cdot 3 = 12$ und $6 \cdot 2 = 12$. Erweitere also den ersten Bruch mit 3 und den zweiten Bruch mit 2.
$\frac{3}{4} = \frac{3 \cdot 3}{4 \cdot 3} = \mathbf{\frac{9}{12}}$ und $\frac{5}{6} = \frac{5 \cdot 2}{6 \cdot 2} = \mathbf{\frac{10}{12}}$

4 a) $\frac{12}{5} < \frac{12}{4}$, denn im Nenner ist $5 > 4$.

b) $\frac{3}{10} < \frac{7}{10}$, denn im Zähler ist $3 < 7$.

c) Kürze den ersten Bruch mit 3, dann ist $\frac{9}{12} = \frac{3}{4}$.

d) Erweitere die Brüche auf den Nenner 24.
$\frac{7}{8} = \frac{7 \cdot 3}{8 \cdot 3} = \frac{21}{24}$ und $\frac{5}{6} = \frac{5 \cdot 4}{6 \cdot 4} = \frac{20}{24}$, also $\frac{7}{8} > \frac{5}{6}$

5 Von 0 bis 1 sind es 5 Kästchen, also steht ein Kästchen für $\frac{1}{5}$.

a) $A = \frac{3}{5}$ und $B = 2\frac{1}{5}$

b) $1\frac{6}{10} = 1\frac{3}{5}$ (gekürzt mit 2)

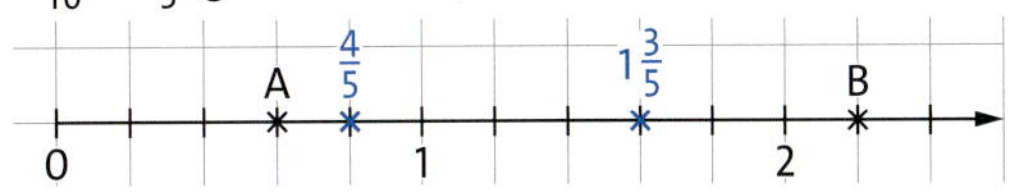

6 a) $\frac{4}{7} + \frac{2}{7} = \mathbf{\frac{6}{7}}$

b) 24 ist ein gemeinsamer Nenner.
$\frac{5}{8} + \frac{1}{6} = \frac{15}{24} + \frac{4}{24} = \mathbf{\frac{19}{24}}$

c) Kürze den zweiten Bruch mit 3.
$\frac{4}{5} - \frac{9}{15} = \frac{4}{5} - \frac{3}{5} = \mathbf{\frac{1}{5}}$

d) 36 ist ein gemeinsamer Nenner.
$\frac{11}{12} - \frac{5}{9} = \frac{33}{36} - \frac{20}{36} = \mathbf{\frac{13}{36}}$

7 a) $4\frac{3}{5} = \frac{20}{5} + \frac{3}{5} = \mathbf{\frac{23}{5}}$ und
$3\frac{2}{7} = \frac{21}{7} + \frac{2}{7} = \mathbf{\frac{23}{7}}$

b) $\frac{15}{7} = 15 : 7 = 2$ Rest $1 = \mathbf{2\frac{1}{7}}$ und
$\frac{20}{3} = 20 : 3 = 6$ Rest $2 = \mathbf{6\frac{2}{3}}$

8 a) $5\frac{1}{7} + 4\frac{4}{7} = 5 + 4 + \frac{1}{7} + \frac{4}{7} = \mathbf{9\frac{5}{7}}$

b) $6\frac{3}{4} + 3\frac{5}{6} = 6 + 3 + \frac{9}{12} + \frac{10}{12}$
$= 9 + \frac{19}{12} = 9 + 1\frac{7}{12} = \mathbf{10\frac{7}{12}}$

c) $8\frac{5}{8} - 4\frac{7}{16} = 8 - 4 + \frac{10}{16} - \frac{7}{16} = \mathbf{4\frac{3}{16}}$

d) $13\frac{1}{6} - 7\frac{5}{6} = 13 - 7 + \frac{1}{6} - \frac{5}{6}$
$= 5 + \frac{6}{6} + \frac{1}{6} - \frac{5}{6} = 5\frac{2}{6} = \mathbf{5\frac{1}{3}}$

▶ Seite 47 Zwischentest

1 a) $\frac{2}{5} = \mathbf{\frac{6}{15}}$ (erweitert mit **3**)

b) $\frac{4}{8} = \mathbf{\frac{32}{64}}$ (erweitert mit **8**)

2 a) $\frac{28}{36} = \mathbf{\frac{7}{9}}$ (gekürzt mit 4)

b) $\frac{45}{54} = \mathbf{\frac{5}{6}}$ (gekürzt mit 9)

3 a) 45 ist ein gemeinsamer Nenner. Erweitere den ersten Bruch mit 5 und den zweiten mit 3.
$\frac{4}{9} = \frac{20}{45}$ und $\frac{2}{15} = \frac{6}{45}$

b) 30 ist ein gemeinsamer Nenner. Erweitere den ersten Bruch mit 3 und den zweiten mit 5.
$\frac{3}{10} = \frac{9}{30}$ und $\frac{5}{6} = \frac{25}{30}$

4 a) 20 ist ein gemeinsamer Nenner:
$\frac{3}{4}=\frac{15}{20}$, $\frac{4}{5}=\frac{16}{20}$, $\frac{7}{10}=\frac{14}{20}$, $\frac{6}{5}=\frac{24}{20}$
Also ist $\frac{7}{10}<\frac{3}{4}<\frac{4}{5}<\frac{6}{5}$.

b) 30 ist ein gemeinsamer Nenner:
$\frac{9}{5}=\frac{54}{30}$, $\frac{7}{6}=\frac{35}{30}$, $\frac{8}{15}=\frac{16}{30}$
Also ist $\frac{8}{15}<\frac{17}{30}<\frac{7}{6}<\frac{9}{5}$.

5 Ein Kästchen steht für $\frac{1}{6}$.
$\frac{2}{3}=\frac{4}{6}$; $1\frac{1}{3}=1\frac{2}{6}$; $\frac{10}{6}=1\frac{4}{6}$

6 a) $\frac{5}{16}+\frac{3}{8}=\frac{5}{16}+\frac{6}{16}=\mathbf{\frac{11}{16}}$
b) $\frac{1}{4}+\frac{1}{16}+\frac{3}{8}=\frac{4}{16}+\frac{1}{16}+\frac{6}{16}=\mathbf{\frac{11}{16}}$
c) $\frac{7}{8}-\frac{1}{6}=\frac{21}{24}-\frac{4}{24}=\mathbf{\frac{17}{24}}$
d) $\frac{2}{3}-\frac{1}{12}-\frac{5}{10}=\frac{2}{3}-\frac{1}{12}-\frac{1}{2}=\frac{8}{12}-\frac{1}{12}-\frac{6}{12}=\mathbf{\frac{1}{12}}$

7 a) $5\frac{7}{8}=\frac{40}{8}+\frac{7}{8}=\mathbf{\frac{47}{8}}$ und $12\frac{3}{4}=\frac{48}{4}+\frac{3}{4}=\mathbf{\frac{51}{4}}$
b) $\frac{22}{2}=22:2=\mathbf{11}$ und
$\frac{39}{15}=39:15=2$ Rest $9=2\frac{9}{15}=\mathbf{2\frac{3}{5}}$

8 a) $4\frac{5}{9}+3\frac{1}{3}=4+3+\frac{5}{9}+\frac{3}{9}=\mathbf{7\frac{8}{9}}$
b) $2\frac{1}{3}+4\frac{3}{4}+2\frac{5}{6}=2+4+2+\frac{4}{12}+\frac{9}{12}+\frac{10}{12}$
$=8+\frac{23}{12}=8+1\frac{11}{12}=\mathbf{9\frac{11}{12}}$
c) $12\frac{7}{12}-9\frac{3}{8}=12-9+\frac{14}{24}-\frac{9}{24}=\mathbf{3\frac{5}{24}}$
d) $20\frac{1}{2}-10\frac{8}{15}=20-10+\frac{15}{30}-\frac{16}{30}$
$=9+\frac{30}{30}+\frac{15}{30}-\frac{16}{30}=\mathbf{9\frac{29}{30}}$

▶ Seite 53 Abschlusstest

1 Von 0 bis 1 sind es 5 Kästchen, also steht ein Kästchen für $\frac{1}{5}$ und ein halbes Kästchen für $\frac{1}{10}$.

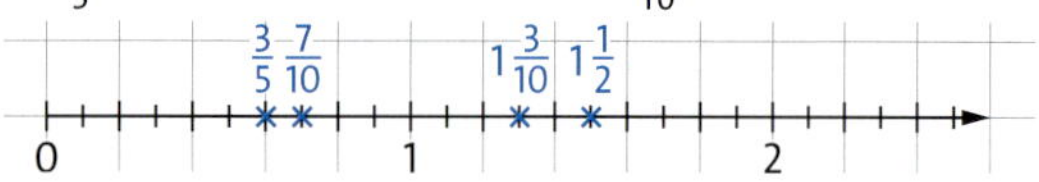

2 a) $\frac{3}{8}<\frac{4}{8}$, denn im Zähler ist $3<4$.
b) $\frac{8}{3}>\frac{8}{4}$, denn im Nenner ist $3<4$.
c) $\frac{4}{8}=\frac{1}{2}$ (Kürze $\frac{4}{8}$ mit 4.)
d) $\frac{3}{4}>\frac{5}{8}$, denn $\frac{3}{4}=\frac{6}{8}$ und $\frac{6}{8}>\frac{5}{8}$.

3 a) $\frac{2}{2}>\frac{3}{4}>\frac{1}{2}>\frac{1}{4}$; denn 4 ist ein gemeinsamer Nenner und $\frac{1}{2}=\frac{2}{4}$ und $\frac{2}{2}=1$.
b) $\frac{5}{4}>\frac{5}{6}>\frac{1}{2}$, denn 12 ist ein gemeinsamer Nenner und $\frac{1}{2}=\frac{6}{12}$; $\frac{5}{6}=\frac{10}{12}$ und $\frac{5}{4}=\frac{15}{12}$.

4 a) $\frac{3}{8}+\frac{3}{8}=\frac{6}{8}=\mathbf{\frac{3}{4}}$
b) $\frac{1}{2}+\frac{2}{6}=\frac{3}{6}+\frac{2}{6}=\mathbf{\frac{5}{6}}$
c) $\frac{3}{4}-\frac{7}{12}=\frac{9}{12}-\frac{7}{12}=\frac{2}{12}=\mathbf{\frac{1}{6}}$
d) $\frac{5}{7}-\frac{6}{14}=\frac{5}{7}-\frac{3}{7}=\mathbf{\frac{2}{7}}$

5 a) $1\frac{1}{5}+2\frac{3}{5}=3+\frac{4}{5}=\mathbf{3\frac{4}{5}}$
b) $3\frac{5}{7}+5\frac{9}{14}=3+5+\frac{10}{14}+\frac{9}{14}$
$=8+\frac{19}{14}=8+\frac{14}{14}+\frac{5}{14}=\mathbf{9\frac{5}{14}}$
c) $5\frac{7}{9}-3\frac{4}{9}=2+\frac{3}{9}=\mathbf{2\frac{1}{3}}$
d) $10\frac{5}{6}-2\frac{5}{12}=8+\frac{10}{12}-\frac{5}{12}=\mathbf{8\frac{5}{12}}$

6 Du musst 6 einsetzen, denn $\frac{6}{6}+\frac{2}{3}=1+\frac{2}{3}=1\frac{2}{3}$ ist größer als die anderen Ergebnisse.

7 Addiere alle Gewichte.
$2\frac{1}{2}+\frac{3}{4}+\frac{2}{3}=2\frac{6}{12}+\frac{9}{12}+\frac{8}{12}=2+\frac{23}{12}=2+\frac{12}{12}+\frac{11}{12}=\mathbf{3\frac{11}{12}}$
Alles zusammen wiegt $3\frac{11}{12}$ kg.
Das ist etwas weniger als 4 kg.

▶ Seite 53 Abschlusstest

1 Von 0 bis 1 sind es 5 Kästchen, also steht ein Kästchen für $\frac{1}{5}$.

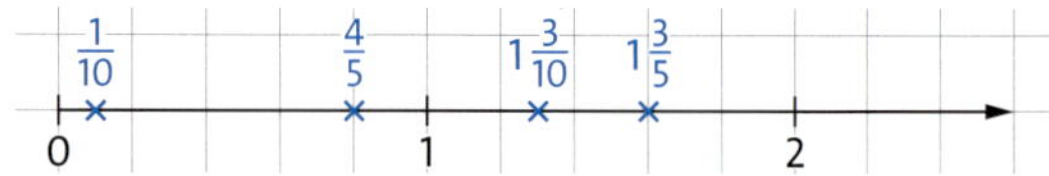

2 a) $\frac{5}{12}<\frac{6}{12}$, denn im Zähler ist $5<6$.
b) $\frac{12}{5}>\frac{12}{6}$, denn im Nenner ist $5<6$.
c) $\frac{11}{12}>\frac{5}{6}$, denn $\frac{5}{6}=\frac{10}{12}$.
d) $\frac{2}{4}=\frac{8}{16}$ (Erweitere $\frac{2}{4}$ mit 4.)

3 a) $\frac{9}{5}>\frac{17}{10}>\frac{3}{5}>\frac{1}{2}$, denn 10 ist ein gemeinsamer Nenner und $\frac{9}{5}=\frac{18}{10}$; $\frac{3}{5}=\frac{6}{10}$ und $\frac{1}{2}=\frac{5}{10}$.
b) $\frac{7}{3}>\frac{9}{4}>\frac{14}{8}>\frac{7}{6}$, denn 24 ist ein gemeinsamer Nenner und $\frac{7}{3}=\frac{56}{24}$; $\frac{9}{4}=\frac{54}{24}$; $\frac{14}{8}=\frac{42}{24}$ und $\frac{7}{6}=\frac{28}{24}$.

4 a) $\frac{2}{3}+\frac{2}{9}=\frac{6}{9}+\frac{2}{9}=\mathbf{\frac{8}{9}}$
b) $\frac{11}{18}+\frac{1}{6}=\frac{11}{18}+\frac{3}{18}=\frac{14}{18}=\mathbf{\frac{7}{9}}$
c) $\frac{5}{6}-\frac{1}{4}=\frac{10}{12}-\frac{3}{12}=\mathbf{\frac{7}{12}}$
d) $\frac{10}{12}-\frac{5}{9}=\frac{30}{36}-\frac{20}{36}=\frac{10}{36}=\mathbf{\frac{5}{18}}$

5 a) $2\frac{2}{9}+7\frac{2}{3}=2+7+\frac{2}{9}+\frac{6}{9}=\mathbf{9\frac{8}{9}}$
b) $4\frac{1}{3}+2\frac{3}{4}=4+\frac{4}{12}+2+\frac{9}{12}=6+\frac{13}{12}=6+\frac{12}{12}+\frac{1}{12}=\mathbf{7\frac{1}{12}}$
c) $8\frac{5}{7}-3\frac{9}{14}=8-3+\frac{10}{14}-\frac{9}{14}=\mathbf{5\frac{1}{14}}$
d) $6\frac{7}{10}-3\frac{5}{6}=6-3+\frac{21}{30}-\frac{25}{30}=2+\frac{30}{30}+\frac{21}{30}-\frac{25}{30}$
$=2+\frac{51}{30}-\frac{25}{30}=2\frac{26}{30}=\mathbf{2\frac{13}{15}}$

6 Das Ergebnis von $\frac{1}{\square}+\frac{1}{2}$ wird möglichst groß, wenn der erste Summand möglichst groß ist. Dazu muss der Nenner möglichst klein sein, also **1**. Dann ist $\frac{1}{1}+\frac{1}{2}=1\frac{1}{2}$.

7 Addiere die Mengen für Kakao und Pudding und subtrahiere das Ergebnis von der Gesamtmenge 3 Liter.
$1\frac{3}{4}+1\frac{1}{6}=1+1+\frac{9}{12}+\frac{2}{12}=2\frac{11}{12}$
$3-2\frac{11}{12}=\mathbf{\frac{1}{12}}$
In der Kanne ist noch $\frac{1}{12}$ Liter Milch.

▶ Seite 53 Abschlusstest

1 Wähle zum Beispiel diese Einteilung: Von 0 bis 1 sind es 12 Kästchen. Dann steht ein Kästchen für $\frac{1}{12}$.

$\frac{3}{4}=\frac{9}{12}$; $\frac{7}{6}=1\frac{2}{12}$; $\frac{25}{30}=\frac{5}{6}=\frac{10}{12}$

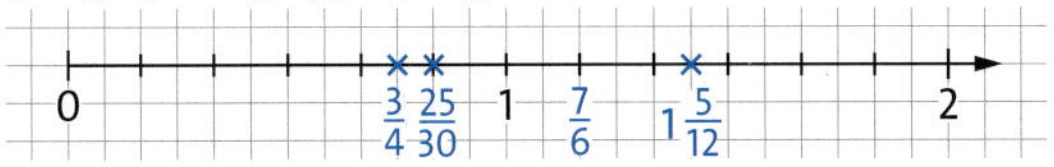

2 a) $\frac{7}{13}=\frac{14}{26}$ (Erweitere $\frac{7}{13}$ mit 2.)

b) $\frac{5}{6}>\frac{3}{4}$, denn $\frac{5}{6}=\frac{10}{12}$ und $\frac{3}{4}=\frac{9}{12}$.

c) $\frac{7}{18}<\frac{7}{13}$, denn im Nenner ist $13<18$.

d) $\frac{9}{10}<\frac{11}{12}$ $\frac{9}{10}<\frac{11}{12}$, denn bei $\frac{9}{10}$ fehlt $\frac{1}{10}$ bis zur 1 und bei $\frac{11}{12}$ fehlt nur $\frac{1}{12}$ bis zur 1.

3 a) $\frac{1}{3}<\frac{4}{7}<\frac{13}{21}<\frac{8}{12}$; denn nach Kürzen von $\frac{8}{12}=\frac{2}{3}$ ist 21 ein gemeinsamer Nenner und
$\frac{1}{3}=\frac{7}{21}$; $\frac{4}{7}=\frac{12}{21}$; $\frac{8}{12}=\frac{2}{3}=\frac{14}{21}$.

b) $\frac{17}{15}<\frac{8}{6}<\frac{7}{5}<\frac{5}{3}$; denn nach Kürzen von $\frac{8}{6}=\frac{4}{3}$ ist 15 ein gemeinsamer Nenner und
$\frac{8}{6}=\frac{4}{3}=\frac{20}{15}$; $\frac{7}{5}=\frac{21}{15}$ und $\frac{5}{3}=\frac{25}{15}$.

4 a) $\frac{3}{4}+\frac{1}{6}=\frac{9}{12}+\frac{2}{12}=\mathbf{\frac{11}{12}}$

b) $\frac{4}{5}-\frac{1}{4}=\frac{16}{20}-\frac{5}{20}=\mathbf{\frac{11}{20}}$

c) $\frac{2}{6}+\frac{4}{9}+\frac{2}{3}=\frac{1}{3}+\frac{2}{3}+\frac{4}{9}=\mathbf{1\frac{4}{9}}$

d) $\frac{5}{6}-\frac{1}{3}+\frac{1}{2}=\frac{5}{6}-\frac{2}{6}+\frac{3}{6}=\mathbf{1}$

5 a) $1\frac{1}{2}+2\frac{4}{5}=3+\frac{5}{10}+\frac{8}{10}=3+\frac{13}{10}=\mathbf{4\frac{3}{10}}$

b) $4\frac{2}{9}+5\frac{5}{6}+1\frac{2}{3}=4+5+1+\frac{4}{18}+\frac{15}{18}+\frac{12}{18}$
$=10+\frac{31}{18}=\mathbf{11\frac{13}{18}}$

c) $8\frac{9}{10}-3\frac{3}{4}=8-3+\frac{18}{20}-\frac{15}{20}=\mathbf{5\frac{3}{20}}$

d) $5\frac{4}{5}-1\frac{2}{6}-2\frac{4}{8}=5-1-2+\frac{4}{5}-\frac{1}{3}-\frac{1}{2}$
$=2+\frac{24}{30}-\frac{10}{30}-\frac{15}{30}=1+\frac{30}{30}+\frac{24}{30}-\frac{10}{30}-\frac{15}{30}=\mathbf{1\frac{29}{30}}$

6 Das Ergebnis von $\frac{3}{4}-\frac{1}{\square}$ wird möglichst klein, wenn der Subtrahend möglichst groß wird. Dazu muss der Nenner des Subtrahenden möglichst klein sein, aber nicht kleiner als $\frac{3}{4}$. Mit dem Nenner 2 ist dann $\frac{3}{4}-\frac{1}{2}=\frac{1}{4}$.

7 a) Subtrahiere so oft $1\frac{3}{4}$t von den 5 t, bis weniger als $1\frac{3}{4}$ übrig bleibt.
$5-1\frac{3}{4}-1\frac{3}{4}=5-1-1-\frac{3}{4}-\frac{3}{4}=3-\frac{3}{4}-\frac{3}{4}$
$=\frac{12}{4}-\frac{3}{4}-\frac{3}{4}=\frac{6}{4}=\frac{3}{2}=1\frac{1}{2}$
Du kannst zweimal $1\frac{3}{4}$t subtrahieren und dann bleibt noch ein Rest von $1\frac{1}{2}$t, also muss Herr Sterzek insgesamt dreimal fahren.

b) Bei der dritten Fahrt sind nur noch $1\frac{1}{2}$t Steine auf dem Anhänger.

3 Dezimalzahlen

▶ Seite 56/57 Wiederholung

1

Millionen			Tausender					
H	Z	E	H	Z	E	H	Z	E
				2	3	5	0	0
			9	1	7	0	8	0
	1	3	5	0	0	3	2	5
						3	0	7
					7	0	1	2

2 vierundneunzigtausendfünfhundert
vier Millionen siebenhundertachtzigtausendzwanzig
achthundertsieben Millionen sechzigtausend-vierhundertdrei

3 a) $250>230$ b) $4092>4029$
c) $76\,320>76\,200$ d) $356\,507<356\,567$

4 a) $75<450<7900<22\,900<55\,000<97\,900$
b) $8359<8533<8539<8593<8895<8955$

5 a) A = 2; B = 6; C = 9
b) D = 10; E = 40; F = 70; G = 85

6

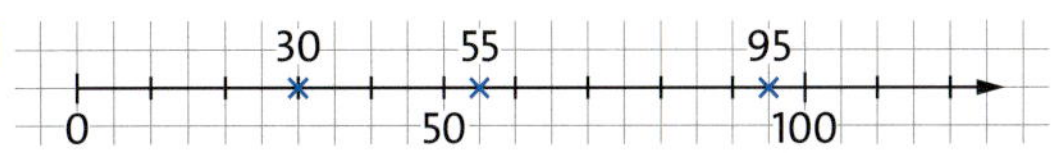

7 a) 6840 (Zehner); 6800 (Hunderter); 7000 (Tausender)
b) 849 (auf Hunderter) c) 115 (auf Zehner)

8 a) $\frac{2}{8}=\frac{1}{4}$ b) $\frac{5}{12}$

9 a) 30 b) 63 c) 42
d) 8 e) 6 f) 8

10 a) $\frac{2}{4}$ b) $\frac{2}{10}$ c) $\frac{6}{8}$

11 a) $\frac{1}{2}$ b) $\frac{3}{4}$ c) $\frac{3}{5}$

12 a) $1\frac{1}{2}$ b) $1\frac{2}{3}$ c) $2\frac{1}{5}$

13 a) 560 ct b) 25,05 €
c) 5 km d) 3500 m
e) 2 m f) 150 cm
g) 8000 g h) 2,5 kg

14 a) Luise 17 m, Jana 20 m, Elina 21,5 m, Sara 24 m
b) Luise 1 Punkt, Jana 2 Punkte,
Elina 2 Punkte, Sara 3 Punkte

▶ Seite 70 Zwischentest

1

Dezimalzahl	Z	E,	z	h
0,7		0,	7	
2,19		2,	1	9

null Komma sieben
zwei Komma eins neun

2 a) 0,8 b) 0,55 c) 2,5

3 a) $\frac{25}{100} = \frac{1}{4}$ b) $\frac{3}{10}$

4 a) $0{,}65 > 0{,}55$ b) $5{,}27 < 5{,}28$
c) $1{,}33 > 1{,}3 = 1{,}30 > 1{,}03$

5 a) A = 1,5 und B = 2,0
b)

6 a) 3,6 und 5,3 b) 0,04

7 a) $\frac{3}{5} = \frac{3 \cdot 2}{5 \cdot 2} = \frac{6}{10} = 0{,}6$ b) $\frac{9}{20} = \frac{9 \cdot 5}{20 \cdot 5} = \frac{45}{100} = 0{,}45$
c) $\frac{12}{40} = \frac{12 : 4}{40 : 4} = \frac{3}{10} = 0{,}3$

8 $\frac{1}{4} = 1{,}00 : 4 = 0{,}25$
−0
10
−8
20
−20
0

$\frac{5}{8} = 5{,}000\ldots : 8 = 0{,}625$
−0
50
−48
20
−16
40
−40
0

9 a) 75 % und 20 % b) $\frac{19}{100}$ und $\frac{5}{100} = \frac{1}{20}$

▶ Seite 71 Zwischentest

1

Dezimalzahl	H	Z	E,	z	h	t
0,3			0,	3		
27,04		2	7,	0	4	

null Komma drei
siebenundzwanzig Komma null vier

2 a) 0,88 b) 12,0 = 12 c) 7,5

3 a) $\frac{95}{100} = \frac{19}{20}$ b) $\frac{2}{1000} = \frac{1}{500}$

4 a) $3{,}95 > 3{,}59$ b) $75{,}6 = 75{,}600$
c) $2{,}045 < 2{,}054 < 2{,}405 < 2{,}504 < 2{,}440 < 2{,}45 < 2{,}540$

5 a) A = 0,5 und B = 0,65
b)

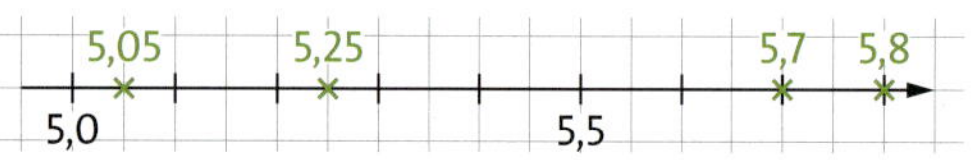

6 a) 0,74 und 1,06 b) 15,801

7 a) $\frac{4}{5} = \frac{8}{10} = 0{,}8$ b) $\frac{27}{30} = \frac{9}{10} = 0{,}9$ c) $\frac{7}{25} = \frac{28}{100} = 0{,}28$

8 a) 7 : 8 = 7,000 : 8 = 0,875
b) 9 : 16 = 9,0000 : 16 = 0,5625

9 a) 5 % und 90 % b) $\frac{6}{100} = \frac{3}{50}$ und $\frac{70}{100} = \frac{7}{10}$

▶ Seite 71 Zwischentest

1

Dezimalzahl	H	Z	E,	z	h	t
0,08			0,	0	8	
172,010	1	7	2,	0	1	0

null Komma null acht
hundertzweiundsiebzig Komma null eins null

2 a) 0,65 b) 3,7 c) 2,38

3 a) $\frac{655}{1000} = \frac{131}{200}$ b) $\frac{203}{100}$

4 a) $12{,}093 < 12{,}93$ b) $14{,}20400 = 14{,}204$
c) $0{,}0337 < 0{,}0373 < 0{,}0733 < 0{,}3037 < 0{,}3307$
$< 0{,}3370 < 0{,}7033$

5 a) A = 0,5 und B = 0,555
b)

6 a) 6,06 b) 12,871 und 0,005

7 a) $\frac{2}{25} = \frac{8}{100} = 0{,}08$ b) $\frac{72}{80} = \frac{9}{10} = 0{,}9$
c) $\frac{15}{12} = \frac{5}{4} = \frac{125}{100} = 1{,}25$

8 a) 3,0000 : 16 = 0,1875
b) 5 : 32 = 5,00000 : 32 = 0,15625

9 a) 135 % und 30 % (denn $\frac{3}{10} = \frac{30}{100}$)
b) $\frac{1}{100}$ und $\frac{105}{100} = \frac{21}{20}$

▶ Seite 79 Abschlusstest

1 a) $\left(\frac{6}{10} =\right) 0{,}6$ b) $\left(\frac{5}{100} =\right) 0{,}05$
c) 0,75 d) 0,004

2 a) $0{,}45 = \frac{45}{100}$ b) $0{,}8 = \frac{8}{10}$

3 Sascha ist mit 2,77 m am weitesten gesprungen.

4 a) A = 1,55 und B = 1,58
b)

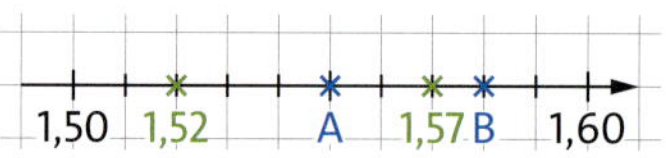

c) zum Beispiel 1,51; 1,52; 1,53 (oder 1,54; 1,55; …)

5 a) Es wurde auf Hundertstel gerundet.
b) $22{,}46 \approx 22{,}5$
c) $0{,}03366 \approx 0{,}03$

6 a) $\frac{9}{25} = \frac{36}{100}$ (erweitert mit 4) = **0,36**
$\frac{9}{30} = \frac{3}{10}$ (gekürzt mit 3) = **0,3**

b) $\frac{3}{4} = 3{,}00 : 4 =$ **0,75**
−0
30
−28
20
−20
0

$\frac{7}{8} = 7{,}000\ldots : 8 =$ **0,875**
−0
70
−64
60
−56
40
−40
0

7 a) $15\,\% = \frac{15}{100} \left(= \frac{3}{20}\right)$ und $71\,\% = \frac{71}{100}$
b) $25\,\% = \frac{25}{100} = 0{,}25$ und $88\,\% = \frac{88}{100} = 0{,}88$
c) $\frac{65}{100} = 65\,\%$ und $\frac{18}{100} = 18\,\%$

▶ Seite 79 Abschlusstest

1 a) $\left(\frac{17}{100} =\right) 0{,}17$ b) 0,201
c) 0,03 d) 3,02

2 a) $0{,}495 = \frac{495}{1000}$ b) $0{,}36 = \frac{36}{100}$

3 Samira war mit 9,03 s am schnellsten.
Nike war mit 9,30 s am langsamsten.

4 a) A = 0,3 und B = 0,45
b)
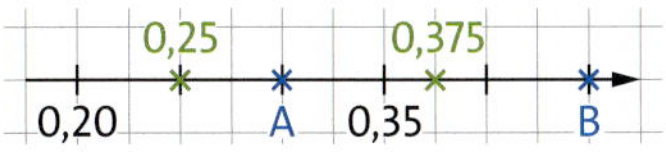

c) zum Beispiel 0,21; 0,22; 0,27

5 a) Es wurde auf Zehntel gerundet.
b) 27,983 ≈ 27,98
c) zum Beispiel 4,754; 4,747; 4,749

6 a) $\frac{27}{300} = \frac{9}{100}$ (gekürzt mit 3) = **0,09**
b) $\frac{9}{8} = 9{,}000 : 8 =$ **1,125**
c) $\frac{8}{25} = \frac{32}{100}$ (erweitert mit 4) = **0,32**
d) $\frac{7}{16} = 7{,}0000 : 16 =$ **0,4375**

7 a) $5\,\% = \frac{5}{100} = 0{,}05$; $123\,\% = \frac{123}{100} = 1{,}23$;
$19\,\% = \frac{19}{100} = 0{,}19$; $7\,\% = \frac{7}{100} = 0{,}07$
b) $\frac{3}{100} = 3\,\%$ und $\frac{181}{100} = 181\,\%$

▶ Seite 79 Abschlusstest

1 a) 7,56 b) 3,008
c) 5,03

2 a) $0{,}608 = \frac{608}{1000}$ b) $1{,}07 = \frac{107}{100}$

3 In dieser Reihenfolge kamen die Kinder ins Ziel:
Tim (8,92 s), Aleyna (8,98 s), Louis (9,02 s)

4 a) A = 0,32 und B = 0,375
b)

c) zum Beispiel 4,105; 4,11; 4,115

5 a) 19,004 ≈ 19,00
b) zum Beispiel 0,0081; 0,0079; 0,007 55
c) 2,6749

6 a) $\frac{51}{125} = \frac{408}{1000} =$ **0,408**
b) $\frac{57}{16} = 57{,}0000 : 16 =$ **3,5625**
c) $\frac{78}{600} = \frac{13}{100} =$ **0,13**
d) $\frac{23}{32} = 23{,}000\,00 : 32 =$ **0,718 75**

7 $12{,}5\,\% < \frac{3}{15} < 28\,\% < \frac{12}{32} < 0{,}48$
denn $\frac{12}{32} = \frac{3}{8} = 0{,}375 = 37{,}5\,\%$ und $\frac{3}{15} = \frac{1}{5} = 20\,\%$

4 Winkel

▶ Seite 82/83 Wiederholung

1 a) c und e sind Strecken.
b) a, b und f sind Halbgeraden.
c) d und g sind Geraden.

2 a) Eine Strecke ist eine gerade Linie mit einem Anfangspunkt und einem Endpunkt. Du kannst die Länge einer Strecke messen.
b) Eine Halbgerade ist eine gerade Linie mit einem Anfangspunkt, aber ohne einen Endpunkt.
Du kannst ihre Länge nicht messen.
c) Eine Gerade ist eine gerade Linie ohne Anfangspunkt und ohne Endpunkt. Du kannst ihre Länge nicht messen.

3
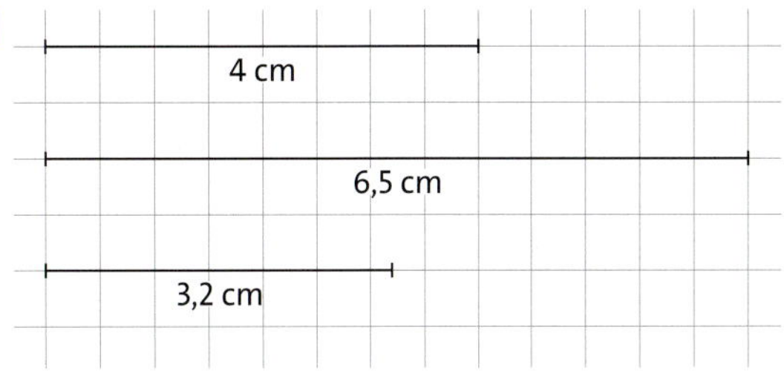

4 Zeichenübung; Zeichnungen wie vorne im Buch

5 parallel zueinander: b ∥ c und d ∥ f
senkrecht zueinander: a ⊥ e, b ⊥ d, b ⊥ f, c ⊥ d und c ⊥ f

6 a)
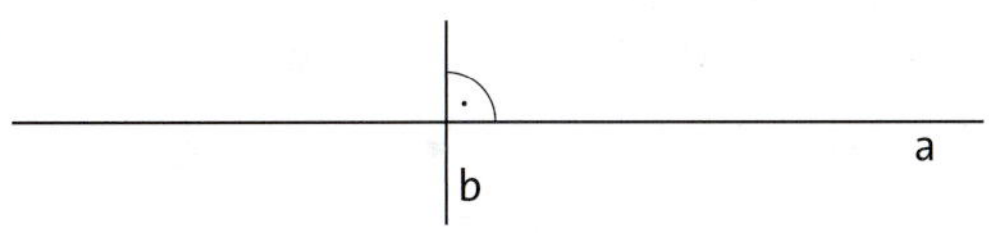

b)
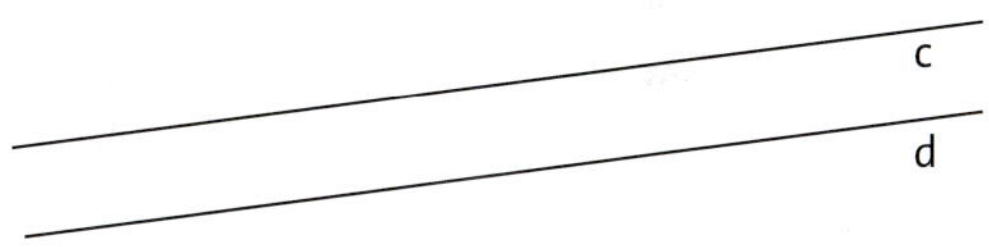

c)
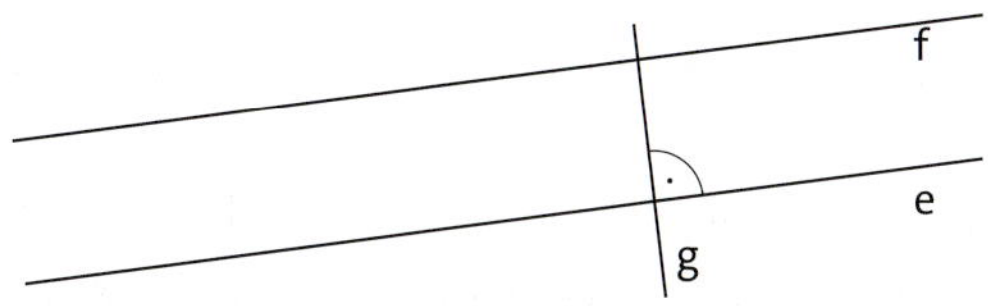

7 a) Viereck, genauer: Rechteck
b) Viereck, genauer: Parallelogramm
c) Dreieck

8 a) A(1|2); B(4|5); C(6|5)

b)

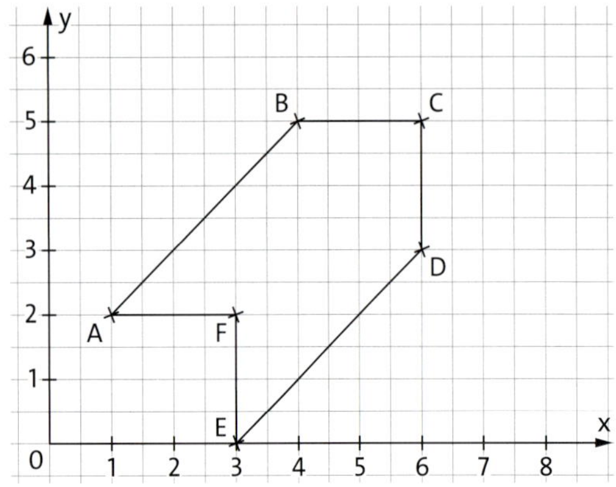

▶ Seite 100 Zwischentest

1 A = Winkelbogen; B = Schenkel; C = Scheitelpunkt

2 A = rechter Winkel;
B = stumpfer Winkel;
C = überstumpfer Winkel;
D = gestreckter Winkel;
E = spitzer Winkel

3 Schätzungen individuell verschieden
exakt: $\alpha = 60°$, $\beta = 180°$, $\gamma = 115°$

4

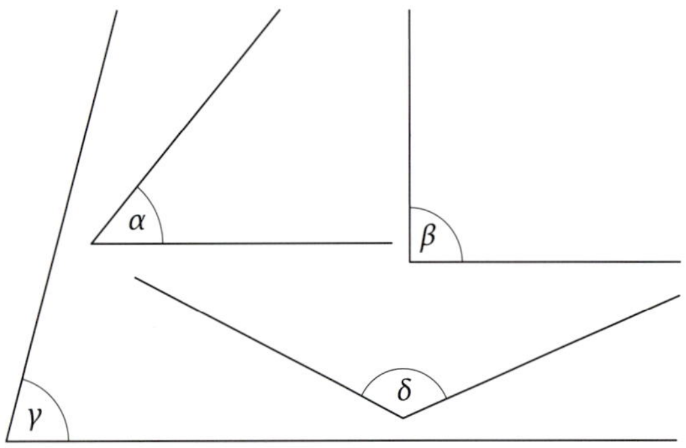

▶ Seite 101 Zwischentest

1

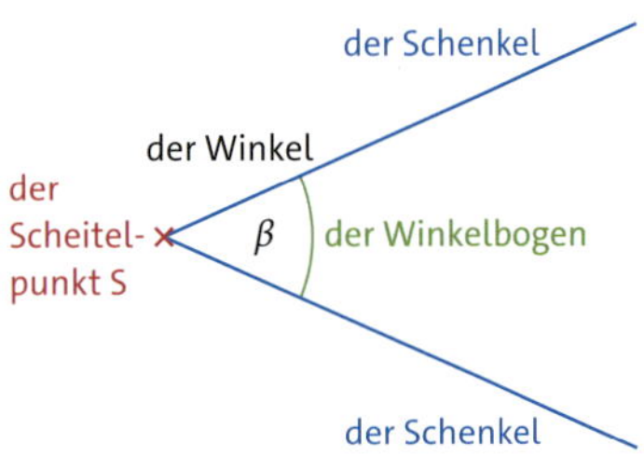

2 a) α ist ein stumpfer Winkel.
β ist ein überstumpfer Winkel.
γ ist ein spitzer Winkel.

b) Es fehlen:

rechter Winkel	gestreckter Winkel	Vollwinkel

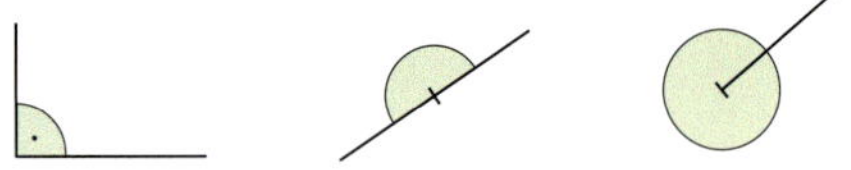

3 Schätzungen individuell verschieden
exakt: $\alpha = 67°$, $\beta = 139°$, $\gamma = 152°$

4

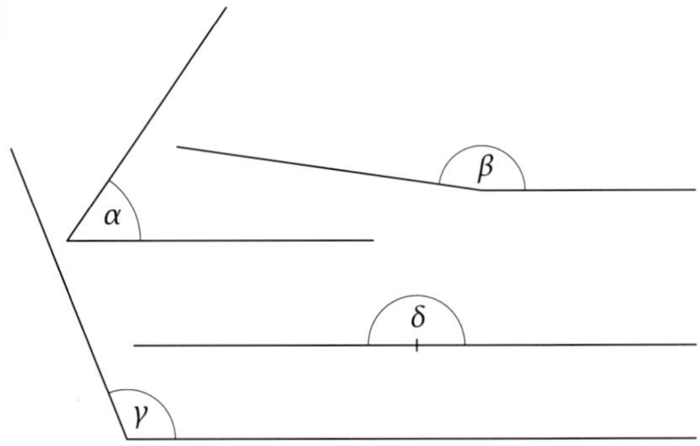

▶ Seite 101 Zwischentest

1

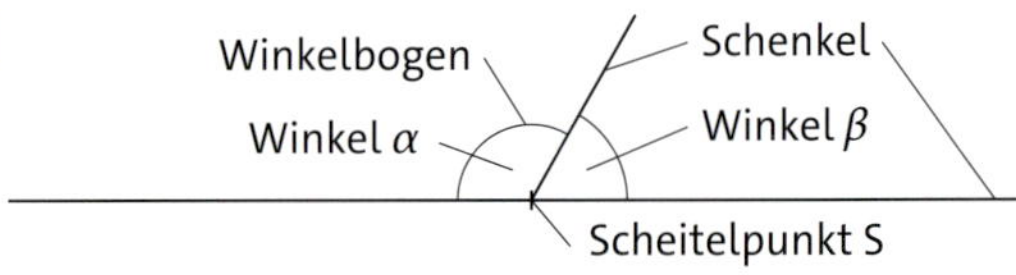

2 Aufstellung der sechs Winkelarten siehe S. 84 unten

3 Schätzungen individuell verschieden
exakt: $\alpha = 80°$, $\beta = 140°$, $\gamma = 130°$
Vorgehen „Winkelgröße messen“:
Ich lege die Kante des Geodreiecks genau auf einen Schenkel. Der Nullpunkt muss genau auf dem Scheitelpunkt liegen.
Ich wähle die Skala, die beim angelegten Schenkel mit 0° beginnt.
Ich lese die Winkelgröße am anderen Schenkel ab.

4

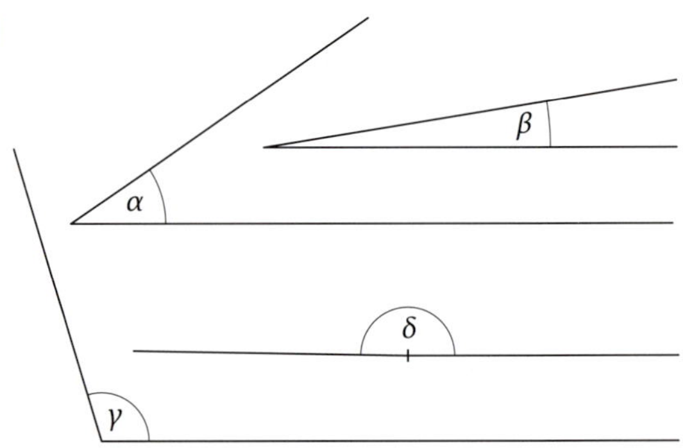

▶ Seite 107 Abschlusstest

1 α ist ein spitzer Winkel. β ist ein gestreckter Winkel.
γ ist ein stumpfer Winkel.
Es fehlen: rechter Winkel, überstumpfer Winkel, Vollwinkel

2 zum Beispiel
$\alpha = 45°$ und
$\beta = 100°$

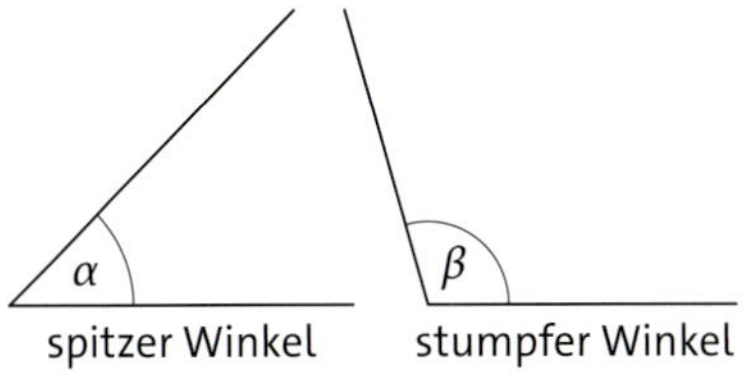

3 Zeichnung wie im Test abgebildet

4 Winkel α ist ein stumpfer Winkel, $\alpha = 155°$
Winkel β ist ein spitzer Winkel, $\beta = 35°$

5

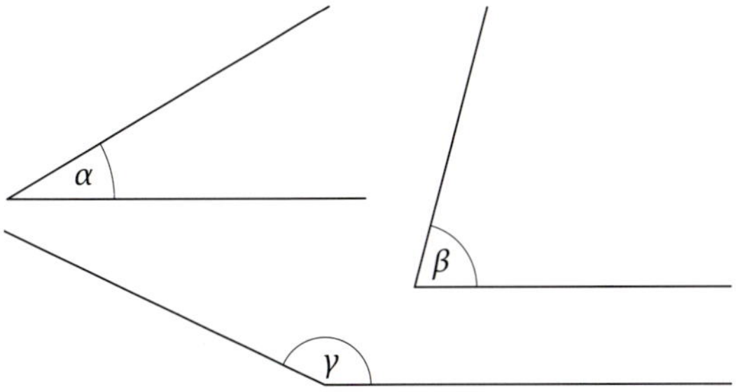

▶ Seite 107 Abschlusstest

1 α_1 ist ein stumpfer Winkel.
α_2, β_2 und γ_1 sind überstumpfe Winkel.
β_1 und γ_2 sind spitze Winkel.
Es fehlen: rechter Winkel, überstumpfer Winkel, Vollwinkel

2 zum Beispiel
$\alpha = 60°$ und
$\beta = 100°$

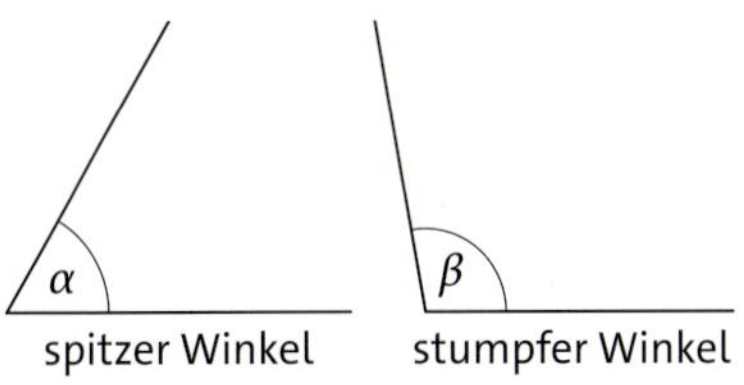

3 Zeichenübung, ähnlich wie im Test abgebildet.
Winkel α misst 115°, denn $180° - 65° = 115°$.

4 Winkel α ist ein stumpfer Winkel, $\alpha = 172°$
Winkel β ist ein spitzer Winkel, $\beta = 24°$

5

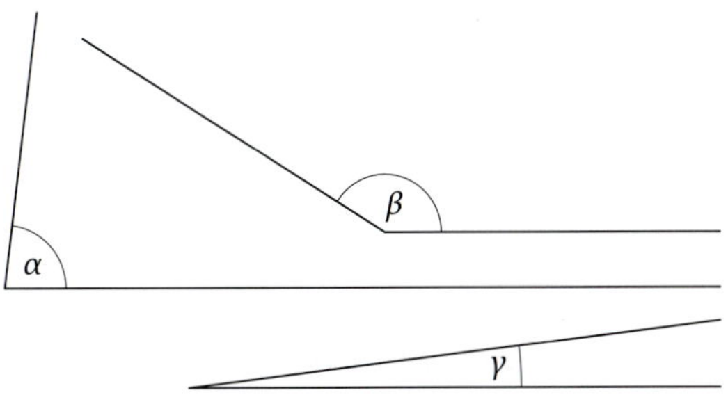

▶ Seite 107 Abschlusstest

1 $\beta_1 < \alpha_1 < \gamma_2 < \gamma_1 < \alpha_2 < \beta_2$

α_1 ist ein rechter Winkel.
α_2, β_2 und γ_1 sind überstumpfe Winkel.
β_1 ist ein spitzer Winkel.
γ_2 ist ein stumpfer Winkel.
Es fehlen: gestreckter Winkel, Vollwinkel

2 zum Beispiel
$\alpha = 87°$ und
$\beta = 95°$
Der spitze Winkel könnte 87°, 88° oder 89° messen (nur volle Gradzahlen). Der stumpfe Winkel könnte 91°, 92°, …, 98° messen.

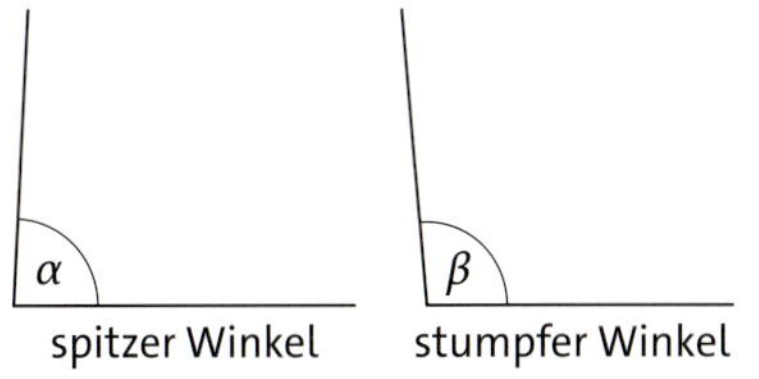

3 Zeichenübung, ähnlich wie im Test abgebildet.
Miss den Winkel $\beta = 145°$.

4 Winkel α ist ein spitzer Winkel, $\alpha = 58°$
Winkel β ist ein spitzer Winkel, $\beta = 27°$
Winkel γ ist ein stumpfer Winkel, $\gamma = 95°$

5

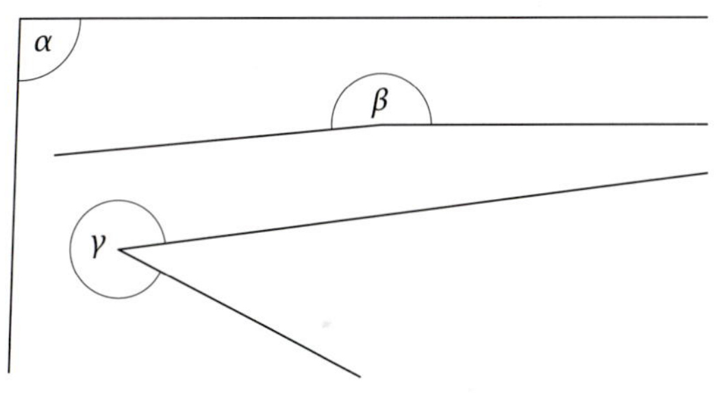

5 Mit Dezimalzahlen rechnen

▶ Seite 110/111 Wiederholung

1 a) 43 b) 26 c) 78 d) 77 e) 100 f) 21

2 a) 54 b) 3 c) 48 d) 9 e) 90 f) 17

3

a)

	1	5	7
+	2	8	6
	1	1	
	4	**4**	**3**

b)

	2	3	1	7
+	1	3	4	5
+		2	2	1
			1	
	3	**8**	**8**	**3**

c)

	1	3	1	2
+		1	8	7
+			5	9
		1	1	
	1	**5**	**5**	**8**

4

a)

	1	8	3
–	1	2	6
		1	
		5	**7**

b)

	4	1	2
–	2	2	5
–		1	9
	1	2	
	1	**6**	**8**

c)

	1	9	8
–	1	0	3
–		4	6
		1	
		4	**9**

5

a)

7	6	·	1	6
	7	6		
	4	5	6	
1	**2**	**1**	**6**	

b)

1	1	9	·	2	3
		2	3	8	
			3	5	7
		2	**7**	**3**	**7**

c)

5	4	·	7	3	4
	3	7	8		
		1	6	2	
			2	1	6
	3	**9**	**6**	**3**	**6**

6

a)

1	8	9	:	9	=	**2**	**1**
1	8						
	0	9					
		9					
		0					

b)

7	1	4	:	1	4	=	**5**	**1**
7	0							
	1	4						
	1	4						
		0						

c)

1	1	6	4	:	1	2	=	**9**	**7**
1	0	8							
		8	4						
		8	4						
			0						

7

Z	E,	z	h	t	Dezimalzahl
	0,	5			**0,5**
	1,	**7**	**3**		1,73
2	**3,**	**2**	**1**	**8**	23,218
5	3,	0	6		**53,06**

Null Komma fünf; eins Komma sieben drei; dreiundzwanzig Komma zwei eins acht; dreiundfünfzig Komma null sechs

8 Erweitere die Brüche auf Zehnerbrüche:

a) $\frac{4}{5} = \frac{8}{10} = \mathbf{0{,}8}$ b) $\frac{3}{4} = \frac{75}{100} = \mathbf{0{,}75}$

c) $\frac{9}{20} = \frac{45}{100} = \mathbf{0{,}45}$ d) $\frac{3}{8} = \frac{375}{1000} = \mathbf{0{,}375}$

9 a) $0{,}152 \approx 0{,}15$ b) $1{,}348 \approx 1{,}35$

c) $0{,}7394 \approx 0{,}74$

10 a) $4\,\text{cm} \cdot 3\,\text{cm} = 12\,\text{cm}^2$ b) $2\,\text{cm} \cdot 6\,\text{cm} = 12\,\text{cm}^2$

11 a) $18 - 5 \cdot 3$
(Punkt vor Strich)
$= 18 - 15$
$= 3$

b) $19 - (13 - 11)$
(Klammern zuerst)
$= 19 - 2$
$= 17$

c) $4 \cdot (7 + 3)$
(Klammern zuerst)
$= 4 \cdot 10$
$= 40$

d) $18 : 3 + 6$
(Punkt vor Strich)
$= 6 + 6$
$= 12$

12 a) 4 · 10 € = 40 €
Das Geschenk kostet 40 €.

b) 40 € : 5 = 8 €
Nun muss jeder 8 € zahlen.

▶ Seite 124 Zwischentest

1 a) 0,3 + 0,6 = 0,9 b) 2,4 + 3,5 = 5,9

c)

	3,	4	7
+	4,	3	4
		1	
	7,	**8**	**1**

d)

	2,	3	5
+	5,	3	0
	7,	**6**	**5**

2 a) Überschlag: 9 – 5 = 4; exakt: 8,6 – 5,1 = 3,5

b) Überschlag: 8 – 7 = 1; exakt: 8,3 – 7,2 = 1,1

c) Überschlag: 8 – 3 = 5

	8,	4	5
–	2,	5	4
	1		
	5,	**9**	**1**

d) Überschlag: 5 – 4 = 1

	4,	9	8
–	3,	8	0
	1,	**1**	**8**

3

a)

8,	5	·	7,	1
	5	9	5	
			8	5
	1	1		
	6	**0,**	**3**	**5**

b)

6,	3	·	6,	2
	3	7	8	
		1	2	6
		1		
	3	**9,**	**0**	**6**

c)

2,	6	1	·	4,	3
	1	0	4	4	
			7	8	3
		1	1		
	1	**1,**	**2**	**2**	**3**

4 a) 0,4 · 2 = 0,8 b) 0,5 · 4 = 2,0 = 2

c) 0,3 · 0,2 = 0,06 d) 2,1 · 4 = 8,4

5 Zähle die Nullen an der Stufenzahl. Verschiebe das Komma um so viele Stellen nach rechts.

a) 28,2 b) 520,3 c) 6755

6

a)	8,	5	2	:	0,	6	=		
	8	5,	2	:	6	=	**1**	**4,**	**2**
–	6								
	2	5							
–	2	4							
		1	2						
	–	1	2						
			0						

b)	3,	1	2	:	0,	4	=		
	3	1,	2	:	4	=	**7,**	**8**	
–	2	8							
		3	2						
	–	3	2						
			0						

c)	4,	9	5	:	0,	0	9	=	
	4	9	5	:	9	=	**5**	**5**	
–	4	5							
		4	5						
	–	4	5						
			0						

7 a) 2,4 : 3 = 0,8 b) 3,6 : 4 = 0,9
c) 4,9 : 7 = 0,7

8 Zähle die Nullen an der Stufenzahl. Verschiebe das Komma um so viele Stellen nach links.
a) 1,22 b) 1,392 c) 1,3717

9

	6	5,	3	6	:	4	=	**1**	**6,**	**3**	**4**
–	4										
	2	5									
–	2	4									
		1	3								
	–	1	2								
			1	6							
		–	1	6							
				0							

Jeder Junge bekommt 16,34 €.

▶ Seite 125 Zwischentest

1 a) Überschlag: 8 + 4 = 12; exakt: 7,8 + 4,2 = 12,0
b) Überschlag: 17 + 3 = 20; exakt: 16,5 + 2,6 = 19,1
c) Überschlag: 11 + 6 = 17 d) Überschlag: 4 + 2 = 6

c)

	1	1,	2	4	0
+		5,	9	0	3
		1			
	1	**7,**	**1**	**4**	**3**

d)

	4,	0	2	8
+	2,	2	3	0
	6,	**2**	**5**	**8**

2 a) 7,8 – 4,5 = 3,3; Probe: 3,3 + 4,5 = 7,8
b) 14,5 – 8,6 = 5,9; Probe: 5,9 + 8,6 = 14,5

c)				
	9,	5	7	4
–	4,	2	8	0
		1		
	5,	**2**	**9**	**4**

d)				
	7,	0	9	0
–	5,	3	8	2
	1		1	
	1,	**7**	**0**	**8**

c) Probe: 5,294 + 4,280 = 9,574
d) Probe: 1,708 + 5,382 = 7,09

3

a)	1	1,	3	·	0,	5
			0	0	0	
				5	6	5
				5,	6	5

b)	9,	2	·	2,	3
		1	8	4	
			2	7	6
		1	1		
		2	1,	1	6

c)	2	1,	3	·	0,	2	4	5
			0	0	0			
				4	2	6		
					8	5	2	
					1	0	6	5
				1	1			
				5,	2	1	8	5

4 a) 1,3 · 5 = 6,5 b) 0,4 · 2,5 = 1,0 = 1
c) 1,2 · 0,05 = 0,06

5 Zähle die Nullen an der Stufenzahl. Verschiebe das Komma um so viele Stellen nach rechts.
a) 39,1 b) 5289 c) 870

6

a)	1,	7	:	0,	5	=		
	1	7,	0	:	5	=	**3,**	**4**
–	1	5						
		2	0					
	–	2	0					
			0					

b)	1,	5	2	:	0,	8	=	
	1	5,	2	:	8	=	**1,**	**9**
	–	8						
		7	2					
	–	7	2					
			0					

c)	3,	0	7	2	:	0,	6	=		
	3	0,	7	2	:	6	=	**5,**	**1**	**2**
–	3	0								
		0	7							
	–		6							
			1	2						
		–	1	2						
				0						

a) Probe: 3,4 · 0,5 = 1,7
b) Probe: 1,9 · 0,8 = 1,52
c) Probe: 5,12 · 0,6 = 3,072

7 a) 7,2 : 8 = 0,9 b) 0,28 : 4 = 0,07
c) 0,72 : 1,2 = 7,2 : 12 = 0,6

8 Zähle die Nullen an der Stufenzahl. Verschiebe das Komma um so viele Stellen nach links.
a) 1,92 b) 0,2673 c) 0,0067

9

	7	2,	4	0	€
−	3	6,	1	5	€
	3	**6,**	**2**	**5**	**€**

36,25 € : 25 = 1,45 €

	3	6,	2	5	:	2	5	=	1,	4	5
−	2	5									
	1	1	2								
−	1	0	0								
		1	2	5							
	−	1	2	5							
				0							

Jeder muss noch 1,45 € dazu zahlen.

▶ Seite 125 Zwischentest

1 a) 21,3 + 5,4 = 26,7 b) 4,39 + 13,1 = 17,49

c)

		3,	0	0	5
+	5	1,	9	9	0
	5	**4,**	**9**	**9**	**5**

d)

		2,	5	0	0
+		4,	2	1	0
+		1,	0	3	2
+		4,	0	0	0
	1				
	1	**1,**	**7**	**4**	**2**

2 a) Überschlag: 15 – 6 = 9; exakt: 14,7 – 5,5 = 9,2
b) Überschlag: 21 – 15 = 6; exakt: 21 – 14,5 = 6,5
c) Überschlag: 32 – 17 = 15
d) Überschlag: 0,9 – 0,1 – 0,3 = 0,5

c)

	3	2,	0	8	0
−	1	6,	9	4	2
	1	1		1	
	1	**5,**	**1**	**3**	**8**

d)

	0,	9	2	7	0
−	0,	0	9	2	7
−	0,	3	1	0	0
		1		1	
	0,	**5**	**2**	**4**	**3**

3

a)

2,	3	5	·	3,	5
		7	0	5	
		1	1	7	5
			1		
		8,	**2**	**2**	**5**

b)

1	1,	3	8	·	0,	2	5	
			0	0	0			
			2	2	7	6		
				5	6	9	0	
				1	1			
			2,	**8**	**4**	**5**	**0**	

c)

3	2,	6	·	2,	9	5	2	
		6	5	2				
		2	9	3	4			
			1	6	3	0		
					6	5	2	
		1	1	1				
		9	**6,**	**2**	**3**	**5**	**2**	

4 a) 0,25 · 0,4 = 0,1 b) 3,5 · 0,3 = 1,05
c) 0,075 · 4 = 0,3

5 Zähle die Nullen an der Stufenzahl. Verschiebe das Komma um so viele Stellen nach rechts.
a) 148,29 b) 24 300 c) 93 213

6

a)

	4,	2	3	:	0,	9	=	
	4	2,	3	:	9	=	**4,**	**7**
−	3	6						
		6	3					
	−	6	3					
			0					

b)

	4,	0	8	:	1,	2	=	
	4	0,	8	:	1	2	=	**3,**	**4**
−	3	6						
		4	8					
	−	4	8					
			0					

c)

	0,	2	2	2	:	0,	1	5	=
	2	2,	2	:	1	5	=	**1,**	**4**	**8**
−	1	5							
		7	2						
	−	6	0						
		1	2	0					
	−	1	2	0					
				0					

a) Probe: 4,7 · 0,9 = 4,23
b) Probe: 3,4 · 1,2 = 4,08
c) Probe: 1,48 · 0,15 = 0,222

7 a) 4,2 : 7 = 0,6
b) 0,056 : 0,8 = 0,07
c) 14,4 : 12 = 1,2

8 Zähle die Nullen an der Stufenzahl. Verschiebe das Komma um so viele Stellen nach links.
a) 7,73 b) 0,037 c) 0,000 25

9 1,2 m = 120 cm
120 cm : 8,5 cm = 1200 mm : 85 mm = 14 Rest 10
14 · 3 = 42
Tim kann daraus 42 Zaunstücke bauen.

▶ Seite 131 Abschlusstest

1 a) Überschlag: 3 + 6 = 9
b) Überschlag: 12 – 3 = 9

a)

	3,	0	4
+	5,	6	7
		1	
	8,	**7**	**1**

b)

	1	2,	1	4
−		3,	0	9
	1		1	
		9,	**0**	**5**

2

a)					
1,	3	5	·	3	
		4,	0	5	

b)					
1	1,	4	·	1,	5
		1	1	4	
			5	7	0
			1		
		1	7,	1	0

c)	1,	9	2	:	8	=	**0,**	**2**	**4**	
–	1	6								
		3	2							
	–	3	2							
			0							
d)	2,	1	8	4	:	0,	6	=		
	2	1,	8	4	:	6	=	**3,**	**6**	**4**
–	1	8								
		3	8							
	–	3	6							
			2	4						
		–	2	4						
				0						

3 a) 0,2 b) 2 c) 4

4 a) 2,60 € + 2,90 € + 1,30 € = 6,80 €

	2,	6	0
+	2,	9	0
+	1,	3	0
	6,	8	0

10,00 € – 6,80 € = 3,20 €

1	0,	0	0
–	6,	8	0
	3,	2	0

Lea bekommt 3,20 € zurück.

b) 3,20 € = 320 ct
320 ct : 8 ct = 40
Lea kann noch 40 Bonbons kaufen.

5 *gegeben:* Länge a = 6,5 m; Breite b = 4 m
gesucht: Flächeninhalt A = a · b
A = 6,5 m · 4 m
A = 26 m²
Der Flächeninhalt beträgt 26 m².

6 a) 25,80 € : 3 = 8,60 €

	2	5,	8	0	:	3	=	8,	6	0
–	2	4								
		1	8							
	–	1	8							
			0	0						
		–		0						
				0						

Eine Stunde kostet 8,60 €.

b) 8,60 € · 2 = 17,20 €
Zwei Stunden kosten 17,20 €.

▶ Seite 131 Abschlusstest

1 a) Überschlag: 25 + 54 = 79
b) Überschlag: 79 – 35 = 44

a)							
	2	4,	8	9			
+	5	3,	7	0			
		1					
	7	**8,**	**5**	**9**			

b)				
	7	8,	8	0
–	3	4,	7	9
			1	
	4	**4,**	**0**	**1**

2

a)	2,	6	3	·	0,	1	6	
			0	0	0			
				2	6	3		
				1	5	7	8	
				1	1			
			0,	**4**	**2**	**0**	**8**	

b)	3,	1	3	6	·	1,	5	
			3	1	3	6		
			1	5	6	8	0	
				1	1			
			4,	**7**	**0**	**4**	**0**	

c)	1	1,	1	3	:	0,	7	=		
	1	1	1,	3	:	7	=	**1**	**5,**	**9**
–		7								
		4	1							
	–	3	5							
			6	3						
		–	6	3						
				0						

d)	0,	3	9	9	:	0,	1	5	=	
	3	9,	9	:	1	5	=	**2,**	**6**	**6**
–	3	0								
		9	9							
	–	9	0							
			9	0						
		–	9	0						
				0						

3 a) 0,15 · 0,4 = 0,06 b) 0,05 · 1,2 = 0,06
c) 0,72 : 0,08 = 72 : 8 = 9

4 a) 91,17 € + 28,50 € + 35,80 €

		9	1,	1	7
	+	2	8,	5	0
	+	3	5,	8	0
	1	**5**	**5,**	**4**	**7**

Sie haben 155,47 € eingenommen.

b) 155,47 € – 32,69 €

	1	5	5,	4	7
	–	3	2,	6	9
	1	**2**	**2,**	**7**	**8**

Sie haben 122,78 € Gewinn gemacht.

5 *gegeben:* Länge a = 17,5 m; Breite b = 12,5 m;
Quadratmeterpreis 199,90 €
gesucht: Flächeninhalt A = a · b;
Wert (Preis) des Grundstücks
A = 17,5 m · 12,5 m

1	7,	5	·	1	2,	5
		1	7	5		
			3	5	0	
				8	7	5
		2	**1**	**8,**	**7**	**5**

A = 218,75 m^2

Preis 218,75 · 199,90 €

2	1	8,	7	5	·	1	9	9,	9	0
		2	1	8	7	5				
		1	9	6	8	7	5			
			1	9	6	8	7	5		
				1	9	6	8	7	5	
					0	0	0	0	0	0
		4	**3**	**7**	**2**	**8,**	**1**	**2**	**5**	**0**

Das Grundstück hat etwa 43 728 € gekostet.

6 a) 462,5 kg : 12,5 kg

	4	6	2,	5	:	1	2,	5	=		
	4	6	2	5	:	1	2	5	=	3	7
−	3	7	5								
		8	7	5							
	−	8	7	5							
				0							

Er braucht 37 Säcke.

b) 37 · 18,50 €

1	8,	5	0	·	3	7
		5	5	5	0	
		1	2	9	5	0
		6	**8**	**4,**	**5**	**0**

Er kann 684,50 € verdienen, wenn er alles verkauft.

▶ Seite 131 Abschlusstest

1 a) Überschlag: 15 + 77 + 32 = 124
b) Überschlag: 100 − 34 − 56 = 10

a)					
	1	4,	8	9	0
+	7	7,	2	0	0
+	3	2,	2	6	3
	1	1	1		
1	**2**	**4,**	**3**	**5**	**3**

b)					
	9	9,	7	0	0
−	3	3,	7	3	0
−	5	6,	4	2	7
	1	1	1	1	
		9,	**5**	**4**	**3**

2

a)	5,	3	2	·	2,	4	
		1	0	6	4		
			2	1	2	8	
		1	2,	7	6	8	

b)	2	1,	5	·	0,	3	5	
			0	0	0			
				6	4	5		
				1	0	7	5	
					1			
				7,	**5**	**2**	**5**	

c)	8,	4	0	8	:	0,	0	8	=			
	8	4	0,	8	:	8	=	**1**	**0**	**5,**	**1**	
−	8											
	0	4	0									
−		4	0									
			0	8								
			−	8								
				0								

d)	0,	3	4	4	4	:	1,	2	=			
	3,	4	4	4	:	1	2	=	**0,**	**2**	**8**	**7**
−	2	4										
	1	0	4									
−		9	6									
			8	4								
		−	8	4								
				0								

3 a) 0,09 b) 0,11 c) 11

4 8,99 € + 5,90 € + 19,99 € = 34,88 €
34,88 € : 2 = 17,44 €
Jeder muss 17,44 € zahlen.

5 Möhren 1,034 · 0,79 € ≈ 0,82 €
Kartoffeln 1,497 · 2,49 € ≈ 3,73 €
Tomaten 0,731 · 2,99 € ≈ 2,19 €
gesamt 0,82 € + 3,73 € + 2,19 € = 6,74 €
Max muss 6,74 € bezahlen.

6 a) Gesamtkosten für ein Kind:
4101,30 € : 27 = 151,90 €
Hotelkosten für ein Kind
(Gesamtkosten minus Busfahrt):
151,90 € − 17,50 € = 134,40 €
Das Hotel kostet 134,40 € für ein Kind.
b) 33,25 € : 1,75 € = 3325 : 175 = 19
Es kamen 19 Kinder mit ins Schwimmbad.

6 Körper

▶ Seite 134/135 Wiederholung

1

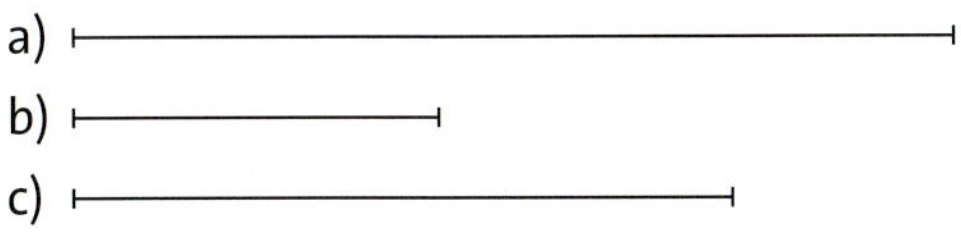

2

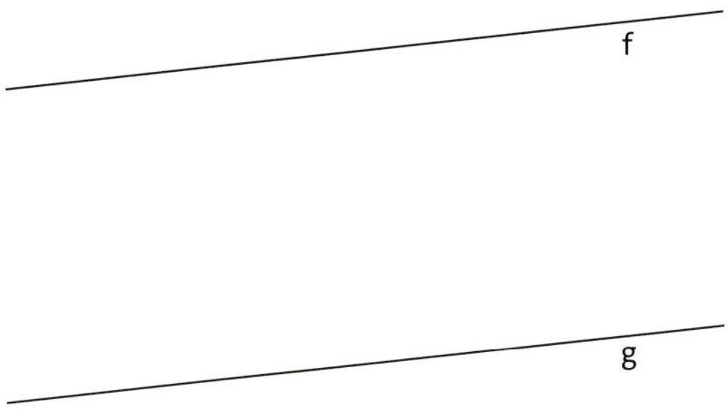

3

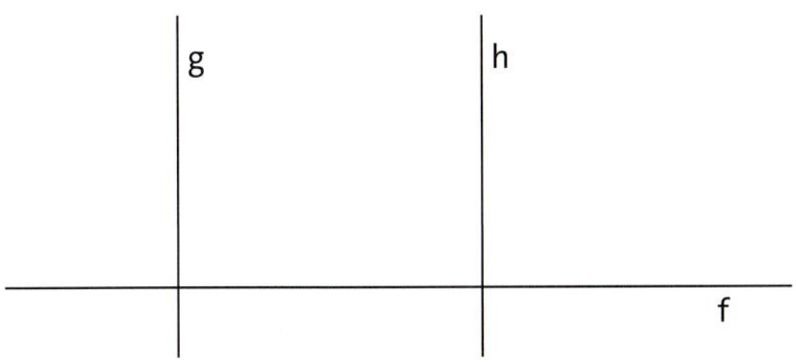

4 a) Quadrat: ①, ②, ③, ④, ⑤
Rechteck: ①, ②, ③, ④

b) Rechtecke und Quadrate haben vier Eckpunkte und vier rechte Winkel. Bei Rechtecken und Quadraten sind gegenüberliegende Seiten parallel zueinander und gleich lang. Nur bei Quadraten sind alle vier Seiten gleich lang.

5

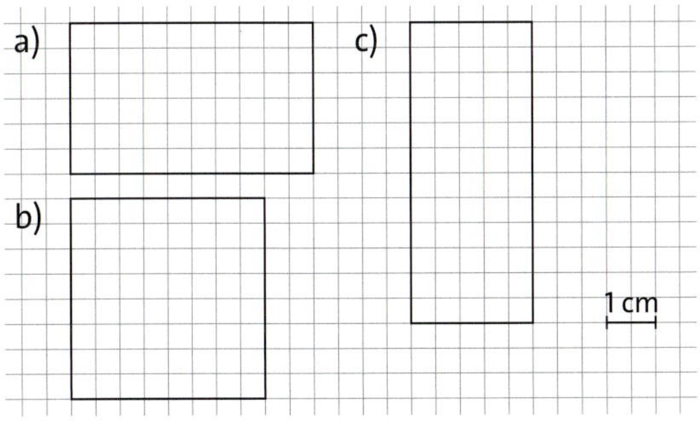

6 a) 12 cm = **120** mm   b) 90 dm = **9** m
c) 8 m = **8000** mm   d) 1500 mm = **15** dm
e) 8,4 dm = **84** cm   f) 95,8 dm = **9,58** m

7 a) $3000\,dm^2 = \mathbf{30}\,m^2$ b) $700\,mm^2 = \mathbf{7}\,cm^2$
c) $2\,m^2\,50\,dm^2 = \mathbf{250}\,dm^2$ d) $150\,000\,cm^2 = \mathbf{15}\,m^2$
e) $17{,}4\,cm^2 = \mathbf{1740}\,mm^2$ f) $80{,}9\,dm^2 = \mathbf{0{,}809}\,m^2$

8 a) 70   b) 69   c) 96
d) 143   e) 578   f) 4738

9 a) 6   b) 3   c) 8
d) 27   e) 17   f) 7

10 a) $A = 5\,cm^2$ b) $A = 4\,cm^2$
c) $A = 36\,m^2$ d) $A = 12\,cm^2$
e) $A = 72\,mm^2$ f) $A = 24\,m^2$

▶ Seite 156 Zwischentest

1 Ein Quader hat 12 Kanten.
Ein Würfel hat 6 quadratische Flächen.
Ein Würfel hat 12 Kanten.

2

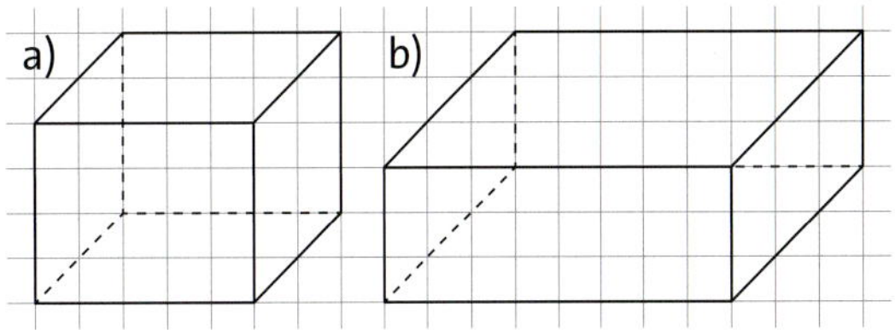

3 Zum Beispiel:

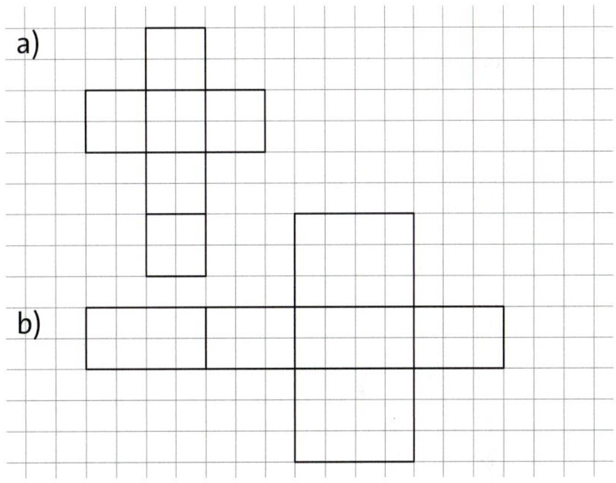

4 a) $O = 2 \cdot 3\,cm \cdot 5\,cm + 2 \cdot 3\,cm \cdot 2\,cm + 2 \cdot 5\,cm \cdot 2\,cm$
$O = 30\,cm^2 + 12\,cm^2 + 20\,cm^2$
$O = \mathbf{62\,cm^2}$

b) $O = 6 \cdot 4\,cm \cdot 4\,cm$; $O = \mathbf{96\,cm^2}$

5 a) $2\,dm^3 = \mathbf{2000}\,cm^3$
b) $3000\,mm^3 = \mathbf{3}\,cm^3$
c) $15\,m^3 = \mathbf{15\,000}\,dm^3$
d) 2 ℓ = **2000** mℓ

6 a) $V = 6\,cm \cdot 2\,cm \cdot 3\,cm$; $\mathbf{V = 36\,cm^3}$
b) $V = 4\,cm \cdot 4\,cm \cdot 4\,cm$; $\mathbf{V = 64\,cm^3}$

▶ Seite 157 Zwischentest

1 Ein Quader und ein Würfel haben beide **sechs** Flächen. Die Flächen eines Quaders sind **Rechtecke** und die Flächen eines Würfels sind **Quadrate**.
Außerdem haben Quader und Würfel immer **acht** Ecken und **zwölf** Kanten.

2 a)

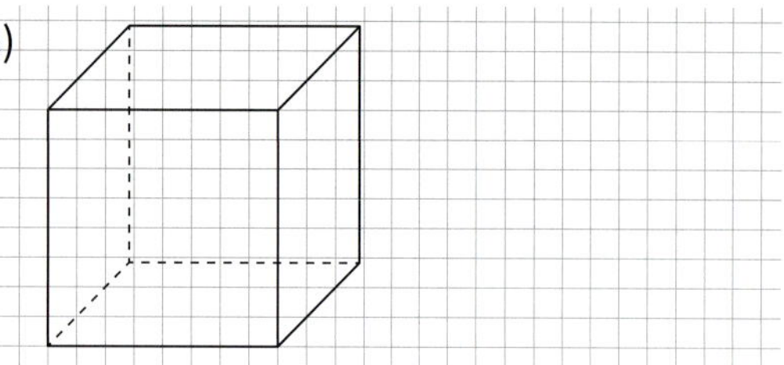

b)

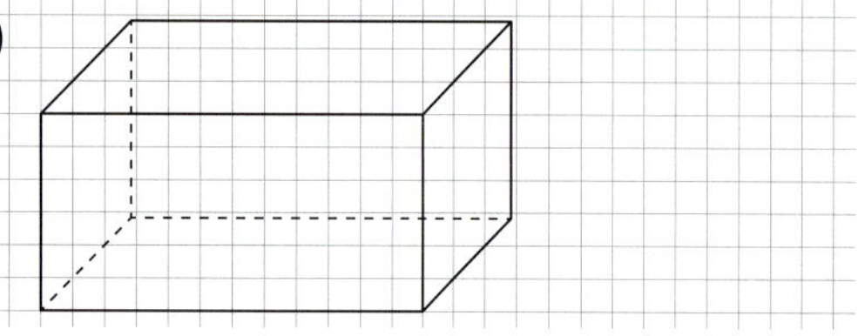

3 Zum Beispiel:

a)

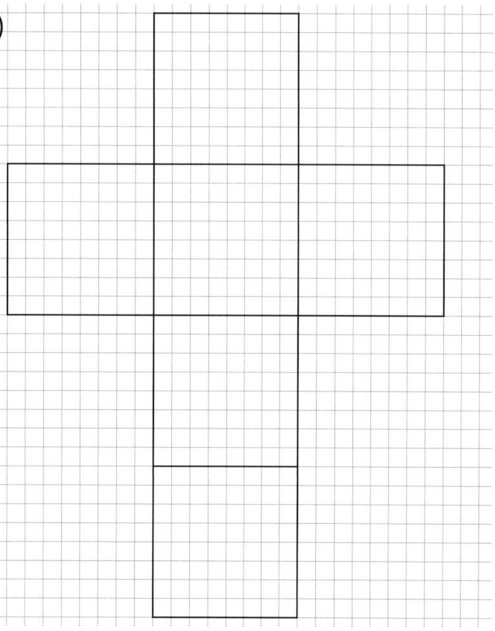

b)

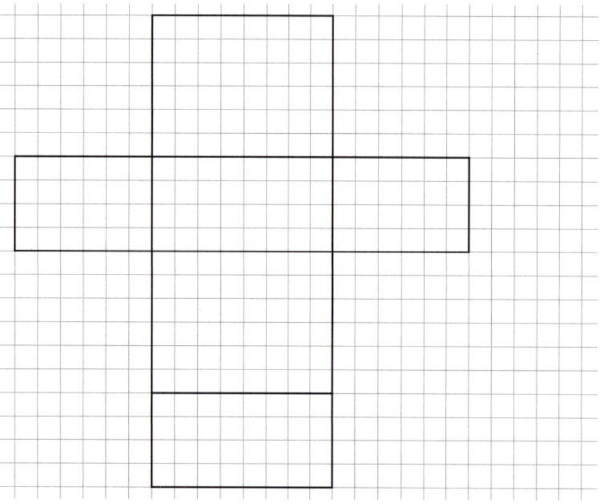

4 a) $O = 2 \cdot 6\,cm \cdot 4\,cm + 2 \cdot 6\,cm \cdot 5\,cm + 2 \cdot 4\,cm \cdot 5\,cm$
$O = 48\,cm^2 + 60\,cm^2 + 40\,cm^2$
$O = \mathbf{148\,cm^2}$

b) 70 mm = 7 cm
$O = 6 \cdot 7\,cm \cdot 7\,cm$; $O = \mathbf{294\,cm^2}$

5 a) $3000\,dm^3 = \mathbf{3}\,m^3$ b) $12\,cm^3 = \mathbf{12\,000}\,mm^3$
c) $4500\,cm^3 = \mathbf{4{,}5}\,dm^3$ d) $73\,dm^3 = \mathbf{73}\,\ell$
e) $3\,dm^3 = \mathbf{3}\,\ell$ f) $50\,\ell = \mathbf{50\,000}\,m\ell$

6 a) $V = 5\,cm \cdot 3{,}2\,cm \cdot 4\,cm$; $\mathbf{V = 64\,cm^3}$
b) $V = 5\,cm \cdot 5\,cm \cdot 5\,cm$; $\mathbf{V = 125\,cm^3}$

▶ Seite 157 Zwischentest

1 Quader und Würfel haben je acht Ecken, zwölf Kanten und sechs Flächen. Immer zwei gegenüberliegende Flächen sind gleich groß. Beim Würfel sind sogar alle Flächen gleich groß.
Die Flächen von Quadern sind Rechtecke, die Flächen von Würfeln sind Quadrate.
Beim Quader sind immer vier der zwöf Kantenlängen gleich, nämlich die Längen der Kanten, die parallel zueinander verlaufen.
Beim Würfel sind alle zwölf Kantenlängen gleich.

2 Zeichnungen auf ein Viertel verkleinert:

a)

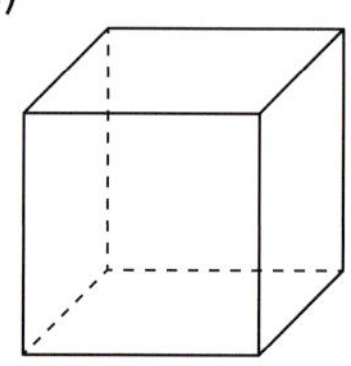

b)

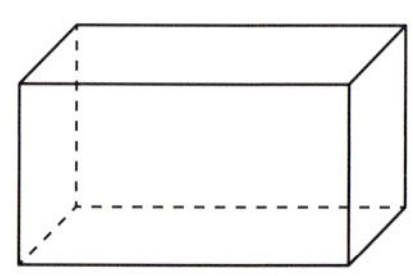

3 Zum Beispiel:

a)

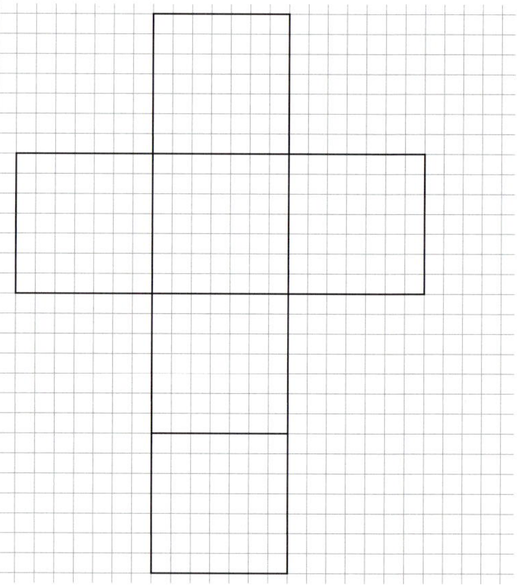

b)

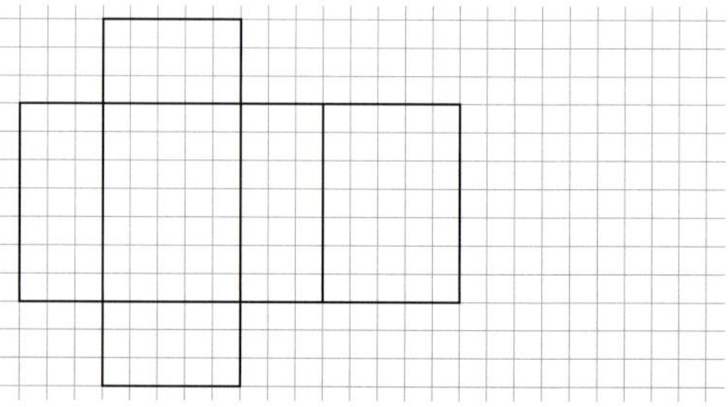

4 a) $O = 2 \cdot 5{,}5\,cm \cdot 2\,cm + 2 \cdot 5{,}5\,cm \cdot 4\,cm$
$+ 2 \cdot 2\,cm \cdot 4\,cm$
$O = 22\,cm^2 + 44\,cm^2 + 16\,cm^2$; $\mathbf{O = 82\,cm^2}$
b) $O = 6 \cdot 2{,}5\,cm \cdot 2{,}5\,cm$; $\mathbf{O = 37{,}5\,cm^2}$

5 a) $200\,dm^3 = \mathbf{200\,000\,000}\,mm^3$
b) $3500\,mm^3 = \mathbf{3{,}5}\,cm^3$
c) $2{,}1\,cm^3 = \mathbf{2100}\,mm^3$
d) $15\,400\,cm^3$ (= $15{,}4\,dm^3$) = **15,4 ℓ**
e) 350 mℓ = 0,35 ℓ
f) 6800 mℓ = $6{,}8\,dm^3$

6 a) $V = 1{,}4\,cm \cdot 6\,cm \cdot 3\,cm$; $\mathbf{V = 25{,}2\,cm^3}$
b) 400 cm = 4 m; $V = 4\,m \cdot 4\,m \cdot 4\,m$; $\mathbf{V = 64\,m^3}$
c) $V = a \cdot b \cdot c$
$36\,m^3 = 2\,m \cdot 6\,m \cdot c$
$36\,m^3 = 12\,m^2 \cdot c$, also ist $c = \mathbf{3\,m}$

▶ Seite 163 Abschlusstest

1 a) Zum Beispiel:

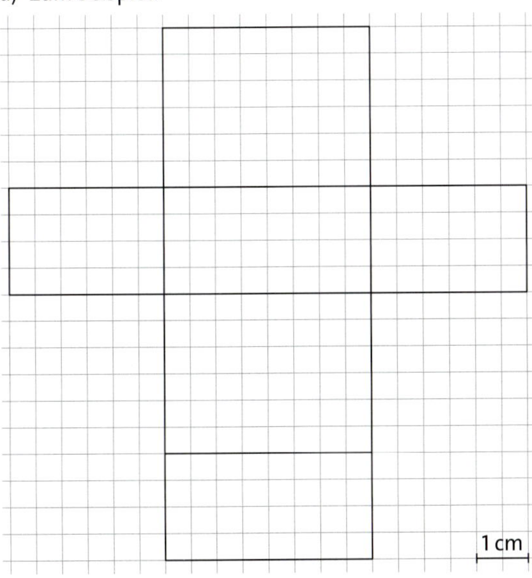

$O = 2 \cdot 4\,cm \cdot 2\,cm + 2 \cdot 4\,cm \cdot 3\,cm + 2 \cdot 2\,cm \cdot 3\,cm$
$O = 16\,cm^2 + 24\,cm^2 + 12\,cm^2$; $\mathbf{O = 52\,cm^2}$

b) Zum Beispiel:

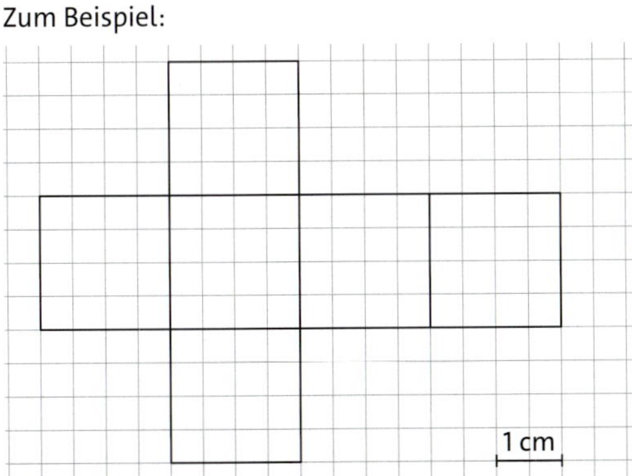

$O = 6 \cdot 2\,cm \cdot 2\,cm$; $\mathbf{O = 24\,cm^2}$

2 a)

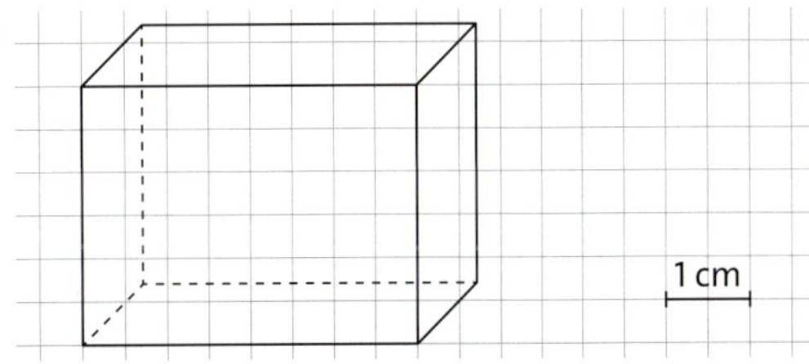

$V = 4\,cm \cdot 2\,cm \cdot 3\,cm$; $\mathbf{V = 24\,cm^3}$

b)

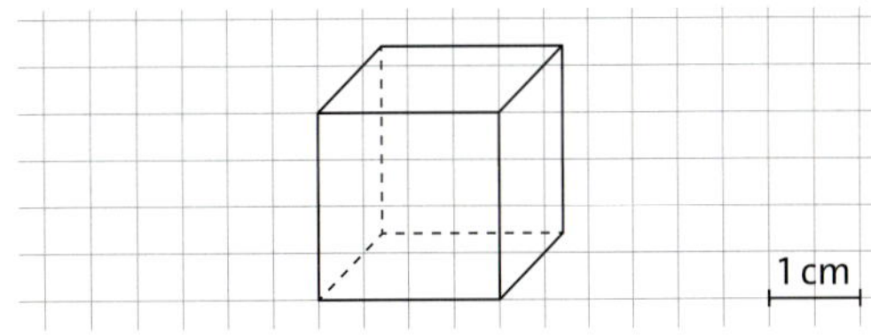

$V = 2\,cm \cdot 2\,cm \cdot 2\,cm$; $\mathbf{V = 8\,cm^3}$

3 a) $3\,dm^3 = \mathbf{3000}\,cm^3$
b) $2000\,mm^3 = \mathbf{2}\,cm^3$
c) $32\,000\,cm^3 = \mathbf{32}\,dm^3$

4 a) Volumen b) Oberflächeninhalt

5 $V = 10\,m \cdot 8\,m \cdot 3\,m$; $\mathbf{V = 240\,m^3}$

6 ① $O = 96\,cm^2$ ② $V = 210\,cm^2$ ③ $V = 216\,cm^2$

▶ Seite 163 Abschlusstest

1 a) Zum Beispiel:

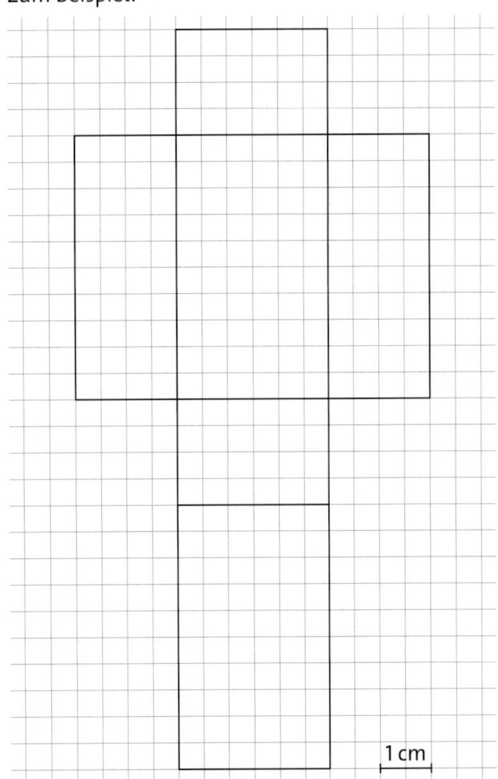

$O = 2 \cdot 3\,cm \cdot 5\,cm + 2 \cdot 3\,cm \cdot 2\,cm + 2 \cdot 5\,cm \cdot 2\,cm$
$O = 30\,cm^2 + 12\,cm^2 + 20\,cm^2$
$\mathbf{O = 62\,cm^2}$

b) Zum Beispiel:

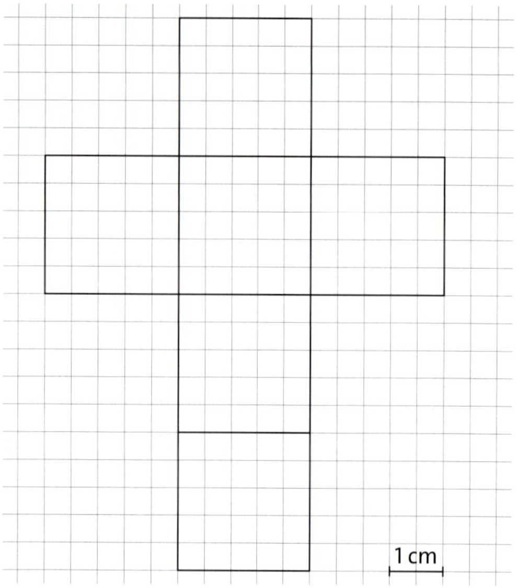

$O = 6 \cdot 2{,}5\,cm \cdot 2{,}5\,cm$; $\mathbf{O = 37{,}5\,cm^2}$

2 a)

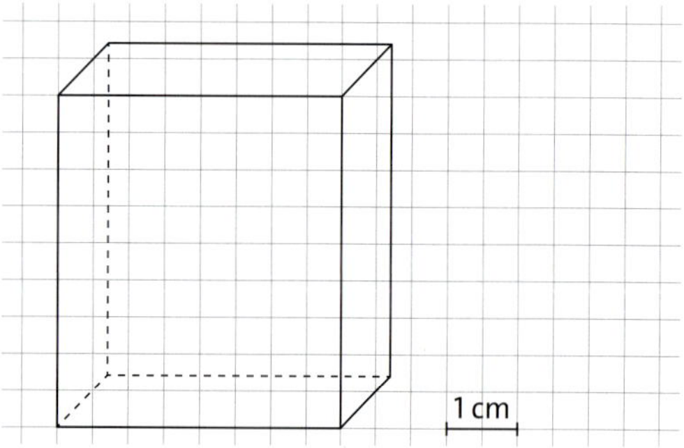

$V = 4\,cm \cdot 4{,}5\,cm \cdot 2\,cm$; $\mathbf{V = 36\,cm^3}$

b)

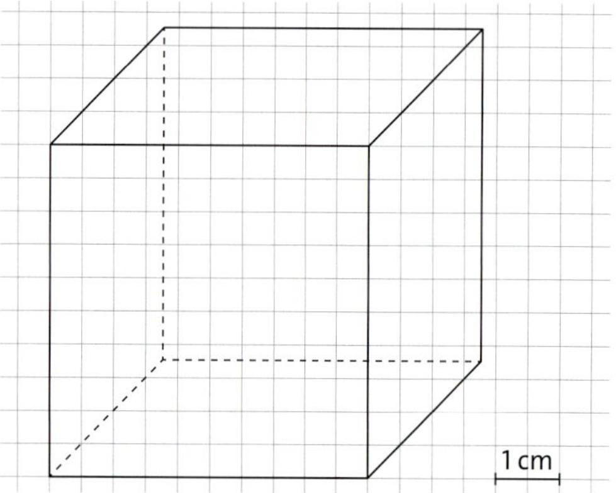

$V = 5\,cm \cdot 5\,cm \cdot 5\,cm$; $\mathbf{V = 125\,cm^3}$

3 a) $4\,000\,000\,mm^3$ und $4\,dm^3$
b) $500\,000\,cm^3$ und $0{,}5\,m^3$

4 a) Oberflächeninhalt b) Volumen

5 $V = 25\,m \cdot 15\,m \cdot 2\,m$; $V = 750\,m^3$
$V = 750\,m^3 = 750\,000\,dm^3 = \mathbf{750\,000\,\ell}$
Es sind 750 000 ℓ im Schwimmbecken.

6 a) $O = 6 \cdot a \cdot a$
$150\,m^2 = 6 \cdot a \cdot a$
$25\,m^2 = a \cdot a$, also ist $\mathbf{a = 5\,m}$
b) $V = a \cdot b \cdot c$
$150\,m^3 = 3\,m \cdot 5\,m \cdot c$
$150\,m^3 = 15\,m^2 \cdot c$, also ist $\mathbf{c = 10\,m}$

▶ Seite 163 Abschlusstest

1 a) Zum Beispiel:

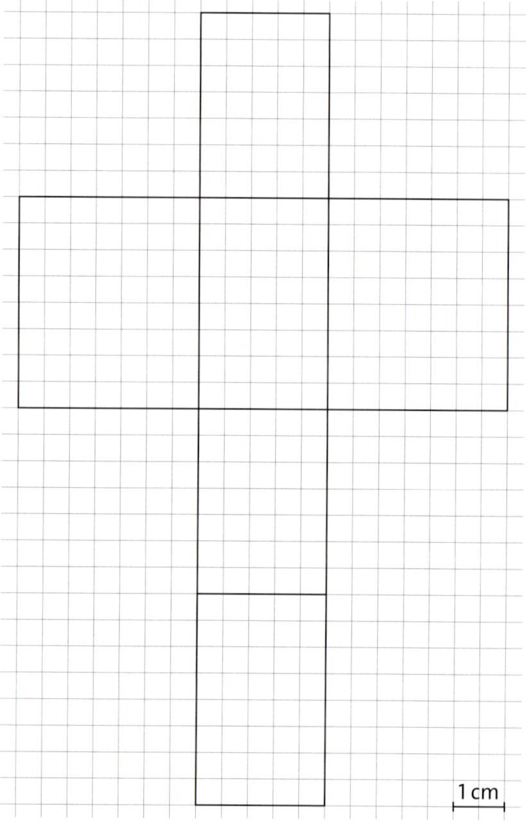

$O = 2 \cdot 2{,}5\,cm \cdot 4\,cm + 2 \cdot 2{,}5\,cm \cdot 3{,}5\,cm + 2 \cdot 4\,cm \cdot 3{,}5\,cm$
$O = 20\,cm^2 + 17{,}5\,cm^2 + 28\,cm^2$
$\mathbf{O = 65{,}5\,cm^2}$

b) Zum Beispiel:

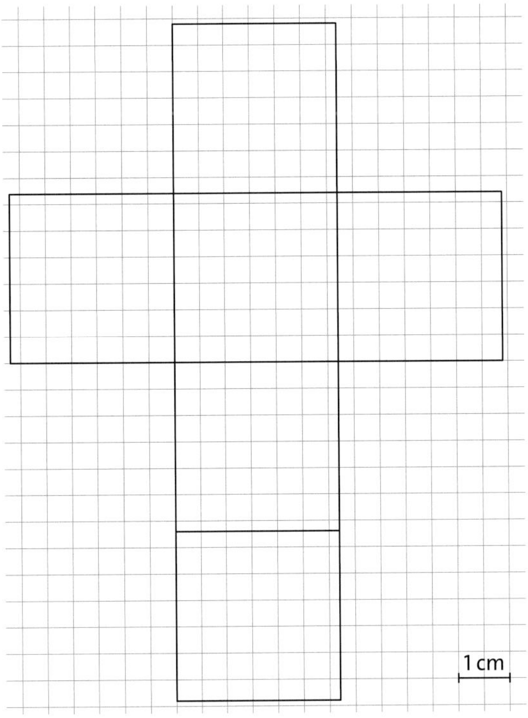

$O = 6 \cdot 3{,}2\,\text{cm} \cdot 3{,}2\,\text{cm}$; $\mathbf{O = 61{,}44\,cm^2}$

2 a)

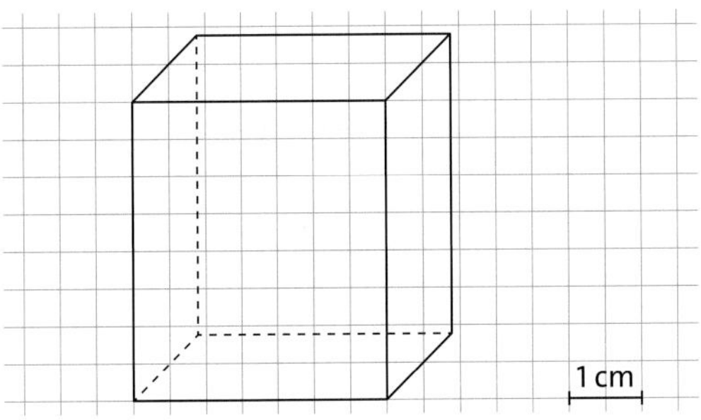

$V = 3{,}5\,\text{cm} \cdot 4\,\text{cm} \cdot 2{,}5\,\text{cm}$; $\mathbf{V = 35\,cm^3}$

b)

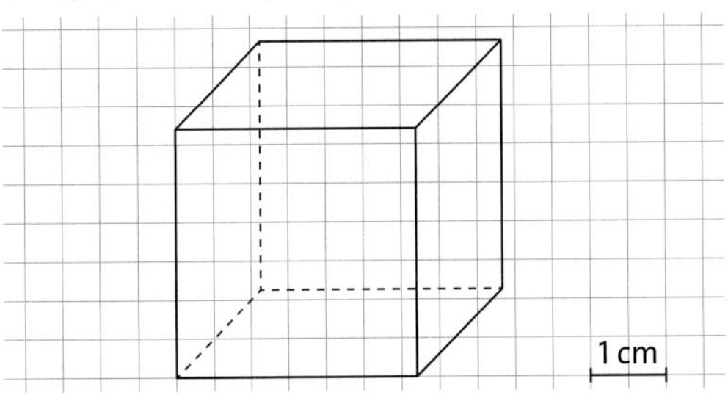

$V = 3{,}2\,\text{cm} \cdot 3{,}2\,\text{cm} \cdot 3{,}2\,\text{cm}$; $\mathbf{V = 32{,}768\,cm^3}$

3 a) $30\,400\,\text{cm}^3$ und $0{,}0304\,\text{m}^3$
b) $507\,200\,\text{mm}^3$ und $0{,}5072\,\text{dm}^3$

4 a) Volumen b) keins von beidem
c) Oberflächeninhalt

5 $O = 25\,\text{m} \cdot 15\,\text{m} + 2 \cdot 25\,\text{m} \cdot 3\,\text{m} + 2 \cdot 15\,\text{m} \cdot 3\,\text{m}$
$O = 375\,\text{m}^2 + 150\,\text{m}^2 + 90\,\text{m}^2$
$\mathbf{O = 615\,m^2}$
Es müssen $615\,\text{m}^2$ gestrichen werden.

6 a) $V = a \cdot a \cdot a$
$216\,\text{m}^3 = a \cdot a \cdot a$, also ist $\mathbf{a = 6\,m}$
b) $V = a \cdot b \cdot c$
$210\,\text{m}^3 = 6\,\text{m} \cdot 7\,\text{m} \cdot c$
$210\,\text{m}^3 = 42\,\text{m}^2 \cdot 2$, also ist $\mathbf{c = 5\,m}$

7 Zuordnungen und negative Zahlen

▶ Seite 166/167 Wiederholung

1 a) 3,5 **m** b) 15 **km** c) 1 **kg**
d) 13 **min** e) 19,95 **€**

2 a) 1 km = **1000** m b) 30 cm = 3 **dm**
c) 15 m = **1500** cm d) 400 mm = 40 cm = **4** dm
e) 3 dm = 0,3 **m** f) 500 m = **0,5** km

3 a) **2 h 20 min** (2 h von 14:15 Uhr bis 16:15 Uhr und 20 min von 16:15 Uhr bis 16:35 Uhr)
b) **7 h 35 min** (10 min von 3:50 Uhr bis 4:00 Uhr; 7 h von 4:00 Uhr bis 11:00 Uhr; 25 min von 11:00 Uhr bis 11:25 Uhr)
c) **4 h 32 min** (20 min von 23:40 Uhr bis 0:00 Uhr; 4 h von 0:00 Uhr bis 4:00 Uhr; 12 min von 4:00 Uhr bis 4:12 Uhr)

4 ablesen: callme 11 €; spar-talk 10 €; Phone-ya 15 €; tele-viel 18 €
geordnet: 10 € < 11 € < 15 € < 18 €

5
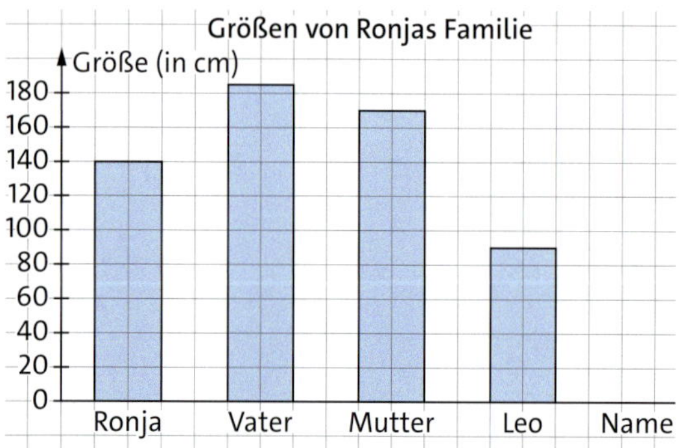

6
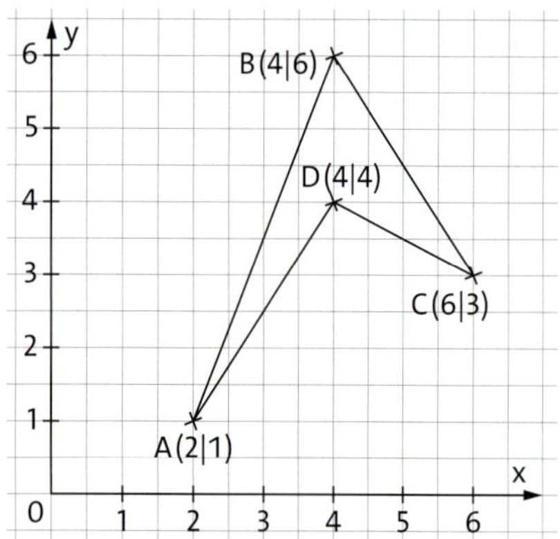

7 a) um 11:15 Uhr b) um 13:05 Uhr
c) 10 min (von 12:04 Uhr bis 12:14 Uhr)

8 a) A = 1; B = 2,5; C = 4,25; D = 6,5
b) A = 0,1; B = 0,5; C = 1,1; D = 1,6; E = 1,9

9
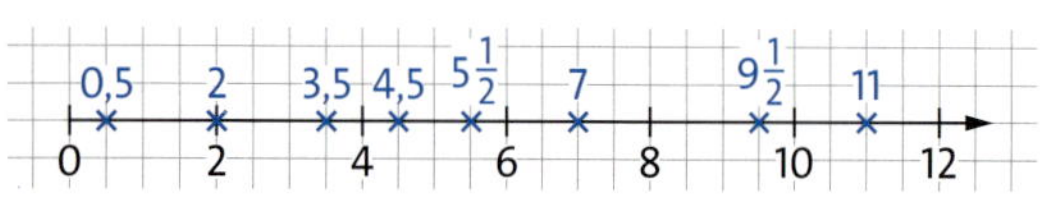

10 a) 8 < 9 b) 0,9 > 0,8
c) $\frac{1}{2} = 0{,}5$ d) 13,5 > 13,05
e) 50,2 < 52 f) $1{,}25 = 1\frac{1}{4}$

11 a) 0,19 < 0,9 < 0,99 < 1,9 < 9 < 19 < 91 < 99
b) $\frac{1}{4} < \frac{1}{2} < \frac{3}{4} < 1\frac{1}{2} < 2 < 2\frac{1}{4} < 2\frac{1}{2}$

▶ Seite 180 Zwischentest

1 a)

Kind	Tim	Anna	Furkan	Melina
Geld in €	15	30	20	5

b) Jedem **Schüler** wird sein **Geld in Euro** zugeordnet.

2 Jedem Schüler wird seine **(Sprung-)Weite in m** zugeordnet.
Oskar springt 4,10 m weit.
Akin springt 3,50 m weit.
Lennard springt 3,85 m weit.

3 a)
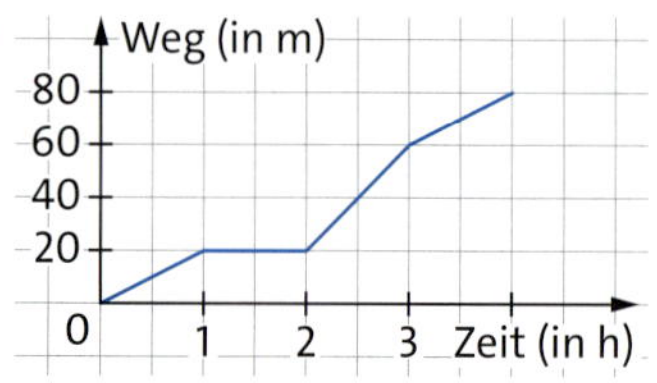

b) ① 20 m; ② Pause; ③ … die Schnecke bei 60 m.

4 a) +25 °C b) −50 € c) −7 °C

5 A = −5; B = −3; C = 1,5
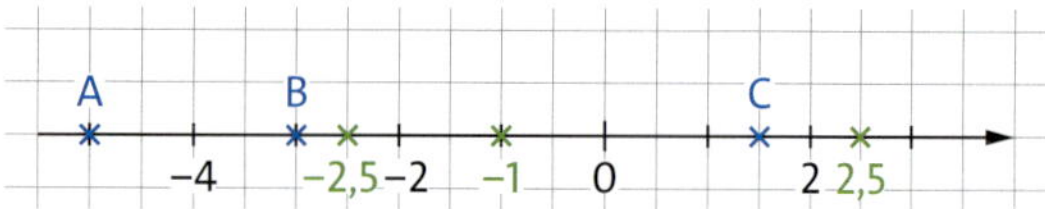

6 a) −7 > −8 b) −22 < −20
c) −0,5 > −1 d) −105 > −150

▶ Seite 181 Zwischentest

1 Alter (in Jahren) → (durchschnittliche) Größe (in cm)

Alter in Jahren	7	8	9	10
Größe in cm	121	127	132	138

2 Jeder Stadt wird eine Temperatur zugeordnet.
In Bremen sind es 0 °C. In Berlin sind es −2 °C.
In Köln ist es 3 °C warm, in Frankfurt 1 °C.
In München sind es −2 °C.

3 a)
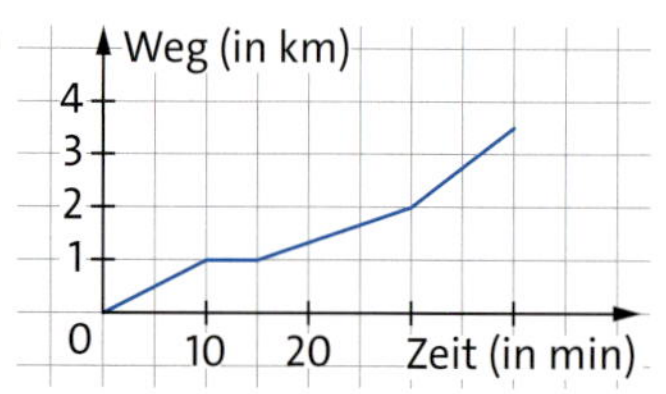

b) Nach 30 Minuten hat Frau Malek 2 km zurückgelegt.
Frau Malek hält nach 10 Minuten an.

4 Bei unserer Höhlenwanderung gingen wir runter bis auf **−21 m**. Dort war es **−4 °C** kalt. Draußen war es **20** °C warm.

5 A = −11; B = −7; C = −4; D = −1,5; E = 1,5

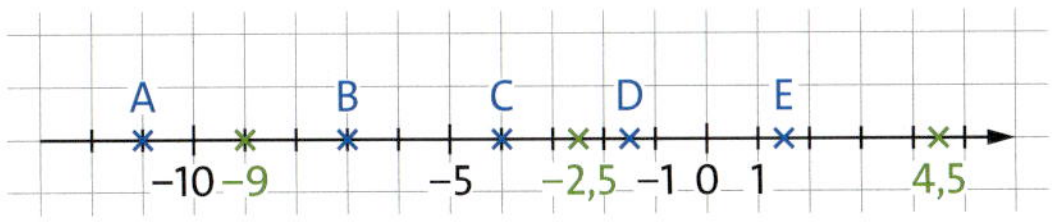

6 $-3{,}1 < -3 < -2{,}7 < -\frac{1}{2} < 0 < 0{,}5$

▶ Seite 181 Zwischentest

1 Verkehrsmittel/Fortbewegungsart → Zeit in min

Verkehrsmittel	zu Fuß	Fahrrad	Auto	Bus
Zeit in min	45	15	10	20

2 Jedem Wochentag wird eine Person zugeordnet.
Zum Beispiel: Am Montag muss Emily die Klasse fegen, am Dienstag ist Alexej dran. Am Mittwoch fegt Betti und am Donnerstag Filip. Am Freitag muss Defne fegen.

3 a)

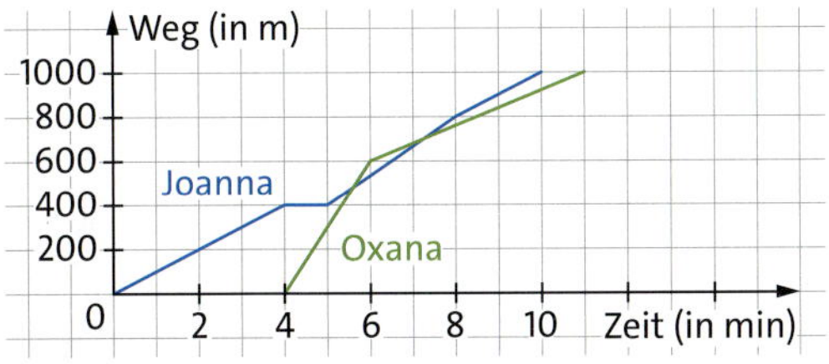

b) Zum Beispiel:
Oxana fährt 4 Minuten nach Joanna los. Sie überholt Joanna etwa 1,5 Minuten später. Kurz danach trifft sie eine Freundin und schiebt ihr Fahrrad bis zur Schule.
Joanna geht früher los. Nach 4 Minuten muss sie an einer Ampel warten. Danach geht sie etwas zügiger weiter. Die letzten 2 Minuten geht sie wieder so schnell wie zu Beginn.

4 Zum Beispiel:
In einem Gefrierschrank ist es −15 °C kalt.
Bei 100 °C kocht Wasser.
Die Höhle liegt −67 m tief.
Das Fahrrad kostet 250 €.
Frau Högers Kontostand beträgt −125 €.

5

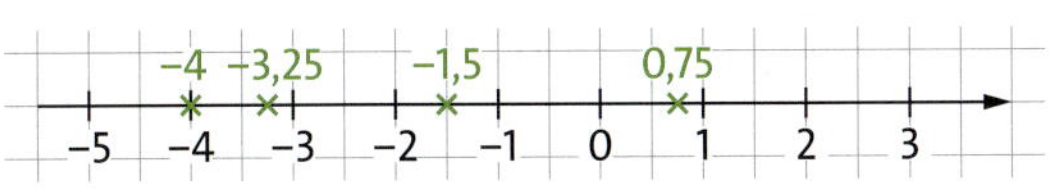

6 $-4{,}6 < -4{,}15 < -2 < -\frac{2}{3} < \frac{2}{5} < 0{,}6 < 3$
Zum Beispiel:
−4 und 1,5 liegen zwischen −5 und 3.

▶ Seite 187 Abschlusstest

1 Jedem **Schüler** wird seine **Zeit** zugeordnet.
Tim lief die 50 m in **9,1** s.
Ben brauchte **9,5** s. **Jan** brauchte 8,9 s.

2

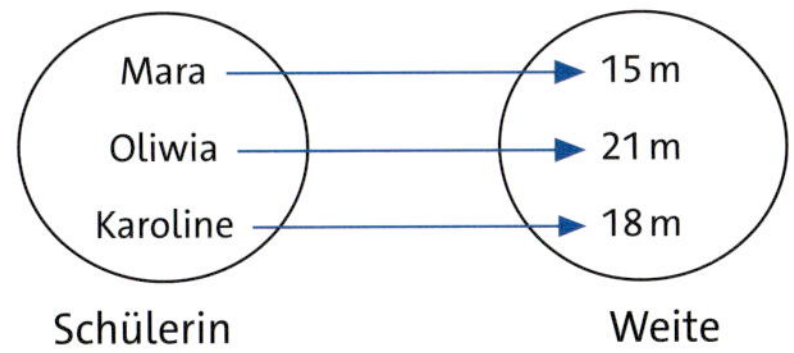

3 langsam; 1,5 Minuten; 50 m; schnell

4 a) Moskau −10 °C < Berlin −5 °C < Rom −3 °C < Köln −2 °C < Paris 0 °C < Madrid 3 °C

b)

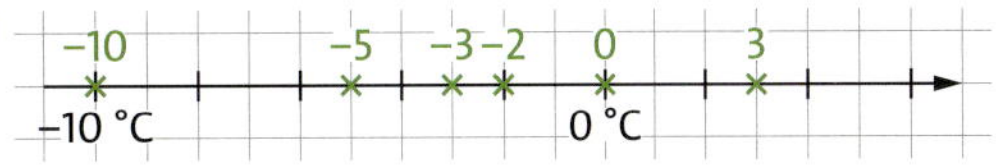

5 a) −5 < 5 b) −12 > −13
c) −9 < −2 d) −99 < −90

▶ Seite 187 Abschlusstest

1 a) und b) (Beispiel)

Anzahl Pferde	5	**8**	10	**1**	**2**	**15**
Anzahl Hufeisen	**20**	32	**40**	**4**	**8**	**60**

(Die Anzahl der Hufeisen ist immer das Vierfache der Anzahl von Pferden.
Ich multipliziere also die obere Zahl mit 4, um die untere Zahl zu erhalten.)

c) Zum Beispiel: Für 5 Pferde braucht man 20 Hufeisen. Für 8 Pferde braucht man 32 Hufeisen …

2

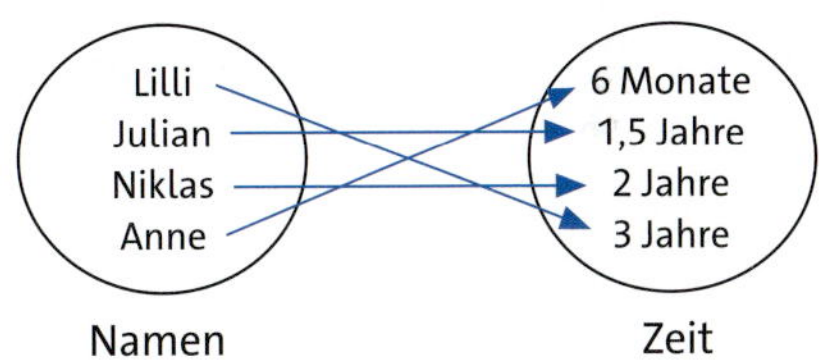

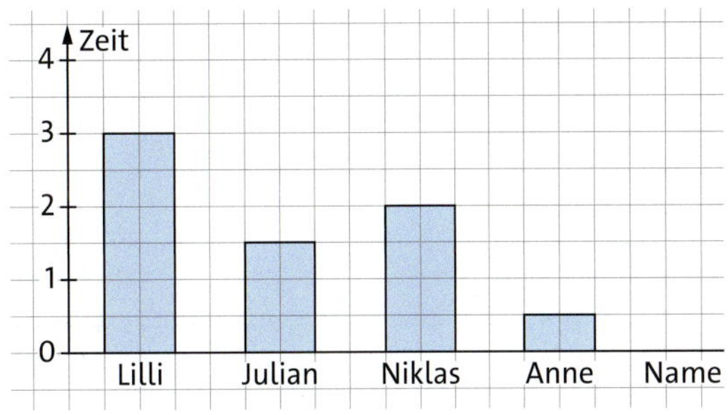

3 – Julia ist nach 10 Minuten **1 km** gelaufen.
– Tom hat für 2 km **15 Minuten** gebraucht.
– Julia überholt Tom nach **etwa 26 Minuten** und **nach 2,4 km**. (Denn dort schneiden sich die Graphen.)
– Am Anfang ist **Tom** schneller.
– Nach 30 Minuten ist **Julia** weiter gelaufen. (Denn bei 30 min liegt der blaue Graph über dem roten Graphen.)

4 a) Frau Bex −650 € < Frau Hahn −605 € < Herr Graf −565 € < Herr Wu −560 € < Frau Vogt −506 €

b)

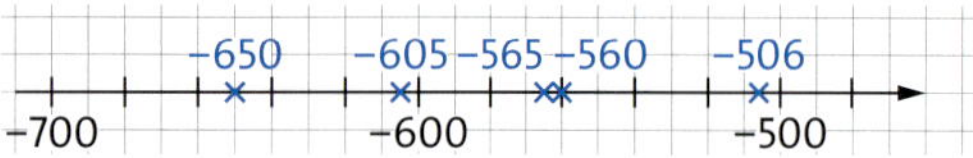

5 a) −16 > −17 b) −33,5 < −33
c) −98 < −89 d) −99 > −99,9

▶ Seite 187 Abschlusstest

1 a) Jedem Wochentag wird eine Temperatur in °C zugeordnet, kurz:
Wochentag → Temperatur
(Es könnte sich um eine Durchschnittstemperatur oder um eine Temperatur zu einer bestimmten Tageszeit handeln.)

b) Zum Beispiel:
– Wie warm war es am Montag?
– An welchem Tag war es am kältesten?
– An welchen Tagen war es 12 °C warm?

2 Ein Quadrat mit a = 2 cm hat einen Flächeninhalt von 4 cm².
Ein Quadrat mit a = 3 cm hat einen Flächeninhalt von 9 cm².
Eine Tabelle kann dir helfen:

Seitenlänge in cm	1	2	3
Flächeninhalt in cm²	1	4	9

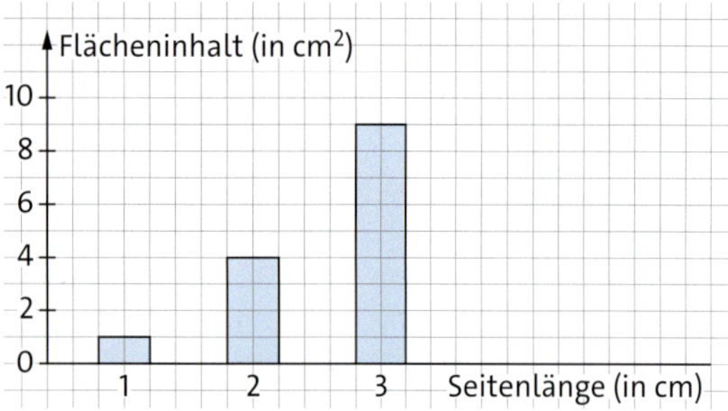

3 a) Eine Tabelle kann dir helfen:

Zeit in min	0	5	15	19	20
Weg in m	0	500	500	2500	2600

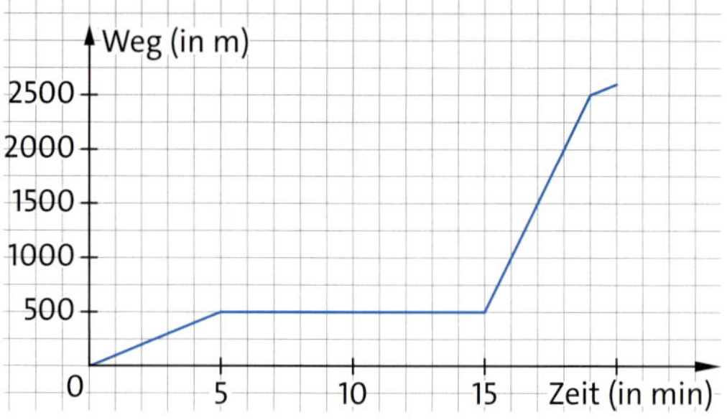

b) – Er kommt um 16:20 Uhr an.
– Er legt 2,6 km zurück.
– Nach 10 Minuten ist er 500 m weit gekommen.

4 a) Katrin −17,7 m < Norbert −17,2 m < Elke −15,5 m < Stefan −14,9 m < Ludwig −14,4 m < Andrea −12 m

b)

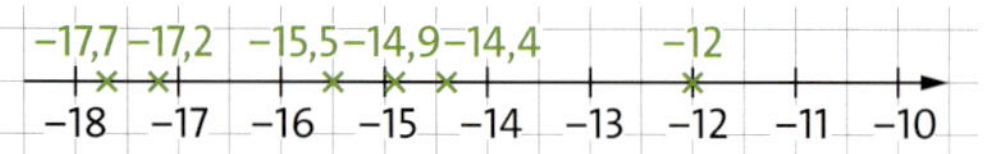

5 a) Ziffern 0, 1 und 2
b) Ziffern 6, 7, 8 und 9
c) Ziffern 4, 5, 6, 7, 8 und 9
d) Ziffern 5, 4, 3, 2, 1 und 0

8 Zufall

▶ Seite 190/191 Wiederholung

1 8 Kinder essen am liebsten Pudding,
11 Kinder essen am liebsten Eis und
5 Kinder essen am liebsten Obst.

2

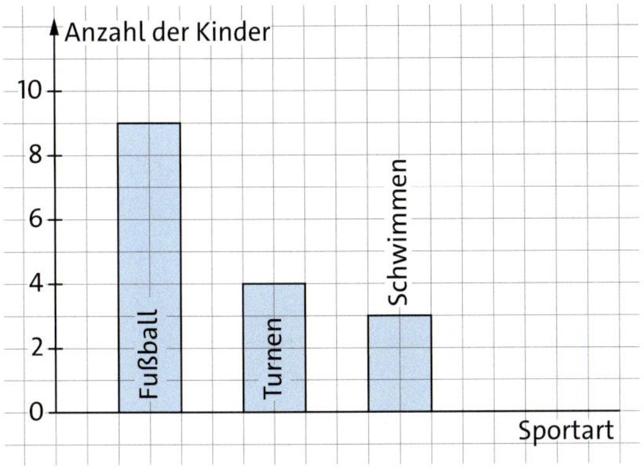

3 a) $\frac{2}{5}$ b) $\frac{1}{3}$ c) $\frac{3}{4}$ d) $\frac{2}{3}$

4 a) $\frac{4}{100}$ b) $\frac{70}{100}$ c) $\frac{15}{100}$ d) $\frac{80}{100}$

5 a) $\frac{1}{10} = 0{,}1;\ \frac{1}{10} = \frac{10}{100} = 10\,\%$
b) $\frac{3}{5} = \frac{6}{10} = 0{,}6;\ \frac{3}{5} = \frac{60}{100} = 60\,\%$
c) $\frac{3}{2} = \frac{15}{10} = 1{,}5;\ \frac{3}{2} = \frac{150}{100} = 150\,\%$
d) $\frac{7}{20} = \frac{35}{100} = 0{,}35;\ \frac{7}{20} = \frac{35}{100} = 35\,\%$
e) $\frac{3}{50} = \frac{6}{100} = 0{,}06;\ \frac{3}{50} = \frac{6}{100} = 6\,\%$
f) $\frac{24}{200} = \frac{12}{100} = 0{,}12;\ \frac{24}{200} = \frac{12}{100} = 12\,\%$

6 a) $0{,}12 = \frac{12}{100} = 12\,\%;\ 0{,}12 = \frac{12}{100} = \frac{3}{25}$
b) $0{,}08 = \frac{8}{100} = 8\,\%;\ 0{,}08 = \frac{8}{100} = \frac{2}{25}$
c) $0{,}75 = \frac{75}{100} = 75\,\%;\ 0{,}75 = \frac{75}{100} = \frac{3}{4}$
d) $0{,}2 = \frac{20}{100} = 20\,\%;\ 0{,}2 = \frac{2}{10} = \frac{1}{5}$
e) $1{,}25 = \frac{125}{100} = 125\,\%;\ 1{,}25 = \frac{125}{100} = \frac{5}{4}$

7 a) $\frac{2}{10} = \frac{1}{5}$ b) $\frac{1}{4}$ c) $\frac{2}{5}$

8 a) $\frac{3}{20} = \frac{15}{100} = \mathbf{0{,}15}$ b) $\frac{7}{10} = \mathbf{0{,}7}$
c) $\frac{120}{200} = \frac{60}{100} = \frac{6}{10} = \mathbf{0{,}6}$ d) $\frac{25}{250} = \frac{1}{10} = \mathbf{0{,}1}$

9 $A = \frac{1}{8};\ B = \frac{4}{8} = \frac{1}{2};\ C = \frac{13}{16};\ D = 1\frac{2}{8} = 1\frac{1}{4}$

10

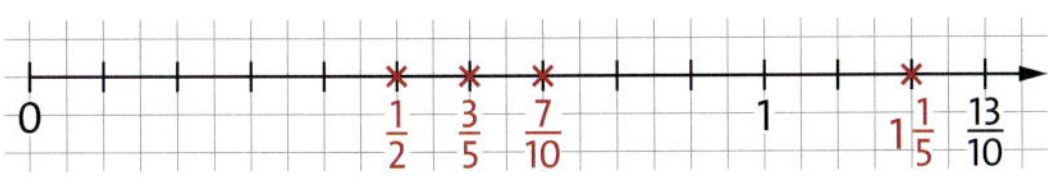

11 a) $\frac{5}{8} > \frac{3}{8}$ b) $\frac{2}{5} = \frac{6}{15}$, denn $\frac{2}{5} = \frac{6}{15}$
c) $\frac{4}{3} > \frac{6}{5}$; denn $\frac{4}{3} = \frac{20}{15}$ und $\frac{6}{5} = \frac{18}{15}$
d) $\frac{7}{9} < \frac{7}{8}$ (Neuntel sind kleiner als Achtel.)

12 a) $\frac{1}{4} < \frac{1}{2} < \frac{2}{3} < \frac{4}{5} < \frac{7}{8}$
b) $0{,}08 < 0{,}18 < 0{,}21 < 0{,}8 < 0{,}82$
c) $0{,}49 < 0{,}5 < \frac{3}{5} < \frac{7}{10} < 0{,}71 < \frac{3}{4}$

▶ Seite 202 Zwischentest

1 a) kein Zufallsexperiment (ich kann vorhersagen, dass ich eine blaue Kugel ziehe)
b) Zufallsexperiment

2 a) blaues Feld; grünes Feld; oranges Feld
b) Zum Beispiel: ein schwarzes Feld

3 a)

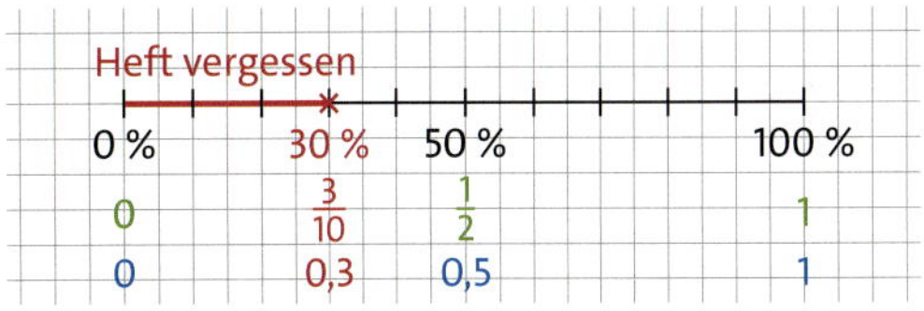

b) individuelle Lösung

4 a) Laplace-Experiment
b) kein Laplace-Experiment
c) Laplace-Experiment

5 a) $P(2) = \frac{1}{5}$ b) $P(2) = \frac{1}{3}$

6 a) $P(\text{rot}) = \frac{5}{10} = 0{,}5 = 50\,\%$
b) $P(\text{grün oder rot}) = \frac{8}{10} = 0{,}8 = 80\,\%$
c) $P(\text{nicht grün}) = \frac{7}{10} = 0{,}7 = 70\,\%$

▶ Seite 203 Zwischentest

1 a) Zufallsexperiment
b) kein Zufallsexperiment (ich kann vorhersagen, dass der Chip auf der blauen Seite landet)
c) Zufallsexperiment

2 a) vierseitiger Würfel: 1, 2, 3, 4
sechsseitiger Würfel: A, E, I, O, U
b) Zum Beispiel: vierseitiger Würfel: 5;
sechsseitiger Würfel: B

3 a)

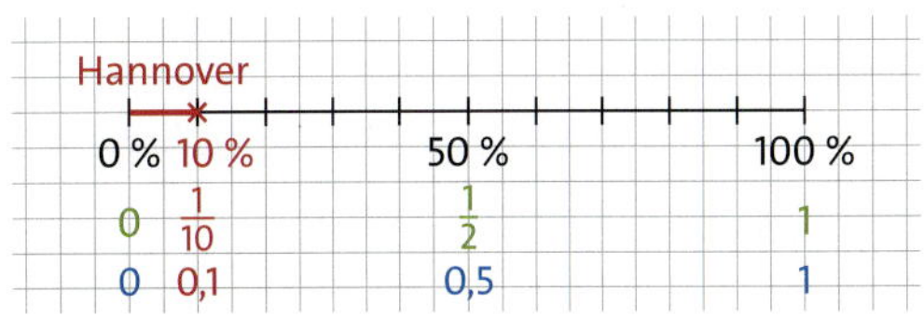

b) individuelle Lösungen

4 Bei einem Laplace-Experiment ist jedes Ergebnis gleich wahrscheinlich.
Bei einem Würfel ist jede der sechs Zahlen gleich wahrscheinlich (weil die Seiten eines Würfels gleich groß sind). Es ist ein Laplace-Experiment.
Bei einer Reißzwecke ist es wahrscheinlicher, dass sie auf dem Kopf landet als auf der Seite. Es ist kein Laplace-Experiment.

5 Du solltest das Experiment mit den Kugeln wählen. Denn bei den Kugeln beträgt die Wahrscheinlichkeit für eine blaue Kugel $\frac{1}{5}$. Beim Glücksrad beträgt die Wahrscheinlichkeit für ein blaues Feld nur $\frac{1}{6}$.

6 Es gibt insgesamt 10 Zahlen.

a) Es gibt 5 gerade Zahlen.
Also ist P(gerade Zahl) = $\frac{5}{10}$ = 0,5 = 50 %.

b) Es gibt 4 Zahlen, die größer als 6 sind.
Also ist P(größer als 6) = $\frac{4}{10}$ = 0,4 = 40 %.

c) Es gibt 3 durch 3 teilbare Zahlen, nämlich 3; 6; 9.
Also ist P(durch 3 teilbar) = $\frac{3}{10}$ = 0,3 = 30 %.

▶ Seite 203 Zwischentest

1 Zum Beispiel: einen Flaschendeckel werfen
Das Ergebnis ist nicht vorhersagbar oder beeinflussbar. Du kennst alle möglichen Ergebnisse (Öffnung oben, Öffnung unten). Ein Wurf kann beliebig oft wiederholt werden.
Kein Zufallsexperiment wäre zum Beispiel eine Lotterie, bei der es nur Nieten gibt, weil das Ergebnis vorhersagbar ist.

2 Zum Beispiel:

a) Ein Würfel mit 6 Seiten: zwei Seiten sind gelb, zwei sind rot und zwei sind blau.

b) In einer Box liegen 8 Kugeln: 2 Kugeln sind gelb, 3 Kugeln sind rot und 4 Kugeln sind blau.

c) Das Ergebnis „die schwarze Seite liegt oben“ ist unmöglich beim Würfel.
Das Ergebnis „eine schwarze Kugel“ ist unmöglich bei der Box.

3 a), b)

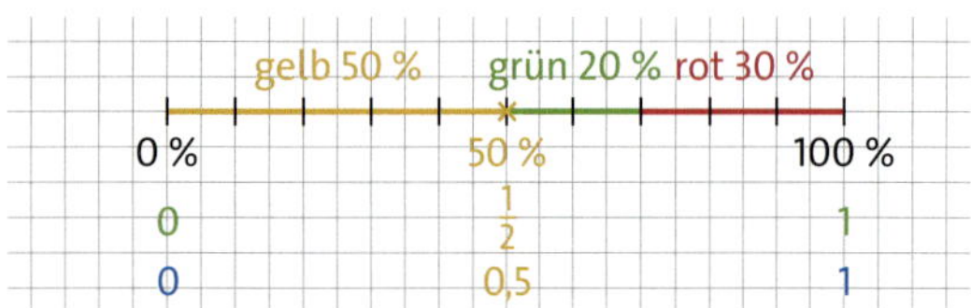

b) Wenn man die Prozentzahlen von gelb und grün addiert, kommt man auf 70 %. Es fehlen also noch 30 %. Das ist die Wahrscheinlichkeit für rot.

4 Dieses Glücksrad hat vier unterschiedlich große Felder. Deshalb ist die Wahrscheinlichkeit für die Ergebnisse unterschiedlich groß. Bei einem Glücksrad für ein Laplace-Experiment müssen alle Felder gleich groß sein.

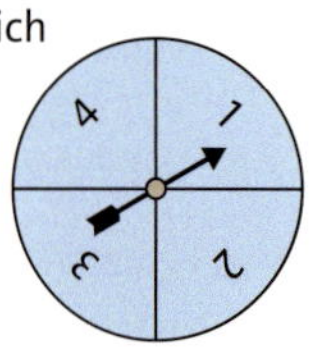

5 a) In der Tüte können zum Beispiel 8, 16 oder 24 Bonbons sein. (Die Anzahl muss durch 8 teilbar sein.)

b) Es können zum Beispiel 6 Kirsch-Bonbons sein (wenn 8 Bonbons in der Tüte sind). Oder 12 Kirsch-Bonbons (wenn 16 Bonbons in der Tüte sind). Oder 18 Kirsch-Bonbons ...
Die Kirsch-Bonbons machen immer $\frac{3}{4}$ der Bonbons in der Tüte aus.

6 a) P(grau) = $\frac{2}{5}$ = 0,4 = 40 %

b) P(Zahl < 18) = $\frac{4}{5}$ = 0,8 = 80 %

c) Eine Wahrscheinlichkeit von 60 % = $\frac{60}{100}$ = $\frac{3}{5}$ bedeutet, dass das Ereignis aus drei einzelnen Ergebnissen (Feldern) besteht.
Zum Beispiel: Es gibt 3 Zahlen, die größer als 10 sind, also ist P(Zahl >10) = 60 %.

▶ Seite 209 Abschlusstest

1 Der blaue Chip in der Mitte ist kein Zufallsexperiment, weil das Ergebnis vorhersagbar ist. Bei jedem Wurf wird eine blaue Seite oben liegen.

2 a)

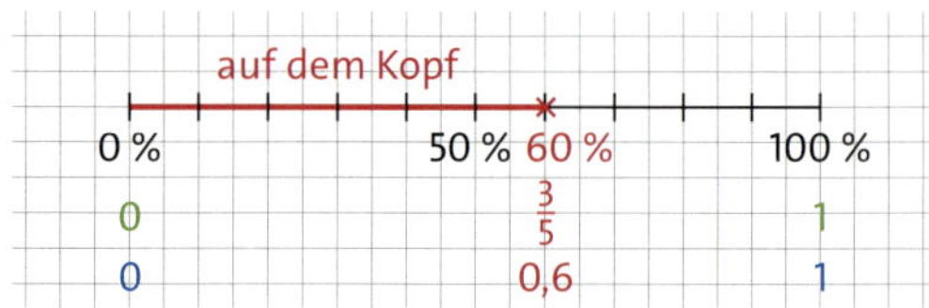

b) Die Wahrscheinlichkeit für „Kopf“ beträgt bei einer Münze P(Kopf) = 50 %.
Bei einer Reißzwecke ist die Wahrscheinlichkeit für „Kopf“ höher, weil sie häufiger auf dem Kopf als auf der Seite landet.

3 Einen Stift zu ziehen ist ein Laplace-Experiment. Jede Farbe ist einmal vorhanden und die Wahrscheinlichkeit ist für jeden Stift gleich groß. (Der Zylinder wird wohl häufiger auf der Seite als auf einer Kreisfläche landen.)

4 Du wählst am besten das Glücksrad.
Die Wahrscheinlichkeit für eine 1 beim Glücksrad beträgt $\frac{1}{3}$. Die Wahrscheinlichkeit für eine 1 bei den Kugeln beträgt nur $\frac{1}{5}$.

5 a) mögliche Ergebnisse: rosa, weiß, blau

b) P(rosa) = $\frac{2}{5}$ = $\frac{4}{10}$ = 0,4 = 40 %
P(nicht weiß) = $\frac{3}{5}$ = $\frac{6}{10}$ = 0,6 = 60 %

c) P(blau) = $\frac{1}{5}$ = $\frac{2}{10}$ = 0,2 = 20 %

▶ Seite 209 Abschlusstest

1 Zum Beispiel Münzwurf:
Das Ergebnis ist nicht vorhersagbar oder beeinflussbar.
mögliche Ergebnisse: Wappen; Zahl
Du kannst eine Münze beliebig oft werfen.

2 a) P(blau) = $\frac{8}{10}$ = 80 %

b) In der Box müssen 8 blaue Kugeln sein.
Von den anderen beiden Kugeln muss eine Kugel rot und eine Kugel grün sein.

3 Bei den Spielkarten ist es für jede Karte gleich wahrscheinlich gezogen zu werden. Deshalb handelt es sich um ein Laplace-Experiment. Wenn du den Anspitzer wirfst, dann wird er häufiger auf der Oberseite oder der Unterseite landen. (Denn das Gewicht und die Seitengrößen sind unterschiedlich verteilt.)
Die einzelnen Seiten sind also nicht gleich wahrscheinlich. Deshalb ist das Werfen mit dem Anspitzer kein Laplace-Experiment.

4 vierseitiger Würfel: $P(4) = \frac{1}{4} = 0{,}25 = 25\,\%$
Kugelbox: $P(\text{blaue Kugel}) = \frac{1}{4} = 0{,}25 = 25\,\%$
Die Wahrscheinlichkeit für eine 4 und die Wahrscheinlichkeit für eine blaue Kugel sind gleich groß.

5 a) $P(5) = \frac{2}{10} = 0{,}2 = 20\,\%$
$P(\text{gerade Zahl}) = \frac{4}{10} = 0{,}4 = 40\,\%$
$P(\text{weiße 4}) = \frac{1}{10} = 0{,}1 = 10\,\%$
b) Zum Beispiel : $P(\text{ungerade Zahl}) = \frac{3}{5}$, weil auf 6 von den 10 Feldern eine ungerade Zahl steht

▶ Seite 209 Abschlusstest

1 Bei einem Zufallsexperiment kann ich das Ergebnis nicht vorhersehen oder beeinflussen.
Die möglichen Ergebnisse sind alle bekannt und ich kann das Experiment beliebig oft wiederholen.
Wenn das Experiment kein Zufallsexperiment ist, dann kann es sein, dass das Ergebnis vorhersagbar ist (zum Beispiel, weil es immer dasselbe Ergebnis ist). Oder es kann sein, dass ich nicht alle möglichen Ergebnisse kenne (zum Beispiel, wenn ich jemanden frage, was er von einem bestimmten Film hält). Es kann auch sein, dass ich das Experiment nicht wiederholen kann, weil etwas unwiederbringlich kaputt gegangen ist.

2 a)

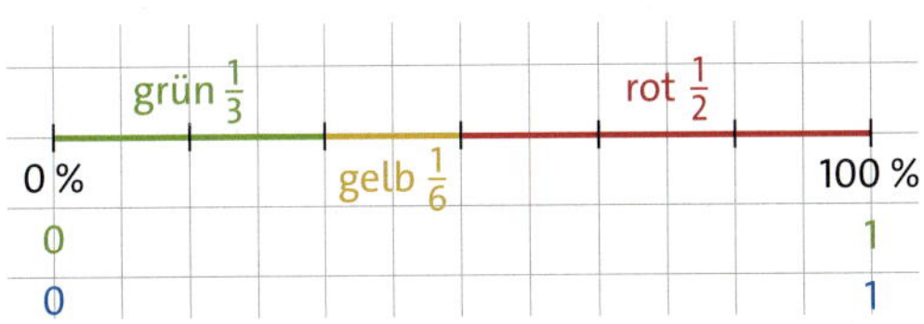

b) Der Streifen ist noch zur Hälfte frei, deshalb muss $P(\text{rot}) = \frac{1}{2}$ sein.

c)

3

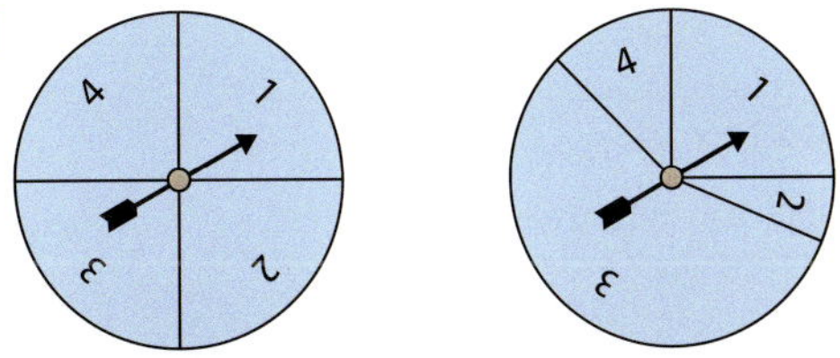

Mit dem linken Glücksrad kann ein Laplace-Experiment durchgeführt werden, weil alle Felder gleich groß und damit alle Ergebnisse gleich wahrscheinlich sind. Beim rechten Glücksrad sind die Felder unterschiedlich groß und damit nicht gleich wahrscheinlich.

4 Zum Beispiel:
a) Von 8 unterschiedlichen Spielkarten wird eine bestimmte Spielkarte mit einer Wahrscheinlichkeit von $\frac{1}{8}$ gezogen.
b) Auf einem Glücksrad mit gleich großen Feldern stehen die Zahlen 1 bis 5, also ist $P(1 \text{ oder } 2) = \frac{2}{5}$

5 a) 8 von 32 Karten sind Pik-Karten, also ist
$P(\text{Pik}) = \frac{8}{32} = \frac{1}{4} = 0{,}25 = 25\,\%$
$P(\text{eine 7}) = \frac{4}{32} = \frac{1}{8}$; $P(\text{rote Zahl}) = \frac{8}{32} = \frac{1}{4}$
b) Zum Beispiel: $P(\text{Herz}) = \frac{8}{32} = \frac{1}{4}$;
$P(\text{Dame oder König}) = \frac{8}{32} = \frac{1}{4}$

Grundwissen

▶ Seite 211

1 a) 300; 700; 850; 1150
b) 6; 16; 28; 42

2
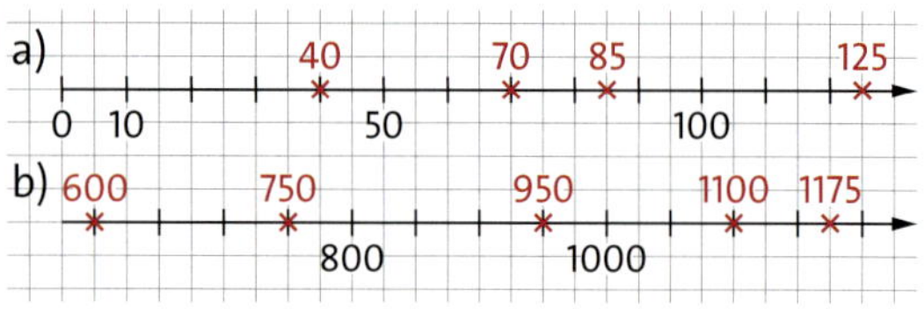

▶ Seite 212

3

	Tausender					
	H	Z	E	H	Z	E
a)			7	3	4	1
b)	6	4	2	8	0	1
c)		4	9	2	0	0
d)			5	3	2	0
e)		1	0	0	1	2

4

	Tausender					
	H	Z	E	H	Z	E
a)			4	6	8	3
b)			5	3	0	7
c)		5	0	3	9	0

5 a) 7342; 21 301; 722 500; 300 033
b) siebentausenddreihundertzweiundvierzig; einundzwanzigtausenddreihunderteins; siebenhundertzweiundzwanzigtausendfünfhundert; dreihunderttausenddreiunddreißig

6 a) 326 b) 4538 c) 11 900 d) 243 809

▶ Seite 213

7 a) 17 < 31 b) 143 > 134
c) 756 > 675 d) 1000 > 984
e) 123 < 1023 f) 2003 > 203
g) 1234 < 1324 h) 9099 < 9909

8 a) z. B. 90; 50; 40 (alle Zahlen von 0 bis 99)
b) z. B. 346; 350; 400 (alle Zahlen ab 346 und größer)
c) z. B. 0; 5; 9 (alle Zahlen von 0 bis 9)
d) z. B. 1000; 1200; 2000 (alle Zahlen ab 1000 und größer)

9 a) 2 < 8 < 15 < 17
b) 9 < 28 < 245 < 1040
c) 219 < 399 < 500 < 812 < 945
d) 30 < 33 < 300 < 303 < 330 < 333
e) 1001 < 1010 < 1011 < 1101 < 1110
f) 345 < 354 < 435 < 453 < 534 < 543

10 a) sechs Zahlen aus dieser Auswahl: 4560, 4506, 4650, 4605, 4056, 4065, 5460, 5406, 5640, 5604, 5064, 5046, 6450, 6405, 6540, 6504, 6045, 6054
b) je nach Auswahl der Zahlen, z. B.
4056 < 4065 < 4506 < 4560 < 4605 < 4650

▶ Seite 214

11 a) 400 b) 500 c) 800
d) 4800 e) 6000 f) 56 800

12 a) 6000 b) 6000 c) 10 000
d) 13 000 e) 25 000 f) 100 000

13 a) 18 °C (3. Spalte, 1. Zeile)
b) 9 °C (2. Spalte, 3. Zeile)
c) 2 Liter steht in der 2. Zeile, also beim 7. 5.
Am 7. 5. fielen 2 Liter Niederschlag.

▶ Seite 215

14 a) Maximum 30; Minimum 15
b) Maximum 90 m; Minimum 30 m
c) Maximum 130 g; Minimum 55 g

15 a) Maximum 50; Minimum 20; Spannweite 30
b) Maximum 42 kg; Minimum 20 kg;
Spannweite 42 kg – 20 kg = 22 kg
c) Maximum 92 ℓ; Minimum 45 ℓ;
Spannweite 92 ℓ – 45 ℓ = 47 ℓ

16 a) Pizza b) 6 c) 7

▶ Seite 216

17
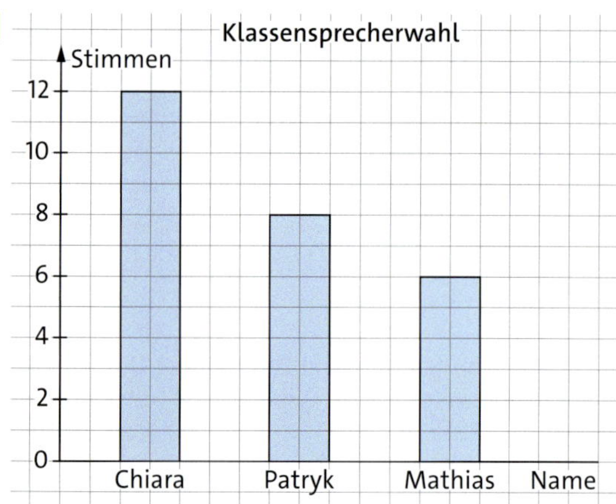

18

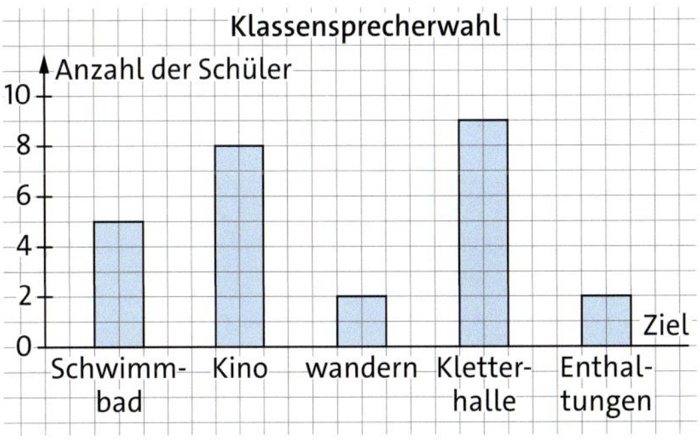

19 a) $\frac{1}{3}$ b) $\frac{1}{8}$ c) $\frac{3}{8}$ d) $\frac{5}{6}$ e) $\frac{5}{8}$
f) $\frac{1}{2}$ g) $\frac{1}{6}$ h) $\frac{3}{4}$ i) $\frac{3}{8}$ j) $\frac{5}{6}$

▶ Seite 217

20

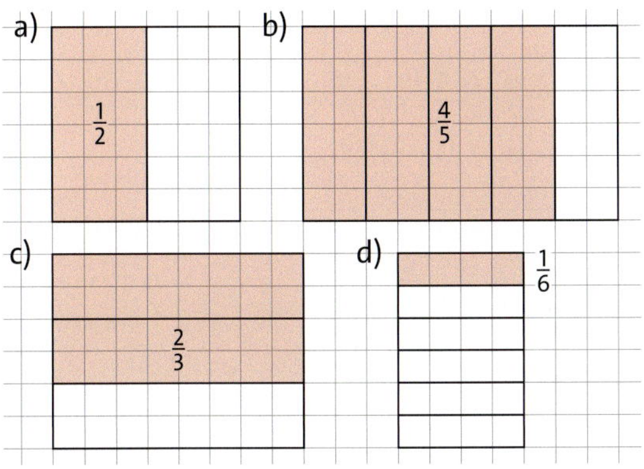

21 a) 10 Murmeln b) 15 Schüler
c) 40 Autos d) 56 Busse

22 a) 2400 g b) 1600 g
c) 15 mm d) 120 ct
e) 39 ct f) 750 m
g) 100 s h) 18 h

▶ Seite 218

23 a) $1\frac{3}{5} = \frac{8}{5}$ b) $2\frac{1}{3} = \frac{7}{3}$
c) $2\frac{3}{8} = \frac{19}{8}$ d) $3\frac{1}{4} = \frac{13}{4}$

24 a) $\frac{3}{2}$ b) $\frac{7}{2}$ c) $\frac{11}{2}$ d) $\frac{5}{3}$ e) $\frac{11}{3}$
f) $\frac{5}{4}$ g) $\frac{11}{4}$ h) $\frac{13}{4}$ i) $\frac{19}{5}$ j) $\frac{41}{8}$

25

kleiner als 1	gleich 1	größer als 1
$\frac{3}{4}; \frac{4}{7}; \frac{3}{7}$	$\frac{3}{3}; \frac{4}{4}; \frac{7}{7}$	$\frac{4}{3}; \frac{7}{4}; \frac{7}{3}$

26 a) $1\frac{1}{3}$ b) $1\frac{1}{4}$ c) $1\frac{2}{5}$ d) $1\frac{3}{7}$
e) $2\frac{2}{3}$ f) $2\frac{3}{4}$ h) $3\frac{1}{5}$

▶ Seite 219

27 a) $\frac{7}{50}$ b) $\frac{21}{25}$ c) $\frac{9}{80}$ d) $\frac{11}{40}$
e) $\frac{5}{90} = \frac{1}{18}$ f) $\frac{4}{28} = \frac{1}{7}$

28 a) $\frac{7}{25} = \frac{28}{100} = 0{,}28$
b) $\frac{9}{20} = \frac{45}{100} = 0{,}45$
c) $\frac{13}{50} = \frac{26}{100} = 0{,}26$
d) $\frac{80}{200} = \frac{40}{100} = 0{,}40 = 0{,}4$
e) $\frac{25}{500} = \frac{5}{100} = 0{,}05$
f) $\frac{33}{330} = \frac{1}{10} = \frac{10}{100} = 0{,}10 = 0{,}1$

29 a) 10 **kg** Kartoffeln
b) 80 **cm** Holz
c) 5 **min**

30 a) 1,2 **km** b) 80 **kg** c) 9,95 €
d) 60 **min** e) 5 **km**; 25 **min**

▶ Seite 220

31 a) 80 mm b) 40 dm c) 150 cm d) 2000 m
e) 25 000 m f) 15 cm g) 3600 m h) 32 dm

32 a) 9 cm b) 8 m c) 3 km d) 40 dm
e) 0,5 km f) 4,5 cm g) 0,7 cm h) 3,2 m

33 a) 300 cm b) 4 dm c) 3900 m d) 50 mm
e) 250 cm f) 1004 m

34 a) 200 dm^2 b) 300 mm^2 c) 1000 cm^2 d) 1500 dm^2
e) 10 mm^2 f) 130 cm^2 g) 430 cm^2 h) 504 dm^2

35 a) 6 dm^2 b) 2 cm^2 c) 80 m^2 d) 0,4 dm^2
e) 1,6 cm^2 f) 23,4 m^2 g) 1,4 dm^2 h) 5,03 m^2

36 a) 30 000 cm^2 b) 8 dm^2 c) 60 dm^2
d) 7000 mm^2 e) 10 400 cm^2

▶ Seite 221

37 a) 6000 mg b) 3000 kg c) 15 000 g
d) 25 000 kg e) 500 kg f) 1500 mg
g) 2100 g h) 3020 kg

38 a) 9 t b) 2 g c) 3 kg d) 0,5 t
e) 0,7 g f) 2,7 kg g) 7,1 g h) 4,06 kg

39 a) 23 000 g b) 40 g c) 800 t
d) 700 000 g e) 2 500 000 mg f) 1004 kg

40 a) 5 h b) 6 h c) 15 h 30 min
d) 9 h 30 min e) 2 h 45 min f) 6 h 30 min

▶ Seite 222

41 a) 27 + 9 = 36
1. Summand 2. Summand Wert der Summe

b) 40 − 10 = 30
Minuend Subtrahend Wert der Differenz

c) 31 = 54 − 23
Wert der Differenz Minuend Subtrahend

d) 70 = 50 + 20
Wert der Summe 1. Summand 2. Summand

42 a) 45 b) 69 c) 82 d) 71 e) 91
f) 108 g) 127 h) 101 i) 135 j) 152
k) 276 l) 213

43 a) 149 b) 134 c) 178 d) 136 e) 100
f) 130 g) 180 h) 280

44 a) 42 b) 28 c) 45 d) 30 e) 29
f) 48 g) 38 h) 39 i) 55 j) 114
k) 58 l) 275

▶ Seite 223

45

a)

	H	Z	E
	3	1	2
+		4	5
	3	5	7

b)

	H	Z	E
		7	4
+	1	2	5
	1	9	9

c)

	H	Z	E
	2	7	4
+		6	3
	1		
	3	3	7

d)

T	H	Z	E
	1	5	0	6
+		3	7	8
			1	
	1	8	8	4

e)

	T	H	Z	E
	2	4	7	9
+	1	7	0	4
	1		1	
	4	1	8	3

46

a)

	H	Z	E
		3	6
+	1	4	2
	1	7	8

b)

	H	Z	E
	1	5	6
+		7	1
	1		
	2	2	7

c)

	H	Z	E
	4	2	5
+	3	4	7
		1	
	7	7	2

d)

	H	Z	E
	8	8	8
+		5	9
	1	1	
	9	4	7

e)

	T	H	Z	E
		3	8	4
+			6	1
+	2	4	3	0
		1		
	2	8	7	5

47

a)

	H	Z	E
	2	4	5
−		2	3
	2	2	2

b)

	H	Z	E
	3	6	8
−		4	2
	3	2	6

c)

	H	Z	E
	3	4	5
−		8	2
	1		
	2	6	3

d)

	T	H	Z	E
	1	7	0	6
−		3	7	2
		1		
	1	3	3	4

e)

	T	H	Z	E
	3	2	4	2
−	1	8	2	6
	1		1	
	1	4	1	6

48

a)

	H	Z	E
	1	5	6
−		3	2
	1	2	4

b)

	H	Z	E
	2	4	5
−		2	5
	2	2	0

c)

	H	Z	E
	6	3	3
−	1	7	1
	1		
	4	6	2

d)

	T	H	Z	E
	1	0	3	8
−		4	1	9
	1		1	
		6	1	9

e)

	T	H	Z	E
	1	3	8	4
−			6	1
−		1	4	1
		1		
	1	1	8	2

▶ Seite 224

49

a) **78** / 27 | 51

b) **94** / 68 | 26

c) 97 / 45 | **52**

d) 101 / **64** | 37

50

a) **107** / **64** | **43** / 48 | 16 | 27

b) **141** / **91** | **50** / 72 | 19 | 31

c) **143** / **92** | 51 / 69 | 23 | **28**

d) 238 / 136 | **102** / **78** | 58 | **44**

51

a) außen: **87**, **101**, **90**; innen: 49, 38, 52

b) außen: 103, 82, **133**; innen: 26, **77**, **56**

c) außen: **142**, 121, 173; innen: **45**, 97, **76**

▶ Seite 225

52 a) 8 · 9 = 72
1. Faktor · 2. Faktor = Wert des Produkts

b) 70 : 10 = 7
Dividend : Divisor = Wert des Quotienten

c) 66 = 11 · 6
Wert des Produkts = 1. Faktor · 2. Faktor

d) 5 = 45 : 9
Wert des Quotienten = Dividend : Divisor

53 a) 14 b) 27 c) 50 d) 36 e) 32
f) 63 g) 48 h) 63 i) 5 j) 70
k) 56 l) 81

54 a) 4, 8, 12, 16, 20, 24, 28, 32, 36, 40
b) 7, 14, 21, 28, 35, 42, 49, 56, 63, 70
c) 8, 16, 24, 32, 40, 48, 56, 64, 72, 80
d) 2, 4, 6, 8, 10, 12, 14, 16, 18, 20
e) 6, 12, 18, 24, 30, 36, 42, 48, 54, 60
f) 5, 10, 15, 20, 25, 30, 35, 40, 45, 50

55 a) $8 = 1 \cdot 8 = 2 \cdot 4$ ($= 4 \cdot 2 = 8 \cdot 1$)
b) $21 = 1 \cdot 21 = 3 \cdot 7$ ($= 7 \cdot 3 = 21 \cdot 1$)
c) $28 = 1 \cdot 28 = 2 \cdot 14 = 4 \cdot 7$ ($= 7 \cdot 4 = 14 \cdot 2 = 28 \cdot 1$)
d) $30 = 1 \cdot 30 = 2 \cdot 15 = 3 \cdot 10 = 5 \cdot 6$ ($= 6 \cdot 5 = 10 \cdot 3 = 15 \cdot 2 = 30 \cdot 1$)
e) $36 = 1 \cdot 36 = 2 \cdot 18 = 3 \cdot 12 = 4 \cdot 9 = 6 \cdot 6$ ($= 9 \cdot 4 = 12 \cdot 3 = 2 \cdot 18 = 36 \cdot 1$)
f) $50 = 1 \cdot 50 = 2 \cdot 25 = 5 \cdot 10$ ($= 10 \cdot 5 = 25 \cdot 2 = 50 \cdot 1$)

▶ Seite 226

56 a) 90 b) 54 c) 74 d) 140 e) 174 f) 584

57 a) 13 b) 12 c) 32 d) 17 e) 14 f) 24

58 a) $5 \cdot 3 = 15$ b) $8 \cdot 5 = 40$
c) $7 \cdot 7 = 49$ d) $9 \cdot 7 = 63$

59 a) 
b) 
c) 
d) 

▶ Seite 227

60 a) 5 Rest 1 b) 7 Rest 2 c) 7 Rest 3
d) 6 Rest 1 e) 8 Rest 8 f) 10 Rest 6

61 Zum Beispiel 5 : 2 und 7 : 3 und 12 : 11

62

a)	4	1	3	·	3	
		1	2	3	9	

b)	2	3	1	·	4	
			9	2	4	

c)	7	1	5	·	3	1
		2	1	4	5	
				7	1	5
			1			
		2	2	1	6	5

d)	4	0	7	·	5	2
		2	0	3	5	
				8	1	4
			1			
		2	1	1	6	4

e)	7	4	2	·	6	3
		4	4	5	2	
			2	2	2	6
		4	6	7	4	6

63

a)	2	4	3	·	4	
			9	7	2	

b)	3	0	6	·	7	
		2	1	4	2	

c)	4	8	1	·	6	0
		2	8	8	6	
			0	0	0	0
		2	8	8	6	0

d)	8	0	6	·	3	7
		2	4	1	8	
			5	6	4	2
				1		
		2	9	8	2	2

e)	9	3	0	·	1	0	4	
			9	3	0			
				0	0	0		
				3	7	2	0	
			9	6	7	2	0	

▶ Seite 228

64

a)	8	5	2	:	3	=	2	8	4	
−	6									
	2	5								
−	2	4								
		1	2							
	−	1	2							
			0							

b)	1	7	7	8	:	7	=	2	5	4
−	1	4								
		3	7							
	−	3	5							
			2	8						
		−	2	8						
				0						

c)	4	8	8	4	:	6	=	8	1	4
−	4	8								
		0	8							
	−		6							
			2	4						
		−	2	4						
				0						

65 a) 1710 : 5 = **342**
−15
21
−20
10
−10
0

b) 11 463 : 3 = **3821**
−9
24
−24
06
−6
03
−3
0

c) 5096 : 8 = **637**
−48
29
−24
56
−56
0

d) 18 420 : 2 = **9210**
−18
04
−4
02
−2
00
−0
0

e) 3224 : 4 = **806**
−32
02
−0
24
−24
0

66 a)
70
7 | 10

b)
36
3 | 12

c)
56
7 | **8**

d)
48
3 | **16**

e)
90
6 | 15

67 a)
150
10 | **15**
2 | 5 | 3

b)
126
21 | **6**
7 | 3 | 2

c)
480
24 | 20
6 | 4 | **5**

d)
280
20 | 14
10 | 2 | 7

▶ Seite 229

68 a) 3 + 4 · 5
(Punkt vor Strich)
= 3 + 20 = **23**

b) 4 · (15 − 9)
(Klammern zuerst)
= 4 · 6 = **24**

c) 18 − 12 : 3
(Punkt vor Strich)
= 18 − 4 = **14**

d) 24 : (13 − 5)
(Klammern zuerst)
= 24 : 8 = **3**

e) 24 − 18 : 2 − (21 − 16) (Klammern zuerst)
= 24 − 18 : 2 − 5 (Punkt vor Strich)
24 − 9 − 5 = **10**

f) 35 − 3 · 9 + 16 (Punkt vor Strich)
= 35 − 27 + 16 = **24**

g) (35 − 17) + 6 : 2 (Klammern zuerst)
= 18 + 6 : 2 (Punkt vor Strich)
= 18 + 3 = **21**

h) 35 : (25 − 18) · 5 (Klammern zuerst)
= 35 : 7 · 5 (von links nach rechts)
5 · 5 = **25**

69 a) 5 · 9 − 6 = 45 − 6 = 39 und 5 · (9 − 6) = 5 · 3 = 15
In der 1. Aufgabe muss man zuerst multiplizieren (Punkt vor Strich), in der 2. Aufgabe muss man zuerst subtrahieren (Klammern zuerst).

b) 60 : 10 − 4 = 6 − 4 = 2 und
60 : (10 − 4) = 60 : 6 = 10
In der 1. Aufgabe muss man zuerst dividieren (Punkt vor Strich), in der 2. Aufgabe muss man zuerst subtrahieren (Klammern zuerst).

c) 24 − 4 · 5 = 24 − 20 = 4 und
(24 − 4) · 5 = 20 · 5 = 100
In der 1. Aufgabe muss man zuerst multiplizieren (Punkt vor Strich), in der 2. Aufgabe muss man zuerst subtrahieren (Klammern zuerst).

70 Eine Skizze kann dir helfen.
a) Nina bekommt einen Hund (und hat noch 500 Punkte übrig).
b) Tania bekommt keine Belohnung (weil sie weniger als 1000 Punkte hat).
c) Sarah bekommt einen Zauber und kann für die restlichen 1000 Punkte noch einen Hund bekommen. Sie kann aber auch die Kutsche bekommen.

▶ Seite 230

71 Gesucht: wie viel Jakob noch sparen muss
Wichtig: wie viel Geld Jakob schon hat und wie viel die Playstation kostet
Rechnungen: Wie viel Geld hat er insgesamt?
180 € + 100 € = 280 €
Wie viel Geld fehlt noch?
350 € − 280 € = 70 €
Probe: 180 € + 100 € + 70 € = 350 €
Antwort: Jakob muss noch 70 € sparen.

72 Gesucht: wie viel jedes Kind zahlen muss
Wichtig: wie viel das Geschenk kostet; 3 Mädchen zahlen zusammen
Rechnungen: Wie viel kostet das Geschenk insgesamt?
13 € + 20 € = 33 €
Wie viel muss jede der drei zahlen?
33 € : 3 = 11 €
Probe: 11 € · 3 = 33 €
Antwort: Jedes Kind muss 11 € zahlen.

73 Gesucht: wie viel der Urlaub kostet
Wichtig: wie viel Geld die Eltern zahlen und dass die Kinder halb so viel zahlen und dass es 3 Kinder sind
Rechnungen: Wie viel kostet der Urlaub für die Eltern?
2 · 1280 € = 2560 €
Wie viel kostet der Urlaub für 1 Kind?
1280 € : 2 = 640 €
Wie viel kostet der Urlaub für 3 Kinder?
640 € · 3 = 1920 €
Wie viel kostet der Urlaub insgesamt?
2560 € + 1920 € = 4480 €
Antwort: Der Urlaub kostet 4480 €.

74 a) b, d b) a, e c) c, f

▶ Seite 231

75
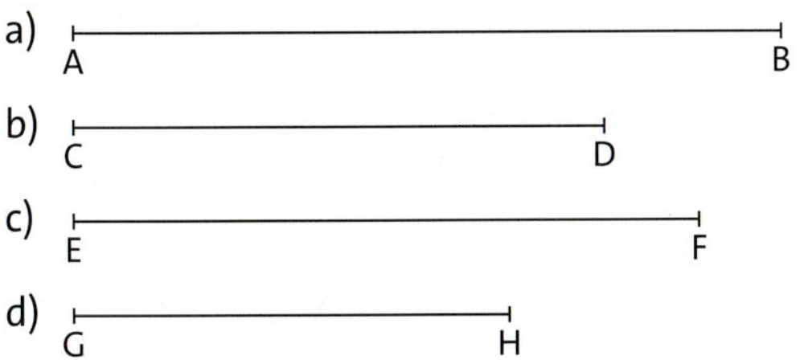

76 a) a ∥ c; b ∥ e b) a ⊥ d; b ⊥ d; b ⊥ f; e ⊥ f

▶ Seite 232

77
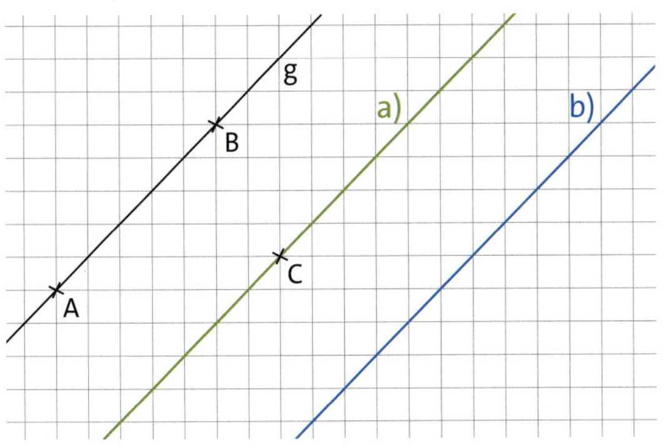

78
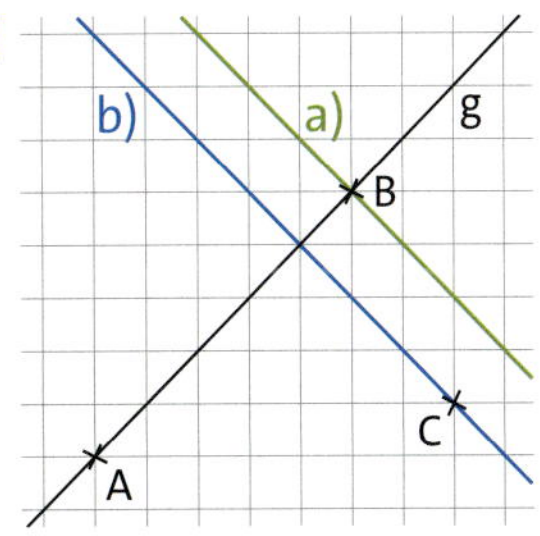

▶ Seite 233

79 Zeichenübung

80 a) ① Fünfeck ② kein Vieleck
③ Viereck ④ Dreieck ⑤ Sechseck
b) Bei Figur ② ist eine Seite keine Strecke, weil sie keine gerade Linie ist (sondern geschwungen).

81 Zeichenübung

▶ Seite 234

82 ①, ③, ④ und ⑤ sind Rechtecke, weil sie jeweils vier rechte Winkel haben.
① und ④ sind Quadrate, weil sie jeweils vier rechte Winkel haben und alle Seiten gleich lang sind.

83
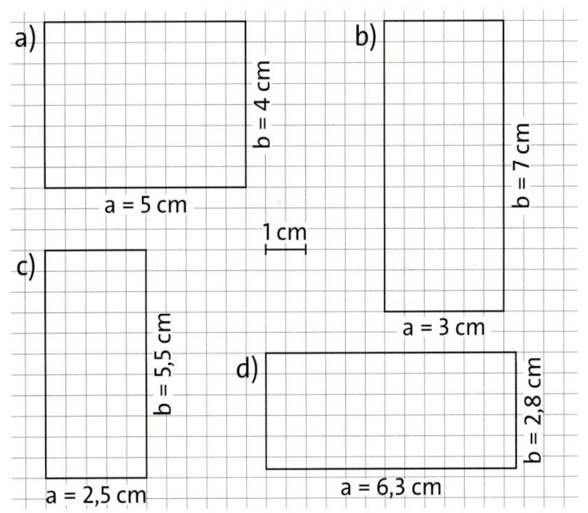

84
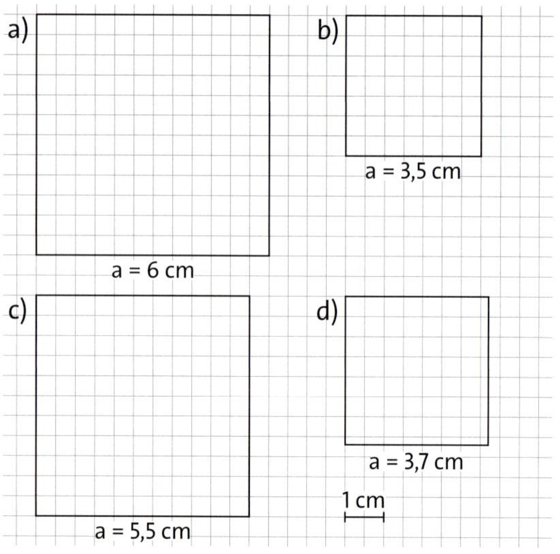

▶ Seite 235

85 a) $A = 7\,cm \cdot 4\,cm$; $A = 28\,cm^2$
b) $A = 9\,cm \cdot 6\,cm$; $A = 54\,cm^2$
c) $A = 12\,m \cdot 5\,m$; $A = 60\,m^2$
d) $A = 17\,dm \cdot 2\,dm$; $A = 34\,dm^2$

86 a) $A = 4\,cm \cdot 4\,cm$; $A = 16\,cm^2$
b) $A = 8\,cm \cdot 8\,cm$; $A = 64\,cm^2$
c) $A = 10\,dm \cdot 10\,dm$; $A = 100\,dm^2$
d) $A = 20\,m \cdot 20\,m$; $A = 400\,m^2$

87 A(1|1); B(5|1); C(5|0); D(7|2); E(5|4); F(5|3); G(1|3); H(0|2)

88
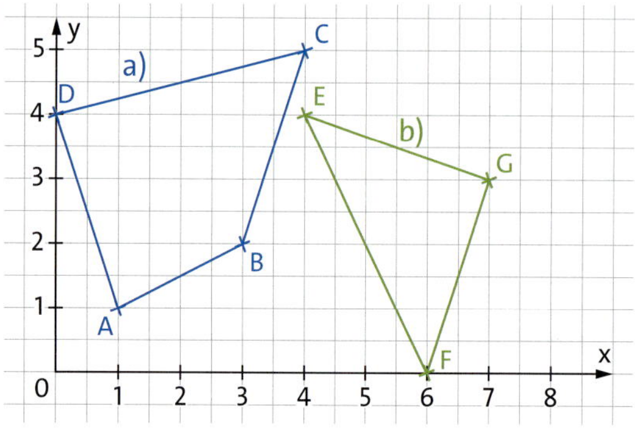

Sachregister

A

die Addition von Brüchen 38, 54
die Addition von Dezimal|zahlen 112, 132
die Addition von gemischten Zahlen 42, 54
die Addition von natürlichen Zahlen 222
das Alpha (α) 84, 108
der Anteil 219
das Assoziativ|gesetz 38
die Augen|summe 197

B

das Baum|diagramm 204
das Beta (β) 84, 108
die Breite 136
Brüche addieren 38, 54
Brüche als Teil eines Ganzen 216
Brüche auf dem Zahlen|strahl 34, 54
Brüche darstellen 217
Brüche erweitern 30, 54
Brüche in gemischte Zahlen umwandeln 218
Brüche kürzen 30, 54
Brüche ordnen 34, 54
Brüche subtrahieren 38, 54
Brüche vergleichen 34, 54
Bruchteile von Größen 217

D

das Delta (δ) 84, 108
die Dezimal|zahl 58, 80
Dezimal|zahlen auf dem Zahlen|strahl 62, 80
Dezimal|zahlen addieren 112, 132
Dezimal|zahlen dividieren 120, 132
Dezimal|zahlen multiplizieren 116, 132
Dezimal|zahlen runden 62, 80
Dezimal|zahlen subtrahieren 112, 132
Dezimal|zahlen vergleichen 62, 80
der Dezi|meter 220
das Diagramm 168, 188, 215, 216
die Division durch Stufen|zahlen 120, 132
die Division mit Rest 227
die Division von Dezimal|zahlen 120, 132
die Dreh|symmetrie 96
dreh|symmetrisch 96
die Drehung 96
das Dreh|verfahren 92, 108
der Dreh|winkel 96
das Dreh|zentrum 96
der Durch|messer 98

E

die Ecke 136
die Einheit 219, 220, 221
die Einheiten|tabelle für Volumen 148
das Ein|mal|eins 225
die endliche Dezimal|zahl 72
das Epsilon (ε) 84, 108
das Ereignis 198, 210
das Ergebnis 192, 210
das Erweitern von Brüchen 30, 54
die erweiterte Stellen|wert|tafel 58, 80

F

der flache Graph 172, 188
die Fläche 136
Flächen|einheiten 220
der Flächen|inhalt von Quadraten 235
der Flächen|inhalt von Rechtecken 235

G

das Gamma (γ) 84, 108
die ganze Zahl 176, 188
ganze Zahlen an der Zahlen|gerade 176, 188
ganze Zahlen ordnen 176, 188
ganze Zahlen vergleichen 176, 188
das Gramm (g) 221
das Gehalt 34
die Gelosia-Methode 126
die gemischte Zahl 42, 54, 218
gemischte Zahlen addieren 42, 54
gemischte Zahlen in Brüche umwandeln 218
gemischte Zahlen subtrahieren 42, 54
die gemischt|periodische Dezimal|zahl 73
die Gerade 230
der gestreckte Winkel 84, 108
das Gewicht (die Masse) 221
gleich|namig 34
das Grad (°) bei Winkeln 84
das Grad Celsius (°C) 176
der Graph einer Zuordnung 172, 188
der griechische Buchstabe 84, 108
der größte gemeinsame Teiler (ggT) 16, 26

H

die Halb|gerade 230
der Haupt|nenner 38
die Höhe 136

K
die Kante 136
das Kilo|gramm (kg) 221
der Kilo|meter (km) 220
das kleinste gemeinsame Vielfache (kgV) 17, 26
das Kommutativ|gesetz 38
das Koordinaten|system 235
das Körper|netz 140, 164
Körper zeichnen 136, 164
der Kreis 98
der Kubik|dezimeter (dm^3) 148, 164
der Kubik|meter (m^3) 148, 164
der Kubik|millimeter (mm^3) 148, 164
der Kubik|zentimeter (cm^3) 148, 164
das Kürzen von Brüchen 30, 54

L
die Länge 136
Längen|einheiten 220
das Laplace-Experiment 198, 210
der Liter (l) 148, 164

M
das Markierungs|verfahren 92, 108
das Maximum 215
das Messen von Winkeln 88, 102, 108
der Meter (m) 220
das Milli|gramm (mg) 221
der Milli|liter (mℓ) 148
der Milli|meter (mm) 220
das Minimum 215
die Multiplikation mit Dezimal|zahlen 116, 132
die Multiplikation mit Stufen|zahlen 116, 132

N
natürliche Zahlen addieren 222, 223
natürliche Zahlen dividieren 225, 226
natürliche Zahlen multiplizieren 225, 226, 227
natürliche Zahlen subtrahieren 222, 223
natürliche Zahlen auf dem Zahlen|strahl 211
natürliche Zahlen ordnen 213
natürliche Zahlen runden 214
natürliche Zahlen vergleichen 213
die negative Zahl 176, 188
das Netz von Quadern 140, 164
das Netz von Würfeln 140, 164

O
die Oberfläche von Quadern 144, 164
die Oberfläche von Würfeln 144, 164
der Oberflächen|inhalt von Quadern 144, 164
der Oberflächen|inhalt von Würfeln 144, 164
das Ordnen von Brüchen 34, 54
das Ordnen von natürlichen Zahlen 213

P
die Parallele 231, 232
parallele Geraden prüfen 231
parallele Geraden zeichnen 232
die Periode 72
die periodische Dezimal|zahl 72
das Pfeil|diagramm 168, 188
die positive Zahl 176, 188
die Prim|faktor|zerlegung 16
die Prim|zahl 12, 26
das Prozent (%) 66, 80
die Prozent|zahl 66, 80

Q
der Quader 136
der Quader (Netz) 140, 164
der Quader (Oberflächen|inhalt) 144, 164
der Quader (Schräg|bild) 136, 164
der Quader (Volumen) 152, 164
das Quadrat 234
das Quadrat (Flächen|inhalt) 235
Quadrate zeichnen 234
die Quer|summe 12, 26

R
der Radius 98
die rationale Zahl 176
das Rechendreieck 224
das Rechteck 234
das Rechteck (Flächeninhalt) 235
Rechtecke zeichnen 234
der rechte Winkel 84, 108
die rein|periodische Dezimal|zahl 73
das Runden von Dezimal|zahlen 62, 80
das Runden von natürlichen Zahlen 214

S
Sach|aufgaben lösen 230
das Säulen|diagramm 168, 188, 215, 216
der Scheitel|punkt 84, 108
der Schenkel 84, 108
das Schräg|bild 136, 164

schriftlich addieren 223
schriftlich dividieren 228
schriftlich multiplizieren 227
schriftlich subtrahieren 223
die Senkrechte 231, 232
senkrechte Geraden prüfen 231
senkrechte Geraden zeichnen 232
das sichere Ergebnis 192, 210
die Skala 88
die Spann|weite 215
der spitze Winkel 84, 108
der steile Graph 172, 188
die Stellen|wert|tafel 58, 80, 212
der Strahl 230
die Strecke 230
die Stufen|zahl 58
Stufen|zahlen dividieren 120, 132
Stufen|zahlen multiplizieren 116, 132
der stumpfe Winkel 84, 108
die Subtraktion von Brüchen 38, 54
die Subtraktion von Dezimal|zahlen 112, 132
die Subtraktion von gemischten Zahlen 42, 54
die Subtraktion von natürlichen Zahlen 222, 223

T

die Tabellen|kalkulation 48
Tabellen lesen 214
teilbar 8, 26
die Teilbar|keit (durch 2, 4, 5 und 10) 8, 26
die Teilbar|keit (durch 3 und 9) 12, 26
der Teiler 8, 26
die Teiler|menge 12, 26
die Tonne (t) 221
der tote Winkel 81, 106

U

der überstumpfe Winkel 84, 108
überstumpfe Winkel messen 102
überstumpfe Winkel zeichnen 102
das Umwandeln (Brüche in Dezimal|zahlen) 66, 80
der unechte Bruch 42
das unmögliche Ergebnis 192, 210

V

das Verfeinern 30
das Vergröbern 30
das Vergleichen von Brüchen 34, 54
das Vergleichen von Dezimal|zahlen 62, 80
das Vergleichen von natürlichen Zahlen 213
das Verbindungs|gesetz 38
das Vertauschungs|gesetz 38
das Vieleck 233
das Vielfache 8, 26
die Volumen|einheit 148, 164
Volumen|einheiten umrechnen 148, 164
das Volumen von Quadern 152, 164
das Volumen von Würfeln 152, 164
der Voll|winkel 84, 108
die Vorrang|regel 229
das Vorzeichen 176, 188

W

die Wahrscheinlichkeit 192, 198, 210
der Wahrscheinlichkeits-Streifen 192, 210
das Weg-Zeit-|Diagramm 172, 188
der Winkel 84, 108
die Winkel|art 84, 108
Winkel messen 88, 102, 108
Winkel zeichnen 92, 102, 108
der Winkel|bogen 84, 108
der Würfel 136
der Würfel (Netz) 140, 164
der Würfel (Oberflächen|inhalt) 144, 164
der Würfel (Schräg|bild) 136, 164
der Würfel (Volumen) 152, 164

X

die x-Achse 172, 188
die x-Koordinate 172, 188

Y

die y-Achse 172, 188
die y-Koordinate 172, 188

Z

die Zahlen|gerade 176, 188
die Zahlen|mauer 224, 228
der Zahlen|strahl (Brüche) 34, 54
der Zahlen|strahl (Dezimal|zahlen) 62, 80
der Zahlen|strahl (natürliche Zahlen) 211
das Zeichnen von Winkeln 92, 102, 108
die Zeit|spanne 221
der Zenti|meter (cm) 220
der Zirkel 98
das Zufalls|experiment 192, 196, 210
die Zuordnung 168, 188

Bildquellenverzeichnis

Technische Zeichnungen
Cornelsen/Christian Böhning

Illustrationen
Cornelsen/Tobias Dahmen, Utrecht/ www.tobidahmen.de: 8, 9/4, 10/12, 13/4, 14, 18, 20, 23, 27, 30/o., 31/10, 36/8, 37/9, 51/9, 62/o., 74, 86/1, 88/u., 90/5, 104/6, 114, 122, 131/r., 136/o., 137/1/1–5, 138/1/1–5, 139/1/1–6, 141/1, 142/1, 144/o., 145/8, 149/10, 150/9, 151/7, 154, 155/8, 159/8, 169, 178/7, 193/6, 194/6, 198/o. r., 205/6, 207/3/o., 208 o. r.

Cover
Cornelsen/Rosendahl Berlin

Abbildungen
3/o. l./Shutterstock.com/won-sang kim
3/M. l./Shutterstock.com/Matej Kastelic
3/u. l./Shutterstock.com/Mark and Anna Photography
3/o. r./Cornelsen/Volker Döring
3/M. r./stock.adobe.com/frankolor
3/u. r./Shutterstock.com/Sensevan
4/o. l./stock.adobe.com/Hennie Kissling
4/M. l./stock.adobe.com/andre
5/Shutterstock.com/won-sang kim
7/Shutterstock.com/Stian Iversen
9/o. r./Shutterstock.com/mekcar
10/stock.adobe.com/Rhönbergfoto
11/o. r./Shutterstock.com/Sergey Lavrentev
11/M. l./Schokolade/Shutterstock.com/baibaz
11/u. l./Muffinform/Shutterstock.com/Cipariss
12/Shutterstock.com/FabrikaSimf
13/Euromünze/Christian Böhning/Deutsche Bundesbank/Luc Luycx aus Belgien
13/Euroscheine/Christian Böhning/Deutsche Bundesbank
15/Shutterstock.com/Ljupco Smokovski
16/Shutterstock.com/Sketchphoto
17/stock.adobe.com/Kzenon
21/Shutterstock.com/ffolas
22/stock.adobe.com/PhotoSG
23/Shutterstock.com/Irma eyewink
24/o. l./Shutterstock.com/TunedIn by Westend61
24/o. M./Shutterstock.com/Holiday.Photo.Top
24/o. r./Shutterstock.com/Unkas Photo
24/u. l./Shutterstock.com/Diana Taliun
24/u. r./Shutterstock.com/stockcreations
25/stock.adobe.com/ra3rn
27/Shutterstock.com/Matej Kastelic
43/Shutterstock.com/ESB Professional
44/Shutterstock.com/linerpics
45/stock.adobe.com/Mirosław Nowaczyk/Mirek
48/Microsoft Excel 2002
52/akg-images/© Photo Researchers, Inc./ SCIENCE SOURCE
55/Shutterstock.com/Mark and Anna Photography
58/1. v. r./Shutterstock.com/3Dstock
58/2. v. r./stock.adobe.com/tonaquatic
58/3. v. r./stock.adobe.com/micro_photo
58/4. v. r./Shutterstock.com/SciePro
59/Shutterstock.com/burnel1
63/o. r./Anspitzer/Cornelsen/Thomas Schulz
63/o. r./Lineale/Cornelsen/Thomas Schulz
63/o. r./Fisch/stock.adobe.com/Mirko Rosenau
63/o. r./Käfer/stock.adobe.com/Denis Tabler
63/u. l./Shutterstock.com/Olena Yakobchuk
64/Shutterstock.com/Foto 4440
65/Shutterstock.com/Neil Lockhart
69/o. r./Shutterstock.com/Salamahin
74/stock.adobe.com/BillionPhotos.com
75/Shutterstock.com/Siro_Rodenas
76/Shutterstock.com/Arvind Balaraman
77/Shutterstock.com/Africa Studio
78/Shutterstock.com/Sergey Novikov
81/Cornelsen/Volker Döring
85/o. l./stock.adobe.com/bloomline
85/u. l./Shutterstock.com/AmpYang Images
86/M. r./stock.adobe.com/Andrey Kuzmin
86/u. r./Shutterstock.com/barrirret
89/Cornelsen/Inhouse
92/Shutterstock.com/BigBlueStudio
96/Shutterstock.com/David Acosta Allely
99/Shutterstock.com/ArtBitz
109/stock.adobe.com/frankolor
113/stock.adobe.com/Sashkin
115/o. r./Shutterstock.com/Leonard Zhukovsky
115/u. r./Shutterstock.com/Scise10
117/u. r./1 + 2/Shutterstock.com/nexusby
117/u. r./3/Shutterstock.com/Kit8.net
118/Shutterstock.com/Bjoern Wylezich
119/M. r./Shutterstock.com/designelements
119/u. r./Shutterstock.com/Ulf Wittrock
120/Shutterstock.com/PhilipYb Studio
121/stock.adobe.com/New Africa
122/Shutterstock.com/Oleksiy Mark
123/Shutterstock.com/Eric Isselee
126/Shutterstock.com/Muzhik
127/M. r./Shutterstock.com/Sergiy Kuzmin
127/u. r./Shutterstock.com/Tsekhmister
129/o. r./Shutterstock.com/Mark_studio
129/u. r./stock.adobe.com/Smileus
130/l./Shutterstock.com/Naty.M
130/Einkaufstüte/Shutterstock.com/hacohob
130/Äpfel/Shutterstock.com/Peter Zvonar
131/Shutterstock.com/4 PM production
133/Schuhkartons/Shutterstock.com/Sensevan
133/Schuhe/Shutterstock.com/Guzel Studio
146/Shutterstock.com/Flas100
147/M. l./Shutterstock.com/bogdan ionescu
147/M. r./Shutterstock.com/Early Spring
148/o. 1. v. l./stock.adobe.com/Thomas Söllner
148/o. 2. v. l./stock.adobe.com/Kaesler Media
148/o. 3. v. l./Shutterstock.com/Mega Pixel
148/o. 4. v. l./stock.adobe.com/AlenKadr
148/u. l./Cornelsen/Inhouse
149/o. l./Schwimmbecken/Shutterstock.com/ Soundaholic studio
149/o. l./Getränkekarton/Shutterstock.com/ Maxx-Studio
149/o. l./Streichholzschachtel/Shutterstock.com/ Jo De Vulder
150/o. l./Koffer/Shutterstock.com/ Martyshkin Uladzimir
150/o. l./Container/Shutterstock.com/topae
150/o. l./Käse/Shutterstock.com/innakreativ
151/o. l./Würfel/stock.adobe.com/taddle
151/o. l./Schrank/Shutterstock.com/ focal point
151/o. l./Aquarium/Shutterstock.com/ Frantisek Czanner
153/M. r./Container/Shutterstock.com/zentilia
153/M. r./Aquarium/Shutterstock.com/ Lagutkin Alexey
154/stock.adobe.com/volff
160/o. r./Fischstäbchen/Shutterstock.com/ timquo
160/o. r./Kuchen/Shutterstock.com/TunedIn by Westend61
160/u. r./Shutterstock.com/Nerthuz
161/Shutterstock.com/Ikonoklast Fotografie
162/Shutterstock.com/Nui Thanakorn
165/stock.adobe.com/Hennie Kissling
168/Shutterstock.com/88studio
170/Shutterstock.com/Yellow Cat
173/Shutterstock.com/Svetlanistaya
175/Shutterstock.com/Volodymyr Goinyk
176/Shutterstock.com/FotoDuets
182/Shutterstock.com/MNStudio
185/Shutterstock.com/Kasefoto
186/Shutterstock.com/Zivica Kerkez
189/stock.adobe.com/andre
192/Shutterstock.com/Luis Carlos Torres
193/o. l./Münze l./Deutsche Bundesbank/ Luc Luycx aus Belgien
193/o. l./Münze r./Deutsche Bundesbank/ Heinz Hoyer und Sneschana Russewa-Hoyer
193/M. l./weißer Spielwürfel/stock.adobe.com/ taddle
193/M. l./roter Würfel/Shutterstock.com/ luchschenF
193/u. l./Herzkarten/stock.adobe.com/ Christoph Hahnel
194/M. l./weißer Spielwürfel/stock.adobe.com/ taddle
194/M. l./Herzkarten/stock.adobe.com/ Manuela Manay
195/M. l./Glas Lose/Shutterstock.com/ Africa Studio
195/o. r./weißer Spielwürfel/stock.adobe.com/ taddle
196/o. r./Ariane Simon
196/M./Münze l./Deutsche Bundesbank/ Luc Luycx aus Belgien
196/M./Münze r./Deutsche Bundesbank/ Heinz Hoyer und Sneschana Russewa-Hoyer
196/u./Ariane Simon
199/o. l./Anspitzer/Shutterstock.com/Mega Pixel
199/o. l./Dominostein/Shutterstock.com/ NiglayNik
199/M. l./Kronkorken/Shutterstock.com/ Luis Carlos Torres
199/u. l./Herzkarten/stock.adobe.com/ Manuela Manay
199/M. r./roter Spielwürfel/Shutterstock.com/ andRiU92
199/u. r./Loseimer/stock.adobe.com/fotobeu
200/o. l./rote Spielfigur/stock.adobe.com/WoGi
200/o. l./grüner Tetraederwürfel/ Shutterstock.com/timquo
200/o. l./weißer Spielwürfel/stock.adobe.com/ taddle
200/u. l./roter Spielwürfel/Shutterstock.com/ andRiU92
200/u. l./blauer Oktaederwürfel/ Shutterstock.com/Undorik
200/u. l./gelber Dodekaederwürfel/ Shutterstock.com/timquo
201/Shutterstock.com/IfH
202/M. r./Münze/Deutsche Bundesbank/ Luc Luycx aus Belgien
202/M. r./blauer Legostein/Shutterstock.com/ Nenov Brothers Images
202/M. r./weißer Spielwürfel/stock.adobe.com/ taddle
203/o. l./blauer Chip/stock.adobe.com/nono
203/o. l./grüner Tetraederwürfel/ Shutterstock.com/timquo
203/M. l./roter Spielwürfel/Shutterstock.com/ andRiU92
203/M. l./Reißzwecke/Shutterstock.com/taddle
205/M. l./Reißzwecke/Shutterstock.com/taddle
209/o. l./roter Spielwürfel/Shutterstock.com/ andRiU92
209/o. l./blauer Chip/stock.adobe.com/nono
209/o. l./Reißzwecke/Shutterstock.com/taddle
209/M. l./Stifte/stock.adobe.com/Natika
209/M./Asse/Shutterstock.com/SofiaV
209/M./Anspitzer/Shutterstock.com/Mega Pixel
209/M./grüner Tetraederwürfel/ Shutterstock.com/timquo
209/u. r./Pikkarten/Shutterstock.com/ nikiteev_konstantin
210/o. r./Reißzwecke/Shutterstock.com/taddle
210/M. r./weißer Spielwürfel/stock.adobe.com/ taddle
hinteres Vorsatz/1 (Uhr)/ stock.adobe.com/300dpi
hinteres Vorsatz/2 (Waage)/stock.adobe.com/ by-studio
hinteres Vorsatz/3 (Lineal)/Shutterstock.com/ Dragance137
hinteres Vorsatz/4 (Fußballfeld)/Shutterstock. com/Jenniki

Größen und ihre Einheiten

die Zeit		
die Einheit	**das Zeichen**	**die Umrechnung**
der Tag	d	1 d = 24 h Ein Tag hat 24 Stunden.
die Stunde	h	1 h = 60 min Eine Stunde hat 60 Minuten.
die Minute	min	1 min = 60 s Eine Minute hat 60 Sekunden.
die Sekunde	s	

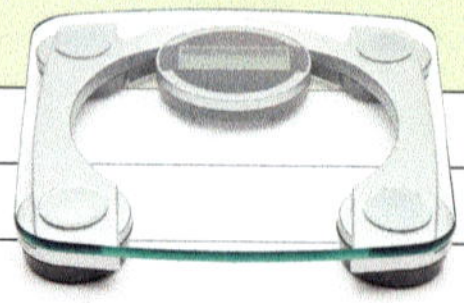

das Gewicht		
die Einheit	**das Zeichen**	**die Umrechnung (mit 1000)**
die Tonne	t	1 t = 1000 kg Eine Tonne sind 1000 Kilogramm.
das Kilogramm	kg	1 kg = 1000 g Ein Kilogramm sind 1000 Gramm.
das Gramm	g	1 g = 1000 mg Ein Gramm sind 1000 Milligramm.
das Milligramm	mg	

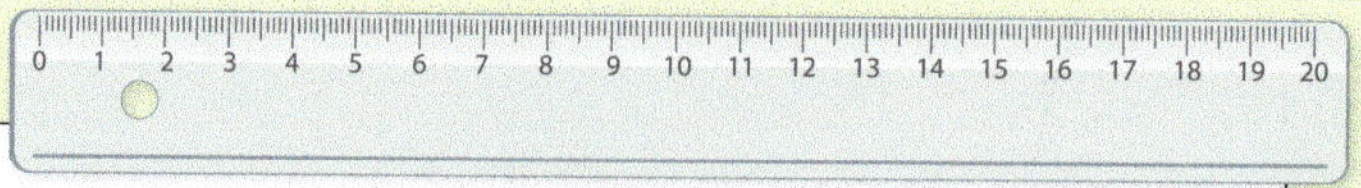

die Länge		
die Einheit	**das Zeichen**	**die Umrechnung (mit 10)**
der Kilometer	km	1 km = 1000 m Achtung: 1000!
der Meter	m	1 m = 10 dm = 100 cm = 1000 mm
der Dezimeter	dm	1 dm = 10 cm = 100 mm
der Zentimeter	cm	1 cm = 10 mm
der Millimeter	mm	

der Flächeninhalt		
die Einheit	**das Zeichen**	**die Umrechnung (mit 100)**
der Quadratkilometer	km²	1 km = 100 ha
der Hektar	ha	1 ha = 100 a
das Ar	a	1 a = 100 m²
der Quadratmeter	m²	1 m² = 100 dm²
der Quadratdezimeter	dm²	1 dm² = 100 cm²
der Quadratzentimeter	cm²	1 cm² = 100 mm²
der Quadratmillimeter	mm²	

das Volumen		
die Einheit	**das Zeichen**	**die Umrechnung (mit 1000)**
der Kubikmeter	m³	1 m³ = 1000 dm³
der Kubikdezimeter	dm³	1 dm³ = 1000 cm³
der Kubikzentimeter	cm³	1 cm³ = 1000 mm³
der Kubikmillimeter	mm³	
der Liter	ℓ	1 ℓ = 1000 mℓ 1 ℓ = 1 dm³
der Milliliter	mℓ	1 mℓ = 1 cm³